普通高等教育机械类“十二五”规划系列教材



# 工程制图与计算机绘图

王彦峰　韩兆兴　主编

张　贤　章　婷　胡爱英　副主编

郭廷良　主审

電子工業出版社

Publishing House of Electronics Industry

北京 · BEIJING

## 内 容 简 介

本教材是根据教育部工程图学教学指导委员会制定的“普通高等院校工程图学课程教学基本要求”，并结合应用型本科的人才培养目标编写而成的，适当简化了画法几何部分的内容，加强了综合应用能力的培养。其主要内容包括制图的基本知识和技能，计算机绘图基础，点、直线、平面的投影，立体的投影，组合体的视图及尺寸标注，轴测图，机件的基本表示法，零件图，常用机件的特殊表示法，装配图，其他工程图样简介。本教材配有教学课件，与之配套的有高丽华主编的《工程制图与计算机绘图习题集》，习题集也配有习题答案及6套考试样卷，以上教学辅助资源均可免费提供给采用本教材授课的教师参考使用（通过 yuy@phei.com.cn 进行申请）。

本教材可供应用型本科院校各专业工程制图课程的教学使用，也可作为民办本科、高职高专的选用教材，还可供工程技术人员参考。



**图书在版编目（CIP）数据**

工程制图与计算机绘图 / 王彦峰，韩兆兴主编. —北京：电子工业出版社，2011.11
普通高等教育机械类“十二五”规划系列教材
ISBN 978-7-121-15093-7

I. ①工… II. ①王… ②韩… III. ①工程制图－高等学校－教材②计算机制图－高等学校－教材
IV. ①TB23②TP391.72

中国版本图书馆 CIP 数据核字（2011）第 234435 号

策划编辑：余　义
责任编辑：余　义
印　　刷：北京七彩京通数码快印有限公司
装　　订：北京七彩京通数码快印有限公司
出版发行：电子工业出版社
　　　　　北京市海淀区万寿路 173 信箱　邮编　100036
开　　本：787×1092　1/16　印张：20　字数：538 千字
版　　次：2011 年 11 月第 1 版
印　　次：2024 年 1 月第 20 次印刷
定　　价：38.00 元

凡所购买电子工业出版社图书有缺损问题，请向购买书店调换。若书店售缺，请与本社发行部联系，联系及邮购电话：（010）88254888，88258888。

质量投诉请发邮件至 zlts@phei.com.cn，盗版侵权举报请发邮件至 dbqq@phei.com.cn。

本书咨询联系方式：（010）88254556，zhaoys@phei.com.cn。

# 前　　言

本教材是根据教育部工程图学教学指导委员会制定的“普通高等院校工程制图课程教学基本要求”，并结合应用型本科院校的教学特点和要求编写而成的。同时出版的配套教材有高丽华主编的《工程制图与计算机绘图习题集》。

本教材的编写注重培养学生的科学思维方法、技术应用能力、工程素养和创新意识，体现了以下特色。

（1）教材采用目标控制的编写思想，达到理论与实践的合理均衡。每章开篇就提出明确的教学目标和教学要求，使师生都能明确本章教学要达到的知识目标和能力目标，便于师生在教和学中确定方向。在教材内容的取舍安排方面，既考虑知识体系的完整性，又做到知识运用的有效性。在基础理论知识必需、够用的前提下，强化读图能力、绘图技能和计算机绘图技术应用能力等核心实践能力的培养，突出知识的实用性、能力的针对性和技能的操作性等工程素质。

（2）教材采取适用于案例式教学的编写形式，不仅使教材易教易学，而且贴近生产实际。每章的开头都以一个与该章内容相关的应用实例引出这一章要掌握的核心知识或要解决的关键问题，然后在正文中围绕问题对相关知识的学习逐步展开。重点章的结尾都设计一个包含多个知识点的综合应用案例，并对案例进行比较详细的解析。举例尽可能引用来自生产实践的图例，以体现与生产实际的有效结合，从而提高教材的可读性和实用性，也便于学生在学习中获得间接的实践经验。

（3）教材编写体例新颖活泼。在编写时广泛借鉴了国内外精品教材的编写思路、写作方法和章节安排，摒弃传统教材知识点设置按部就班、理论讲解枯燥无味的弊端。将计算机绘图技术分散在相关章节，以使相关主题与其具体的应用紧密结合，以其现代技术应用的新颖性和便捷感吸引和调动学生。

（4）教材编写不仅体现最新的教学改革成果，而且全部采用《技术制图》和《机械制图》最新国家标准。计算机绘图也适时采用 AutoCAD 的最新版本，并精选内容。在教材的编写过程中，努力站在学生的角度思考问题。在不影响学生空间思维能力培养的前提下，较多地配以立体图。对于难点内容，首先给出一个具有普遍指导意义的解决难点的方法或步骤，然后再结合实例充分体现方法和步骤的有效运用，使学生觉得理解和解决难点完全是有章可循的，从而克服部分学生对本课程固有的恐惧感。

本教材由淮海工学院和南京工程学院合作编写，王彦峰、韩兆兴任主编，张贤、章婷、胡爱英任副主编，全书由王彦峰负责统稿。参加本教材编写的人员有王彦峰（绪论、第 3 章、第 4 章、第 11 章），韩兆兴（第 5 章、第 8 章），张贤（第 1 章、第 2 章），章婷（第 6 章、第 7 章），胡爱英（第 9 章、附录），郑书谦（第 10 章）。

本教材由淮海工学院郭廷良教授任主审，并对全书提出许多宝贵意见和建议，在此表示衷心感谢！在本书的编写过程中，黑龙江科技学院、西北工业大学明德学院等学校制图教研室的老师们对教材的编写分别提出了许多宝贵意见，同时本书还参考了许多相关教材，在此一并表示衷心谢意！

由于编者水平有限，书中难免还存在缺点和不足，敬请广大读者给予批评指正。

编　者

2011 年 9 月

# 目　　录

# 绪　论

## 1. 本课程的性质、内容和任务

本课程是工科院校中普遍开设的一门重要技术基础课，同时也是一门实践性较强的课程。本课程的主要研究对象是工程图样。

自人类社会产生以来，语言和图形随着社会的发展就产生了，它们是人们交流中必需的媒介。图形是在纸或其他平面上表示出来的物体的形状。工程是一切与生产、制造、建设、设备相关的重大的工作门类的总称，如机械工程、建筑工程、电气工程、采矿工程、航天工程等。而一切工程的核心概念是设计和规划，设计和规划的表达形式都离不开工程图样。工程图样是根据投影原理、标准或有关规定，表示工程对象并进行必要技术说明的图。

工程图样在工业生产中起着表达和交流技术思想的作用，它被认为是工程界的"技术语言"或叫做"工程师的语言"。在现代工业生产中，无论是机械制造还是土木建筑，亦或是其他行业，都离不开工程图样。工程图样是用来表达设计思想的主要工具，也是进行生产制造或施工的重要技术文件。因此，每个工程技术人员都必须能够熟练地绘制和阅读工程图样。

本课程的内容包括画法几何、制图基础、工程图和计算机绘图等部分。画法几何部分介绍用正投影法图示空间形体和图解空间几何问题的基本理论和方法；制图基础部分介绍制图基础知识，以及用投影图表达物体内外结构形状及大小的基本绘图方法和根据投影图想象出物体内外结构形状的读图方法；工程图部分以机械图为主，培养绘制和阅读机械图样的基本能力；计算机绘图部分介绍使用计算机绘图软件的基本方法和技能。

本课程的主要任务是：

（1）培养学生的工程素质；

（2）学习正投影法的基本理论及其应用；

（3）培养学生空间想象能力和思维分析能力；

（4）培养学生的图形表达能力；

（5）培养学生计算机绘图的初步能力；

（6）通过形象思维能力的培养，提高学生创新意识能力。

在完成上述各项任务的同时，本课程还要培养认真负责的工作态度和严谨细致的工作作风。在教学中，还必须注意培养学生的自学能力及分析和解决问题的能力。

## 2. 本课程的学习方法

学习本课程必须以"图"为中心，坚持理论联系实际的学风。认真学习投影理论，在理解基本概念的基础上，由浅入深地通过一系列的绘图和读图实践，不断地进行"由物画图"和"由图想物"的反复转化训练，分析空间形体和图形的对应关系，逐步提高空间想象能力和分析能力，从而掌握正投影的基本作图和读图方法。做习题和作业时，应在掌握有关基本概念的基础上，按照正确的作图方法和步骤，正确使用绘图工具和仪器，并遵守国家标准《技术制图》和《机械制图》中的各项规定。制图作业应做到投影正确，视图选择与配置适当，尺寸完全，字体工整，图面整洁美观。

工程图样在生产和施工中起着很重要的作用，绘图和读图的差错，都会给生产带来损失，因此在制图过程中，要做到一丝不苟、精益求精。同时，要运用所学的知识和方法，分析生活中所见到的实物，积极解决一些实际问题，以实现理论知识向能力的转化。

**3．工程图的发展和未来**

从历史发展的规律来看，工程图和其他学科一样，也是从人类的生产实践中产生和发展起来的。在古代，自从人类学会了制造简单工具和营造各种建筑物起，就逐渐使用图画来表达意图，但起初都是用写真的方法来画图的。1795 年，法国学者蒙日（Gaspard Monge）全面总结了前人经验，用几何学的原理，提供了在二维平面上图示三维空间形体和图解空间几何问题的方法，从而奠定了工程制图的基础。于是，工程图样在各种技术领域中广泛使用，在推动现代工程技术和人类文明中发挥了重要作用。

20 世纪后期，伴随着计算机技术的迅猛发展，计算机图形学（Computer Graphics，简称 CG）和计算机辅助设计（Computer Aided Design，简称 CAD）也有了快速发展，并在各行各业中得到了广泛应用，引起了工程制图技术的一次根本性变革。我国的工程设计领域，目前正处在以手工绘图为主到以计算机绘图为主，甩掉手工绘图图板的转变之中。

计算机绘图的特点是作图精确度高，出图速度快，特别是输出高精度集成电路板图和以人力难以绘制的曲线曲面图尤为突出，因此被广泛应用于通信、汽车、船舶、飞机和建筑等领域。

# 第1章 制图的基本知识和技能

## 教学目标

通过本章的学习，应熟练掌握绘图工具和仪器的使用方法，掌握国家标准《技术制图》和《机械制图》中有关图纸幅面和图框格式、比例、字体、图线的规定及其使用，掌握尺寸注法的有关规定和方法，掌握常用的几何图形的画法，了解平面图形的线段分析和其他常用平面曲线的画法。

## 教学要求

| 能力目标 | 知识要点 | 相关知识 | 权重 | 自测等级 |
| --- | --- | --- | --- | --- |
| 掌握制图的基本知识 | 国家标准的有关规定 | 图纸幅面和图框格式、比例、字体、图线、尺寸注法的规定及其使用 | ☆☆☆☆ | |
| 掌握绘图基本技能 | 平面图形的线段分析 | 绘图工具和仪器的使用方法，常用平面图形的画法 | ☆☆☆ | |

## 提出问题

图 1-1 所示的是表示手柄形状结构的技术图样，主要内容就是一个平面图形。这里的平面图形是如何绘制出来的？图样中的粗细线框各有什么规定？图中的各种线型画法、字体使用和尺寸标注又是如何规定的？通过本章的学习，将能够对这些问题予以解答。

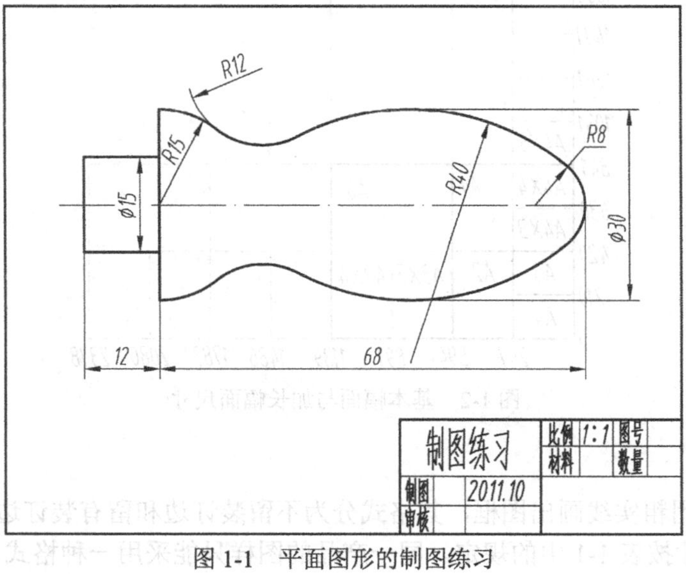


图 1-1　平面图形的制图练习

# 1.1 国家标准《机械制图》和《技术制图》的一般规定

机械图样是表达设计意图、交流技术思想的重要工具，是机械制造中的技术文件，也是机械制造业的技术语言。为了适应生产的需要和国际间的技术交流，国家标准《技术制图》与《机械制图》对机械图样的画法、格式等进行了统一的规定，它是一项重要的基础标准，在绘制机械图样时必须切实遵守。

本节将简要介绍最新《技术制图》与《机械制图》国家标准中的部分规定。

## 1.1.1 图纸幅面、格式和标题栏格式（GB/T 14689—2008）

### 1. 图纸的幅面尺寸

绘制技术图样时，应优先采用表 1-1 中规定的图纸幅面尺寸。必要时，也允许选用加长幅面。加长幅面的尺寸是由基本幅面的短边成整数倍增加后得出，如图 1-2 所示。

图 1-2 中粗实线所示的是基本幅面，细实线和虚线所示的均是加长幅面。

表 1-1 基本幅面尺寸 单位：mm

| 幅面代号 | A0 | A1 | A2 | A3 | A4 |
|---|---|---|---|---|---|
| $B \times L$ | 841×1189 | 594×841 | 420×594 | 297×420 | 210×297 |
| a | 25 | | | | |
| c | 10 | | | 5 | |
| e | 20 | | 10 | | |

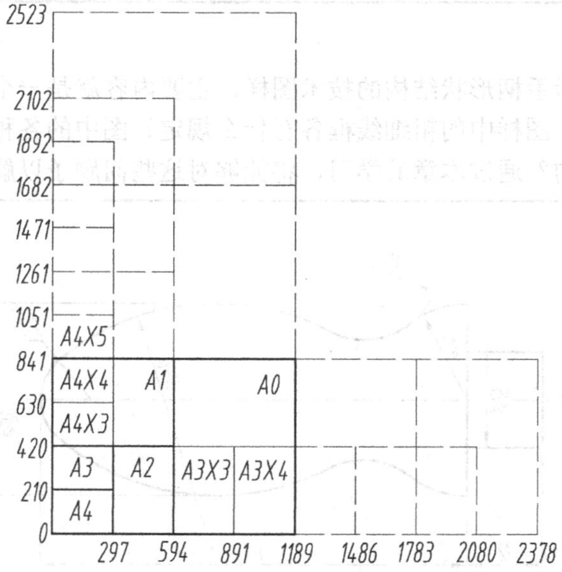


图 1-2 基本幅面与加长幅面尺寸

### 2. 图框格式

在图纸上必须用粗实线画出图框，其格式分为不留装订边和留有装订边两种，如图 1-3 和图 1-4 所示，其尺寸按表 1-1 中的规定。同一产品的图样只能采用一种格式。

### 3．标题栏

每张图样都必须画出标题栏。标题栏的位置在图纸的右下角，如图 1-3 和图 1-4 所示。若标题栏的长边置于水平方向并与图纸的长边平行，则构成 x 型图纸，如图 1-3(a)、1-4(a)所示；若标题栏的长边垂直于图纸的长边，则构成 y 型图纸，如图 1-3(b)、1-4(b)所示。在此情况下，看图方向与看标题栏中的文字方向一致。标题栏的外框用粗实线绘制。标题栏的基本要求、内容和格式由国家标准 GB/T 10609.1—2008《技术制图　标题栏》规定，一般印制在图纸上，不需要自己绘制，其格式如图 1-5 所示。

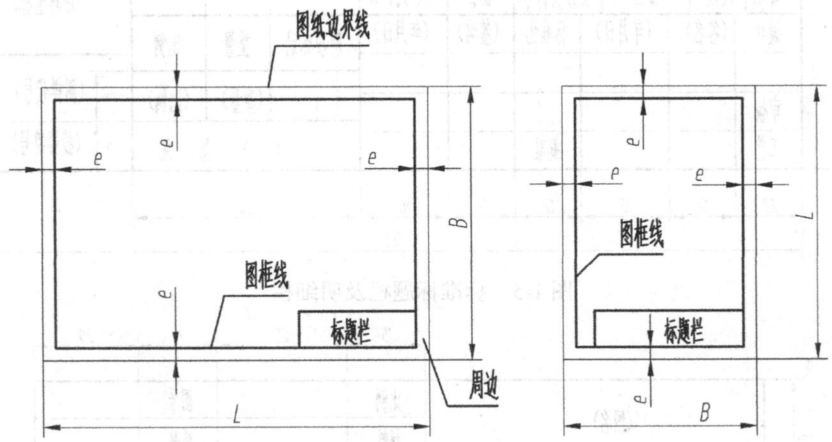


(a) A3 幅面横放　　(b) A4 幅面竖放

图 1-3　不留装订边的图框格式

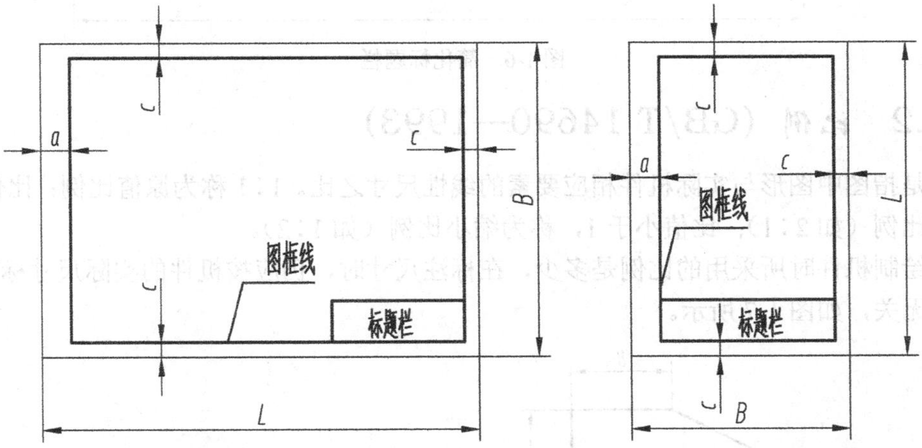


(a) A3 幅面横放　　(b) A4 幅面竖放

图 1-4　留有装订边的图框格式

明细栏是装配图所要求的，其基本要求、内容和格式在国家标准 GB/T 10609.2—2009《技术制图　明细栏》中有具体规定。样式如图 1-5 所示。

学校的制图作业中使用的标题栏可以简化，建议采用图 1-6 所示的简化形式。

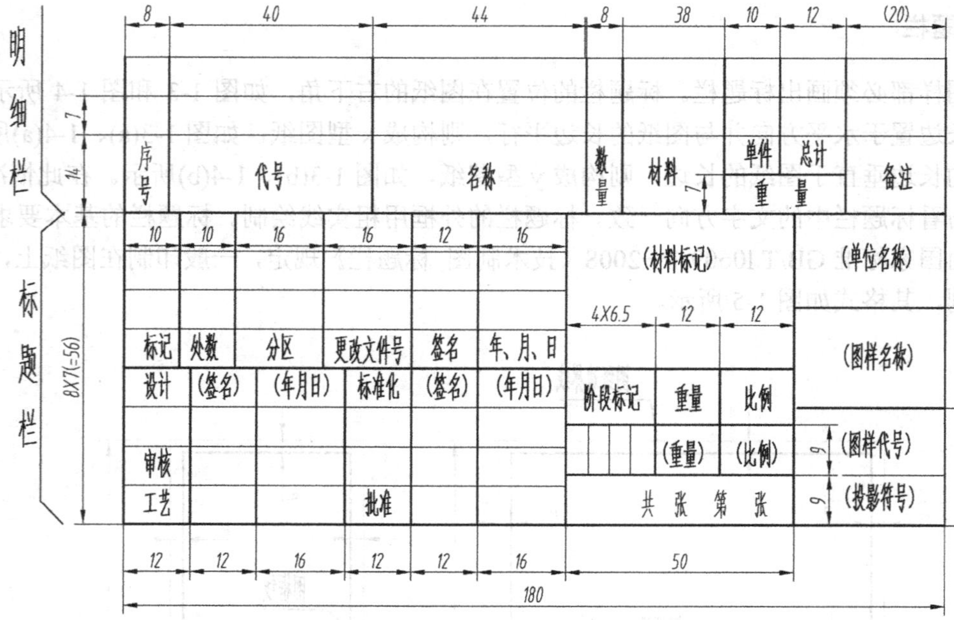


图 1-5 标准标题栏及明细栏

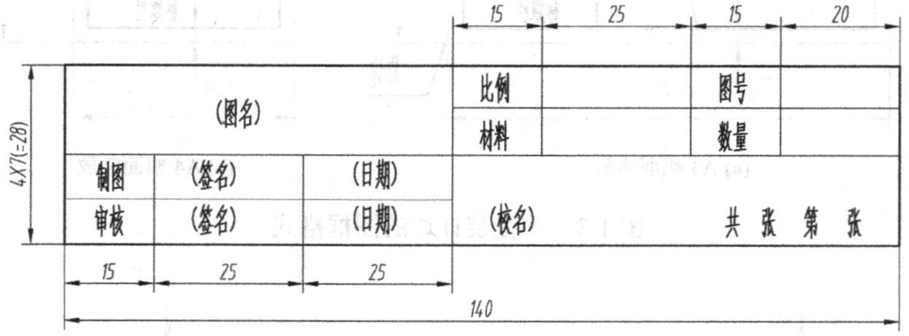


图 1-6 简化标题栏

## 1.1.2 比例（GB/T 14690—1993）

比例是指图中图形与实际机件相应要素的线性尺寸之比。1∶1 称为原值比例；比值大于 1，称为放大比例（如 2∶1）；比值小于 1，称为缩小比例（如 1∶2）。

不管绘制机件时所采用的比例是多少，在标注尺寸时，仍应按机件的实际尺寸标注，与绘图的比例无关，如图 1-7 所示。

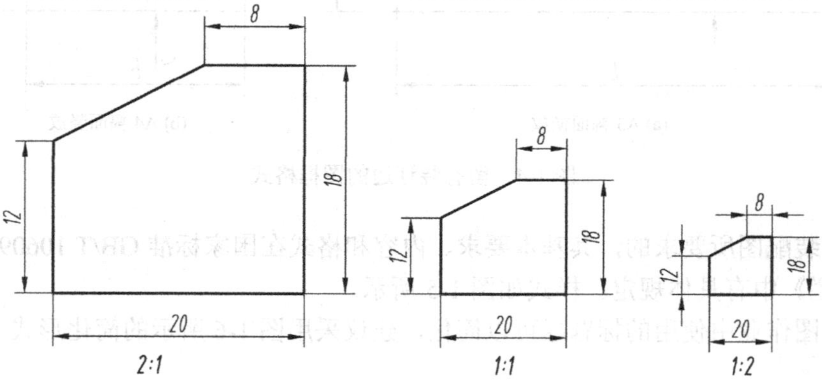


图 1-7 用不同比例画出的图形

国家标准 GB/T 14690—1993《技术制图　比例》规定了绘图比例及其标注方法。为了使图样能够直接反映出机件的大小尺寸，建议尽可能选用 1∶1（即原值比例）的比例绘图。在需要按比例绘制图样时，应从表 1-2 中所规定的系列中选取适当的比例，应尽量选用未加括号的比例。

在绘制同一机件的各个视图时，应尽可能采用相同的比例，并标注在标题栏的比例栏内。当某个视图必须采用不同的比例时，可在该视图名称的下方或右侧另行标注，例如：

$$\frac{I}{2:1}\qquad\frac{A}{1:100}\qquad\frac{B—B}{2.5:1}$$

**表 1-2　图样的比例**

| | |
|---|---|
| 原值比例 | 1∶1 |
| 缩小比例 | (1∶1.5)　1∶2　(1∶2.5)　(1∶3)　(1∶4)　1∶5　(1∶6)　1∶1×$10^n$　(1∶1.5×$10^n$)<br>1∶2×$10^n$　(1∶2.5×$10^n$)　(1∶3×$10^n$)　(1∶4×$10^n$)　1∶5×$10^n$　(1∶6×$10^n$) |
| 放大比例 | 2∶1　(2.5∶1)　(4∶1)　5∶1　1×$10^n$∶1　2×$10^n$∶1　(2.5×$10^n$∶1)　(4×$10^n$∶1)　5×$10^n$∶1 |

注：*n* 为正整数。

### 1.1.3　字体（GB/T 14691—1993）

图样上的字体包括汉字、字母和数字三种。书写字体必须做到：字体工整，笔画清楚，间隔均匀，排列整齐。

字体的高度称为字体的号数。字体高度（用 $h$ 表示）的公称尺寸系列为：1.8 mm，2.5 mm，3.5 mm，5 mm，7 mm，10 mm，14 mm 和 20 mm。若需要书写大于 20 号的字，其字体高度按 $\sqrt{2}$ 的比率递增。

字母和数字的字体分斜体和直体两种。斜体字字头向右倾斜，与水平基准线成 75°。汉字只能写成直体。

**1．汉字**

汉字应写成长仿宋体字，并采用国务院正式公布推行的简化字。汉字的高度 $h$ 不应小于 3.5 mm，字宽一般为 $h/\sqrt{2}$ 。

长仿宋体的书写要领是：横平竖直，注意起落，结构匀称，填满方格，如图 1-8 所示。

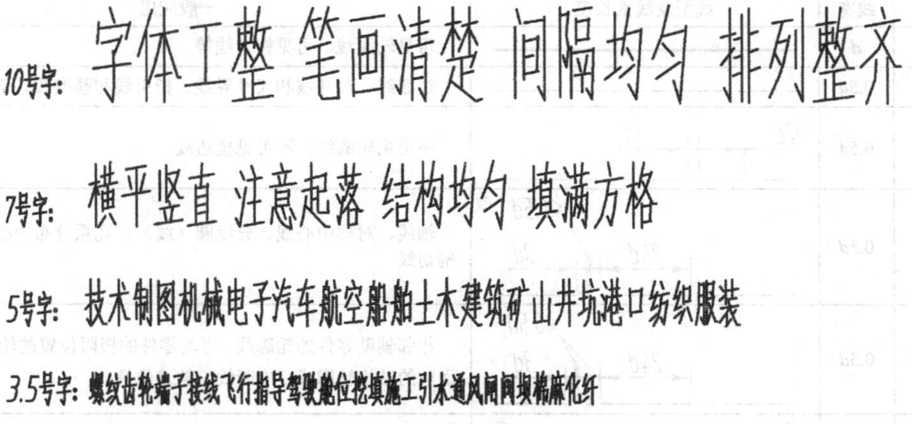


图 1-8　汉字字体示例

长仿宋字在图样中通常采用横式书写，为了得到好的效果，字体之间的排列行距应比字距大。字距一般为字宽的 1/4，行距为字高的 2/3。为了使长仿宋体的字形结构合理，写字前可用较硬的铅笔（如 2H）轻轻画出字格，写时注意填满方格，用 HB 铅笔书写字体较合适。

### 2. 数字和字母

数字和字母分 A 型和 B 型，在同一张图上只允许采用同一种形式的字体。A 型与 B 型字体的笔画宽度 *d* 分别为字高 *h* 的 1/14 和 1/10。工程上常用的数字有阿拉伯数字和罗马数字，字母有拉丁字母和希腊字母，数字和字母常用斜体。用做指数、脚注、极限偏差、分数等的数字及字母一般应采用小一号的字体。图 1-9 所示的是图纸上 B 型斜体字母、数字及综合应用示例。

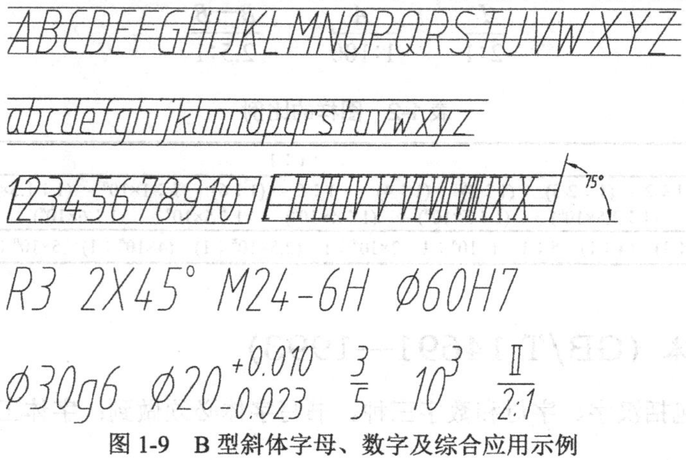


图 1-9　B 型斜体字母、数字及综合应用示例

## 1.1.4　图线（GB/T 4457.4—2002、GB/T 17450—1998）

国家标准 GB/T 17450—1998《技术制图 图线》规定了图线的名称、形式、结构、标记及画法规则；国家标准 GB/T 4457.4—2002《机械制图 图样画法 图线》规定了机械制图中所用图线的一般规则。

国家标准 GB/T 17450—1998《技术制图 图线》规定了 15 种基本线型及基本线型的变形。绘制机械图样使用 9 种基本图线（表 1-3），即粗实线、细实线、细虚线、细点画线、细双点画线、波浪线、双折线、粗虚线、粗点画线。

表 1-3　图线

| 名称 | 线宽 | 线型及线素长度 | 一般应用 |
|---|---|---|---|
| 粗实线 | *d* |  | 可见轮廓线、可见棱边线等 |
| 细实线 | 0.5*d* |  | 过渡线、尺寸线和尺寸界线、指引线和基准线、剖面线等 |
| 细虚线 | 0.5*d* | 12d　3d | 不可见轮廓线、不可见棱边线 |
| 细点画线 | 0.5*d* | ≤0.5d　24d　3d | 轴线、对称中心线、分度圆（线）、孔系分布中心线、剖切线 |
| 细双点画线 | 0.5*d* | ≤0.5d　24d　3d | 相邻辅助零件的轮廓线、可动零件的极限位置的轮廓线、剖切面前的结构轮廓线、中断线、轨迹线等 |
| 波浪线 | 0.5*d* |  | 断裂处的边界线、视图与剖视图的分界线 |
| 双折线 | 0.5*d* | 7.5d　30°　14d | 断裂处的边界线、视图与剖视图的分界线 |

续表

| 名称 | 线宽 | 线型及线素长度 | 一般应用 |
|---|---|---|---|
| 粗虚线 | *d* | 12d 3d | 允许表面处理的表示线 |
| 粗点画线 | *d* | ≤0.5d 24d 3d | 限定范围的表示线 |

所有线型的图线宽度应按图样的类型、图的大小和复杂程度在图线宽度系列：0.13 mm，0.18 mm，0.25 mm，0.35 mm，0.5 mm，0.7 mm，1 mm，1.4 mm，2 mm 中选择。在机械图样中采用粗细两种线宽，它们之间的比例为 2∶1。优先选用的粗实线图线宽度为 0.5 mm 或 0.7 mm。

图样上图线绘制时应注意：

（1）同一图样中，同类图线的宽度应基本一致。虚线、点画线及双点画线的线段长度和间隔应各自大致相等。

（2）两条平行线（包括剖面线）之间的最小间隙应不小于 0.7 mm。

（3）两种或多种图线相交时，都应相交于画，而不应该相交于点或间隔。当虚线是粗实线的延长线时，在分界处应留空隙。

（4）圆的中心线、孔的轴线、对称中心线等用细点画线绘制，且细点画线的两端应为画，并超出轮廓线 2～5 mm。当图形较小时，可用细实线代替细点画线。

（5）当两种或多种图线重合时，只需绘制其中的一种，其先后顺序为：可见轮廓线（粗实线）→不可见轮廓线（细虚线）→轴线或对称中心线（细点画线）→多种用途的细实线→假想线（双点画线）。以上几点如图 1-10、图 1-11 所示。

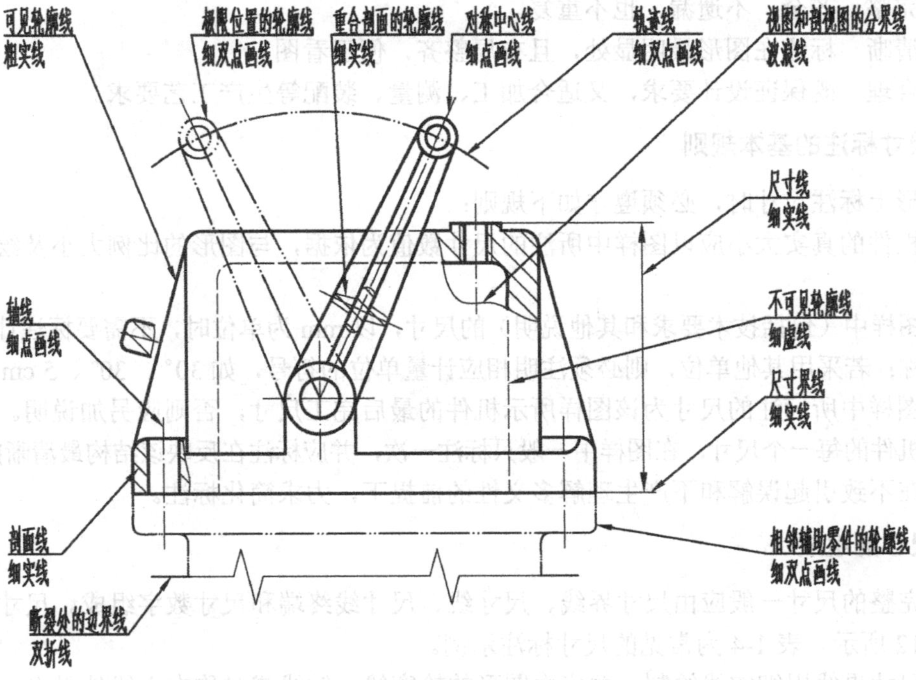


图 1-10 图线的应用

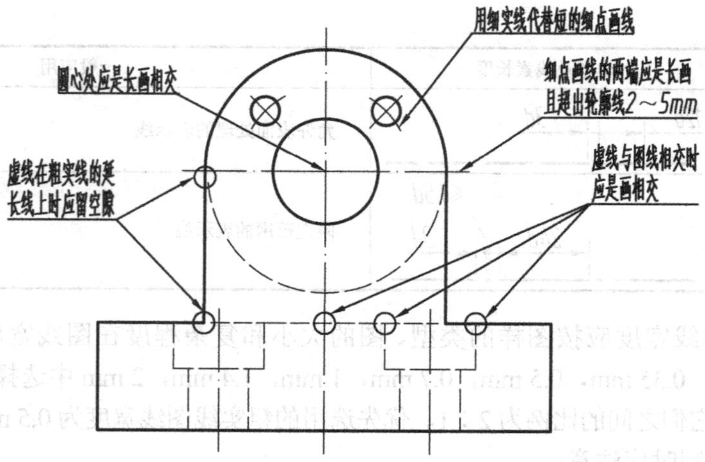


图 1-11　图线的画法

## 1.1.5　尺寸标注（GB/T 4458.4—2003）

无论图样按什么比例画出，图样中的图形只能表示机件的形状、结构，不能确定它的大小，而机件的大小还需通过标注尺寸才能确定。零件的制造、装配、检验等都要根据尺寸来进行，因此标注尺寸是一项重要、细致的工作。若尺寸有遗漏、错误，将给生产带来困难和损失。

国家标准对尺寸标注的基本方法有一系列的规定。

**1. 标注尺寸的要求**

标注尺寸时，应尽可能做到正确、完整、清晰、合理。

（1）正确　符合国家标准规定。

（2）完整　齐全，不遗漏，也不重复。

（3）清晰　标注在图形最明显处，且布局整齐，便于看图。

（4）合理　既保证设计要求，又适合加工、测量、装配等生产工艺要求。

**2. 尺寸标注的基本规则**

在图形上标注尺寸时，必须遵守如下规则：

（1）机件的真实大小应以图样中所注的尺寸数值为依据，与图形的比例大小及绘图的准确度无关。

（2）图样中（包括技术要求和其他说明）的尺寸，以 mm 为单位时，不需要标注计量单位的符号或名称；若采用其他单位，则必须注明相应计量单位的符号，如 30°、30″、5 cm、4 m 等。

（3）图样中所标注的尺寸为该图样所示机件的最后完工尺寸，否则应另加说明。

（4）机件的每一个尺寸，在图样中一般只标注一次，并应标注在反映该结构最清晰的图形上。

（5）在不致引起误解和不产生理解多义性的前提下，力求简化标注。

**3. 尺寸的组成**

一个完整的尺寸一般应由尺寸界线、尺寸线、尺寸线终端和尺寸数字组成。尺寸要素及标注如图 1-12 所示。表 1-4 为常见的尺寸标注示例。

（1）尺寸界线用细实线绘制，并应由图形的轮廓线、轴线或对称中心线处引出，也可用轮廓线、轴线或对称中心线作为尺寸界线。尺寸界线一般应与尺寸线垂直，必要时可引斜线（如表 1-4 中光滑过渡处的尺寸注法图例），并超出尺寸线约 2～3 mm。

（2）尺寸线必须用细实线单独绘制，不准用其他图线代替或者与其他图线重合，不要画在其他图线的延长线上。标注线性尺寸时，尺寸线必须与所标注的线段平行。当有数条尺寸线相互平行时，大尺寸要放在小尺寸的外面，避免尺寸线与尺寸界线相交，如图 1-12、图 1-15 所示。

同一图样中，尺寸线与轮廓线以及尺寸线与尺寸线之间的距离应大致相当，一般约为字高的 2 倍为宜。

（3）尺寸线终端有箭头和斜线两种形式（图1-13）。箭头适用于各种类型图样，多用于机械图样。箭头的宽度 $d$ 就是图样中粗实线的宽度，箭头的长约为宽度的 6 倍，箭头的尖端应指到尺寸界线。同一张图样中所有尺寸箭头大小应基本相同。

斜线多用于金属结构件和土木建筑图。斜线用细实线绘制，且与尺寸线成 45°（是按尺寸线的逆时针转向）。当尺寸终端采用斜线时，尺寸线与尺寸界线必须相互垂直。一个尺寸线两个终端斜线必须平行。

箭头应尽量画在尺寸界线的内侧。对于较小的尺寸，在没有足够的位置画箭头或注写数字时，也可以将箭头或数字放在尺寸界线的外面。当遇到连续几个较小的尺寸时，允许用圆点或细斜线代替箭头，见表 1-4 中小尺寸注法一栏。

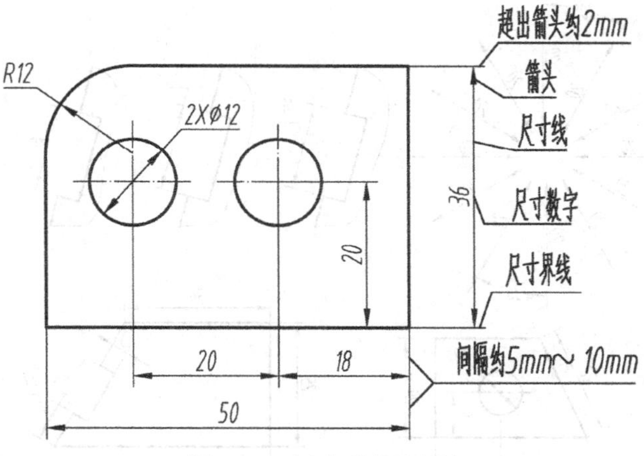

图 1-12　尺寸要素及标注

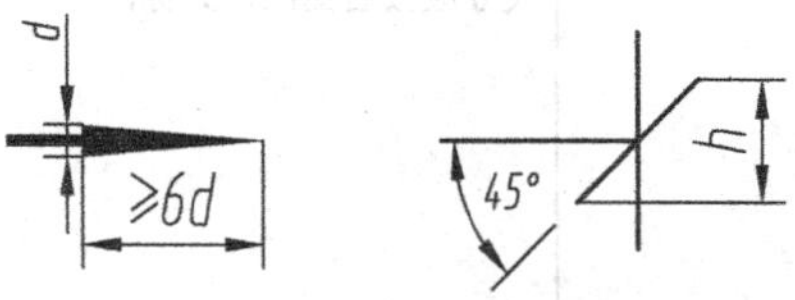

图 1-13　尺寸线的终端

（4）图样中的尺寸数字一般为 3.5 号字，并应按标准字体书写。尺寸数字要保证清晰，不允许任何图线穿过，当无法避免时，必须将图线断开，如图 1-14 所示。

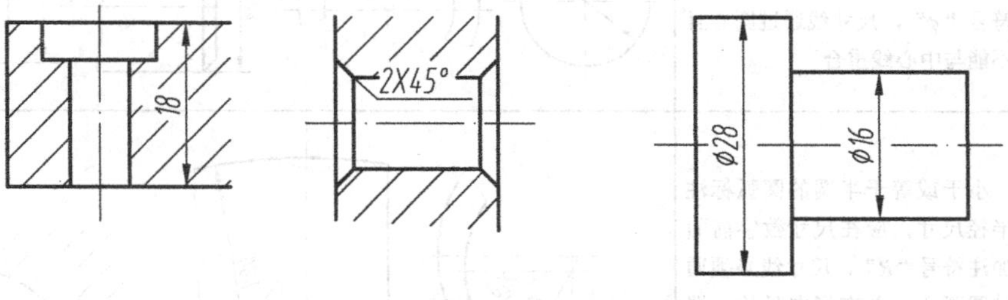

图 1-14　尺寸数字不能被任何图线打断

线性尺寸的数字的注写方向应与尺寸线平行，一般应注写在尺寸线的上方，也允许注写在尺寸线的中断处，当位置不够时，也可以引出标注。

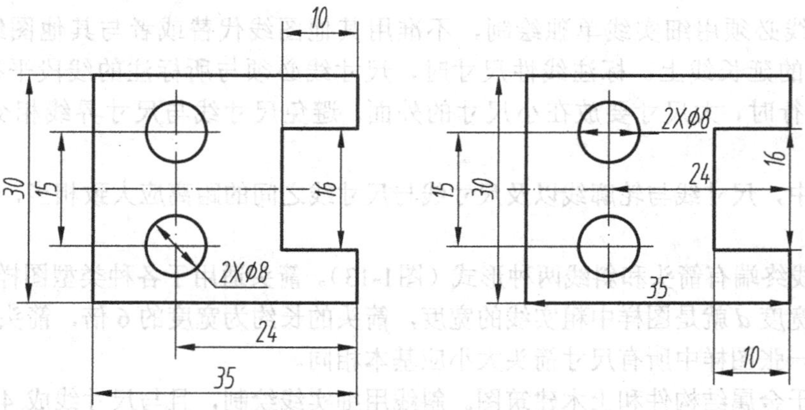


(a) 正确　　(b) 错误

图 1-15　尺寸标注的正误对比

**表 1-4　常见尺寸标注示例**

| 内容 | 说明 | 图例 |
|---|---|---|
| 线性尺寸标注 | 线性尺寸的数字注写方向应按图例所示，图示 30° 范围内的尺寸应按右图的形式标注 | 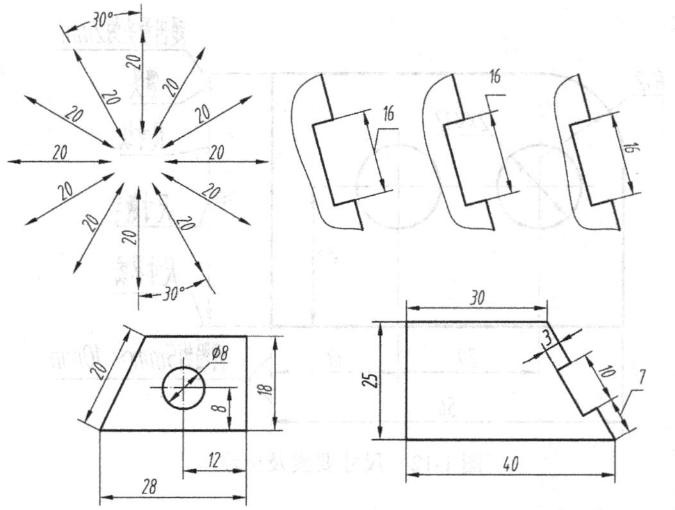 |
| 直径注法 | 整圆或大于半圆圆弧标注直径尺寸，应在尺寸数字前面加注符号“$\phi$”，尺寸线通过圆心且不能与中心线重合 | 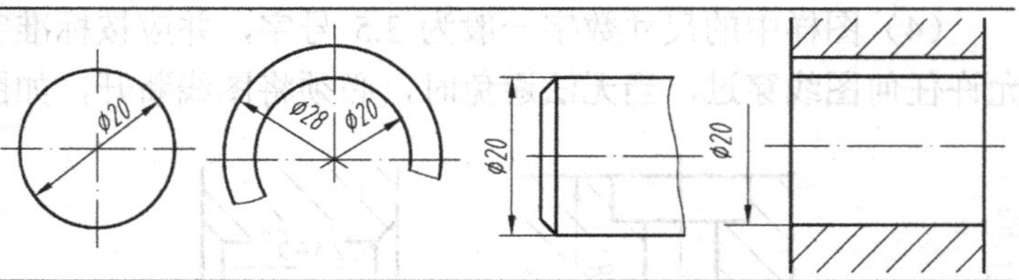 |
| 半径注法 | 小于或等于半圆的圆弧标注半径尺寸，应在尺寸数字前面加注符号“*R*”，尺寸线必须通过圆弧心，并在指向弧的一端画出箭头。当圆弧半径过大或圆心落在图纸外时，可按图例中图标注 | 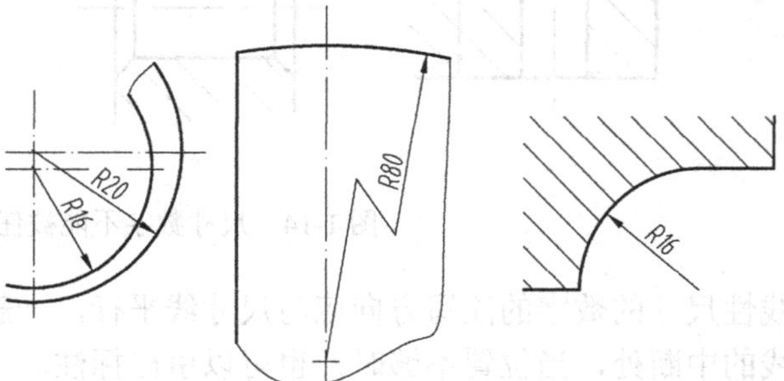 |

续表

| 内容 | 说明 | 图例 |
| --- | --- | --- |
| 球面注法 | 标注球面直径或半径时，应在符号“$\phi$”或“$R$”之前再加注符号“$S$”。对于螺钉、铆钉的头部，轴颈（包括螺杆）的端部及手柄端部，在不致引起误解的情况下允许省略符号“$S$” | 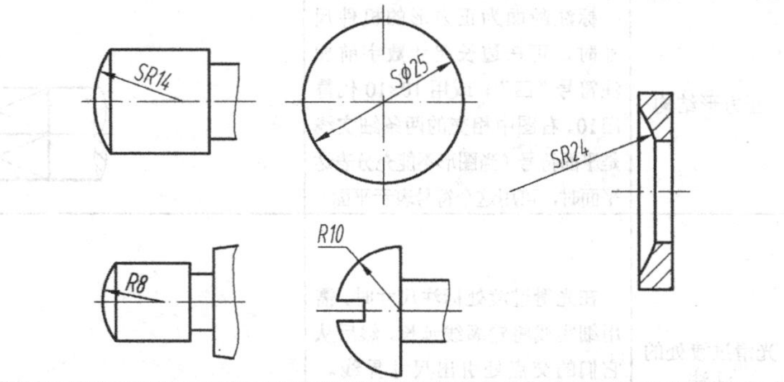 |
| 角度、弦、弧长的标注 | 角度、弦、弧长应按右图例注写。角度的尺寸线是以角顶为圆心的一段圆弧，其角度数字应水平注写在尺寸线的中断处，必要时也可以标注在尺寸线的上面、外面或引出标注，但必须字头朝上。标注弦的长度或圆弧的长度时，尺寸界线应平行于弦或弧的垂直平分线。标注圆弧时，在尺寸数字前应加注符号“︵” | 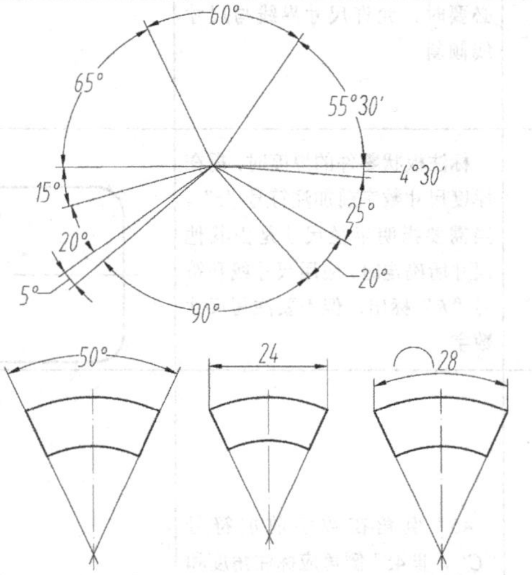 |
| 小尺寸注法 | 当没有足够位置画箭头或写数字时，数字可写在外面或引出标注，且允许用圆点或斜线代替箭头，小尺寸的圆和圆弧可按右图例标注，半径尺寸线皆通过圆弧的圆心 | 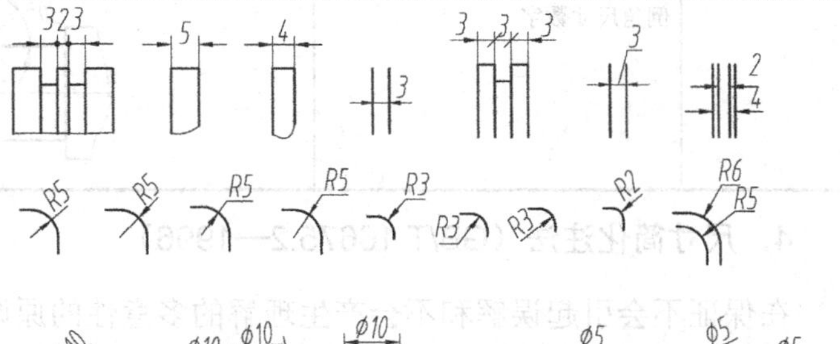 |
| 对称图形 | 当图形具有对称中心线时，分布在对称中心线两边的相同结构，可仅标注其中一边的结构尺寸。只画出对称机件的一半或略大于一半时，尺寸线应略超过对称中心线或断裂线，而且只在尺寸线的一端画出箭头 | 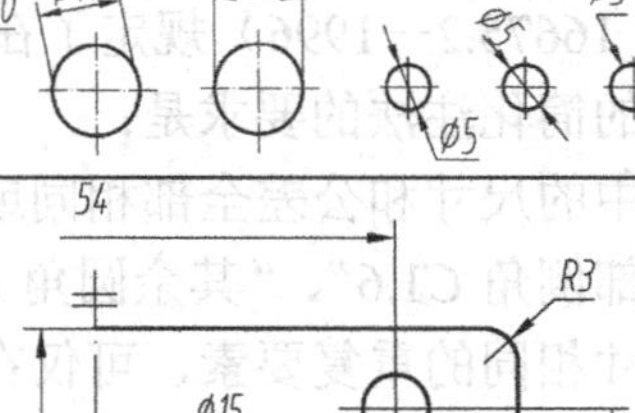 |

续表

| 内容 | 说明 | 图例 |
|---|---|---|
| 正方形结构 | 标注断面为正方形的机件尺寸时，可在边长尺寸数字前加注符号“□”，或用 10×10 代替□10。右图中相交的两条细实线是平面符号（当图形不能充分表达平面时，可用这个符号表示平面） | 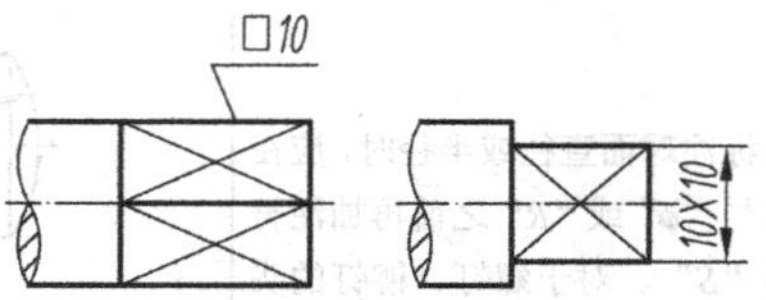 |
| 光滑过渡处的注法 | 在光滑过渡处标注尺寸时，需用细实线将轮廓线延长，然后从它们的交点处引出尺寸界线。必要时，允许尺寸界线与尺寸线倾斜 | 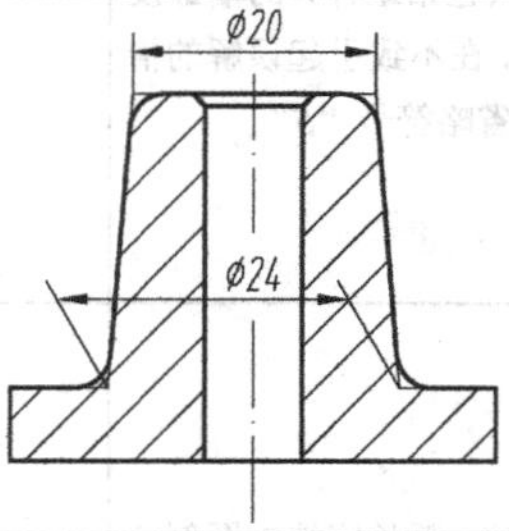 |
| 其他 | 标注板状零件的厚度时，需在厚度尺寸数字前加注符号“*t*”。当需要指明半径尺寸是由其他尺寸所确定时，应用尺寸线和符号“*R*”标出，但不要注写尺寸数字 | 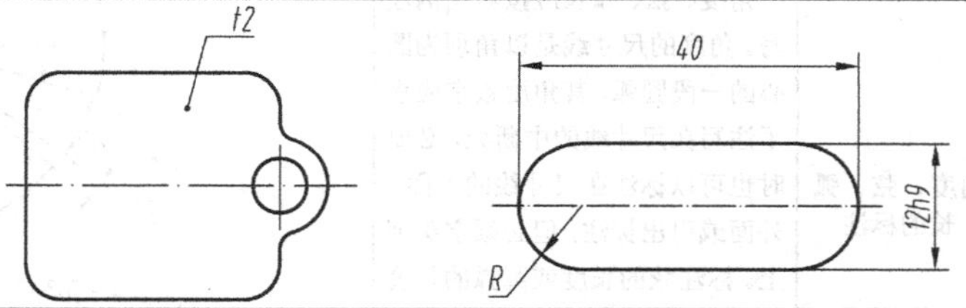 |
| 倒角 | 45°倒角在数字前加符号“*C*”，非 45°倒角应标注角度和倒角尺寸数字 | 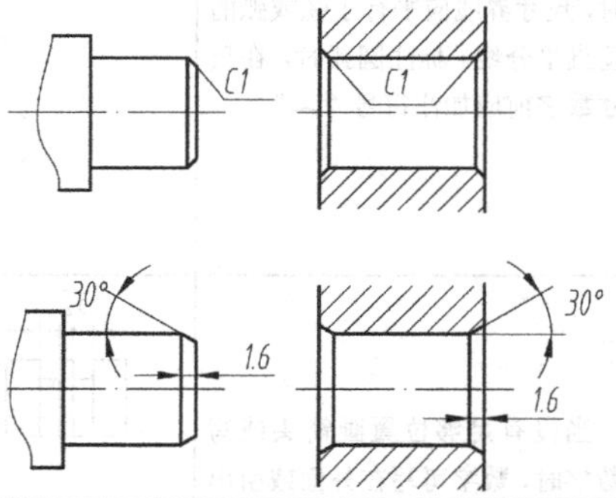 |

## 4. 尺寸简化注法（GB/T 16675.2—1996）

在保证不会引起误解和不会产生理解的多意性的原则下，力求制图简便，便于识读和绘制。国家标准（GB/T 16675.2—1996）规定了在技术图样中可使用的尺寸的简化注法。

图样中尺寸的简化注法的要求是：

（1）若图样中的尺寸和公差全部相同或某个尺寸和公差占多数时，可在图样空白处进行总的说明，如“全部倒角 *C*1.6”、“其余圆角 *R*4”等。

（2）对于尺寸相同的重复要素，可仅在一个要素上注出其尺寸和数量（如表 1-6 所示）。

（3）标注尺寸时，应尽可能使用符号或缩写词，常用的符号和缩写词及比例画法如表 1-5、图 1-16 所示。

表 1-5 标注尺寸的常用符号和缩写词

| 符号 | ∅ | R | S∅ | SR | t | □ | C | ↧ | ⌴ | ∨ | EQS | ⌒ | ∠ | ◁ |
|---|---|---|---|---|---|---|---|---|---|---|---|---|---|---|
| 含义 | 直径 | 半径 | 球直径 | 球半径 | 厚度 | 正方形 | 45°倒角 | 深度 | 沉孔或锪平 | 埋头孔 | 均布 | 弧长 | 斜度 | 锥度 |

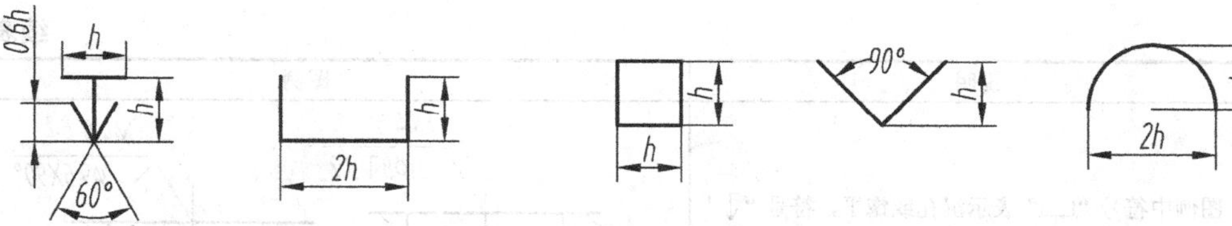


图 1-16　常用符号的比例画法

常见的尺寸简化注法，如表 1-6 所示。

**表 1-6　尺寸简化注法的若干规定**

| 内容 | 说明 | 图例 |
| --- | --- | --- |
| 单边箭头标注 | 为了便于标注尺寸，可使用单边箭头。箭头偏置原则为水平尺寸左上右下，垂直（倾斜）尺寸上右下左 | 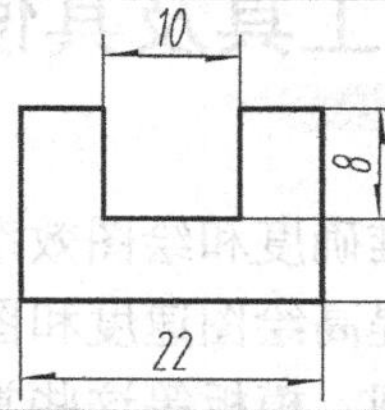 |
| 相同的孔和槽标注 | 在同一图形中，对尺寸相同的孔、槽等成组要素，可仅在一个要素上注出其尺寸和数量<br>当其定位和分布情况在图形中已明确时，可不标注角度，并省略 EQS | 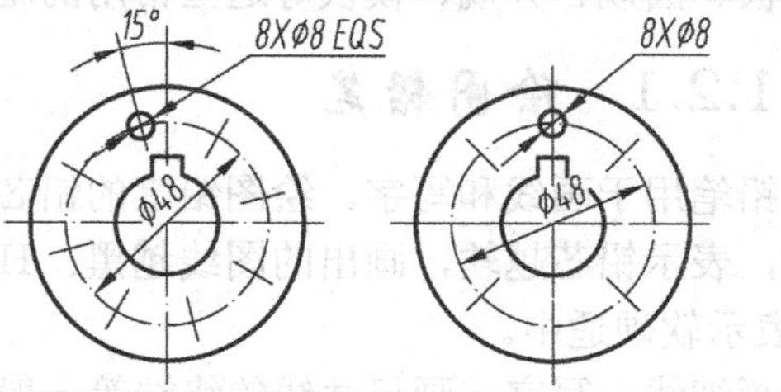 |
| 几种重复要素标注 | 在同一图形中具有几种尺寸数值相近而又重复的要素（如孔）时，可采用标记（如涂色等）或采用标注字母的方法来区别 | 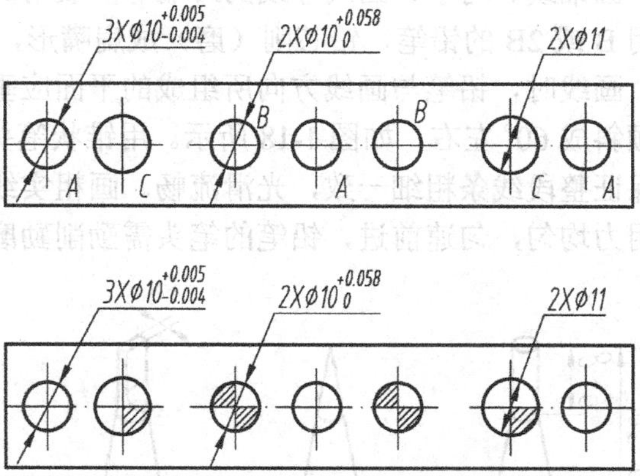 |
| 共用尺寸线标注 | 一组同心圆弧或圆心位于同一直线上的多个不同心圆弧的尺寸，可用共用的尺寸线和箭头依次表示。在不致引起误解时，除起始第一个箭头外，其余箭头可省略，但尺寸仍应以第一个箭头为首，依次表示<br>一组同心圆或尺寸较多的台阶孔的尺寸，也可用共用的尺寸线和箭头依次表示。与上述圆弧的标注方法不同，一是每一圆处应画出尺寸线箭头，二是箭头应由圆中心（或中心线）方向指向外，三是尺寸线通常超出中心（中心线）画出一半 | 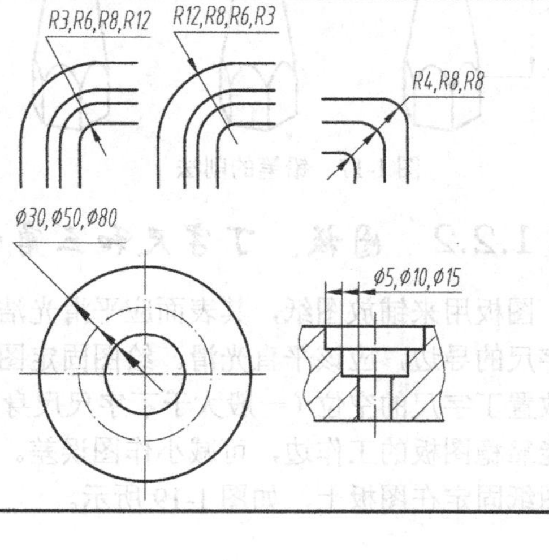 |

续表

| 内容 | 说明 | 图例 |
|---|---|---|
| 各种孔的旁注法 | 图例中符号“⌴”表示沉孔或锪平，符号“↧”表示深度，此处有沉孔$\phi$8 深 3.2。符号“⌵”表示埋头孔，埋头孔的尺寸为$\phi$9.6×90° | 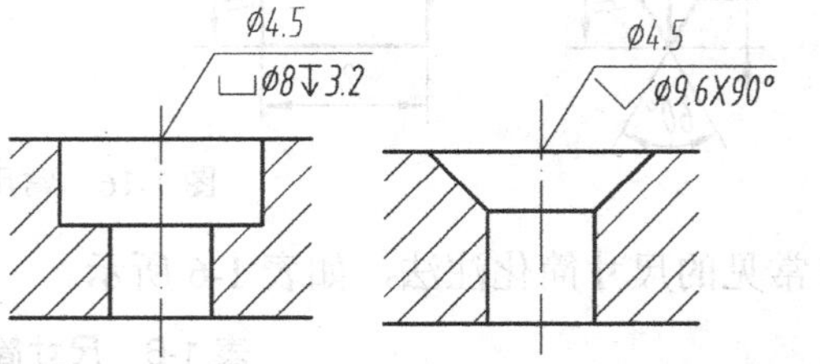 |

# 1.2 制图工具及其使用方法

要提高绘图的准确度和绘图效率，必须掌握正确的使用各种制图工具和仪器的方法。制图工具的正确使用对提高绘图速度和图面质量起到重要的作用。本节将介绍铅笔、图板、丁字尺、三角板、圆规、分规、模板等这些常用的制图工具的使用方法。

## 1.2.1 绘图铅笔

铅笔用于画线和写字。绘图铅笔的铅芯有软硬之分，分别用字母B和H表示。B前的数字越大，表示铅芯越软，画出的图线越黑；H前的数字越大，表示铅芯越硬，画出的图线越淡；HB表示软硬适中。

画细线、写字、画尺寸线的终端等一般用H或HB的铅笔，铅芯削（磨）成圆锥形；画粗线用B或2B的铅笔，铅芯削（磨）成扁嘴形，如图1-17所示，图中$b$代表粗实线的宽度。

画线时，铅笔与画线方向所组成的平面应垂直于纸面，铅笔铅芯应紧靠尺身，并向画线方向倾斜成60°左右，如图1-18所示。用锥状笔头画线时，在运笔前进的同时要做旋转运动，才能保证整段线条粗细一致，光滑流畅。画粗实线时，因用力较大，倾斜角度可以小一些。画线时用力均匀，匀速前进，铅笔的笔头需勤削勤磨。

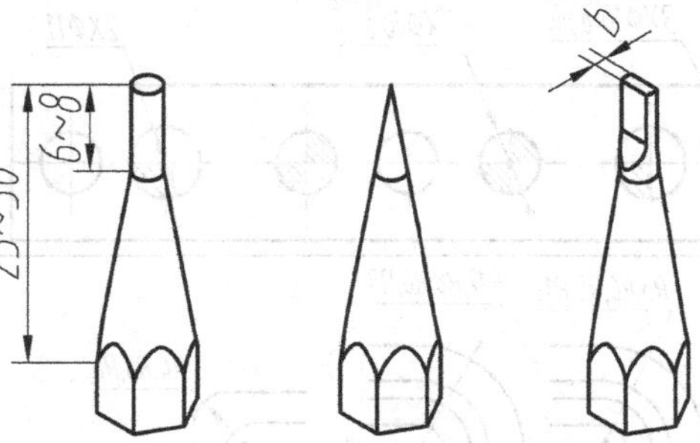


图 1-17 铅笔的削法

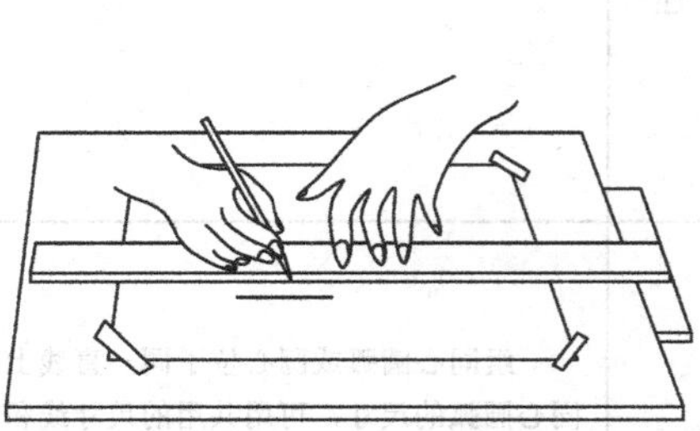

图 1-18 画线时铅笔需向画线方向倾斜

## 1.2.2 图板、丁字尺和三角板

图板用来铺放图纸，其表面应平滑光洁，图板根据大小有多种型号。图板的左右短侧边为丁字尺的导边，应该平直光滑。绘图固定图纸时，一般应将图纸置于图板的左下方，并注意留出放置丁字尺的空位（一般大于丁字尺尺身宽度），这样可使丁字尺的尺身在图纸范围内，尺头均能靠稳图板的工作边，可减小作图误差。图纸用丁字尺对正后，用胶带纸将四个角处粘牢，使图纸固定在图板上，如图1-19所示。

若采用预先印好图框及标题栏的图纸进行绘图，则应使图纸的水平图框线对准丁字尺的工作边后，再将其固定在图板上，以保证图上的所有水平线与图框线平行。丁字尺由尺头和尺身两部分构成。目前多以有机玻璃制成。选用时，以尺头和尺身的工作边平直为宜。丁字尺与图板配合使用，用于画水平线。使用时，用左手扶尺身，使它与图板工作边靠紧，上下移动丁字尺，使尺身工作边至画线位置，然后左手压住尺头，从左向右画水平线，如图1-18所示。画竖直线时，应该从下往上画线，如图1-20所示。

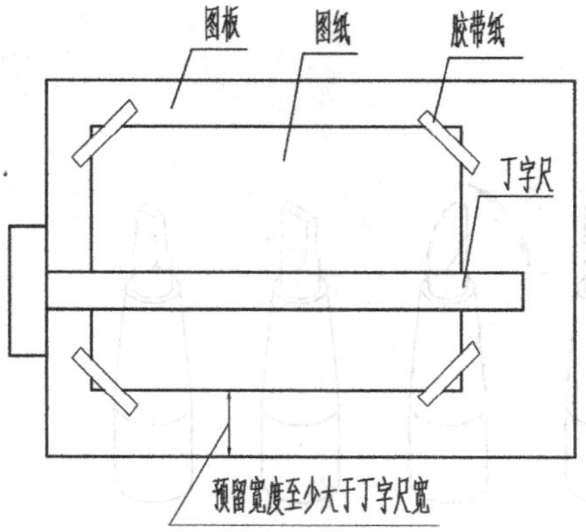


图1-19　图纸的固定方法

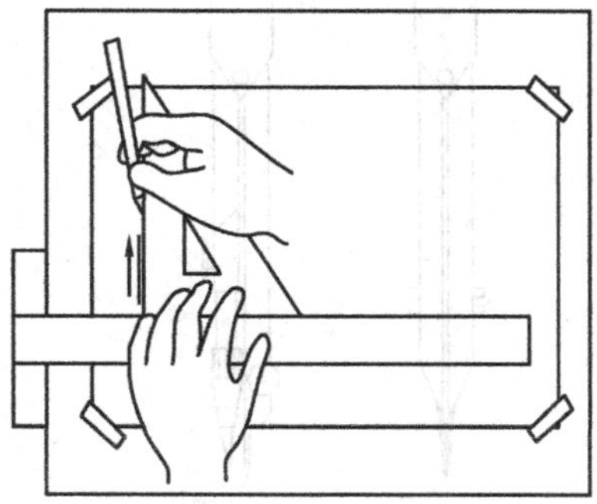

图1-20　竖直线的画法

一副三角板是由45°等腰三角形和30°、60°的直角三角形组成。利用三角板的直角边与丁字尺配合，除了可画出水平线和垂直线，还可以画出与水平线成75°、60°、45°、30°、15°的斜线。此外，利用一副三角板还可以画出任意直线的平行线或垂直线，如图1-21、图1-22所示。

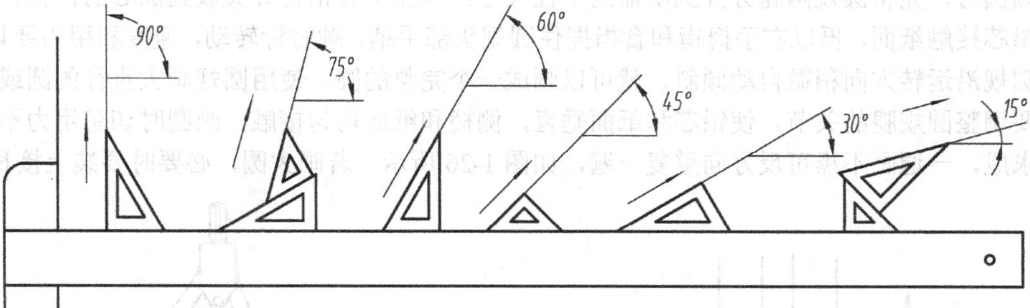


图1-21　三角板与丁字尺配合画15°及其倍数斜线

图1-22　两个三角板配合画平行线与垂直线

### 1.2.3 圆规和分规

图 1-23 所示的是常用的圆规与分规。圆规主要用于画圆或圆弧。由于圆规画圆时不使用力，因此圆规上使用的铅芯一般要比绘图铅笔软一级，用在圆规上画粗实线圆所用的铅芯为 B，甚至是 2B，修理成图 1-24 所示的矩形；画细线圆时，用 H 或 HB 的铅笔芯并磨成图 1-24 所示的铲形。

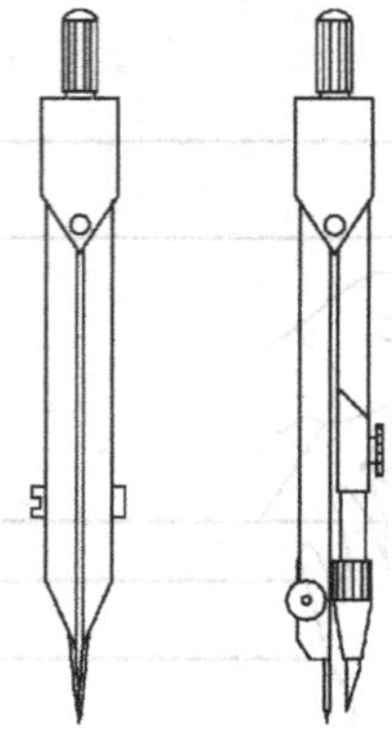

图 1-23 常用的圆规与分轨

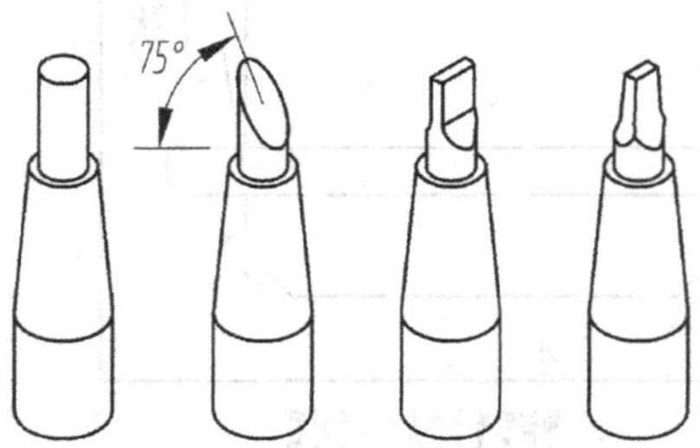


图 1-24 圆规铅芯的削法

圆规的一条腿上装有铅芯，另一条腿上装有钢针。钢针两端的形状不同，一端为台阶状，一端为锥形状，如图 1-25 所示。画圆或圆弧时，一般用台阶状钢针，以避免针眼扩大，画圆不准确。使用圆规时，应先调整针尖和插腿的长度，使针尖略长于铅芯。圆规代替分规使用时，换用锥形尖端。

画圆时，先将圆规两腿分开到所需的半径尺寸，借左手食指将针尖放到圆心的位置，另一腿的铅芯接触纸面，再以右手拇指和食指捏住圆规头部手柄，顺时针转动，速度和用力要均匀，并使圆规沿运转方向稍微自动倾斜，就可以画成一个完整的圆。使用圆规画大直径的圆或描深时，要调整圆规腿的关节，使铅芯和纸面垂直，侧棱和纸面均匀接触，画圆时切忌用力不均，急于求成，一遍画不黑可反方向重复一遍，如图 1-26 所示。若画大圆，必要时要装上接长杆。

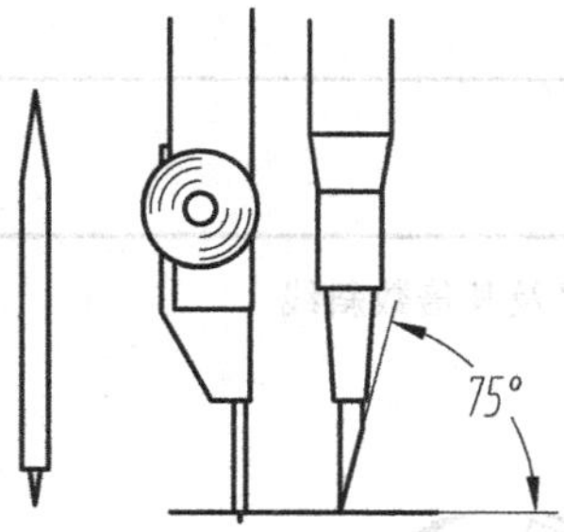


图 1-25 铅芯的安装

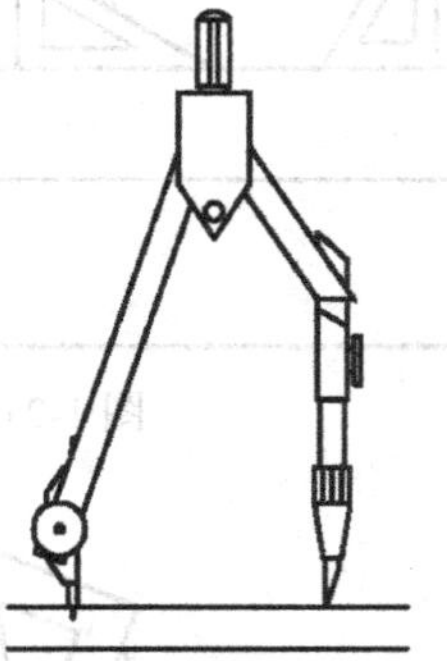

图 1-26 圆规画圆

分规主要用于量取线段、等分线段和截取尺寸。分规两腿均装有钢针。使用时，应调节两个钢针的长短，以两腿合拢后两个钢针尖汇交于一点为宜，如图 1-27 所示。度量尺寸时，用拇指和食指微调两个针尖，使之对准刻度线即可。用分规截取若干等长线段时，应以分规的两腿交替为轴，沿给出的直线进行截取，这样易于操作，便于连续截取线段且误差小。

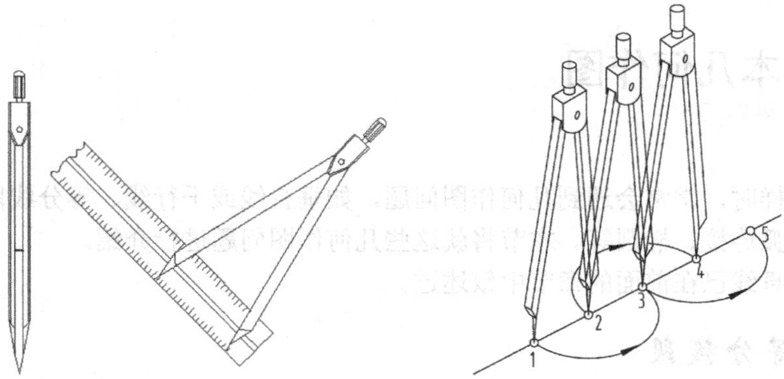

图 1-27 分规的使用

## 1.2.4 模板

目前已有多种模板用于快速绘图，如椭圆模板、几何制图板、六角螺栓头模板、多能矩形尺、画图等分尺，等等。图 1-28 所示的是常见的一种。

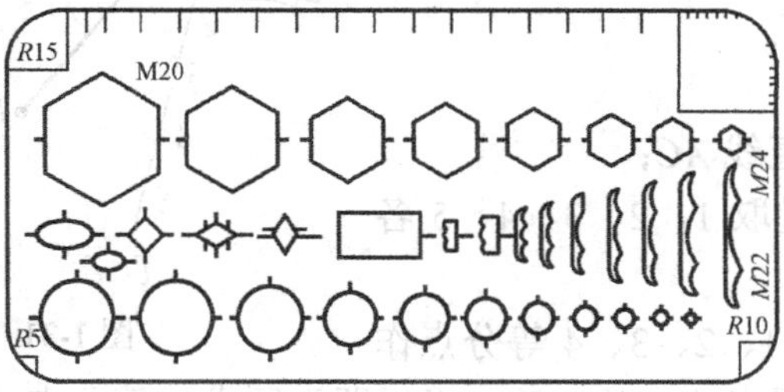


图 1-28 模板

曲线板用来描绘非圆曲线，其轮廓线由多段不同曲率半径的曲线组成。曲线板的形状各异，常见的曲线板形状如图 1-29 所示。描绘曲线时先将要连接的点徒手依次用削成锥形的铅笔轻轻连接起来，然后用曲线板靠拢此曲线，每次至少吻合 3～4 个点，并注意每次描绘的一段线都要比曲线板与曲线实际吻合的部分稍短一点。描绘时前一段要与上次所描的一部分重合，中间一段才是为本次要描绘的部分，留下一段留待下次描绘，直到完成所描绘的曲线。只有这样，才能使所描的曲线光滑。其描绘的方法和过程如图 1-29(a)、(b)、(c)、(d)所示。

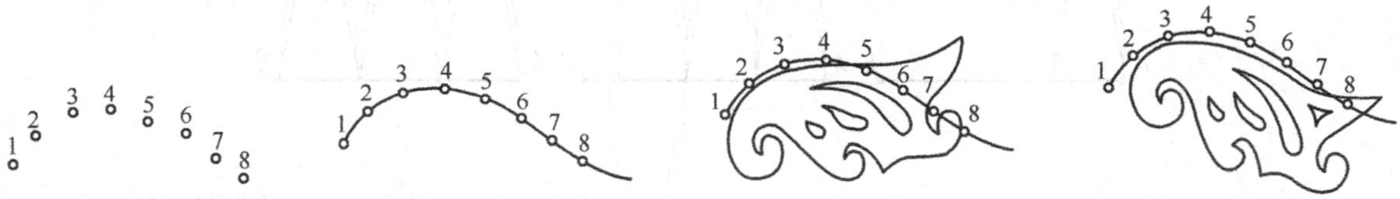

(a) 已知 1～8 点，连接曲线
(b) 徒手用细实线绘制曲线
(c) 吻合 1～4 点，连接 1～3 点，留下 3～4 不连接
(d) 吻合 3～7 点，连接 3～6 点，留下 6～7 不连接，以此方法继续连接直至加深曲线

图 1-29 曲线板的用法

擦线板又称擦图片（图 1-30），是擦去制图过程不需要的稿线的制图辅助工具。擦线板是由塑料或不锈钢制成的薄片。由不锈钢制成的擦线板因柔软性好，使用相对比较方便。擦线条时，应用擦线板上适宜的缺口对准所需擦除的部分，并将不需擦除的部分盖住，用橡皮擦去位于缺口中的线条。用擦线板擦去稿线时，应尽量用最少的次数将其擦净，以免将图纸表面擦毛，影响制图质量。

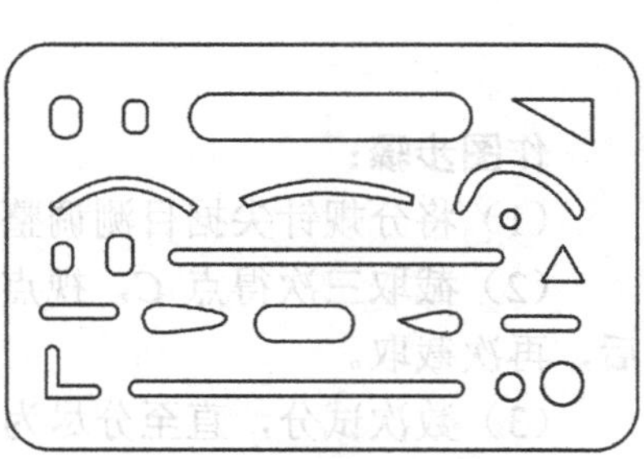

图 1-30 21 孔擦图片

# 1.3 基本几何作图

绘制机械图样时，常常会遇到几何作图问题，如垂直线或平行线、等分线段、正多边形、斜度、锥度、圆弧连接、椭圆等。本节将就这些几何作图问题进行介绍。

平行线与垂直线已在前面的章节中叙述过。

## 1.3.1 等分线段

借助三角板和分规，可以将已知线段 *N* 等分。

### 1. 平行线等分线段法

**【例 1-1】** 将直线 *AB* 分成五等分，如图 1-31 所示。

**作图步骤：**

（1）过端点 *A* 作任意直线 *AC*；

（2）用分规在 *AC* 上量取 1、2、3、4、5 各等分点；

（3）连接 *5B*，分别过 1、2、3、4 等分点作 *5B* 的平行线，与 *AB* 相交得点1′、2′、3′、4′，即为所求的等分点。

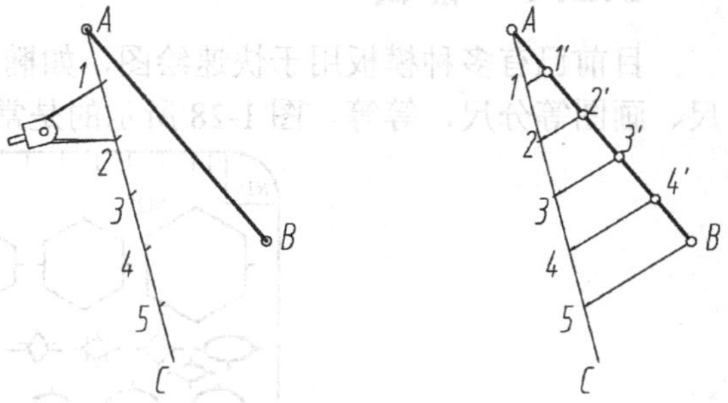


图 1-31 平行线等分线段法

### 2. 分规试分法

**【例 1-2】** 将已知线段 *AB* 三等分，如图 1-32 所示。

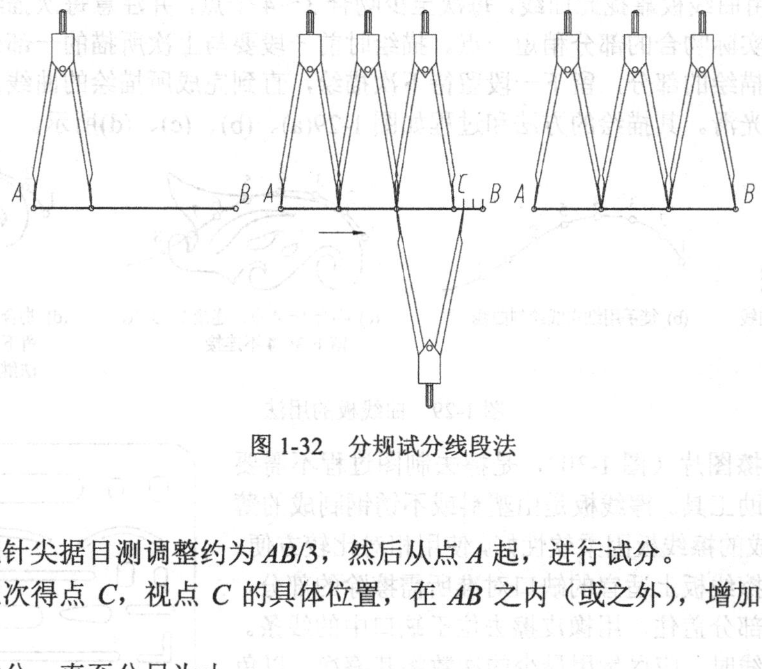


图 1-32 分规试分线段法

**作图步骤：**

（1）将分规针尖据目测调整约为 *AB*/3，然后从点 *A* 起，进行试分。

（2）截取三次得点 *C*，视点 *C* 的具体位置，在 *AB* 之内（或之外），增加（或减少）*CB*/3 后，再次截取。

（3）数次试分，直至分尽为止。

## 1.3.2　等分圆周及正多边形

正多边形一般采用等分其外接圆，连接各等分点的方法作图。使用三角板、丁字尺或圆规可以三、四、五、六或 N 等分圆周，表 1-7 中介绍了正三、四、五、六、七边形的作图方法。

表 1-7　等分圆周、画正多边形

| 等分 | 作图步骤 | 说明 |
| --- | --- | --- |
| 三等分（内接正三角形） | 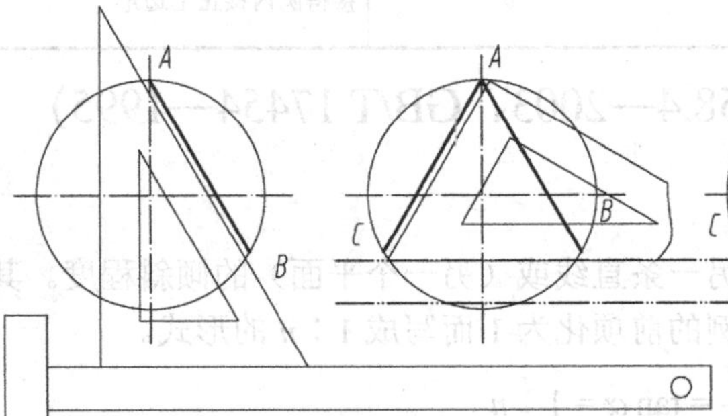 | （1）用 60° 三角板过点 *A* 画 60° 线交圆周于点 *B*<br>（2）旋转三角板，同样画 60° 斜线交圆周于点 *C*<br>（3）连接 *A*、*B*、*C* 三点得圆内接正三角形 |
| 四等分（内接正四边形） | 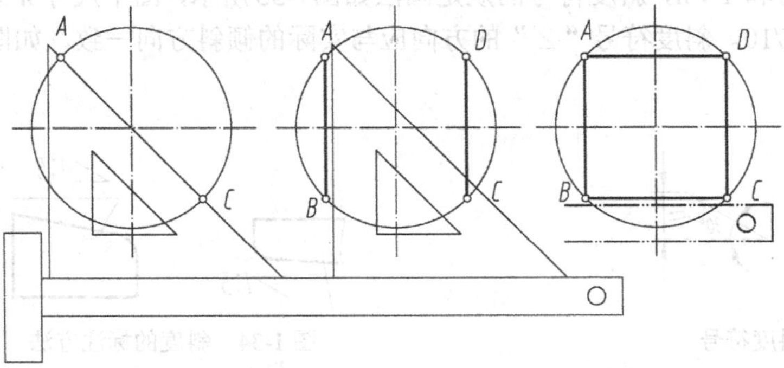 | （1）用 45° 三角板斜边过圆心，画线交圆周于 *A*、*C* 两点<br>（2）移动三角板，用直角边作过 *A*、*C* 两点的垂线，交圆周于 *B*、*D* 两点<br>（3）用丁字尺连接 *A*、*B*、*C*、*D* 四点，得圆内接正四边形 |
| 五等分（内接正五边形） | 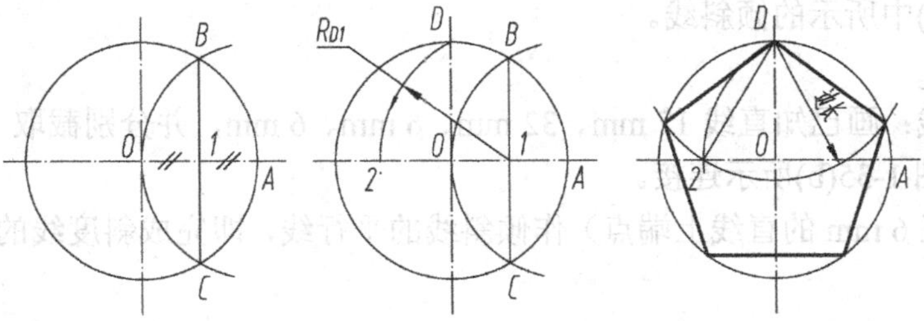 | （1）平分半径 *OA*，得到中点 *1*<br>（2）以点 *1* 为圆心，*1D* 为半径作圆弧交水平直径于点 *2*，直线段 *D2* 即为正五边形的边长<br>（3）以 *D* 为起点，依次在圆周上截取 *D2*，即可得圆内接正五边形 |
| 六等分（内接正六边形） | 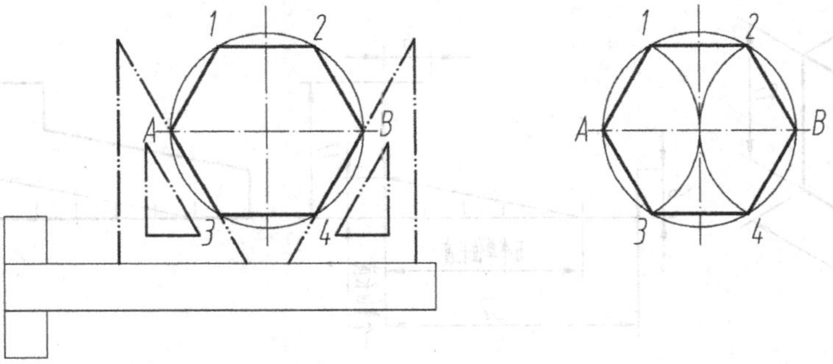 | 方法一　用 60° 三角板过 *A* 画弦 *A3*，右移过 *B* 画 *B2*。旋转三角板画 *A1*、*B4*。用丁字尺连接 *12*、*34*，得圆内接正六边形<br>方法二　以 *A* 和 *B* 为圆心，圆半径为半径，截圆周于点 *1*、*2*、*3*、*4*，连线即可得 |

续表

| 等分 | 作图步骤 | 说明 |
| --- | --- | --- |
| 七等分（内接正七边形） | 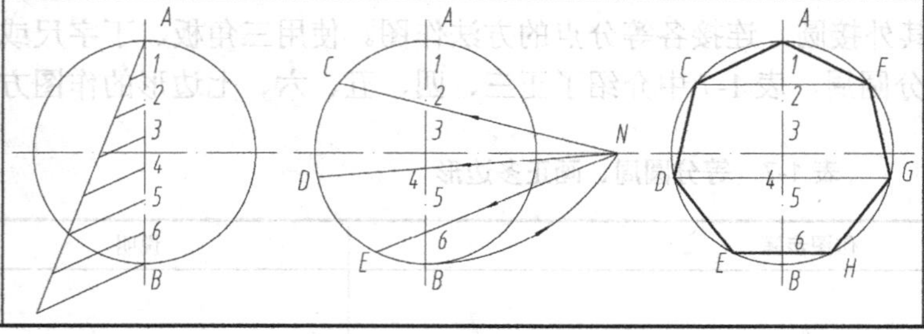 | （1）将铅垂直径七等分<br>（2）以 *A* 为圆心，直径 *AB* 为半径画弧交水平直径延长线于点 *N*，连线 *N*2、*N*4、*N*6 并延长与圆周相交得点 *C*、*D*、*E*<br>（3）分别作点 *C*、*D*、*E* 的对称点 *F*、*G*、*H*，得到七个等分点，依次连接得圆内接正七边形 |

## 1.3.3 斜度和锥度（GB/T 4458.4—2003、GB/T 17454—1995）

### 1. 斜度

斜度是指一条直线（或一个平面）相对另一条直线或（另一个平面）的倾斜程度。其大小用它们之间夹角的正切来表示，习惯上把比例的前项化为 1 而写成 1∶*n* 的形式。

$$斜度 =\frac{H}{L}=\tan\alpha=1:n$$

在图样上应标注斜度符号和 1∶*n*，斜度符号的规定画法如图1-33 所示，图中尺寸 *h* 为尺寸数字的高度，符号的线宽为1/10。斜度符号“∠”的方向应与实际的倾斜方向一致，如图 1-34 所示。

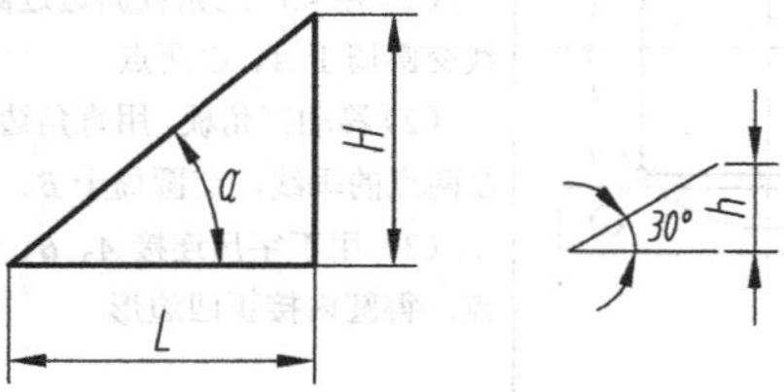


图 1-33　斜度和斜度符号

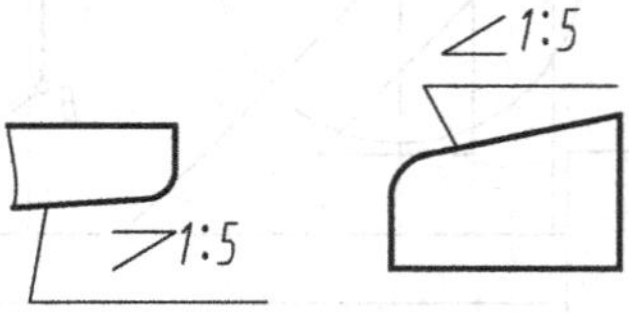


图 1-34　斜度的标注方法

**【例 1-3】** 作出图 1-35(a)中所示的倾斜线。

**作图步骤：**

（1）画给定斜度的辅助线：画已知直线 17 mm、32 mm、6 mm、6 mm，并分别截取 1 个单位长度和 5 个单位长度，按图 1-35(b)所示连接。

（2）过已知点（图中竖直 6 mm 的直线上端点）作倾斜线的平行线，即完成斜度线的作图，如图 1-35(c)所示。

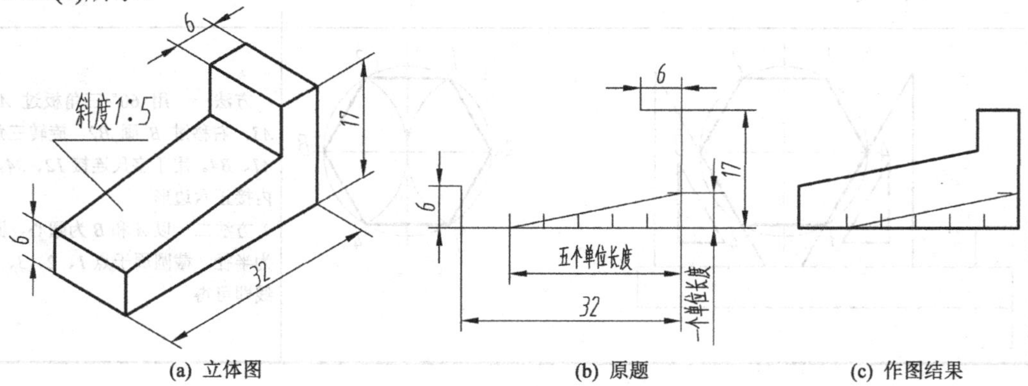


(a) 立体图　(b) 原题　(c) 作图结果

图 1-35　斜度的作图方法

**2. 锥度**

锥度是指正圆锥的底圆直径与高度的比。如果是圆锥台，则是底圆直径和顶圆直径的差与高度之比，其大小用它们之间锥半角的正切的两倍来表示。同样，习惯上把比例的前项化为 1 而写成 1∶*n* 的形式。

$$\text{锥度}=\frac{D}{L}=\frac{D-d}{l}=2\tan\alpha=1:n$$

在图样上应标注锥度符号和 1∶*n*，锥度符号的规定画法如图 1-36 所示。锥度符号“▷”的方向应与实际的圆锥锥度方向一致，如图 1-37 所示。

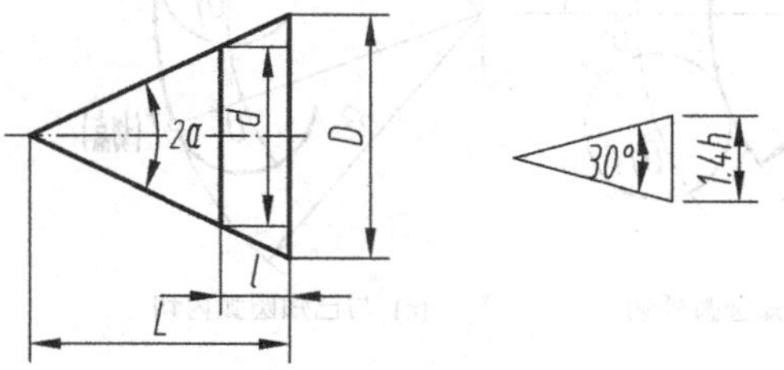

图 1-36　锥度和锥度符号

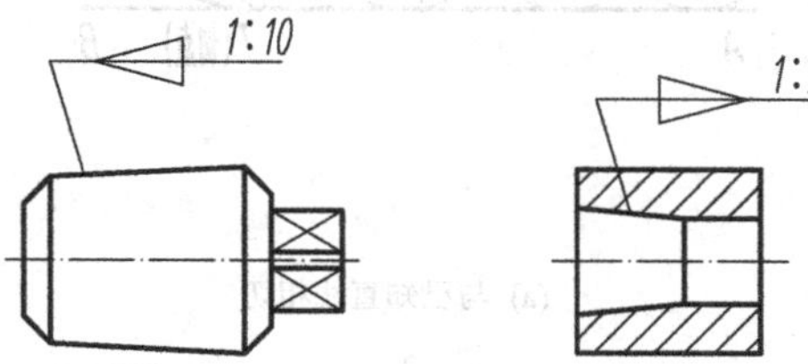

图 1-37　锥度的标注方法

【例 1-4】　作出图 1-38(a)中所示的锥度线。

**作图步骤：**

（1）画给定锥度的辅助线：画已知直线 26 mm、$\phi$10 mm，并分别在水平线、垂直线上截取 3 个单位长度和上下各半个单位长度，按图 1-38(b)所示连接。

（2）过已知点（图中竖直$\phi$10 mm 的直线上下两端点）作辅助线的平行线，即完成锥度线的作图，如图 1-38(c)所示。

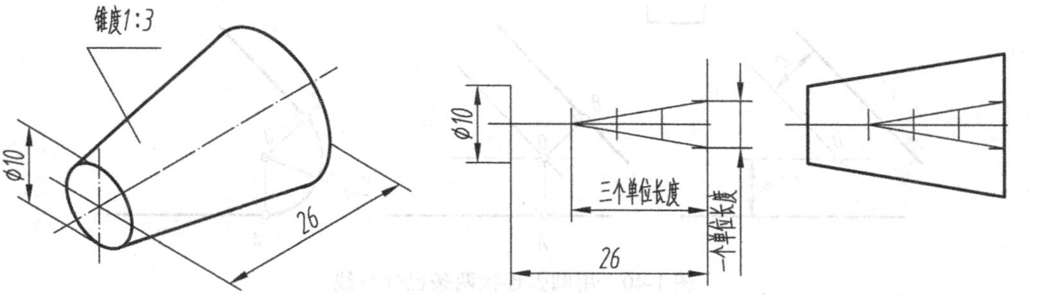

(a) 立体图　　(b) 原题　　(c) 作图结果

图 1-38　锥度的作图方法

## 1.3.4　圆弧连接

绘制机件图形时经常需要光滑地连接圆弧或直线，这种用圆弧光滑地连接相邻两条线段的方法，称为圆弧连接。光滑连接，实质上就是圆弧与直线或圆弧与圆弧相切，其切点即为连接点。为了保证光滑连接，关键在于准确地找出连接圆弧的圆心和切点。

**1. 圆弧连接的基本形式**

（1）与已知直线相切　连接弧的圆心轨迹为与已知直线 *AB* 距离为 *R* 的平行直线 *I*，切点 *T* 为圆心向已知直线作垂线的垂足，如图 1-39(a)所示。

（2）与已知圆弧外切　连接弧的圆心轨迹为已知圆弧的同心圆，半径为两条圆弧半径之和，即 $R_1+R$，切点 $T$ 为两个圆心的连线与已知圆弧的交点，如图 1-39(b)所示。

（3）与已知圆弧内切　连接弧的圆心轨迹为已知圆弧的同心圆，半径为两条圆弧半径之差，即 $R_1-R$，切点 $T$ 为两个圆心连线的延长线与已知圆弧的交点，如图 1-39(c)所示。

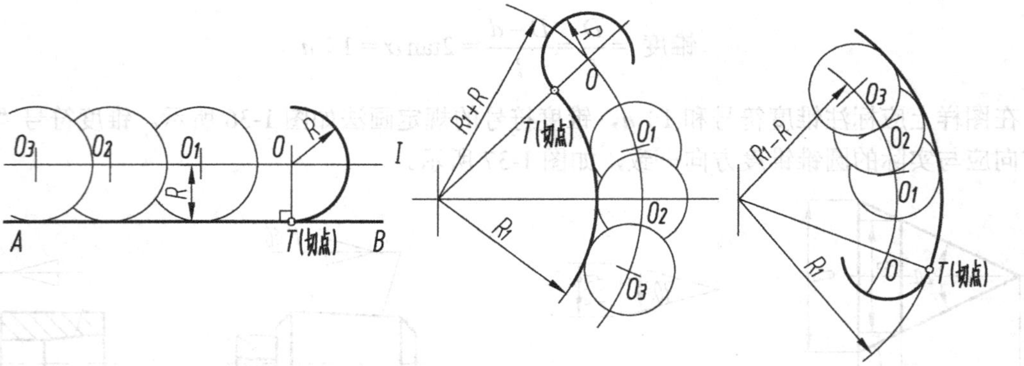


(a) 与已知直线相切　(b) 与已知圆弧外切　(c) 与已知圆弧内切

图 1-39　圆弧连接的基本形式

## 2．圆弧连接的作图方法

无论圆弧连接的对象是直线还是圆弧，是内切还是外切，画连接弧的步骤都相同，即：①求出连接弧的圆心；②确定连接弧的切点位置；③在两个切点之间画出连接弧。

1）用圆弧连接两条已知直线

作连接圆弧的方法如图 1-40 所示。

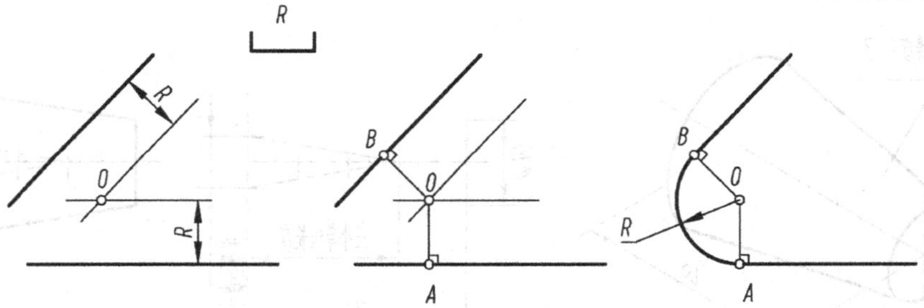


图 1-40　用圆弧连接两条已知直线

（1）求连接弧的圆心。作两条辅助直线分别与两条已知直线平行，且距离都等于 $R$，两条辅助直线的交点就是连接弧的圆心点 $O$。

（2）求连接弧的切点。过点 $O$ 分别向已知直线作垂线，得到垂足点 $A$、$B$，即为两个切点。

（3）作连接弧。以点 $O$ 为圆心，$R$ 为半径，$A$、$B$ 为两端点作圆弧，即完成连接。

2）用半径为 $R$ 的圆弧连接一条直线和一条圆弧

作连接圆弧的方法如图 1-41 所示。

（1）求连接弧的圆心。作与已知直线距离为 $R$ 的平行线，并以已知弧的圆心为圆心，$R-R_1$ 为半径画弧，所得交点 $O$ 即为连接弧的圆心。

（2）求连接弧的切点。过点 $O$ 向已知直线作垂线得垂足点 $A$；再作连心线 $OO_1$ 与已知圆弧交于点 $B$，即为两个切点。

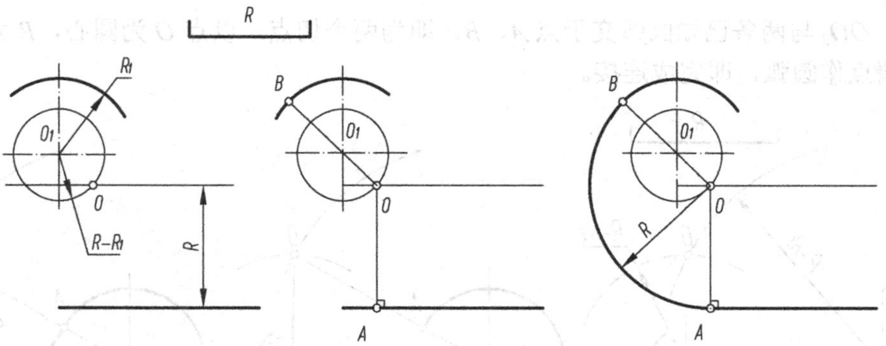


图 1-41　用圆弧连接一条已知直线和一条已知圆弧

（3）作连接弧。以点 $O$ 为圆心，$R$ 为半径，$A$、$B$ 为两个端点作圆弧，即完成连接。

3）用半径为 $R$ 的圆弧连接两条已知圆弧

（1）与两条圆弧外切时的画法（图 1-42）。分别以两条已知圆弧的圆心 $O_1$、$O_2$ 为圆心，以（$R+R_1$）、（$R+R_2$）为半径画同心圆弧，两条同心圆弧的交点即为连接弧的圆心 $O$。再作连心线 $OO_1$、$OO_2$ 与两条已知圆弧交于点 $A$、$B$，即为两个切点。以点 $O$ 为圆心，$R$ 为半径，$A$、$B$ 为两个端点作圆弧，即完成连接。

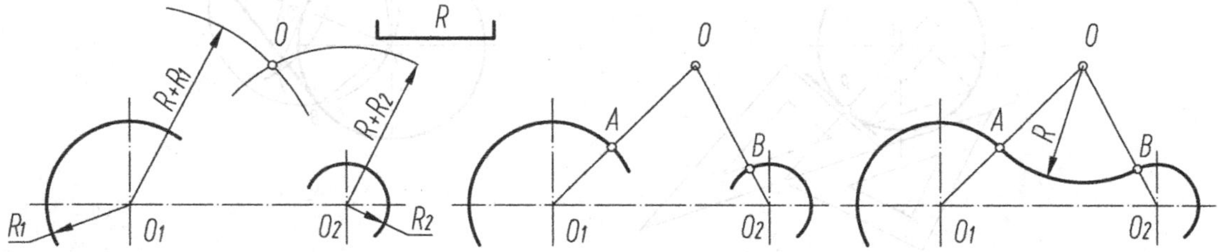


图 1-42　与两条圆弧外切时的圆弧连接画法

（2）与两条圆弧内切时的画法（图 1-43）。分别以两条已知圆弧的圆心 $O_1$、$O_2$ 为圆心，以（$R-R_1$）、（$R-R_2$）为半径画同心圆弧，两条同心圆弧的交点即为连接弧的圆心 $O$。再作连心线 $OO_1$、$OO_2$ 与两条已知圆弧交于点 $A$、$B$，即为两个切点。以点 $O$ 为圆心，$R$ 为半径，$A$、$B$ 为两个端点作圆弧，即完成连接。

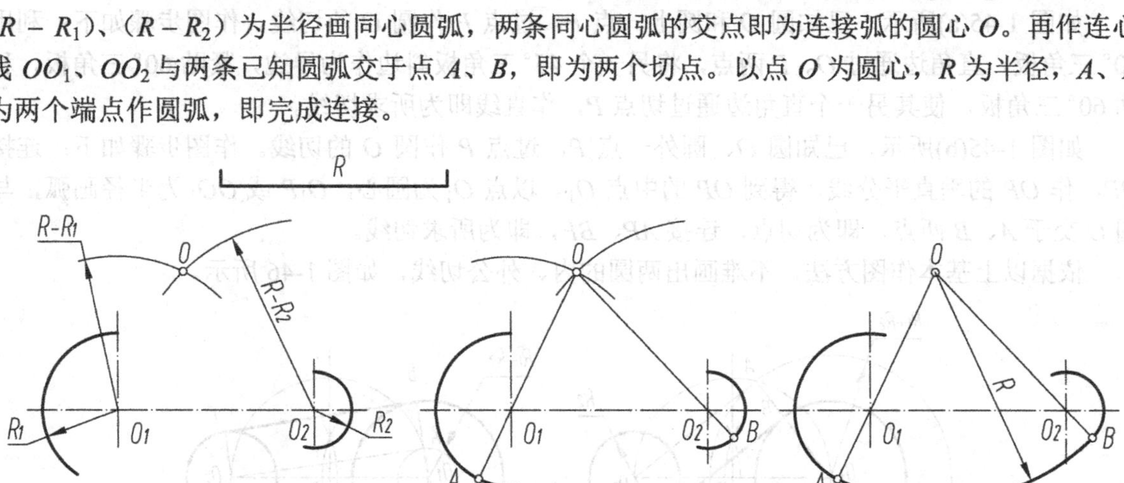


图 1-43　与两条圆弧内切时的圆弧连接画法

（3）与两条圆弧内外切时的画法（图1-44）。分别以两条已知圆弧的圆心 $O_1$、$O_2$ 为圆心，以（$R+R_1$）、（$R-R_2$）为半径画同心圆弧，两条同心圆弧的交点即为连接弧的圆心 $O$。再作连

心线 $OO_1$、$OO_2$ 与两条已知圆弧交于点 $A$、$B$，即为两个切点。以点 $O$ 为圆心，$R$ 为半径，$A$、$B$ 为两个端点作圆弧，即完成连接。

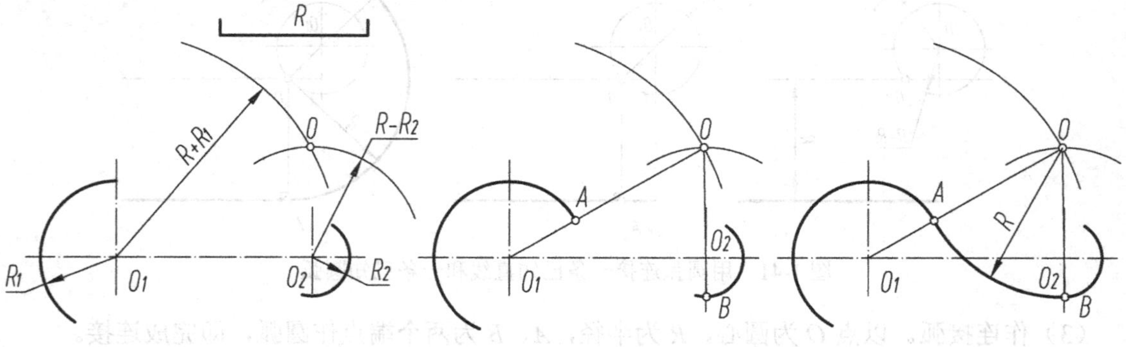


图 1-44　与两条圆弧内外切时的圆弧连接画法

4）作已知圆弧的相切直线

由已知点作已知圆的切线，也是机械图中常见的连接情况，作图方法如图 1-45 所示。

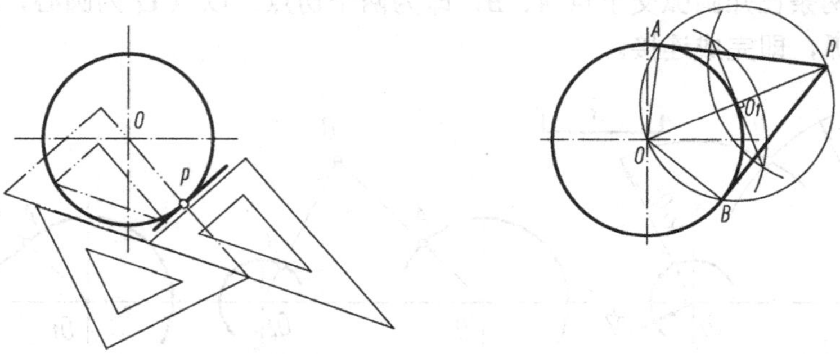


(a) 过圆上一点作圆的切线　　(b) 过圆外一点作圆的切线

图 1-45　过定点作已知圆弧的切线的画法

如图 1-45(a)所示，已知圆 $O$ 和圆上一点 $P$，过点 $P$ 作圆 $O$ 的切线。作图步骤如下：利用 60° 三角板，直角边通过 $O$、$P$ 两点，将另一个 45° 三角板斜边作为导边，紧贴 60° 三角板，移动 60° 三角板，使其另一个直角边通过切点 $P$，作直线即为所求切线。

如图 1-45(b)所示，已知圆 $O$、圆外一点 $P$，过点 $P$ 作圆 $O$ 的切线。作图步骤如下：连接 $OP$，作 $OP$ 的垂直平分线，得到 $OP$ 的中点 $O_1$。以点 $O_1$ 为圆心，$O_1P$ 或 $OO_1$ 为半径画弧，与圆 $O$ 交于 $A$、$B$ 两点，即为切点，连接 $AP$、$BP$，即为所求切线。

依据以上基本作图方法，不难画出两圆的内、外公切线，如图 1-46 所示。

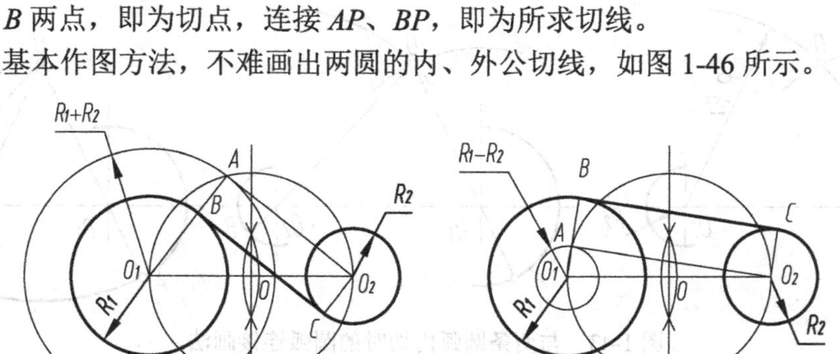


图 1-46　两圆的内、外公切线的画法

### 1.3.5　椭圆的近似画法

在工程图样中常常会碰到非圆曲线的画法，椭圆是一种常见的非圆曲线。下面介绍两种已知椭圆长短轴画椭圆的方法。

图1-47(a)所示的是同心圆法，是用描点法绘制椭圆的精确画法。

（1）以*O*为圆心，分别以长轴、短轴的1/2为半径画辅助圆。

（2）过*O*作若干射线与两圆相交，再由大圆各交点作铅垂直径的平行线，小圆各交点作水平直径的平行线，两条平行线的交点即为椭圆上的各点。

（3）最后用曲线板将这些点连成椭圆。

图1-47(b)所示的是四心圆法，是用四段圆弧连接起来的图形近似代替椭圆的方法。

（1）以*O*为圆心，画出相互垂直的长短轴*AB*、*CD*。

（2）连接*AC*，以*O*为圆心，*OA*为半径画弧交*DC*延长线于点*E*，再以*C*为圆心，*CE*为半径画弧交*AC*于点*F*。

（3）作*AF*线段的中垂线分别交长轴和短轴于*1*、*2*两点，并作*1*、*2*的对称点*3*、*4*，即求出四段圆弧的圆心。

（4）分别以*1*、*2*、*3*、*4*四点为圆心，*1A*、*2C*、*3B*、*4D*为半径作四段圆弧，即得近似椭圆。

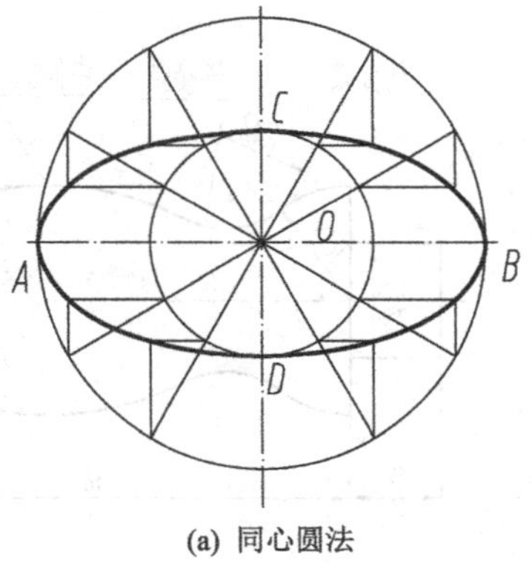


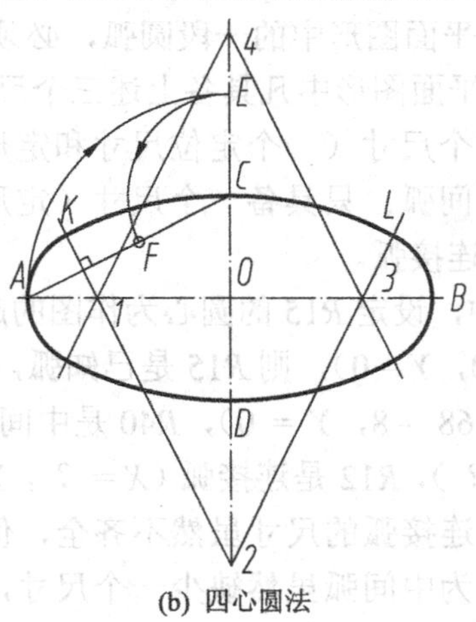


图1-47　椭圆的画法

## 1.4　平面图形的分析和绘制

平面图形是由若干直线和曲线连接而成的，这些线段又必须根据给定的尺寸画出，所以要想正确、快速地绘制平面图形，首先必须对图形中的尺寸进行分析，从而确定正确的绘图方法和步骤。通过本节的学习将使学生具备绘制平面图形的能力。

### 1.4.1　平面图形的尺寸分析

一个平面图形往往是由一些封闭图形组成，而每个封闭图形又由若干线段（直线、曲线）组成。这些封闭图形代表物体的一些轮廓，如图1-48所示的手柄。而平面图形上的尺寸，则确定物体的大小。平面图形的尺寸按其在平面图形中所起的作用，可分为定形尺寸和定位尺寸两类。要想确定平面图形中线段的上下、左右相对应的位置，必须引入基准的概念。

（1）基准　基准是图形中标注尺寸的起始点。对平面图形而言，有水平和垂直两个方向的基准，相当于坐标系中的两个坐标轴 $X$ 及 $Y$，许多尺寸线都是以基准为出发点。一般平面图形中常以图形的轴线、对称中心线、长的轮廓直线作为尺寸基准。

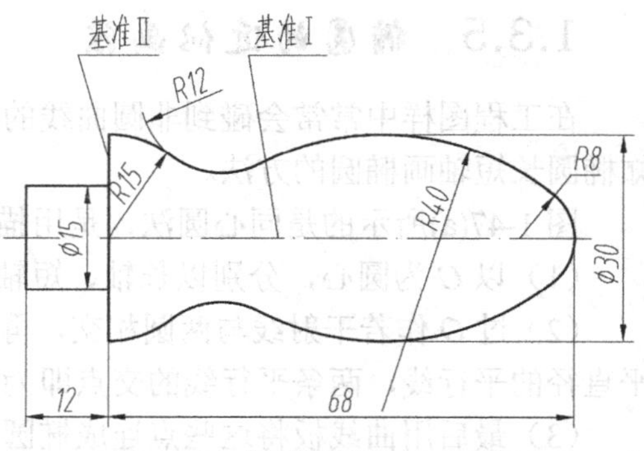

图 1-48　平面图形的尺寸分析

（2）定形尺寸　确定平面图形中各封闭图形的大小和形状的尺寸称为定形尺寸。如直线的长度、圆或圆弧的直径与半径及角度大小等。如图 1-48 中的 $\phi$15、12、$R$15、$R$12、$R$40、$R$8 等。

（3）定位尺寸　确定平面图形中某线段或各封闭图形与基准线间相互位置的尺寸称为定位尺寸。如图 1-48 中尺寸 68 确定 $R$8 圆弧的位置，$\phi$30 确定 $R$40 圆弧的上下位置。

## 1.4.2 平面图形的线段分析

平面图形中的线段（直线或圆弧）按所给尺寸的数量可分为 3 类：已知线段、中间线段和连接线段。画图时，圆弧连接部分较困难，下面就圆弧性质进行分析。

为了作出平面图形中的一段圆弧，必须知其圆心 $O$ 的两个定位尺寸（$X$、$Y$ 坐标）及定形尺寸半径 $R$，平面图形中凡具备上述三个尺寸（$X$、$Y$ 及 $R$）的圆弧称为已知弧；凡具备上述三个尺寸中的两个尺寸（一个定位尺寸和定形尺寸）的圆弧称为中间弧；只具备一个尺寸（定形尺寸半径 $R$）的称为连接弧。

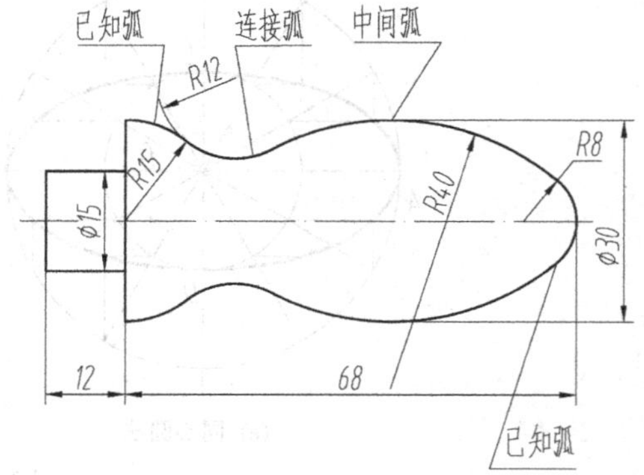

图 1-49　平面图形的线段分析

图 1-49 中，设定 $R$15 的圆心为作图的起点，坐标值为（$X=0$，$Y=0$），则 $R$15 是已知弧，$R$8 也是已知弧（$X = 68 - 8$，$Y = 0$），$R$40 是中间弧（$Y = 40 - 15$，$X=$ ？），$R$12 是连接弧（$X=$ ？，$Y=$ ？）。

中间弧和连接弧的尺寸虽然不齐全，但作图时并不困难，因为中间弧虽然缺少一个尺寸，但它总是和一条已知线段相连接的，利用“相切”的条件便可画出。连接弧虽然缺少两个尺寸，但它总与两条已经画出的线段连接，利用与两条线段“相切”的条件便可画出。在两条已知线段之间可以有任意条中间线段，但必须有而且只能有一条连接线段。

## 1.4.3 平面图形的作图步骤

综上所述，平面图形的画图步骤可归纳如下（以图 1-48 手柄画法为例）。

（1）确定基准线，并根据各封闭图形的定位尺寸确定其位置，如图 1-50(a)所示。

（2）画出各已知线段，即具有齐全的定形和定位尺寸的直线或圆弧，如图 1-50(b)所示。

（3）画出中间线段。大圆弧 $R$40 是中间圆弧，圆心位置尺寸只有一个垂直方向是已知的，水平方向位置需要根据 $R$40 圆弧与 $R$8 圆弧内切的关系画出，如图 1-50(c)所示。

（4）画出连接线段。$R$12 的圆弧只给出半径，它同时与 $R$40 和 $R$15 圆弧外切，所以它是连接线段，应最后画出，如图 1-50(d)所示。

（5）检查图形，擦除作图线，加深全图，如图 1-50(e)所示。

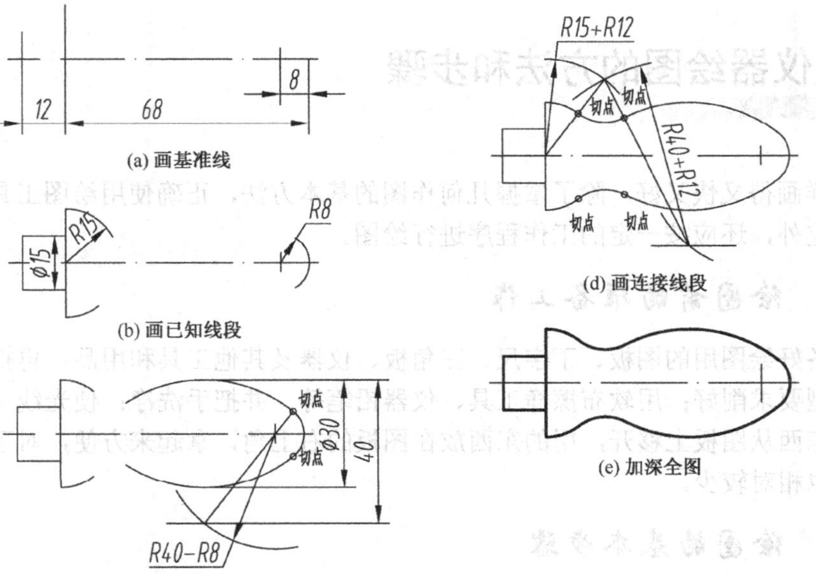


(a) 画基准线　(b) 画已知线段　(c) 画中间线段　(d) 画连接线段　(e) 加深全图

图 1-50　手柄的画图步骤

## 1.4.4　平面图形的尺寸标注

平面图形的尺寸标注要求在 1.1 节已经介绍过了，即标注要求正确、完整、清晰、合理。平面图形的尺寸标注，首先要对图形进行必要的分析，才能做到不遗漏又不重复地标注出确定各封闭图形或线段的相对位置及大小的尺寸。标注平面图形尺寸的方法和步骤如下。

（1）确定尺寸基准，即在水平和垂直方向各选一条直线作为尺寸基准。

（2）确定图形中各线段的性质，即确定出已知线段、中间线段和连接线段。

（3）按确定的已知线段、中间线段和连接线段的顺序逐个标注出各线段的定形尺寸和定位尺寸。

图 1-51 为平面图形尺寸标注示例。

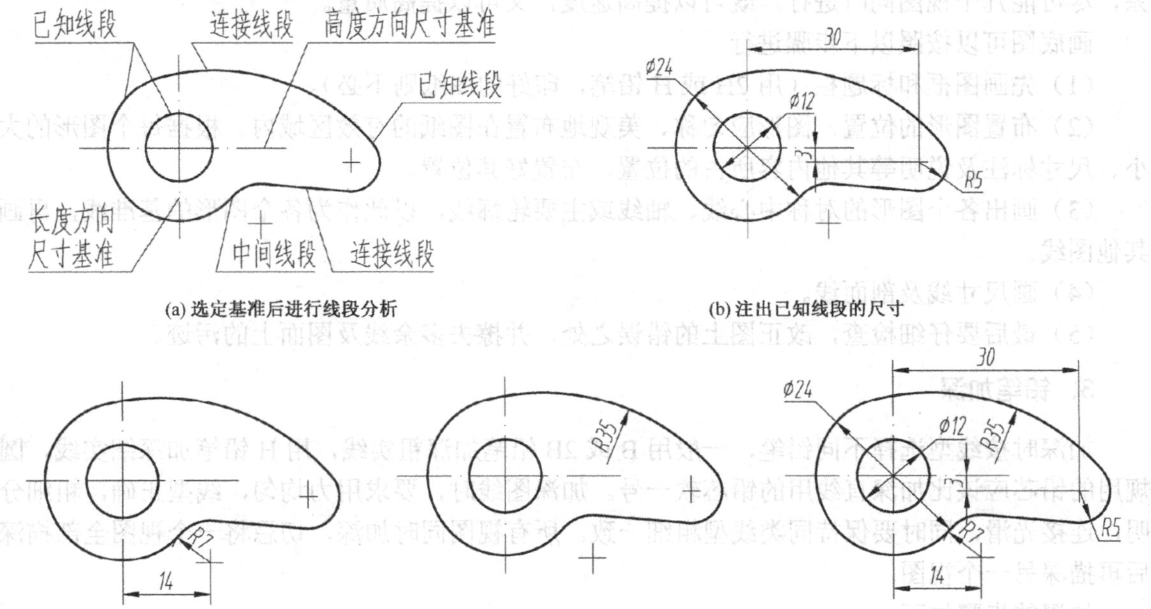


(a) 选定基准后进行线段分析　(b) 注出已知线段的尺寸　(c) 注出中间线段的尺寸　(d) 注出连接线段的尺寸　(e) 注出完整的尺寸

图 1-51　平面图形尺寸标注示例

# 1.5 仪器绘图的方法和步骤

要使图样画得又快又好，除了掌握几何作图的基本方法，正确使用绘图工具及熟悉国家标准的有关规定外，还应按一定的工作程序进行绘图。

## 1.5.1 绘图前的准备工作

首先准备好绘图用的图板、丁字尺、三角板、仪器及其他工具和用品；再把铅笔及圆规上的铅芯按线型要求削好；用软布擦净工具、仪器铅笔等，并把手洗净；使光线从左前方射入，暂时不用的东西从图板上移开，用的东西放在图板的右上角，拿起来方便，对丁字尺和三角板的移动妨碍也相对较少。

## 1.5.2 绘图的基本步骤

### 1. 固定图纸

确定要绘制的图样后，按其大小和复杂程度确定绘图比例，选择图纸幅面；然后把图纸铺在图板左下方，使其下方留有放丁字尺的地方；图纸放正后，用胶带将它固定。

### 2. 画底图

用削尖的细铅笔仔细、较轻地画出底图，图线要细，各种图形的宽度不必区分出来，但虚线、细点画线、双点画线的画与点的长短、间隔的大小必须符合有关国家标准的规定。若这些图线和波浪线的长短、范围能确定，则可以一次画好，以后就可以不必描深。为了提高画图的速度及质量，对图形间的相同尺寸应一次量出或一次画出；也可以根据具体情况，几个相邻的尺寸一次集中量出后再集中画出，以减少工具转换的次数，节省时间。注意各个视图的投影关系，尽可能几个视图同时进行，既可以提高速度，又可以提高质量。

画底图可以按照以下步骤进行：

（1）先画图框和标题栏（用 2H 或 H 铅笔，印好的图纸则不必）。

（2）布置图形的位置，图形应匀称、美观地布置在图纸的有效区域内。根据每个图形的大小、尺寸标注及说明等其他内容所占的位置，布置好其位置。

（3）画出各个图形的对称中心线、轴线或主要轮廓线，以此作为各个图形的基准线，再画其他图线。

（4）画尺寸线及剖面线。

（5）最后要仔细检查，改正图上的错误之处，并擦去多余线及图面上的污迹。

### 3. 铅笔加深

加深时按线型选择不同铅笔，一般用 B 或 2B 铅笔加深粗实线，用 H 铅笔加深细实线，圆规用的铅芯应该比加深直线用的铅芯软一号。加深图线时，要求用力均匀，线型正确，粗细分明，连接光滑，同时要保持同类线型粗细一致。所有视图同时加深，切忌将一个视图全部描深后再描深另一个视图。

加深的步骤如下：

（1）加深所有的点画线。

（2）加深所有的细实线、波浪线、虚线等（先圆弧后直线）。
（3）标注尺寸，画箭头，书写注解及标题栏内容等。
（4）加深所有粗实线的圆和圆弧（从小径到大径）。
（5）从上至下加深水平方向的粗实线。
（6）从左至右加深铅垂方向的粗实线。
（7）从左上方向开始，依次加深倾斜方向的粗实线。
（8）全面检查幅面，有无错误或遗漏，并进行必要的修饰。

## 1.6 徒手绘图

### 1.6.1 徒手绘图的基本知识

徒手图也称为草图，是不借助绘图工具，用目测物体的形状和大小，徒手绘制的图样。在机器测绘、讨论设计方案、技术交流、现场参观时，受现场条件或时间限制，经常需要绘制草图，有时也可将草图直接供生产用，所以工程技术人员必须具备徒手绘图的能力。

对徒手图的基本要求：图形正确，线型分明，比例匀称，字体工整，图面整洁。徒手绘图的绘图步骤基本与仪器绘图相同，但草图的标题栏中不能填写比例，绘图时也不需要固定图纸，一般选用 HB 或 B、2B 的铅笔，也常在印有浅色方格的纸上画图。要画好草图，必须掌握徒手绘制各种线条的基本手法。

### 1.6.2 徒手绘图的基本要领

#### 1. 握笔的方法

手握笔杆的位置要比仪器绘图时较高些，以利于运笔和观察目标。笔杆与纸面成 45° 到 60° 角，执笔稳而有力。

#### 2. 直线的画法

徒手画直线时，手腕靠着纸面，沿着画线方向移动，保证图线画得直。眼要注意终点方向，便于控制图线，靠手的前臂运动画出。画倾斜线时，也可将图纸旋转到铅垂线或水平线位置，再徒手画出，如图 1-52 所示。

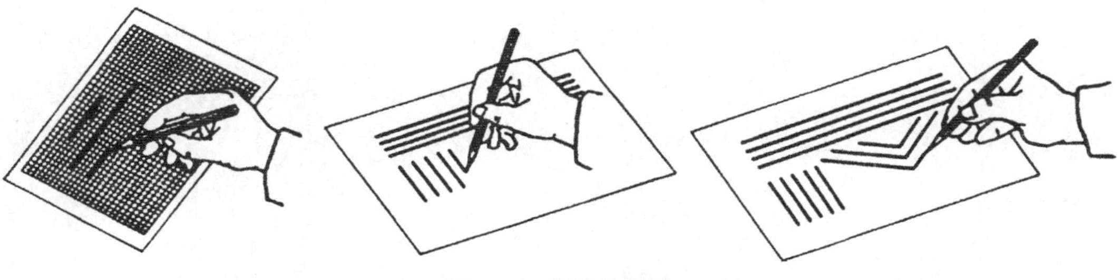

图 1-52　直线的画法

画特殊角度的斜线，如 45°、30°、60° 等的斜线时，可根据它们两条直角边的近似比值定出两个端点，再连成斜线，如图 1-53 所示。

### 3．圆和曲线的画法

画圆时，应先画出两条相互垂直的对称中心线定出圆心，并在对称中心线上距圆心等于半径处截取四点，过四点画圆即可；画稍大圆时，可再加画一对与圆的中心线成 45° 的直径线，并同样截取四点，过八点画圆，如图 1-54 所示。

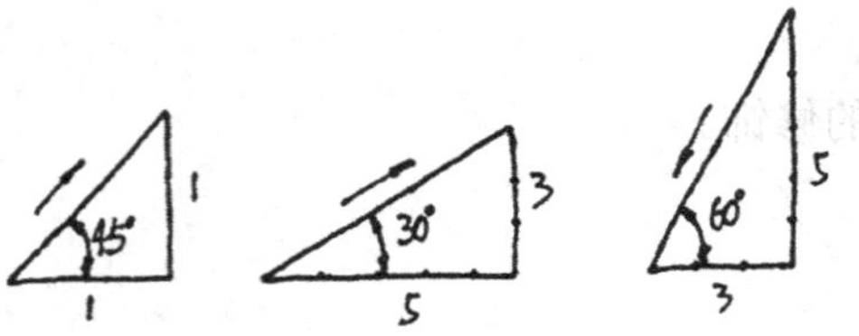


图 1-53 特殊角度斜线的画法

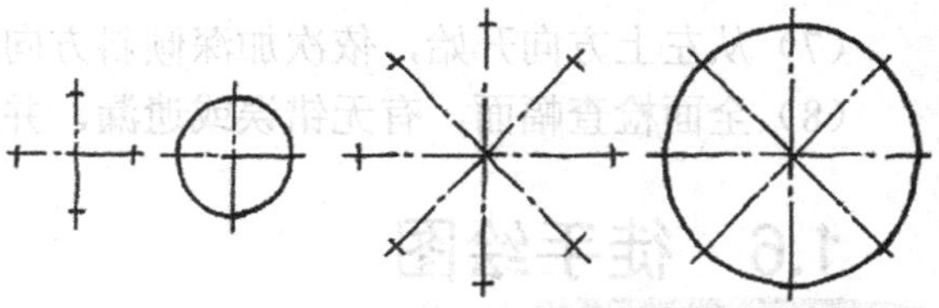

图 1-54 圆的画法

对于圆角及圆弧连接画法，也是尽量利用正方形相切的特点绘制，如图 1-55 所示。

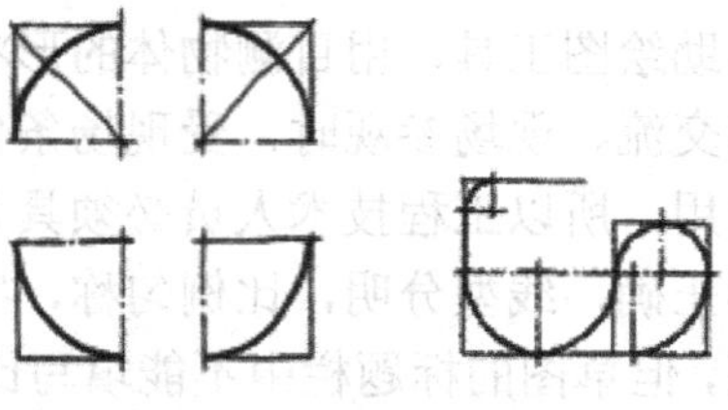

图 1-55 圆角和圆弧连接的画法

画椭圆时，先画出椭圆的外切四边形，然后用徒手方法作两个钝角和两个锐角的内切弧，如图 1-56 所示，用 4 段圆弧，徒手连成椭圆。

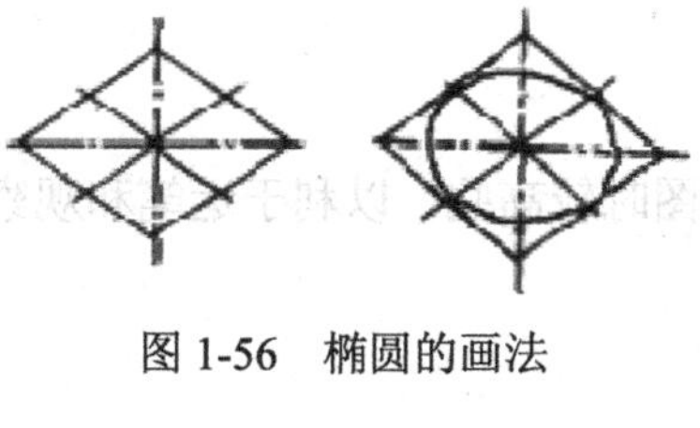

图 1-56 椭圆的画法

# 第2章 计算机绘图基础

**教学目标**

通过本章的学习，应了解计算机绘图系统的组成，熟悉 AutoCAD 的工作界面和主要功能，掌握绘图环境的设置，常用绘图命令、编辑命令的使用方法，熟练采用 AutoCAD 进行平面图形绘图的基本过程。

**教学要求**

| 能力目标 | 知识要点 | 相关知识 | 权重 | 自测等级 |
|---|---|---|---|---|
| 熟悉 AutoCAD 的主要功能和工作界面 | 绘图环境的设置 | 功能区、数据输入、命令的输入、菜单栏 | ☆☆☆ | |
| 熟练掌握采用 AutoCAD 进行平面图形绘图 | 平面图形绘制 | 图层的设置、AutoCAD 绘图、编辑命令 | ☆☆☆☆ | |

## 2.1 计算机绘图技术

传统的制图是利用绘图工具和仪器进行手工绘图，劳动强度大，效率低，图纸不便管理。近 50 年来，随着计算机科学技术的发展，计算机广泛应用于绘图及图形显示，逐渐形成了计算机绘图（Computer Graphics，简称 CG）。计算机绘图是计算机辅助设计（CAD）和计算机辅助制造（CAM）的重要组成部分，是研究用计算机绘制图形图像的原理、方法和技术的学科。利用计算机绘图完全可以取代手工绘图，使工程设计人员真正从手工设计绘图的烦琐、低效和重复工作中解放出来，大大提高工作效率，速度快，精度高，促进规范化、系列化、标准化的普及和应用。

计算机图形系统由硬件系统和绘图软件组成。

### 2.1.1 硬件系统

典型的计算机绘图硬件系统由以下基本的物理设备构成：主机（计算机）、显示器、外存储器（硬盘和光盘等）、图形输入设备（键盘、鼠标、数字化仪、图形输入板和扫描仪等）及图形输出设备（打印机、绘图仪等）。

### 2.1.2 绘图软件

一个计算机绘图系统除了完善的硬件设备外，还必须具备性能优越的软件系统。目前，在我国的教学、科研院所及工矿企业中使用的各类国内外计算机绘图软件有几十种之多。国外的绘图软件有美国 Autodesk 公司的 AutoCAD，德国西门子公司的 Sigraph-Design 等；国内自主版权的绘图软件有北京华正软件工程研究所的CAXA 电子图板、华中科技大学的KMCAD、中科院凯思集团的PICAD 及清华大学的 GHCAD 等；三维设计绘图软件有美国 SolidWorks 公司推出的 SolidWorks、以色列的 Cimatron、美国 Autodesk 公司的 Mechanical Desktop 等；大型集成化设计绘图软件有美国 PTC 公司的 Pro/Engineer、UGS PLM 软件公司的 UG、SDRC 公司的 I-DEAS、法国达索公司的 CATIA 等。

AutoCAD 软件是当今世界上应用最广泛的微机 CAD 软件，其应用遍及机械、建筑、化工、电子、地质、交通、气象、服装等众多领域，在我国的应用规模和范围也是其他软件无法比拟的。它具有良好的工作界面和强大的二维、三维绘图及编辑功能，具有易学易用并且提供二次开发接口等优点。

## 2.2 AutoCAD 绘图基础

AutoCAD 是美国 Autodesk 公司于 1982 年首次推出的交互式绘图软件，经过这些年来的发展，自第一个版本 AutoCAD V1.0 到现在的 AutoCAD 2010，其功能日趋完善，使用越加方便，从简单的二维绘图发展到集二维绘图、三维实体造型设计、真实感立体显示及通用数据库管理于一体的高级绘图软件。本章主要介绍其最新版本 AutoCAD 2010。

### 2.2.1 AutoCAD 的启动与退出

AutoCAD 与其他应用程序一样，为用户提供了多种启动与退出软件的快捷方式，通过这些快捷方式可以非常方便地进行绘图工作。用户可在 windows 桌面上双击启动快捷方式图标，或单击“开始”菜单，然后选择“程序”→“Autodesk”→“AutoCAD-Simplified Chinese”→“AutoCAD 2010” 选项；或双击文件后缀为 “.dwg” 的图形文件，均可以启动 AutoCAD。

### 2.2.2 用户界面

AutoCAD 2010 在首次使用时会提示用户选择最适合的行业和设置。所选择的行业应最接近用户用 AutoCAD 所创建图形的工作类型。AutoCAD 随即会根据用户对绘图模板、工具栏和访问www.autodesk.com.cn时的选择，创建一个绘图环境。如果用户不小心跳过了此界面，在程序运行后可以在 “应用程序菜单” 中单击 “选项”，打开 “选项” 对话框，单击 “用户系统配置” 选项卡的 “初始设置”，重新创建最合适的绘图环境。

初始设置后，即可出现如图 2-1 所示的典型的 AutoCAD 2010 的用户界面。该界面主要由应用程序菜单、快速访问工具栏、标题栏、消息中心、功能区、绘图区、命令行窗口、状态栏等组成。

**1. 应用程序菜单**

点击用户界面左上角的应用程序按钮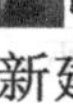即可打开应用程序菜单，如图 2-2 所示。通过应用程序菜单能更方便地访问公用工具，可以新建、打开、保存、打印和发布 AutoCAD 文件、将当前图形作为电子邮件附件发送、制作电子传送集。此外，用户还可执行图形维护，如查核和清理，并关闭图形。

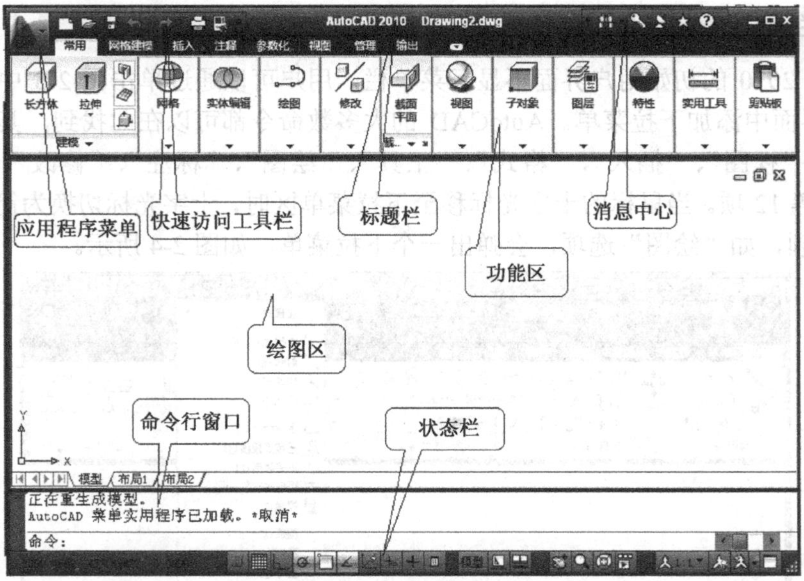


图 2-1　用户界面

在应用程序菜单的上面有一个搜索工具，可以查询快速访问工具、应用程序菜单及当前加载的功能区，以定位命令、功能区面板名称和其他功能区控件。

应用程序菜单上面的按钮可以使用户轻松访问最近或打开的文档，在最近文档列表中有一个选项，除了可按大小、类型和规则列表排序外，还可按照日期排序。

**2．快速访问工具栏**

快速访问工具栏位于“应用程序菜单”的右侧。包含“新建”、“打开”、“保存”、“放弃”、“重做”、“打印”、“特性匹配”命令全都在这里，如图 2-3 所示。用户通过选择最右方的黑色箭头可以自定义快速访问工具栏，将常用命令加入以定制工具栏，还可以重新在屏幕中显示或隐藏菜单栏或在功能区界面下方显示“快速访问工具栏”的选项。

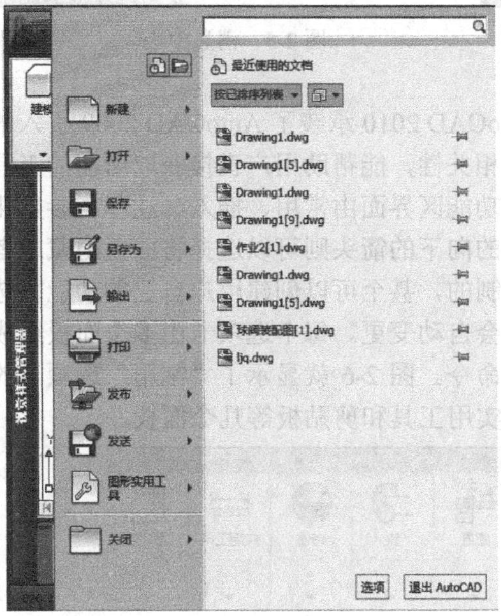


图 2-2　应用程序菜单

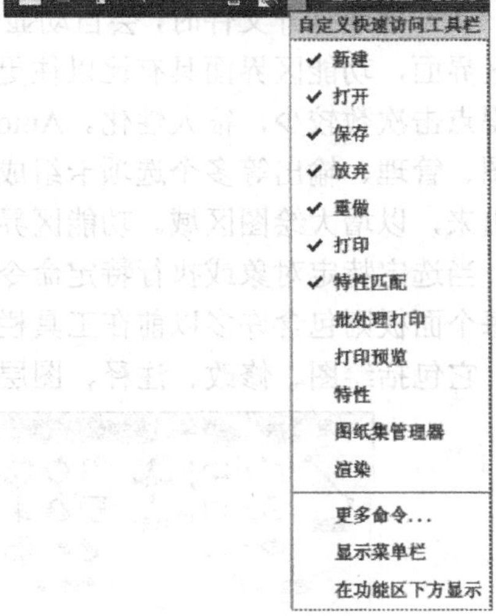


图 2-3　快速访问工具栏

3．菜单栏

AutoCAD 2010 的初始用户界面不显示菜单栏，用户可以通过单击图 2-3 中的“显示菜单栏”，在用户界面中添加下拉菜单。AutoCAD 的大多数命令都可以在此找到，其菜单项有“文件”、“编辑”、“视图”、“插入”、“格式”、“工具”、“绘图”、“标注”、“修改”、“参数”、“窗口”、“帮助”等 12 项。当鼠标的十字光标移至下拉菜单区时，十字光标切换为箭头光标。单击其中的任意一项，如“绘图”选项，会弹出一个下拉菜单，如图 2-4 所示。

图 2-4 “绘图”下拉菜单

4．消息中心

消息中心位于 AutoCAD 界面的标题栏的右侧。碰到问题时，可以直接通过消息中心快速寻求帮助，包括在线信息，不用再单独打开网页或是到其他地方查询，如图 2-5 所示。

图 2-5 消息中心

5．功能区

在创建或打开文件时，会自动显示功能区，AutoCAD 2010 承袭了 AutoCAD 2009 引入的功能区界面，功能区界面具有比以往更强大的上下文相关性，能帮助用户直接获取所需的工具，使得点击次数较少，很人性化。AutoCAD 2010 的功能区界面由常用、插入、注释、参数化、视图、管理、输出等多个选项卡组成，选项卡右侧的向下的箭头则可以选择将面板隐藏或者显示出来，以增大绘图区域。功能区界面是完全可定制的，甚至可以创建用户自己的功能区选项卡。当选定特定对象或执行特定命令时，选项卡也会自动变更。每个选项卡由多个面板组成，而每个面板则包含许多以前在工具栏上提供的相同命令。图 2-6 就显示了“常用”选项卡的内容，它包括绘图、修改、注释、图层、块、特性、实用工具和剪贴板等几个面板。

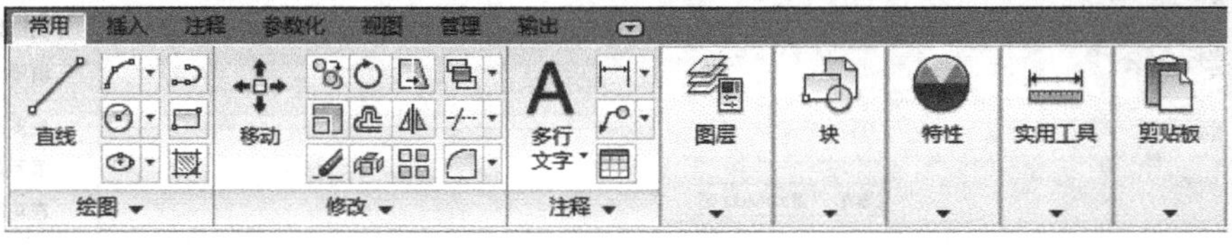


图 2-6 功能区“常用”选项卡中的内容

### 6．绘图区

在功能区下方，在窗口中占据大部分面积的区域就是绘图区。该区域无限大，其左下方有一个表示坐标系的图标，此图标指示了绘图区的方位，图标中的箭头分别指示 *X* 轴和 *Y* 轴的正方向，如图 2-1 所示。

当移动鼠标光标时，绘图区域中的十字形光标会跟随移动。与此同时，在绘图区底部的状态栏中将显示光标点的坐标读数。单击该区域可关闭坐标值的显示。

绘图窗口包含了两种绘图环境，一种称为模型空间，另一种称为图纸空间。在此窗口底部，有 3 个用于切换绘图环境的选项卡 模型 布局1 布局2。默认情况下，模型选项卡是按下的，对应模型空间，用户在这里一般按实际尺寸绘制二维和三维图形。布局 1 或布局 2 选项卡对应图纸空间，用户可以将图纸空间想象成一张图纸（系统提供的模拟图纸），可以在这张图纸上将模型空间的图样按不同缩放比例布置。

### 7．命令窗口

命令窗口位于 AutoCAD 程序窗口的底部，用户输入的命令、系统的提示及相关信息都反映在此窗口中。默认状态下，该窗口仅仅显示两行信息，将鼠标光标放置在窗口的上边缘，鼠标光标就变成双向箭头形状，按住鼠标左键即可向上拖动鼠标光标，可以增加命令窗口的显示行数。用户还可以通过执行以下操作之一来隐藏和重新显示命令行：单击“工具（T）”菜单→命令行；按 Ctrl+9 组合键。

### 8．状态栏

状态栏反映当前绘图状态。状态栏显示出当前十字光标所处的三维坐标和 AutoCAD 2010 的绘图辅助工具（捕捉、栅格、正交、极轴、对象捕捉、对象追踪、动态 UCS、动态输入、线宽、模型、平移、缩放、Steering Wheel、Showmotion、图形状态栏、工作空间、显示锁定、全屏显示等），如图 2-7 所示。用户可以通过单击图 2-7 中的应用程序状态栏菜单的下拉箭头查看并关闭状态栏某项工具的显示，以定制自己需要的状态栏，如图 2-8 所示。单击任意工具，用户便可选择查看标准设置的文本或图标。标准设置能够变为蓝色，从而能够一目了然地查看哪些设置为开启状态。通过右键单击其中的一些选项，还能够快速地改变设置。例如单击“工作空间”的齿轮图标，可以选择将用户界面设置成用户熟悉的 AutoCAD 经典界面，如图 2-9 所示。

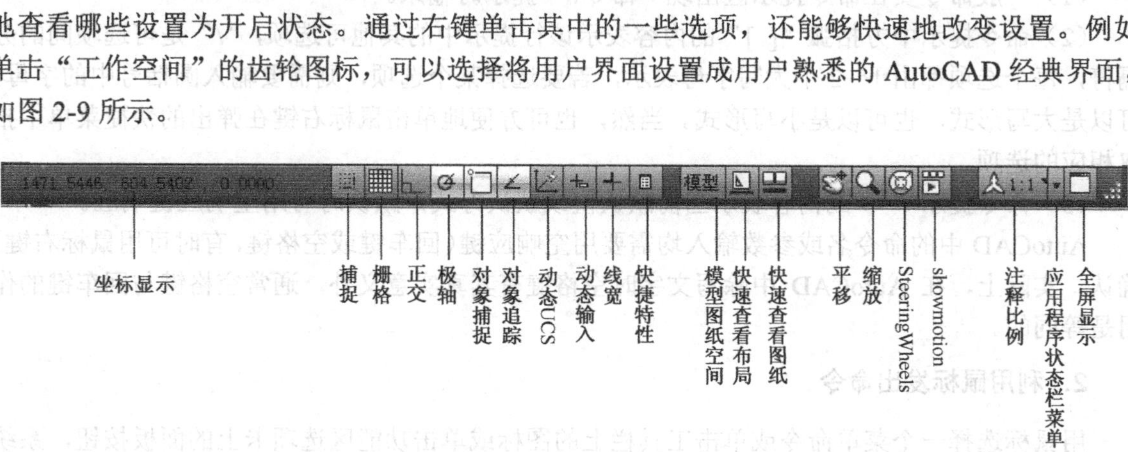


图 2-7　AutoCAD 2010 状态栏

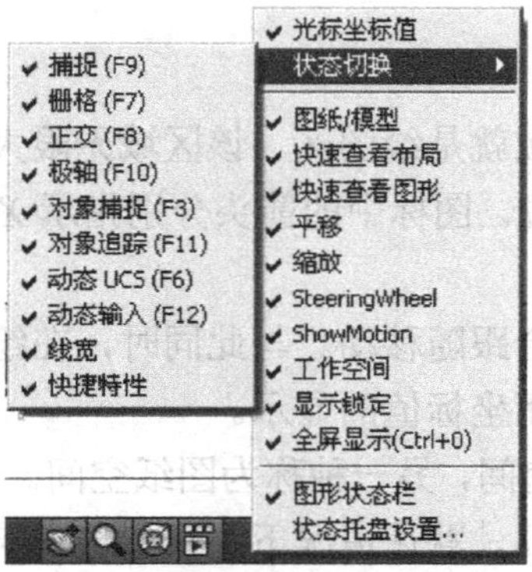


图 2-8 应用程序状态栏菜单

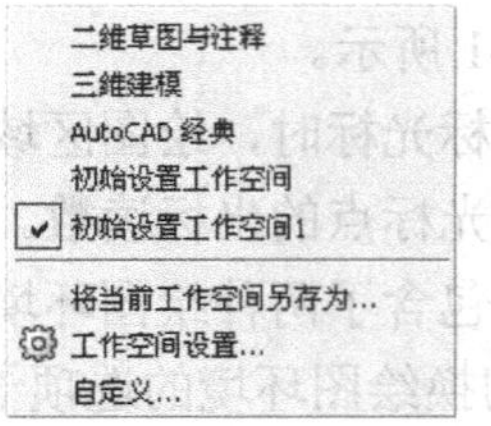


图 2-9 工作空间切换

## 2.2.3 命令的下达方法和执行

AutoCAD 所有功能都是通过命令的执行来实现的，因此命令是 AutoCAD 的核心。

启动 AutoCAD 命令的方法一般有两种：一种是通过键盘在命令行中直接键入命令全称或简称。当命令提示区出现“命令：”提示时，从键盘上键入命令名（全称或缩写名称），并按回车键完成输入。另一种是用鼠标选择一个菜单命令或单击功能区面板或工具栏上的图标按钮。

无论以何种方式启动命令，命令提示都以同样的方式运作。系统要么在命令行中显示提示信息，要么在屏幕上显示一个对话框，要求用户给出进一步的选择和设置。

### 1. 使用键盘发出命令

在命令行中输入命令全称或简称就可以使系统执行相应的命令。

下面以 CIRCLE（画圆）命令为例，介绍 AutoCAD 命令的响应方法。

命令：CIRCLE　　//输入命令全称 CIRCLE 或简称 C，按 Enter 键。

指定圆的圆心或[三点(3P)/两点(2P)/切点、切点、半径(T)]：160,100

　　//输入圆心的 $x$、$y$ 坐标，按 Enter 键。

指定圆的半径或 [直径(D)] <25>：30　　//输入圆半径，按 Enter 键。

说明：

（1）一般命令要在命令提示区出现“命令：”提示时输入。

（2）命令提示中方括弧“[ ]”的内容表示该行提示中的其他可选项，“/”是可选项间的分隔符，每个选项都由 1～2 个大写字母表示，若要选择某个选项，则需要输入圆括号中的字母，可以是大写形式，也可以是小写形式。当然，也可方便地单击鼠标右键在弹出的快捷菜单中拾取相应的选项。

（3）命令提示中<>的内容表示当前默认值或默认方式，默认时可用空响应键响应。

AutoCAD 中的命令名或参数输入均需要用空响应键（回车键或空格键，有时可用鼠标右键）确认。实际上，在 AutoCAD 中除写文字时空格键有其真实意义外，通常空格键与回车键的作用是等同的。

### 2. 利用鼠标发出命令

用鼠标选择一个菜单命令或单击工具栏上的图标或单击功能区选项卡上的面板按钮，系统就执行相应的命令。用 AutoCAD 绘图时，用户多数情况下是通过鼠标发出命令的。鼠标各按键的定义如下：

（1）左键 拾取键，用于单击工具按钮及选取菜单选项以发出命令，也可以在绘图过程中指定点和选择图形对象等。

（2）右键 一般作为回车键，命令执行完成后，常单击右键来结束命令。在有些情况下，单击右键将弹出快捷菜单，该菜单上有“确认”选项。

（3）滚轮 转动滚轮将放大或缩小图形，默认状态下，缩放增量为10%。若按住滚轮并拖动鼠标光标，则平移图形。

**3．透明使用命令**

AutoCAD 中有透明使用命令，是指在运行其他命令的过程中输入并执行该命令。透明命令多为修改图形设置或显示的命令，或是打开绘图辅助工具的命令（如 SNAP、GRID 或 ZOOM 等）。许多命令可以透明使用，即可以在使用另一个命令时，在命令行中输入这些命令。

要以透明方式使用命令，若用键盘输入，应在输入透明命令之前输入单引号“'”；若用鼠标，则可直接到工具栏中单击相应命令图标。命令提示中，透明命令的提示前有一个双折号“>>”。完成透明命令后，将继续执行原命令。例如画线时，要打开栅格并将其间隔设为 10 个单位，可输入如下命令：

```
命令：LINE                                         //输入命令全称 LINE 或简称 L，按 Enter 键。
指定第一点：'GRID                                  //插入透明命令 GRID，按 Enter 键。
>>指定栅格间距(X)或
[开(ON)/关(OFF)/捕捉(S)/主(M)/自适应(D)/界限(L)/跟随(F)/纵横向间距(A)] <10.000>：10
                                                   //指定栅格 X 间距，按 Enter 键。
正在恢复执行 LINE 命令。
指定第一点：                                       //继续执行直线命令，绘制图形。
```

**4．命令的重复执行**

（1）当要重复执行刚刚结束的上一条命令时，可用空响应键（回车键或空格键）响应“命令：”提示；或在绘图区中单击鼠标右键，打开快捷菜单，选择“重复XXX”，其中 XXX 代表前面执行的命令。这时，刚完成的那条命令又会重新显示在命令提示区，等待执行。

（2）若要执行最近六个命令之一，可在命令提示区或文本窗口中单击鼠标右键，从快捷菜单中选择“近期使用的命令”，然后选择所需命令。

（3）若需多次重复执行同一个命令，可在命令提示区输入 MULTIPLE，在随后的提示中输入要重复执行的命令名，系统将反复执行该命令，直至用户按 Esc 键为止。

**5．命令的中断、撤消与重做所进行的操作**

（1）按 Esc 键，可中断正在执行的命令。

（2）使用快速访问工具栏上的“放弃”或使用 UNDO 命令可以一次放弃几步操作；使用“U”命令可以放弃单个操作。

（3）使用快速访问工具栏上的“重做”立即重做几步操作；要重做 UNDO 或“U”命令放弃的最后一个操作，可以使用 REDO 命令。

## 2.2.4 数据输入方法

**1．点的输入**

当命令提示输入点时，用户可以使用定点设备指定点，也可以在命令提示下输入坐标值。当打开动态输入时，可以在光标旁边的工具提示中输入坐标值。AutoCAD 中可以按照笛卡儿坐标或极坐标输入二维坐标。

1）键盘输入

AutoCAD 接受用户以笛卡儿坐标或极坐标、绝对坐标值或相对坐标值的形式输入的点。

（1）笛卡儿坐标　屏幕绘图区的左下角为坐标原点（0, 0, 0），水平向右为 $X$ 轴正向，竖直向上为 $Y$ 轴正向，$Z$ 轴正方向从原点垂直屏幕指向用户一侧。在二维绘图时，在 $XY$ 平面（也称为工作平面）上指定点，工作平面类似于平铺的网格纸。平面上任何一点 $P$ 都可以由 $X$ 轴和 $Y$ 轴的坐标所定义，即用一对坐标值（$x, y$）来定义一个点（如图 2-10 所示）。例如，在回答“指定点：”时，输入“30, 40”表示点的 $x$ 坐标值为 30，$y$ 坐标值为 40。

平面绘图一般不需要键入 $z$ 坐标，而是由系统自动添加当前工作平面的 $z$ 坐标。若需要，也能以“$x, y, z$”的形式给出 $z$ 坐标，比如“20, 10, 5”。

（2）极坐标　极坐标系由一个极点和一个极轴构成（图2-10），极轴的方向为水平向右。平面上任何一点 $P$ 都可以由该点到极点的连线长度 $L$（>0）和连线与极轴的交角 $\alpha$（极角，逆时针方向为正）所定义，即用一对坐标值（$L<\alpha$）所定义。例如，键入“5 < 30”表示点距极点的距离为 5，极角为 30°。

使用笛卡儿坐标和极坐标，均可以基于原点（0,0）输入绝对坐标，或基于上一个指定点输入相对坐标。

在某些情况下，用户需要直接通过点与点之间的相对位移来绘制图形，而不想指定每个点的绝对坐标。为此，AutoCAD 提供了使用相对坐标的办法。所谓相对坐标，就是某点与相对点的相对位移值，在 AutoCAD 中相对坐标用“@”标识。使用相对坐标时可以使用笛卡儿坐标，也可以使用极坐标，可根据具体情况而定。

在下面的命令中采用相对坐标输入点，则命令执行后，结果如图 2-11 所示。

命令：LINE
指定第一点：160,100　　　　//设定直线的起点 $A$，绝对坐标值(160,100)。
指定下一点或 [放弃(U)]：@40,70　　　　//输入点 $B$，其对点 $A$ 的相对坐标为(@40,70)。
指定下一点或 [放弃(U)]：@60<30　　　　//输入点 $C$，其相对点 $B$ 的相对极坐标值为(@60<30)。
指定下一点或 [闭合(C)/放弃(U)]：　　　　//按 Enter 键或空格键，结束命令。

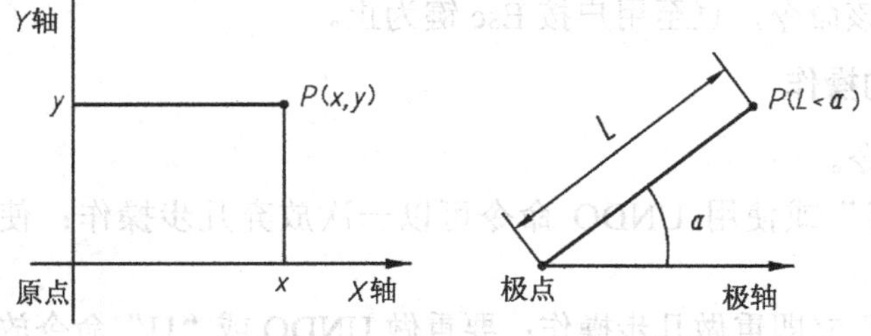

(a) 笛卡儿坐标系　　(b) 极坐标系

图 2-10　点的绝对坐标输入法

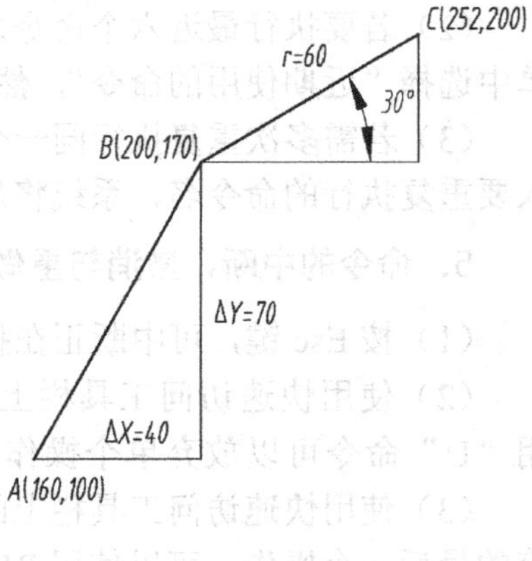

图 2-11　点的输入示例

在上例中，点 $C$ 的输入除了可以采用相对极坐标“@60 < 30”外，还可以采用相对直角坐标“@52, 30”来输入。采用相对坐标进行点的输入时，无须进行坐标换算，可以提高工作效率。

注意：用键盘输入点的坐标数据时，输入法的状态必须是“半角字符”、“英文标点”，即所输入的数字、数据分隔符（“,”、“<”、“@”）必须是英文半角字符。

2）鼠标拾取

当移动鼠标时，屏幕上的十字光标也随之移动，将光标移到所需位置处，按下鼠标左键，即可输入该点。

为了准确定位，可采用网格捕捉（SNAP）功能。打开捕捉模式后，光标只能在指定间距的坐标位置上移动。此时按下鼠标左键，十字光标就会自动锁定到最近的网格上，从而使输入点的坐标值符合所设间距要求。

若需要输入已有图形中的特定几何意义的点，如端点、中点、圆心、切点、交点、垂足、象限点、节点、插入点、最近点等，可采用对象捕捉功能，具体应用参见 2.5.2 节。

利用“自动追踪”功能，用户可以按指定的角度绘制对象，或者绘制与其他对象有特定关系的对象。当自动追踪打开时，屏幕上将显示临时“对齐路径”（点状追踪直线）以利于用户按精确的位置和角度创建对象。在系统提示需要输入点时，将光标移动到一个对象捕捉点处以临时获取点（不要单击它，只是暂时停顿即可获取），已获取的点将显示一个小加号（+）。获取点之后，在绘图区移动光标，相对该点的水平、垂直或极轴对齐路径将显示出来。将光标沿对齐路径移动，找到满足条件的位置后通过单击来确定点。

**2．角度的输入**

默认以度为单位，以 $X$ 轴正向为 0°，以逆时针方向为正，顺时针方向为负。在提示“角度：”后，可直接输入角度值，也可输入两点，后者的角度大小与输入点的顺序有关，规定第一点为起点，第二点为终点，起点与终点的连线与 $X$ 轴正向的夹角为角度值。

**3．位移量的输入**

位移量是指一个图形从一个位置到另一个位置的距离，其提示为“指定基点或位移：”，可用以下两种方式指定位移量：

（1）输入基点 $P1(x1, y1)$，再输入第二点 $P2(x2, y2)$，则 $P1$、$P2$ 两点间的距离就是位移量，即 $\Delta x = x2 - x1$，$\Delta y = y2 - y1$。

（2）输入一点 $P(x, y)$，在“指定位移的第二点或<用第一点作位移>：”提示下直接回车响应，则位移量就是该点 $P$ 的坐标值 $(x, y)$，即 $\Delta x = x$，$\Delta y = y$。

## 2.2.5　文件操作

**1．创建新图**

AutoCAD 要创建新图，可在菜单“文件（F）”中单击“新建（N）”，或单击快速访问工具栏中的第一个图标按钮，或直接在命令行输入“new”。

系统变量 startup 的值控制 AutoCAD 新建文件的方式，默认值为“0”，当执行上述的操作之一时，即可出现图 2-12 所示的“选择样板”对话框，用以选择一个样板开始绘制。单击对话框的“打开”按钮，即可使用系统默认的图形样板文件中的设置快速创建新图形。当用户在命令行窗口输入 startup 命令，将其系统变量设置为 1 时，再单击“新建”按钮，即可出现图 2-13 所示的对话框，用来以不同的方式创建图形，分别是“从草图开始”、“使用样板”、“使用向导”三种方式。

通常使用默认的“从草图开始”的“公制”就能够满足绘图需要。如果有特殊需要，也可以采用“使用样板”的方式。样板指的是图形样板文件，它不是一个图形文件，但包含有关图形文件的多种格式设定，比如单位制、工作范围、文字样式，还可能包含预定义的图层、标注样式和视图等。样板文件的扩展名为“dwt”，以区别于其他图形文件。AutoCAD 提供了多种文件样板，通常保存在 template 目录下，用户也可以根据需要定制自己的样板文件。

图 2-12 “选择样板”对话框

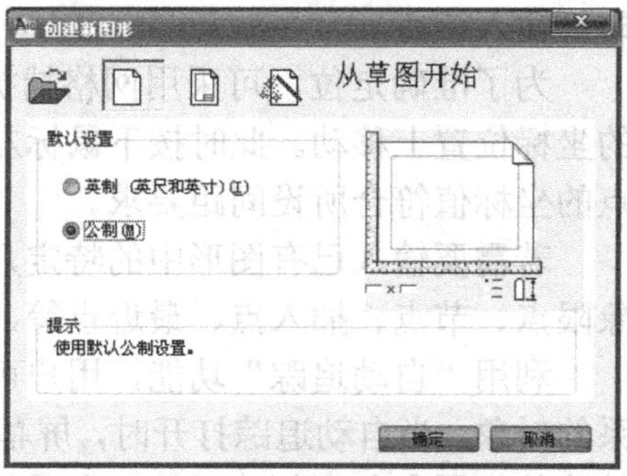


图 2-13 “创建新图形”对话框

## 2. 打开旧图

在菜单“文件（F）”中单击“打开（O）”，或单击“快速访问工具栏”中的第二个图标按钮，或直接在命令行输入“open”，即可出现图 2-14 所示的“选择文件”对话框，可以打开和加载局部图形，包括特定视图或图层中的几何图形。在“选择文件”对话框中，单击“打开”旁边的下拉箭头，用户可以根据实际情况使用“打开”、“以只读方式打开”、“局部打开”或“以只读方式局部打开”几种方式打开图形文件。

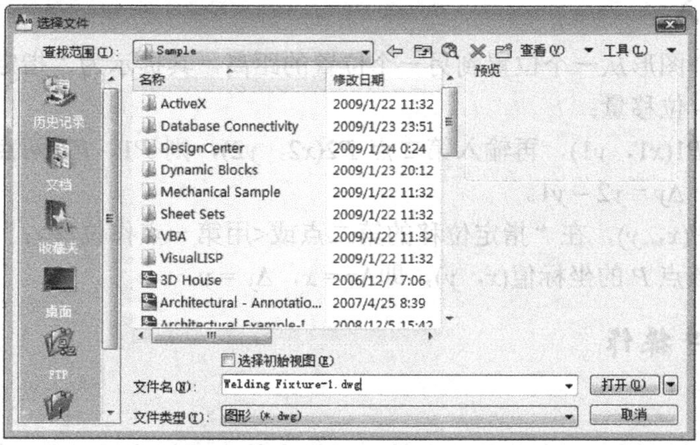


图 2-14 “选择文件”对话框

## 3. 存储文件

图形的存储有以下两种方式：

（1）快速存储　在菜单“文件（F）”中单击“保存（S）”，或单击“快速访问工具栏”中的第三个图标按钮，或直接在命令行输入“qsave”。如果图形已被命名，程序将用“选项”对话框的“打开和保存”选项卡上指定的文件格式保存该图形，而不要求用户指定文件名。如果图形未命名，将显示图 2-15 所示的“图形另存为”对话框，并以用户指定的文件名和格式保存该图形。

（2）另存为　在菜单“文件（F）”中单击“另存为（A）”，或直接在命令行输入“SAVE”，将显示“图形另存为”对话框，输入文件名和类型。用户可以用新文件名保存当前图形的副本，也可存为 AutoCAD 允许的图形文件类型，还可以采用与产品早期版本相兼容的格式保存图形，如保存为 AutoCAD 2004 类型或 AutoCAD 2007 类型。

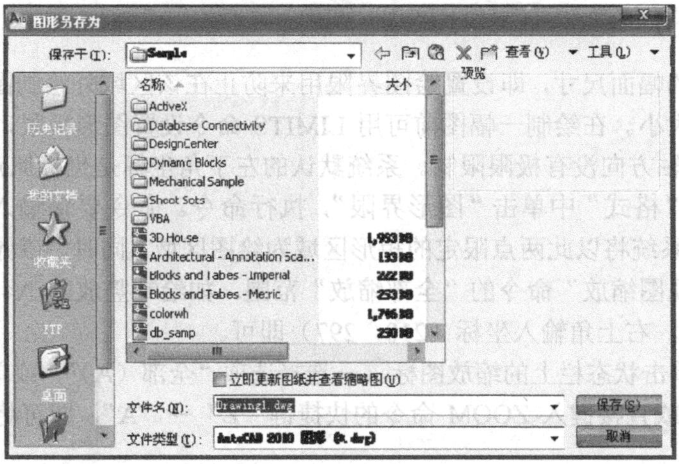


图 2-15 “图形另存为”对话框

#### 4. 关闭文件

在菜单“文件（F）”中单击“关闭（C）”，或单击图形文件右上角的关闭图标按钮，或直接在命令行输入“CLOSE”，可以关闭当前图形文件。如果当前文件没有存盘，系统将弹出 AutoCAD 警告对话框，询问是否保存文件，如图 2-16 所示。

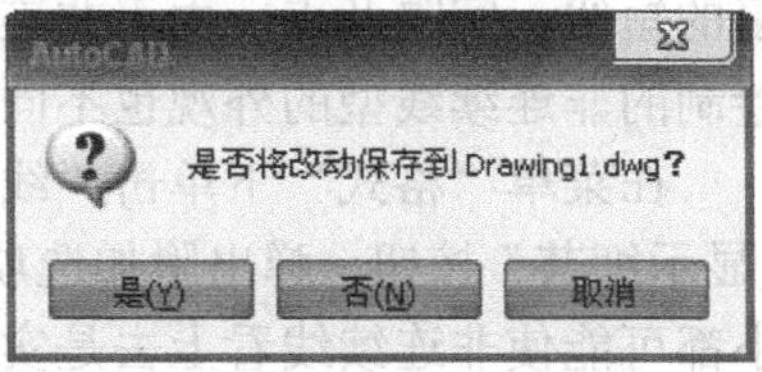


图 2-16 AutoCAD 警告对话框

## 2.3 AutoCAD 的绘图功能

使用 AutoCAD 绘制工程图的一般步骤为：

（1）基本绘图环境设置；

（2）绘图和修改；

（3）存储；

（4）用绘图仪或打印机输出；

（5）退出。

### 2.3.1 绘图环境的设置

在绘制图形前，通常情况下需要根据实际需要来设置绘图环境，以使所绘制的图形符合 CAD 工程制图国家标准及行业标准或企业标准。

#### 1. 设置绘图单位

启动 AutoCAD 2010，此时将自动创建一个新文件，在菜单“格式”中单击“单位”，系统将打开“图形单位”对话框，如图 2-17 所示，可对绘图时长度和角度的单位、精度及角度方向进行相关设置。

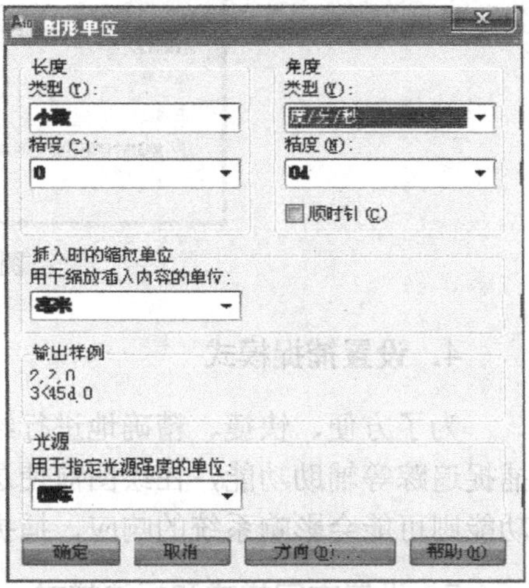


图 2-17 “图形单位”对话框

### 2．设置图幅尺寸

设置绘图所需的幅面尺寸，即设置绘图界限用来防止在该区域外绘制图形，类似于我们手工绘图的“图纸”大小。在绘制一幅图前可用 LIMITS 命令设置图形极限，一般要大于整个图的绝对尺寸。对 *Z* 轴方向没有极限限制。系统默认的左下角坐标是坐标原点（0，0）。设置绘图单位后，在菜单“格式”中单击“图形界限”，执行命令。命令要求输入“左下角点”、“右上角点”，输入后，系统将以此两点限定的矩形区域为绘图区域。同时，该界限也限制了辅助栅格的显示范围及“视图缩放”命令的“全部缩放”范围。如绘制竖放的 A4 图纸，则指定左下角为默认的（0，0），右上角输入坐标（210，297）即可。

设置图幅后，单击状态栏上的缩放图标→选择选项“全部（A）”，或单击菜单“视图”→“缩放”→“全部”或直接键入 ZOOM 命令的快捷键“Z”→“A”，即可将所设图幅全部显示在当前绘图区域。

### 3．设置线型比例因子

在加载线型时，系统除了提供实线线型外，还提供了大量的非连续线型，这些线型包括重复的短线、间隔及点。由于非连续线型受图形尺寸的影响，因此当图形的尺寸不同时，图形中绘制的非连续线型的外观也不同。

在菜单“格式”下单击“线型”，系统将打开图 2-18 所示的“线型管理器”对话框，单击“显示细节”按钮，弹出附加选项，在“全局比例因子”文字框中输入数值。线型比例太大或太小都可能使非连续线看上去是实线，因此建议当图幅较小（如 A4、A3）时可将线型比例设为 0.3，图幅较大（如 A0）时可将线型比例设为 10～25，以获得良好的视觉效果。

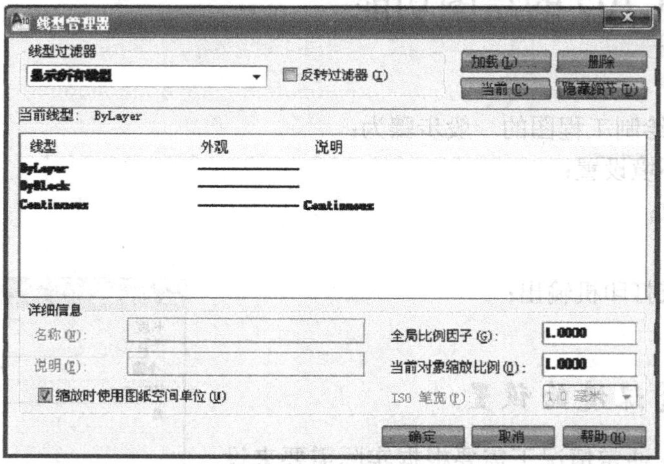


图 2-18 “线型管理器”对话框

### 4．设置捕捉模式

为了方便、快捷、精确地进行绘图，应该预先设置状态栏上的对象捕捉、极轴追踪、对象捕捉追踪等辅助功能，在绘图前使这些辅助绘图按钮处于按下的状态；而捕捉、栅格、正交等功能则可能会影响系统的响应，捕捉到不必要的点，所以应使其处于抬起的状态。

### 5．设置文字样式和标注样式

文字样式和标注样式的设置参见后续章节。

### 6. 设置图层、颜色、线型及线宽

根据要完成的图形设置图层、颜色、线型及线宽。具体设置可参见 2.6 节。

## 2.3.2　基本绘图命令

任何图形都是由线段、圆、圆弧、矩形或多边形等组成的。这些图形元素就是 AutoCAD 系统定义的实体（Entity）。点（point）、直线（line）、圆（circle）与圆弧（arc）、文本（text）等是最常用的基本实体；多义线（pline）、复线（mline）、阴影线图案（hatch 或 bhatch）、块（block）等是常用的复杂实体。用 AutoCAD 绘图实质上就是对这些实体的操作。AutoCAD 2010 中将最常用的绘图命令放置在“常用”选项卡的“绘图”面板上，用户也可以通过单击“工具”下拉菜单选择“工具栏”→“AutoCAD”→“绘图”，打开“绘图”工具栏，显示更多的绘图按钮，如图 2-19 所示，单击图标按钮，即可进行绘图。表 2-1 为常用“绘图”工具栏简介。

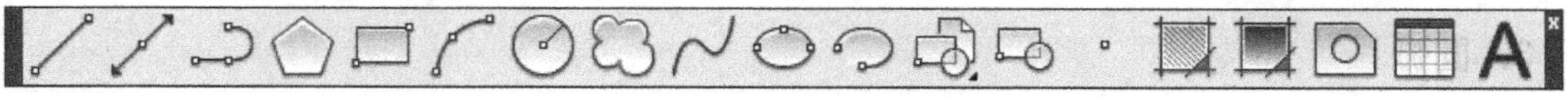

图 2-19　“绘图”工具栏

**表 2-1　“绘图”工具栏简介**

| 工具图标 | 中文名称 | 英文命令 | 英文别名 | 工具图标 | 中文名称 | 英文命令 | 英文别名 |
|---|---|---|---|---|---|---|---|
| | 直线 | LINE | L | | 椭圆弧 | ELLIPSE | EL |
| | 构造线 | XLINE | XL | | 插入块 | INSERT | I |
| | 多段线 | PLINE | PL | | 创建块 | BLOCK | B |
| | 正多边形 | POLYGON | POL | | 点 | POINT | PO |
| | 矩形 | RECTANG | REC | | 图案填充 | BHATCH | BH、H |
| | 圆弧 | ARC | A | | 渐变色 | GRADIENT | GD |
| | 圆 | CIRCLE | C | | 面域 | REGION | REG |
| | 修订云线 | REVCLOUD | | | 表格 | TABLE | TB |
| | 样条曲线 | SPLINE | SPL | A | 多行文字 | MTEXT | MT、T |
| | 椭圆 | ELLIPSE | EL | | | | |

下面介绍最基本的绘图命令。

### 1. 直线

指定起点后，只要给出下一点就能画出一条或多条连续线段，直至按回车键结束命令。直线的选项有如下几点。

（1）放弃（U）　可以取消最近一次绘制的线段。

（2）闭合（C）　当连续绘制线段多于两段时，出现此选项，自动连接起始点和最后一个端点，从而绘制封闭的图形，同时退出直线命令。

### 2. 画圆

圆命令用来绘制整圆。CIRCLE 命令含有多种不同的选项，对应不同的画圆方式，如图 2-20 所示。常用画法有：

（1）圆心　用圆心和半径（或直径）方式绘制圆。

（2）3P　用圆周上的三点绘制圆。

（3）2P　以圆直径上的两个端点绘制圆。

（4）T　以指定半径和两个相切对象绘制圆。

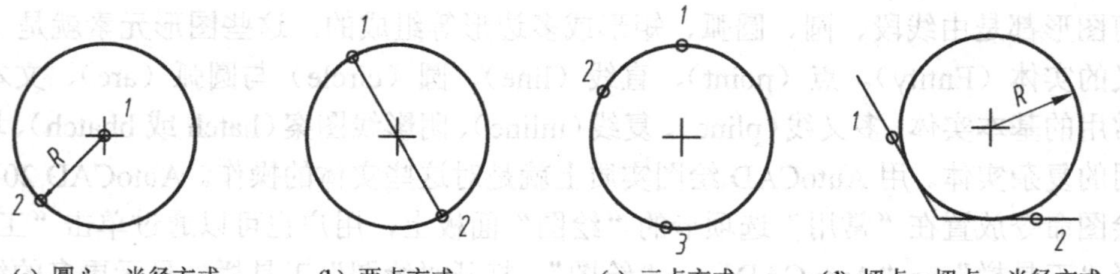


(a) 圆心、半径方式　(b) 两点方式　(c) 三点方式　(d) 切点、切点、半径方式

图 2-20　画圆命令的常用方法

### 3. 圆弧

圆弧命令有 11 种方式，可根据图形实际给定条件选用合适的方式绘制。常用画法有：

（1）三点（P）　这是默认的圆弧画法，通过依次指定起点、中间点、终点来画弧。

（2）起点、端点、半径（R）　以圆弧的起点、终点和半径三个参数画弧，这种方式是按起点到端点的逆时针方式画弧的。指定起点、端点的方式还可以辅以起点切线方向或圆心角参数画弧，如图 2-21 所示。

（3）其余的还有指定起点、圆心后再辅以端点或圆心角或弦长参数画弧。

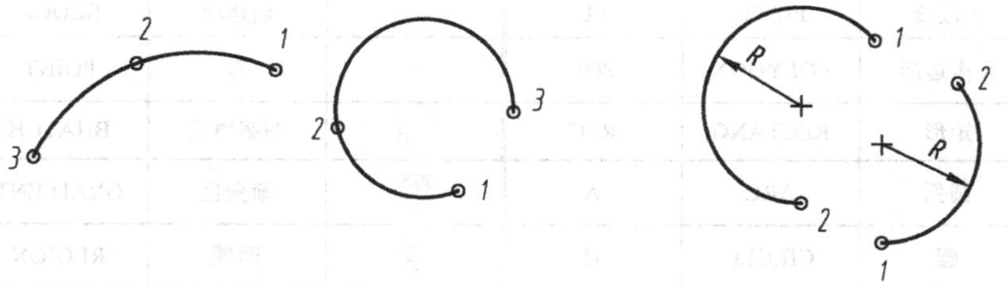


(a) 3 点（P）方式　(b) 起点、端点、半径（R）

图 2-21　圆弧命令的常用方法

### 4. 多段线

多段线是由若干直线和圆弧连接而成的折线或曲线的图形对象。无论多段线中包含多少条直线或弧，整条多段线都是一个实体，可以统一对其进行编辑。另外，多段线中各段线条还可以有不同的线宽，常用来绘制箭头。

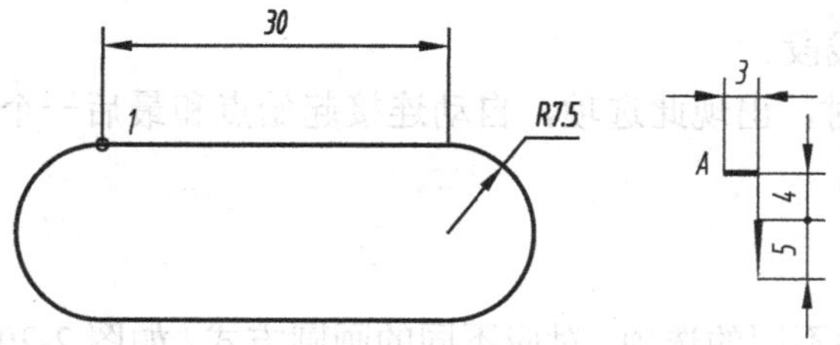


图 2-22　多段线绘制图例

创建多段线类似于创建直线。在输入起点后，可以连续输入一系列端点，用回车键或 C 结束命令。如在选项中输入“A”后，切换到“圆弧”模式。在绘制“圆弧”模式下输入“L”，可以返回到“直线”模式。绘制圆弧段的操作和绘制圆弧的命令相同。利用此命令可以绘制出工程图中常用的长圆形、箭头、剖切符号等图形。图例 2-22 中的图形绘制过程如下：

【命令方式】

功能区："常用"标签→"绘图"面板→多段线

菜单：绘图（D）→多段线（P）

工具栏：绘图

命令行：PLINE（PL）

【操作过程】

命令：PLINE（PL）
指定起点：　//鼠标拾取点 1 作为起点或坐标值输入
当前线宽为 <0.0000>
指定下一个点或 [圆弧(A)/关闭(C)/半宽(H)/长度(L)/放弃(U)/宽度(W)]：30
　//利用追踪功能，鼠标水平向右，出现追踪线时输入直线段长度 30
指定下一点或 [圆弧(A)/闭合(C)/半宽(H)/长度(L)/放弃(U)/宽度(W)]：A　//切换到绘制圆弧
指定圆弧的端点或
[角度(A)/圆心(CE)/闭合(CL)/方向(D)/半宽(H)/直线(L)/半径(R)/第二个点(S)/放弃(U)/宽度(W)]：15
　//利用追踪功能，鼠标竖直向下，出现追踪线时输入半圆弧直径 15
指定圆弧的端点或
[角度(A)/圆心(CE)/闭合(CL)/方向(D)/半宽(H)/直线(L)/半径(R)/第二个点(S)/放弃(U)/宽度(W)]：L
　//切换到绘制直线
指定下一点或 [圆弧(A)/闭合(C)/半宽(H)/长度(L)/放弃(U)/宽度(W)]：30
　//鼠标水平向左，出现追踪线时输入直线段长度 30
指定下一点或 [圆弧(A)/闭合(C)/半宽(H)/长度(L)/放弃(U)/宽度(W)]：A　//切换到绘制圆弧
指定圆弧的端点或
[角度(A)/圆心(CE)/闭合(CL)/方向(D)/半宽(H)/直线(L)/半径(R)/第二个点(S)/放弃(U)/宽度(W)]：CL
　//闭合多段线即可完成左侧圆弧的绘制

剖切符号的绘制如下：执行多段线命令后，鼠标拾取点 *A* 作为起点，输入"W"（设置水平粗实线的线宽），设置起点线宽为 0.5，设置终点线宽为 0.5。线宽设置完成后，利用追踪功能，鼠标水平向右，出现追踪线时输入直线段长度 3。在下一条命令提示时输入"W"（设置竖直细线宽度），设置起点线宽为 0，设置终点线宽为 0，然后鼠标向下，出现竖直的追踪线时输入直线段长度 4。在下一条命令提示时输入"W"（设置箭头的宽度），设置起点线宽为 0.7，设置终点线宽为 0。然后鼠标向下，出现竖直的追踪线时输入直线段长度 5，回车结束命令。

### 5．正多边形

正多边形有两种画法，用户可以选择以圆内接正多边形或外切正多边形的方式来绘制，实际上是看图中的条件是给定了正多边形的中心到多边形顶点的距离，还是给定了中心到多边形边的距离。另外，还可以指定边长以逆时针方式画正多边形。此命令可绘制从正三角形到正 1024 边形的图形对象。

### 6．矩形

绘制矩形的时候，只需指定矩形对角线的两个端点即可，这是命令的默认状态，可以设置矩形边线的宽度，还可以设置顶点处的倒角距离和圆角半径，绘制带有倒角或是圆角或带有线宽的矩形，还可以绘制有厚度或标高的矩形。另外，给定第一个角点后，可以通过指定矩形的面积及长度或宽度、指定矩形的长度和宽度、指定矩形的旋转角度来绘制。

**7. 椭圆**

ELLIPSE 命令用于绘制椭圆或椭圆弧，可通过轴端点、轴距离、绕轴线旋转的角度或中心点几种不同组合进行绘制。另外，还可以在当前等轴测图表面上画等轴测圆，此选项必须在“捕捉类型”设置为“等轴测捕捉”时才出现。

**8. 样条曲线**

创建样条曲线时，用户输入起点后，可以连续输入一系列端点，根据用户给定的拟合公差，经过指定点或在指定点附近创建一条平滑的曲线，在用回车键结束点的输入后，系统提示用户定义样条曲线的第一点和最后一点的切向，最后完成绘制。

## 2.4 AutoCAD 的图形编辑功能

单纯地使用绘图命令或绘图工具只能创建出一些基本图形对象，要绘制较为复杂的图形，就必须借助于图形编辑命令。

### 2.4.1 选择对象操作

AutoCAD 提供两种途径编辑图形：一种是先执行命令，后选择要编辑的对象；另一种是先选择要编辑的对象，后执行命令。这两种方式的结果是相同的，但必须是对对象进行编辑，所以选择对象是前提。

在许多命令执行过程中都会出现“选择对象（Select Object(S)）”的提示。在该提示下，原来的十字光标“十”变成拾取框“□”，此时，用户可以移动拾取框“□”到要编辑的图形对象上并单击，当被选中的对象以虚线高亮显示时，表示对象被选中，以回车键结束选择。被选中的对象的集合称为选择集。常用的构建选择集（即选择对象）的方法有：

（1）直接拾取　移动鼠标，使拾取框位于要选取的对象上，单击左键，该对象被选中。

（2）窗口方式（W）　在绘图区，先指定矩形框左角点，再从左到右拖动光标确定矩形框的右侧角点。如果图形对象全部处于矩形框确定的窗口中，就会被选中。

（3）窗交方式（C）　该方式与上述“窗口”方式类似。区别在于：这种方式要先指定矩形框右角点，再从右到左拖动光标确定矩形框的左侧角点。如果图形对象有一部分在矩形框内，就会被选中。它不但选择矩形窗口内部的对象，也选中与矩形窗口边界相交的对象。

（4）全部（ALL）　选择图面上所有对象。

（5）添加（A）　切换到添加模式：可以使用任何对象选择方法将选定对象添加到选择集。自动和添加为默认模式。

（6）删除（R）　切换到删除模式：可以使用任何对象选择方法从当前选择集中删除对象。删除模式的替换模式是在选择单个对象时按下 Shift 键，或者是使用“自动”选项。

（7）多个（M）　指定多次选择而不高亮显示对象，从而加快对复杂对象的选择过程。如果两个对象交叉，指定交叉点两次则可以选中这两个相交对象。

（8）自动（AU）　这是默认模式，其选择结果视用户的操作而定。如果指向单个对象，即可选择该对象；如果指向对象内部或外部的空白区，则系统会进行提示。

（9）前一个（P）　选择上次编辑命令最后构造的选择集或最后一次使用 SELECT 命令预置的选择集作为当前选择。从图形中删除对象将清除“前一个”选项设置。

## 2.4.2　图形编辑命令

同绘图功能一样，AutoCAD 2010 将基本的编辑命令放在“常用”选项卡上，用户也可以通过单击“工具”下拉菜单选择“工具栏”→“AutoCAD”→“修改”，打开“修改”工具栏，显示更多的绘图编辑命令，如图 2-23 所示。表 2-2 为常用“修改”工具栏简介。

图 2-23　“修改”工具栏

表 2-2　“修改”工具栏简介

| 工具图标 | 中文名称 | 英文命令 | 英文别名 | 工具图标 | 中文名称 | 英文命令 | 英文别名 |
|---|---|---|---|---|---|---|---|
| | 删除 | ERASE | E | | 修剪 | TRIM | TR |
| | 复制 | COPY | CO、CP | | 延伸 | EXTEND | EX |
| | 镜像 | MIRROR | MI | | 打断于点 | BREAK | BR |
| | 偏移 | OFFSET | O | | 打断 | BREAK | BR |
| | 阵列 | ARRAY | AR | | 合并 | JOIN | J |
| | 移动 | MOVE | M | | 倒角 | CHAMFER | CHA |
| | 旋转 | ROTATE | RO | | 圆角 | FILLET | F |
| | 缩放 | SCALE | SC | | 分解 | EXPLODE | X |
| | 拉伸 | STRETCH | S | | | | |

### 1. 删除命令

用户可以用前面介绍的各种构造选择集的方法来选择要删除的实体，选择完成后，按回车键或单击鼠标右键，选中的实体就会被删除。

### 2. 移动和复制命令

移动用于将指定的对象从当前位置移动到一个新的指定位置；而复制则是保留原有对象，创建对象副本，并放置在指定的位置上，方向大小均不改变。图 2-24 所示的是分别把矩形中的正六边形移动和复制的图形结果。执行移动命令后，选择要移动的正六边形，右键结束选择后，先指定基点 *A*，再指定位移点 *B*，正六边形即移动到新的位置。复制命令的执行过程与移动相仿。

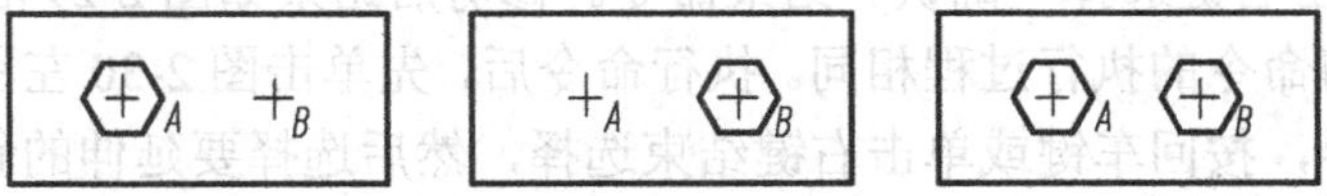

(a) 原图　　(b) 移动　　(c) 复制

图 2-24　移动和复制命令

### 3．镜像和偏移命令

镜像命令可以创建对象的镜像图形，适用于对称的平面图形。偏移命令可以创建形状与选定对象形状相似的新对象。偏移的实体可以是直线、二维多段线、圆弧、圆、椭圆和椭圆弧等。在图 2-25 所示的图例中，执行镜像命令后，先选择要镜像的图形对象，然后单击中心线上的 *1*、*2* 两点以指定镜像线，选择保留原对象后得到右图。若要从图 2-22 所绘制的长圆形得到图 2-26 所示的图形，则执行偏移命令后先输入偏移距离 3，然后选择要偏移的对象长圆形，单击长圆形内部（如点 P），即可得到图形结果。

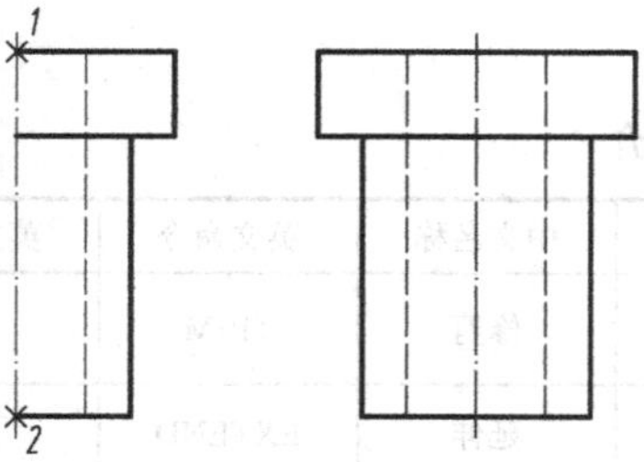


图 2-25　镜像命令

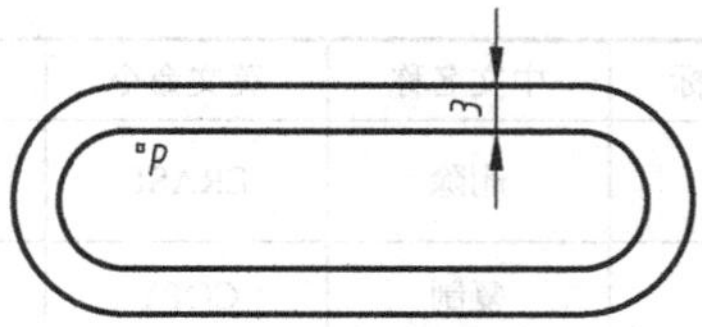


图 2-26　偏移命令

### 4．阵列命令

可以用矩形阵列或环形阵列的方式创建平面图形。执行命令后，从“阵列”对话框中先指定“矩形阵列”或“环形阵列”模式。矩形阵列需要用户给出行数、列数、行偏移、列偏移及阵列角度等；环形阵列则要给出环形阵列的中心点、跨度角度及项目数等选择，选择对象后即可执行阵列命令。图 2-27、图 2-28 分别是矩形阵列和环形阵列的图例。

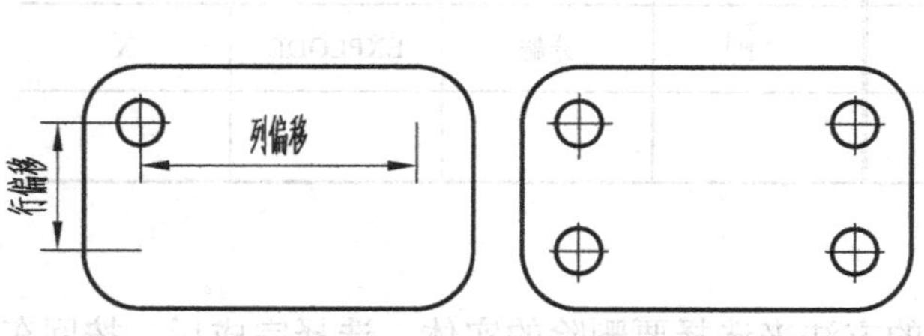


图 2-27　矩形阵列

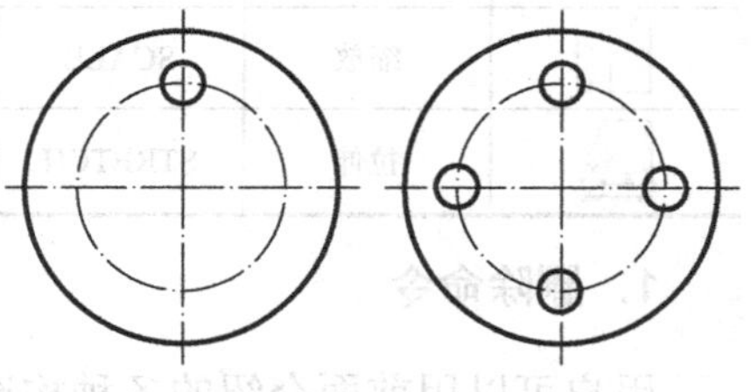

图 2-28　环形阵列

### 5．修剪和延伸命令

用指定的剪切边裁剪或延伸所选定的对象。剪切边（延伸边）和被裁剪（延伸）对象可以是直线、圆弧、圆、多段线、样条曲线等，同一个对象既可以作为剪切边（延伸边），同时也可以作为被裁剪（延伸）的对象。

执行修剪命令后，先选择图 2-29 左图中的所有图线作为剪切边（即单击修剪命令后不进行选择，直接按回车键或单击鼠标右键），然后选择要修剪掉的对象部分（即单击点 *1* 和点 *2* 的位置），按回车键或单击右键选择“确认”结束命令。修剪后结果如图 2-29 右图所示。

延伸命令与修剪命令的执行过程相同。执行命令后，先单击图 2-30 左图中的点 *1* 选择水平线为要延伸到的边界，按回车键或单击右键结束选择，然后选择要延伸的斜线和圆弧（即单击的点 *2* 和点 *3* 要靠近延伸边界一端），按回车键或单击右键选择“确认”结束命令。延伸后结果如图 2-30 右图所示。

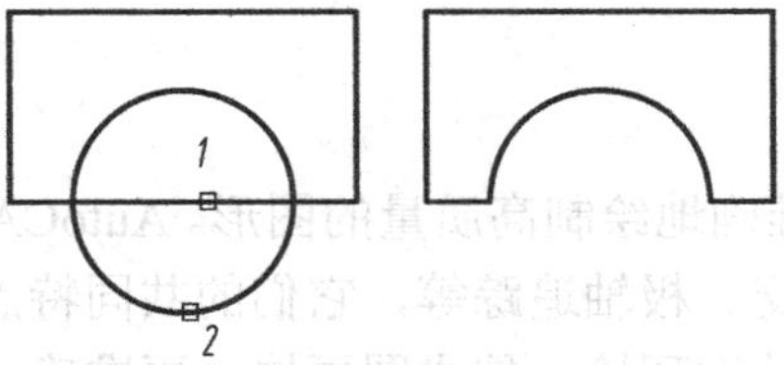


图 2-29　修剪

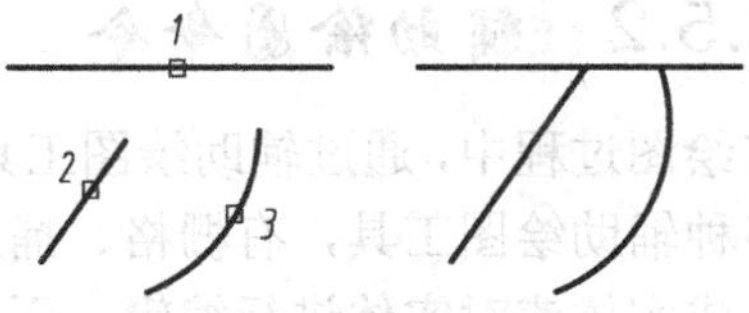


图 2-30　延伸

### 6. 倒角和圆角命令

倒角和圆角是工程图形上常见的结构。若要得到图 2-31 中所绘制的倒角，则执行倒角命令后，输入“D”选项以指定倒角距离，然后按提示输入第 1 个倒角距离“6”，第 2 个倒角距离“4”，然后用鼠标单击边 *1*、边 *2*，结果在单击的矩形处出现倒角。

若要得到图2-31中的圆角，则执行圆角命令后，输入“R”选项以指定圆角半径，按提示输入半径值“5”，然后用鼠标单击边 *1*、边 *2*，结果在单击的矩形处出现倒角。

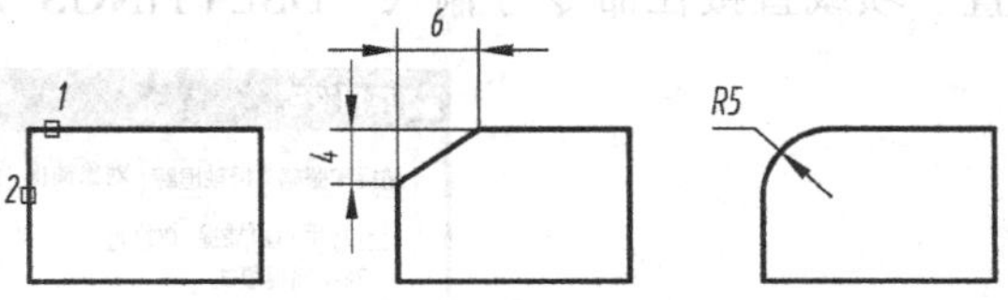


图 2-31　倒角和圆角

## 2.5　图形的显示控制和辅助绘图命令

### 2.5.1　图形的显示控制命令

在绘制和编辑图形的过程中，经常需要显示全图来查看整体修改效果，或放大显示图形的某个部分以编辑修改细节，或平移显示窗口以观察图形的不同部位，这些可通过显示控制命令来实现。

AutoCAD 2010 将显示控制命令放在“视图”选项卡的“导航”面板上，用户也可以通过单击“工具”菜单选择“工具栏”→“AutoCAD”→“缩放”，打开“缩放”工具栏，选择图标，还可以输入 ZOOM（Z）及相应选项来进行图形缩放。

表 2-3 “缩放”工具栏功能简介

| 图标 | 菜单 | 功能 |
|---|---|---|
| | 窗口缩放 | 缩放显示有矩形窗口确定的区域 |
| | 动态缩放 | 动态显示方框中的图形 |
| | 比例缩放 | 以指定的比例值缩放显示 |
| | 中心缩放 | 使图形在绘图区域内居中并按指定比例显示 |
| | 对象缩放 | 在绘图区域选择对象缩放充满整个绘图区域 |
| | 放大 | 将当前图形放大一倍 |
| | 缩小 | 将当前图形缩小 1/2 |
| | 全部缩放 | 最大限度地显示图限 |
| | 范围缩放 | 最大限度地显示指定窗口内图形，不考虑图限 |
| | 实时缩放 | 通过拖动鼠标进行图形缩放 |
| | 上一个缩放 | 恢复上一次显示状态 |
| | 平移 | 按住鼠标左键拖动，使用当前比例漫游图形 |

## 2.5.2 辅助绘图命令

在绘图过程中，通过辅助绘图工具可帮助用户快速准确地绘制高质量的图形。AutoCAD 提供了多种辅助绘图工具，有栅格、捕捉、对象捕捉、正交、极轴追踪等，它们的共同特点是本身不生成实体或对实体进行编辑，而是设置一个更好的绘图环境，使成图更快、更准确。用户可通过“草图设置”对话框，对这些辅助工具进行设置，以便能更加灵活、方便地使用这些工具来绘图。

在菜单“工具（T）”中单击“DraftingSettings”或在在状态栏上的“捕捉”、栅格”、“极轴”、“对象捕捉”、“对象追踪”、“动态”或“快捷特性”上单击鼠标右键在弹出的快捷菜单上单击“设置”项或直接在命令行输入“DSETTINGS”，均可打开“草图设置”对话框，如图 2-32 所示。

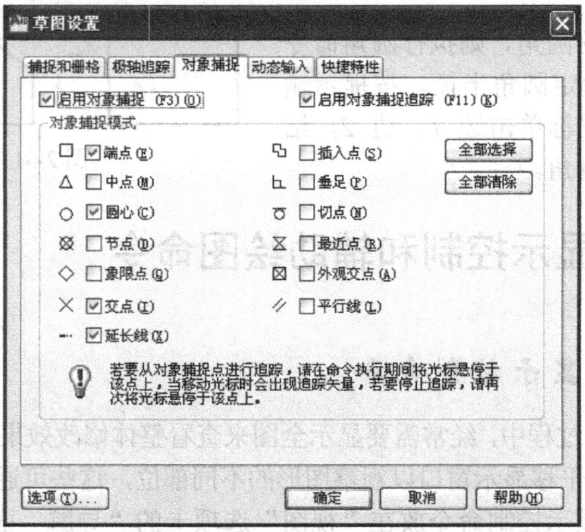


图 2-32 “草图设置”对话框中的“对象捕捉”选项卡

下面主要介绍对象捕捉命令。

对象捕捉帮助用户在绘图过程中准确地捕捉到实体上的某些特殊点，如直线段的中点、端点，线段与线段的交点，圆与圆弧的圆心、切点，垂足点等。AutoCAD 提供了多种进入对象捕捉状态的方式。

对象捕捉的使用方法有以下两种。

1）提前预设法

也称为自动捕捉。在“草图设置”对话框中的“对象捕捉”选项卡中预设所需捕捉模式。图 2-32 显示了常用的对象捕捉方法。图中“□”、“△”、“◇”、“○”、“//”等符号代表捕捉到的特征点类型，“√”表示已选择的对象捕捉方式。提前预设法设置的捕捉模式在用户进一步修改前将一直有效。

对话框中的“启用对象捕捉”是用来打开或关闭预设的对象捕捉模式的（也可在图形界面直接单击状态栏中的“对象捕捉”按钮或按 F3 键）。

只要状态栏中的“对象捕捉”是打开的，在绘图过程中，当需要点输入时，就可以对已设定的各种特征点进行自动捕捉。虽然用户可以同时指定多种对象捕捉模式，但也不能过多，因为过多的捕捉模式之间容易互相干涉，尤其当图形比较密集时，用户希望的捕捉类型可能不是第一时间出现的。

2）临时指定法

也称为单点优先捕捉。其中，对象捕捉模式的临时指定可以采用如下几种方法。

（1）按住 Shift 键的同时单击鼠标右键，在弹出的“对象捕捉”快捷菜单中选择，如图 2-33 所示。

（2）在标准工具栏中的“对象捕捉”弹出式工具栏中选择。

（3）通过自定义把“对象捕捉”工具栏显示在界面上，在其中选择捕捉类型。

（4）输入各种捕捉类型的简写符（英文名称的前三个字符），如 END（端点）、INT（交点）、TAN（切点）等。

临时指定法的优先级要高于提前预设法，但仅对本次设置有效。当执行某个命令需要输入点时，先临时指定所需的对象捕捉模式，然后将光标移动到捕捉目标上。当出现所需要的对象捕捉名称时，用鼠标左键确认，即可捕捉到该特征点。

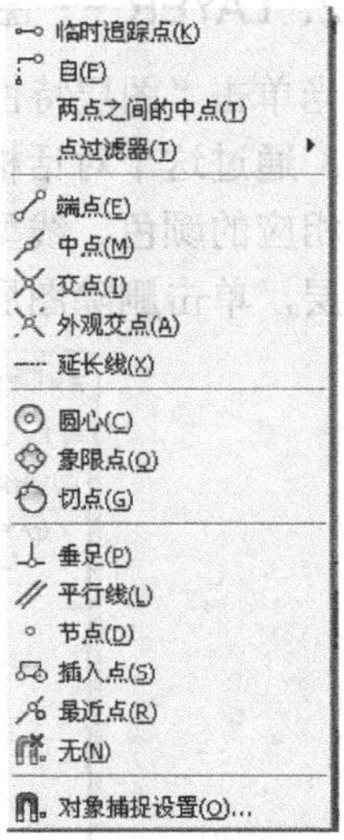


图 2-33 对象捕捉快捷菜单

## 2.6 图形实体属性

在二维绘图中，实体指的是构成图形的有形的基本元素。AutoCAD 中的每个实体对象都有属性，有的属性是基本属性，适用于大多数实体对象，如图层、颜色、线型、线宽、线型比例等；有的则是专用于某个实体对象的属性，如圆的属性包括半径和面积。通过修改实体对象的属性可以控制实体对象的显示。

### 2.6.1 图层的使用

AutoCAD 允许用户把各种实体按照一定的规则分门别类地放在不同的“图层（Layer）”上，图层就像是透明的坐标纸，运用它可以很好地组织不同类型的图形信息。

**1. AutoCAD 的图层的特点**

（1）每一图层都要有图层名。

（2）一幅图可以包含多个图层，系统无限制。每幅图都有一个默认的“0”图层，用户不能更改其名称，也不能删除该图层。

（3）图层可以有各种状态：打开或关闭、冻结或解冻、锁定或解锁、可否打印等。

① 打开或关闭　当图层打开时，该图层可见，且可在其上绘图；当图层被关闭时，虽然可在其上绘图，但是都不可见，也不能打印输出。

② 冻结或解冻　冻结图层不可见且不能在其上绘制实体；解冻后相应的限制取消。

③ 锁定或解锁　锁定图层上的实体可见，可以捕捉，也可在其上绘制新的实体，但是锁定图层上的实体不能被编辑修改；解锁后相应的限制取消。

所以只有打开的、解冻的图层上的实体才可见，可以进一步控制其能不能打印。

（4）图层具有特定的颜色、线型和线宽。用户创建的实体也都具有颜色、线型和线宽等特性，实体可以直接采用其所在图层定义的相关特性，即随图层（bylayer）；用户也可以专门给各个实体指定特性。但是，实体的特性往往采用“随图层”，以便于管理。

（5）绘图时，用户创建的实体都是绘制在当前图层上的。

## 2. LAYER——图层特性管理器命令

当单击“图层特性管理器”图标时，屏幕上就弹出了图2-34所示的“图层特性管理器”对话框。通过这个对话框，用户可以单击新建图层按钮创建新图层，为每个图层修改图层名，设置相应的颜色、线型、线宽及各种状态，还可通过单击置为当前按钮将所选图层设置为当前图层，单击删除图层按钮删除图层等。

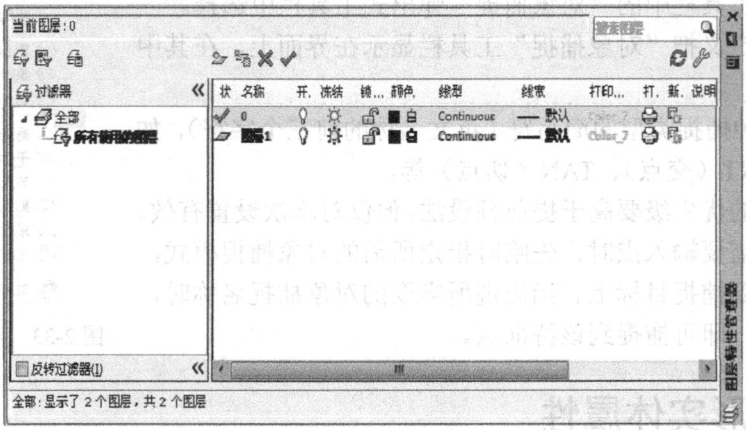


图2-34 “图层特性管理器”对话框

每当新建一个图层时，该图层立刻就显示在图层列表框中，并赋予默认名，如“Layer1”。新图层将继承刚才选中的图层的状态及特性设置，如图2-34中的“Layer1”图层就继承了“0”图层的特性。

用户可以在图层名编辑框中为其更改新的图层名。

图层名右侧的三个图标分别代表该图层的各种状态：On/Off（打开/关闭）、Freeze/Thaw（冻结/解冻）、Lock/Unlock（锁定/解锁），单击相应的状态图标可进行状态切换。

单击图2-34中某图层的颜色块或颜色名，系统将显示图2-35所示的“选择颜色”对话框，用户可以为该图层设置新的颜色。

单击图2-34中某图层的原有线型，如“Layer1”图层的“Continuous”，系统将显示图2-36所示的“选择线型”对话框，对于一个新创建的图形而言，已加载的线型只有默认的“Continuous”，若需加载其他线型，如点画线“Center”、虚线“Dashed”、双点画线“Phantom”等，则需要单击“加载”按钮，在随后弹出的图2-37所示的“加载或重载线型”对话框中选择所需的线型，将其加载到“选择线型”对话框中，然后赋予指定的图层即可。

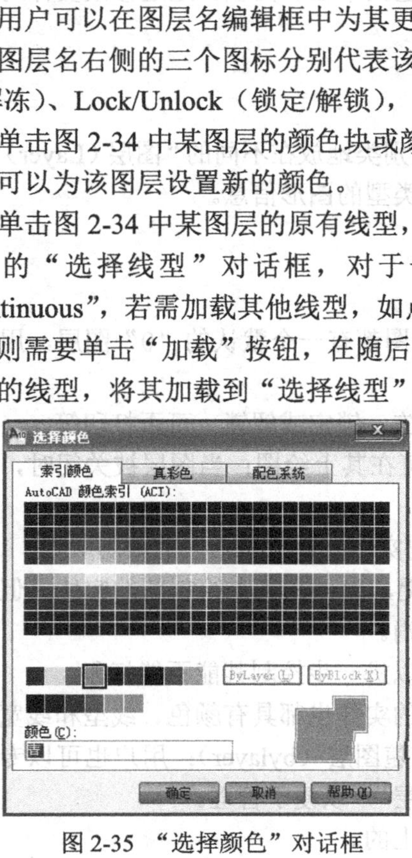


图2-35 “选择颜色”对话框

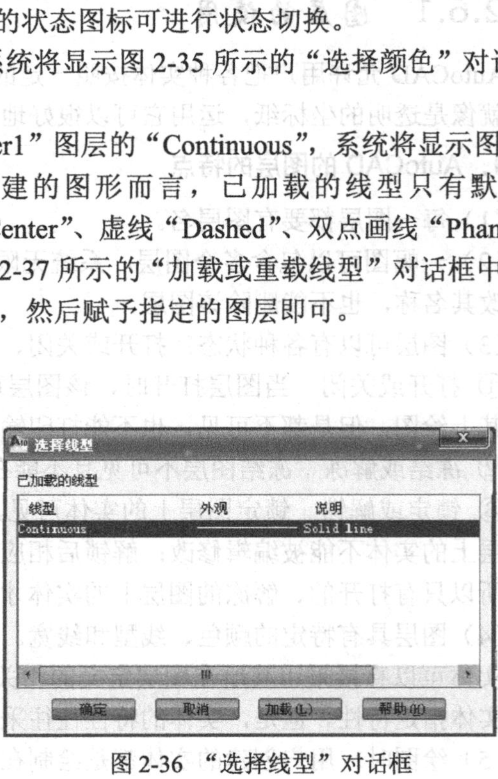


图2-36 “选择线型”对话框

单击图2-34中某图层的原有线宽，系统将显示图2-38所示的“线宽”对话框，用户可以为该图层设置线宽。

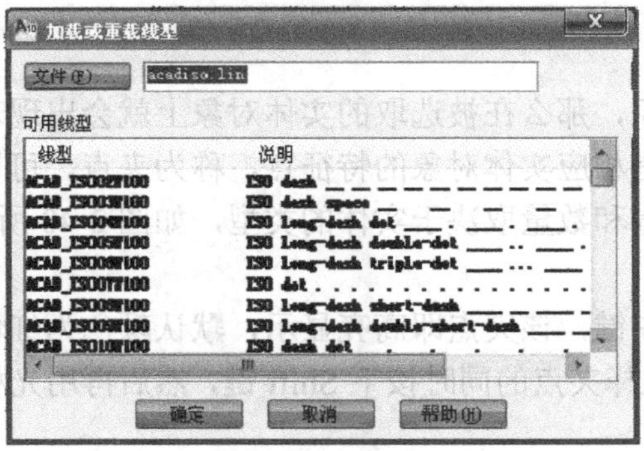


图2-37 “加载或重载线型”对话框

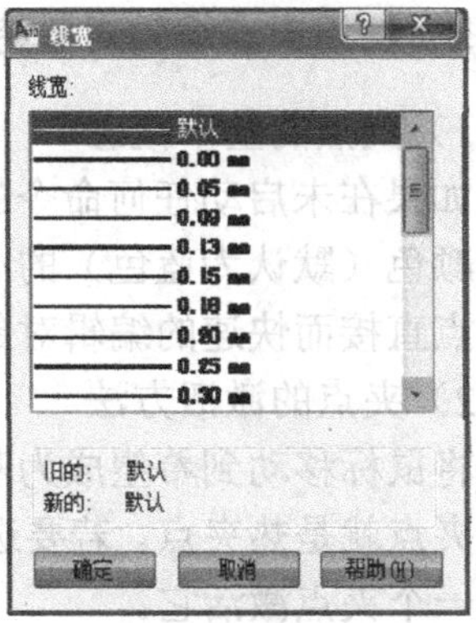


图2-38 “线宽”对话框

图层设置完毕后，在绘图过程中，根据需要用户可随时单击“图层控制”下拉列表来改变图层的各种状态，切换当前图层；单击“颜色控制”、“线型控制”及“线宽控制”下拉列表设置实体的颜色、线型及线宽等特性。若想在某图层上绘制实体，一种方法是先把该图层设为当前图层，然后绘制实体；或者先绘制实体，然后用鼠标选中该实体，再到“图层控制”下拉列表中选择相应的图层即可。良好的绘图习惯是指定当前图层，再绘制实体。

## 2.6.2 对象属性的修改

在编辑对象时，还可以对图形对象本身的一些特性进行编辑，从而方便地进行图形绘制。

### 1. 使用特性选项板

命令行：PROPERTIES 或 DDMODIFY

功能区：“视图”选项卡→“选项板”面板→“特性”

菜单：修改（M）→特性（P）

工具栏：“标准”→特性

快捷菜单：选择要查看或修改其特性的对象，单击鼠标右键，然后单击“特性”。

若执行上述操作之一，则系统都将弹出图2-39所示的“特性”对话框，用户所选对象的种类和数量不同，该对话框显示的内容也不同。若用户只选择一个实体，系统将显示该对象的所有参数，包括基本特性参数和几何图形信息等，如图2-39是选择了一个圆后的“特性”对话框。若用户选择了一组实体，系统将显示这组实体的公共特性。用户可通过该对话框浏览实体的特性、大小及位置等信息，也可定义新值修改允许编辑的所有参数，如圆的圆心坐标、半（直）径，文字的内容、样式、高度、旋转角、宽度比例、位置等。

图2-39 “特性”对话框

默认情况下，“特性”对话框隐藏在屏幕绘图区的左侧（此时只显示为“特性”对话框最左侧的标题条），用户将鼠标移到该标题条上，“特性”对话框即可展开；实际上编辑图形时，用户还可通过鼠标左键双击绝大多数实体来打开“特性”对话框，但是块、属性、图案填充、文字、复合线及外部参照等除外，因为双击这些实体，将打开这些实体特有的编辑对话框。

### 2. 使用夹点编辑对象特性

1）夹点的基本概念

如果在未启动任何命令的情况下选择实体对象，那么在被选取的实体对象上就会出现若干个带颜色（默认为蓝色）的小方框，这些小方框是相应实体对象的特征点，称为夹点。可以拖动夹点直接而快速的编辑对象。实体上夹点的位置和数量取决于实体的类型，如图 2-40 所示。

2）夹点的激活方法

将鼠标移动到希望成为基点的夹点上，单击左键，该夹点即高亮显示，默认颜色为红色，这个夹点就是热夹点。若要选择多个基点，可在选择夹点的同时按下 Shift 键，然后再用光标对准某一个夹点激活它。

3）夹点的取消

若想退出夹点编辑状态，连续按 Esc 键即可，直至夹点框消失。

4）使用夹点编辑对象

在激活一个夹点后，即进入夹点编辑模式。可进行的夹点编辑操作包括拉伸、移动、旋转、比例、镜像等。用户可在激活夹点后单击鼠标右键，打开图 2-41 所示的快捷菜单来选择各种编辑方式。

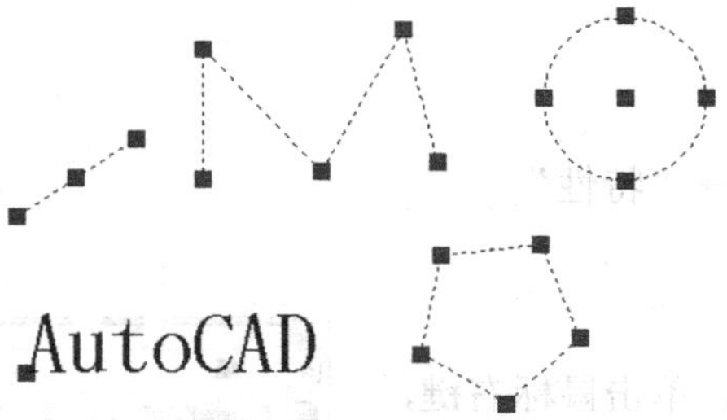


图 2-40　常见实体的夹点

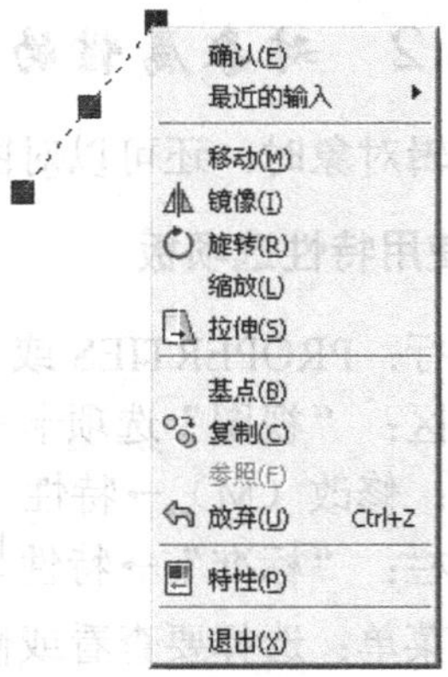


图 2-41　夹点的快捷菜单

（1）用夹点拉伸　通过移动选定夹点到新位置来拉伸对象。

拉伸模式为默认的编辑模式，如激活圆的象限点，移动鼠标到新的位置后，将修改圆的大小；激活直线的某个端点后，将鼠标移动到适当位置，单击左键，该端点被移动到新的位置。

并非所有实体的夹点都是拉伸，当用户选择不支持拉伸操作的夹点，如直线的中点、圆的圆心、文本插入点、图案填充特征点或图块插入点时，往往不是改变实体的大小，而是将整个实体移动到新的位置。这是移动块参照和调整标注的简便方法。

（2）用夹点移动　通过选定的夹点移动对象。选定的对象被亮显并按指定的下一点移动。

（3）用夹点旋转　通过拖动和指定点位置来绕基点旋转选定对象。另外，可以输入角度值。这是旋转块参照的简便方法。

（4）用夹点缩放　可以相对于基点缩放选定对象。通过从基夹点向外拖动并指定点位置来增大对象尺寸，或通过向内拖动减小尺寸。也可以为相对缩放输入一个值。

（5）用夹点创建镜像　可以沿临时镜像线为对象创建镜像。打开“正交”有助于指定垂直或水平的镜像线。

### 3．使用特性匹配

利用特性匹配功能可以将目标对象的属性与源对象的属性进行匹配，使目标对象的属性与源对象的属性相同。利用特性匹配可以方便快捷地修改对象属性，并保持不同对象的属性相同。图 2-42(a)所示的是两个不同属性的对象，以左边的矩形为源对象，对右边的圆进行特性匹配，可以执行下述操作之一：在菜单“修改（M）”上选择“特性匹配（M）”或在“标准”工具栏上单击或选择“常用”选项卡→“剪贴板”面板→“特性匹配”或输入“MATCHPROP”或“PAINTER”，系统均执行特性匹配命令。执行命令后，先选择源对象矩形，再选择要改变的对象圆，结果如图 2-42(b)所示。

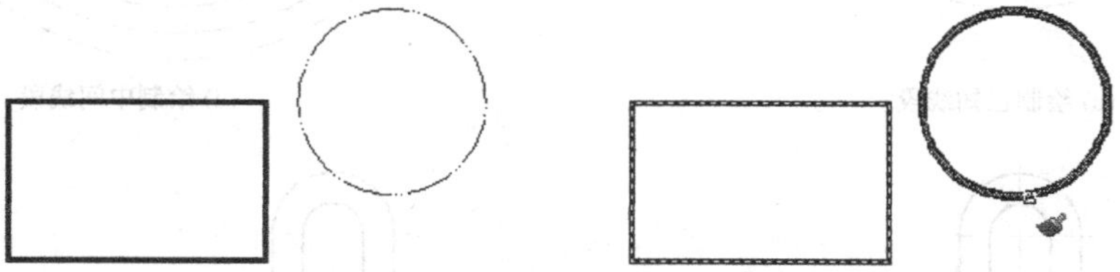

(a) 原图　　(b) 结果

图 2-42　特性匹配

## 2.7　平面图形绘制实例

绘制平面图形是绘制工程图样的基础，平面图形中包含直线与圆弧的连接，可以利用 AutoCAD 的绘图、编辑、对象捕捉等工具进行绘制。下面以图 2-43(a)所示的平面图形说明绘图的方法步骤。

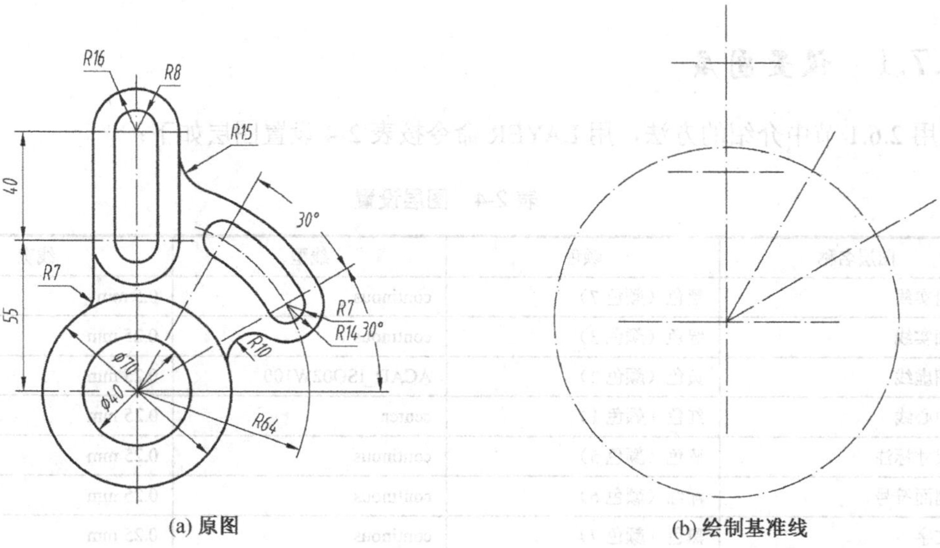


(a) 原图　　(b) 绘制基准线

图 2-43　平面图形绘制

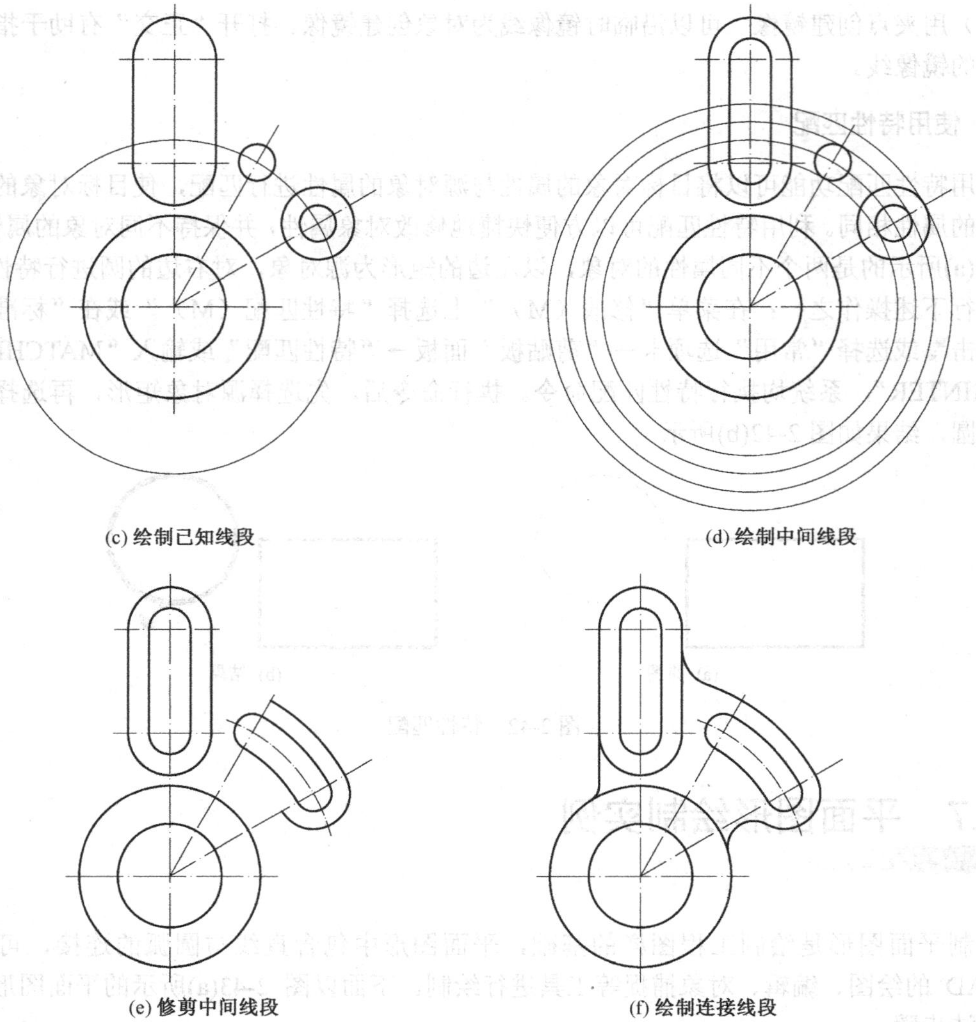

(c) 绘制已知线段　(d) 绘制中间线段

(e) 修剪中间线段　(f) 绘制连接线段

图 2-43　平面图形绘制（续）

### 2.7.1　设置图层

采用 2.6.1 节中介绍的方法，用 LAYER 命令按表 2-4 设置图层如下：

表 2-4　图层设置

| 图层名称 | 颜色 | 线型 | 线宽 |
|---|---|---|---|
| 01 粗实线 | 黑色（颜色 7） | continous | 0.5 mm |
| 02 细实线 | 绿色（颜色 3） | continous | 0.25 mm |
| 03 细虚线 | 黄色（颜色 2） | ACAD_ISO02W100 | 0.25 mm |
| 04 中心线 | 红色（颜色 1） | center | 0.25 mm |
| 05 尺寸标注 | 蓝色（颜色 5） | continous | 0.25 mm |
| 06 剖面符号 | 洋红（颜色 6） | continous | 0.25 mm |
| 07 文字 | 黑色（颜色 7） | continous | 0.25 mm |

## 2.7.2 绘制图形

（1）首先，将中心线设置为当前图层，用直线命令绘制一条水平线和竖直线，然后用偏移命令将水平线连续向上偏移55和40，然后用圆命令绘制*R*64的圆弧中心线；将状态栏中的“极轴”按下，设置增量角为30°，用直线命令绘制角度为30°的两条中心线，结果如图2-43(b)所示。

（2）将粗实线图层设置为当前图层，绘制已知线段。用画圆命令绘制$\phi$40、$\phi$70、*R*7和*R*14。按图2-22所示的方法用多段线命令绘制*R*16的长圆形，结果如图2-43(c)所示。

（3）用偏移命令将长圆形向内偏移8，将*R*64的圆向内偏移7，并连续向外偏移2次，距离也为7，结果如图2-43(d)所示。

（4）用修剪命令选择两条角度尺寸为30°的线为剪切边，将多余的圆弧剪掉，结果如图2-43(e)所示。

（5）用圆角命令分别绘制*R*7、*R*15和*R*10的圆弧，注意*R*7是竖直线和圆$\phi$70的连接而不是*R*16和圆$\phi$70的连接。调整每根中心线的长度到合适的长度。结果如图2-43(f)所示。

圆弧连接作图能否准确、光滑相切，关键在于绘图过程中使用对象捕捉，如画同心圆时捕捉圆心，绘制切线时捕捉切点，交点和端点捕捉等也都是常用的捕捉方式。半径计算要准确无误，画圆时圆弧半径要直接用键盘输入准确数值，或用捕捉切点方式捕捉与之相切的已知圆弧，切忌用鼠标拖动取近似值。图形准确相切后，再用修剪命令修剪到位。如果不能如愿修剪，说明前面画连接圆弧时没能准确相切。

# 第3章 点、直线、平面的投影

**教学目标**

通过本章的学习，应掌握投影法的基本知识和正投影法的投影特性，熟练掌握三面投影的形成及其投影规律，牢固掌握点、直线、平面的投影特性和规律，并熟悉它们之间在各种相对位置下的投影特性。

**教学要求**

| 能力目标 | 知识要点 | 相关知识 | 权重 | 自测等级 |
| --- | --- | --- | --- | --- |
| 掌握投影法的概念及其分类，熟悉正投影法的投影特性 | 投影法的基本知识 | 投影法、投影法的分类、正投影法的投影特性 | ☆☆ | |
| 在熟悉三面投影形成过程和方法的基础上，牢固掌握三面投影之间的关系 | 三面投影的形成及其投影规律 | 三面投影的形成、三面投影之间的关系 | ☆☆☆ | |
| 熟练掌握各种位置的点、直线、平面三面投影图画法及其投影特性 | 点、直线、平面的投影 | 点、直线、平面的三面投影及其投影特性 | ☆☆☆ | |

**提出问题**

图 3-1 所示的是一个平面的直观图和三面投影图。这里的三面投影图是如何获得的？它为何能够表示直观图中所显示的平面？图中的点、线有什么投影特性及位置关系是怎样的？通过本章的学习，将能够对这些问题予以解答。

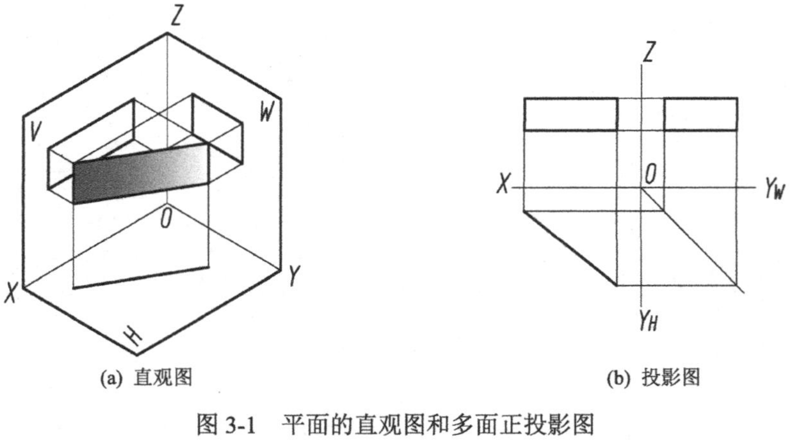


(a) 直观图　　(b) 投影图

图 3-1　平面的直观图和多面正投影图

# 3.1 投影法的基本知识

## 3.1.1 投影法

在人们的生活中，到处都可以看到各种各样的形体，如房屋、桥梁、机器等。一切形体都是以三维的空间形态存在。古代的人们通常采用绘画的方式将它们的形态保存下来。那么，如何才能在平面上准确无误地把空间物体表达出来呢？通过人们的观察发现，物体在光线的照射下，在地面或墙壁上产生影子。人们注意到了影子和物体之间存在着相互对应的关系，根据这种自然现象加以抽象研究，总结其中规律，提出投影的方法。如图 3-2 所示，空间有一个平面 *P* 和不在该平面上的点 *S* 和 *A*。过点 *S* 和 *A* 连一条直线并延长，与平面 *P* 的交点为点 *a*。点 *a* 称为空间点 *A* 在平面 *P* 上的投影，点 *S* 称为投射中心，平面 *P* 称为投影面，直线 *SAa* 称为投射线。这种利用投射线在投影面上产生物体投影的方法称为投影法。

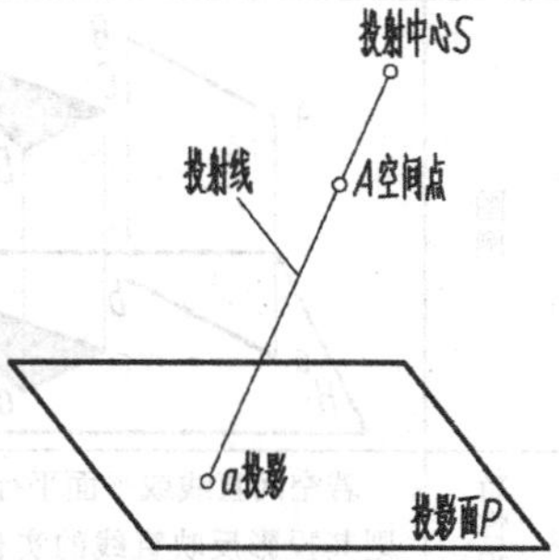


图 3-2 投影法

## 3.1.2 投影法的分类

### 1. 中心投影法

如图 3-3 所示，从投射中心 *S* 引出三根投射线分别过△*ABC* 的三个顶点与投影面 *P* 相交于 *a*、*b*、*c*；直线 *ab*、*bc*、*ca* 分别是直线 *AB*、*BC*、*CA* 的投影；△*abc* 就是△*ABC* 的投影。这种投射线都通过投射中心的投影法称为中心投影法，所得的投影称为中心投影。

### 2. 平行投影法

当投射中心与投影面的距离为无穷远时，则投射线相互平行。这种投射线相互平行的投影法称为平行投影法。按照平行投影法作出的投影称为平行投影，如图 3-4 所示。

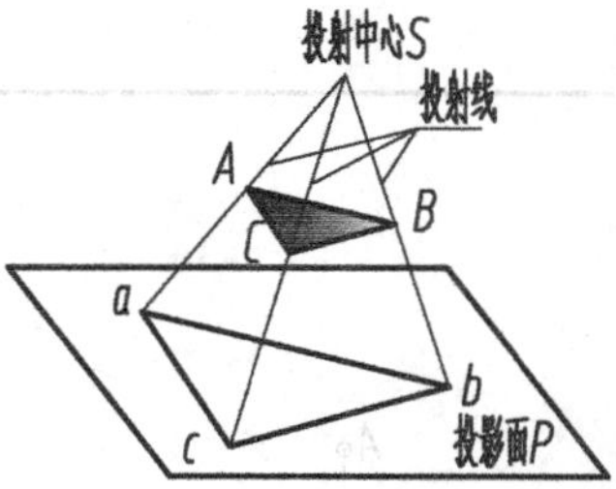


图 3-3 中心投影法

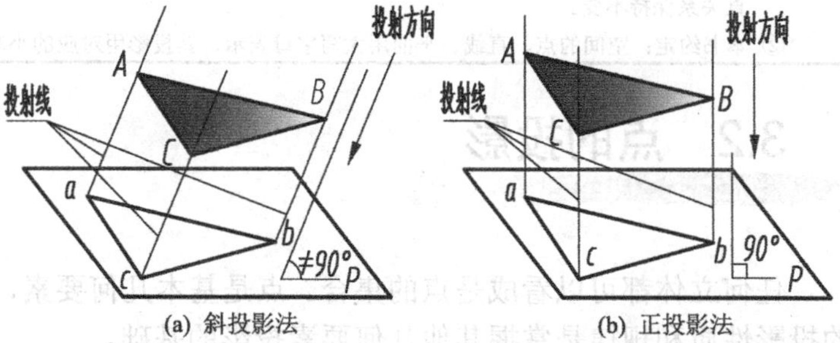


图 3-4 平行投影法

平行投影法按投射线与投影面相对位置的不同可分为斜投影法和正投影法。

（1）斜投影法　投射线与投影面相互倾斜的平行投影法称为斜投影法，如图 3-4(a)所示，由此法所得的投影称为斜投影。

（2）正投影法　投射线与投影面相互垂直的平行投影法称为正投影法，如图 3-4(b)所示，由此法所得的投影称为正投影。

工程图样主要用正投影法来绘制，在本书中无特殊说明时，均将“正投影”简称为“投影”。

### 3.1.3 正投影法的投影特性

正投影法的基本投影特性如表 3-1 所示，它们是正投影法作图的重要依据。这些特性可由空间几何学证明，在此不再赘述。

表 3-1 正投影法的基本投影特性

| 特性 | 实形性 | 积聚性 | 类似性 |
|---|---|---|---|
| 图例 | 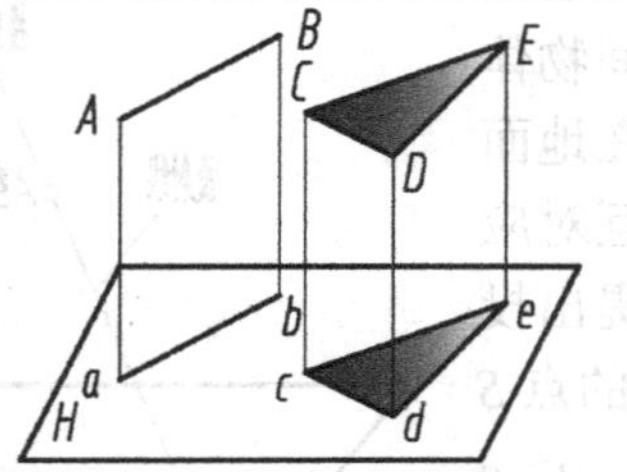 | 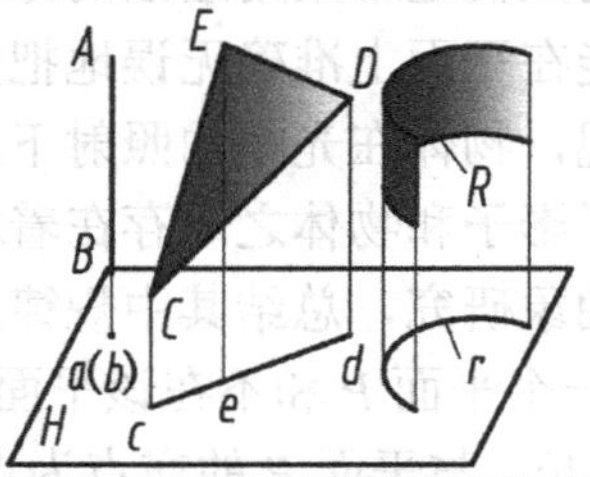 | 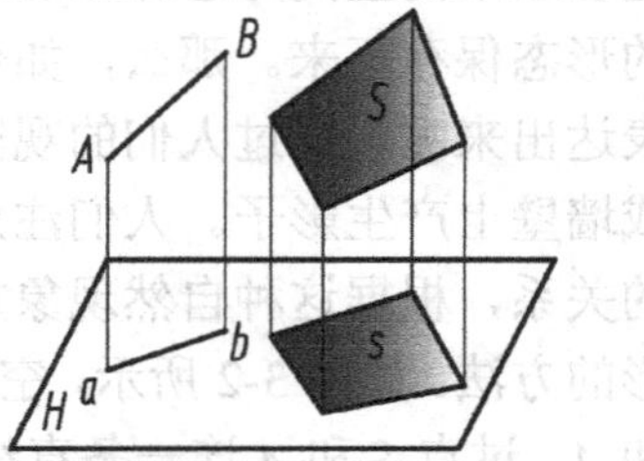 |
| 特性说明 | 若空间直线或平面平行于投影面，则其投影反映直线的实长或平面的实形 | 若空间直线、平面、曲面垂直于投影面，则其投影分别积聚为点、直线、曲线 | 若空间直线或平面倾斜于投影面，则直线的投影仍为直线（比实长短），平面的投影与原平面图形类似 |
| 特性 | 平行性 | 从属性 | 定比性 |
| 图例 | 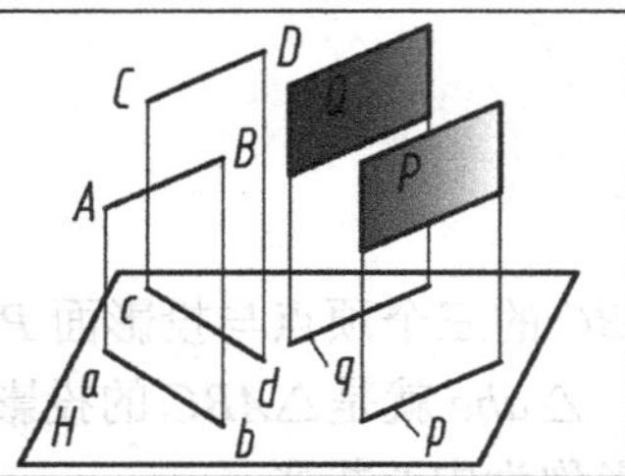 | 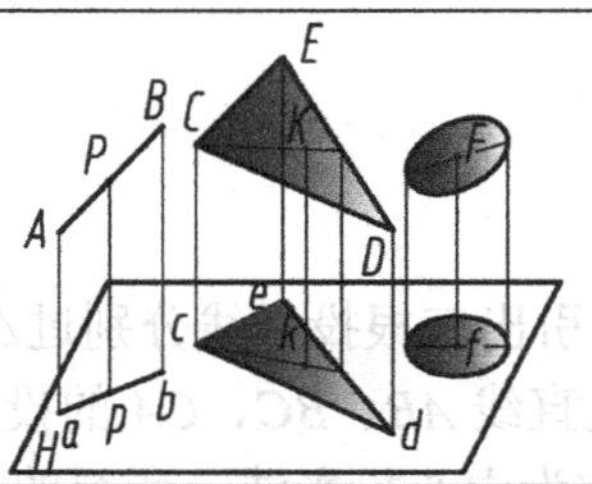 | 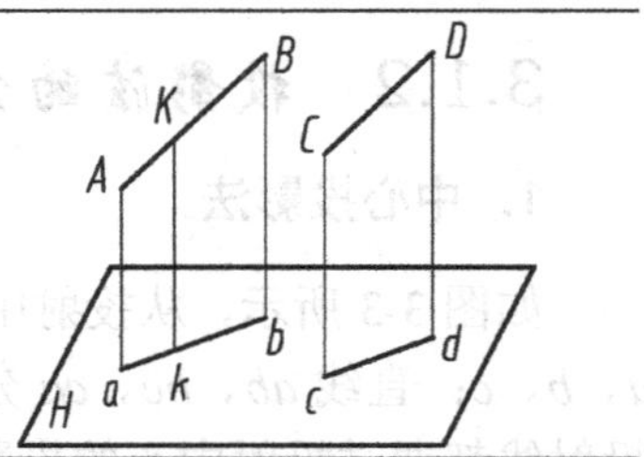 |
| 特性说明 | 空间相互平行的直线，其投影一定平行；空间相互平行的平面，其积聚性的投影相互平行 | 直线或曲线上的点，其投影必在直线或曲线的投影上；平面或曲面内的点或线，其投影必在该平面或曲面的投影上 | 属于直线上的点，其分割线段的比在投影上保持不变；空间两条平行线段长度之比，投影后保持不变 |

注：① 类似形：指平面图形投影后所得的投影，与原平面图形保持基本特征不变，即边数相等，凹凸形状相同，平行关系、曲直关系保持不变。

② 本书约定：空间的点、直线、平面用大写字母表示，其投影用对应的小写字母表示。

## 3.2 点的投影

任何立体都可以看成是点的集合。点是基本几何要素，研究点的投影性质和规律是掌握其他几何要素投影的基础。

如图 3-5 所示，过空间点 $A$ 向投影面作投射线（即垂线），与投影面的交点即为点 $A$ 在投影面上的投影 $a$。反之，若已知投影 $a$，从点 $a$ 所作投影面的垂线上的各点（如 $A$、$A_0$ 等）的投影都位于 $a$，由此就不能唯一确定点 $A$ 的空间位置。因此，确定一个空间点至少需要两个投影。在工程制图中通常选取相互垂直的两个或多个平面作为投影面，向这些投影面进行投影，从而形成多面正投影。

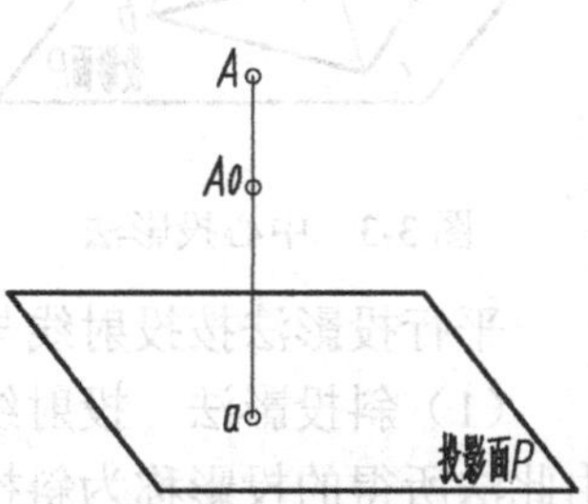


图 3-5 点的投影

## 3.2.1　点在两投影面体系中的投影

### 1. 两投影面体系的建立

图 3-6 所示的是空间两个互相垂直的投影面，处于正面直立位置的投影面称为正立投影面，用大写字母 $V$ 表示，简称正面或 $V$ 面；处于水平位置的投影面称为水平投影面，用大写字母 $H$ 表示，简称水平面或 $H$ 面； $V$ 面与 $H$ 面的交线称为投影轴，用 $OX$ 表示。两个投影面把空间分成四个分角，分别称为Ⅰ、Ⅱ、Ⅲ、Ⅳ分角。

### 2. 点的两面投影

如图 3-7(a)所示，过空间点 $A$ 向 $H$ 面作垂线，其垂足就是点 $A$ 在水平面上的投影，称为水平投影，用 $a$ 表示；由点 $A$ 向 $V$ 面作垂线，其垂足就是点 $A$ 在正立投影面上的投影，称为正面投影，用 $a'$ 表示。通常用大写字母表示空间的几何元素，用相应的小写字母表示其水平投影，用相应的小写字母加“′”表示其正面投影。

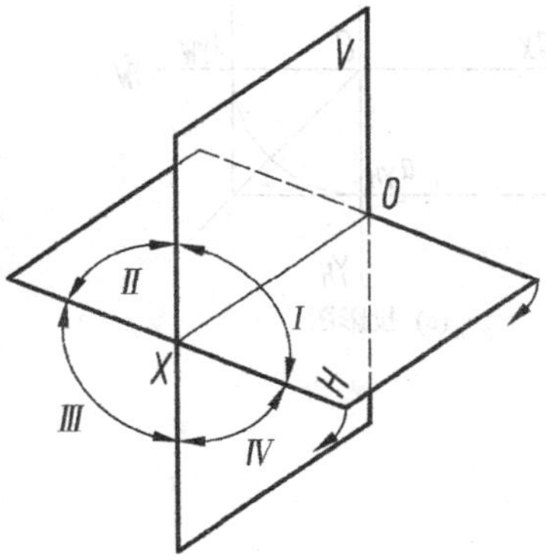


图 3-6　两投影面体系的建立

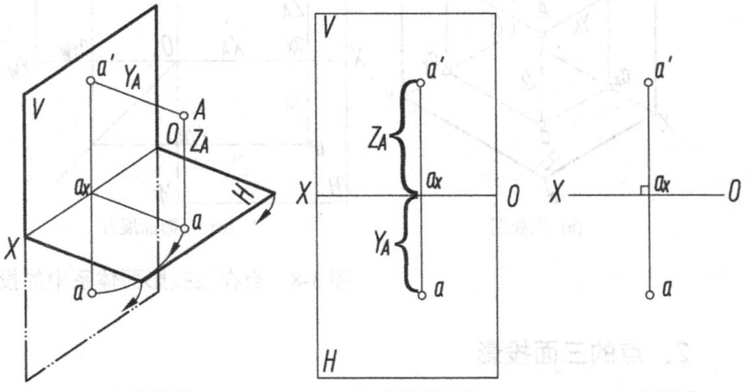


(a) 直观图　(b) 投影面展开　(c) 投影图

图 3-7　点在第一分角的投影

投射线 $Aa$ 和 $Aa'$ 决定的平面必然分别与 $V$ 面和 $H$ 面垂直，并与 $OX$ 轴交于一点 $a_x$，$Aaa_xa'$ 是一个矩形，$OX$ 轴垂直于该矩形平面。所以，$a_xa' \perp OX$，$a_xa \perp OX$，且 $a'a_x = Aa$，$aa_x = a'A$，即点 $A$ 的正面投影 $a'$ 到投影轴 $OX$ 的距离，等于点 $A$ 到 $H$ 面的距离；点 $A$ 的水平面投影 $a$ 到投影轴 $OX$ 的距离，等于点 $A$ 到 $V$ 面的距离。现将 $H$ 面绕 $OX$ 轴向下旋转 90° 使其与 $V$ 面处于同一平面，点 $A$ 的水平投影 $a$ 也随着旋转，水平投影 $a$ 与正面投影 $a'$ 也处于同一平面，如图 3-7(b)所示，这样就得到了点的两面投影图。由于在同一平面上，过 $OX$ 轴上的点 $a_x$ 作 $OX$ 轴的垂线只有一条，所以 $a'a_xa$ 共线，即 $a'a \perp OX$，$a'a$ 称为投影连线（用细实绘制）。因投影面的大小与投影无关，故不必画出投影面的边界，也省略字母 $H$ 和 $V$，图 3-7(c)所示的即为点 $A$ 的两面投影图。

反之，如果已知点 $A$ 的两面投影，就可确定该点的空间位置。如图 3-7(c)所示，可以想象，将 $OX$ 轴以上的 $V$ 面保持直立位置，将 $OX$ 轴以下的 $H$ 面绕 $OX$ 轴向上转 90° 呈水平位置，再分别从 $a$、$a'$ 作 $H$ 面、$V$ 面的垂线，两条垂线的交点即为空间点 $A$ 的空间位置。

由上述的分析可概括出点在两投影面体系中的投影规律：

（1）点的投影连线垂直于投影轴，即 $aa' \perp OX$；

（2）点的投影到投影轴的距离，等于该点到相应投影面的距离，即 $aa_x = Aa'$，$a'a_x = Aa$。

### 3.2.2 点在三投影面体系中的投影

由上述可知，两投影面体系已能唯一地确定点的空间位置，但为了进一步研究和表达其他几何元素，往往需要使用三个投影面。

**1．三投影面体系的建立**

如图 3-8(a)所示，若在两投影面体系上再加上一个与 *H*、*V* 均垂直的投影面，则该投影面称为侧立投影面，用 *W* 表示，简称侧面或 *W* 面，这样三个互相垂直的 *H*、*V*、*W* 面就组成一个三投影面体系。*V*、*W* 面的交线为投影轴 *OZ*；*H*、*W* 面的交线为投影轴 *OY*；三根投影轴的交点为原点 *O*，且三根投影轴 *OX*、*OY*、*OZ* 相互垂直。

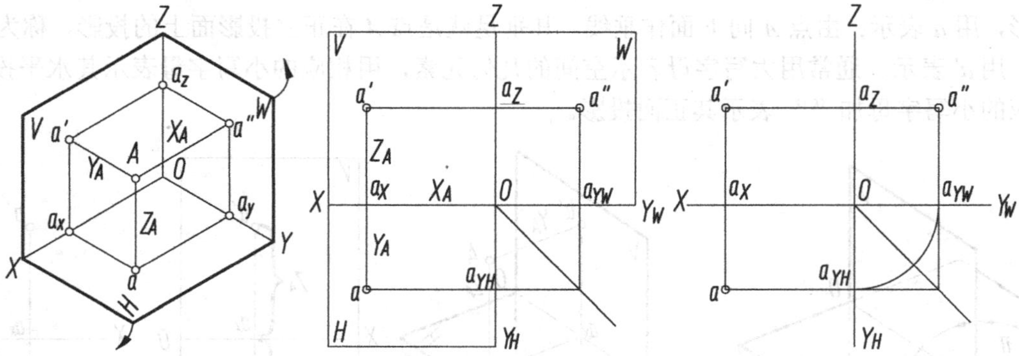

(a) 直观图　(b) 投影面展开　(c) 投影图

图 3-8　点在三投影面体系中的投影

**2．点的三面投影**

如图 3-8(a)所示，过空间点 *A* 分别向 *H*、*V*、*W* 面进行投影得 *a*、*a'*、*a''*，其中 *a''* 称为点 *A* 的侧面投影。通常，用相应小写字母加“ '' ”表示侧面投影。如图 3-8(b)所示，沿 *OY* 轴分开 *H* 面和 *W* 面，*V* 面保持不动，将 *H* 面向下、*W* 面向右旋转 90°，使三个投影面处在一个平面内，即得点的三面投影图。其中，*OY* 轴随 *H* 面旋转后，用 $OY_H$ 表示；随 *W* 面旋转后用 $OY_W$ 表示。并且存在下述关系：$aa_{YH}\perp OY_H$，$a''a_{YW}\perp OY_W$，$Oa_{YH}=Oa_{YW}$。通常在投影图中只画出其投影轴，不画投影面的边界，另外，为了作图方便，可用 45° 辅助线，$aa_{YH}$、$a''a_{YW}$ 的延长线必与这条辅助线交于一点。也可用以点 *O* 为圆心、$Oa_{YH}$ 或 $Oa_{YW}$ 为半径的圆弧来作图，还可用分规直接量取 $Oa_{YH}=Oa_{YW}$，如图 3-8(c)所示。

**3．点的直角坐标和投影规律**

若将三投影面体系看成直角坐标系，投影面为坐标面，投影轴为坐标轴，这时点 *O* 即为坐标原点，如图 3-8(a)所示。规定 *OX* 轴从点 *O* 向左为正，*OY* 轴从点 *O* 向前为正，*OZ* 轴从点 *O* 向上为正，反之为负。从图 3-8(a)中可得点 *A*（$X_A$，$Y_A$，$Z_A$）的投影与坐标有如下关系：

$X_A(Oa_X)=a_Za'=a_{YH}a=a''A$（点到 *W* 面的距离）；

$Y_A(Oa_Y)=a_Xa=a_Za'=a'A$（点到 *V* 面的距离）；

$Z_A(Oa_Z)=a_Xa'=a_{YW}a''=aA$（点到 *H* 面的距离）。

根据上述分析，可以得到点在三投影面体系中的投影规律：

（1）点的投影连线垂直于相应的投影轴，即 $a'a \perp OX$（长对正）、$a'a'' \perp OZ$（高平齐）和 $aa_{YH} \perp OY_H$，$a''a_{YW} \perp OY_W$（宽相等）。

（2）点的投影到投影轴的距离等于点的一个坐标，即点的投影到投影轴的距离等于空间点到相应投影面的距离。

因此，若已知点的坐标（$X, Y, Z$），就可以画出该点的投影图；又因为每一个投影反映点的两个坐标值，所以只要已知点的两面投影就可以知道点的三个坐标（$X, Y, Z$），也就可以画出点的第三个投影。

**【例 3-1】** 已知如图 3-9 所示的点 $A$ 的正面投影 $a'$ 和水平投影 $a$，求 $A$ 的侧面投影 $a''$。

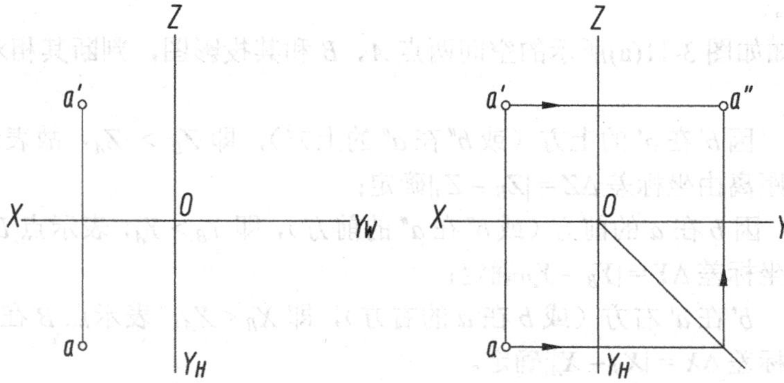


(a) 原题图　　(b) 做题图

图 3-9　已知点的两面投影求其第三投影

**分析**：由于已知点 $A$ 的正面投影和水平投影，则点 $A$ 的空间位置可以确定，因此可作出其侧面投影。

**作图步骤**：

（1）画 45° 辅助线；

（2）过 $a$ 作 $OY_H$ 的垂线与 45° 辅助线相交；

（3）过辅助线交点作 $OY_W$ 的垂线，使之与过 $a'$ 的水平线相交，交点即为所求 $a''$。

**【例 3-2】** 已知点 $A$ 坐标(12, 16, 10)、点 $B$ 坐标(28, 8, 0)和点 $C$ 坐标(20, 0, 0)，求作各点的三面投影图。

**分析**：由于 $Z_B = 0$，则点 $B$ 在 $H$ 面内，又由于 $Y_C = 0$，$Z_C = 0$，则点 $C$ 在 $OX$ 轴上。

**作图步骤**：（如图 3-10 所示）

（1）点 $A$ 的投影　从点 $O$ 分别沿 $X$、$Z$、$Y_H$ 轴上量取 $Oa_X = X_A = 12$，$Oa_Z = Z_A = 10$，$Oa_{YH} = Y_A = 16$；由 $a_X$、$a_Z$、$a_{YH}$ 作出相应投影轴的平行线（即点的投影连线），其在 $V$ 面上的交点即为所求 $a'$，在 $H$ 面上的交点即为所求 $a$ 点；最后由 $a$ 和 $a'$ 求出 $a''$。

（2）点 $B$ 的投影　从点 $O$ 分别沿 $X$、$Y_H$ 轴上量取 $Ob_X = X_B = 28$，$Ob_{YH} = Ob_{YW} = Y_B = 8$；由 $b_X$、$b_{YH}$ 作出所在轴的投影连线，在 $H$ 面上的交点即为所求 $b$；因 $Z_B = 0$，故点 $B$ 与 $b$ 重合，$b'$ 与 $b_X$ 重合，$b''$ 与 $b_{YW}$ 重合。

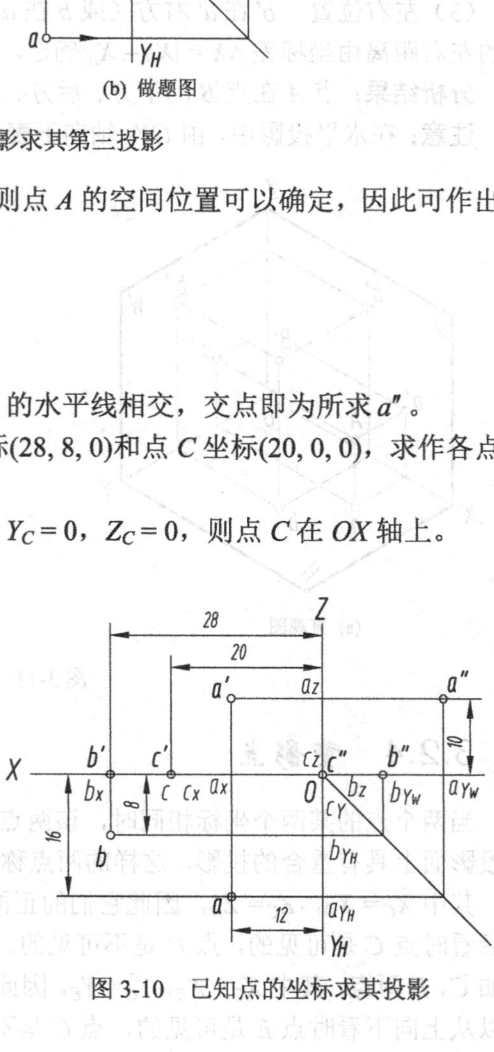


图 3-10　已知点的坐标求其投影

（3）点 $C$ 的投影　从点 $O$ 在 $X$ 轴上量取 $Oc_X=X_C=20$，由于 $Y_C=0$，$Z_C=0$，所以点 $C$ 与 $c'$、$c$、$c_X$ 都重合，$c''$ 与原点 $O$ 重合。

## 3.2.3　两点的相对位置

两点的相对位置是比较它们在同一坐标系中上下、前后、左右三个方向上的坐标大小。

两点相对位置的比较结果为：$X$ 大者，点在左；$Y$ 大者，点在前；$Z$ 大者，点在上。

根据两点的投影沿上下、前后、左右三个方向反映的坐标差，即两个点对 $H$、$V$、$W$ 的距离差，就能确定两点的相对位置；反之，若已知两点的相对位置及其中一个点的投影，也能确定另一个点的投影。

**【例 3-3】** 已知如图 3-11(a)所示的空间两点 $A$、$B$ 和其投影图，判断其相对位置。

**分析：**

（1）上下位置　因 $b'$ 在 $a'$ 的上方（或 $b''$ 在 $a''$ 的上方），即 $Z_B > Z_A$，故表示点 $B$ 在点 $A$ 的上方，两点的上下距离由坐标差 $\Delta Z=|Z_B-Z_A|$ 确定；

（2）前后位置　因 $b$ 在 $a$ 的前方（或 $b''$ 在 $a''$ 的前方），即 $Y_B>Y_A$，表示点 $B$ 在点 $A$ 的前方，两点的前后距离由坐标差 $\Delta Y=|Y_B-Y_A|$ 确定；

（3）左右位置　$b'$ 在 $a'$ 右方（或 $b$ 在 $a$ 的右方），即 $X_B<X_A$，表示点 $B$ 在点 $A$ 的右边，两点的左右距离由坐标差 $\Delta X=|X_B-X_A|$ 确定。

**分析结果**：点 $A$ 在点 $B$ 的下方、后方、左方位置；或点 $B$ 在点 $A$ 的上方、前方、右方位置。

**注意**：在水平投影中，由 $OY_H$ 轴向下表示向前；在侧面投影中，由 $OY_W$ 轴向右也表示向前。

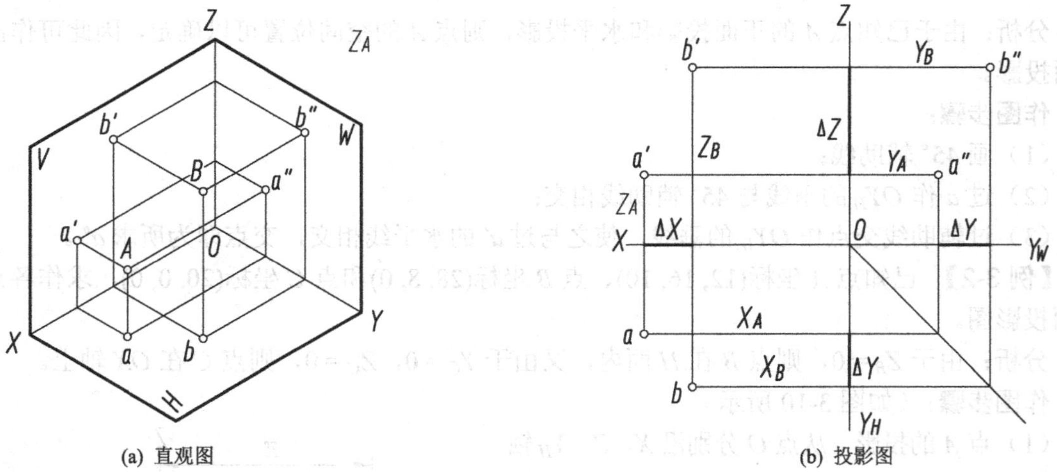


(a) 直观图　　(b) 投影图

图 3-11　两点的相对位置

## 3.2.4　重影点

当两个点的某两个坐标相同时，该两点将处于同一投射线上，因而在由相同两个坐标确定的投影面上具有重合的投影，这样的两点称为对该投影面的重影点。如图 3-12 所示的 $C$、$D$ 两点，其中 $X_C=X_D$，$Z_C=Z_D$，因此它们的正面投影 $c'$ 和 $d'$ 重影为一点。由于 $Y_C>Y_D$，所以从前向后看时点 $C$ 是可见的，点 $D$ 是不可见的。通常规定把不可见的点的投影打上括弧，如（$d'$）。又如 $C$、$E$ 两点，其中 $X_C=X_E$，$Y_C=Y_E$，因此它们的水平投影（$c$）、$e$ 重影为一点；由于 $Z_E>Z_C$，所以从上向下看时点 $E$ 是可见的，点 $C$ 是不可见的。再如 $C$、$F$ 两点，其中 $Y_C=Y_F$，$Z_C=Z_F$，

它们的侧面投影 $c''$、( $f''$ )重影为一点，由于 $X_C > X_F$，所以从左向右看时点 $C$ 是可见的，点 $F$ 是不可见的。

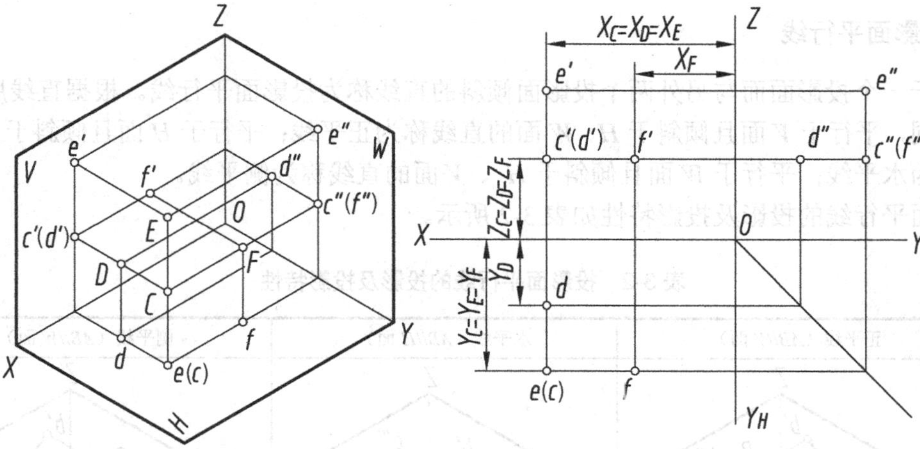


(a) 直观图　　(b) 投影图

图 3-12　重影点的投影

由此可知，对于正立投影面、水平投影面、侧立投影面的重影点，它们的可见性应分别是前遮后、上遮下、左遮右。若用坐标方式判别可见性，即用重影点中不等的坐标进行判别，则坐标值大者为可见。

## 3.3　直线的投影

空间一条直线的投影可由直线上两点（通常取线段两个端点）的同面投影来确定，如图 3-13 所示。当求作直线 $AB$ 的三面投影图时，可分别作出两个端点的投影[($a$、$a'$、$a''$)和($b$、$b'$、$b''$)]，然后将其同面投影连接起来（用粗实线绘制）即得该直线的三面投影图($ab$、$a'b'$、$a''b''$)。

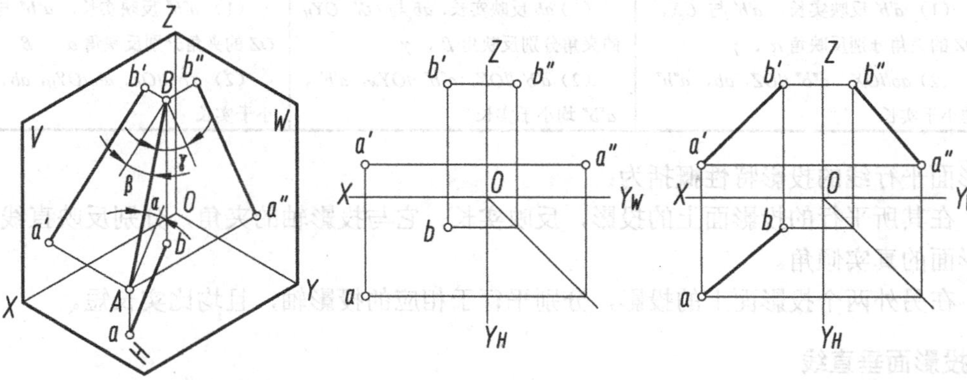


(a) 直观图　　(b) 两点的投影图　　(c) 直线的投影图

图 3-13　直线的投影

### 3.3.1　直线对投影面的各种相对位置

根据直线在三投影面体系中的位置可将直线分为三类，即投影面平行线、投影面垂直线及一般位置直线。前两类直线又称为特殊位置直线。

直线与水平投影面、正立投影面、侧立投影面的夹角，分别称为直线对该投影面的倾角，分别用$\alpha$、$\beta$、$\gamma$表示，如图 3-13(a)所示。

### 1. 投影面平行线

平行于一个投影面而与另外两个投影面倾斜的直线称为投影面平行线。根据直线所平行投影面的不同，平行于 *V* 面且倾斜于 *H*、*W* 面的直线称为正平线；平行于 *H* 面且倾斜于 *V*、*W* 面的直线称为水平线；平行于 *W* 面且倾斜于 *H*、*V* 面的直线称为侧平线。

投影面平行线的投影及投影特性如表 3-2 所示。

**表 3-2 投影面平行线的投影及投影特性**

| 名称 | 正平线（*AB*//*V* 面） | 水平线（*AB*//*H* 面） | 侧平线（*AB*//*W* 面） |
|---|---|---|---|
| 轴测图 | 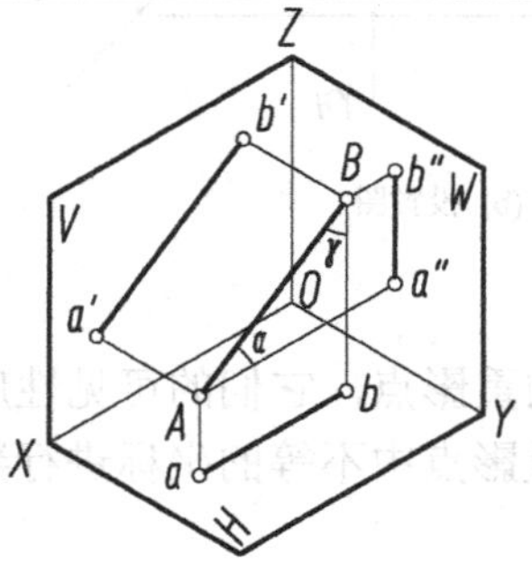 | 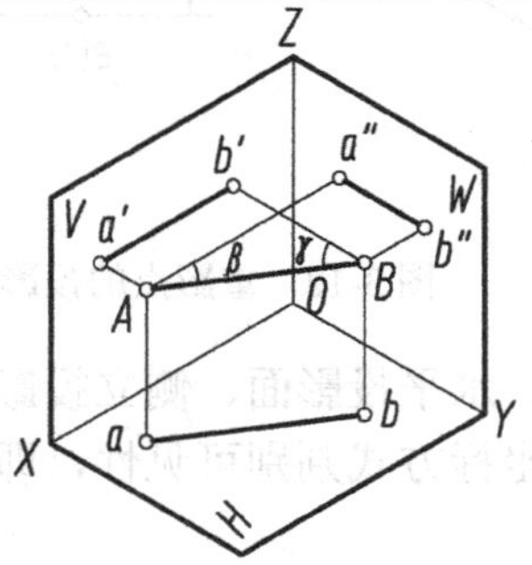 | 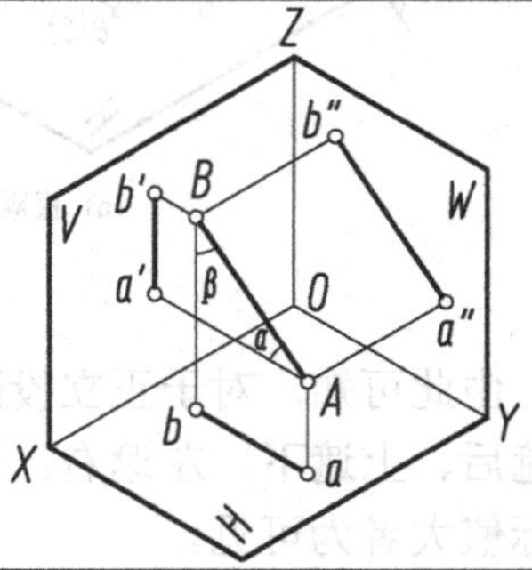 |
| 投影图 | 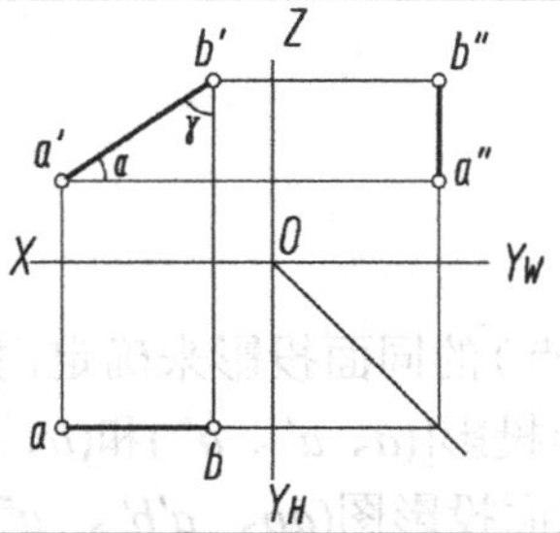 | 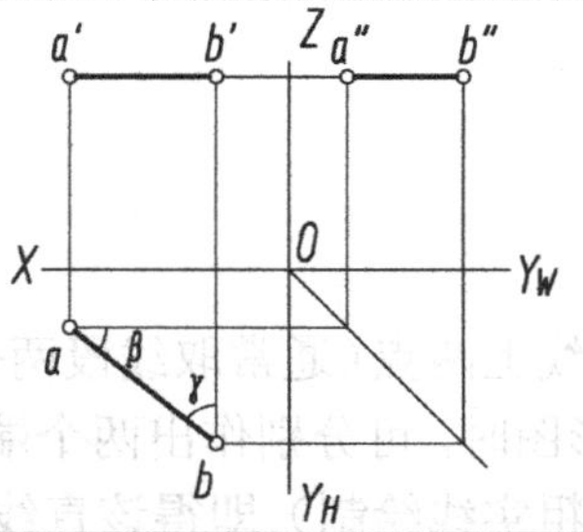 | 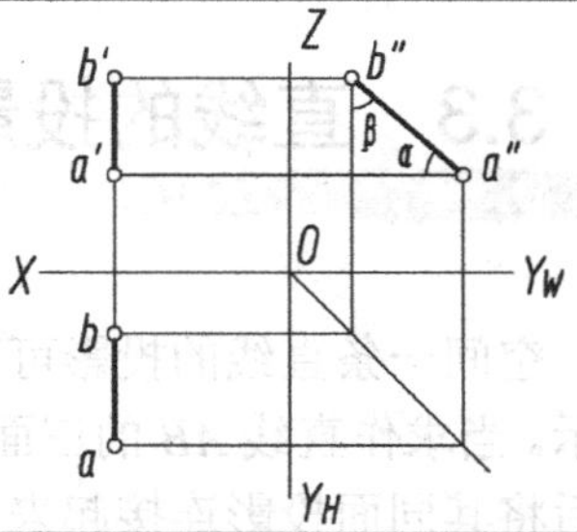 |
| 投影特性 | （1）$a'b'$ 反映实长，$a'b'$ 与 $OX$、$OZ$ 的夹角分别反映角$\alpha$、$\gamma$<br>（2）$ab//OX$，$a''b''//OZ$，$ab$、$a''b''$ 均小于实长 | （1）$ab$ 反映实长，$ab$ 与 $OX$、$OY_H$ 的夹角分别反映角$\beta$、$\gamma$<br>（2）$a'b'//OX$，$a''b''//OY_W$，$a'b'$、$a''b''$ 均小于实长 | （1）$a''b''$ 反映实长，$a''b''$ 与 $OY_W$、$OZ$ 的夹角分别反映角$\alpha$、$\beta$<br>（2）$a'b'//OZ$，$ab//OY_H$，$ab$、$a'b'$ 均小于实长 |

投影面平行线的投影特性概括为：

（1）在其所平行的投影面上的投影，反映实长；它与投影轴的夹角，分别反映直线对另外两个投影面的真实倾角。

（2）在另外两个投影面上的投影，分别平行于相应的投影轴，且均比实长短。

### 2. 投影面垂直线

垂直于一个投影面（一定与另外两个投影面都平行）的直线称为投影面垂直线。根据直线所垂直投影面的不同，垂直于 *V* 面的直线称为正垂线；垂直于 *H* 面的直线称为铅垂线；垂直于 *W* 面的直线称为侧垂线。

投影面垂直线的投影及投影特性，如表 3-3 所示。

表 3-3　投影面垂直线的投影及投影特性

| 名称 | 正垂线（$AB\perp V$ 面） | 铅垂线（$AB\perp H$ 面） | 侧垂线（$AB\perp W$ 面） |
|---|---|---|---|
| 轴测图 | 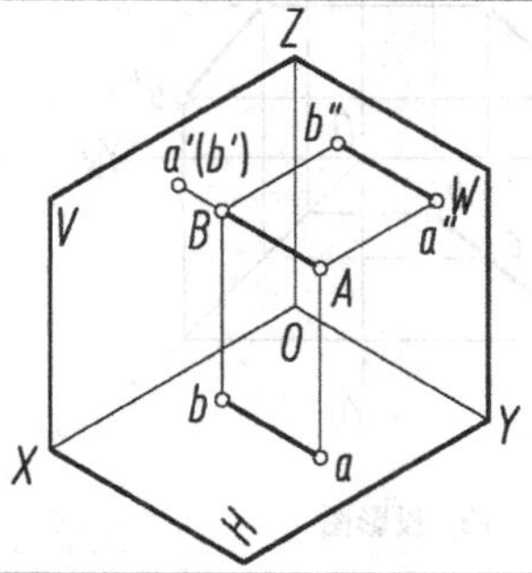 | 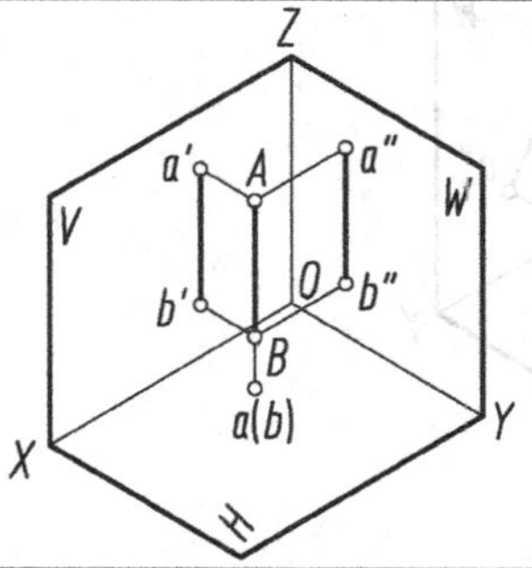 | 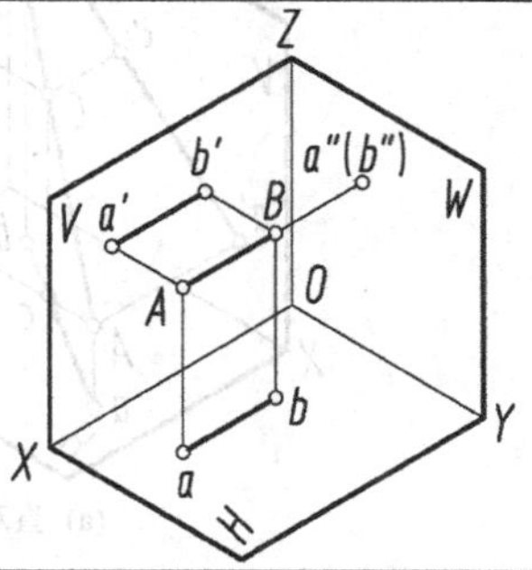 |
| 投影图 | 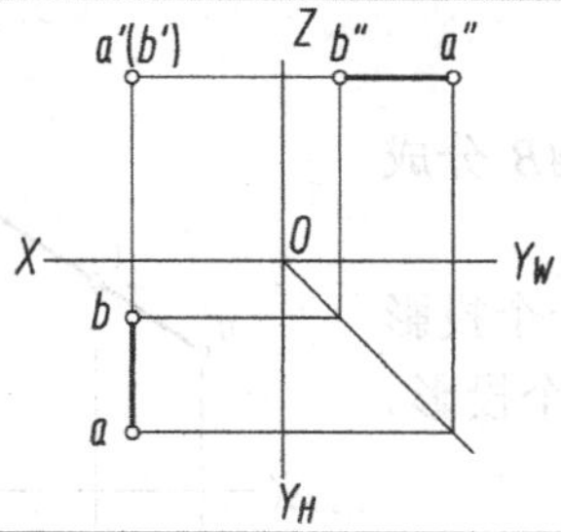 | 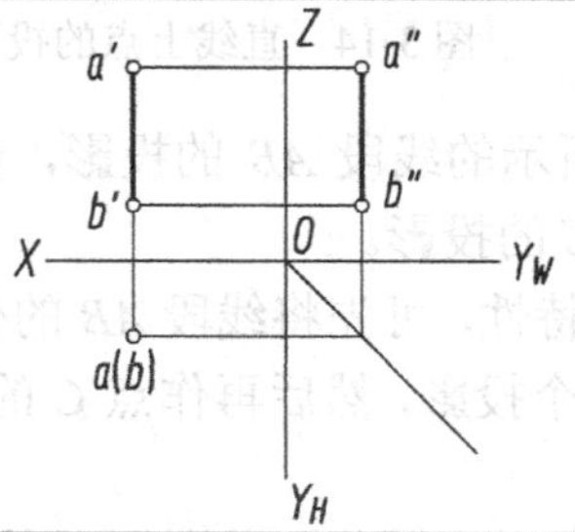 | 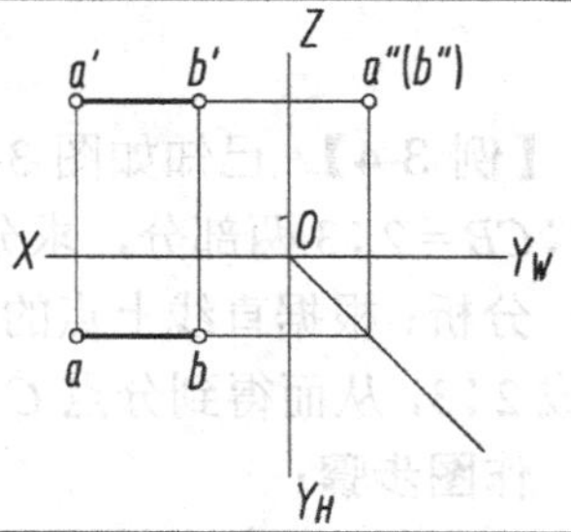 |
| 投影特性 | （1）$a'b'$ 积聚为一点<br>（2）$ab\perp OX$，$a''b''\perp OZ$，$ab$、$a''b''$ 均反映实长 | （1）$ab$ 积聚为一点<br>（2）$a'b'\perp OX$，$a''b''\perp OY_W$，$a'b'$、$a''b''$ 均反映实长 | （1）$a''b''$ 积聚为一点<br>（2）$a'b'\perp OZ$，$ab\perp OY_H$，$ab$、$a'b'$ 均反映实长 |

投影面垂直线的投影特性概括为：

（1）在其所垂直的投影面上的投影，积聚成一点。

（2）在另外两个投影面上的投影，分别垂直于相应的投影轴，且反映实长。

### 3．一般位置直线

与三个投影面都倾斜的直线称为一般位置直线，如图 3-13(a)所示。此时，直线的实长、投影长度和倾角之间的关系为

$$ab = AB\cos\alpha,\quad a'b' = AB\cos\beta,\quad a''b'' = AB\cos\gamma$$

一般位置直线的 $\alpha$、$\beta$、$\gamma$ 均大于 0° 小于 90°，因此其三个投影长（$ab$、$a'b'$、$a''b''$）均小于实长。

一般位置直线的投影特性概括为：

（1）三个投影都与投影轴倾斜，其长度都小于实长。

（2）三个投影与投影轴的夹角都不反映直线对投影面倾角的真实大小。

## 3.3.2　直线上的点

根据正投影法投影特性的从属性和定比性可知：若点在直线上，则点的各个投影必定在该直线的同面投影上，且点分直线段长度之比等于其投影分直线段投影长度之比；反之，若点的各个投影在直线的同面投影上，且其各投影分直线段同面投影长度之比相等，则该点一定在直线上。如图 3-14 所示，直线 $AB$ 上有一点 $C$，则点 $C$ 的三面投影 $c$、$c'$、$c''$ 必定分别在直线 $AB$ 的同面投影 $ab$、$a'b'$、$a''b''$ 上，且有 $AC:CB = ac:cb = a'c':c'b' = a''c'':c''b''$。

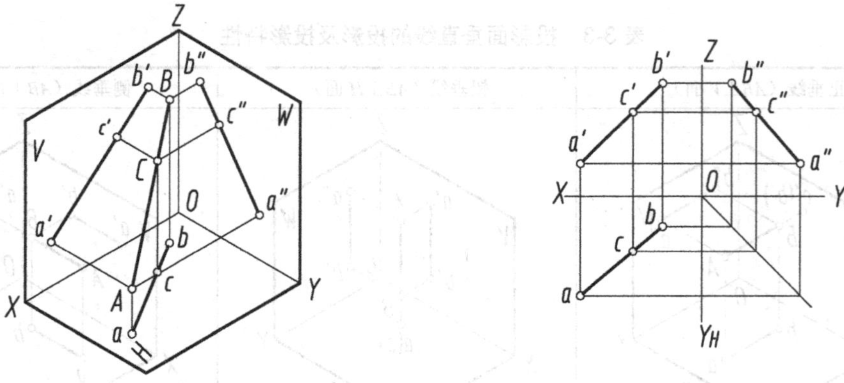


(a) 直观图　　(b) 投影图

图 3-14　直线上点的投影

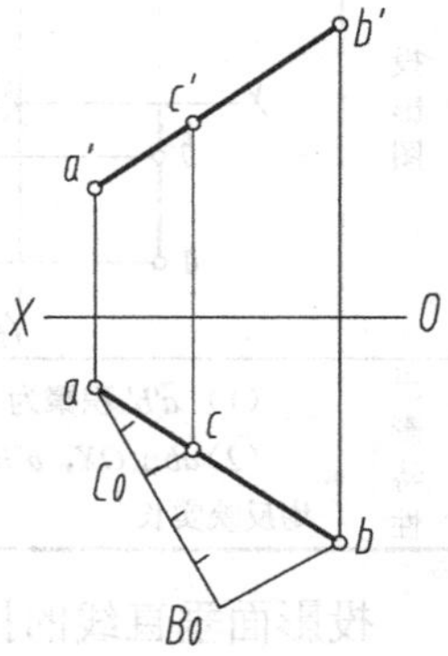


图 3-15　求 *AB* 上的点 *C*

**【例 3-4】** 已知如图 3-15 所示的线段 *AB* 的投影，试将 *AB* 分成 *AC*∶*CB*＝2∶3 两部分，求分点 *C* 的投影。

**分析：**根据直线上点的投影特性，可先将线段 *AB* 的任意一个投影分成 2∶3，从而得到分点 *C* 的一个投影，然后再作点 *C* 的另一个投影。

**作图步骤：**

（1）由 *a* 作任意辅助直线，在其上量取 5 个等长度线段，得点 $B_0$。在 $aB_0$ 上确定点 $C_0$，使 $aC_0$∶$C_0B_0$＝2∶3。

（2）连接 $B_0$ 和 *b*，作 $C_0c//B_0b$，与 *ab* 交于 *c*，即为所求点的一个投影。

（3）由 *c* 作投影连线，与 *a′b′* 交于 *c′*，即为所求点的另一个投影。

## 3.3.3　两直线的相对位置

空间两直线的相对位置关系有三种情况：平行、相交和交叉。前两种直线称为同面直线，后一种称为异面直线。

### 1. 平行两直线

根据正投影法投影特性的平行性可知：若空间两直线相互平行，则它们的各组同面投影必定互相平行。如图 3-16 所示，若 *AB*//*CD*，则 *ab*//*cd*，*a′b′* // *c′d′*，*a″b″* // *c″d″*；反之，若两直线的各组同面投影都互相平行，则两直线在空间必定互相平行。

根据正投影法投影特性的定比性可知：若空间两直线相互平行，则它们的空间长度之比等于其投影长度之比。如图 3-16 所示，由于 *AB*//*CD*，则 *AB*∶*CD*＝*ab*∶*cd*＝*a′b′*∶*c′d′*＝*a″b″*∶*c″d″*。

若空间两直线均为一般位置直线，当有两组同面投影相互平行时，则空间两直线必相互平行，如图 3-16(b)所示。若空间两直线均为投影面的平行线，则要根据直线在其所平行的投影面上的投影是否平行，判断它们在空间是否相互平行，如图 3-16(c)、(d)所示。

### 2. 相交两直线

若空间两直线相交，则它们的三组同面投影必然相交，且投影线的交点符合空间一点的投影规律。如图 3-17 所示，由于 *AB* 与 *CD* 相交，交点为 *K*，则 *ab* 与 *cd*、*a′b′* 与 *c′d′*、*a″b″* 与 *c″d″* 必定分别交于 *k*、*k′*、*k″*，且符合交点 *K* 的投影规律。反之，若两直线在投影图上的各组同面投影都相交，且各组投影的交点符合空间一点的投影规律，则两直线在空间必定相交。

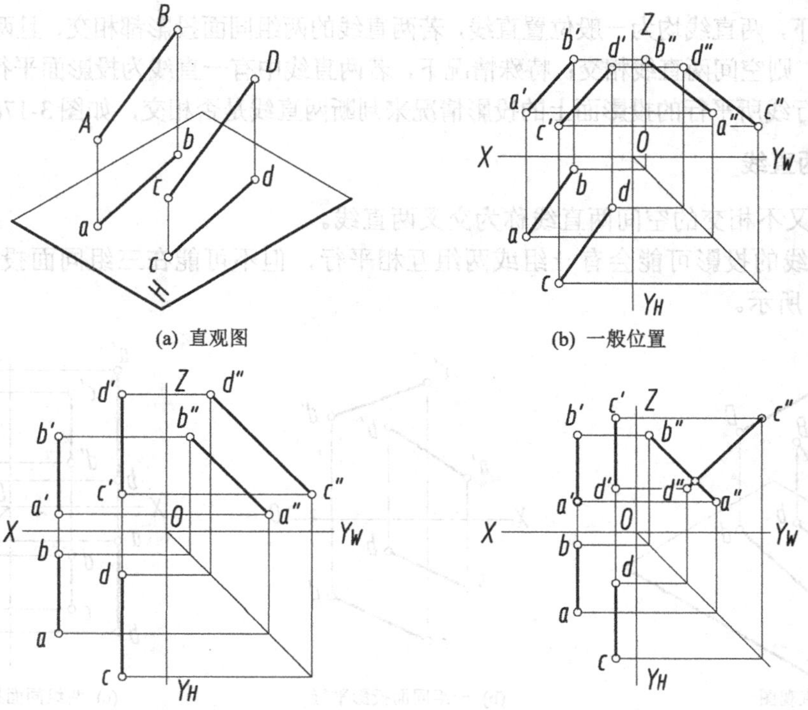


(a) 直观图　(b) 一般位置　(c) 特殊位置　(d) 特殊位置

图 3-16　平行两直线的投影

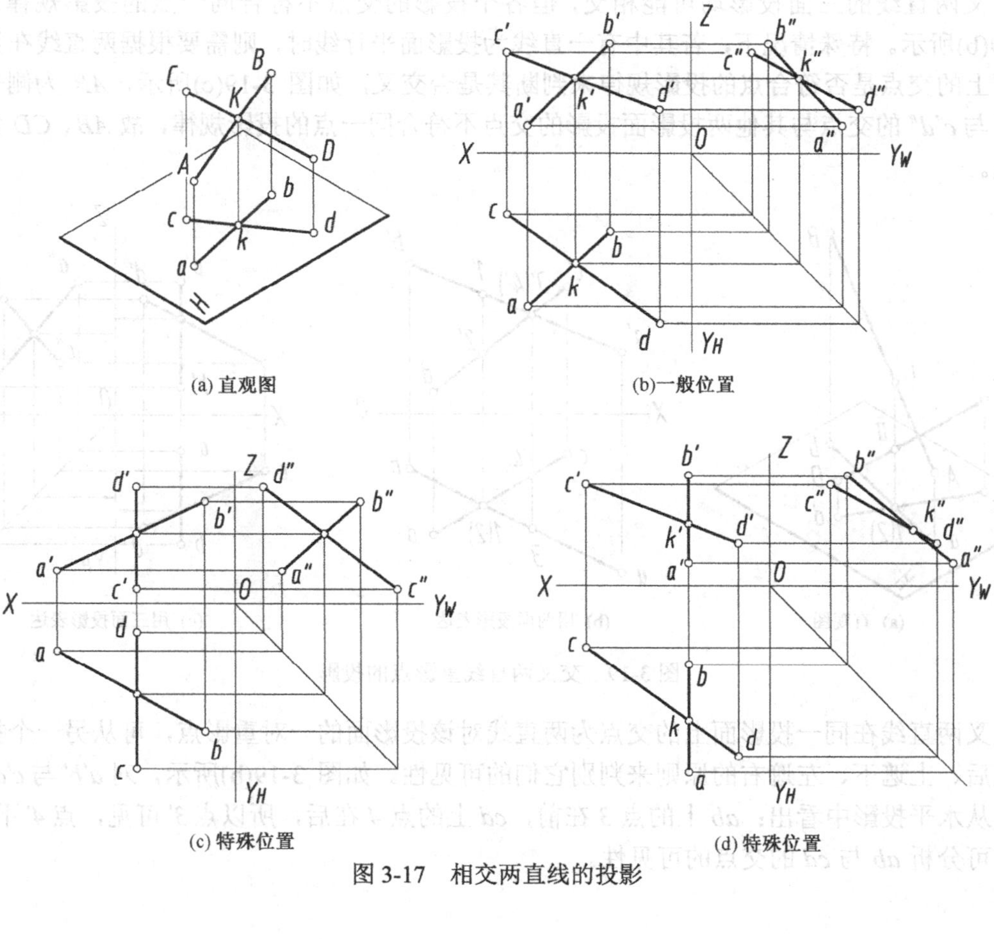


(a) 直观图　(b)一般位置　(c) 特殊位置　(d) 特殊位置

图 3-17　相交两直线的投影

一般情况下，两直线均为一般位置直线，若两直线的两组同面投影都相交，且两投影交点符合点的投影规律，则空间两直线相交；特殊情况下，若两直线中有一直线为投影面平行线时，则必须根据投影面平行线所平行的投影面上的投影情况来判断两直线是否相交，如图 3-17(c)、(d)所示。

### 3．交叉两直线

既不平行又不相交的空间两直线称为交叉两直线。

交叉两直线的投影可能会有一组或两组互相平行，但不可能在三组同面投影中都互相平行，如图 3-18 所示。

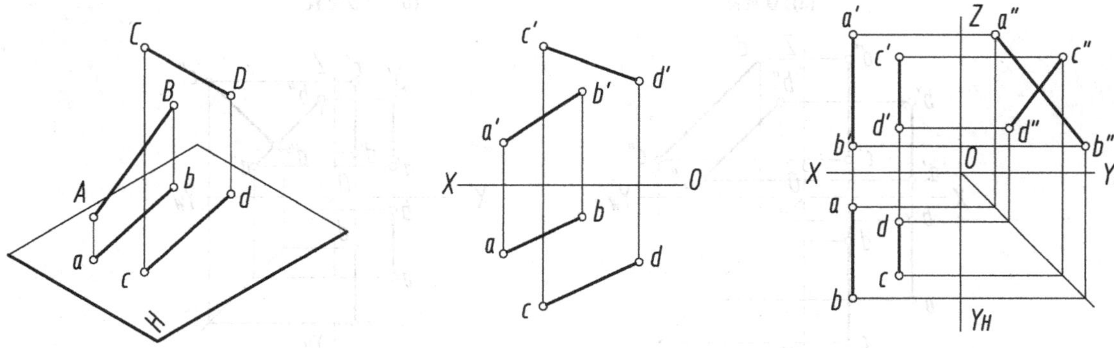


(a) 直观图　　(b) 一组同面投影平行　　(c) 两组同面投影平行

图 3-18　交叉两直线的投影

交叉两直线的三面投影均可能相交，但各个投影的交点不符合同一点的投影规律，如图图 3-19(b)所示。特殊情况下，若其中有一直线为投影面平行线时，则需要根据两直线在第三个投影面上的交点是否符合点的投影规律来判断其是否交叉，如图 3-19(c)所示，*AB* 为侧平线，而 *a″b″* 与 *c″d″* 的交点与其他两投影面投影的交点不符合同一点的投影规律，故 *AB*、*CD* 为交叉两直线。

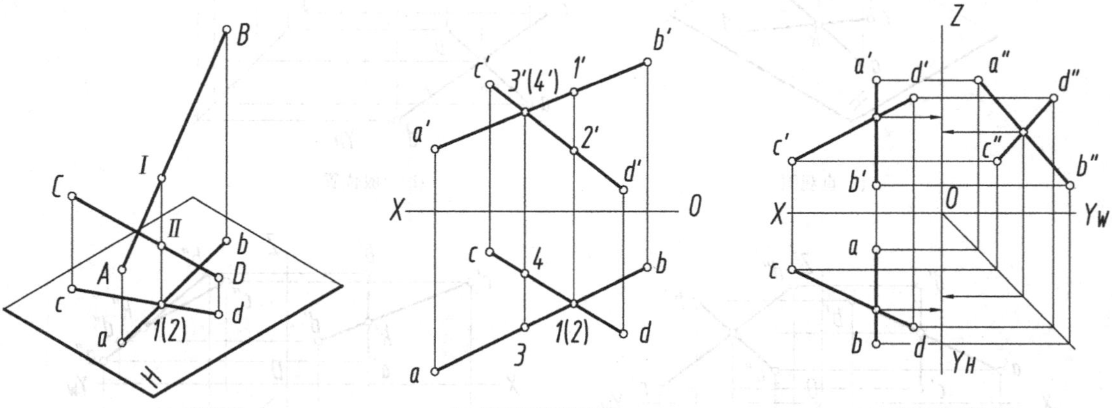


(a) 直观图　　(b) 用两面投影表达　　(c) 用三面投影表达

图 3-19　交叉两直线重影点的投影

交叉两直线在同一投影面上的交点为两直线对该投影面的一对重影点，可从另一个投影中用前遮后、上遮下、左遮右的原则来判别它们的可见性。如图 3-19(b)所示，对 *a′b′* 与 *c′d′* 的交点，可从水平投影中看出：*ab* 上的点 *3* 在前，*cd* 上的点 *4* 在后，所以点 *3′* 可见，点 *4′* 不可见。同理，可分析 *ab* 与 *cd* 的交点的可见性。

**【例 3-5】** 已知两直线 $AB$、$CD$ 的两面投影，如图 3-20(a)所示，判断其相对位置。

**分析**：根据两直线 $AB$、$CD$ 在 $V$、$H$ 面的投影可知，该两直线均为侧平线，故解题方法有多种途径，在此仅介绍常用的两种方法。

**方法一**：用第三面投影判断［如图 3-20(b)所示］

根据直线 $AB$、$CD$ 在 $V$、$H$ 面投影，分别作出其 $W$ 面投影，若 $a''b''//c''d''$，则 $AB//CD$；反之，则 $AB$ 与 $CD$ 交叉。此题由作图结果可判断两直线 $AB//CD$。

**方法二**：用反证法判断［如图 3-20(c)所示］

分别连接 $A$ 和 $D$、$B$ 和 $C$，若 $AD$、$BC$ 相交，则 $A$、$B$、$C$、$D$ 四点共面，故 $AB//CD$；反之，若 $AD$、$BC$ 交叉，则 $A$、$B$、$C$、$D$ 四点不共面，故 $AB$ 和 $CD$ 交叉。

因此，连接 $a'd'$、$b'c'$ 得交点 $k'$，连接 $ad$、$bc$ 得交点 $k$。由于 $k'k\perp OX$，则 $AD$、$BC$ 相交，故可判断 $AB//CD$。

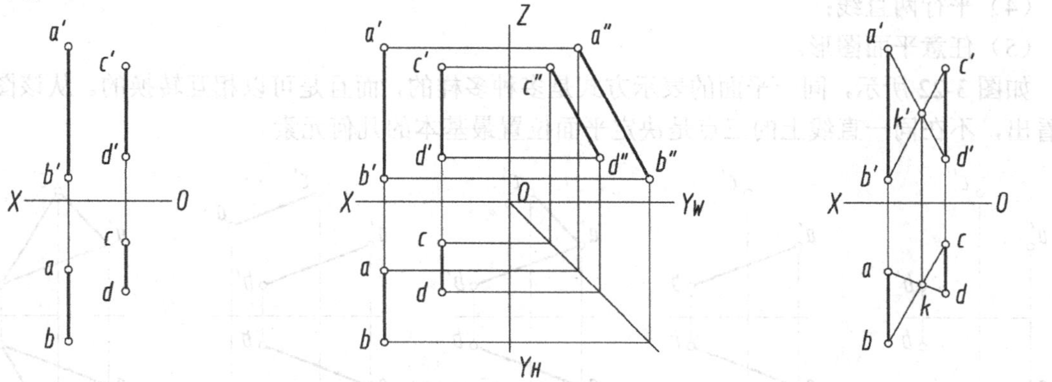


(a) 原题图　　(b) 作侧面投影判断　　(c) 用反证法判断

图 3-20　判断两直线的相对位置

**【例 3-6】** 已知如图 3-21(a)所示的直线 $AB$、$CD$ 的两面投影和点 $E$ 的水平投影 $e$，求作直线 $EF$ 与 $CD$ 平行，并与 $AB$ 相交于点 $F$。

**分析**：所作直线 $EF$ 与直线 $CD$ 平行，则它们的投影必符合平行两直线的投影特性；所作直线 $EF$ 与直线 $AB$ 相交，则它们的投影必符合相交两直线的投影特性，据此可进行求解作图。

**作图步骤**：［如图 3-21(b)所示］

（1）因所求直线 $EF//CD$，过 $e$ 作 $cd$ 的平行线，交点即为 $f$。

（2）因 $EF$ 与 $AB$ 相交，故 $ef$ 与 $ab$ 的交点 $f$ 即为点 $F$ 的水平投影，根据点的投影规律在 $a'b'$ 上求得 $f'$。

（3）过 $f'$ 作 $c'd'$ 的平行线，并与点 $e$ 的投影连线相交，交点即为 $e'$。$ef$ 和 $e'f'$ 即为所求直线的投影。

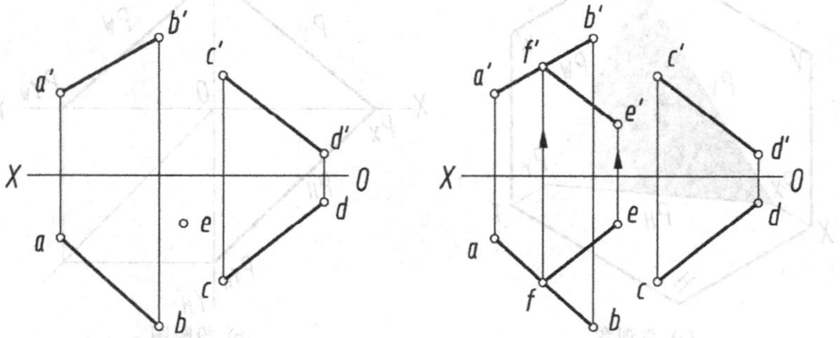


(a) 原题图　　(b) 解题图

图 3-21　求作直线与一直线平行且与另一直线相交

# 3.4 平面的投影

## 3.4.1 平面的表示法

### 1. 用几何元素表示平面

由初等几何学可知，下列几何元素组均可以决定平面在空间的位置。

（1）不在同一直线上的三点；

（2）一直线和该直线外一点；

（3）相交两直线；

（4）平行两直线；

（5）任意平面图形。

如图 3-22 所示，同一平面的表示方式是多种多样的，而且是可以相互转换的。从该图中可以看出，不在同一直线上的三点是决定平面位置最基本的几何元素。

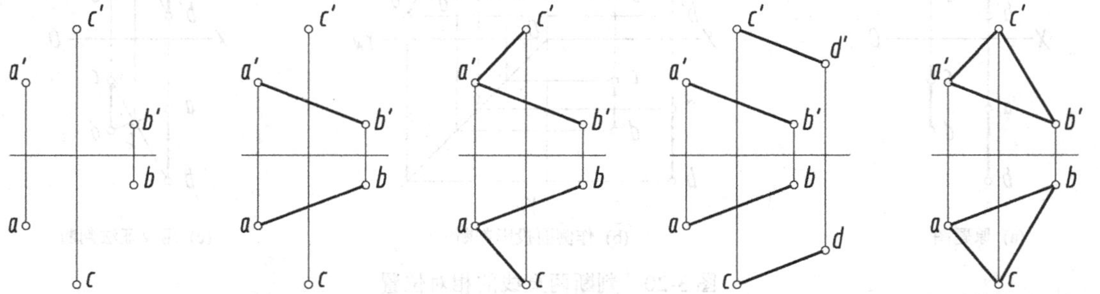


(a) 三点表示平面　(b) 一点一线表示平面　(c) 相交两直线表示平面　(d) 平行两直线表示平面　(e) 平面图形表示平面

图 3-22　平面的几何元素表示方法

### *2. 用迹线表示平面

平面与投影面的交线称为平面的迹线。用平面的迹线也可以表示平面，如图 3-23 所示。平面 $P$ 与 $H$ 面的交线称为水平迹线，以 $P_H$ 表示；与 $V$ 面的交线称为正面迹线，以 $P_V$ 表示；与 $W$ 面的交线称为侧面迹线，以 $P_W$ 表示。当三平面相交时，必交于一点，故相邻的迹线若不平行，则必交于相应投影轴上的一点，如 $P_X$、$P_Y$、$P_Z$，称之为迹线结合点。

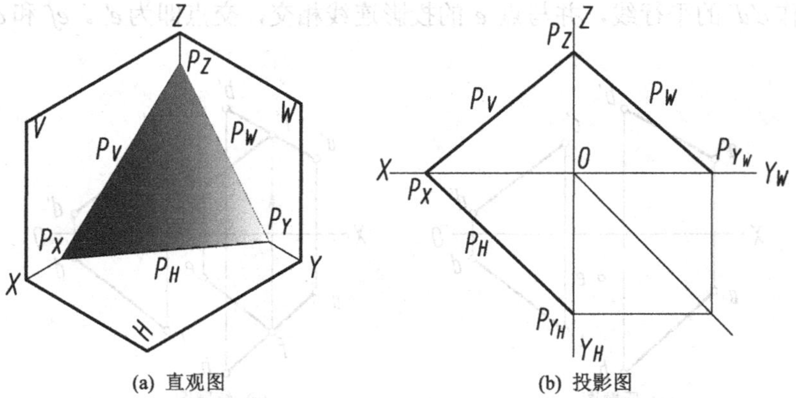


(a) 直观图　(b) 投影图

图 3-23　平面的迹线表示方法

由于迹线在投影面上，因此迹线在此投影面上的投影必定与其本身重合，并用迹线符号标记，即在投影图上直接用 $P_V$ 标记正面迹线的正面投影，用 $P_H$ 标记水平迹线的水平投影，用 $P_W$ 标记侧面迹线的侧面投影。这些迹线的另外两个投影与相应的投影轴重合，一般不再标记。

## 3.4.2　平面对投影面的各种相对位置

根据平面在三投影面体系中的位置，可分为投影面垂直面、投影面平行面和一般位置平面。前两类平面又称为特殊位置平面。

平面与投影面 $H$、$V$、$W$ 的两面夹角，分别称为平面对该投影面的倾角，分别用 $\alpha$ 、$\beta$、$\gamma$ 表示。

### 1. 投影面垂直面

垂直于一个投影面与另外两个投影面都倾斜的平面称为投影面垂直面。根据平面所垂直投影面的不同，垂直于 $H$ 面的平面称为铅垂面，垂直于 $V$ 面的平面称为正垂面，垂直于 $W$ 面的平面称为侧垂面。投影面垂直面的投影及投影特性如表 3-4 所示。

**表 3-4　投影面垂直面的投影及投影特性**

| 名称 | | 铅垂面（△$ABC$ 或 $P\perp H$ 面） | 正垂面（△$ABC$ 或 $P\perp V$ 面） | 侧垂面（△$ABC$ 或 $P\perp W$ 面） |
|---|---|---|---|---|
| 非迹线平面 | 轴测图 | 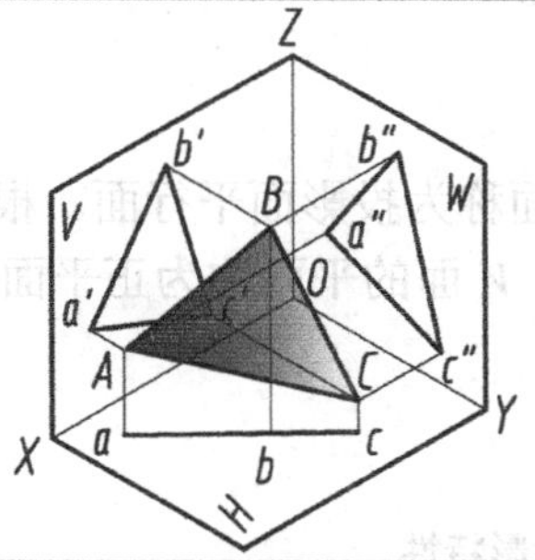 | 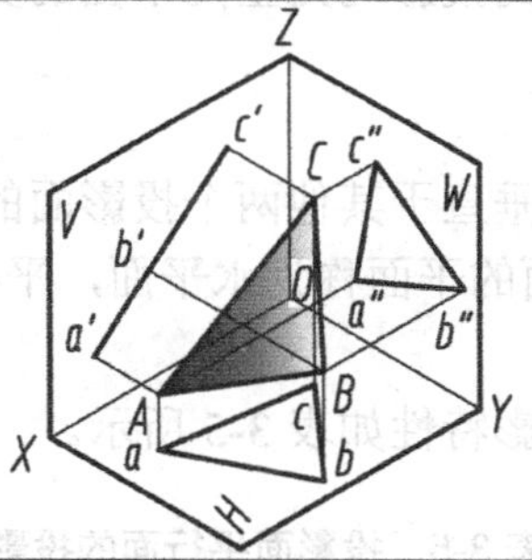 | 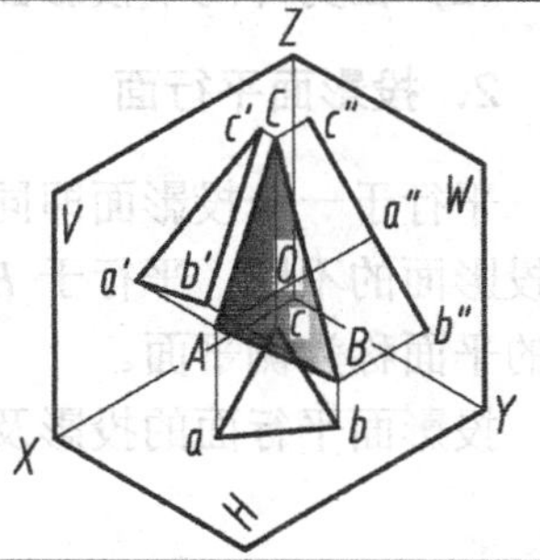 |
| | 投影图 | 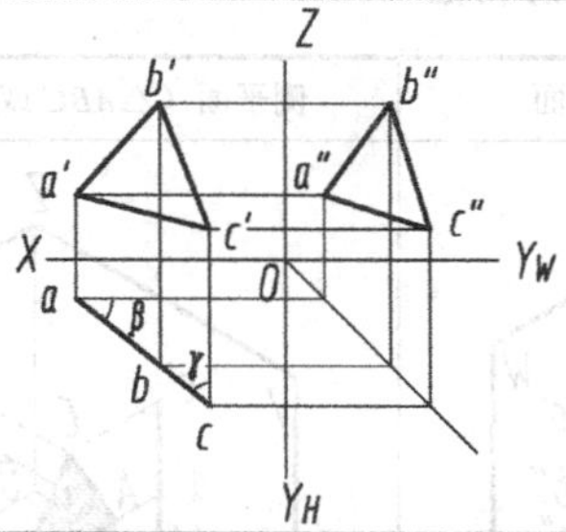 | 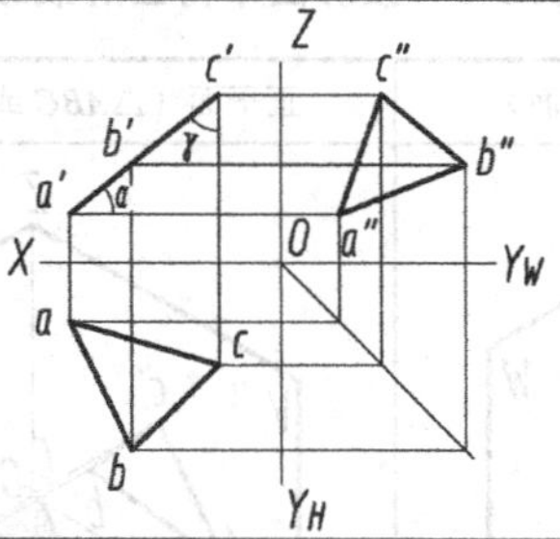 | 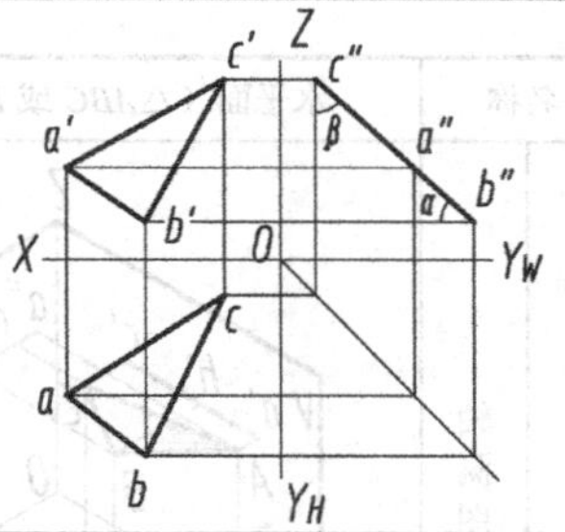 |
| | 投影特性 | （1）$abc$ 积聚为一直线，它与 $OX$、$OY_H$ 的夹角分别反映为角 $\beta$ 、$\gamma$<br>（2）△ $a'b'c'$ 、△ $a''b''c''$ 为类似形 | （1）$a'b'c'$ 积聚为一直线，它与 $OX$、$OZ$ 的夹角分别反映为角 $\alpha$ 、$\gamma$<br>（2）△$abc$、△ $a''b''c''$ 为类似形 | （1）$a''b''c''$ 积聚为一直线，它与 $OY_W$、$OZ$ 的夹角分别反映为角 $\alpha$ 、$\beta$<br>（2）△$a'b'c'$、△$abc$ 为类似形 |
| 迹线平面 | 轴测图 | 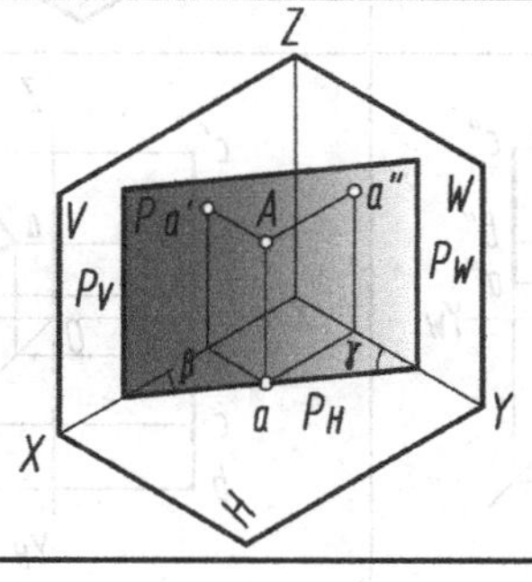 | 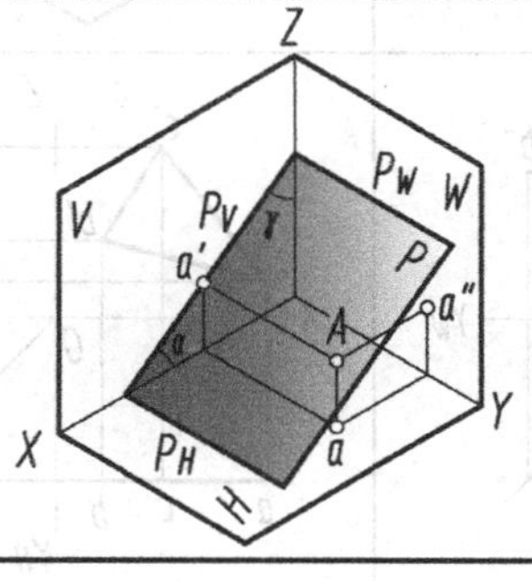 | 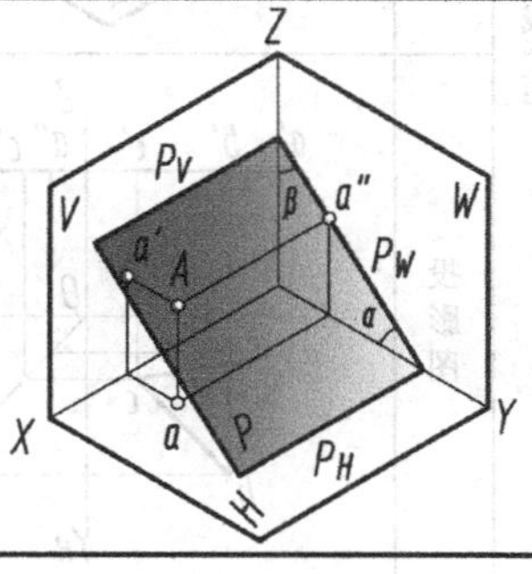 |

续表

| 名称 | | 铅垂面（△$ABC$ 或 $P\perp H$ 面） | 正垂面（△$ABC$ 或 $P\perp V$ 面） | 侧垂面（△$ABC$ 或 $P\perp W$ 面） |
|---|---|---|---|---|
| 迹线平面 | 投影图 | 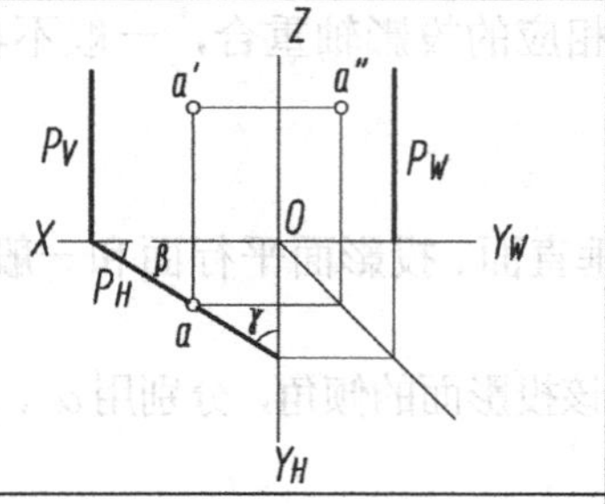 | 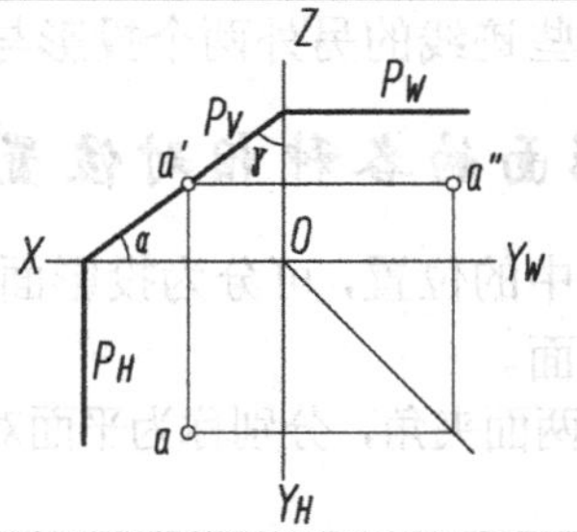 | 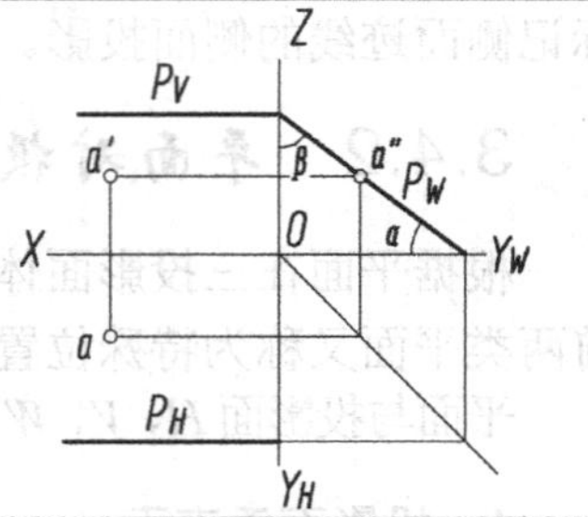 |
| 迹线平面 | 投影特性 | （1）$P_H$ 有积聚性，它与 $OX$、$OY_H$ 的夹角分别反映为角 $\beta$ 、$\gamma$<br>（2）$P_V\perp OX$、$P_W\perp OY_W$ | （1）$P_V$ 有积聚性，它与 $OX$、$OZ$ 的夹角分别反映为角 $\alpha$ 、$\gamma$<br>（2）$P_H\perp OX$、$P_W\perp OZ$ | （1）$P_W$ 有积聚性，它与 $OY_W$、$OZ$ 的夹角分别反映为角 $\alpha$ 、$\beta$<br>（2）$P_V\perp OZ$、$P_H\perp OY_H$ |

从表 3-4 中可以概括出投影面垂直面的投影特性为：

（1）在其所垂直的投影面上的投影，积聚成直线；具有积聚性的投影与投影轴的夹角，分别反映平面对另外两个投影面倾角的真实大小。

（2）在另外两个投影面上的投影均为空间平面的类似形。

### 2．投影面平行面

平行于一个投影面即同时垂直于其他两个投影面的平面称为投影面平行面。根据平面所平行投影面的不同，平行于 $H$ 面的平面称为水平面，平行于 $V$ 面的平面称为正平面，平行于 $W$ 面的平面称为侧平面。

投影面平行面的投影及投影特性如表 3-5 所示。

**表 3-5　投影面平行面的投影及投影特性**

| 名称 | | 水平面（△$ABC$ 或 $P//H$ 面） | 正平面（△$ABC$ 或 $P//V$ 面） | 侧平面（△$ABC$ 或 $P//W$ 面） |
|---|---|---|---|---|
| 非迹线平面 | 轴测图 | 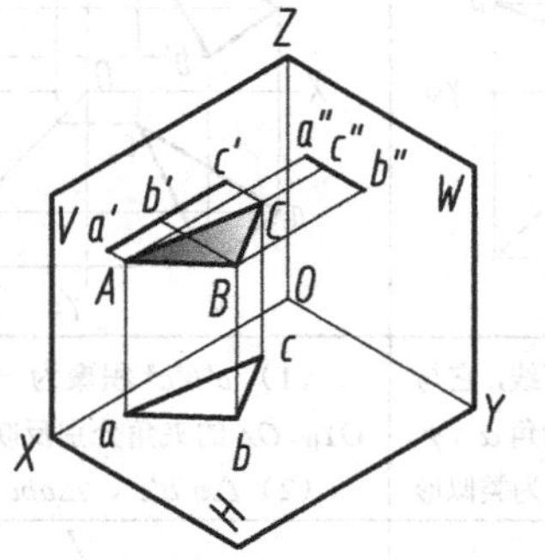 | 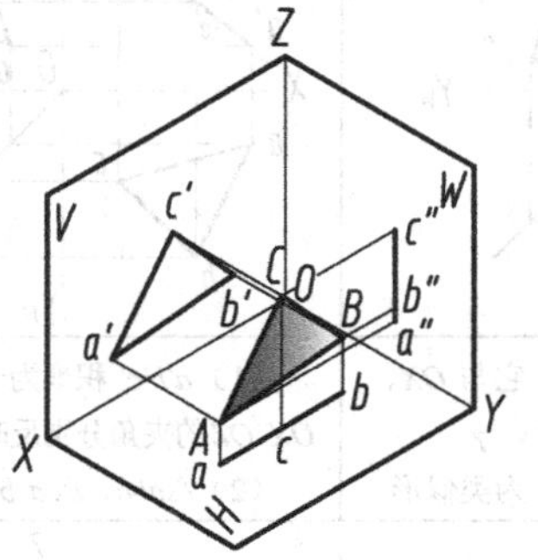 | 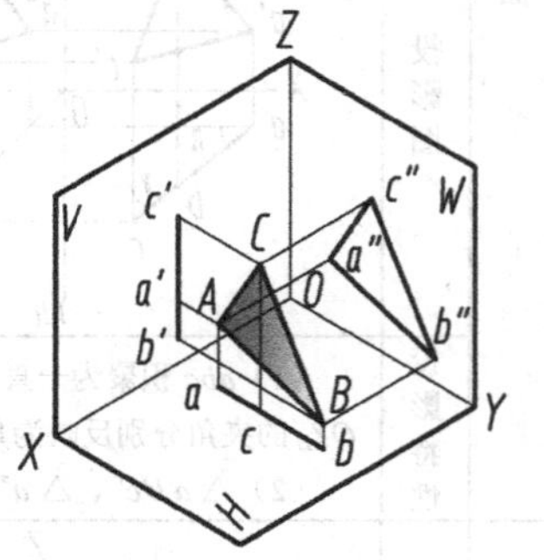 |
| 非迹线平面 | 投影图 | 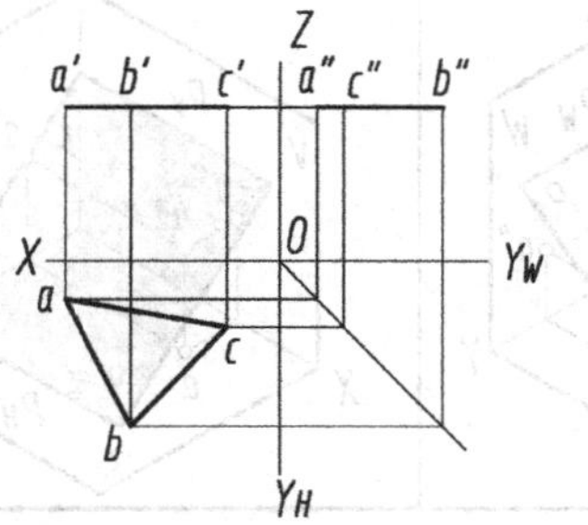 | 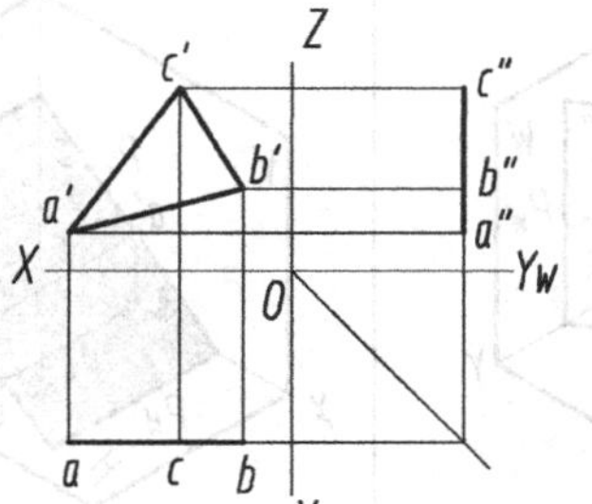 | 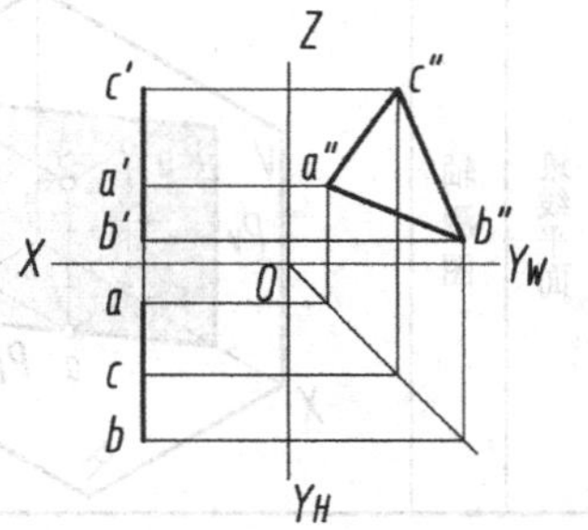 |

**续表**

| 名称 | | 水平面（△*ABC* 或 *P*//*H* 面） | 正平面（△*ABC* 或 *P*//*V* 面） | 侧平面（△*ABC* 或 *P*//*W* 面） |
|---|---|---|---|---|
| 非迹线平面 | 投影特性 | （1）△*abc* 反映实形<br>（2）*a'b'c'* //*OX*、*a"b"c"* //$OY_W$，且具有积聚性 | （1）△ *a'b'c'* 反映实形<br>（2）*abc*//*OX*、*a"b"c"* //*OZ*，且具有积聚性 | （1）△ *a"b"c"* 反映实形<br>（2）*abc*//$OY_H$、*a'b'c'* //*OZ*，且具有积聚性 |
| 迹线平面 | 轴测图 | 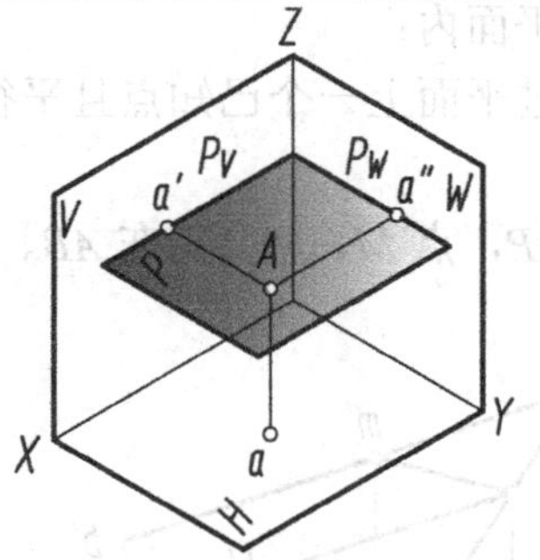 | 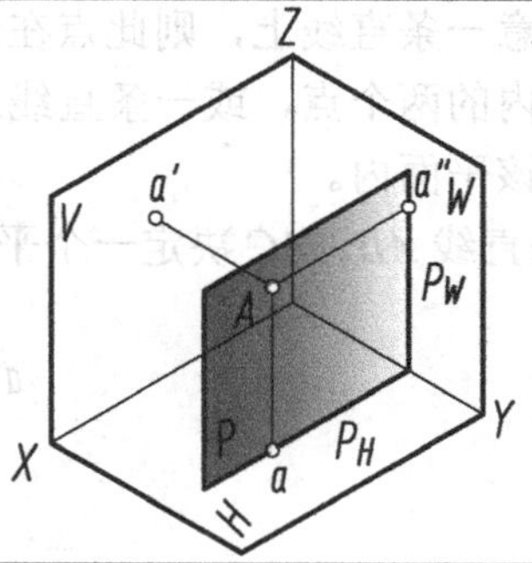 | 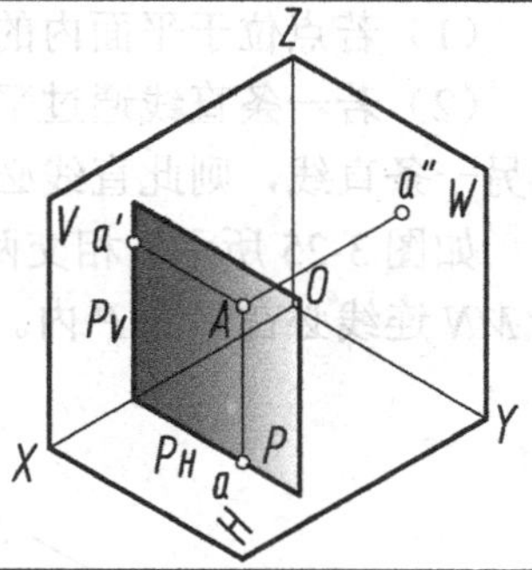 |
| | 投影图 | 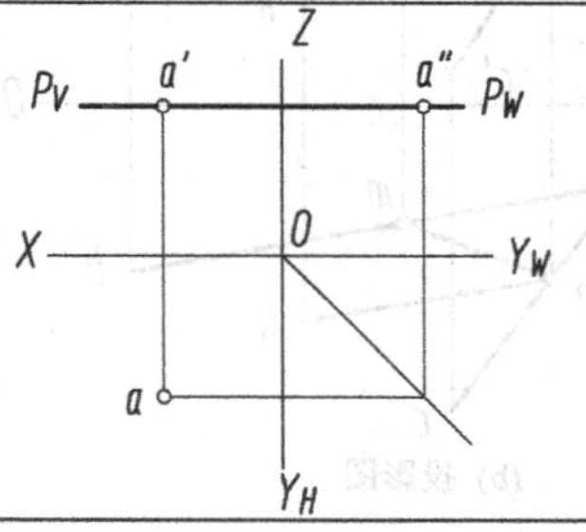 | 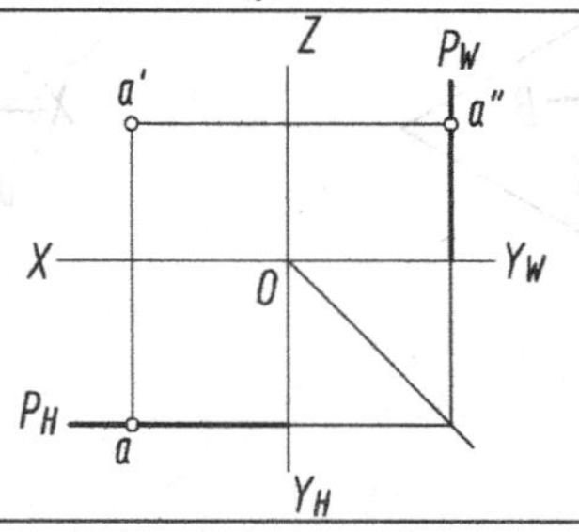 | 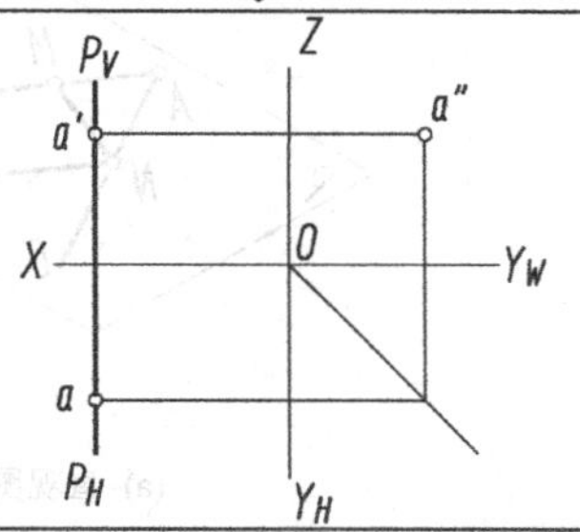 |
| | 投影特性 | （1）$P_V$//*OX*、$P_W$//$OY_W$，且具有积聚性<br>（2）没有 $P_H$ | （1）$P_H$//*OX*、$P_W$//*OZ*，且具有积聚性<br>（2）没有 $P_V$ | （1）$P_V$//*OZ*、$P_H$//$OY_H$，且具有积聚性<br>（2）没有 $P_W$ |

从表 3-5 中可以概括出投影面平行面的投影特性为：

（1）在其所平行的投影面上的投影，反映实形。

（2）在另外两个投影面上的投影，都积聚成直线，且分别平行于相应的投影轴。

### 3. 一般位置平面

与三个投影面均处于倾斜位置的平面称为一般位置平面。如图 3-24 所示，它的三个投影△*abc*、△ *a'b'c'* 、△ *a"b"c"* 均为空间平面的类似形。

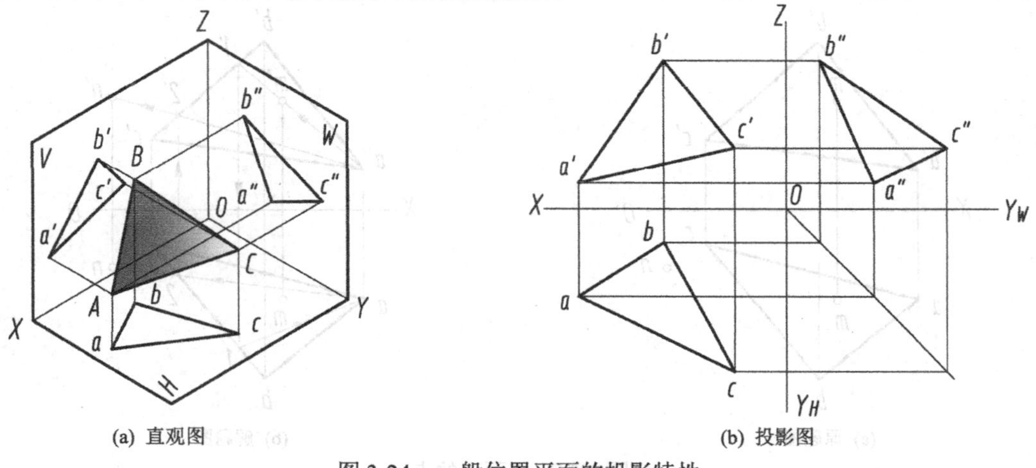


(a) 直观图　　(b) 投影图

图 3-24　一般位置平面的投影特性

一般位置平面的投影特性可概括为：三个投影均是空间平面的类似形，且比实际面积小；投影图上不能直接反映空间平面对投影面倾角的真实大小。

### 3.4.3 平面上的点和直线

由初等几何学可知，平面内的点和直线需要分别满足下列几何条件：

（1）若点位于平面内的任意一条直线上，则此点在该平面内；

（2）若一条直线通过平面内的两个点，或一条直线通过平面上一个已知点且平行于平面内的另一条直线，则此直线必在该平面内。

如图 3-25 所示，相交两条直线 *AB*、*AC* 决定一个平面 *P*，点 *M*、*N* 分别在 *AB*、*AC* 上，所以 *MN* 连线必在平面 *P* 内。

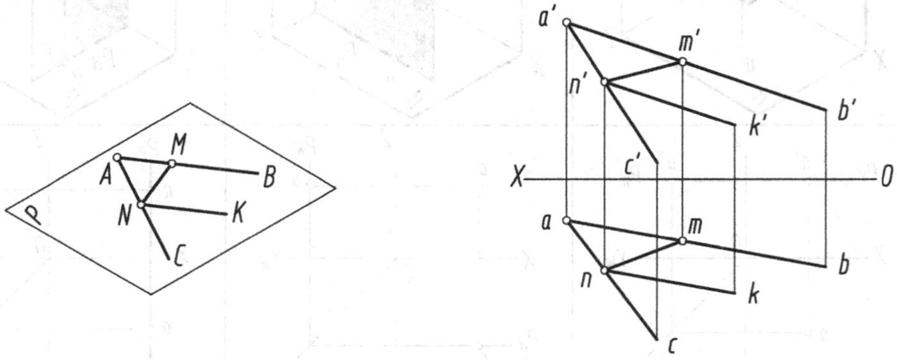


(a) 直观图　(b) 投影图

图 3-25　平面上的点和直线

又如点 *K* 是平面上的一个点，过点 *K* 作 *KN*//*AB*，则 *KN* 一定也在平面 *P* 上。

**【例 3-7】** 判断如图 3-26(a)所示的点 *M* 是否在平面△*ABC* 内，并作出该平面上点 *N* 的正面投影 *n'*。

**分析**：判断点是否在平面内及求平面上点的投影，可利用点与平面、直线与平面的从属关系这一投影特性进行作图求解。

**作图步骤：**

（1）连接 *a'm'* 并延长交 *b'c'* 于 *1'*，*AI* 为△*ABC* 平面内的直线，作出点 *I* 的水平投影 *1*，因 *m* 不在 *a1* 上，故点 *M* 不在△*ABC* 平面上，如图 3-26(b)所示。

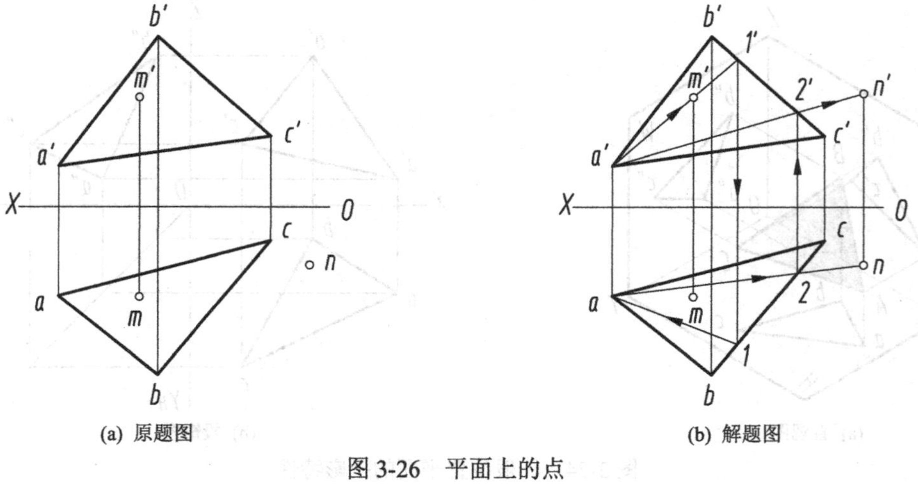


(a) 原题图　(b) 解题图

图 3-26　平面上的点

（2）连接 an 交 bc 于 2，作出点 II 的正面投影 2′，连接 a′2′ 并延长与 n 的投影连线相交于 n′。因 AII 是△ABC 平面上的直线，点 N 必在此直线上，所以点 n′ 即为所求的正面投影，如图 3-26(b)所示。

**注意**：判断点是否在平面内，不能只看点的投影是否在平面的投影轮廓线内，必须用几何条件和投影特性进行分析，从而得出结论。

**【例 3-8】** 已知如图 3-27(a)所示的△ABC 的两面投影，作出平面上水平线 AD 和正平线 CE 的两面投影。

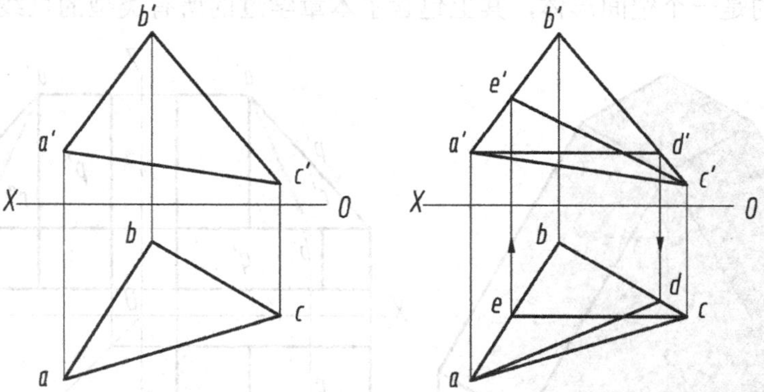


(a) 原题图　　(b) 解题图

图 3-27　求平面上的水平线和正平线的投影

**分析**：根据水平线的投影特性，即水平线的正面投影平行于 OX 轴，故可先作 AD 的正面投影，再作 AD 的水平投影；正平线的水平投影平行于 OX 轴，故可先作 CE 的水平投影，再作 CE 的正面投影。

**作图步骤**：

（1）过 a′ 作 a′d′ //OX 轴，交 b′c′ 于 d′，在 bc 上求出 d，连接 ad 即为所求，如图 3-27(b)所示。

（2）过 c 作 ce//OX 轴，交 ab 于 e，在 a′b′ 上求出 e′，连接 c′e′ 即为所求，如图 3-27(b)所示。

**【例 3-9】** 如图 3-28(a)所示，完成平面图形 ABCDE 的正面投影。

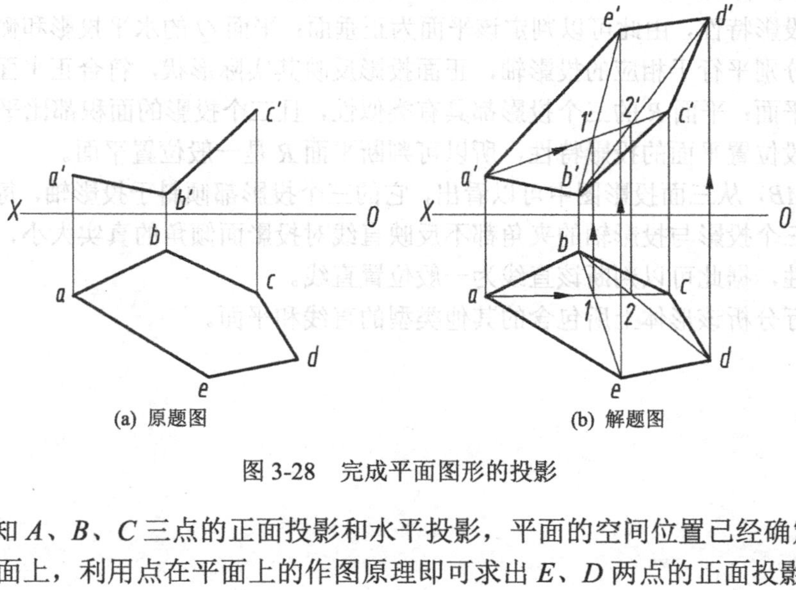


(a) 原题图　　(b) 解题图

图 3-28　完成平面图形的投影

**分析**：已知 A、B、C 三点的正面投影和水平投影，平面的空间位置已经确定，E、D 两点必在△ABC 平面上，利用点在平面上的作图原理即可求出 E、D 两点的正面投影。

**作图步骤：**[如图 3-28(b)所示]

（1）连接 $a'c'$ 和 $ac$，即求出△*ABC* 的两面投影。

（2）求△*ABC* 上点 *E* 的正面投影 $e'$。连接 *be* 交 *ac* 于 *1*，求出与之对应点的正面投影 $1'$，连接 $b'1'$ 并延长与 *e* 的投影连线交于 $e'$，$e'$ 即为所求△*ABC* 上点 *E* 的正面投影。

（3）同理，可求出△*ABC* 上另一点 *D* 的正面投影 $d'$。依次连接 $c'$、$d'$、$e'$、$a'$ 即得平面图形 *ABCDE* 的正平投影。

**【综合应用案例】**

图 3-29 所示的是一个空间形体，其上包含了本章学过的所有类型的直线和平面。

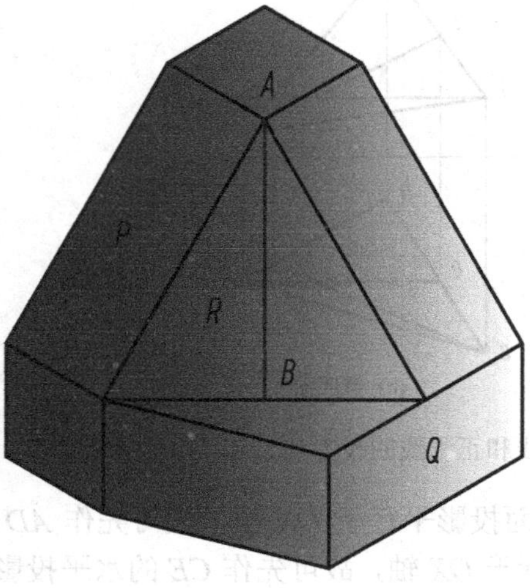


(a) 直观图

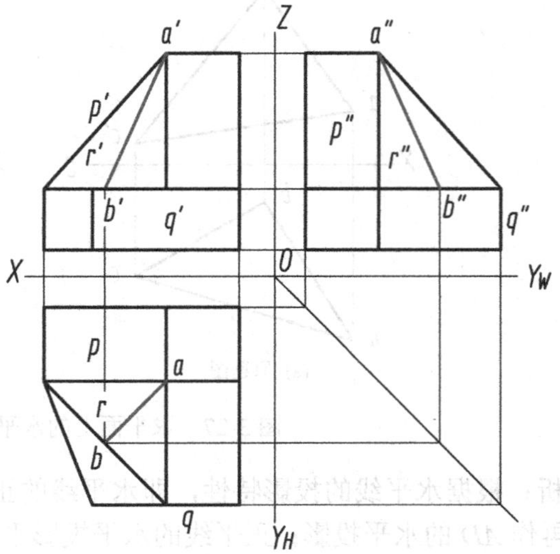


(b) 投影图

图 3-29 综合应用案例

**案例解析：**

对于平面 *P*、*Q*、*R*，参照直观图，找出它们在三面投影图中分别对应的投影，如图 3-29(b)所示。从图中可以看出，平面 *P* 的水平投影和侧面投影都具有类似性，正面投影积聚为直线段，符合正垂面的投影特性，由此可以判定该平面为正垂面；平面 *Q* 的水平投影和侧面投影都积聚为直线段，且分别平行于相应的投影轴，正面投影反映其实际形状，符合正平面的投影特性，故该平面为正平面；平面 *R* 的三个投影都具有类似性，且三个投影的面积都比平面 *R* 的真实面积小，符合一般位置平面的投影特性，所以可判断平面 *R* 是一般位置平面。

对于直线 *AB*，从三面投影图中可以看出，它的三个投影都倾斜于投影轴，每个投影长度都小于实长，且三个投影与投影轴的夹角都不反映直线对投影面倾角的真实大小，符合一般位置直线的投影特性，据此可以判断该直线为一般位置直线。

读者可自行分析该形体上所包含的其他类型的直线和平面。

# 第4章

## 立体的投影

### 教学目标

通过本章的学习，熟练掌握基本立体三投影的画法和在立体表面上取点的方法，这是本章的重点内容；基本掌握截交线和相贯线投影的画法，这是本章的难点内容。

### 教学要求

| 能力目标 | 知识要点 | 相关知识 | 权重 | 自测等级 |
|---|---|---|---|---|
| 能够熟练绘制各种平面立体的三面投影，并熟练在其表面上取点的投影作图 | 平面立体 | 棱柱、棱锥 | ☆☆ | |
| 能够熟练绘制常见回转体的三面投影，并熟练在其表面上取点的投影作图 | 常见回转体 | 圆柱体、圆锥体、圆球体、圆环体 | ☆☆☆ | |
| 能够绘制平面与立体相交所产生交线（截交线）的三面投影 | 平面与立体相交 | 平面与平面立体相交、平面与曲面立体相交 | ☆☆☆ | |
| 能够用简化画法绘制两个回转体相交所产生交线（相贯线）的三面投影 | 两个回转体表面相交 | 相贯体、相贯线、表面取点法、辅助平面法 | ☆☆☆ | |

### 提出问题

各种工程中所用的设备及其零部件，从几何构成角度分析，它们总可以看成是由一些形状简单的几何体组合而成的。在工程制图中，把工程上经常使用的单一的几何形体如棱柱、棱锥、圆柱、圆锥、圆球和圆环等称为基本几何体，简称基本体。基本体中有平面立体和曲面立体，如图 4-1 所示。由平面切割基本体形成的几何体称为切割体，由基本体相互贯穿形成的几何体称为相贯体，如图 4-2 所示。

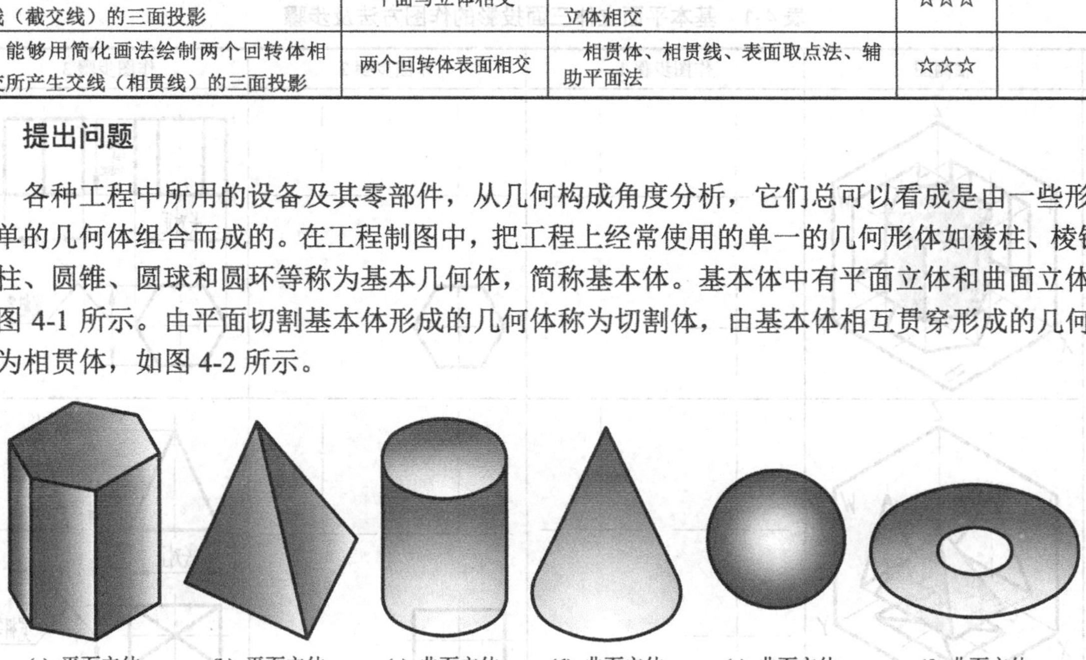

(a) 平面立体　(b) 平面立体　(c) 曲面立体　(d) 曲面立体　(e) 曲面立体　(f) 曲面立体

图 4-1　基本体

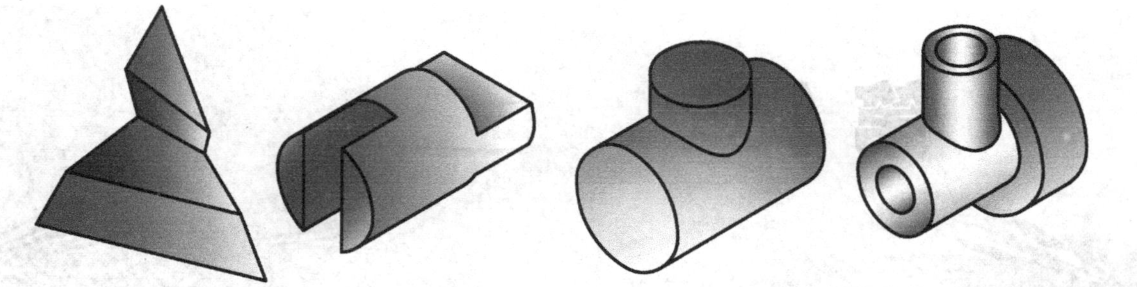

(a) 切割体　(b) 切割体　(c) 相贯体　(d) 相贯体

图 4-2　由基本体形成的几何形体

如何绘制基本体的三面投影？在切割体上，平面和基本体表面的交线称为截交线，如何绘制截交线的投影？在相贯体上，两个立体表面的交线称为相贯线，如何绘制相贯线的投影？通过本章的学习，将能够对诸如此类的问题进行解答。

# 4.1 平面立体

## 4.1.1 平面立体的投影及其表面上的点

平面立体的各个表面均为平面多边形，多边形的边即为各表面的交线（棱线），因此画平面立体的投影可归结为画出它的所有棱线交点（顶点）的投影，然后判断可见性，将可见的棱线投影画成粗实线，不可见的棱线投影画成虚线。从本章开始，不再画投影轴。

常见的平面立体有棱柱和棱锥，其投影的作图方法如表 4-1 所示。

表 4-1　基本平面立体三面投影的作图方法及步骤

| | 轴测图 | 作图步骤 1 | 作图步骤 2 | 作图步骤 3 |
|---|---|---|---|---|
| 正六棱柱 | 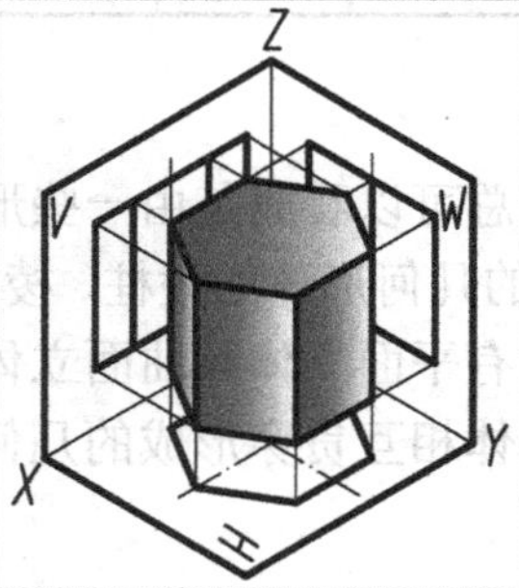 |  |  | 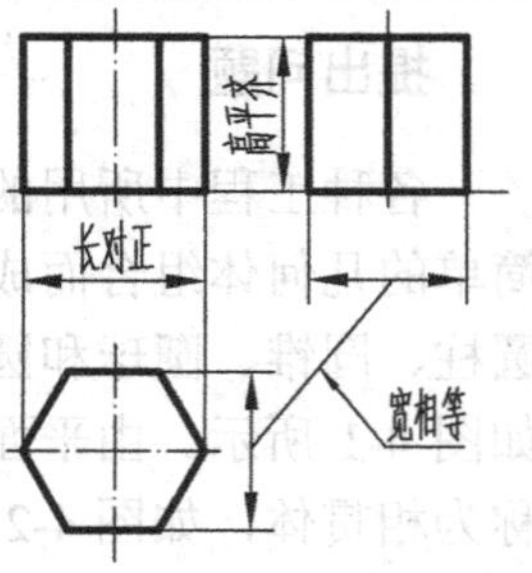 |
| 四棱锥 | 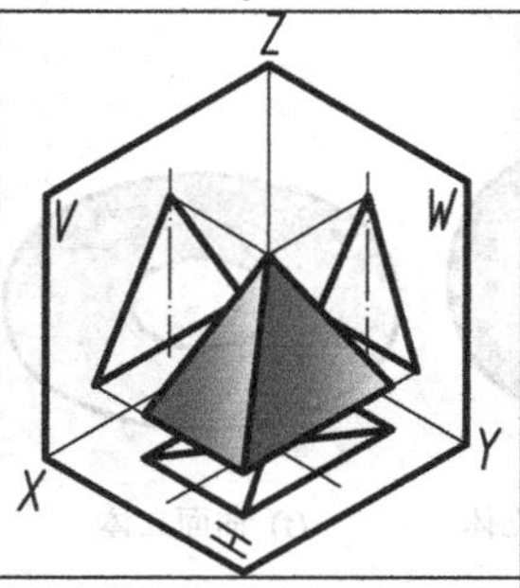 | 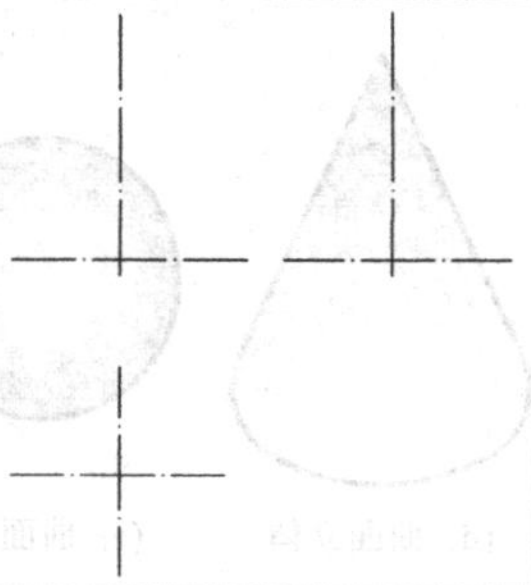 | 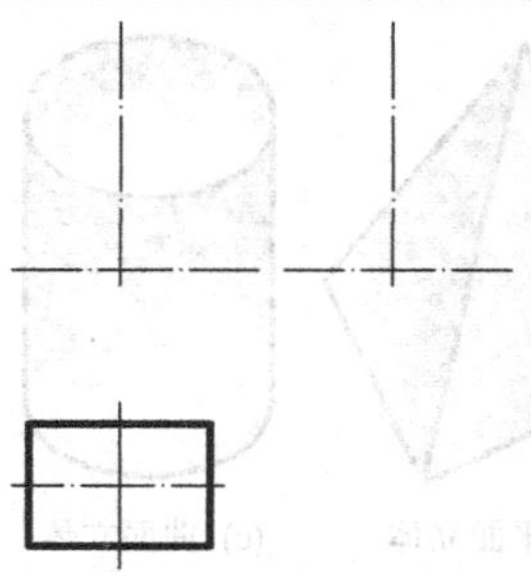 | 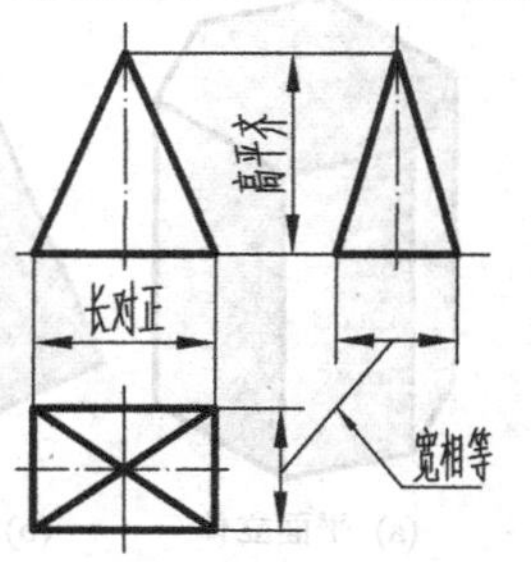 |
| 说明 | | 画对称中心线、轴线和底面等作图基准线 | 画反映底面实形的投影 | 根据投影规律，画其余投影；检查、整理底图后，加深 |

**1. 棱柱**

1）棱柱的投影

棱柱的结构特点是侧棱面的棱线相互平行。工程上常见的棱柱有三棱柱、四棱柱、六棱柱等。

**【例 4-1】** 画出如图 4-3(a)所示正六棱柱的投影。

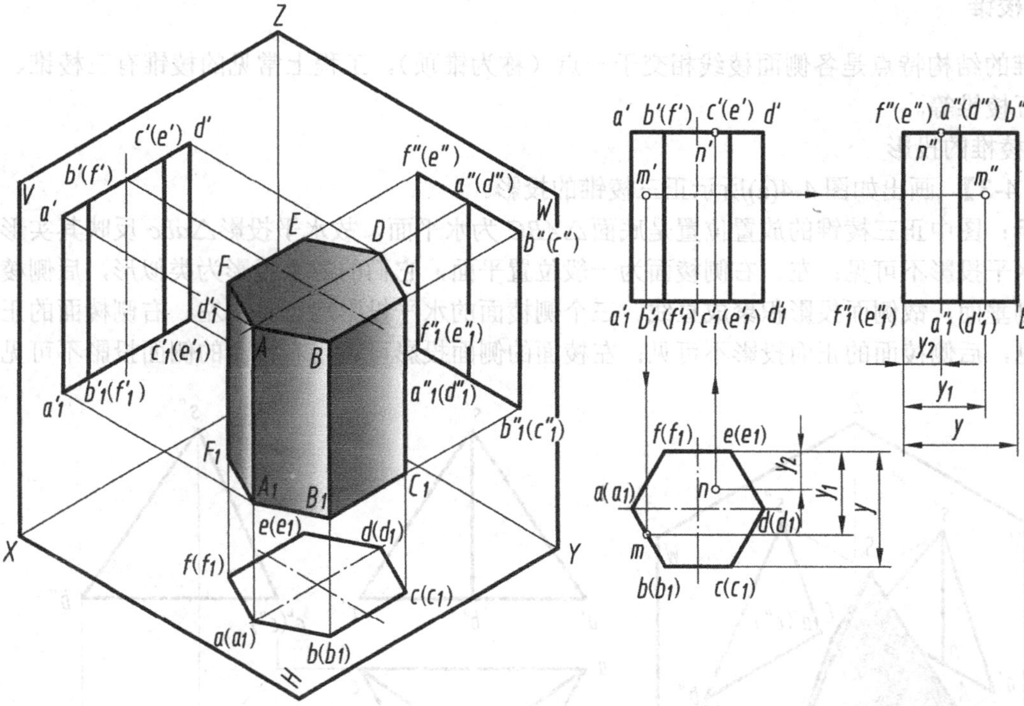

(a) 直观图　　(b) 投影图

图 4-3　正六棱柱的投影

**分析**：图中正六棱柱的放置位置是其上下底面均为水平面；六个侧棱面中，前后两个为正平面，其余四个为铅垂面。

**作图步骤：**

（1）画各面投影的基准线　正六棱柱可视为前后、左右对称。

（2）画水平投影　水平投影反映正六棱柱上下底面的正六边形的实形，且两面重影；六个侧棱面的投影均积聚成直线，六条棱线分别积聚成六边形的六个顶点。

（3）画正面和侧面投影　正面和侧面投影中，上下底面积聚成直线，六条棱线均反映实长。

（4）加粗轮廓线　将可见的各棱线和轮廓线画成粗实线。

**注意**：水平投影与侧面投影之间必须符合宽度相等和前后对应的关系。作图时可直接用分规量取距离，如图 4-3(b)所示；也可用添加 45° 辅助线的方法作图，如图 4-4(b)所示。

2）棱柱表面取点

棱柱表面取点和平面上取点的作图原理基本相同，先要确定点所在平面并分析平面的投影特性，然后利用投影特性作图。

**【例 4-2】** 已知如图 4-3(b)所示的棱柱表面上点 $M$ 的正面投影 $m'$ 和点 $N$ 的水平投影 $n$，求作两点的其他投影。

**分析**：因为$m'$可见，它必在侧棱面$ABB_1A_1$上，其水平投影$m$必在其积聚性的投影上，由$m'$和$m$可求得$m''$，根据$M$所在的表面$ABB_1A_1$上的侧面投影可见，故$m''$可见；因为$n$可见，它必在顶面$ABCDEF$上，而顶面的正面投影和侧面投影都有积聚性，因此$n'$、$n''$必在顶面的同面投影上。

**作图步骤**：如图 4-3(b)所示。

## 2．棱锥

棱锥的结构特点是各侧面棱线相交于一点（称为锥顶）。工程上常见的棱锥有三棱锥、四棱锥、五棱锥等。

1）棱椎的投影

**【例 4-3】** 画出如图 4-4(a)所示正三棱锥的投影。

**分析**：图中正三棱锥的放置位置是底面△$ABC$为水平面，故水平投影△$abc$反映其实形，底面的水平投影不可见；左、右侧棱面为一般位置平面，它们的各个投影为类似形，后侧棱面为一个侧垂面，故侧面投影积聚成直线。三个侧棱面的水平投影均可见；左、右侧棱面的正面投影可见，后侧棱面的正面投影不可见；左棱面的侧面投影可见，右棱面的侧面投影不可见。

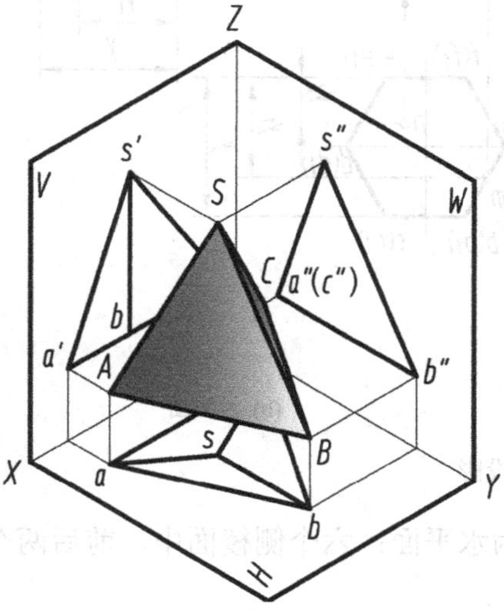


(a) 直观图

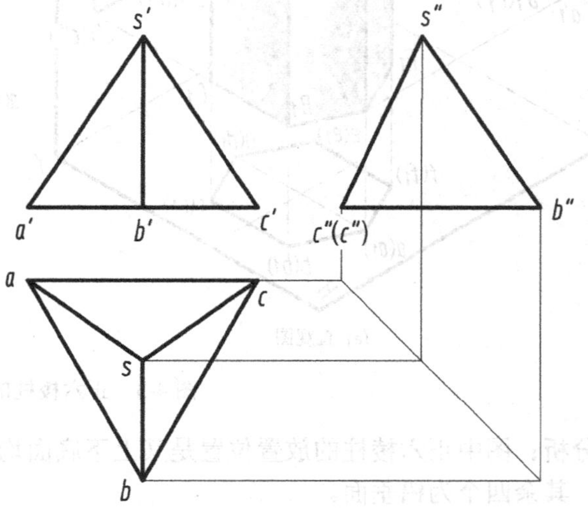


(b) 投影图

图 4-4 正三棱锥的投影

**作图步骤**：

（1）画底面△$ABC$的各投影。

（2）画出锥顶的各个投影。

（3）连接各棱线，形成正三棱锥的各表面，加粗可见棱线。

2）棱锥表面求点

**【例 4-4】** 已知三棱锥上的点$E$和点$F$的正面投影$e'(f')$，求其水平投影$e$、$f$，如图 4-5(a)所示。

**分析**：因为$e'$可见，故点$E$在前棱面$SAB$上；因为$f'$不可见，故点$F$在后棱面$SAC$上。利用已知三角形平面内一点的正面投影求其水平投影的作图原理求出棱锥表面点的投影。

**作图步骤**：棱锥表面求点，可有多种作图方法，如图 4-5 所示。

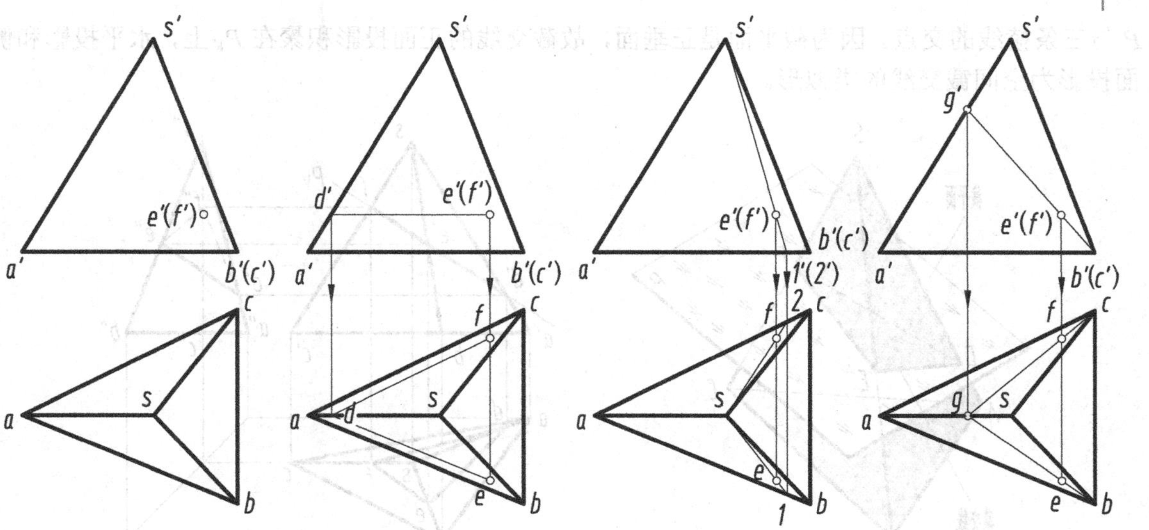


(a) 问题　　(b) 方法一　　(c) 方法二　　(d) 方法三

图 4-5　正三棱锥表面上的点

**方法一**　过点 $E$、$F$ 分别作底边 $AB$、$AC$ 的平行线，如图 4-5(b)所示。过 $e'(f')$ 作 $e'd'$ 和 $f'd'$ 平行于 $a'b'$ 和 $a'c'$，从图中可见，它们分别相互重合，与 $s'a'$ 交于 $d'$，由 $d'$ 在 $sa$ 上作出 $d$，并由 $d$ 分别作 $de//ad$、$df//ac$，再从 $e'(f')$ 引投影连线，分别在 $de$ 和 $df$ 上交出所求的 $e$ 和 $f$。

**方法二**　分别将点 $E$、$F$ 与点 $S$ 相连，如图 4-5(c)所示。将 $e'(f')$ 与 $s'$ 相连，并延长到与底边 $a'b'$、$a'c'$ 相交，得重合的 $1'$、$2'$，由 $1'$、$2'$ 分别在 $ab$、$ac$ 上作出 $1$、$2$，连 $s$ 和 $1$、$2$，再从 $e'(f')$ 引投影连线，在 $s1$、$s2$ 上分别交得 $e$、$f$。

**方法三**　过点 $E$、$F$ 作棱面上的任意直线，如图 4-5(d)所示。过 $e'(f')$ 作正面投影重合的直线，图中所作的直线通过 $b'$、$c'$ 且与 $s'a'$ 交于 $g'$，由 $g'$ 在 $sa$ 上作出 $g$，连 $g$ 和 $b$、$c$，再从 $e'(f')$ 引投影连线，在 $gb$、$gc$ 上分别交得 $e$、$f$，即为所求。

**小结**：①绘制棱柱或棱锥的投影图时，应尽量使其表面处于特殊位置平面，并先画其形状特征投影，再画其他投影；②棱柱或棱锥表面求点的投影时，应先根据从属性求出投影，再根据其位置判断可见性。

### 4.1.2　平面与平面立体相交

平面截切立体，在立体表面上产生的交线称为截交线，截切立体的平面称为截平面，截交线围成的图形称为截断面。

平面立体截交线的特点是：①截交线为截平面和平面立体表面的共有线；②截交线是由直线组成的平面多边形，各边是截平面与平面立体表面的交线，各顶点是截平面与平面立体相关棱线（包括底边）的交点。

画截交线有两种方法：①依次求出平面立体各棱面与截平面的交线；②分别求出平面立体各棱线与截平面的各交点，再依次连接。

当几个截平面与平面立体相交形成缺口或穿孔时，只要逐个作出各截平面与平面立体的截交线，再绘制截平面之间的交线，即可作出这些具有缺口或穿孔的平面立体的投影图。

**【例 4-5】**　已知如图 4-6(a)所示的正垂面 $P$ 与三棱锥相交，求作截交线的投影。

**分析**：截平面 $P$ 与三棱锥的三个侧棱面相交，截断面为一个三角形，其三个顶点是截平面

$P$ 与三条棱线的交点。因为截平面是正垂面，故截交线的正面投影积聚在 $P_V$ 上，水平投影和侧面投影为空间截交线的类似形。

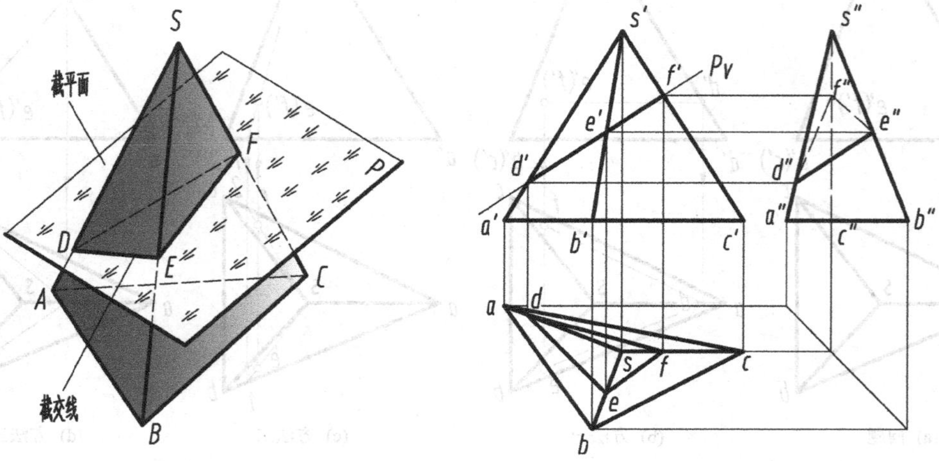


(a) 直观图　　(b) 投影图

图 4-6　三棱锥的截交线

**作图步骤：**

（1）在正面投影上依次标出 $P_V$ 与 $s'a'$、$s'b'$、$s'c'$ 的交点 $d'$、$e'$、$f'$，则 $d'$、$e'$、$f'$ 即为平面 $P$ 与棱线的交点 $D$、$E$、$F$ 的正面投影。

（2）根据直线上求点的方法，由正面投影 $d'$、$e'$、$f'$ 求得相应的水平投影 $d$、$e$、$f$ 和侧面投影 $d''$、$e''$、$f''$。

（3）连接三点的同面投影，并判别可见性，即为所求截交线的三面投影。

**【例 4-6】** 已知如图 4-7 所示的正三棱锥被两个相交平面（一个正垂面和一个水平面）截切，试完成其截切后的水平投影和侧面投影。

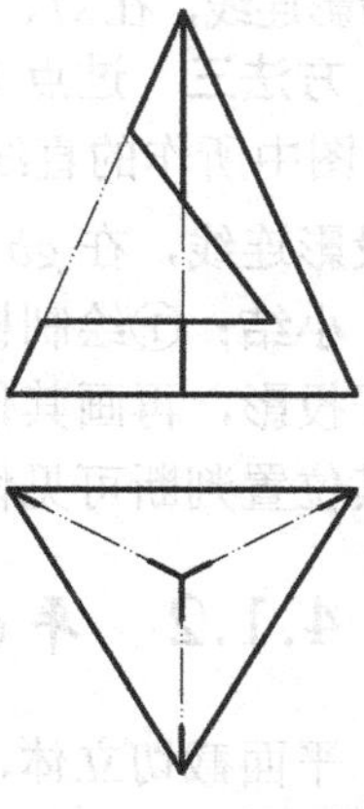

图 4-7　三棱锥被正垂面和水平面截切

**分析：** 如图 4-8(a)所示，三棱锥被水平面 $Q$ 截切，正面投影和侧面投影具有积聚性，假设 $Q$ 面将三棱锥完全截切，则得截断面△ⅠⅡⅢ，其三边分别与 $AB$、$BC$ 和 $AC$ 平行。由于还有相交的正垂面 $P$ 的截切，故截断面实际上为四边形 ⅠⅡⅣⅦ。正垂面 $P$ 截切三棱锥并与三棱椎交于ⅣⅤⅥⅦ，其中Ⅴ、Ⅵ分别位于棱线 $SA$ 和 $SB$ 上，Ⅳ、Ⅶ已在 $P$ 面求出，故ⅣⅦ的连线为水平面 $Q$ 与正垂面 $P$ 的交线。

**作图步骤：**［如图 4-8(a)所示］

（1）作出完整三棱锥的侧面投影，注意平面 $SAC$ 为侧垂面。

（2）作平面 $Q$ 与三棱锥的截断面 ⅠⅡⅣⅦ。先作出平面 $Q$ 与三棱锥的完整截断面，得△123 和 $1'$、$2'$ 和 $3'$，注意 $12//ab$、$23//bc$、$13//ac$，然后根据 $4'$、$7'$ 分别在 13 和 23 上取得点 4 和 7，并由此求出 $4''$ 和 $7''$。

（3）作平面 $P$ 与三棱锥的截断面ⅣⅤⅥⅦ。由正面投影的 $5'$ 和 $6'$ 易求出侧面投影的 $5''$ 和 $6''$，并求出水平投影 5 和 6。将ⅣⅤⅥⅦ的侧面投影和水平投影依次连线。

（4）作出平面 $Q$ 和平面 $P$ 的交线ⅣⅦ。注意其水平投影上 4、7 不可见。

（5）棱线 $SA$ 和 $SB$ 被截断，因此在水平投影上 1 与 5 之间和 2 与 6 之间不应有线；在侧面投影上 $2''$ 和 $6''$ 之间不应有线，$1''$ 和 $5''$ 之间不能反映其断开状态。

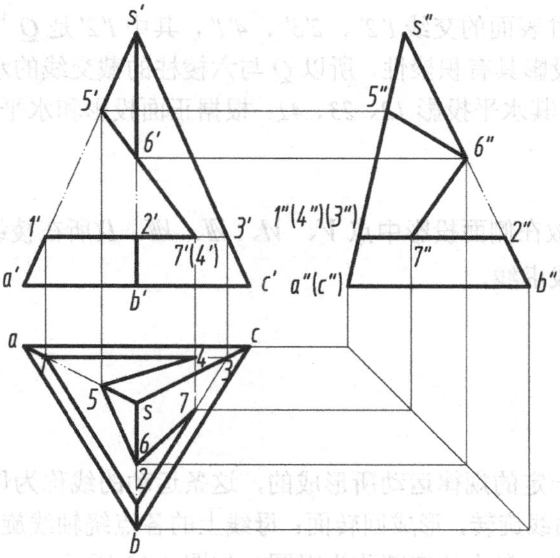

(a) 解题图

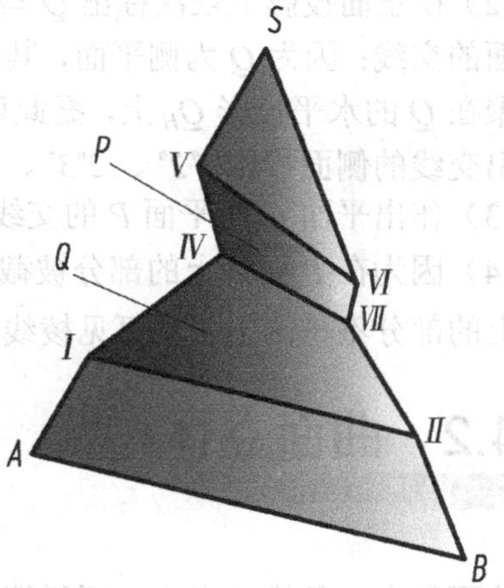

(b) 立体图

图 4-8　三棱锥被正垂面和水平面截切的投影作图

【例 4-7】 已知如图 4-9(a)所示的六棱柱被两个平面 *P*、*Q* 所截切，求截切后交线的各投影。

**分析：** 由于截平面 *P* 是正垂面，*Q* 是侧平面，它们的正面投影均有积聚性，故截交线也分别积聚成直线而形成切口。欲求截交线的 *H*、*W* 面的投影，只需分别求出 *P*、*Q* 与六棱柱的交线即可。

**作图步骤：** ［如图 4-9(b)所示］

（1）在正面投影上依次标出平面 *P* 与六棱柱的各侧棱面的交线 *4'5'*、*5'6'*、*6'7'*、*7'8'*、*8'9'*、*9'3'*；由于六棱柱各侧棱面的水平投影都有积聚性，故 *P* 与六棱柱的截交线也积聚在侧棱面的水平投影上，即可求出其水平投影 *45*、*56*、*67*、*78*、*89*、*93*。根据正面投影和水平投影，可求出截交线的侧面投影 *4"5"*、*5"6"*、*6"7"*、*7"8"*、*8"9"*、*9"3"*。

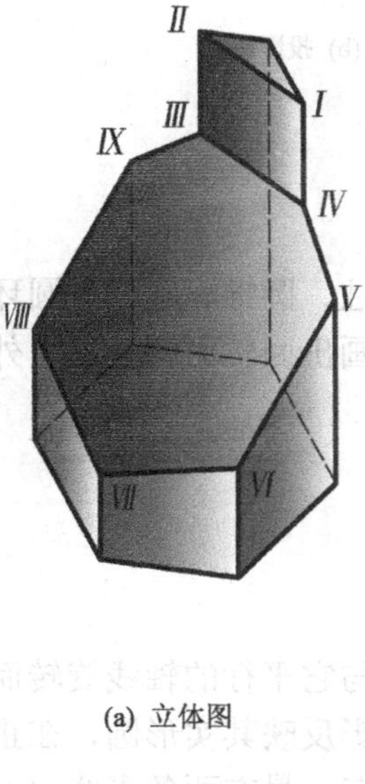

(a) 立体图

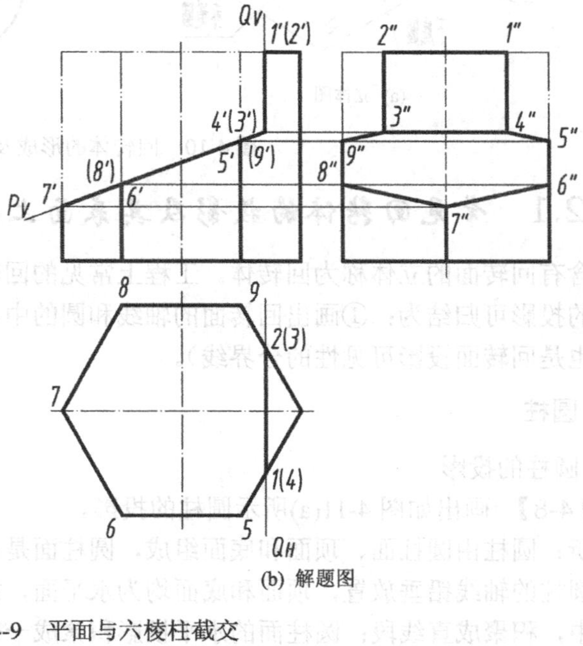

(b) 解题图

图 4-9　平面与六棱柱截交

（2）在正面投影上依次标出 $Q$ 与六棱柱表面的交线 $1'2'$、$2'3'$、$4'1'$，其中 $1'2'$ 是 $Q$ 与六棱柱顶面的交线；因为 $Q$ 为侧平面，其水平投影具有积聚性，所以 $Q$ 与六棱柱的截交线的水平投影积聚在 $Q$ 的水平投影 $Q_H$ 上，据此可求出其水平投影 $12$、$23$、$41$；根据正面投影和水平投影，可求出交线的侧面投影 $1''2''$、$2''3''$、$4''1''$。

（3）作出平面 $Q$ 和平面 $P$ 的交线 ⅢⅣ。

（4）因为在 $P$ 面以上的部分被截切，故在侧面投影中点 Ⅴ、Ⅵ、Ⅶ、Ⅷ、Ⅸ所在棱线在 $P$ 面以上的部分不再画出，不可见棱线应画成虚线。

## 4.2 曲面立体

曲面是由一条线（直线、圆弧等）按一定的规律运动所形成的，这条运动的线称为母线，曲面上任意位置的母线称为素线。母线绕轴线旋转，形成回转面；母线上的各点绕轴线旋转时，形成的圆称为纬圆，最大的纬圆称为赤道圆，最小的纬圆称为喉圆，如图 4-10 所示。

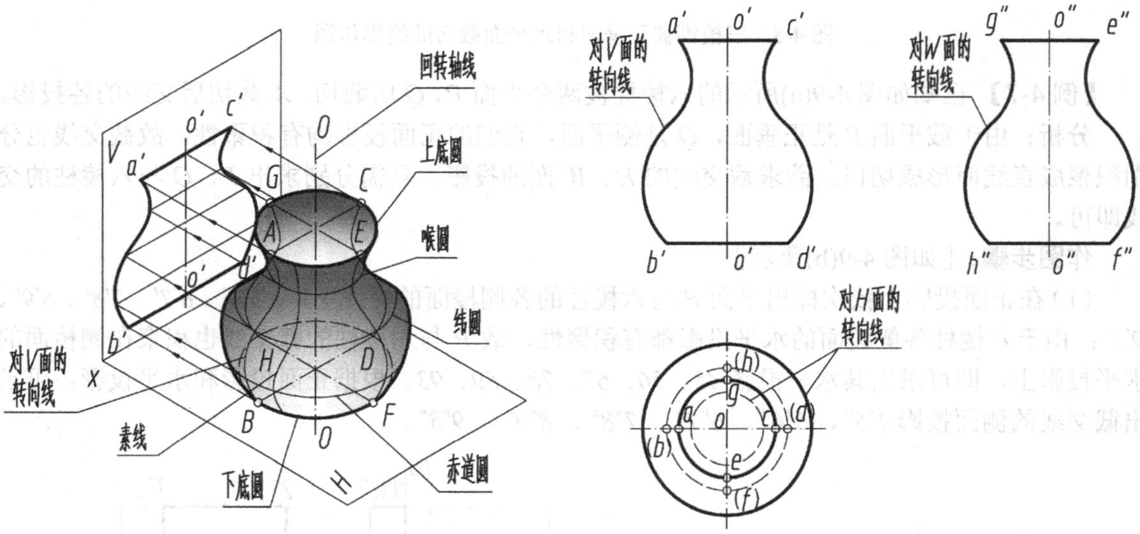


(a) 立体图　　(b) 投影图

图 4-10　回转体的形成及投影

### 4.2.1 常见回转体的投影及其表面上的点

包含有回转面的立体称为回转体。工程上常见的回转体有圆柱、圆锥、圆球和圆环等。画回转体的投影可归结为：①画出回转面的轴线和圆的中心线；②画出回转面的转向（外形）轮廓线（也是回转面投影可见性的分界线）。

#### 1. 圆柱

1）圆柱的投影

**【例 4-8】** 画出如图 4-11(a)所示圆柱的投影。

**分析**：圆柱由圆柱面、顶面和底面组成，圆柱面是由直线绕与它平行的轴线旋转而成的。该图中圆柱的轴线铅垂放置，顶面和底面均为水平面，故水平投影反映其实形圆，在正面和侧面投影中，积聚成直线段；圆柱面的水平投影积聚成一个圆。最左、最右两条素线 $AA_1$ 和 $BB_1$

的正面投影 $a'a_1'$ 和 $b'b_1'$ 是前、后的转向轮廓线。最前、最后两条素线 $CC_1$ 和 $DD_1$ 的侧面投影 $c''c_1''$ 和 $d''d_1''$ 是左、右的转向轮廓线。转向轮廓线既是圆柱面的投影外形轮廓线，又是圆柱面投影可见性的分界线。正面投影为前半圆柱面可见，后半圆柱面不可见。侧面投影为左半圆柱面可见，右半圆柱面不可见。

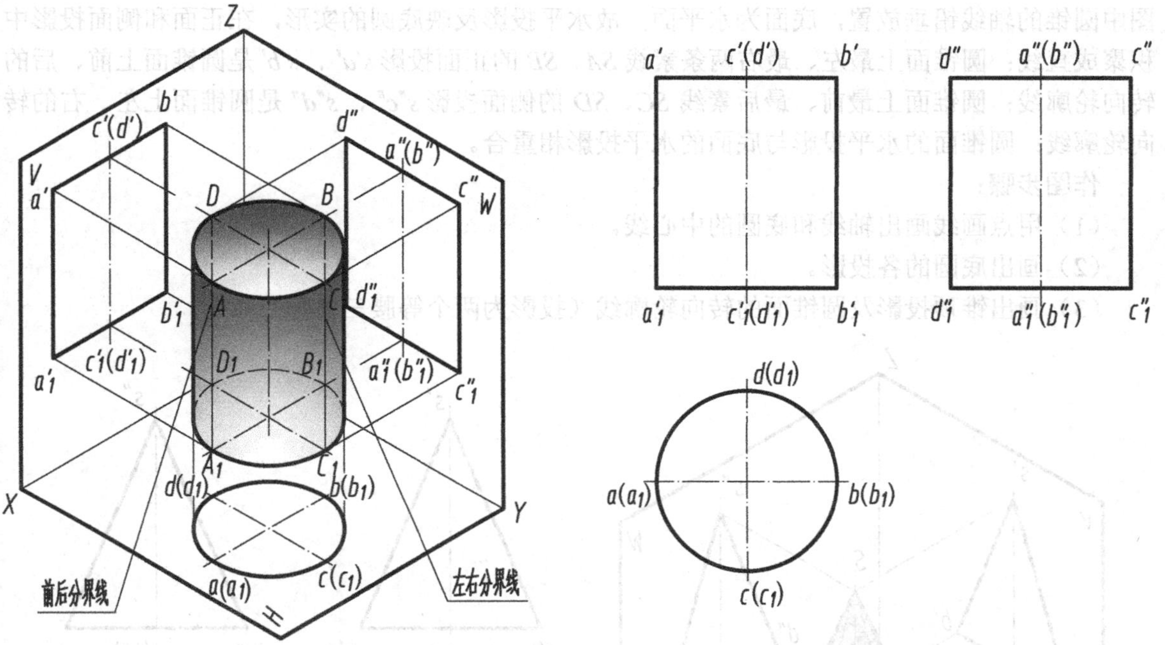


(a) 直观图　　(b) 投影图

图 4-11　圆柱的投影

**作图步骤：**

（1）用点画线画出轴线和圆的中心线。

（2）画出上、下底圆的投影和圆柱面投影的转向轮廓线。

2）圆柱表面求点

**【例 4-9】** 如图 4-12 所示，已知圆柱表面上点 $A$、$B$、$C$、$D$ 的正面投影，求作它们的水平及侧面投影。

**分析：** 由圆柱的投影可知该圆柱的轴线为铅垂线，圆柱面的水平投影积聚为一个圆，点 $A$、$B$、$C$、$D$ 的水平投影必定在该圆的圆周上。

**作图步骤：**（如图 4-12 所示）

（1）由 $a'$ 可知，点 $A$ 应在前半个圆柱面的左侧位置上；由 $b'$ 可知，点 $B$ 必在后半个圆柱面的右侧位置上；由此确定出 $a$ 和 $b$；再求出 $a''$（可见）和 $b''$（不可见）。

（2）点 $C$ 在最右素线上，其侧面投影 $c''$ 重合在轴线的侧面投影上且不可见；点 $D$ 在最前素线上，其侧面投影 $d''$ 在圆柱侧面投影的转向轮廓线上。

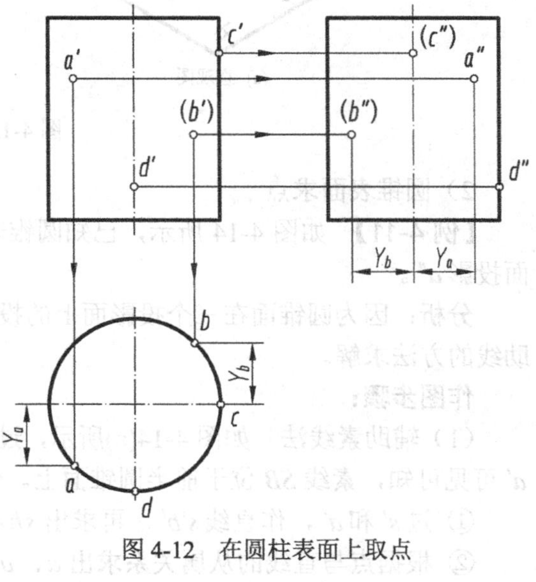


图 4-12　在圆柱表面上取点

**2. 圆锥**

1）圆锥的投影

**【例 4-10】** 画出如图 4-13(a)所示圆锥的投影。

**分析**：圆锥由圆锥面和底面组成，圆锥面是由一条直线绕与它相交的轴线旋转而成的。该图中圆锥的轴线铅垂放置，底面为水平面，故水平投影反映底圆的实形，在正面和侧面投影中积聚成直线；圆锥面上最左、最右两条素线 *SA*、*SB* 的正面投影 *s'a'*、*s'b'* 是圆锥面上前、后的转向轮廓线；圆锥面上最前、最后素线 *SC*、*SD* 的侧面投影 *s''c''*、*s''d''* 是圆锥面上左、右的转向轮廓线；圆锥面的水平投影与底面的水平投影相重合。

**作图步骤**：

（1）用点画线画出轴线和底圆的中心线。

（2）画出底圆的各投影。

（3）画出锥顶投影及圆锥面的转向轮廓线（投影为两个等腰三角形）。

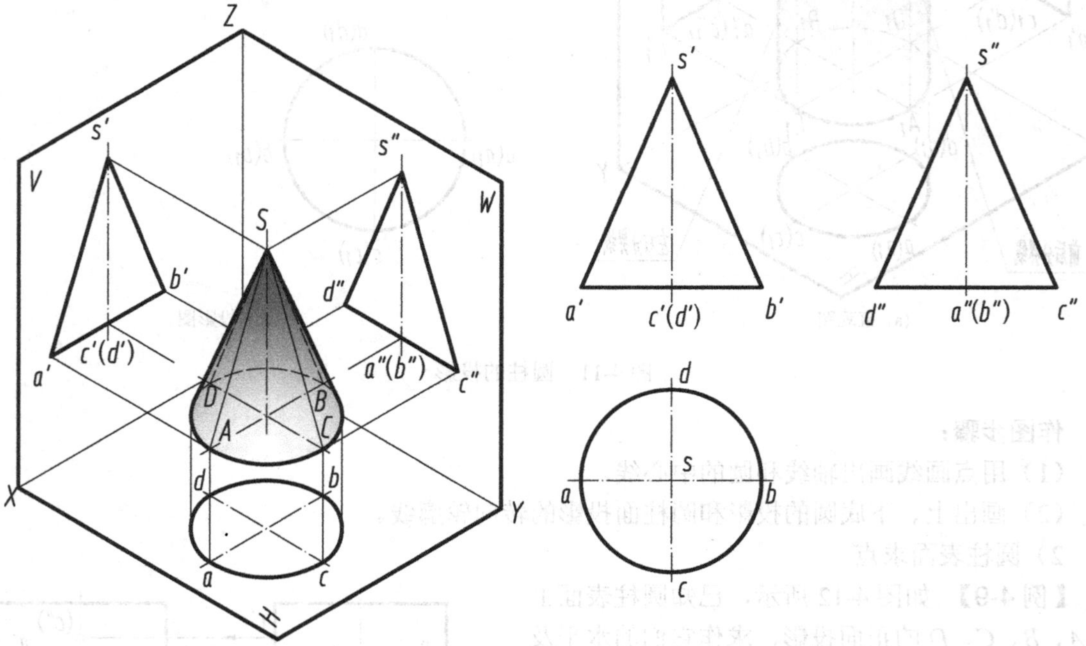


(a) 直观图　　(b) 投影图

图 4-13 圆锥的投影

2）圆锥表面求点

**【例 4-11】** 如图 4-14 所示，已知圆锥表面上点 *A* 的正面投影 *a'*，求作其水平投影 *a* 和侧面投影 *a''*。

**分析**：因为圆锥面在三个投影面上的投影均没有积聚性，故不能直接求点，必须采用作辅助线的方法求解。

**作图步骤**：

（1）辅助素线法　如图 4-14(a)所示，过锥顶 *S* 和点 *A* 作一条辅助素线交底圆于点 *B*。因为 *a'* 可见可知，素线 *SB* 位于前半圆锥面上。作图过程如下：

① 过 *s'* 和 *a'*，作直线 *s'b'*，再求出 *sb* 和 *s''b''*；

② 根据点与直线的从属关系求出 *a*、*a''*；

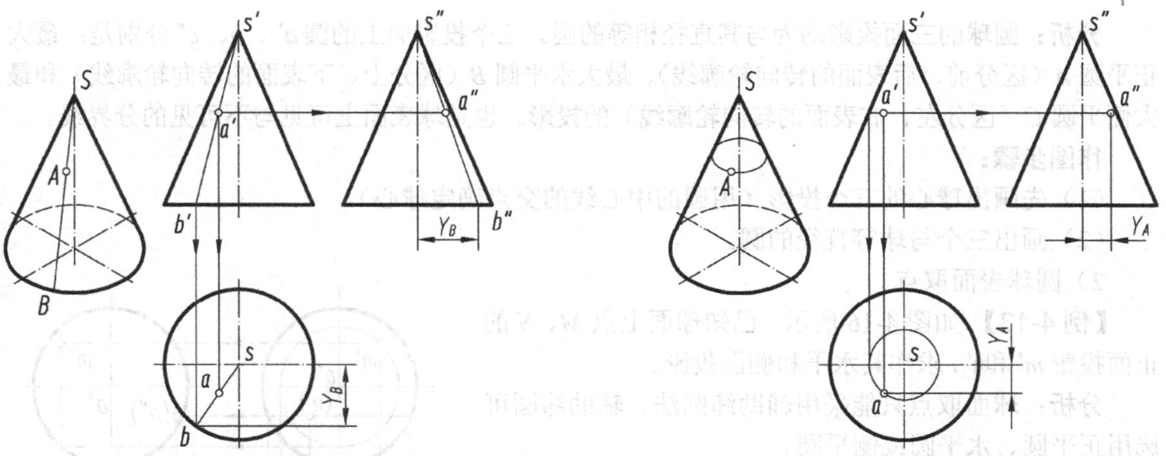


(a) 辅助素线法 (b) 辅助纬圆法

图 4-14 在圆锥体表面取点

③ 因为圆锥面的水平投影为可见，故 $a$ 可见；又因为点 $A$ 在左半圆锥面上，故 $a''$ 也可见，结果如图 4-14(a)所示。

（2）辅助纬圆法 如图 4-14(b)所示，过点 $A$ 作一个辅助纬圆，此圆垂直于轴线。作图过程如下：

① 过 $a'$ 作一条水平线，它与左、右两条素线相交，其长度既是纬圆的正面积聚性投影，又是纬圆的直径，侧面投影与之相同；

② 画纬圆的水平投影（反映纬圆的实形）；

③ 由 $a'$ 可知，点 $A$ 应在前半圆锥面上，求出 $a$ 和 $a''$。

### 3．圆球

圆球由球面组成。球面由一个半圆绕其直径旋转而成或由一个圆绕同面内且过圆心的轴线旋转而成。

1）圆球的投影

【例 4-12】 画出如图 4-15(a)所示圆球的投影。

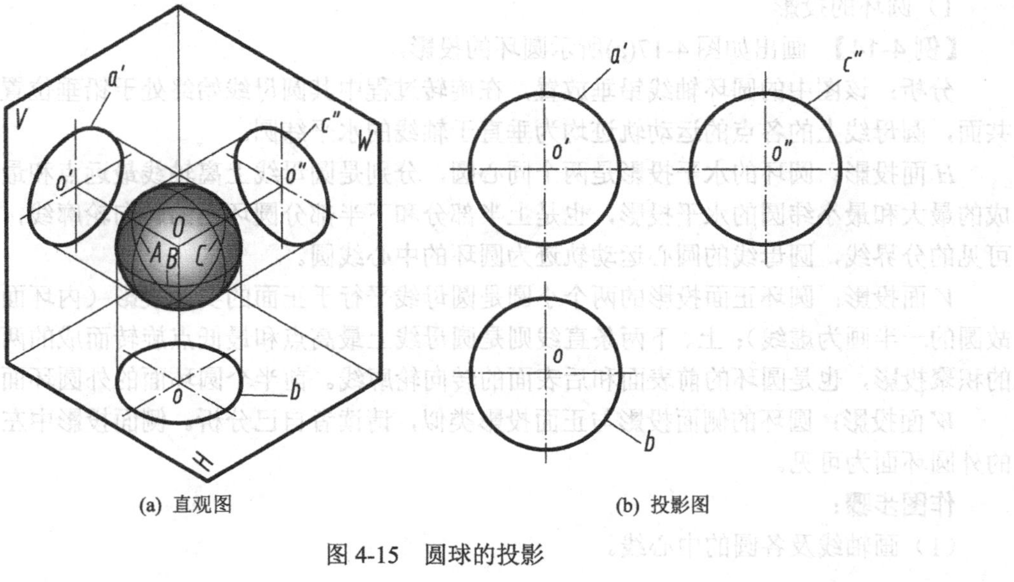


(a) 直观图 (b) 投影图

图 4-15 圆球的投影

**分析**：圆球的三面投影均为与其直径相等的圆。三个投影面上的圆 $a'$ 、$b$、$c''$ 分别是：最大正平圆 $A$（区分前、后表面的转向轮廓线）、最大水平圆 $B$（区分上、下表面的转向轮廓线）和最大侧平圆 $C$（区分左、右表面的转向轮廓线）的投影。也是球表面上可见与不可见的分界线。

**作图步骤**：

（1）先画出球心的三个投影（用圆的中心线的交点确定球心）。

（2）画出三个与球等直径的圆。

2）圆球表面取点

**【例 4-13】** 如图 4-16 所示，已知球面上点 $M$、$N$ 的正面投影 $m'$ 和 $n'$，求作其水平和侧面投影。

**分析**：球面取点只能采用辅助纬圆法。辅助纬圆可选用正平圆、水平圆或侧平圆。

**作图步骤**：

（1）过 $m'$ 作一个正平纬圆，其正面投影反映该圆的实形。

（2）正平圆的水平投影和侧面投影都积聚为一条直线，并反映正平圆直径的实长。由 $m'$ 可知，点 $M$ 在前半球面的左上位置，由此确定正平圆的水平投影和侧面投影的直线位置。

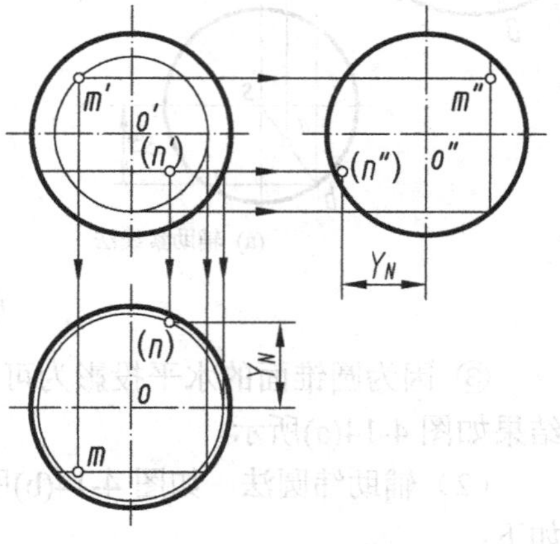


图 4-16　在圆球表面上取点

（3）在正平圆的水平投影和侧面投影上分别求出 $m$、$m''$，而且由 $m'$ 的位置决定了 $m$ 和 $m''$ 均可见。

用同样的作图原理和方法也可作出球体上的水平圆或侧平圆。如图 4-16 所示，过点 $N$ 作一个水平纬圆，其正面投影积聚为一条直线，以此直线为直径画出水平圆的水平投影，从而求出 $n$，再按点的投影规律求出 $n''$。由 $n'$ 可知，点 $N$ 在后半个球面的右下位置，故 $n$、$n''$ 均不可见。

**4．圆环**

圆环面由一个圆母线绕与其共面但不通过圆心的轴线旋转而成（如图 4-17 所示），远离轴线的半圆形成的环面称为外环面，靠近轴线的半圆形成的环面称为内环面。

1）圆环的投影

**【例 4-14】** 画出如图 4-17(a)所示圆环的投影。

**分析**：该图中的圆环轴线铅垂放置，在旋转过程中其圆母线始终处于铅垂位置，且与轴线共面，圆母线上的各点的运动轨迹均为垂直于轴线的水平纬圆。

$H$ 面投影：圆环的水平投影是两个同心圆，分别是圆母线上离轴线最远点和最近点旋转形成的最大和最小纬圆的水平投影，也是上半部分和下半部分圆环面的转向轮廓线，即可见与不可见的分界线，圆母线的圆心运动轨迹为圆环的中心线圆。

$V$ 面投影：圆环正面投影的两个小圆是圆母线平行于正面的实形投影（内环面为不可见，故圆的一半画为虚线）；上、下两条直线则是圆母线上最高点和最低点旋转而成的两个水平纬圆的积聚投影，也是圆环的前表面和后表面的转向轮廓线。前半个圆环面的外圆环面为可见。

$W$ 面投影：圆环的侧面投影与正面投影类似，请读者自己分析。侧面投影中左半个圆环面的外圆环面为可见。

**作图步骤**：

（1）画轴线及各圆的中心线。

（2）画圆环在正面和侧面的相同投影。

（3）画圆环的水平投影。

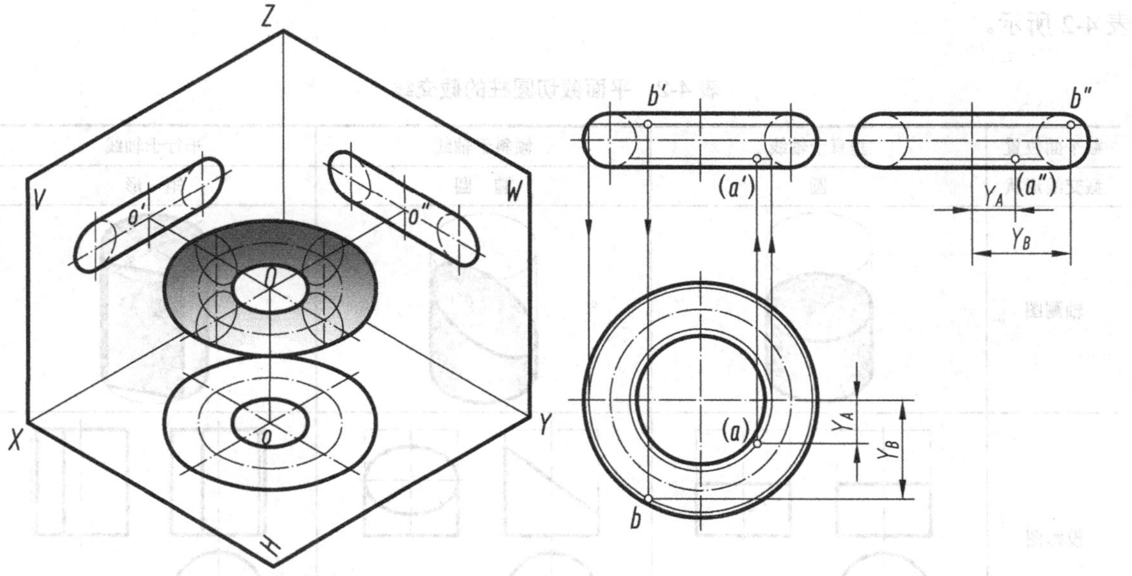


(a) 直观图　　(b) 投影图

图 4-17　圆环的投影及表面上取点

2）圆环表面取点

**【例 4-15】** 如图 4-17(b)所示，已知环面上点 *A* 的水平投影 *a* 和点 *B* 的正面投影 *b′*，求作点 *A* 和 *B* 的其他两面投影。

**分析**：圆环表面上求点，可利用辅助纬圆法，即过环面上的点作垂直于轴线的辅助纬圆。

**作图步骤**：[如图 4-17(b)所示]

（1）由点 *A* 的水平投影 *a* 的位置和可见性可知，点 *A* 在圆环的前半部分、下半部分的右侧内环面上。过 *a* 在环面上作一个水平纬圆的实形，此圆在正面和侧面投影中积聚成直线，即可求得 *a′* 和 *a″*，且判断其均为不可见。

（2）由 *b′* 的位置和可见性可知，点 *B* 在圆环的上半部分、前半部分的左侧外环面上。过 *b′* 作纬圆的正面积聚性投影，然后作该纬圆的水平圆投影和侧面积聚性投影，即可求得 *b* 和 *b″*，且判断 *b* 和 *b″* 均为可见。

## 4.2.2　平面与曲面立体相交

曲面立体的截交线通常是一条封闭的平面曲线，或是由平面曲线与直线所围成的平面图形，特殊情况下为平面多边形。截交线的形状与曲面立体的形状和截平面的截切位置有关。

截交线的性质：①截交线是截平面和曲面立体表面的共有线，截交线上的点均是二者的共有点；②截交线一般是封闭的平面曲线。

求作截交线时先作其上的特殊点，再作若干个一般点，然后将所求点光滑连接。在连线之前，要先判别其可见性。所谓特殊点，是指截交线上确定其大小范围的最高、最低、最左、最右、最前、最后各点或判别可见性的转向轮廓线上的点，以及平面曲线本身的特征点，如椭圆长、短轴的端点，抛物线、双曲线的顶点等。这些特殊点的投影大多数位于曲面投影的转向轮廓线上。

### 1. 平面与圆柱相交

平面与圆柱面相交时，根据截平面相对于圆柱轴线位置的不同，其截交线有三种形状，如表 4-2 所示。

表 4-2　平面截切圆柱的截交线

| 截平面位置 | 垂直于轴线 | 倾斜于轴线 | 平行于轴线 |
| --- | --- | --- | --- |
| 截交线形状 | 圆 | 椭　圆 | 矩　形 |
| 轴测图 | 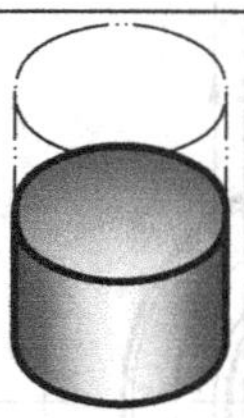 | 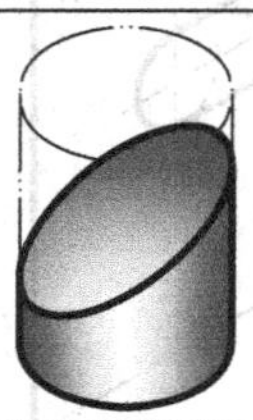 |  |
| 投影图 | 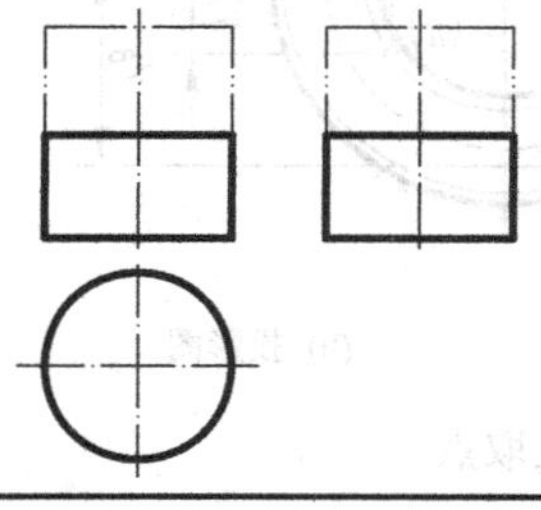 | 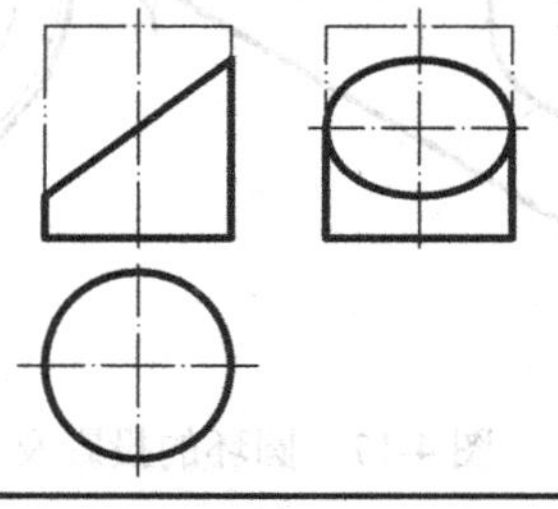 | 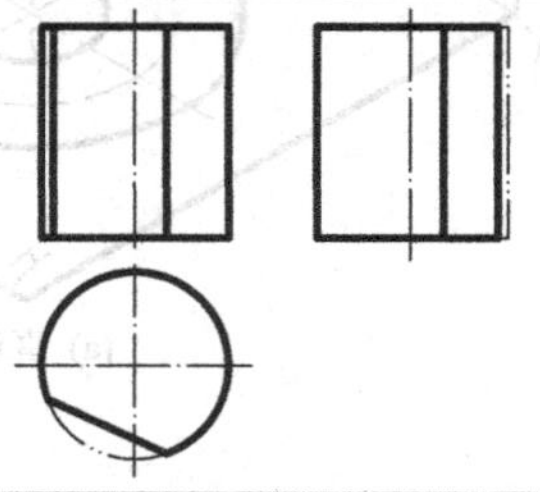 |

**【例 4-16】** 已知如图 4-18 所示的侧垂圆柱被一个正垂面 $P$ 截切，求作截交线的投影。

**分析：** 截平面 $P$ 与圆柱轴线倾斜，截交线为一个椭圆。该椭圆在正面投影中积聚于 $P_V$ 上，在侧面投影中与圆柱面具有积聚性的投影圆重合，因此只需画出椭圆的水平投影即可。作图原理可利用圆柱表面取点的方法，作出椭圆上一系列点的水平投影，然后将这些点光滑连接。

**作图步骤：**

（1）求特殊点　该图中 $A$、$B$ 两点分别为圆柱的最高、最低点，同时是椭圆投影短轴的端点（最左、最右点）；$C$、$D$ 两点为圆柱的最前、最后点，也是椭圆投影长轴的端点，还是水平投影转向轮廓线上的点。上述四个点可直接作出它们的三面投影。

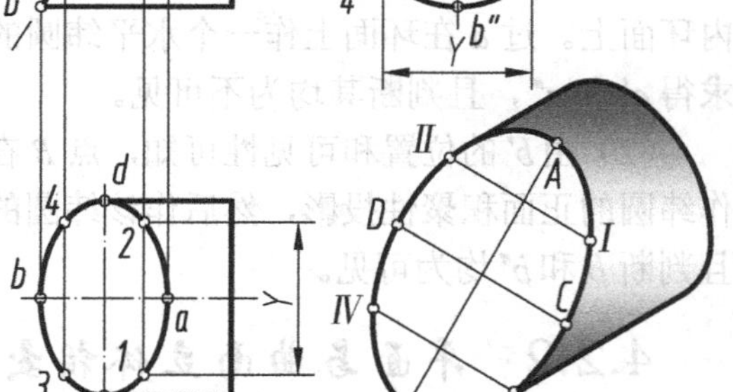

图 4-18　平面与圆柱相交

（2）求一般点　为了保证作图准确，应在特殊点之间取适当数量的一般位置点，如点 *I*、*II*、*III*、*IV*，先由正面投影 *1′*、*2′*、*3′*、*4′*，求出它们的侧面投影 *1″*、*2″*、*3″*、*4″*，再确定它们的水平投影 *1*、*2*、*3*、*4*，然后将所有点依次光滑连接成椭圆。

（3）判断可见性　由截平面 $P$ 的位置决定了椭圆截交线为可见，故应画成粗实线。

**注意：** 圆柱的水平投影，其转向轮廓线在点 $C$、$D$ 以左被截去，所以圆柱的轮廓线仅画到 $c$、$d$ 处或用双点画线表示被截切的轮廓线。

【例 4-17】如图 4-19(a)所示，已知接头的左右端均有切口，试完成其正面投影和水平投影。

**分析**：根据该图中已知条件，接头的左端槽口可以看成圆柱被两个正平面和一个侧平面切割而成；右端凸榫由两个水平面和一个侧平面切割而成，如图 4-19(e)所示。

**作图步骤**：

(1) 切割圆柱左端的两个正平面与圆柱面的交线是四条侧垂线，其侧面投影分别积聚成点，位于圆柱面有积聚性的侧面投影圆上；水平投影 $aa_1$ 与 $bb_1$ 重合，$cc_1$ 与 $dd_1$ 重合，由水平投影和侧面投影分别作出这四条侧垂线的正面投影，如图 4-19(b)所示。

(2) 切割圆柱左端的侧平面交圆柱面于两段侧平面的圆弧。其水平投影 $a_1c_1$、$b_1d_1$ 重合于侧平面有积聚性的水平投影上，它们的侧面投影重合在圆柱有积聚性的侧面投影上，且反映实形；可根据 $a_1''c_1''$、$b_1''d_1''$ 和 $a_1c_1$、$b_1d_1$ 作出 $a_1'c_1'$、$b_1'd_1'$，如图 4-19(b)所示。

(3) 连接直线。因为两个正平面与侧平面的交线的正面投影被圆柱面遮住，故为不可见，应画成虚线，如图 4-19(c)所示；另外，由水平投影可知，左侧切口将最高、最低两条素线截去一段，所以在正面投影中，其转向轮廓线的左端应截断。

右端凸榫的截交线作法与左端类似，请读者参照图 4-19(c)自己分析。

**注意**：由于右端的侧平面没有截到圆柱的最前、最后素线，故在水平投影中，表示侧平面水平投影的线段两端与转向轮廓线之间是有距离的，并且水平投影的转向轮廓线是完整的，如图 4-19(d)所示。

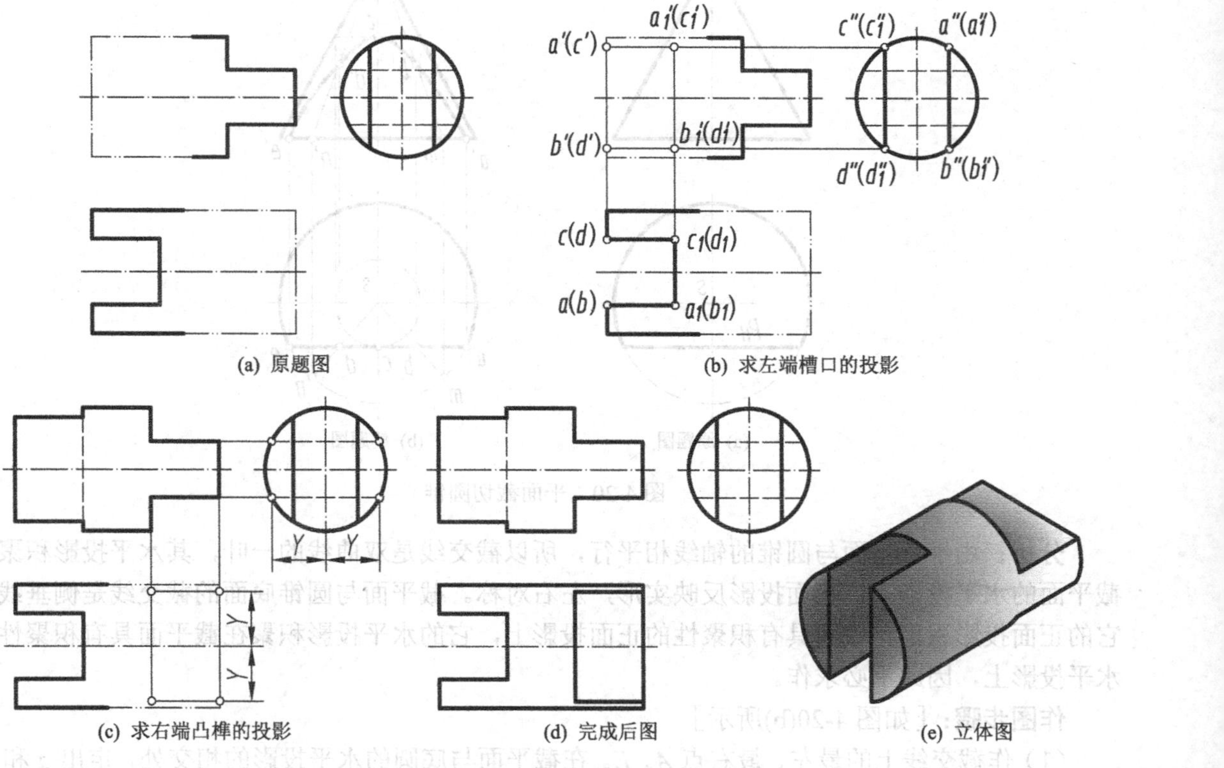


(a) 原题图　(b) 求左端槽口的投影

(c) 求右端凸榫的投影　(d) 完成后图　(e) 立体图

图 4-19　完成接头的正面投影和水平投影

## 2. 平面与圆锥相交

平面与圆锥面相交时，根据截平面与圆锥轴线相对位置的不同，平面截切圆锥的截交线的形状如表 4-3 所示。表中用 $\alpha$ 表示圆锥体锥顶角的一半，用 $\theta$ 表示截平面与圆锥轴线的夹角。

表 4-3 平面截切圆锥的截交线

| 截平面位置 | 过锥项 | 垂直于轴线 | 倾斜于轴线 $\theta>\alpha$ | 倾斜于轴线 $\theta=\alpha$ | 平行或倾斜于轴线 $\theta<\alpha$ 或 $\theta=\alpha$ |
|---|---|---|---|---|---|
| 截交线形状 | 三角形 | 圆 | 椭圆 | 抛物线+直线 | 双曲线+直线 |
| 轴测图 | 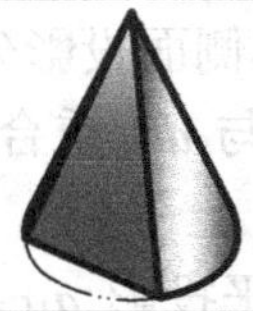 | 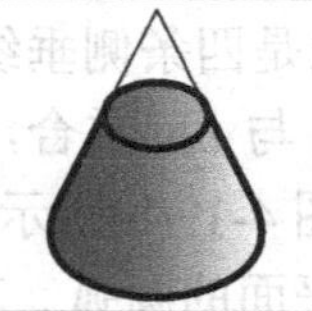 | 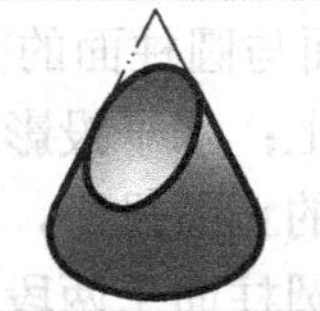 | 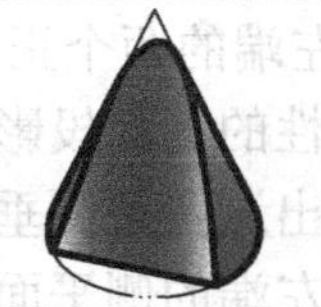 | 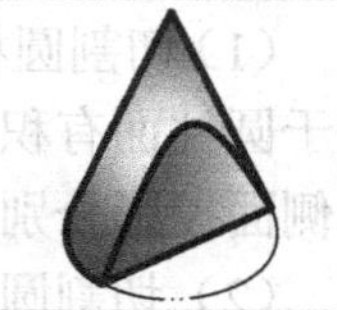 |
| 投影图 | 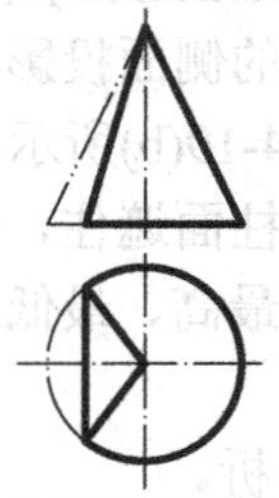 | 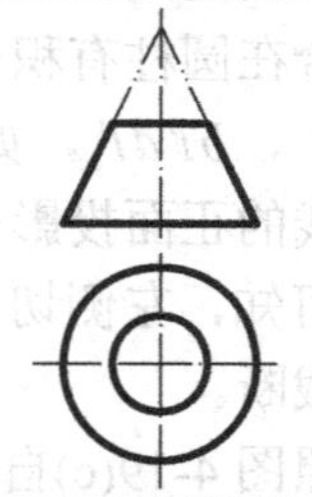 | 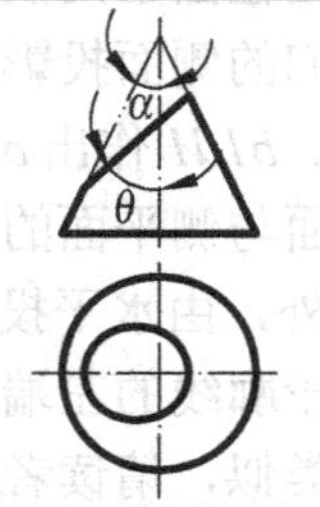 | 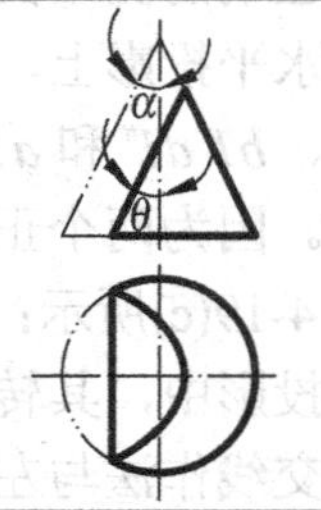 | 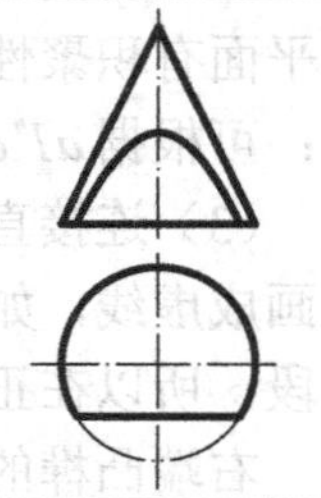 |

**【例 4-18】** 已知如图 4-20(a)所示的圆锥被正平面截切，求截交线的正面投影。

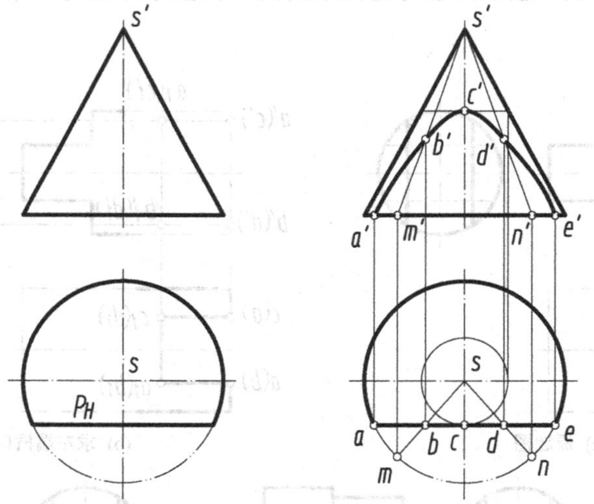


(a) 原题图　　(b) 解题图

图 4-20 平面截切圆锥

**分析：**由于截平面与圆锥的轴线相平行，所以截交线是双曲线的一叶，其水平投影积聚在截平面的水平投影上，正面投影反映实形，左右对称。截平面与圆锥底面的截交线是侧垂线，它的正面投影积聚在底面具有积聚性的正面投影上，它的水平投影积聚在截平面具有积聚性的水平投影上，因此不必求作。

**作图步骤：**［如图 4-20(b)所示］

（1）作截交线上的最左、最右点 $A$、$E$。在截平面与底圆的水平投影的相交处，定出 $a$ 和 $e$，再由 $a$、$e$ 在底圆的正面投影中作出 $a'$、$e'$。

（2）作截交线上的最高点 $C$。在截交线水平投影中点处，定出最高点 $C$（即双曲线在对称轴上的顶点）的水平投影 $c$；利用圆锥表面求点的作图原理求出 $c'$（在圆锥面上通过点 $C$ 作水平纬圆求 $c'$）。

（3）在截交线的适当位置上取两个中间点 $B$、$D$。在截交线的水平投影上取截交线上两个点 $B$、$D$ 的投影 $b$、$d$，连 $s$、$b$ 和 $s$、$d$，与底圆的水平投影交于 $m$、$n$，则 $B$、$D$ 也是 $SM$、$SN$ 上的点。由 $m$、$n$ 作出 $m'$、$n'$ 并与 $s'$ 连成 $s'm'$、$s'n'$，就可由 $b$、$d$ 分别在 $s'm'$、$s'n'$ 上作出 $b'$、$d'$。

（4）按截交线水平投影的顺序，将 $a'$、$b'$、$c'$、$d'$、$e'$ 连成所求截交线的正面投影 $a'b'c'd'e'$。由于截交线位于圆锥的前半锥面上，所以正面投影为可见。

**【例 4-19】** 已知如图 4-21 所示的圆锥被三个平面 $P$、$Q$、$R$ 截切，求截交线的水平投影和侧面投影。

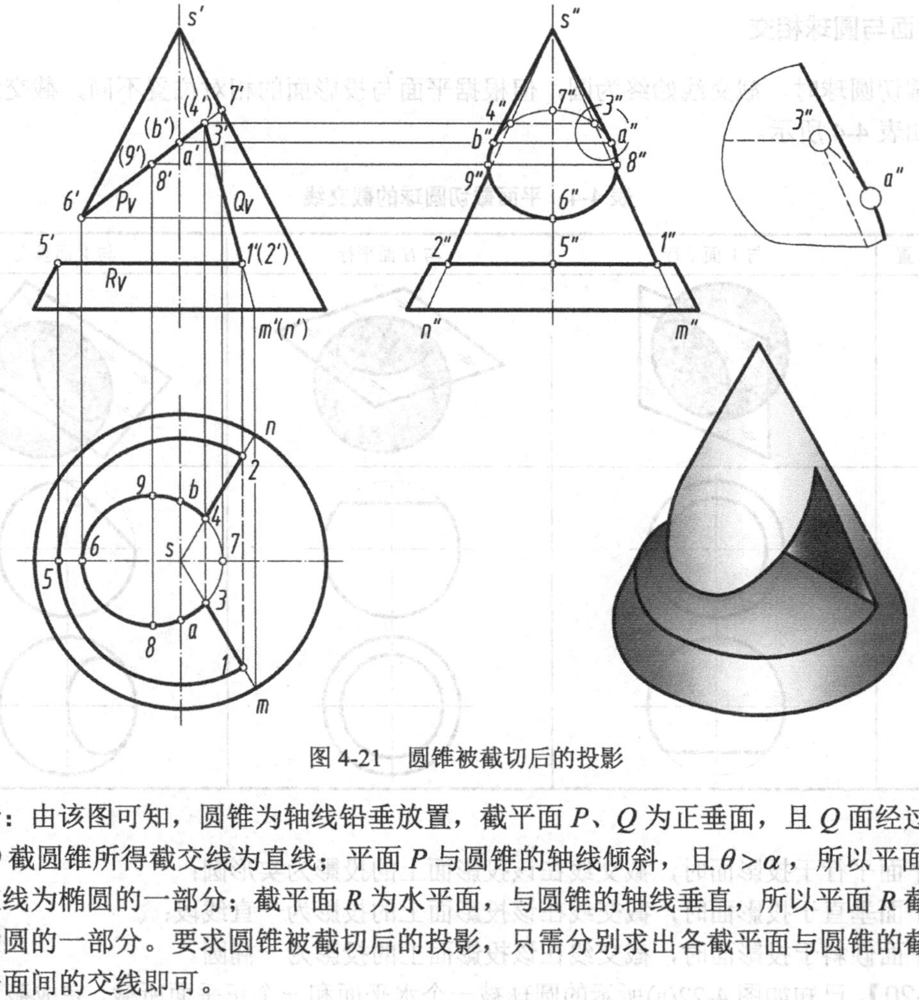


图 4-21　圆锥被截切后的投影

**分析**：由该图可知，圆锥为轴线铅垂放置，截平面 $P$、$Q$ 为正垂面，且 $Q$ 面经过锥顶，所以平面 $Q$ 截圆锥所得截交线为直线；平面 $P$ 与圆锥的轴线倾斜，且 $\theta > \alpha$，所以平面 $P$ 截圆锥所得截交线为椭圆的一部分；截平面 $R$ 为水平面，与圆锥的轴线垂直，所以平面 $R$ 截圆锥所得截交线为圆的一部分。要求圆锥被截切后的投影，只需分别求出各截平面与圆锥的截交线，再求各截平面间的交线即可。

**作图步骤：**

（1）作水平面 $R$ 截切的截交线。平面 $R$ 与圆锥的交线为水平圆弧，故截交线的水平投影反映实形为圆弧 $\overset{\frown}{251}$，侧面投影积聚为一条直线段。

（2）作正垂面 $Q$ 截切的截交线。平面 $Q$ 与圆锥的交线为过锥顶的直线段，在正面投影上标出其端点 $3'$、$1'$、$4'$、$2'$，过锥顶作辅助线 $SM$、$SN$，可求出其水平投影 $13$、$24$ 和侧面投影 $1''3''$、$2''4''$。

（3）作正垂面 $P$ 截切的截交线。平面 $P$ 与圆锥的轴线倾斜，且 $\theta > \alpha$，所以截交线为椭圆的一部分。椭圆的正面投影积聚为一条直线段，长轴为 $6'7'$，短轴为 $8'9'$，求其水平投影和侧面投影可分别求出其长短轴投影而作椭圆投影，或作出椭圆上的若干一般点，连接后也可作出椭圆投影。

（4）作截平面各交线。平面 $P$ 与平面 $Q$ 的交线为ⅢⅣ，平面 $Q$ 与平面 $R$ 的交线为ⅠⅡ。

（5）判别可见性并整理轮廓线。在水平投影面中，截交线的投影均可见，画成粗实线，截平面之间的交线均不可见，画成虚线；在侧面投影中，圆弧 $\widehat{251}$ 积聚为一条直线并可见，位于左半圆锥面上椭圆的投影为可见，右半圆锥面上椭圆则不可见（分界点为 $A$、$B$）；过锥顶的直线段在椭圆轮廓内的部分不可见，椭圆轮廓外的部分可见。

**注意：**最左素线在Ⅴ、Ⅵ之间的部分，最前和最后素线在点 $A$、$B$ 与平面 $R$ 之间的部分均被截切。

### 3．平面与圆球相交

平面截切圆球时，截交线始终为圆，但根据平面与投影面的相对位置不同，截交线的投影也不同，如表 4-4 所示。

**表 4-4　平面截切圆球的截交线**

| 截平面的位置 | 与 $V$ 面平行 | 与 $H$ 面平行 | 与 $V$ 面垂直 |
|---|---|---|---|
| 轴测图 | 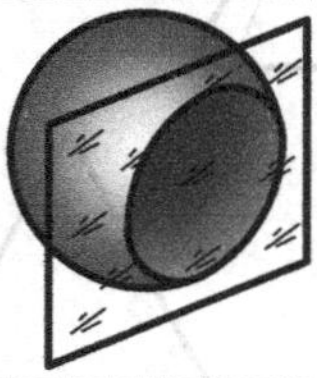 | 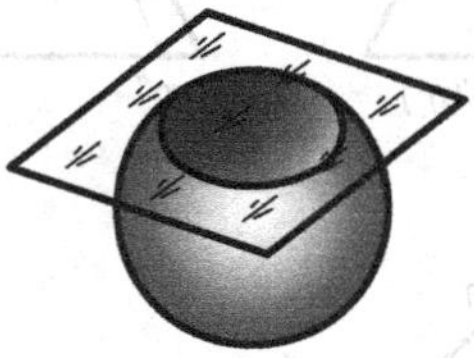 | 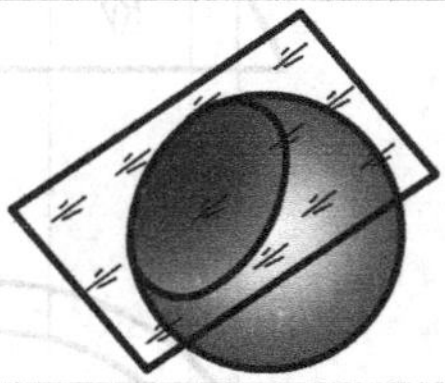 |
| 投影图 | 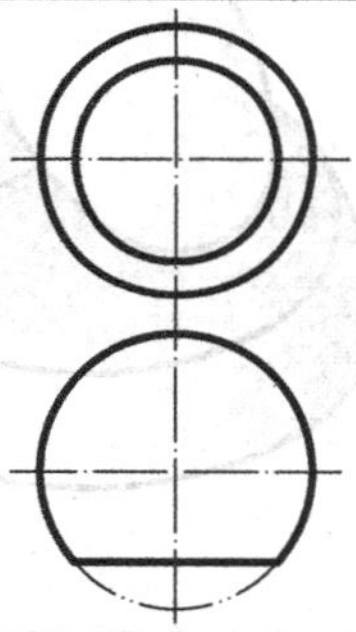 | 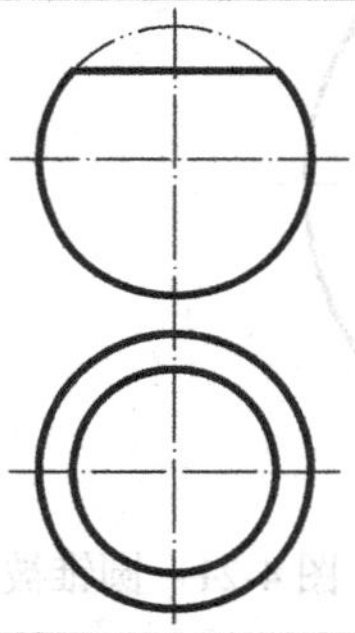 | 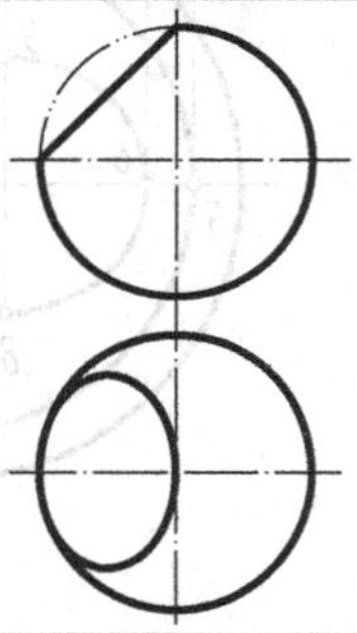 |

**注意：**

当截平面平行于投影面时，截交线在该投影面上的投影为实形圆；

当截平面垂直于投影面时，截交线在该投影面上的投影为一直线段；

当截平面倾斜于投影面时，截交线在该投影面上的投影为一椭圆。

**【例 4-20】** 已知如图 4-22(a)所示的圆球被一个水平面和一个正垂面所截，完成截切后圆球的水平投影。

**分析：**先分别作出水平截面和正垂截面截得完整圆周的水平投影，判明可见性后再将实际存在的部分加深或画虚线。

**作图步骤：**

(1) 作出正垂截面截得正垂圆的水平投影——椭圆，其长短轴 $AB$、$CD$ 相互垂直平分，$a'$、$b'$ 在球的最大正平圆上，可直接作出其水平投影 $a$、$b$，$c'(d')$ 在 $a'b'$ 的中点上，可通过辅助纬圆法作出其水平投影 $c$、$d$。另外，水平投影转向轮廓线上的点 $E$、$F$ 也必须求出，为此在正面投影上找到正垂截平面与最大水平圆的交点 $e'$、$f'$，然后连线下来作出 $e$、$f$，如图 4-22(b)所示。

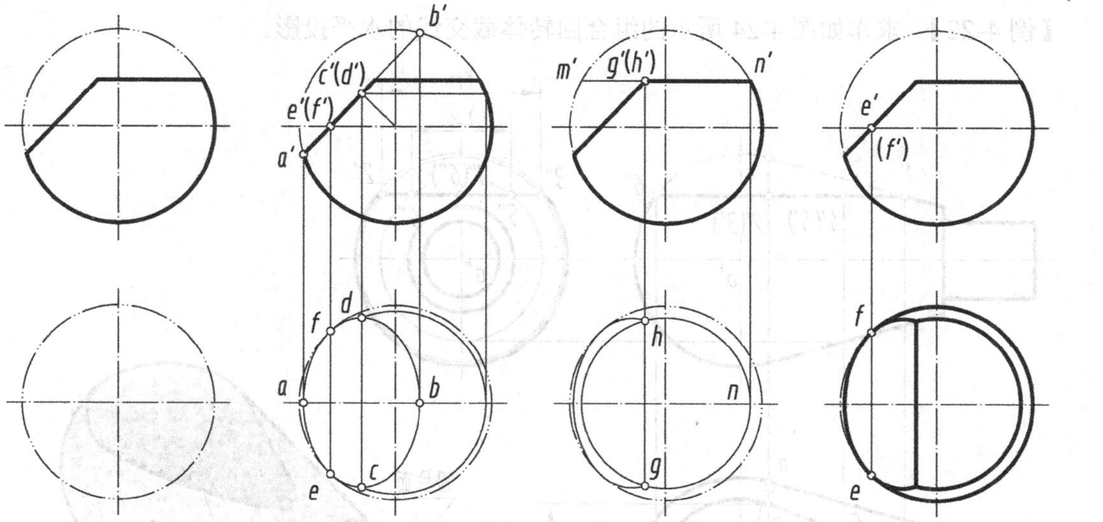


(a) 原题图 (b) 求正垂面形成的截交线 (c) 求水平面形成的截交线 (d) 完成后图

图 4-22 求圆球截交线的水平投影

（2）作出水平截面截得水平圆的水平投影，*m′n′* 反映直径的实长，如图 4-22(c)所示。

（3）作出截交线实际存在的部分。椭圆与水平圆的交线为 *GH*，且由两个截平面的位置决定了截交线的水平投影均为可见，故将椭圆的 ***hdfaecg*** 部分、水平圆的 ***gnh*** 部分及交线 ***gh*** 画成粗实线。

（4）加深圆球水平投影转向轮廓线实际存在的部分。由于最大水平圆上 *ef* 左边部分被截去，所以只加深 *e*、*f* 右边部分的水平投影转向轮廓线，如图 4-22(d)所示。

**【例 4-21】** 已知如图 4-23 所示的圆弧回转体被铅垂面 *P* 截切，求作截交线的投影。

**分析：**由于截平面与圆弧回转面轴线相平行，所以截交线为一条 4 次曲线，它的正面投影也为一条 4 次曲线，其水平投影积聚在 $P_H$上，为截交线的已知投影，可用辅助纬圆法作出截交线上一系列特殊点和一般点的正面投影，并按可见性光滑连接即可。

**作图步骤：**

（1）求特殊点。最低点 *Ⅰ*、*Ⅷ*为铅垂面与回转体底圆的交点，其水平投影可直接由 $P_H$和底圆的交点找出；求最高点 *Ⅳ*，则可先在水平投影上以 *O* 为圆心作圆与 $P_H$相切，切点即为 *4*，再用表面取点的方法求出 *4′*；在正面投影转向轮廓线上还有一个特殊点 *Ⅵ*，水平投影中正面转向轮廓线的投影落在中心线上，可先求出它与 $P_H$ 的交点即为 *6*，再求出 *6′*。

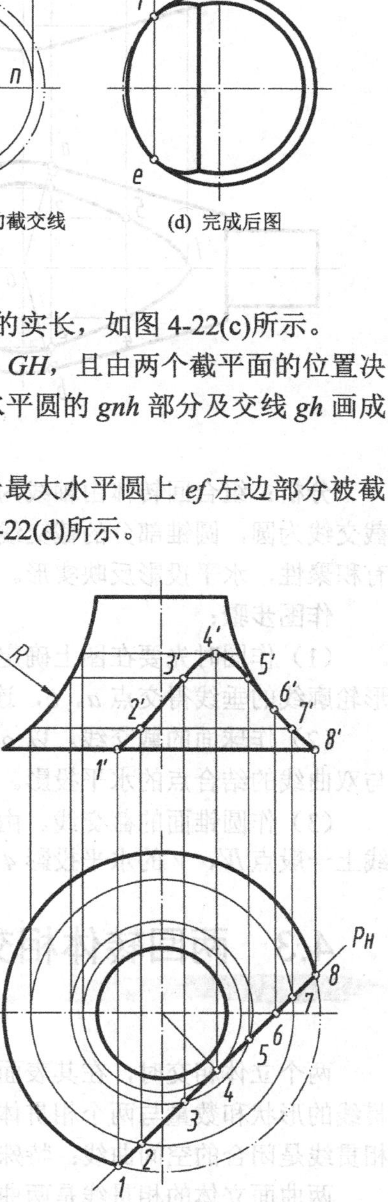


图 4-23 求圆弧回转体的截交线

（2）求一般点。在最高与最低点之间，选取 *Ⅱ*、*Ⅲ*、*Ⅴ*、*Ⅶ*的水平投影 2、3、5、7，再用表面取点的方法求出 *2′*、*3′*、*5′*、*7′*。

（3）判别可见性，依次光滑地连接各点。注意正面投影转向轮廓线上点 *Ⅵ* 以下的部分被截去了。

【例 4-22】 求作如图 4-24 所示的组合回转体截交线的水平投影。

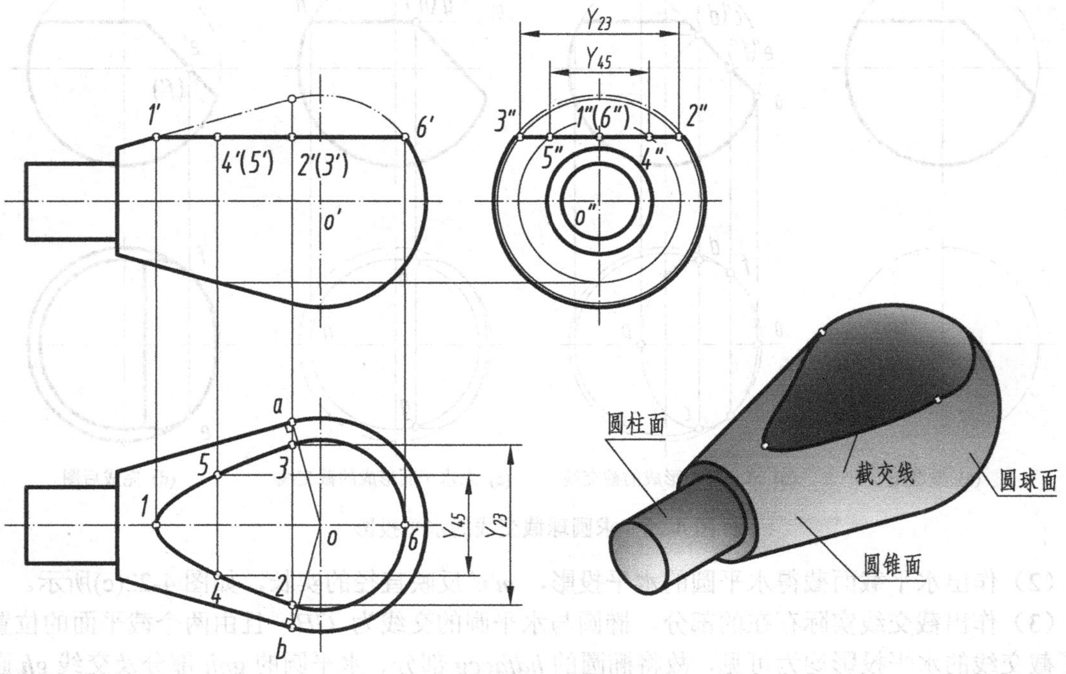


图 4-24 求组合回转体的截交线

**分析**：组合回转体由轴线为侧垂线的圆柱、圆锥和球组成，并被水平面截切，球面部分的截交线为圆，圆锥部分的截交线为双曲线，圆柱部分未被截切。截交线的正面投影和侧面投影有积聚性，水平投影反映实形。

**作图步骤：**

（1）作图时先要在图上确定球面与圆锥的分界线。从球心水平投影 *o* 作圆锥面水平投影外形轮廓线的垂线得交点 *a*、*b*，连线 *ab* 即为球面与圆锥面的分界线（圆）的水平投影。

（2）作球面的截交线。以 *o6* 为半径作圆，该圆与线 *ab* 相交于点 *2* 和 *3*，此即截交线上圆与双曲线的结合点的水平投影。

（3）作圆锥面的截交线。由 *1'* 求出双曲线的顶点 *I* 的水平投影 *1*，用辅助纬圆法求出双曲线上一般点 *IV*、*V* 的水平投影 *4*、*5*，并用光滑的曲线将点 *2*、*4*、*1*、*5*、*3* 连接起来。

## 4.3 两回转体相交

两个立体相交时，在其表面上产生的交线称为相贯线，相交的两个立体都称为相贯体。相贯线的形状和数量与两个相贯体的形状、大小和相对位置有关。一般情况下，两个曲面立体的相贯线是闭合的空间曲线；特殊情况下，曲线不闭合，也可能是平面曲线或直线段。

两曲面立体的相贯线是两曲面立体表面的共有线，相贯线上的点是两曲面立体表面的共有点。所以，求相贯线的实质是求两立体表面的一系列共有点，判别可见性后依次光滑连接。

求作相贯线上的各点时，与求曲面立体的截交线类似，一般先作出相贯线上的几个特殊点，即能够确定相贯线的投影范围和变化趋势，如相贯线上的极限位置点（最高、最低、最左、最右、最前、最后点），立体的曲面表面投影的转向轮廓线上的点，可见性的分界点等，然后按需要再作几个一般点，从而较准确地作出相贯线的投影，并判明可见性。当相贯线同时位于两个立体的可见表面时，这段相贯线的投影才是可见的；否则，为不可见。

求相贯线的常用方法有表面取点法和辅助平面法。

## 4.3.1　表面取点法

求作两曲面立体的相贯线，采用表面取点法的实质是利用圆柱面具有积聚性投影的特点，即已知相贯线的一个投影求另外两投影的问题。在相贯线上取一些点，按已知曲面立体表面上的点的一个投影求另外两投影的方法，即表面取点法，作出相贯线的投影。

**【例 4-23】** 已知如图 4-25 所示的正交两圆柱的三面投影，求作相贯线的投影。

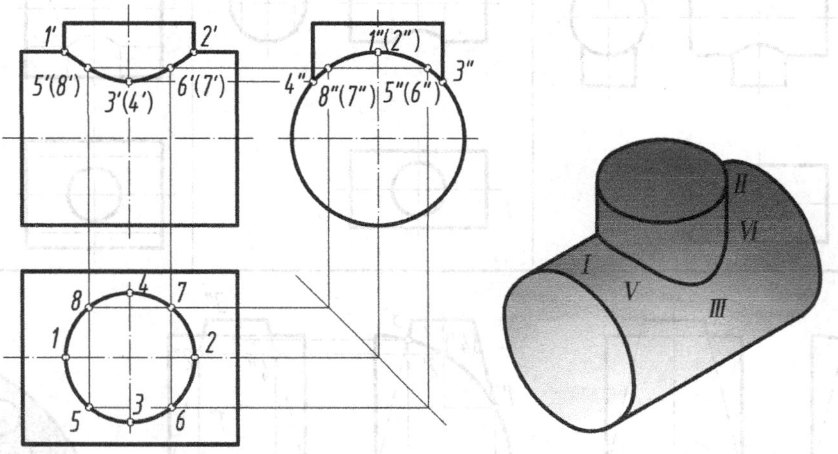


(a) 解题图　　(b) 立体图

图 4-25　求正交两圆柱的相贯线

**分析：**由该图可知，大圆柱为轴线侧垂放置，小圆柱为轴线铅垂放置，两圆柱轴线垂直相交。相贯线的水平投影和侧面投影分别与圆柱的积聚性投影重影，因此作图实质为已知相贯线上点的水平投影和侧面投影，求其正面投影。

**作图步骤：**

（1）求特殊点。在水平投影中找出相贯线的最左、最右、最前、最后四个点 *1*、*2*、*3*、*4*，然后作出四点相应的侧面投影 *1″*、*2″*、*3″*、*4″*，再根据已知点的两面投影求出第三面投影的作图原理，求出 *1′*、*2′*、*3′*、*4′*。由此看出，点 *Ⅰ*、*Ⅱ*是大圆柱正面投影转向轮廓线上的点，也是相贯线上的最高点，点 *Ⅲ*、*Ⅳ*是小圆柱侧面投影转向轮廓线上的点，也是相贯线上的最低点。

（2）求一般点。在相贯线的水平投影上，确定出左右、前后对称的四个点 *Ⅴ*、*Ⅵ*、*Ⅶ*、*Ⅷ* 的水平投影 *5*、*6*、*7*、*8*，然后作出其侧面投影 *5″*、*6″*、*7″*、*8″*，最后求出正面投影 *5′*、*6′*、*7′*、*8′*。

（3）连接曲线并判别可见性。将各点的正面投影按水平投影的顺序依次连成光滑的曲线，因为相贯线前后对称，故在正面投影中，只需画出可见的前半部分 *1′5′3′6′2′*，后半部分 *1′(8′)(4′)(7′)2′* 的曲线与之重影。

工程上常见结构为两圆柱轴线垂直相交，其相贯线的三种基本形式，如表 4-5 所示。

**【例 4-24】** 求作如图 4-26(a)所示的圆柱与锥台的相贯线的投影。

**分析：**由该图可知，1/4 圆柱和锥台轴线垂直交叉，相贯线是一条前后对称的封闭空间曲线。因为圆柱轴线为正垂线，故相贯线在圆柱面的正面积聚性投影上，而相贯线的水平投影和侧面投影待求。

**表 4-5　两圆柱相贯的三种形式**

| 相交形式 | 两外表面相交 | 外表面与内表面相交 | 两内表面相交 |
|---|---|---|---|
| 轴测图 | 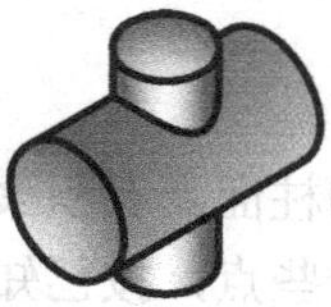 |  | 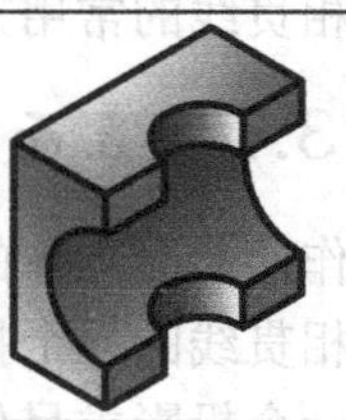 |
| 投影图 | 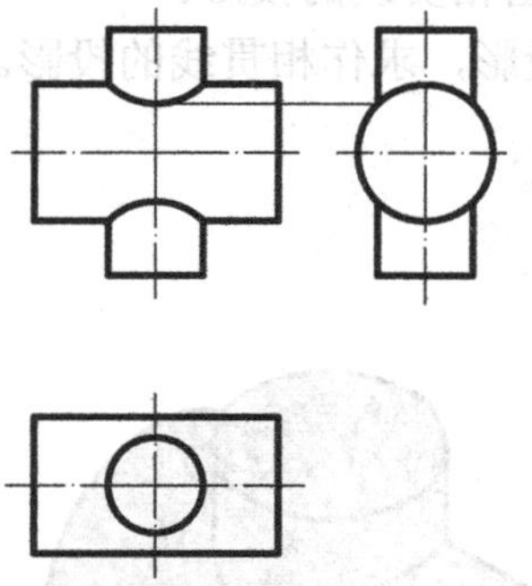 | 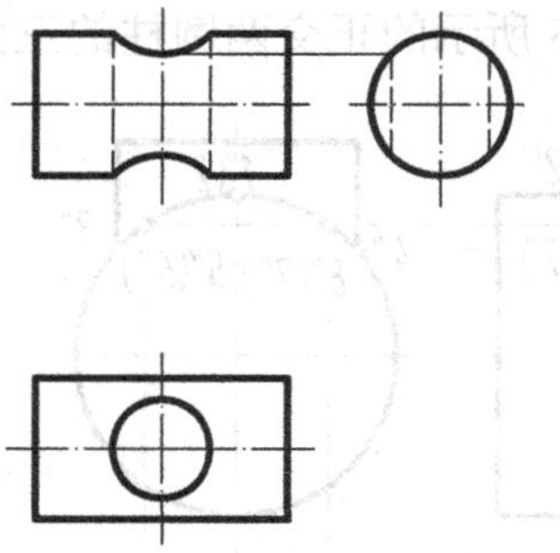 | 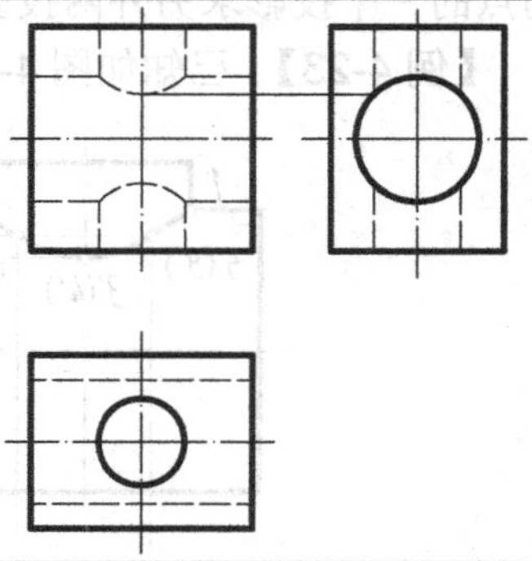 |

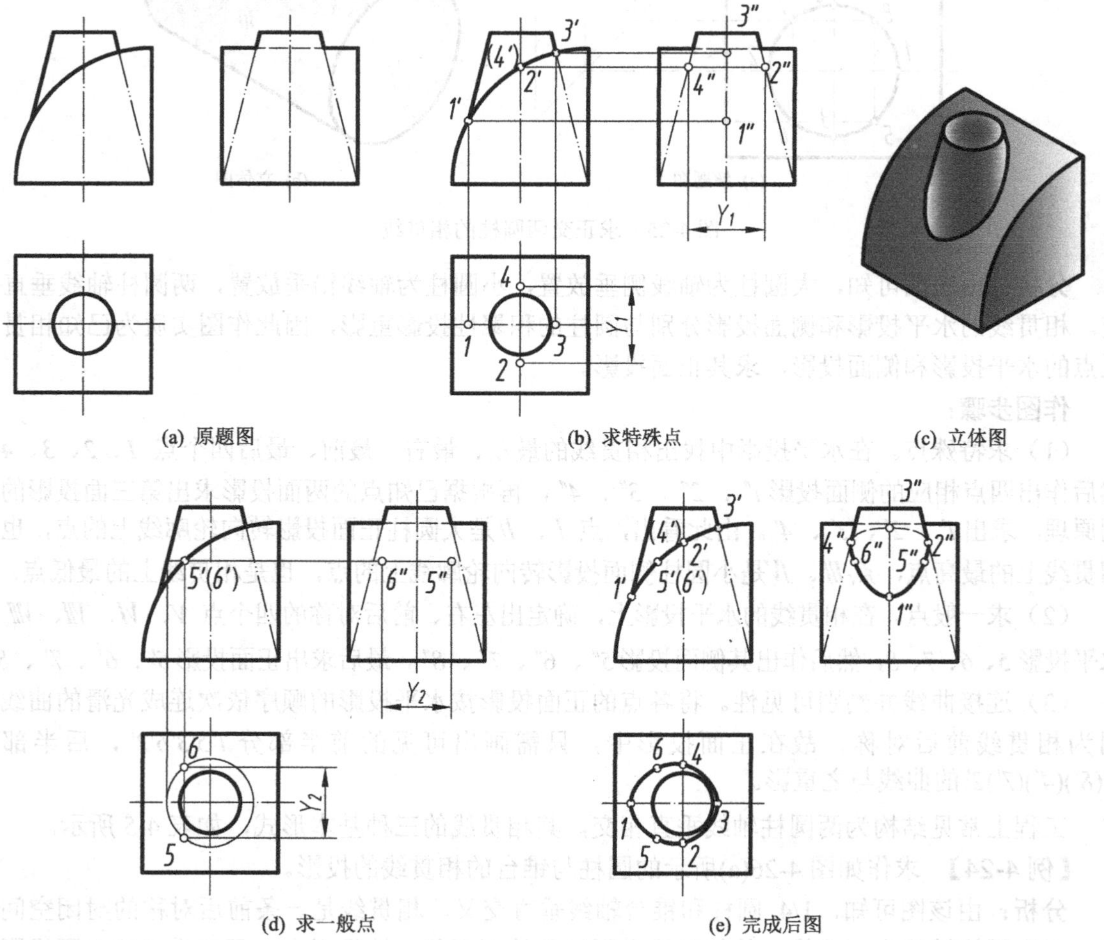


(a) 原题图　(b) 求特殊点　(c) 立体图

(d) 求一般点　(e) 完成后图

图 4-26　求作圆柱与圆台的相贯线

**作图步骤：**

（1）求特殊点。如图 4-26(b)所示，锥台正面投影转向轮廓线与圆柱交于点 *I* 和 *III*，其水平投影 $1$、$3$ 和侧面投影 $1''$、$3''$ 均可由正面投影 $1'$、$3'$ 直接求出；锥台侧面投影转向轮廓线与圆柱交于点 *II* 和 *IV*，可由正面投影 $2'$、$4'$ 求出侧面投影 $2''$、$4''$ 后，再求水平投影 $2$、$4$。

（2）求一般点。如图 4-26(d)所示的 *V* 和 *VI* 两点，在正面投影适当位置定出 $5'$、$6'$，用辅助纬圆法在锥台上求出水平投影 $5$、$6$，再由此求出侧面投影 $5''$、$6''$。

（3）判断可见性。光滑连接曲线，如图 4-26(e)所示，相贯线的水平投影均可见，侧面投影可见与不可见的分界点为 $2''$、$4''$ 两点。

### 4.3.2　辅助平面法

求作两曲面立体的相贯线，还可用辅助平面法，即用辅助平面切割这两个立体，辅助平面与两个曲面立体截交线的交点，为辅助平面和两曲面立体表面的三面共有点，即为相贯线上的点。确定辅助平面时，尽量选择特殊位置平面，并使辅助平面与两曲面立体的截交线的投影最为简单易画，如截交线为直线或平行于投影面的圆，它们的投影要么是直线，要么是圆。如图 4-27(a)所示，用水平面 $P$ 截切圆柱得水平素线，截切圆锥得水平圆，水平素线与水平圆的交点就是相贯线上的点；又如图 4-27(b)所示，用过锥顶的平面 $Q$ 截切圆柱和圆锥都得到直线，两条直线的交点为相贯线上的点。

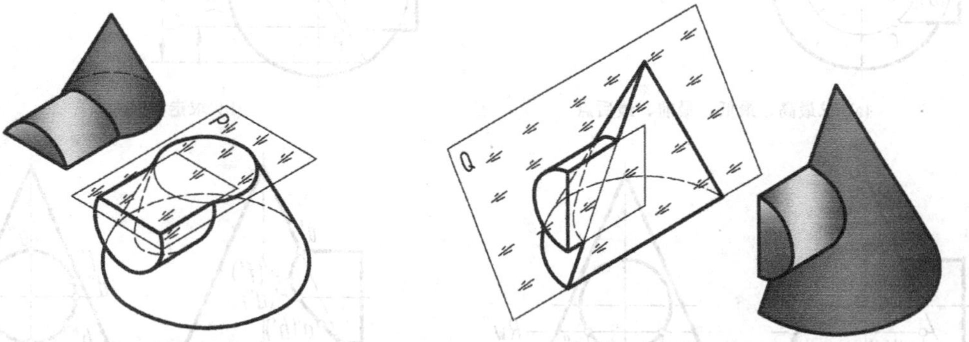


(a) 水平面作辅助面　　(b) 过锥顶的侧垂面作辅助面

图 4-27　辅助平面法作图原理

**【例 4-25】** 求作如图 4-28(a)所示轴线正交的圆柱与圆锥的相贯线。

**分析：**圆柱为轴线侧垂放置，故相贯线的侧面投影在圆柱具有积聚性的侧面投影圆上，只需求出相贯线的水平投影和正面投影即可。对圆柱而言，辅助平面应平行或垂直于圆柱轴线；对圆锥而言，辅助平面应垂直于圆锥轴线或过锥顶，故可选择水平面或过锥顶的侧垂面为辅助平面。

**作图步骤：**

（1）求特殊点。如图 4-28(a)所示，过锥顶作辅助正平面 $N$，与圆柱相交于最高、最低两条素线，与圆锥交于最左、最右两条素线。在正面投影中，圆柱与圆锥的素线交点即为相贯线上最高、最低点的正面投影 $a'$、$b'$，由此求出 $a''$、$b''$ 和 $a$、$b$；过圆柱轴线作辅助水平面 $P$，与圆柱相交于最前、最后两条素线，与圆锥交于水平圆；在水平投影中，素线与圆的交点即为相贯线上最前、最后点的水平投影 $c$、$d$，并由此求 $c'$、$d'$ 和 $c''$、$d''$；在侧面投影上，过锥顶作与圆柱面相切的辅助侧垂面 $S$ 与 $Q$，它们与圆柱相切于素线，与圆锥相交于素线，二者素线的侧面投影交点为 $e''$、$f''$，由此求出 $e$、$f$，再求出 $e'$、$f'$，如图 4-28(b)所示。

（2）求一般点。如图 4-28(c)所示，在点 $B$ 与 $C$、$D$ 之间适当位置作一个辅助水平面 $R$，与圆锥面交于一个水平圆，与圆柱面交于两条素线，二者交点 $G$、$H$ 可由侧面投影求出 $g''$、$h''$，再求出水平投影 $g$、$h$ 和正面投影 $g'$、$h'$。用相同的方法可求得适当数量的一般位置点。

（3）连线并判断可见性。如图 4-28(d)所示，此相贯线前后对称，故在正面投影中前后重合，以 $a'$、$b'$ 为分界点只需画出前半部分曲线；在水平投影中 $c$、$d$ 两点在转向轮廓线上，故为相贯线可见与不可见的分界点，即上半个圆柱面的 *ceafd* 段曲线为可见线，下半个圆柱面的 *cgbhd* 段曲线为不可见线。

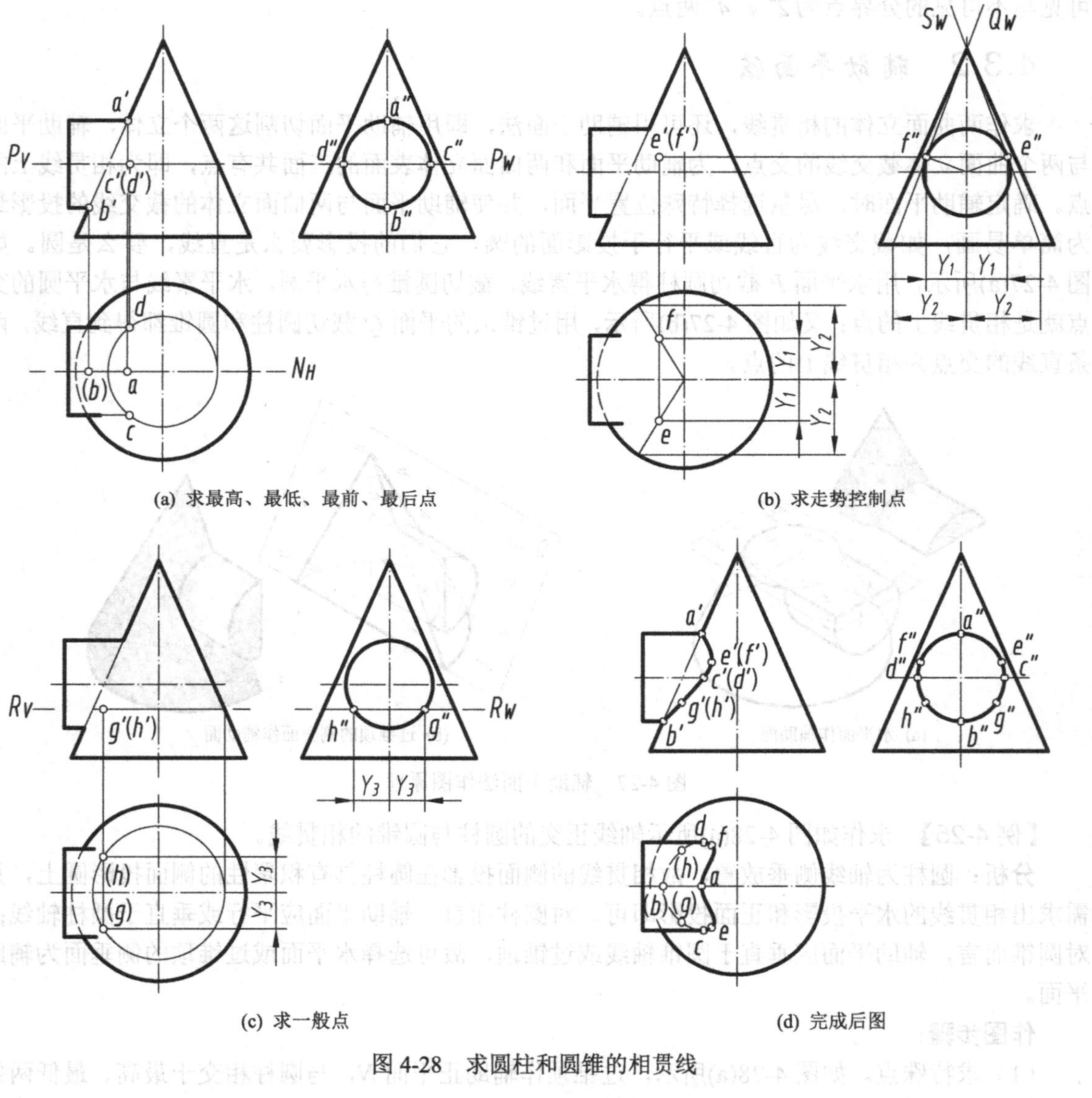


(a) 求最高、最低、最前、最后点

(b) 求走势控制点

(c) 求一般点

(d) 完成后图

图 4-28　求圆柱和圆锥的相贯线

## 4.3.3　相贯线的特殊情况

两回转体相交的相贯线，在特殊情况下，可形成平面曲线或直线段。例如：

（1）两同轴回转体相交，相贯线为垂直于轴线的圆，如图 4-29 所示；

（2）两个轴线相互平行的柱体相交，相贯线为两条平行于轴线的直线段，如图 4-30 所示；

（3）两共锥顶的锥体相交，相贯线是过锥顶的一对相交直线段，如图 4-31 所示；

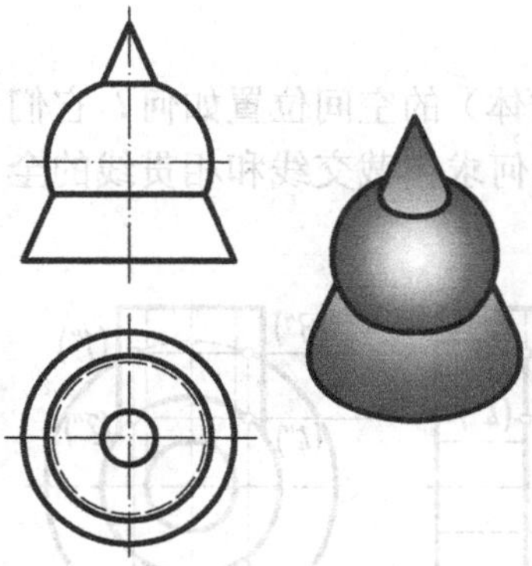

图 4-29 相贯线为圆

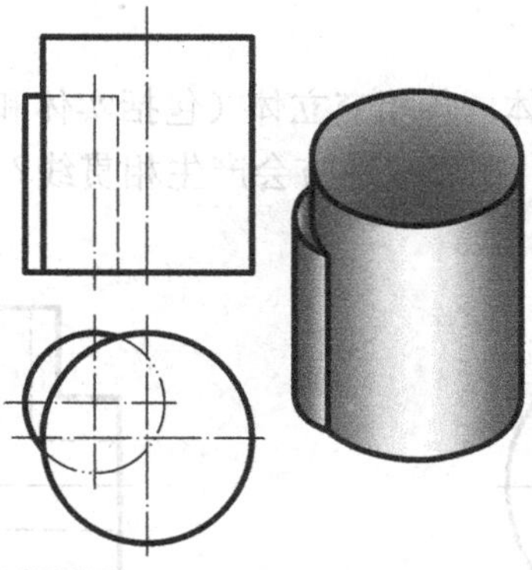

图 4-30 相贯线为直线

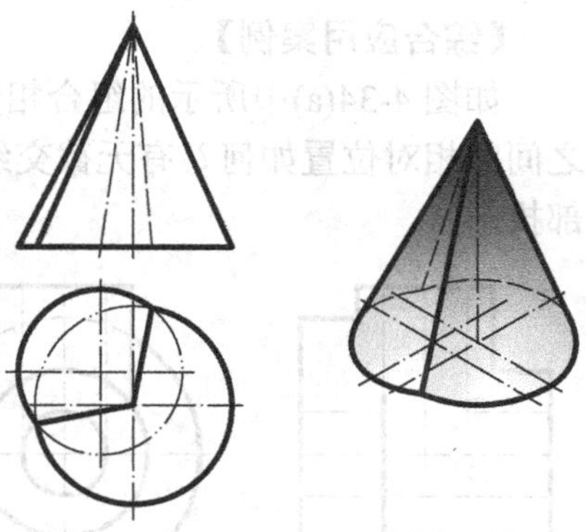

图 4-31 相贯线为直线

（4）具有公共内切球的两回转体相交，相贯线为两相交椭圆，如图 4-32 和图 4-33 所示。

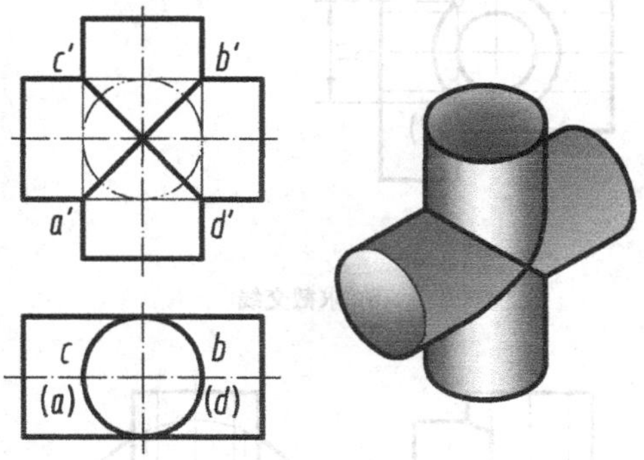


(a) 圆柱与圆柱正交

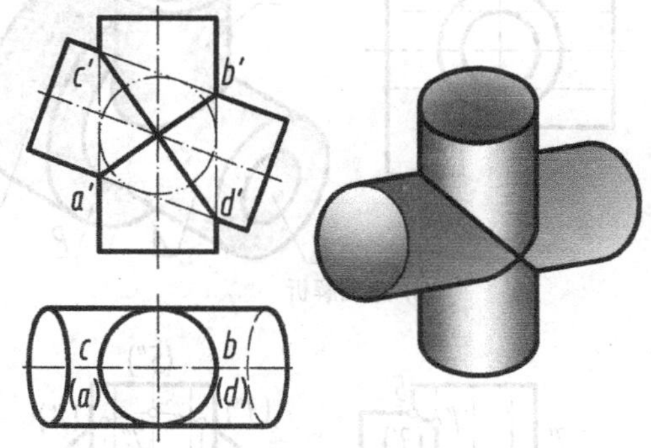


(b) 圆柱与圆柱斜交

图 4-32 相贯线为两相交椭圆

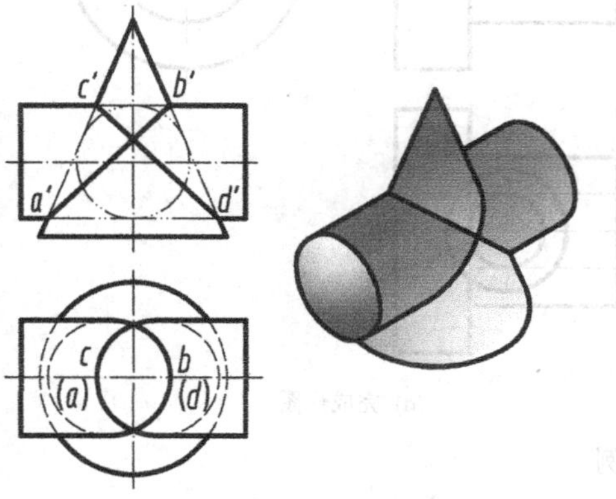


(a) 圆锥与圆柱正交

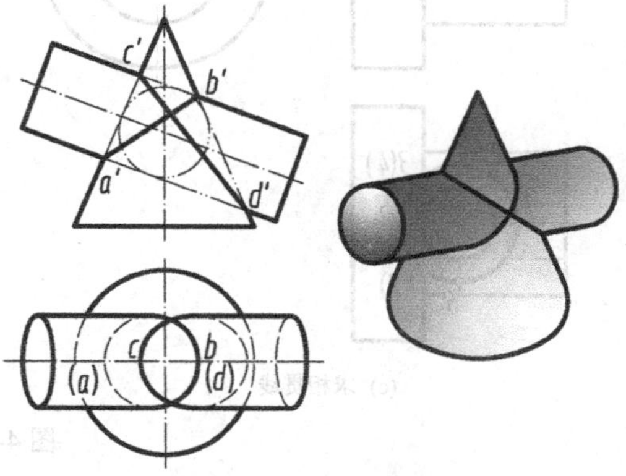


(b) 圆锥与圆柱斜交

图 4-33 相贯线为两相交椭圆

### 4.3.4 组合相贯线

由三个或三个以上立体相交形成的交线称为组合相贯线。求组合体相贯线时应先分析各立体的表面性质、空间位置和它们之间的相对位置，由此得出它们相交所产生的相贯线情况，然后再作图。

**【综合应用案例】**

如图 4-34(a)中所示的组合相贯体，各相交立体（包括实体和虚体）的空间位置如何？它们之间的相对位置如何？有无截交线？在哪些地方会产生相贯线？如何求作截交线和相贯线的全部投影。

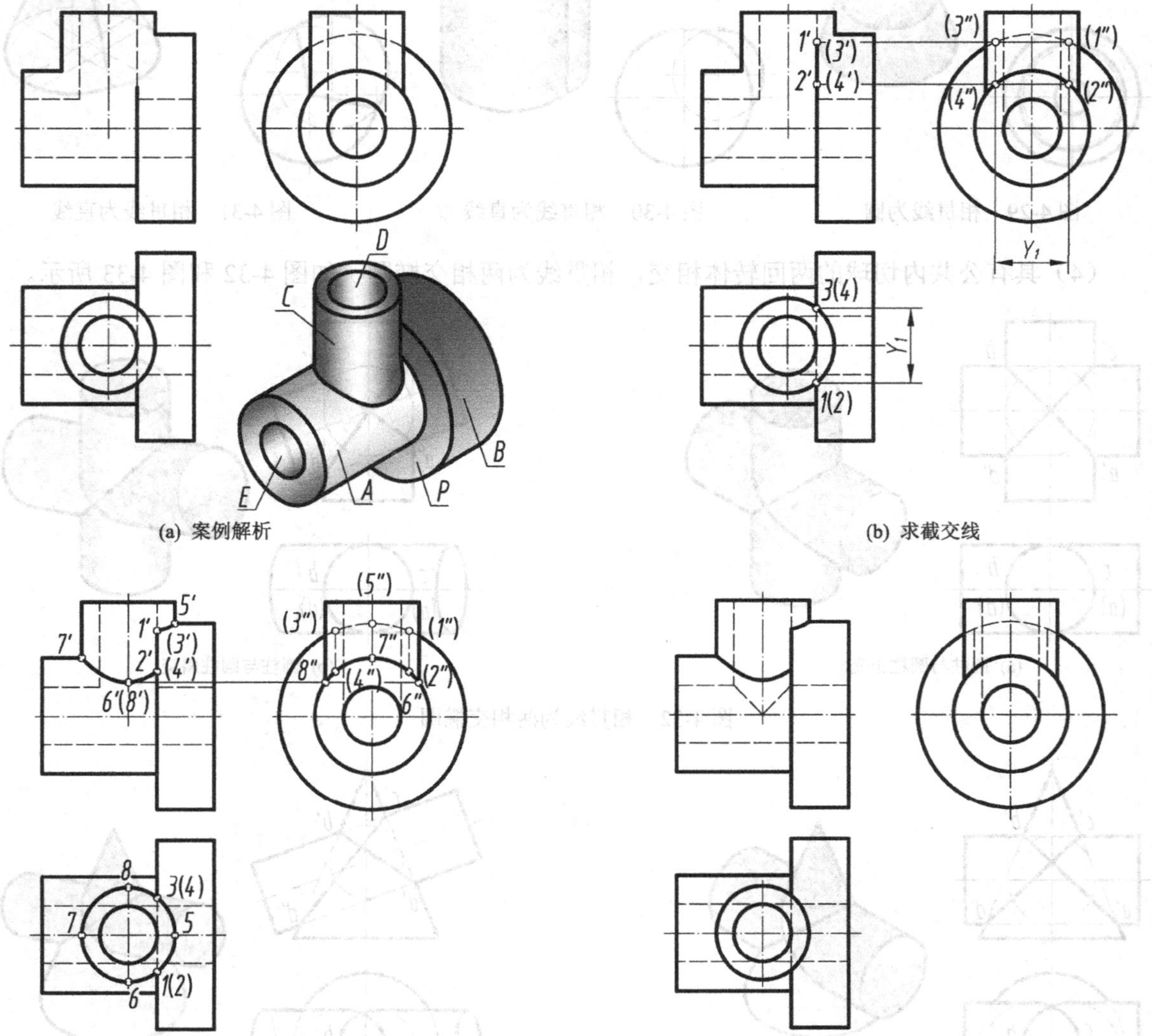


图 4-34　综合应用案例

**案例解析：**

（1）形体分析。由该图可知，该组合相贯体前后对称，由三个带同心孔的圆柱 *A*、*B*、*C* 组成，圆柱 *A* 和 *B* 同轴；圆柱 *C* 的轴线与圆柱 *A*、*B* 的轴线垂直相交；圆柱 *B* 的端面 *P* 与圆柱 *C* 截交；竖直圆柱孔 *D* 与水平圆柱孔 *E* 的轴线垂直相交，如图 4-34(a)所示。

（2）投影分析。圆柱 *A*、*C* 的相贯线是空间曲线；圆柱 *B*、*C* 的相贯线也是空间曲线；圆柱 *B* 的端面 *P* 与圆柱 *C* 之间的截交线是两段直线。由于圆柱 *C* 的水平投影有积聚性，这些交线的水平投影均为已知。圆柱孔 *D* 与圆柱孔 *E* 的直径相同，其相贯线为两个部分椭圆（相贯线特殊情况），正面投影为相交直线，水平和侧面投影分别积聚在圆柱孔 *D* 和 *E* 的水平和侧面投影上。

**求解作图：**

（1）作端面 *P* 和圆柱 *C* 之间的截交线。圆柱 *C* 与端面 *P* 的截交线 *ⅠⅡ*和 *ⅢⅣ*是两条铅垂线，可根据水平投影 *1(2)*、*3(4)*，作出它们的侧面投影 *1″2″*、*3″4″*和正面投影 *1′2′*、*3′4′*，如图 4-34(b)所示。

（2）作圆柱 *A*、*C* 和 *B*、*C* 间的相贯线。根据圆柱 *C* 的水平投影具有积聚性，可直接求出圆柱 *A*、*C* 和 *B*、*C* 间的相贯线的水平投影 *1*、*5*、*3* 和 *2*、*6*、*7*、*8*、*4*，又根据圆柱 *A*、*B* 轴线垂直于侧面，它们的侧面投影具有积聚性，可直接求出圆柱 *A*、*C* 和 *B*、*C* 间的相贯线的侧面投影 *1″*、*5″*、*3″*和 *2″*、*6″*、*7″*、*8″*、*4″*，最后求出它们的正面投影 *1′*、*5′*、*3′*和 *2′*、*6′*、*7′*、*8′*、*4′*，如图 4-34(c)所示。

（3）作出内表面之间的相贯线。从以上投影分析可直接作出正面投影，如图 4-34(d)所示。

**案例点评：**

在本案例中，既有截交线，又有相贯线；在相贯线中，既有实体与实体的相交，又有孔与孔的相交，还包括一个立体同时与两个立体都部分相交的情况，具有综合的代表性。

### 4.3.5 相贯线的简化画法

当两个不等直径圆柱垂直正交时，其相贯线可采用以圆弧替代的简化画法，即以两圆柱中较大圆柱的半径画圆弧代替相贯线非圆曲线的投影，其作图过程如图 4-35 所示。

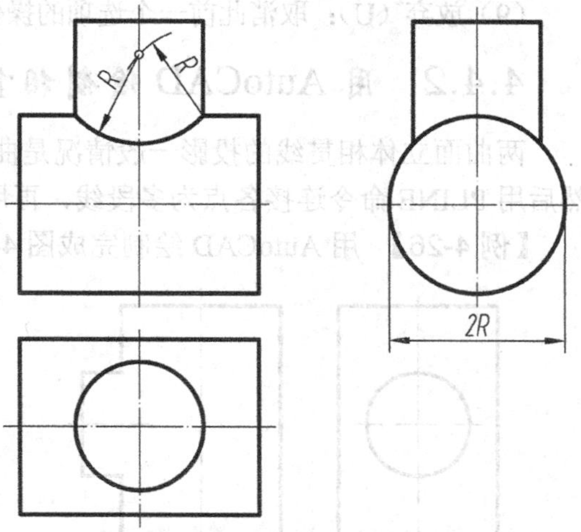


图 4-35 两正交异径圆柱相贯线的简化画法

## 4.4 用 AutoCAD 绘制相贯线

### 4.4.1 多段线编辑命令

用 PEDIT 命令来编辑由 PLINE 命令绘制的多段线。该命令的使用方式和操作过程如下。

【命令方式】

功能区：“常用”标签→“修改”面板→编辑多段线

菜单：修改（M）→对象（O）→多段线（P）

工具栏：修改 II

命令行：PEDIT（PE）

【操作过程】

```
命令：PEDIT（PE）
选择多段线或[多条(M)]:                                    //选择多段线或者多条多段线
输入选项[打开(O)/合并(J)/宽度(W)/编辑顶点(E)/拟合(F)/样条曲线(S)/非曲线化(D)/线型生成(L)/放弃
(U)]:                                                    //PEDIT 编辑的选项
```

执行 PEDIT 命令过程中各选项的功能如下。

（1）打开（O）：打开所编辑的多段线（此选项适用于编辑本身是封闭的多段线）。

（2）合并（J）：多个首尾相接的多段线连接成一条多段线。

（3）宽度（W）：为所编辑的多段线指定新的宽度。

（4）编辑顶点（E）：编辑多段线的顶点。

（5）拟合（F）：以逐点通过的形式将用户所选定的多段线拟合成一条曲线。

（6）样条曲线（S）：将用户所选定的多段线拟合成一条B样条曲线。这种曲线只通过所选择多段线的首尾两个顶点，中间各个顶点是样条曲线的控制点。

（7）非曲线化（D）：去除在“拟合（F）”或“样条曲线（S）”选项操作时产生的效果，恢复多段线被曲线化之前的状态。

（8）生成线型（L）：指定非连续型多段线在各顶点处线型的生成方式。

（9）放弃（U）：取消此前一个选项的操作。此选项可以重复使用，直至多段线没有任何修改。

### 4.4.2 用 AutoCAD 绘制相贯线

两曲面立体相贯线的投影一般情况是曲线，用 AutoCAD 绘制时，先求出其上一系列点，然后用 PLINE 命令连接各点为多段线，再用 PEDIT（多段线编辑命令）将其拟合为曲线。

【例 4-26】 用 AutoCAD 绘制完成图 4-36(a)所示相贯线的侧面投影。

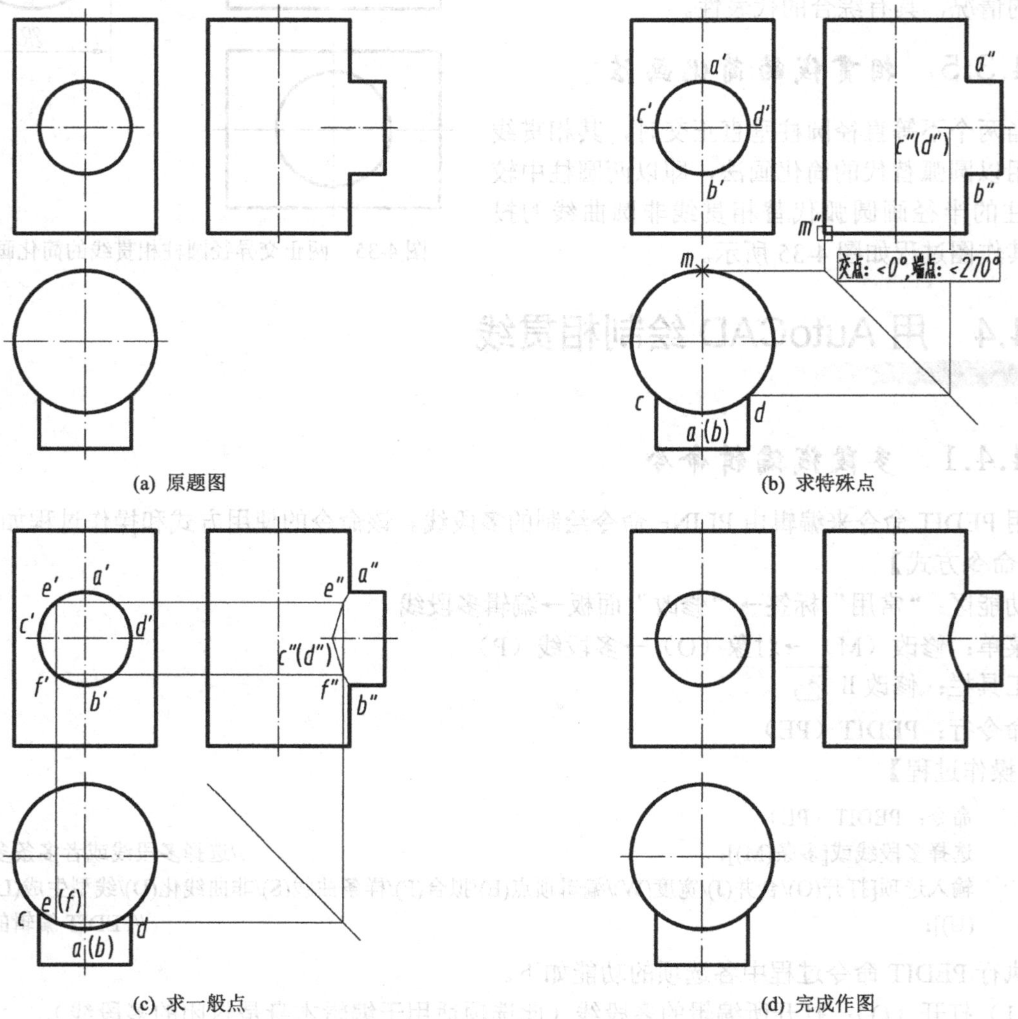


图 4-36 用 AutoCAD 画相贯线

**作图步骤：**

（1）启用极轴、对象捕捉（端点、交点）和对象追踪。

（2）用画直线命令画 45°斜线，注意起点先分别触碰 $m$ 和 $m''$ 以捕捉到它们，然后顺势垂直下移光标得到图 4-36(b)所示的“交点：< 0°，端点：< 270°”提示及两条虚线，两条虚线的交点即为 45°斜线的起点，按鼠标左键确定起点，然后画出 45°斜线。

（3）用画直线命令由水平投影的 $d$ 画出侧面投影的 $c''(d'')$，如图 4-36(b)所示。

（4）用画直线命令由正面投影的 $e'$、$f'$（起点 $e'$ 临时用最近点捕捉到圆上）画出水平投影的 $e(f)$和侧面投影的 $e''$、$f''$，如图 4-36(c)所示。

（5）用多段线（PLINE）命令将 $a''$、$e''$、$c''$、$f''$、$b''$ 连接起来，如图 4-36(c)所示。

（6）用多段线编辑（PEDIT）命令，将多段线 $a''e''c''f''b''$ 用 FIT 方式拟合成曲线，完成相贯线的侧面投影，如图 4-36(d)所示。

# 第5章 组合体的视图及尺寸标注

## 教学目标

本章是本课程的重点章节。通过本章的学习，掌握组合体三视图的形成原理及其投影规律，掌握组合体的组成形式及其投影画法，掌握对组合体构型分析的基本方法——形体分析法和线面分析法，掌握使用 AutoCAD 绘制组合体视图并进行尺寸标注的方法。熟练运用这些基本知识和方法，能够根据组合体的实物或轴测图正确绘制组合体的视图，根据组合体的视图正确想象组合体的结构形状，在此基础上对组合体的视图进行正确、完整、清晰的尺寸标注。

## 教学要求

| 能力目标 | 知识要点 | 相关知识 | 权重 | 自测等级 |
|---|---|---|---|---|
| 掌握组合体三视图的形成原理及投影规律，组合体的组成形式及投影画法，掌握组合体构型分析的基本方法，掌握使用 AutoCAD 绘制组合体视图并进行尺寸标注的方法 | 组合体的投影形成及画法，构型分析的基本方法，AutoCAD 绘制三视图并进行尺寸标注的方法 | 三视图的形成及其投影规律、组合体的组合方式及形体分析、组合体的构型设计、用 AutoCAD 画组合体的视图及尺寸标注 | ☆☆☆☆ | |
| 根据组合体的实物或轴测图熟练、正确绘制组合体的视图，根据组合体的视图正确想象组合体的结构形状，对组合体的视图进行尺寸标注 | 绘制、识读组合体三视图，组合体视图的尺寸标注 | 画组合体三视图的方法和步骤、读组合体的视图、组合体的尺寸标注 | ☆☆☆☆☆ | |

## 提出问题

图 5-1 所示的是一个组合体视图及尺寸标注。这里的组合体是如何绘制的？它所表示的物体具有什么样的结构形状？为何要标注其中的尺寸？怎样进行标注？通过本章的学习，将能够对这些问题予以解答。

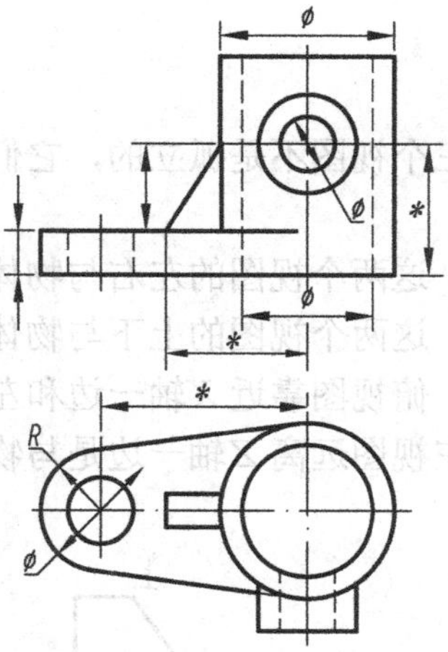

图 5-1　组合体视图

# 5.1　三视图的形成及其投影规律

## 5.1.1　三视图的形成

在实际工作中，可认为图形是人站在离机件无穷远处，且正对着机件看而画出的，所以机件在投影面上的投影又称为视图。前面讲的正面、水平面、侧面投影分别称为主视图、俯视图、左视图。因此，三视图的形成过程与三面投影的形成过程完全相同，如图 5-2(a)、(b)、(c)所示。

在画三视图时，不必画出投影面的范围，也不必注出视图的名称，如图 5-2(d)所示。

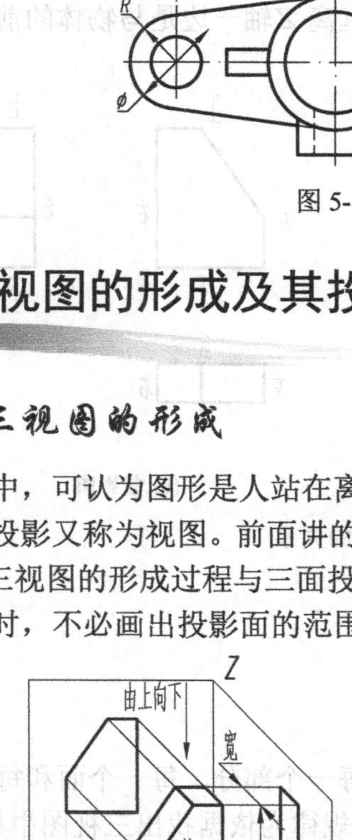


(a) 直观图

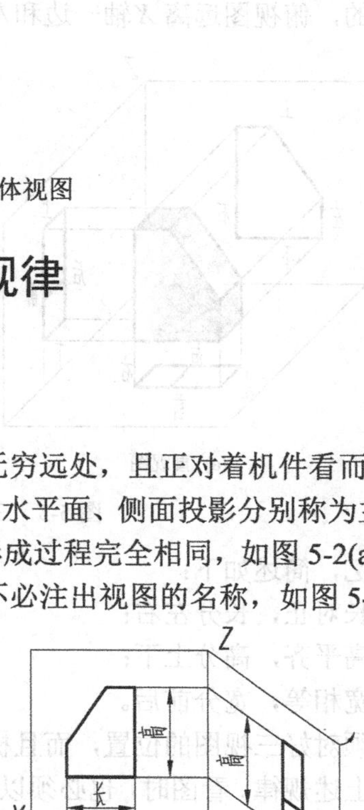


(b) 投影面展开

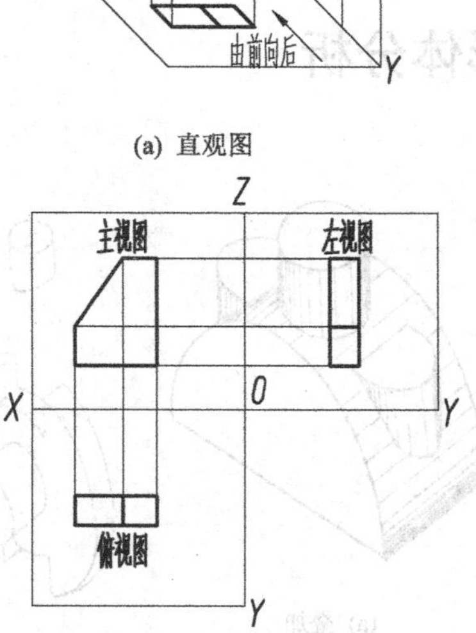


(c) 三视图名称

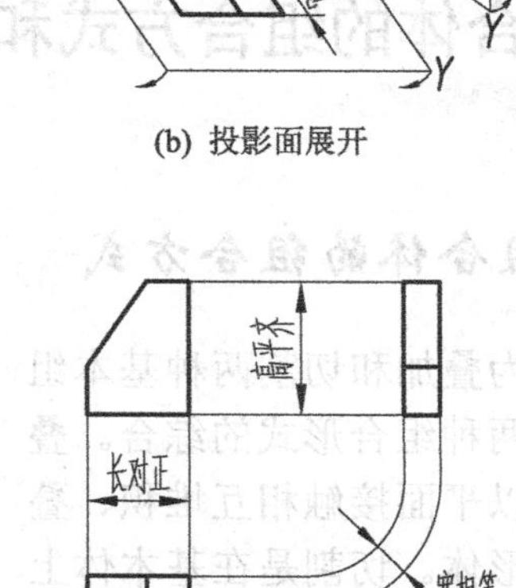


(d) 三视图投影规律

图 5-2　三视图的形成

### 5.1.2 三视图的投影规律

图 5-3 中的三视图表达一个几何体。这三个视图不是孤立的，它们有着内在联系。根据三视图的形成过程可以看出：

（1）主视图与俯视图在 X 方向长度相等，这两个视图的左右与物体的左右是对应的。

（2）主视图与左视图在 Z 方向高度相等，这两个视图的上下与物体的上下是对应的。

（3）俯视图与左视图在 Y 方向宽度相等，俯视图靠近 X 轴一边和左视图靠近 Z 轴一边是与物体后面相对应的，俯视图远离 X 轴一边和左视图远离 Z 轴一边是与物体的前面相对应的。

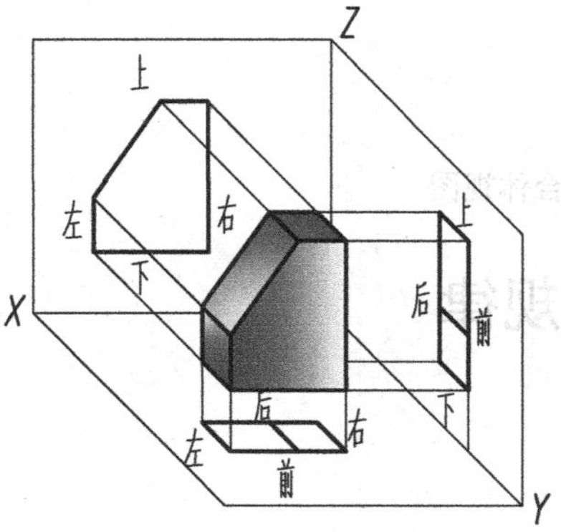


(a) 直观图

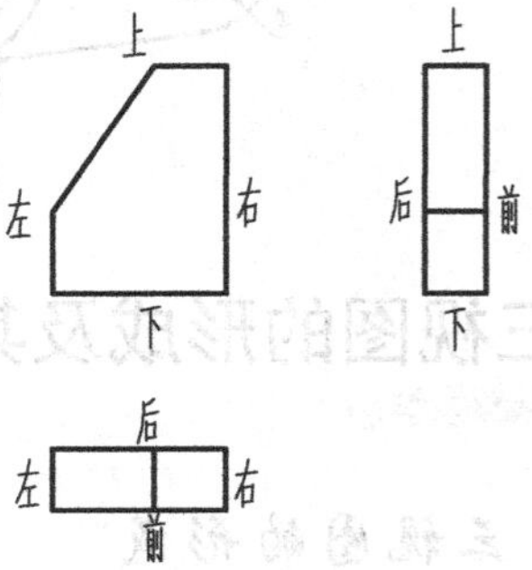


(b) 投影图

图 5-3 三视图间的关系

为了便于记忆，简述如下：

（1）主、俯长对正，长分左右；

（2）主、左高平齐，高分上下；

（3）俯、左宽相等，宽分前后。

画图时，必须对好三视图的位置，而且机件上每一个部分、每一个面和每一个点的三个投影也一定要符合上述规律。看图时，也必须以这三条规律为依据找出三视图中相应部分的关系，从而才能想出整个机件的原形。

## 5.2 组合体的组合方式和形体分析

### 5.2.1 组合体的组合方式

组合体可分为叠加和切割两种基本组合形式，或者是两种组合形式的综合。叠加是将各基本体以平面接触相互堆积、叠加后形成的组合形体。切割是在基本体上进行切块、挖槽、穿孔等挖切后形成的组合体。组合体经常是叠加和切割两种形式的综合，如图 5-4 所示。

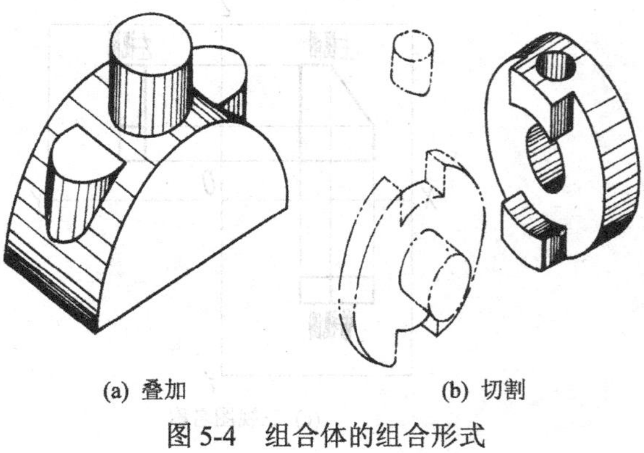

(a) 叠加　(b) 切割

图 5-4 组合体的组合形式

## 5.2.2　组合体相邻表面的邻接关系及其画法

组合体在其两种基本体的组合形式中，相邻表面的邻接关系可分为四种。现分述如下：

（1）相错　如图 5-5 所示，该组合体可分解为底板和拱形柱体两部分。两个形体的前端面和左右表面都是互相错开的，拱形柱体的底面与底板的顶面连接在一起（共面），这时两个形体的连接处应有线分开。

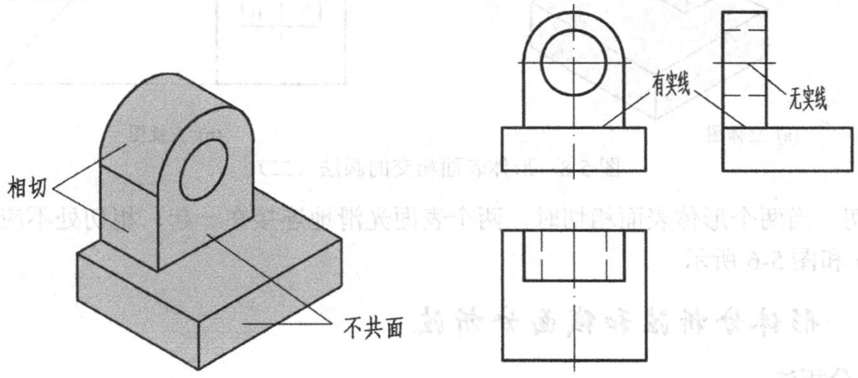


(a) 立体图　　(b) 三视图

图 5-5　相错和相切的画法

（2）对齐　如图 5-6 所示，该形体上下两部分的宽度相等，两者前后端面是对齐的，位于同一平面上。因此，在此端面连接处就不应该再画线隔开（见主视图）。

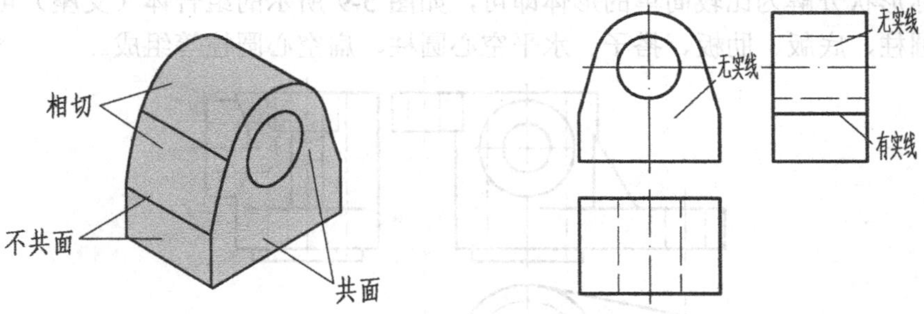


(a) 立体图　　(b) 三视图

图 5-6　对齐和相切的画法

（3）相交　当两个形体的表面相交时，在相交处应画出交线，如图 5-7 和图 5-8 所示。

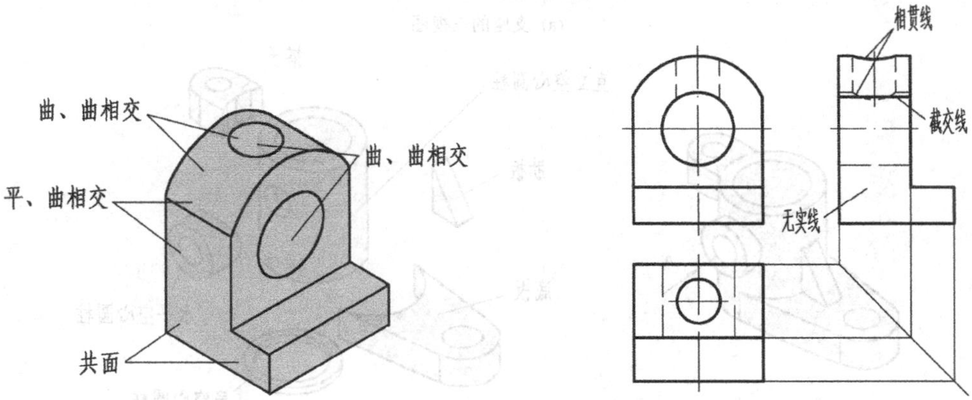


(a) 立体图　　(b) 三视图

图 5-7　形体表面相交的画法（一）

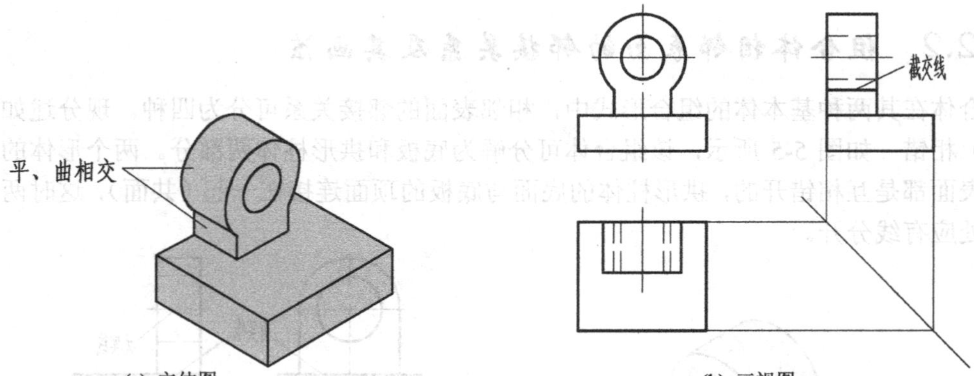


(a) 立体图 (b) 三视图

图 5-8 形体表面相交的画法（二）

（4）相切 当两个形体表面相切时，两个表面光滑地连接在一起，相切处不应该画出轮廓线，如图 5-5 和图 5-6 所示。

### 5.2.3 形体分析法和线面分析法

#### 1．形体分析法

形体分析法是假想把组合体分解为若干个基本形体，并确定形体间的组合形式及其相互位置，以便于画图、看图和标注尺寸的方法。

形体分析法是画、读组合体视图及标注尺寸的最基本方法之一。在对组合体进行形体分析时，根据实际形状分解为比较简单的形体即可，如图 5-9 所示的组合体（支座）可假想分解为由直立空心圆柱、底版、肋板、搭子、水平空心圆柱、扁空心圆柱等组成。

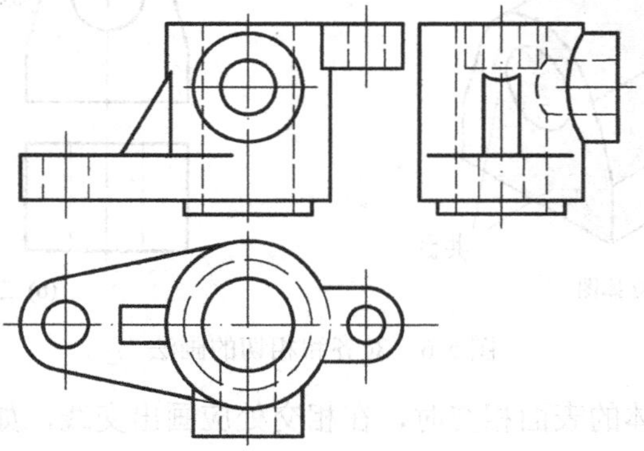

(a) 支座的三视图

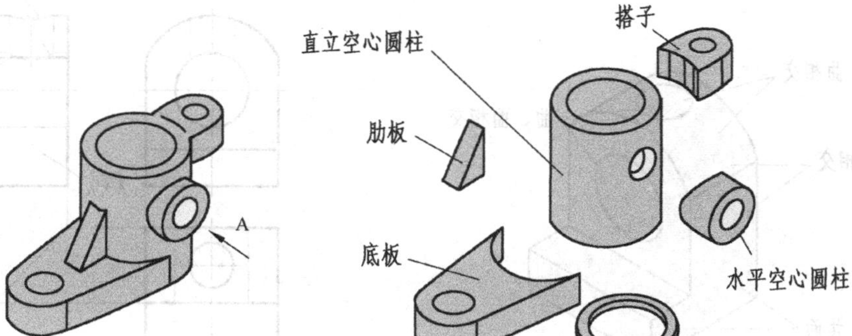


(b) 支座的立体图 (c) 支座的分解

图 5-9 形体分析法

可以看出肋板的底面与底板的顶面相接，扁空心圆柱的顶面和直立空心圆柱的底面分别与底板的底、顶面相接，底板的顶面与直立空心圆柱垂直相截，肋板和搭子的侧面与直立空心圆柱相交，底板的前后侧面与直立空心圆柱相切，水平空心圆柱与直立空心圆柱垂直相交，且两空心贯通，但其整体在三个方向上都不具有对称面。

**2．线面分析法**

线面分析法就是利用前面所学的线、面投影规律，分析组合体表面形状及表面间相对位置的方法。如图 5-10 所示的物体，可看成是平面立体被挖切而形成的。画阴影部分为铅垂面，它的水平投影积聚成线，正面投影与侧面投影是类似多边（六边）形。画图时可注出六边形的各个顶点，利用面上求点的方法准确地画出六边形的各投影。线面分析法也是画、读组合体三视图的重要方法。

如图 5-11、图 5-12 所示，分别给出了立体上正垂面和一般位置平面的投影情况。从图中可以看出，一个 $N$ 边形的平面图形，它的非积聚性投影必然是 $N$ 边形。这就为我们检查画图与读图的正确与否提供了一种简便的依据。如图 5-11 所示，俯视图若画成如图 5-13 所示的形式，则形体上的正垂面的水平投影与侧面投影不成为类似形，对照物体检查，就会发现图 5-13 中的俯视图画法是错误的。

一般来说，画组合体三视图是以形体分析法为主，对于局部难以表达处，可结合线面分析法帮助弄懂这些局部形状。

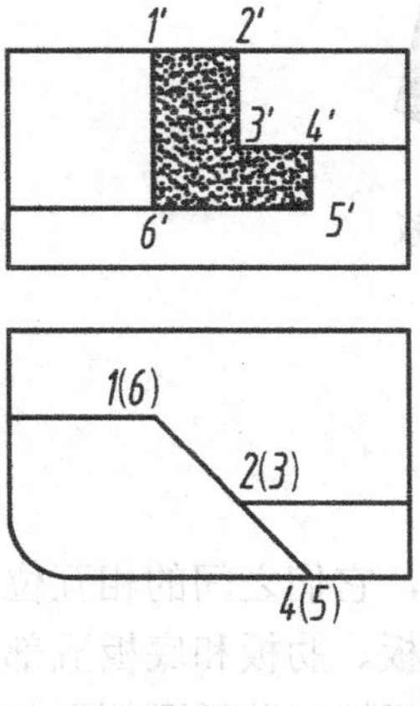


图 5-10　线面分析法（一）

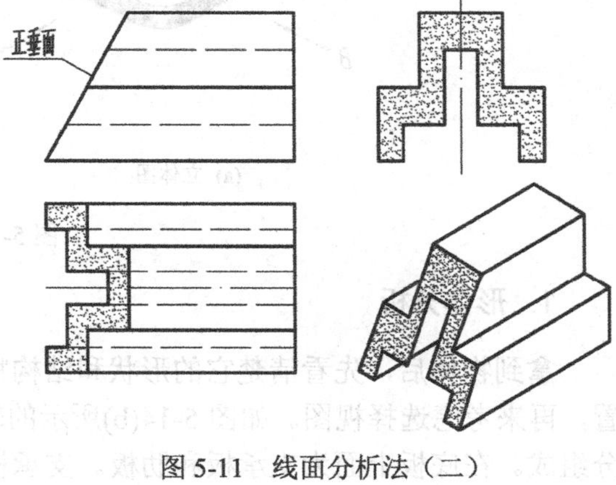


图 5-11　线面分析法（二）

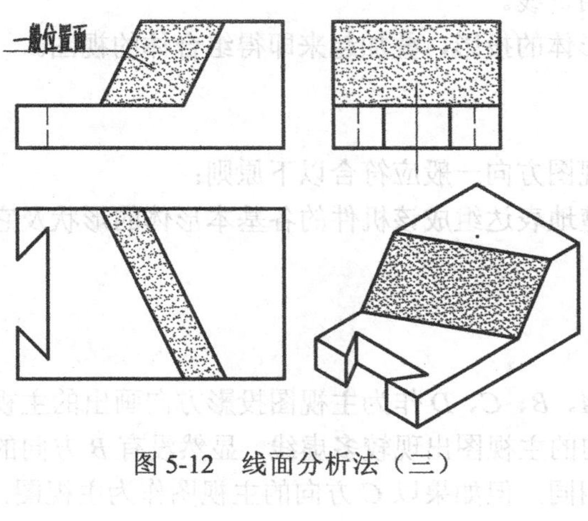


图 5-12　线面分析法（三）

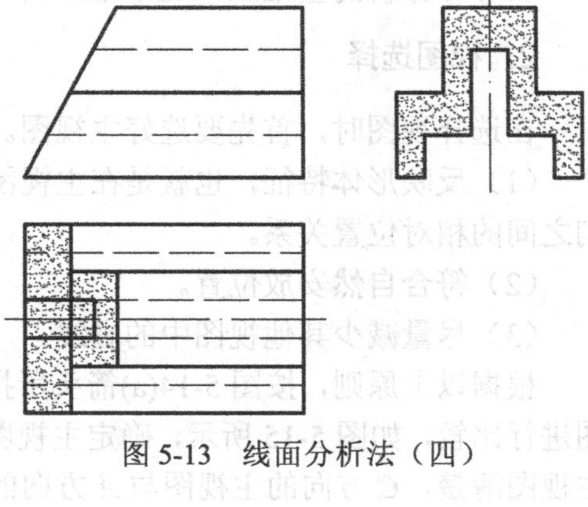

图 5-13　线面分析法（四）

# 5.3 画组合体三视图的方法和步骤

## 5.3.1 画组合体三视图的方法

画图之前，首先应对组合体进行形体分析，分析组合体是由哪些基本体叠加或挖切组合而成的，亦或是这两种方式的组合。分析各基本体的形状及它们的相互位置关系，以及相邻两个基本体邻接表面的邻接关系，然后再来考虑视图的选择。

## 5.3.2 画组合体三视图的步骤

下面以如图 5-14(a)所示的组合体为例，介绍画组合体三视图步骤。

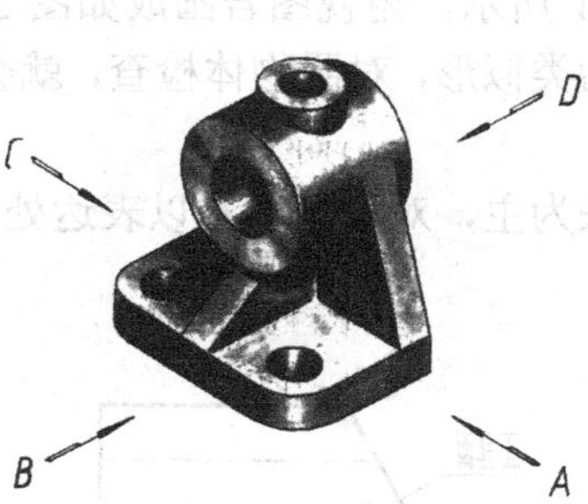

(a) 立体图

(b) 形体分析

图 5-14　轴承座

### 1. 形体分析

拿到物体后，先看清楚它的形状和结构特点，是由哪几个基本体组成，它们之间的相互位置，再来考虑选择视图。如图 5-14(b)所示的轴承座是由凸台、轴承、支承板、肋板和底板五部分组成。在底板上面为支承板和肋板。支承板的左右两侧与轴承的外表面相切，肋板两侧面与轴承的外表面相交有截交线，凸台与轴承相交有相贯线。

在形体分析的基础上，逐个地画出每个基本形体的投影，叠加起来即得组合体的视图。

### 2. 视图选择

在选择视图时，首先要选好主视图。确定主视图方向一般应符合以下原则：

（1）反映形体特征，也就是在主视图上能清楚地表达组成该机件的各基本形体的形状及它们之间的相对位置关系。

（2）符合自然安放位置。

（3）尽量减少其他视图中的虚线。

根据以上原则，按图 5-14(a)箭头所指的方向 *A*、*B*、*C*、*D* 作为主视图投影方向画出的主视图进行比较，如图 5-15 所示，确定主视图。*D* 方向的主视图出现较多虚线，显然没有 *B* 方向的主视图清楚，*C* 方向的主视图与 *A* 方向的主视图相同，但如果以 *C* 方向的主视图作为主视图，则左视图上会出现较多虚线，所以不如 *A* 方向的主视图好。再以 *B* 方向的主视图与 *A* 方向的主视图进行比较，对反映各部分的形状特征和相对位置来说，虽各有优缺点，但都比较好，均可选择作为主视图。这里选 *B* 向视图作为主视图。

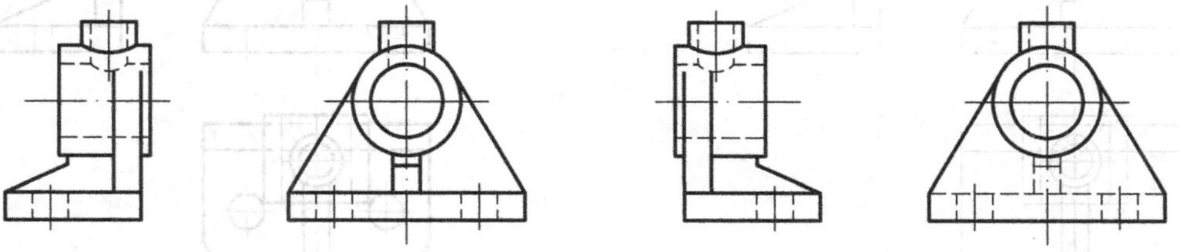

(a) *A* 向　(b) *B* 向　(c) *C* 向　(d) *D* 向

图 5-15　分析主视图的投影方向

主视图选定后，根据组合体结构的复杂程度再确定其他视图。确定其他视图的原则是在完整、清晰地表达组合体各部分形状和相互位置的前提下，力求制图简便，视图数量较少。为了表达轴承座的整体结构形状，除了主视图外，还需要增加俯视图和左视图。

**3．画图**

（1）选比例、定图幅　视图确定以后，便要根据物体的大小选定作图比例，根据组合体的长、宽、高计算出三视图所占面积，并在视图之间留出标注尺寸的位置和适当的间距，据此选用合适的标准图幅。

（2）布图、画基准线　图纸固定后，根据各视图的大小和位置，画出基准线。基准线是指画图时测量尺寸的基准，每个视图需要确定两个方向的基准线。通常用对称中心线、轴线和较大端面作为基准线，如图 5-16(a)所示。

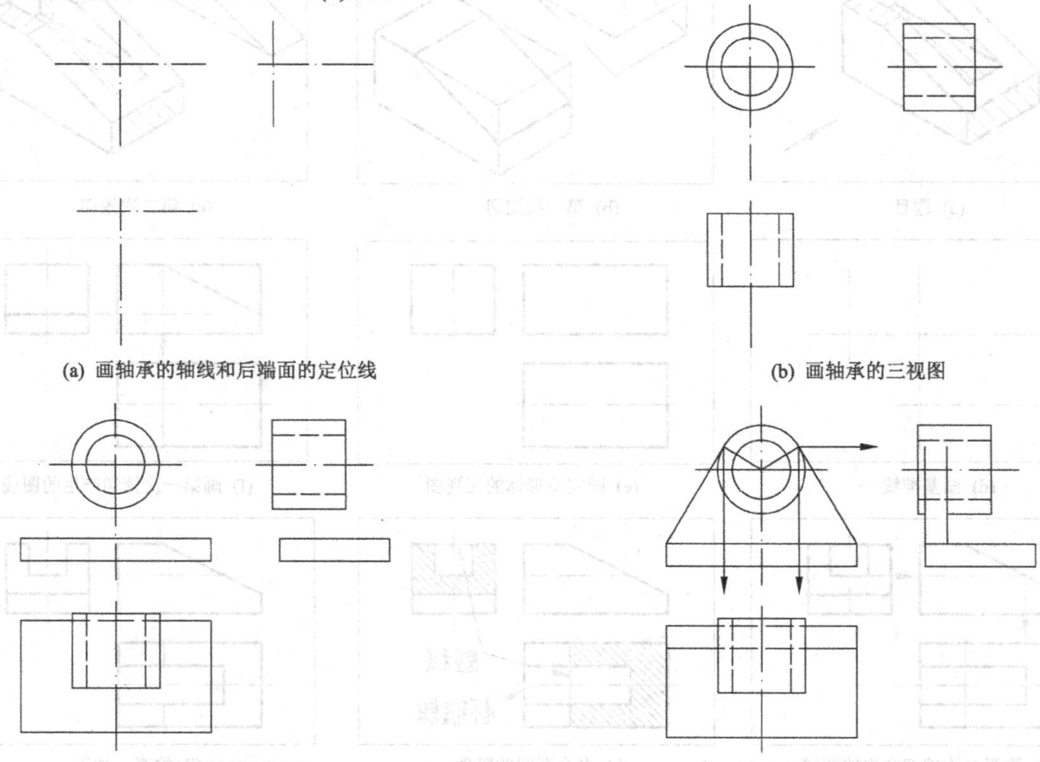

(a) 画轴承的轴线和后端面的定位线　(b) 画轴承的三视图

(c) 画底板的三视图　(d) 画支承板的三视图

图 5-16　轴承座三视图的作图过程

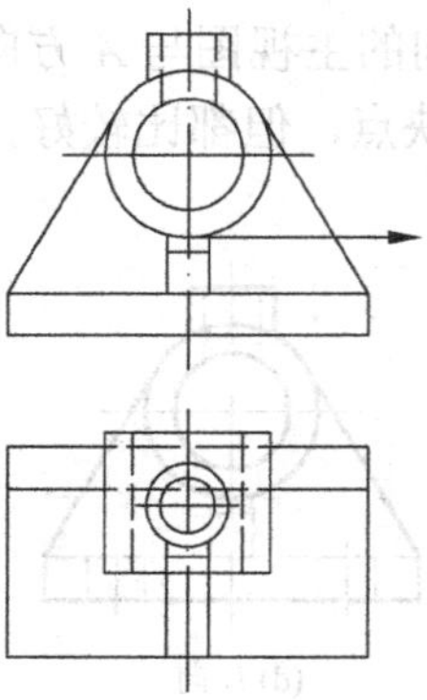

(e) 画凸台与肋板的三视图

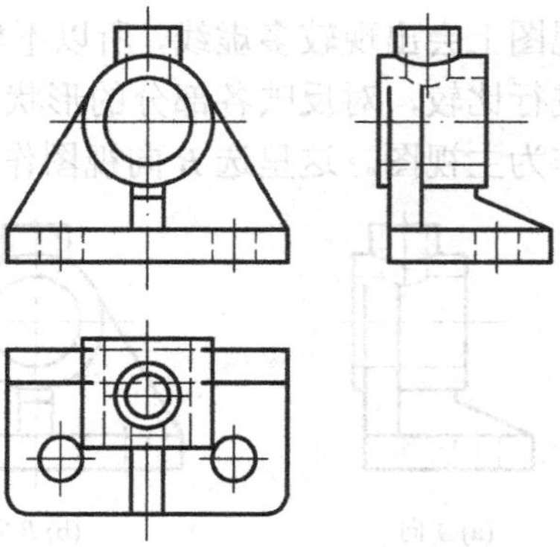

(f) 画底板上的圆角和圆柱孔，校核，加深

图 5-16　轴承座三视图的作图过程（续）

（3）逐个画出各形体的三视图　画形体的顺序：一般先实（实形体）后空（挖去的形体）；先大（大形体）后小（小形体）；先画轮廓，后画细节。同时要注意三个视图配合画。从反映形体特征最明显的视图画起，再按投影规律画出其他两个视图，如图 5-16(b)～(f)所示。

（4）检查底稿、描深

轴承座的组合形式，基本上可以看成是堆积形成的。下面以如图 5-17(a)所示形体为例，说明以挖切形成的组合体的画图过程。

形体分析如图 5-17(b)、(c)所示。

画图过程如图 5-17(d)～(i)所示。

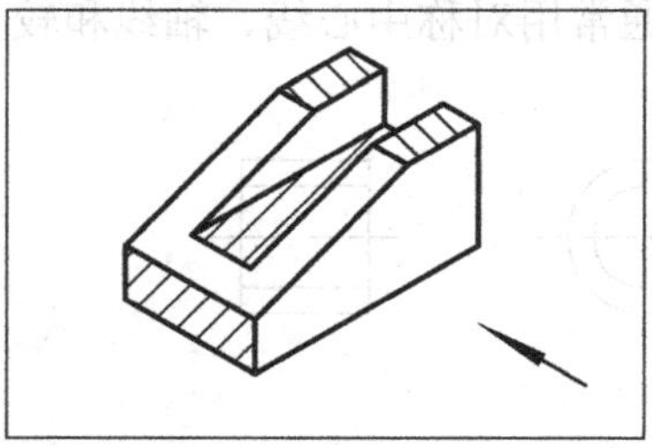

(a) 题目

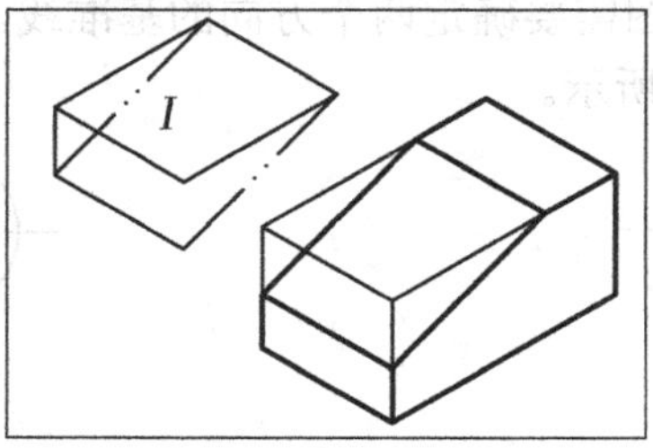


(b) 第一次挖切

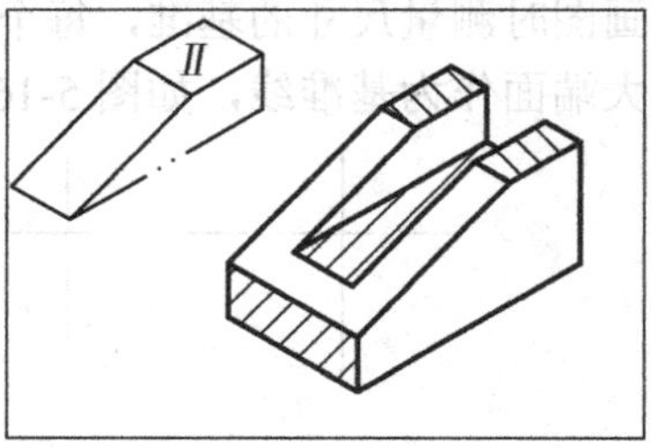


(c) 第二次挖切

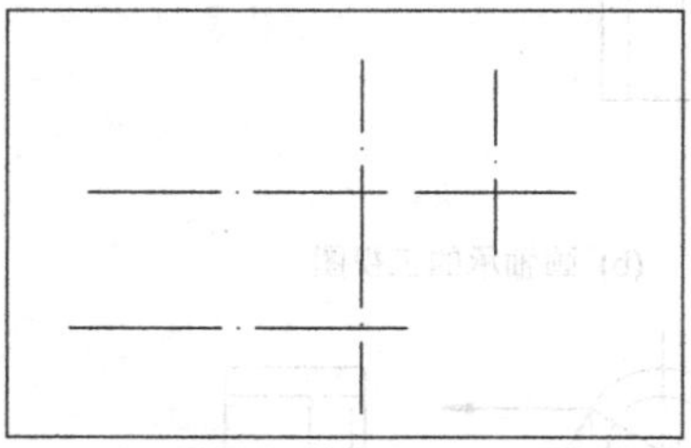

(d) 画基准线

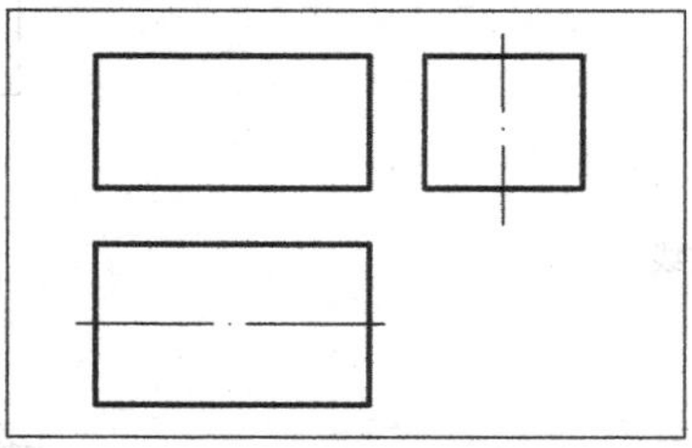

(e) 画完整形体的三视图

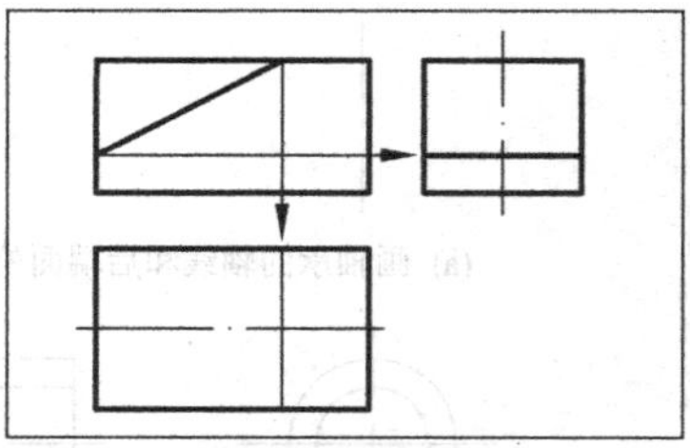

(f) 画第一次挖切产生的图线

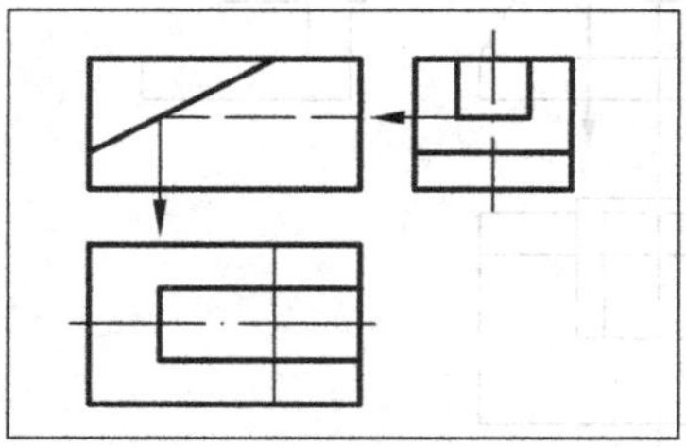

(g) 画第二次挖切产生的图线

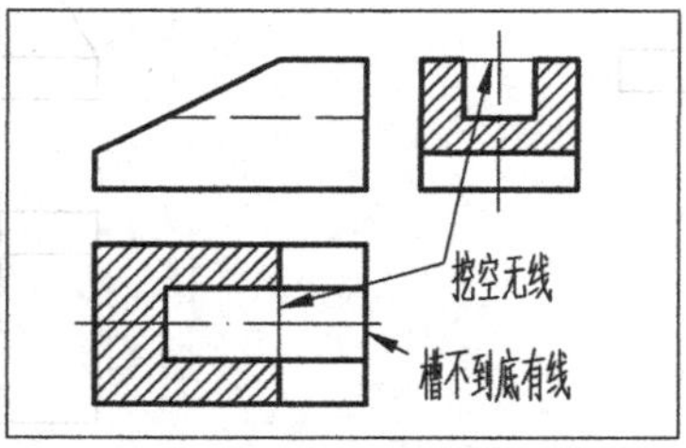


(h) 多余图线的整理

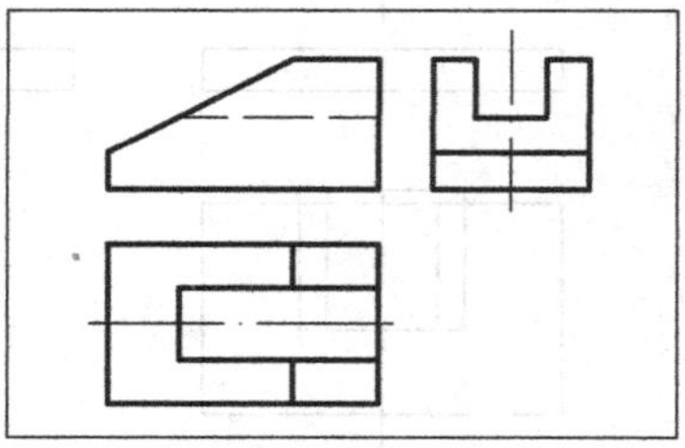

(i) 检查、加深

图 5-17　挖切形成的组合体三视图的画法

# 5.4 读组合体的视图

读图是画图的逆过程。画图是把空间的组合体用正投影法表示在图纸上，而读图则是根据已有的视图，运用投影规律，想象出组合体的空间形状。要想能正确、迅速地读懂视图，必须掌握读图的基本要领和基本方法，培养空间想象能力和构思能力，通过不断练习，逐步提高读图能力。

## 5.4.1 读图的基本要领

### 1. 将各已知视图联系起来看

因为组合体的一个视图不能唯一确定其形状，如图 5-18 所示。有时两个视图也不能唯一确定其形状，如图 5-19 所示。所以，看图时应将已知的视图联系起来看。

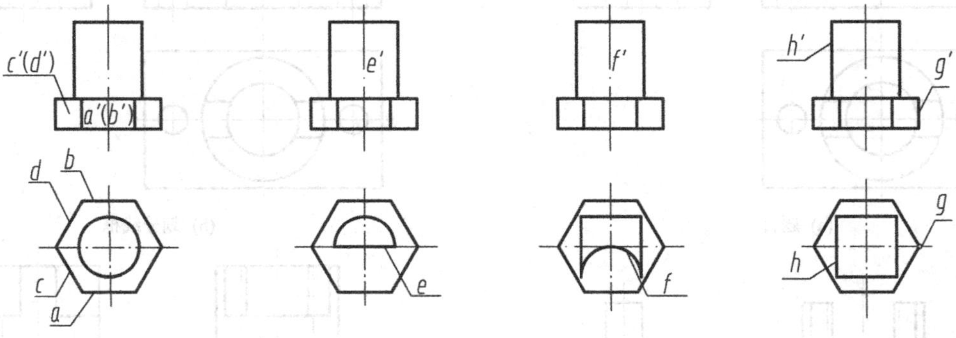


图 5-18 一个视图不能唯一确定组合体形状

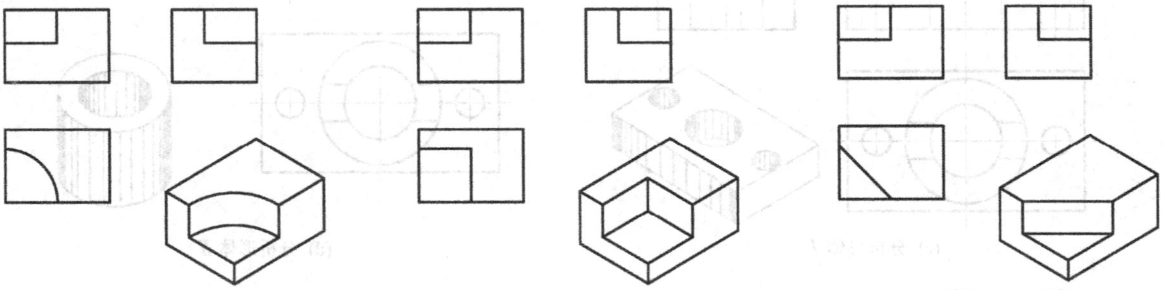

图 5-19 两个视图也不能唯一确定组合体形状

### 2. 明确视图中线段、封闭线框的含义

视图中的线段、封闭线框可具有如下含义（实例可从图 5-18 中自行分析）。

投影图中每一条线段可以是下列三种情况之一：

（1）两个表面的交线；

（2）特殊位置面（平面或曲面）的积聚投影；

（3）回转曲面的投影轮廓线。

每一个封闭线框可以是下列三种情况之一：

（1）一个面（平面或曲面）的投影（封闭线框）；

（2）孔洞的投影（封闭线框）；

（3）相切表面的投影（表示为封闭线框或含有不封闭线框）。

任何两个相邻的封闭线框，必是组合体上两个不同表面的投影，在位置上分成前后、左右或上下两部分。

## 5.4.2 读组合体视图的方法

形体分析法与线面分析法是读图的基本方法。这两种方法并不是孤立进行的。实际读图时常常是综合运用、互相补充、相辅相成的。下面以阅读图 5-20(a)所示的组合体视图为例，说明读图的一般步骤。

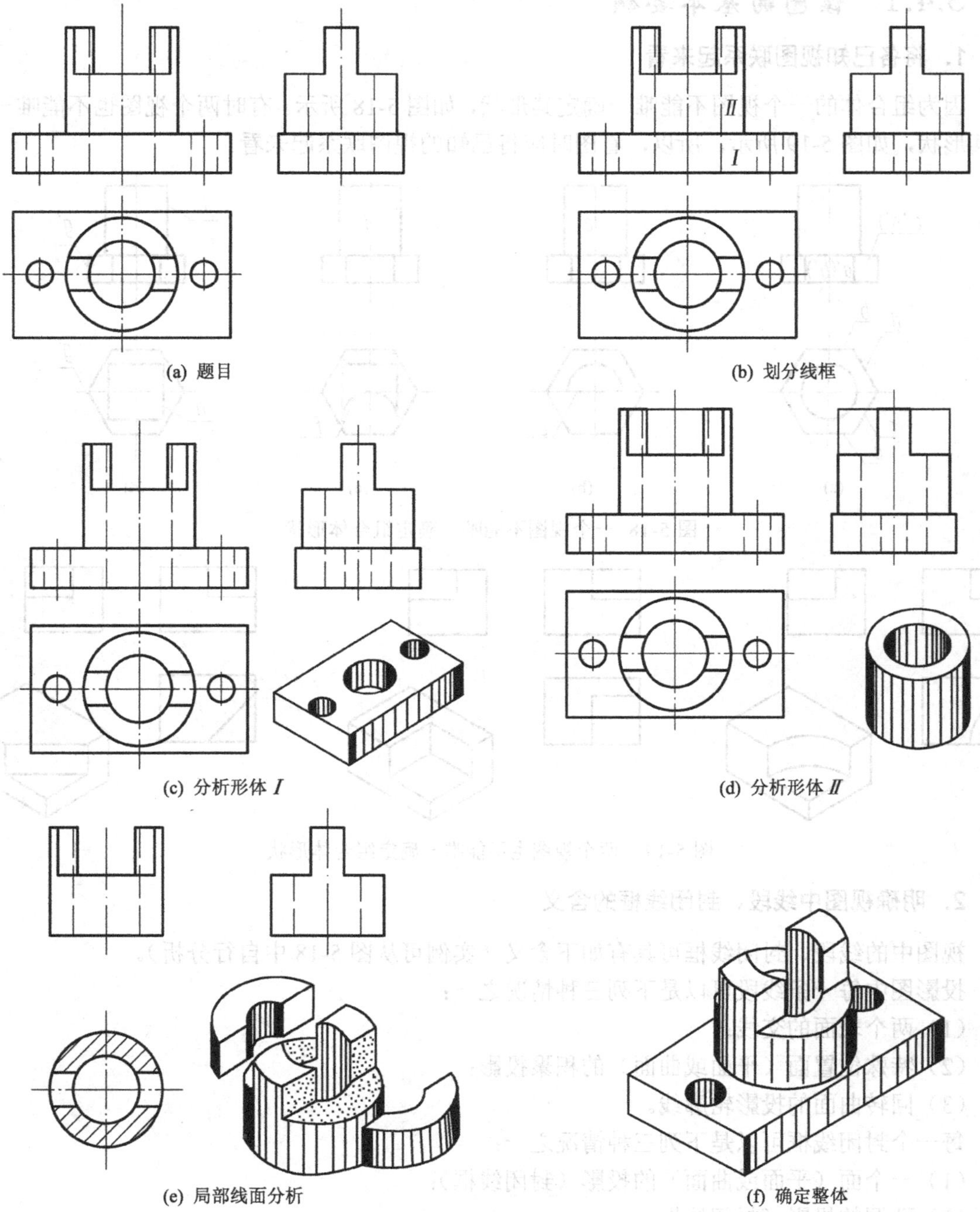


(a) 题目　(b) 划分线框　(c) 分析形体 Ⅰ　(d) 分析形体 Ⅱ　(e) 局部线面分析　(f) 确定整体

图 5-20　读图的步骤

**1．分部分，划线框，对投影**

一般从反映形体特征的主视图入手，按照三视图投影规律，几个视图联系起来看，把组合体分为几个部分。如图 5-20(b)所示，图中分为 *I*、*II*两部分。按照“长对正、高平齐、宽相等”的关系，找到两部分在三视图中的对应线框。

**2．识形体，定位置**

分析形体 *I* 的三视图，不难看出，它是带三个不同直径小孔的长方板。从形体 *II*的三视图中可分析出它是一个不完整的空心圆柱，复原后如图 5-20(d)轴测图所示。这两部分形体的相对位置是：形体 *II*居中叠加在形体 *I* 上，且形体 *I* 中长方体板上中间位置的小孔，与形体 *II*中空心圆柱内孔的直径相等（为一个穿通形体的通孔），如图 5-20(c)、(d)所示。

**3．深入分析，弄懂细节**

此三视图难懂之处为空心圆柱的上半部分，如图 5-20(e)所示。要想弄懂这部分必须进行较详细的线面分析。从图 5-20(e)中的主视图看，上半部分有两个对称的粗实线线框，俯视图上有两个扇形线框（图中画点处）与之对应。利用投影规律，对此两组线框进行线面分析，可知两线框表示的为空心圆柱被两个正平面与两个水平面截切所产生的截交线，如图 5-20(e)所示的轴测图。

**4．综合起来，想出整体**

综合上述分析可想出该三视图所表达的组合体的形状，如图 5-20(f)所示的轴测图。

组合体为基本形体组合而成。基本形体的投影特点、形体上各种位置线与面的投影规律是读图的基本依据。读懂基本形体的视图是读懂组合体视图的基础。

## 5.4.3　读组合体视图的综合训练

**【例 5-1】** 看懂图 5-21 给出的主、俯视图，想象出空间形状，并补画出左视图。

**分析：**此例是看图和画图的综合。首先按看图步骤想象出组合体的空间形状，再按画图步骤，根据各形体的形状和相邻表面间的位置关系，按照三视图投影规律，逐个画出形体的左视图，经检查后描深，最后再全面检查。

**作图步骤：**

（1）分线框，对照投影关系。按主视图中的线框分成四部分，如图 5-21(b)所示。

（2）识形体，定位置。如图 5-21(c)～(e)所示。

（3）综合起来想整体。将如图 5-21(i)所示形体和如图 5-21(a)所示图形相对照，验证所构思形体是否正确。

（4）补画左视图。如图 5-21(f)～(h)所示。

（5）检查，描深，最后再全面检查。如图 5-21(j)～(k)所示。

**【例 5-2】** 根据图 5-22(a)给定的主、左视图，想象出组合体的空间形状，并补画出俯视图。

**分析：**由给定的主、左视图可以看出，该组合体是由基本形体挖切得来的。在想象组合体的空间形状、补画俯视图时，主要要用到线面分析法，分析视图中的线段、线框代表的含义。

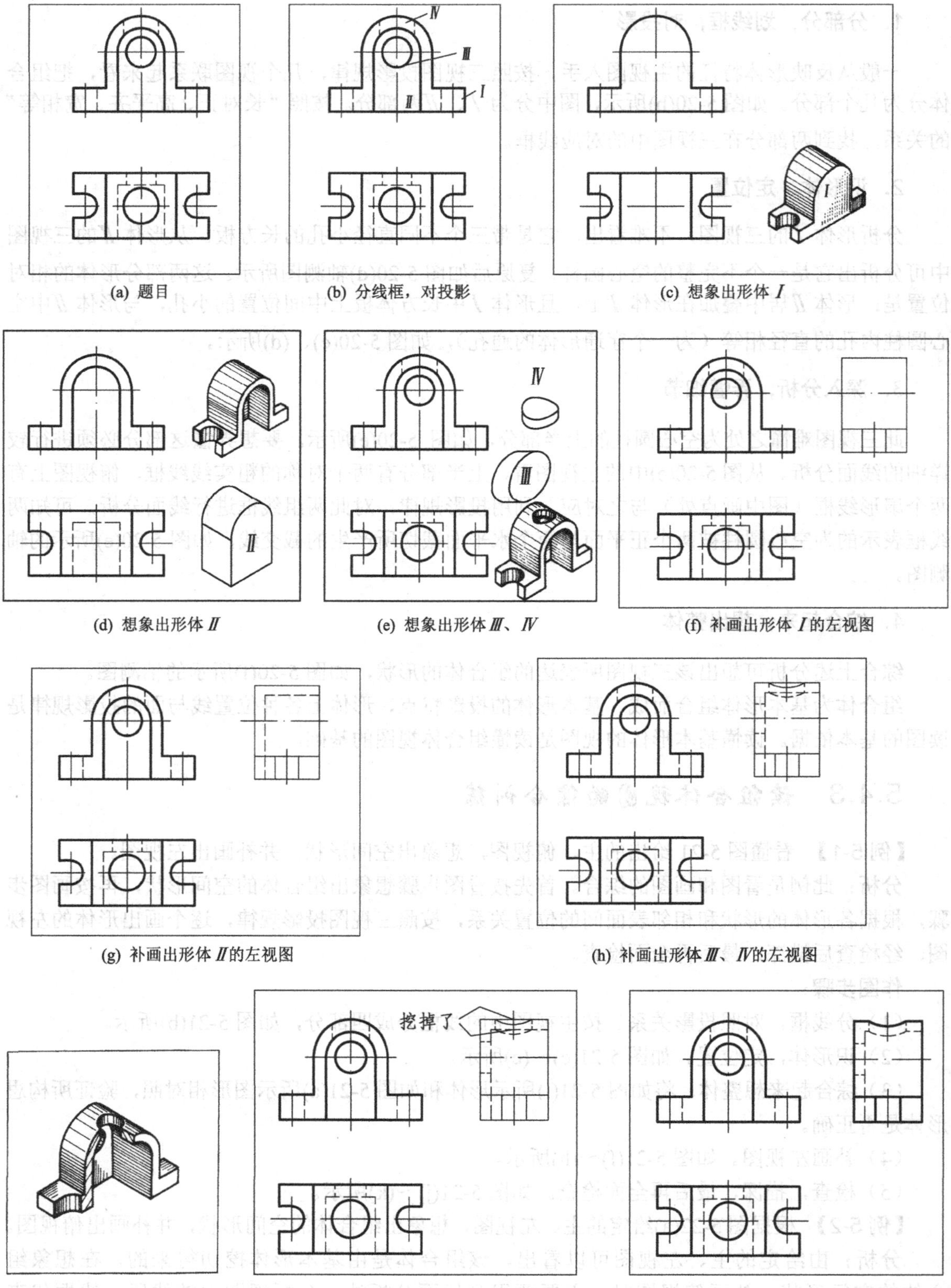


(a) 题目　(b) 分线框，对投影　(c) 想象出形体Ⅰ

(d) 想象出形体Ⅱ　(e) 想象出形体Ⅲ、Ⅳ　(f) 补画出形体Ⅰ的左视图

(g) 补画出形体Ⅱ的左视图　(h) 补画出形体Ⅲ、Ⅳ的左视图

(i) 综合起来想出整体　(j) 检查　(k) 加深

图 5-21　看懂组合体已给视图，补画左视图

**作图步骤：**

（1）分线框，对照投影关系。根据图 5-22(a)所示主视图只有一个封闭线框，可能是图示形状的十二棱柱体，对照投影关系从左视图可知，该十二棱柱的前、后端面被两个侧垂面 *P* 各切去一块，如图 5-22(b)所示。

（2）识形体，定位置。由步骤（1）已可清楚地想象出组合体的空间形状。但要正确无误地画出组合体的俯视图，就要运用线面分析法。该组合体除水平面 *C*、*A*、*D*、*E* 和四个侧平面外，还有两个侧垂面 *P* 和两个正垂面 *B*。前、后端面的侧垂面 *P* 是十二边形。由类似性可知其正面投影和水平投影也应是十二边形。根据 *P* 面的正面投影和侧面投影可求得水平投影。四个不同高度的水平面 *C*、*A*、*D*、*E* 与正垂面 *B*、侧垂面 *P* 和侧平面的交线都是投影面垂直线，所以这些水平面的形状都是矩形，其边长由正面投影和侧面投影确定。

（3）画出俯视图。按步骤（2）分析的结果，先画出水平面 *C*、*A*、*D*、*E* 各面的水平投影，如图 5-22(c)所示，再补全正垂面 *B* 和侧垂面 *P* 的水平投影，如图 5-22(d)所示。实际上，图 5-22(d)中所补画的四条一般位置直线正是侧垂面 *P* 和正垂面 *B* 的四条交线。

（4）用类似性检查 *P* 面投影。对照图 5-22(e)中 *P* 平面的三个投影符合投影规律，*P* 平面无积聚性的正面投影和水平投影都是十二边形，与想象的形体中 *P* 面具有类似性。

（5）描深、检查。

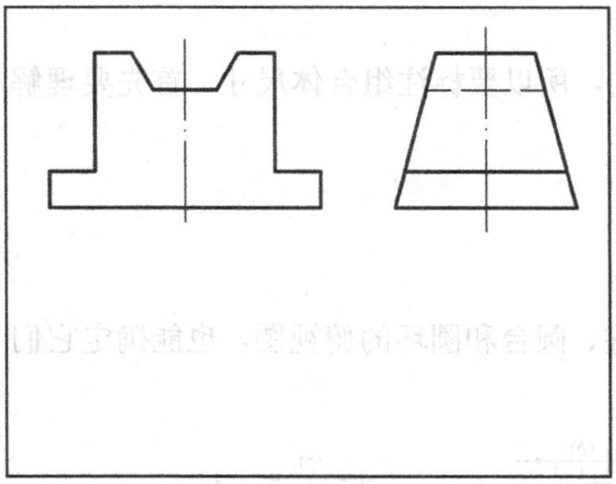

(a) 题目

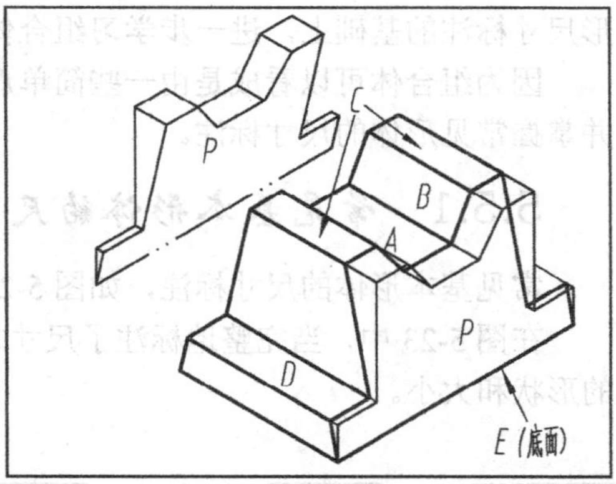


(b) 分析

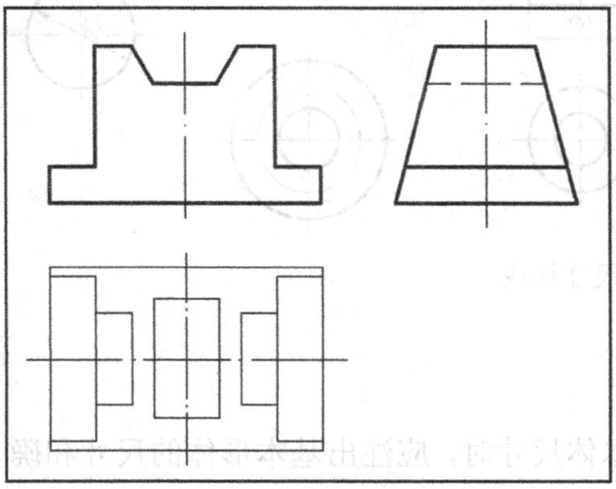

(c) 画水平面的俯视图

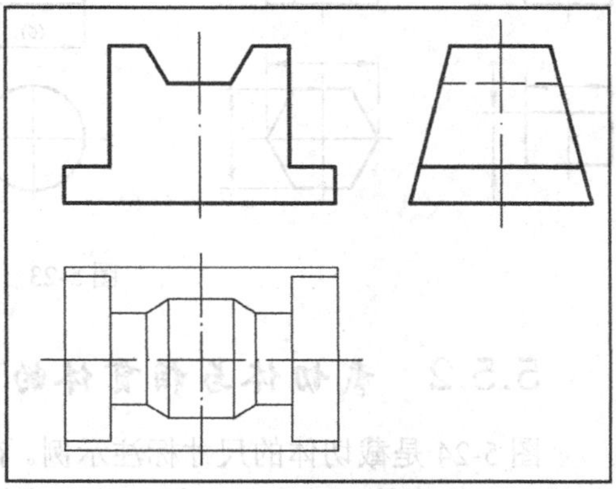

(d) 画正垂面的俯视图

图 5-22　看懂组合体已给视图，补画出俯视图

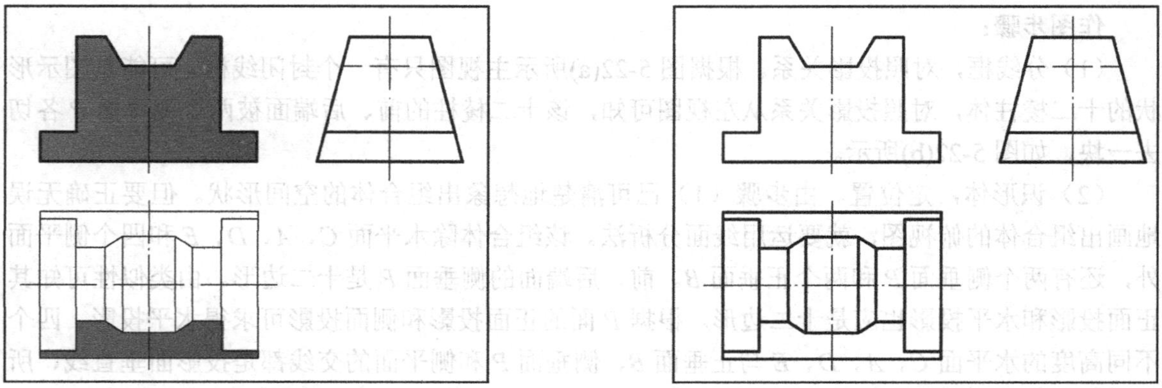

(e) 用类似性检查侧垂面的俯视图　　　　(f) 加深

图 5-22　看懂组合体已给视图，补画出俯视图（续）

## 5.5　组合体的尺寸标注

视图只反映机件的形状，而其大小要通过图上所注的尺寸确定。本节将在已经掌握平面图形尺寸标注的基础上，进一步学习组合体的尺寸标注。

因为组合体可以看成是由一些简单形体组合而成的，所以要标注组合体尺寸，首先要理解并掌握常见形体的尺寸标注。

### 5.5.1　常见基本形体的尺寸注法

常见基本形体的尺寸标注，如图 5-23 所示。

在图 5-23 中，当完整地标注了尺寸之后，不画圆柱、圆台和圆环的俯视图，也能确定它们的形状和大小。

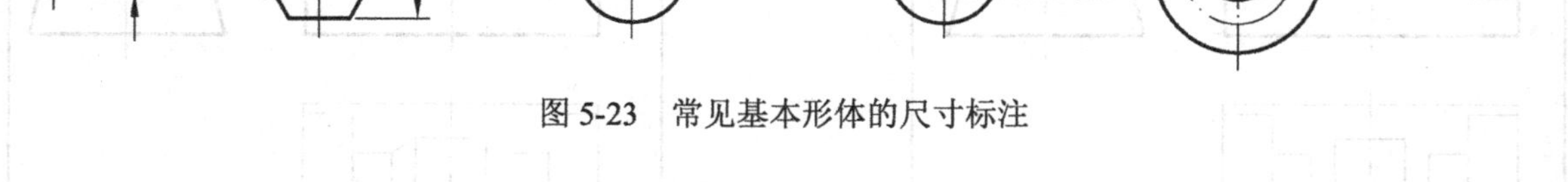


图 5-23　常见基本形体的尺寸标注

### 5.5.2　截切体与相贯体的尺寸注法

图 5-24 是截切体的尺寸标注示例。在标注这类基本体尺寸时，应注出基本形体的尺寸和确定截平面位置的尺寸，而不标注截交线的尺寸。

图 5-25 是相贯体的尺寸标注示例。在图中除了标注每个基本形体的定形尺寸外，还应该注出两相交立体的定位尺寸，而不在相贯线上标注尺寸。

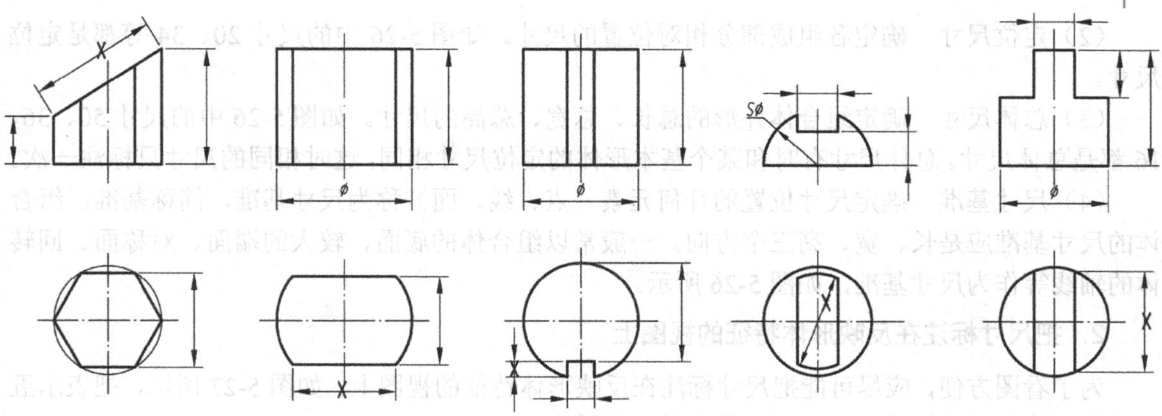


图 5-24　切割体的尺寸标注

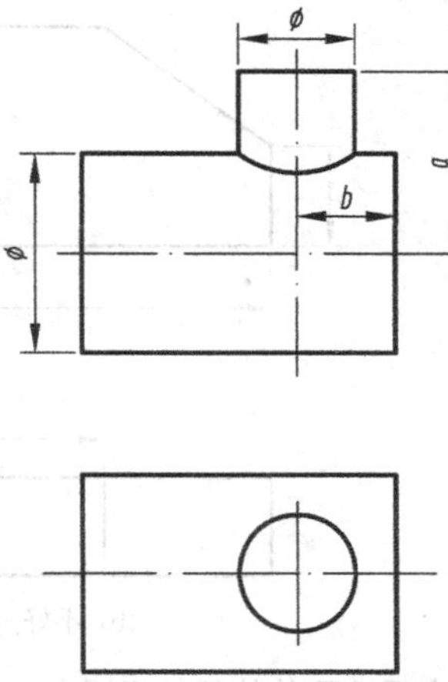


图 5-25　相贯体的尺寸标注

## 5.5.3　组合体尺寸标注的要求

标注组合体尺寸的基本要求是：正确、完整、清晰。所谓正确，是指标注的尺寸应符合《机械制图》国家标准中有关规定。所谓完整，是指标注的尺寸必须能完全确定组成组合体各部分的形状大小和相对位置，既不遗漏，也不要有重复。所谓清晰，是指尺寸布置要整齐、清楚，便于阅读。

### 1. 尺寸标注要完整

组合体尺寸标注要完整，必须包含组成组合体各基本形体的定形尺寸、定位尺寸和组合体的总体尺寸。

（1）定形尺寸　确定各组成部分形状及大小的尺寸。如图 5-26 中的尺寸 $\phi20$、$\phi12$、10、$R8$ 等都是定形尺寸。

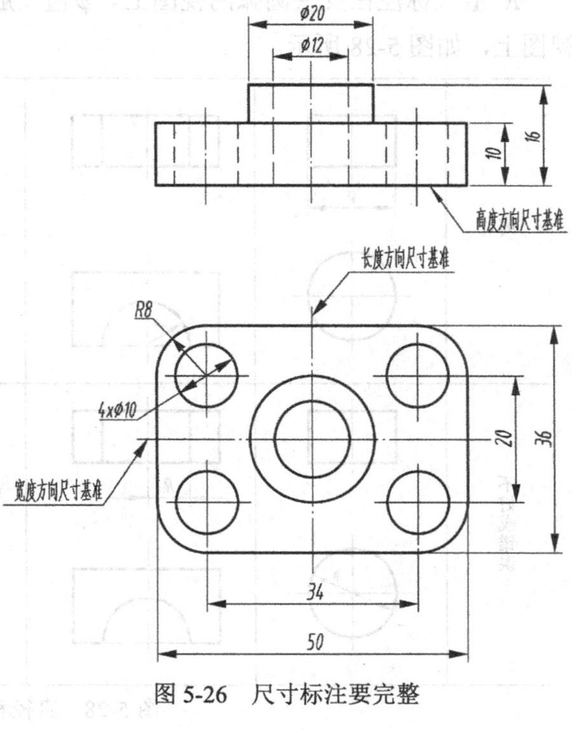


图 5-26　尺寸标注要完整

（2）定位尺寸　确定各组成部分相对位置的尺寸。如图 5-26 中的尺寸 20、34 等都是定位尺寸。

（3）总体尺寸　确定组合体外形的总长、总宽、总高的尺寸。如图 5-26 中的尺寸 50、36、16 都是总体尺寸。总体尺寸有时和某个基本形体的定位尺寸相同，这时相同的尺寸只标注一次。

（4）尺寸基准　确定尺寸位置的几何元素（点、线、面）称为尺寸基准，简称基准。组合体的尺寸基准应是长、宽、高三个方向。一般常以组合体的底面、较大的端面、对称面、回转体的轴线等作为尺寸基准，如图 5-26 所示。

**2．把尺寸标注在反映形体特征的视图上**

为了看图方便，应尽可能把尺寸标注在反映形体特征的视图上。如图 5-27 所示，把表示五棱柱的五边形尺寸标注在反映形体特征的主视图上。

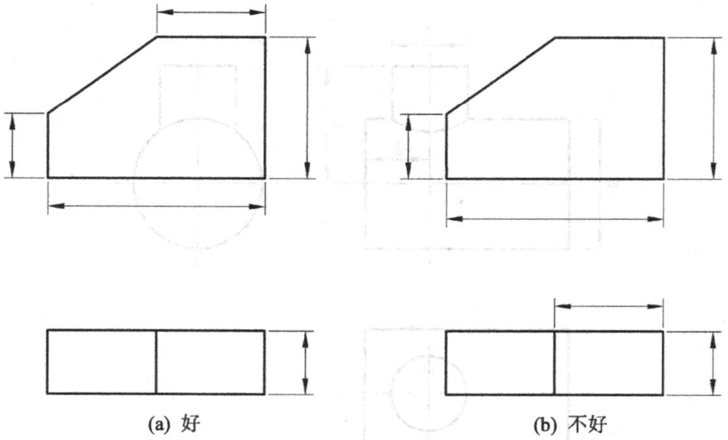


图 5-27　尺寸标注在反映形体特征的视图上

$R$ 值应标注在反映圆弧的视图上。$\phi$ 值一般标注在非圆的视图上，也可标注在反映圆弧的视图上，如图 5-28 所示。

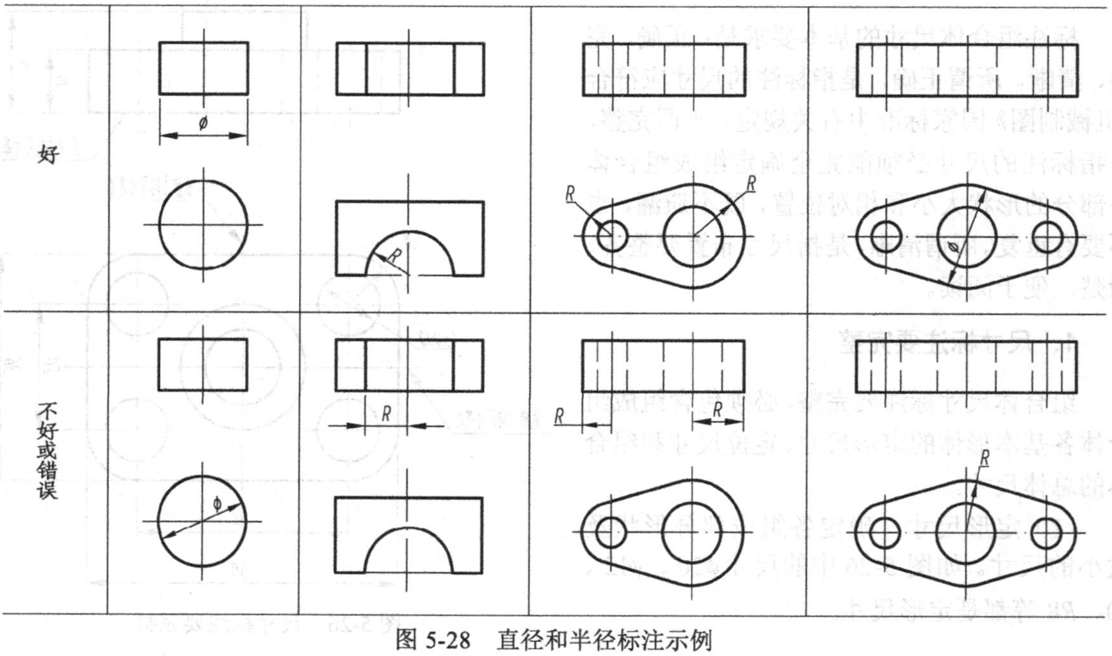


图 5-28　直径和半径标注示例

### 3．把有关联的尺寸尽量集中标注

为了看图方便，应把有关联的尺寸尽量集中标注，如图 5-29 所示。

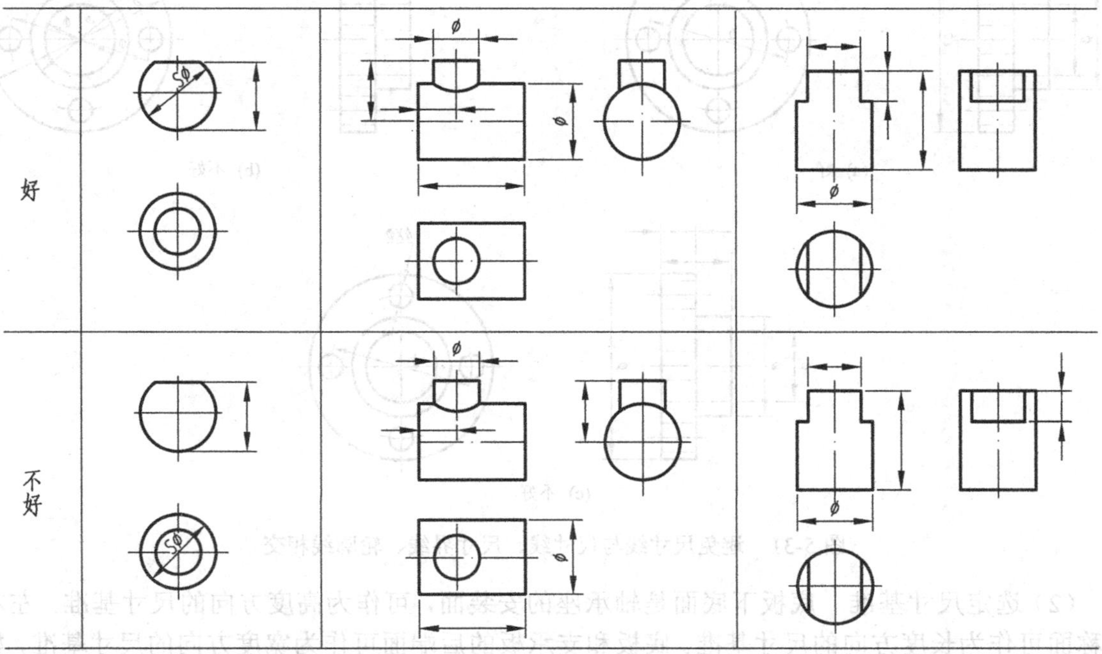


图 5-29　关联的尺寸尽量集中标注

### 4．尺寸排列整齐、清楚

尺寸尽量标注在两个相关视图之间，尽量标注在视图的外面。同一方向上连续标注的几个尺寸应尽量配置在少数几条线上，如图 5-30 所示。

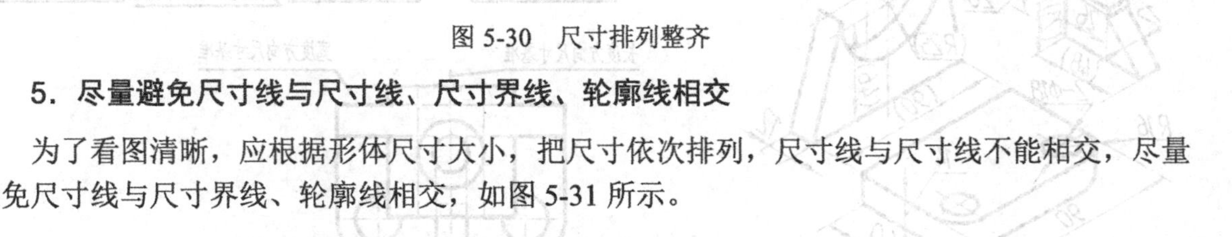

(a) 不好　　(b) 好　　(c) 好

图 5-30　尺寸排列整齐

### 5．尽量避免尺寸线与尺寸线、尺寸界线、轮廓线相交

为了看图清晰，应根据形体尺寸大小，把尺寸依次排列，尺寸线与尺寸线不能相交，尽量避免尺寸线与尺寸界线、轮廓线相交，如图 5-31 所示。

## 5.5.4　标注组合体尺寸的方法和步骤

现仍以轴承座为例，说明标注组合体尺寸的方法与步骤。

（1）进行形体分析　轴承座可以看成是由凸台、圆筒、支承板、肋板、底板五个基本部分组成，如图 5-14 所示。

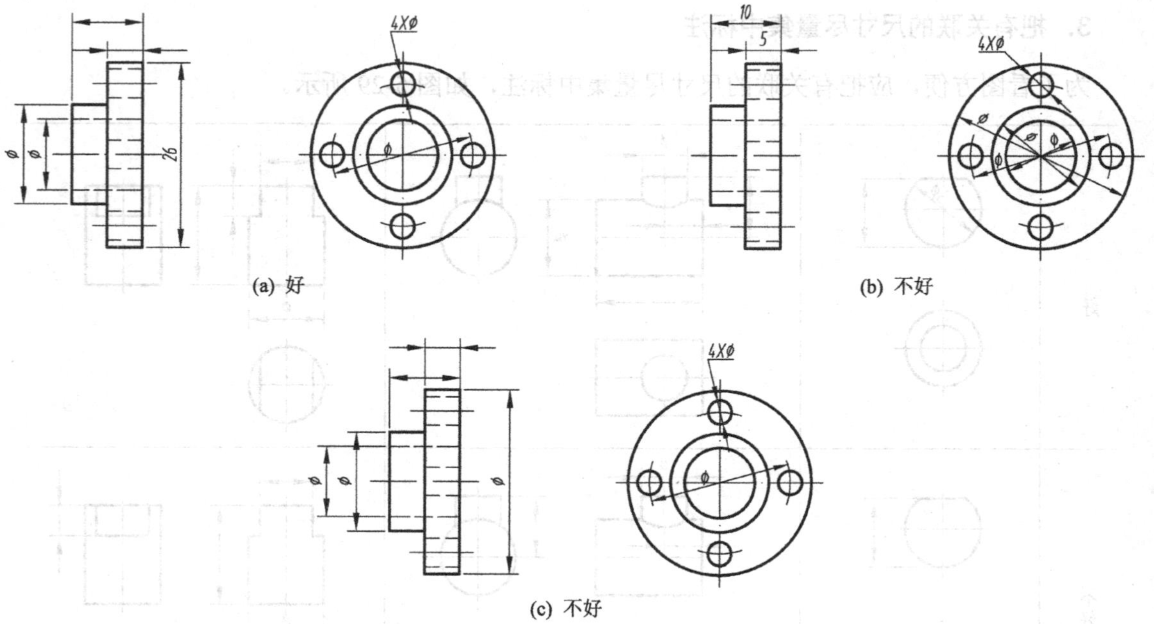


(a) 好　　(b) 不好　　(c) 不好

图 5-31　避免尺寸线与尺寸线、尺寸界线、轮廓线相交

（2）选定尺寸基准　底板下底面是轴承座的安装面，可作为高度方向的尺寸基准，左右对称面可作为长度方向的尺寸基准。底板和支承板的后端面可作为宽度方向的尺寸基准，如图 5-32(b)所示。选基准时，除各方向都有一个主要基准外，还允许有一个或几个辅助基准，但辅助基准必须依据适当的定位尺寸与主要基准相联系。

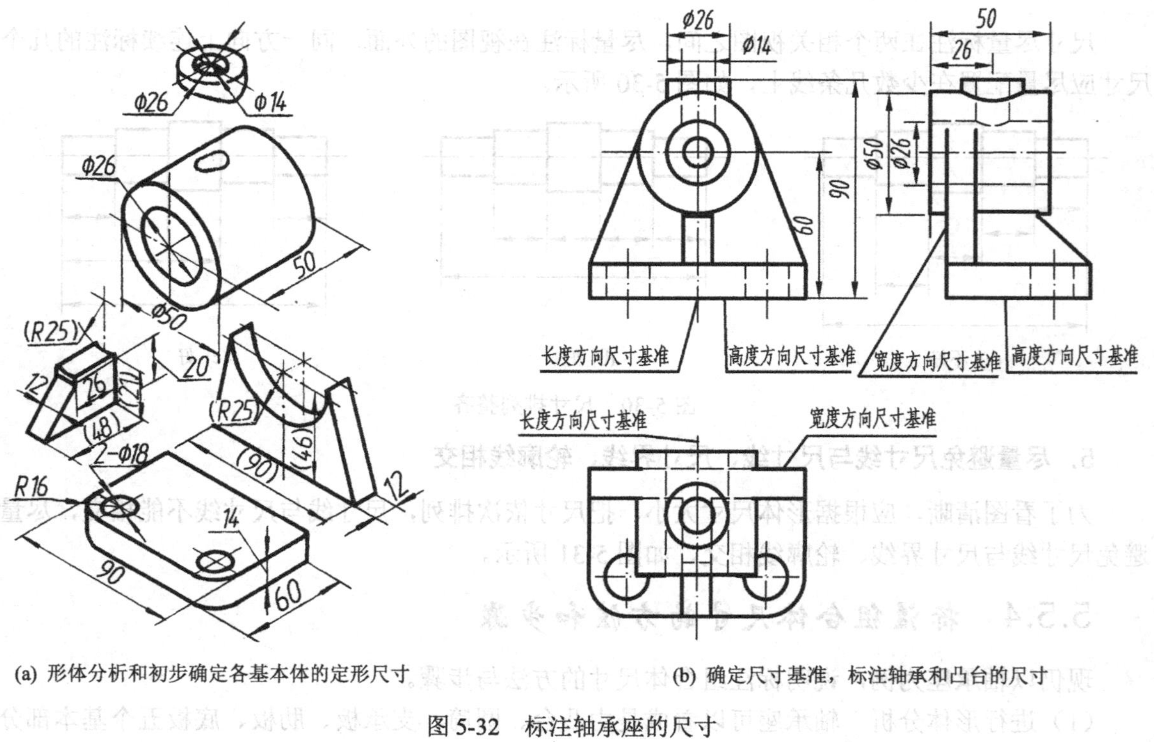


(a) 形体分析和初步确定各基本体的定形尺寸　　(b) 确定尺寸基准，标注轴承和凸台的尺寸

图 5-32　标注轴承座的尺寸

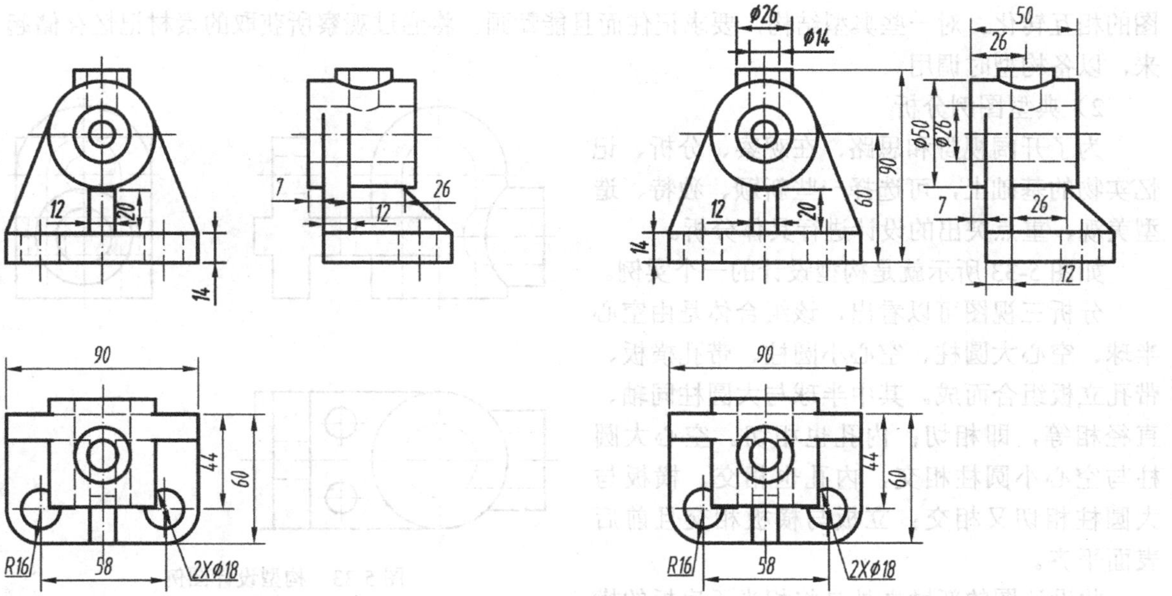


(c) 标注底座、支承板、肋的尺寸　　(d) 标注总体尺寸，检查

图 5-32　标注轴承座的尺寸（续）

（3）标注定形尺寸　如图 5-32(b)、(c)所示。水平圆筒的定形尺寸有$\phi$50、$\phi$26、50。底板的定形尺寸有 90、60、14、*R*16、2×$\phi$18。凸台的定形尺寸有$\phi$26、$\phi$14、20。对于支承板，长度下端与底板同长，上端与圆筒相切，均不需标注；高度由于夹在圆筒和底板之间，故不需标注。肋板的定形尺寸有 12、26、20。

（4）标注定位尺寸　如图 5-32(b)、(c)所示。底板上两个圆柱孔的定位尺寸有 58、44。水平圆筒的定位尺寸有 7、60。凸台的定位尺寸有 26、90。

（5）标注总体尺寸，并进行校核　如图 5-32(d)所示。总长尺寸为 90，已作为底板长度注出；总高尺寸为 90，已作为凸台高度定位尺寸标出；总宽由底板的宽度 60 和水平圆筒后端面到支承板后壁的距离 7 相加而确定。

## 5.6　组合体的构型设计

### 5.6.1　构型设计的基本原则

根据不同的结构要求，将某些基本几何体按照一定的组合形式组合起来，构成一个新形体并用三视图表示出来的过程，称为组合体构型设计。

组合体构型设计不同于“照物”、“照图”画图，而是在一定基础上“想物”、“造物”画图，是创造思维过程。构型设计的目的是进一步提高空间思维能力，培养创新意识。

### 5.6.2　构型设计的方法

#### 1．准备阶段

1）实物分析

构型设计前应多观察、分析实物或模型，仔细研究其组合形式、连接方式，并能进行物、图的相互转化。对一些典型结构，要求记住而且能默画。将通过观察所获取的素材记忆存储起来，以备构型时调用。

2）典型图例分析

为了开阔视野和思路，在观察、分析、记忆实物的基础上，可选择一些新颖、独特、造型美观、重点突出的设计进行具体分析。

如图 5-33 所示就是构型设计的一个实例。

分析三视图可以看出，该组合体是由空心半球、空心大圆柱、空心小圆柱、带孔横板、带孔立板组合而成。其中半球与大圆柱同轴、直径相等，即相切；内孔也相切。空心大圆柱与空心小圆柱相交，内孔也相交。横板与大圆柱相切又相交；立板与横板相交且前后表面平齐。

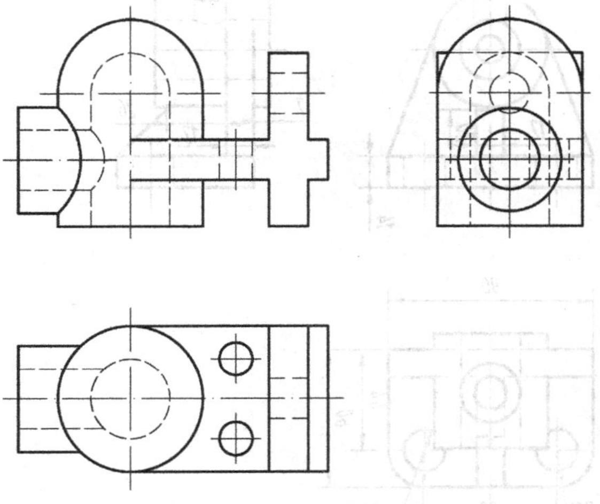

图 5-33　构型设计图例

此设计图的新颖之处是将相当于底板的横板移到中间，靠右端又加了一个立板，既起平衡、支承作用，又使整个构型新颖独特。

**2．构思新形体**

在组合体看图一节中，曾提到过物体的一个视图往往不能唯一确定物体的形状。也就是说，根据一个视图可以想象出多种形体。例如，给定如图 5-34(a)所示的一个视图作为主视图，据此可想象出多种不同形体，如图 5-34(b)～(e)所示。这种一补二的练习就是较简单的构型设计。构思新形体可以在规定基本形体种类、数目、组合形式、连接方式基础上进行，也可以不限定任何条件，自由构型，这样思路更加开阔。在构型过程中除要求结构合理、组合关系正确、有一定复杂程度外，还应提倡创新，造型新颖美观。

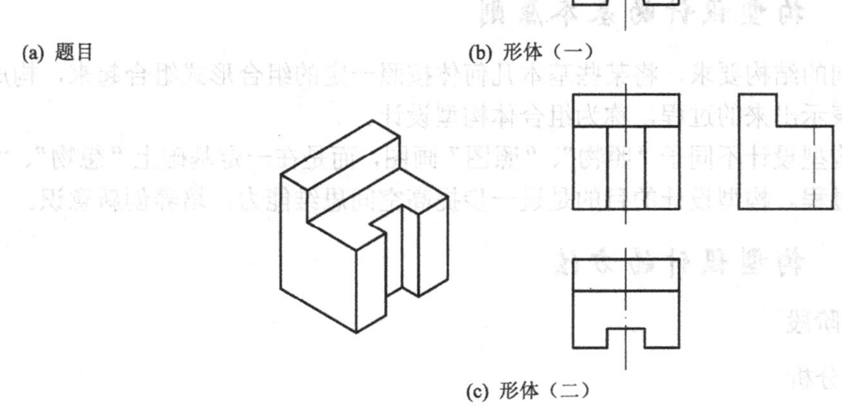

(a) 题目　　(b) 形体（一）

(c) 形体（二）

图 5-34　根据主视图构思形体

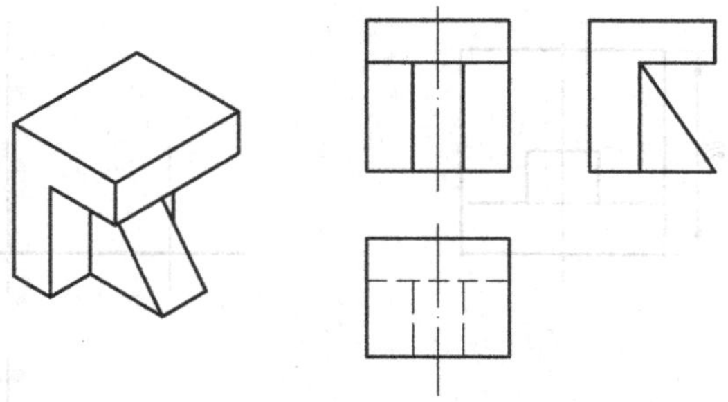

(d) 形体（三）

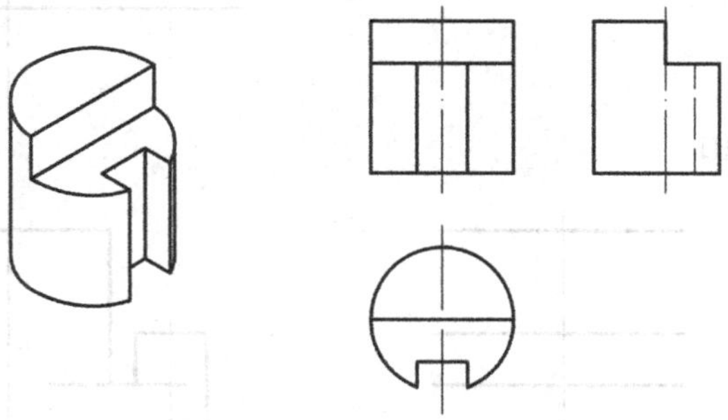

(e) 形体（四）

图 5-34　根据主视图构思形体（续）

**3. 画设计图**

先用草图纸画出新形体三视图，经修改完善后再按画组合体三视图的步骤画出该形体的三视图。

## 5.7　用 AutoCAD 画组合体的视图及尺寸标注

### 5.7.1　用 AutoCAD 画组合体视图的方法

AutoCAD 绘图、编辑命令很多，一样的图形可以有多种绘制和编辑方法，应当采用最佳绘图和编辑方法，提高绘图效率。

在绘制组合体三视图时，投影要满足“长对正、高平齐、宽相等”的三等投影规律。下面以绘制如图 5-35(a)所示组合体视图为例，学习绘制组合体三视图的方法。

绘图步骤如下：

（1）设置相应的图层，利用直线命令绘制各视图的基准线，注意保证“长对正”和“高平齐”，如图 5-35(b)所示。

（2）利用圆命令和对象捕捉绘制俯视图，利用偏移命令绘制主视图和左视图，如图 5-35(c)所示。

（3）打开状态栏上的“极轴”、“对象捕捉”和“对象追踪”，利用直线命令绘制主视图，保证与俯视图的“长对正”，利用修剪命令剪去多余的图线，完成主视图，如图 5-35(d)所示。

（4）将俯视图和左视图的中心线延长至相交，过交点绘制 45° 斜线，用以保证俯视图和左视图“宽相等”，利用“极轴”、“对象捕捉”、“对象追踪”和直线命令绘制左视图的图线，如图 5-35(e)所示。

（5）修剪整理多余的图线，完成图线的绘制，如图 5-35(f)所示。

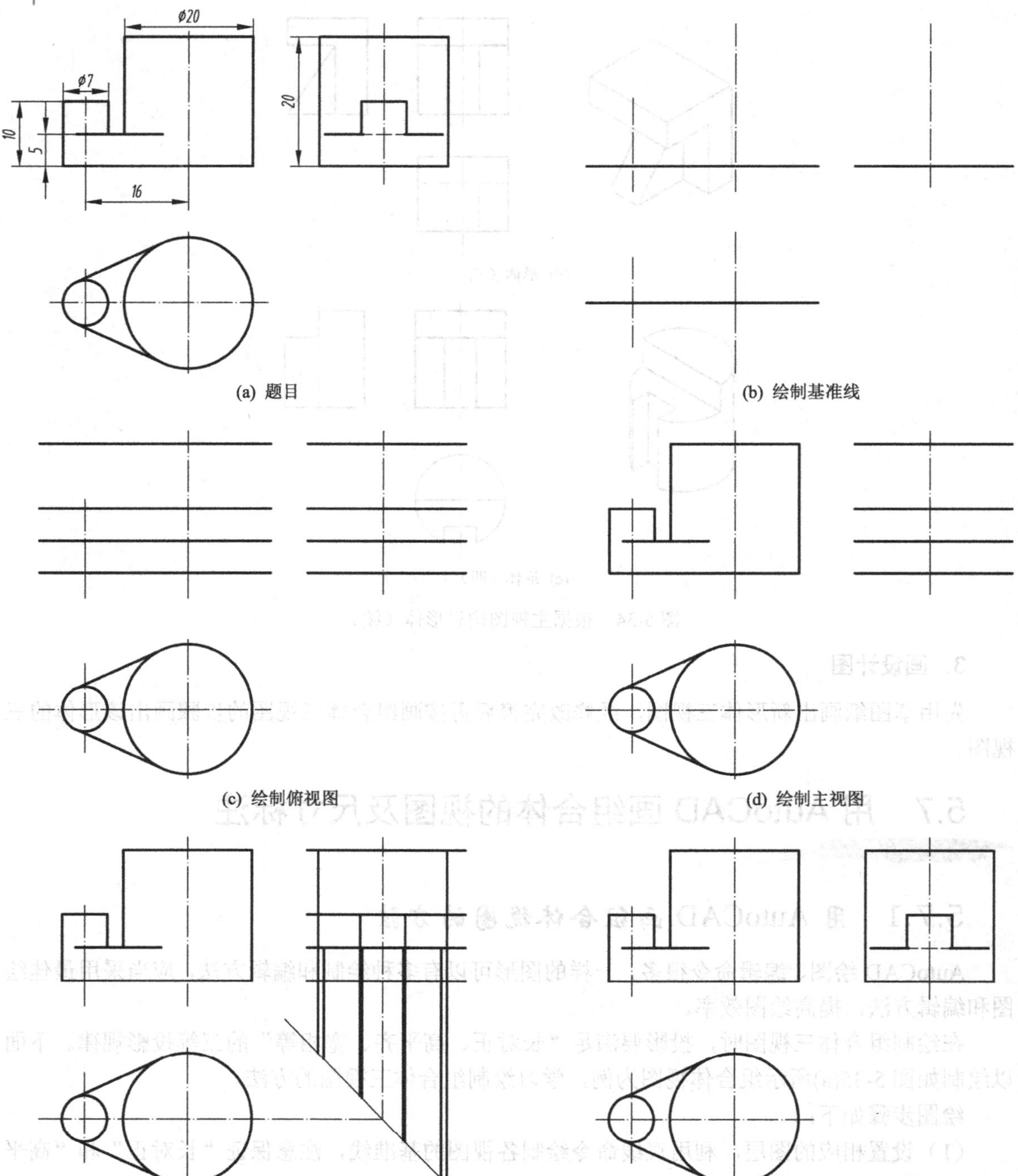


(a) 题目 (b) 绘制基准线

(c) 绘制俯视图 (d) 绘制主视图

(e) 绘制左视图 (f) 整理、检查

图 5-35 三视图的绘制步骤

## 5.7.2 用 AutoCAD 标注尺寸

AutoCAD 的尺寸标注命令很丰富，用户可以轻松地创建出各种类型的尺寸。所有尺寸与尺寸样式关联，通过调整尺寸样式，就能控制与该样式关联的尺寸标注的外观。

**1. 创建尺寸样式**

在标注尺寸前，用户一般都要创建尺寸样式，否则，AutoCAD 将使用默认样式 ISO—25 生产尺寸标注。

命令行：DIMSTYLE

菜单：格式→标注样式

工具栏："标注"→标注样式

执行"标注样式"命令后，弹出如图 5-36 所示的"标注样式管理器"对话框，用户可以在该对话框中创建新的尺寸标注样式和管理已有的尺寸标注样式。

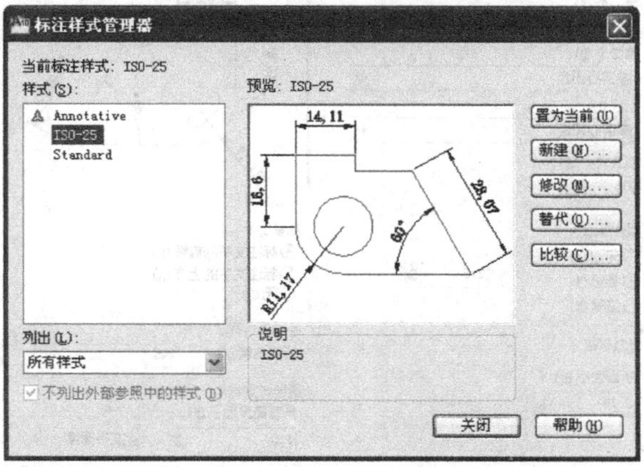


图 5-36　标注样式管理器

单击"新建"按钮，可以创建用户所需的标注样式。

单击"修改"按钮，弹出如图 5-37 所示对话框，可以在原有标注样式的基础上进行修改，满足用户的需求。

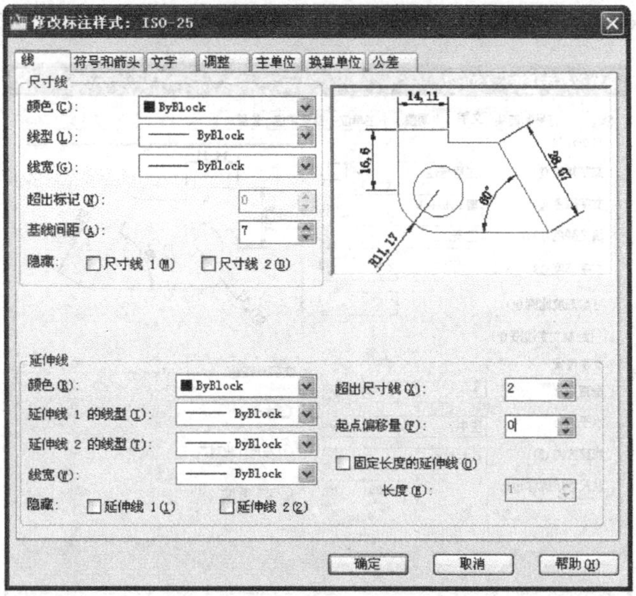


图 5-37　"修改标注样式"对话框

在“修改标注样式”对话框中共有“线”、“符号和箭头”、“文字”、“调整”、“主单位”、“换算单位”和“公差”7个选项卡。在这些选项卡中主要做以下设置。

（1）在“线”选项卡中，将“基线间距”设置为 7，“超出尺寸线”设置为 2，“起点偏移量”设置为 0，如图 5-37 所示。

（2）在“符号和箭头”选项卡中，将“箭头大小”设置为 3.5，“圆心标记”中“标记”大小设置为 2.5，如图 5-38 所示。

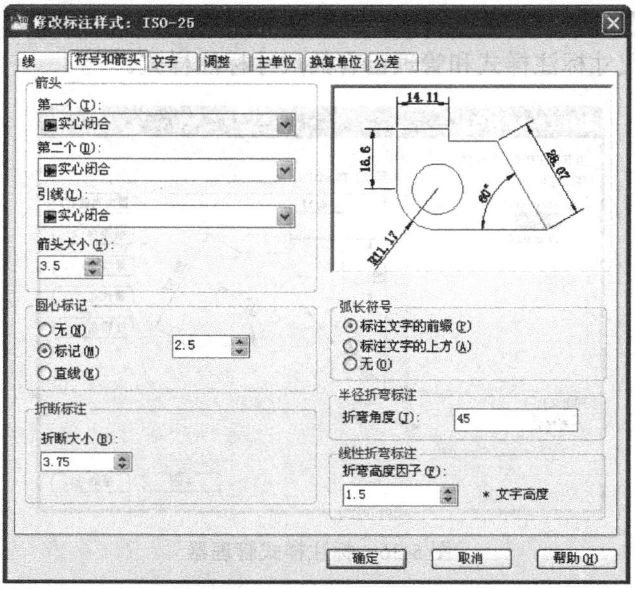


图 5-38 “符号和箭头”选项卡

（3）在“文字”选项卡中，将“文字样式”选择为用户设置好的“尺寸标注”样式，“文字高度”设置为 2.5 或 3.5，“文字位置”中“垂直”选择“上”，“水平”选择“居中”，“文字对齐”中选择“与尺寸线对齐”，如图 5-39 所示。

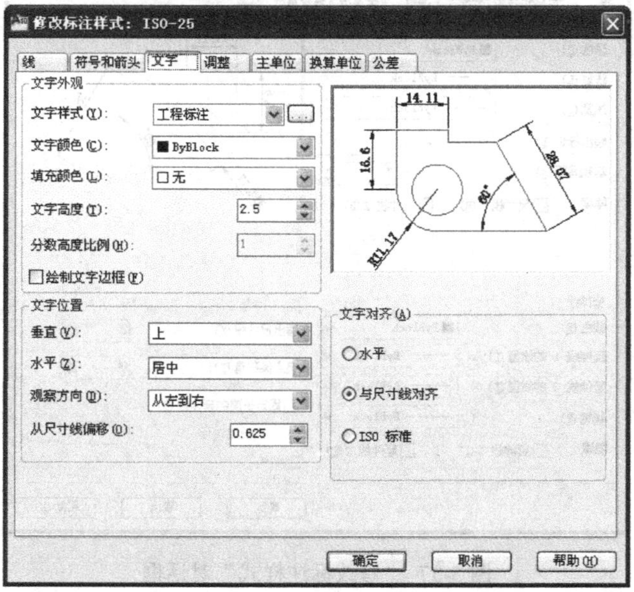


图 5-39 “文字”选项卡

（4）在“调整”选项卡中，在“调整选项”中使用其默认设置“文字或箭头（最佳效果）”，如图 5-40 所示。

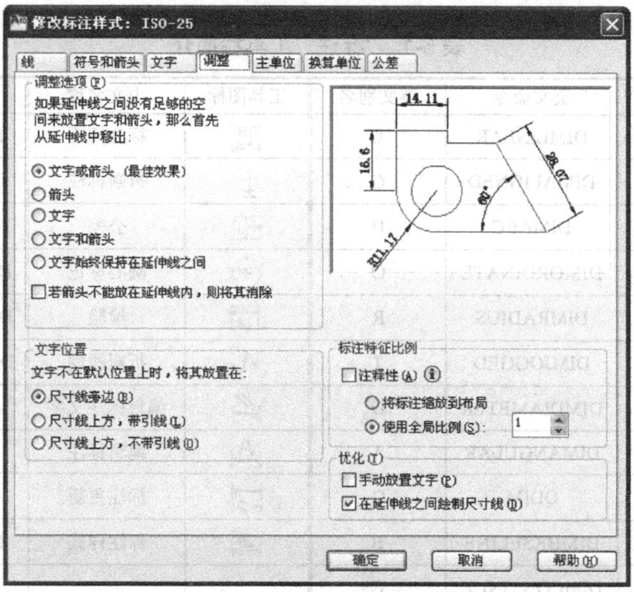


图 5-40　“调整”选项卡

（5）在“主单位”选项卡中，将“小数分隔符”选择为“.”（句点），“比例因子”使用其默认设置为 1，如图 5-41 所示。

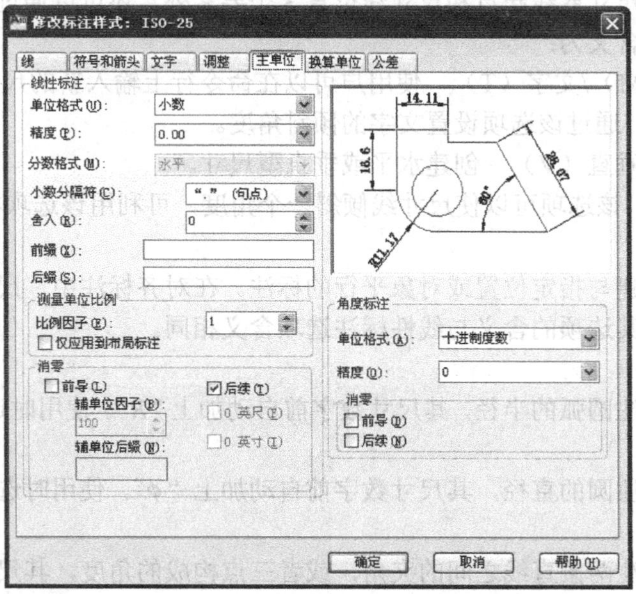


图 5-41　“主单位”选项卡

## 2. 尺寸标注命令

在 AutoCAD 中，标注尺寸一般通过标注工具栏（如图 5-42 所示）上的命令按钮完成，常用的命令按钮简介如表 5-1 所示。

图 5-42 标注工具栏

**表 5-1 "标注"工具栏简介**

| 工具图标 | 中文名称 | 英文命令 | 英文别名 | 工具图标 | 中文名称 | 英文命令 | 英文别名 |
|---|---|---|---|---|---|---|---|
| | 线性 | DIMLINEAR | L | | 标注间距 | DIMSPACE | P |
| | 对齐 | DIMALIGNED | G | | 折断标注 | DIMBREAK | K |
| | 弧长 | DIMARC | H | | 公差 | TOLERANCE | T |
| | 坐标 | DIMORDINATE | O | | 圆心标记 | DIMCENTER | M |
| | 半径 | DIMRADIUS | R | | 检验 | DIMINSPECT | I |
| | 折弯 | DIMJOGGED | J | | 折弯线性 | DIMJOGLINE | J |
| | 直径 | DIMDIAMETER | D | | 编辑标注文字 | DIMTEDIT | X |
| | 角度 | DIMANGULAR | A | | 编辑标注 | DIMEDIT | Q |
| | 快速标注 | QDIM | Q | | 标注更新 | -DIMSTYLE | |
| | 基线 | DIMBASELINE | B | | 标注样式 | DIMSTYLE | D |
| | 连续 | DIMCONTINUE | C | | | | |

下面介绍最基本的标注命令。

1）线性标注

线性标注主要用于标注水平和垂直尺寸。在线性标注的命令行提示中，除了指定第一条尺寸界线起点、第二条尺寸界线起点和尺寸线位置 3 个要素外，还可以通过各个选项来创建尺寸标注。各主要选项的含义为：

（1）多行文字（M）/文字（T）　使用户可以在命令行上输入新的尺寸文字。

（2）角度（A）　通过该选项设置文字的倾斜角度。

（3）水平（H）/垂直（V）　创建水平或垂直型尺寸。

（4）旋转（R）　该选项可以使尺寸线倾斜一个角度，可利用该选项标注倾斜的对象。

2）对齐标注

对齐标注可以创建与指定位置或对象平行的标注。在对齐标注中，尺寸线平行于两尺寸界线起点连成的直线。其选项的含义与线性标注选项含义相同。

3）半径标注

半径标注用于标注圆弧的半径，其尺寸数字前自动加上"$R$"。使用时选择圆弧上的点即可。

4）直径标注

直径标注用于标注圆的直径，其尺寸数字前自动加上"$\phi$"。使用时选择圆周上的点即可。

5）角度标注

角度标注用于标注两条直线之间的夹角，或者三点构成的角度，其尺寸数值后会自动加上"°"。主要的操作方法有：

（1）若选择直线，则通过指定的两条直线来标注其夹角。

（2）若选择圆弧，则标注指定圆弧的圆心角。

（3）若选择圆，则以指定圆的圆心为角度的顶点，以圆周上指定的两点为角度的两个端点，标注圆弧的夹角。

（4）若直接按回车键，则通过指定三点，标注以第一点为顶点，以第二点、第三点为端点的三点构成的角度。

6）基线标注

基线标注用于标注具有同一条第一尺寸界线出发的多个平行尺寸。在创建基线标注之前，必须先创建线性、对齐或角度标注，基线标注是从上一个尺寸的第一尺寸界线的起点处测量，除非指定另一点作为原点。

7）连续标注

连续标注是首尾相连的多个标注，前一个尺寸的第二尺寸界线就是后一个尺寸的第一尺寸界线。使用方法与基线标注相同。

8）编辑标注

编辑标注命令主要用于对尺寸界线和标注文字等尺寸要素进行编辑。该命令有若干选项，各主要选项的含义为：

（1）默认（H）　可以将尺寸文本按标注样式管理器定义的默认位置、方向重新置放。

（2）新建（N）　可以更新所选择的尺寸标注的尺寸文本，使用文字编辑器更改标注文字。

（3）旋转（R）　用于旋转所选择的尺寸文本。

（4）倾斜（O）　用于将尺寸界线倾斜一个角度，不再与尺寸线垂直。

9）编辑标注文字

编辑标注文字主要用于移动和旋转标注文字。该命令有若干选项，各主要选项的含义为：

（1）左（L）　将标注文字放在第一尺寸线的上方。

（2）右（R）　将标注文字放在第二尺寸线的上方。

（3）中心（C）　将标注文字放在两条尺寸线的中间。

（4）默认（H）　将标注文字放在默认位置。

（5）角度（A）　修改标注文字的倾斜角度。

除了以上两个编辑命令，还可以双击需要编辑的标注，在弹出的特性对话框中修改。

# 第6章 轴测图

## 教学目标

通过本章的学习，应了解轴测投影原理、规律和工程常用轴测图种类，掌握基本立体和组合形体的正等轴测图的绘制方法，了解斜二轴测图的基本知识和绘制方法。

## 教学要求

| 能力目标 | 知识要点 | 相关知识 | 权重 | 自测等级 |
|---|---|---|---|---|
| 了解轴测投影原理、规律和轴测图种类 | 轴测投影的基本知识 | 轴测图形成、重要参数、投影规律及分类 | ☆☆ | |
| 掌握正等轴测图的基础知识，能够根据实物或投影图绘制正等轴测图 | 正等轴测图的基本知识和绘制方法 | 正等轴测图的基本参数、平面立体与曲面立体正等轴测图的绘制方法 | ☆☆☆ | |
| 了解斜二轴测图的基础知识，能绘制简单形体的斜二轴测图 | 斜二轴测图的基本知识和绘制方法 | 斜二轴测图的基本参数及平行于坐标面的斜二轴测图绘制方法 | ☆☆ | |

## 提出问题

图 6-1 所示的是一个形体的三视图和轴测图。这里有正等轴测图和斜二轴测图两种轴测投影图，与三视图相比，它们立体感强、形象直观。如何绘制轴测图？其投影特性与三视图有什么不同？通过本章学习，将能清晰地理解这些问题。

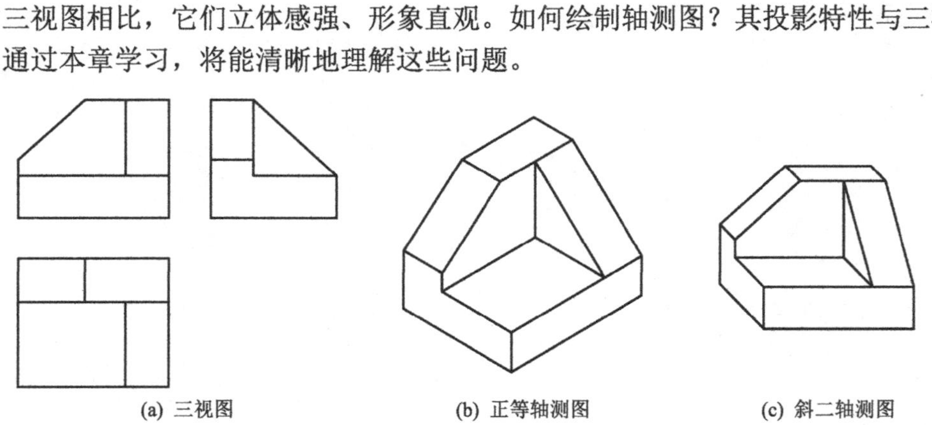

(a) 三视图　　(b) 正等轴测图　　(c) 斜二轴测图

图 6-1　形体的三视图和轴测图

# 6.1 轴测图的基本知识

## 6.1.1 轴测图的形成

将物体连同其直角坐标系，沿不平行于任何一个坐标平面的方向，用平行投影法投射在单一投影面上形成的具有立体感的图形，称为轴测投影，简称轴测图，如图 6-2 所示。图中单一投影面 $P$ 称为轴测投影面，建立在物体上的直角坐标轴 $O_1X_1$、$O_1Y_1$、$O_1Z_1$ 在 $P$ 面的投影 $OX$、$OY$、$OZ$ 称为轴测投影轴，简称轴测轴。

将物体放斜，使物体的三个坐标平面与轴测投影面的倾角相等，这时用正投影法所得到的图形为正等轴测图。保持物体的坐标面 $X_1O_1Z_1$ 面与轴测投影面平行，使 $O_1Z_1$ 轴成竖直位置，采用斜投影法，将投射方向倾斜于轴测投影面，可得斜二等轴测图，简称斜二测。图 6-2 反映了两种轴测图物体位置、投射方向及轴测投影面的位置关系。

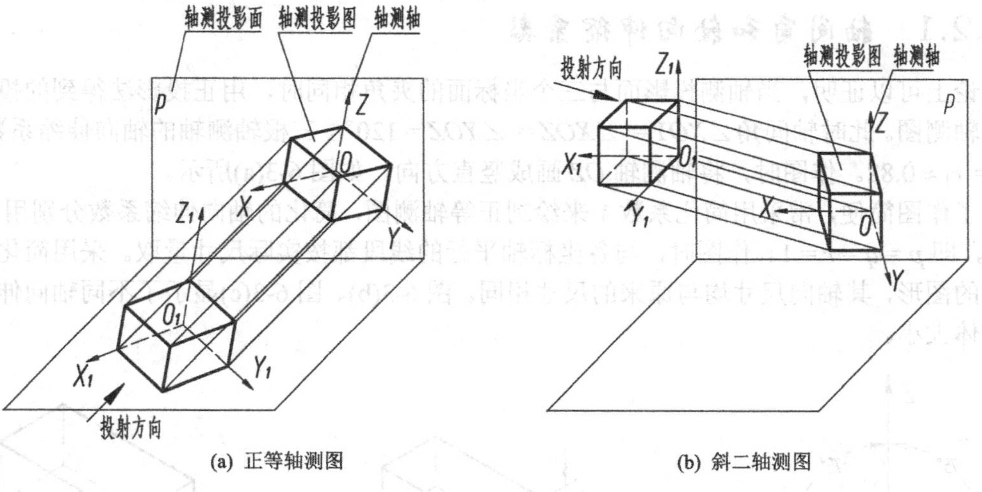


图 6-2 轴测图

## 6.1.2 轴测图的两个重要参数

在轴测投影中，两根轴测轴之间的夹角（$\angle XOY$、$\angle XOZ$、$\angle YOZ$）称为轴间角。

轴测轴上的单位长度与相应投影轴的单位长度的比值称为轴向伸缩系数。我们称 $OX$、$OY$、$OZ$ 轴的轴向伸缩系数分别为 $p_1$、$q_1$、$r_1$。

## 6.1.3 轴测图的投影规律

轴测图是由平行投影法获得，因此具备平行投影的所有性质。

（1）平行性　物体上相互平行的线段，轴测投影仍相互平行；物体上平行于坐标轴的线段，轴测投影也平行于相应的轴测轴。

（2）定比性　物体上平行于坐标轴的线段，其轴测投影与相应的轴测轴有着相同的轴向伸缩系数。

值得注意的是，物体上不平行于坐标轴的线段，其投影的变化与平行于坐标轴的那些线段不同，不能将其度量长度直接移到轴测图上。

### 6.1.4 轴测图的分类

轴测图是根据平行投影法投射所得，按投射方向的不同，可分为正轴测图和斜轴测图：当投射方向垂直于轴测投影面时，称为正轴测图，如图 6-2(a)所示；当投射方向倾斜于轴测投影面时，称为斜轴测图，如图 6-2(b)所示。

根据轴向伸缩系数的不同，正轴测图和斜轴测图还可进一步细分如下：

（1）正（或斜）等轴测图，简称正（或斜）等测：三个轴向伸缩系数相等，即 $p_1 = q_1 = r_1$。

（2）正（或斜）二等轴测图，简称正（或斜）二测：两个轴向伸缩系数相等，即 $p_1 = r_1 \neq q_1$。

（3）正（或斜）三轴测图，简称正（或斜）三测：三个轴向伸缩系数不相等，即 $p_1 \neq q_1 \neq r_1$。

本章仅介绍正等测和斜二测的画法。

## 6.2 正等轴测图的画法

### 6.2.1 轴间角和轴向伸缩系数

理论上可以证明，当轴测投影面与三个坐标面的夹角相同时，用正投影法得到的投影图就是正等轴测图。此时轴间角 $\angle XOY = \angle XOZ = \angle YOZ = 120°$，三根轴测轴的轴向伸缩系数相等：$p_1 = q_1 = r_1 \approx 0.82$。作图时，将轴测轴 $OZ$ 画成竖直方向，如图 6-3(a)所示。

为了作图简便，常采用简化系数 1 来绘制正等轴测图，简化的轴向伸缩系数分别用 $p$、$q$、$r$ 表示，即 $p = q = r = 1$。作图时，与各坐标轴平行的线段都按实际尺寸量取。采用简化伸缩系数画出的图形，其轴向尺寸均与原来的尺寸相同。图 6-3(b)、图 6-3(c)显示了不同轴向伸缩系数下的物体大小。

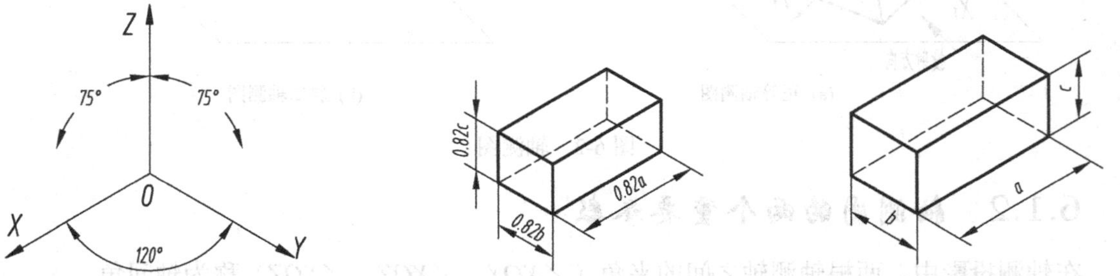


(a) 轴测轴　　(b) 正等轴测图（伸缩系数 0.82）　　(c) 正等轴测图（伸缩系数 1）

图 6-3　正等轴测图轴测轴与正等轴测图

### 6.2.2 平面立体的正等测画法

绘制轴测图常用的方法有坐标法、特征面法、切割法、叠加法。其中，坐标法是最基本的方法，其他方法都是根据物体的特点对坐标法的灵活运用。

一般来说，在作正等测图时，首先对物体进行形体分析，确定空间直角坐标系。在确定坐标轴时，要考虑作图简便，有利于按坐标关系定位和度量，并尽可能减少作图线，一般将坐标轴放在形体以内，并尽量选择对称轴线、回转轴线作为坐标轴。接着作轴测轴，并按坐标关系画出物体上各点、线的正等测，从而连成物体的正等测。当然，也可不必画出轴测轴，只画出参照轴测轴，然后以测量尺寸方便为原则选定起点，依据“平行性”、“定比性”画出。

### 1. 坐标法

根据立体的形状特点，利用平行坐标轴的线段量取尺寸，将立体表面各顶点或其对称中心的坐标关系移至轴测图上，并将各点依次连接，得到物体轴测图的方法称为坐标法。

【例 6-1】 绘制三棱锥的正等轴测图。

**分析**：选取坐标原点为点 *C*，使 *OX* 轴与 *AC* 棱边重合，*XOY* 面与平面 *ABC* 重合。找出各顶点的轴测投影，连接各点即为所求。

**作图步骤**：

（1）在三视图中确定原点，并画出坐标轴，如图 6-4(a)所示。

（2）画轴测轴 *OX*、*OY*、*OZ*，再根据 $A(X_A, 0, 0)$，$B(X_B, Y_B, 0)$，$C(0, 0, 0)$确定三点的轴测投影，如图 6-4(b)所示。

（3）根据 $S(X_S, Y_S, Z_S)$确定点 *S* 的轴测投影，如图 6-4(c)所示。

（4）连接各顶点，完成轴测图，虚线 *AC* 不画，如图 6-4(d)所示。

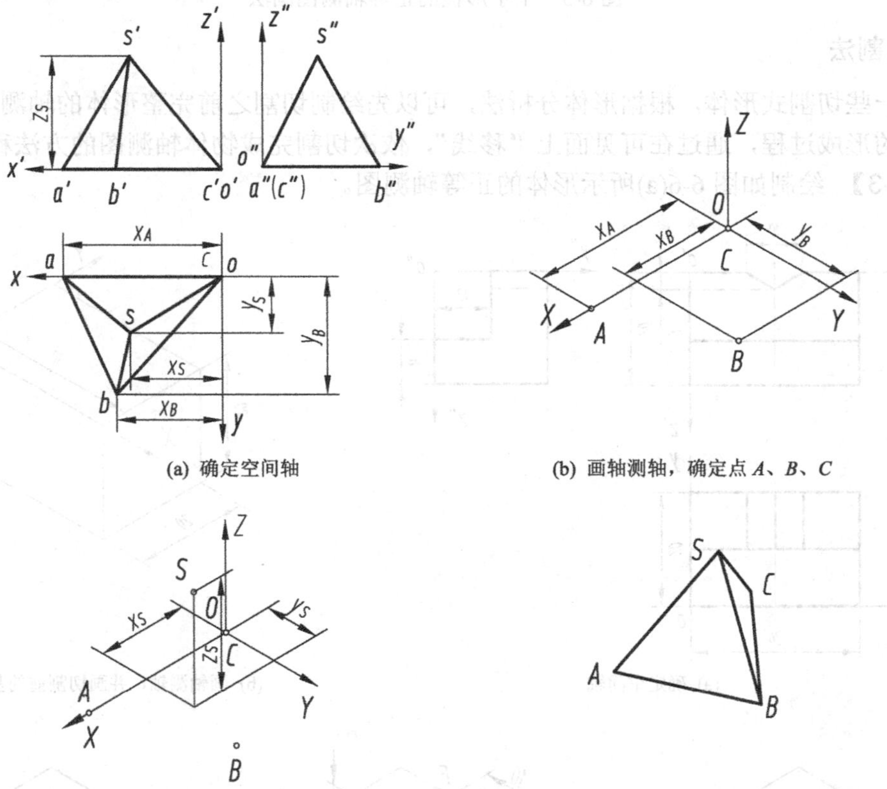


(a) 确定空间轴　　(b) 画轴测轴，确定点 *A*、*B*、*C*

(c) 确定点 *S*　　(d) 完成全图

图 6-4　三棱锥的正等轴测图画法

### 2. 特征面法

特征面法适用于画柱类立体的轴测图。先画出能反映柱体形状特征的一个可见端面，再画出可见的侧棱，然后连出另一端面，这种得到立体轴测图的方法称为特征面法。

【例 6-2】 绘制工字形柱的正等轴测图。

**分析**：该形体为直棱柱体，其主视图为特征视图，底面是正平面。根据主视图画出前表面，再画出可见侧棱，最后画出后表面。

**作图步骤：**

（1）画出参照轴测轴，并以点 $A$ 为起点，根据特征视图画出前表面，如图 6-5(b)所示。

（2）从前表面轴测图引出可见侧棱，如图 6-5(c)所示。

（3）画出后表面，整理加深，完成轴测图，如图 6-5(d)所示。

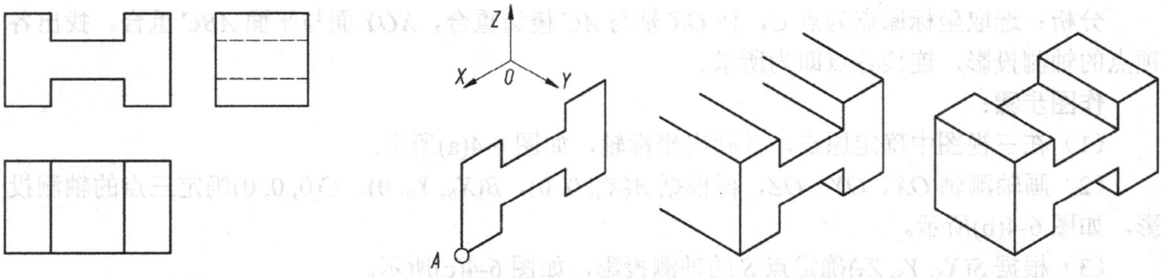


(a) 三视图　(b) 画参照轴测轴和前表面　(c) 画可见侧棱　(d) 完成全图

图 6-5　工字形柱的正等轴测图画法

### 3. 切割法

对于一些切割式形体，根据形体分析法，可以先绘制切割之前完整形体的轴测图，然后再按照形体的形成过程，通过在可见面上“移线”，依次切割完成物体轴测图的方法称为切割法。

【例 6-3】 绘制如图 6-6(a)所示形体的正等轴测图。

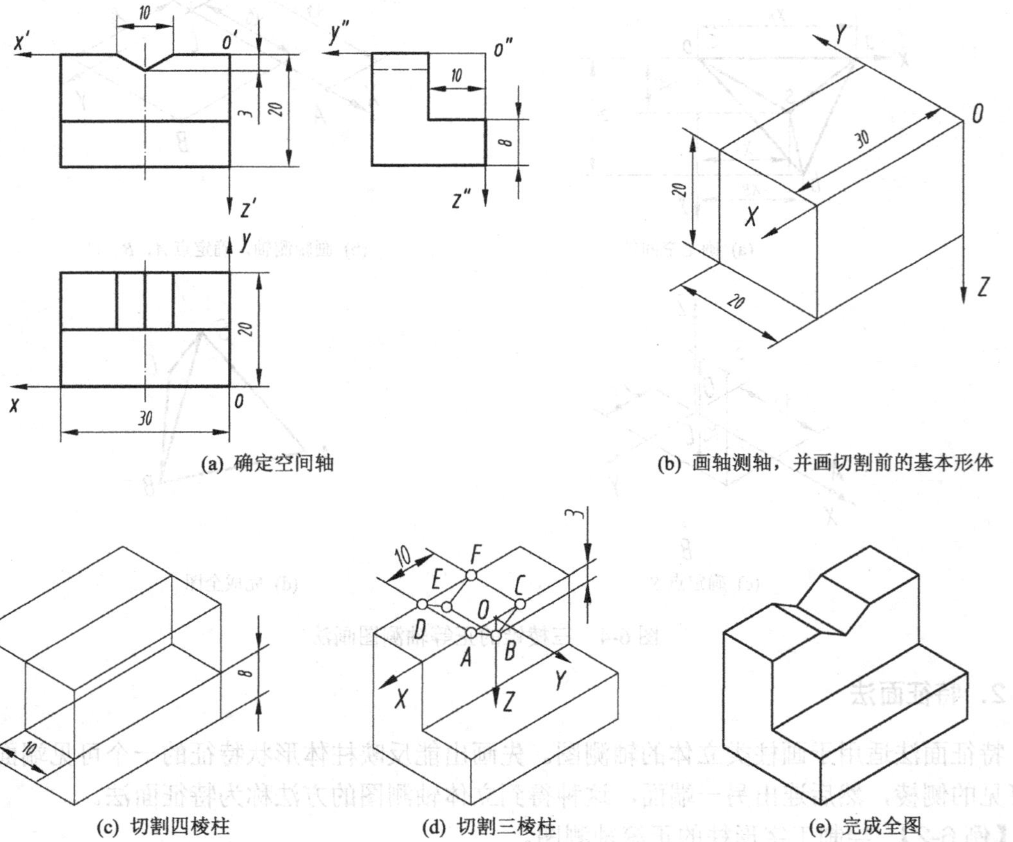


(a) 确定空间轴　(b) 画轴测轴，并画切割前的基本形体

(c) 切割四棱柱　(d) 切割三棱柱　(e) 完成全图

图 6-6　用切割法绘制立体的正等轴测图

**分析**：利用形体分析法分析，该形体可看成从四棱柱上切去四棱柱和V型槽（即三棱柱）后形成的。可采用切割法逐一切去两个棱柱，完成立体的正等轴测图。

**作图步骤**：

（1）在三视图中确定原点，并画出坐标轴，如图6-6(a)所示。

（2）画轴测轴 *OX*、*OY*、*OZ*，以尺寸30、20、20绘制切割前的四棱柱轴测图，如图6-6(b)所示。

（3）根据尺寸10、8，在大四棱柱上切去长宽高分别为30、10、12的小四棱柱，如图6-6(c)所示。

（4）根据尺寸10、3确定V型槽三棱柱前端三个角点 *A*、*B*、*C*，作 *AD*//*BE*//*CF*//*OY*，找到另外三个角点 *D*、*E*、*F*，切去V型槽，如图6-6(d)所示。最后，完成形体正等轴测图的绘制，如图6-6(e)所示。

### 4．叠加法

对于叠加型的形体，在用形体分析法将其分解成几个基本形体后，可依据形体表面间的连接关系及相对位置，从主到次逐个绘制各基本形体的轴测图，最后得到整个形体轴测图的方法称为叠加法。叠加时，一定要注意基本形体之间的位置关系。

例如，图6-6(a)所示的立体可看成是由四棱柱下底板和带V型槽的竖板叠加而成的，画图时可先画出底板的正等轴测图，再在其上表面画出竖板的正等轴测图，保证两板左、右、后表面的平齐关系，即为立体的正等轴测图。

**【例6-4】** 绘制如图6-7(a)所示形体的正等轴测图。

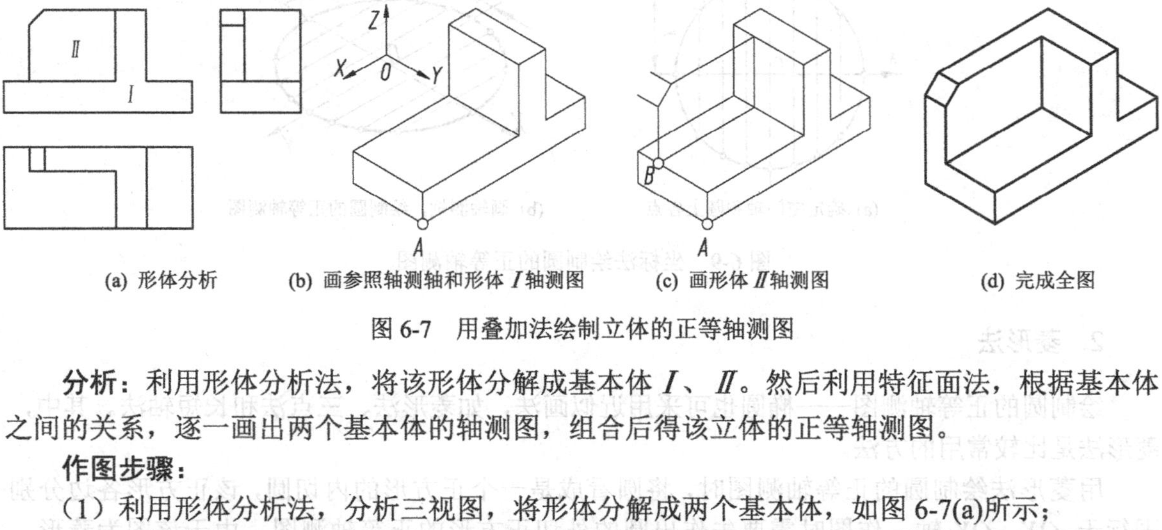


(a) 形体分析　(b) 画参照轴测轴和形体 *Ⅰ* 轴测图　(c) 画形体 *Ⅱ* 轴测图　(d) 完成全图

图6-7　用叠加法绘制立体的正等轴测图

**分析**：利用形体分析法，将该形体分解成基本体 *Ⅰ*、*Ⅱ*。然后利用特征面法，根据基本体之间的关系，逐一画出两个基本体的轴测图，组合后得该立体的正等轴测图。

**作图步骤**：

（1）利用形体分析法，分析三视图，将形体分解成两个基本体，如图6-7(a)所示；

（2）画轴测轴 *OX*、*OY*、*OZ*，以 *A* 为起点，根据三视图尺寸绘制形体 *Ⅰ* 的轴测图，如图6-7(b)所示；

（3）根据三视图中形体 *Ⅱ* 的 *Y* 向尺寸，确定绘图起点 *B*，绘制形体 *Ⅱ* 的轴测图，如图6-7(c)所示；

（4）整理图线，检查加深，完成全图，如图6-7(d)所示。

## 6.2.3　平行于坐标面的圆的正等测画法

在正等测投影中，各坐标面分别倾斜于轴测投影面，且倾角相等，因而平行于各坐标面圆的正等测投影均为椭圆，如图6-8所示。从中，可以看出：

（1）圆的中心线的正等测平行于相应坐标面上的两根坐标轴。

（2）椭圆的长轴方向垂直于不在这个坐标面上的那根坐标轴。如平行于 *XOY* 面的圆的正等轴测图长轴垂直于 *Z* 轴，短轴平行于 *Z* 轴；平行于 *XOZ* 面的圆的正等轴测图长轴垂直于 *Y* 轴，短轴平行于 *Y* 轴；平行于 *YOZ* 面的圆的正等轴测图长轴垂直于 *X* 轴，短轴平行于 *X* 轴。

绘制平行于坐标面圆的正等轴测图（椭圆）常见的方法有两种：坐标法和菱形法。

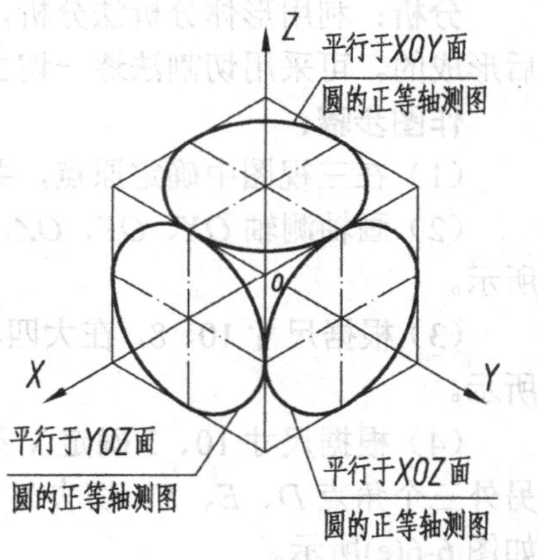


图 6-8 平行于各坐标面圆的正等轴测图

## 1. 坐标法

坐标法是绘制立体正等轴测图的常用方法，在绘制圆的正等轴测图时，可先根据圆上一系列点的坐标，画出其正等轴测图，然后顺次光滑连接各点，即得圆的正等轴测投影，如图 6-9 所示。其作图步骤如下：

（1）选定坐标原点，作出坐标系，并在圆上选出适当数量的点，如图 6-9(a)所示；

（2）画轴测轴 *OX*、*OY*，并根据圆上各点的坐标在轴测坐标系中绘制出相应的点，光滑连接各点得圆的正等轴测图，如图 6-9(b)所示。

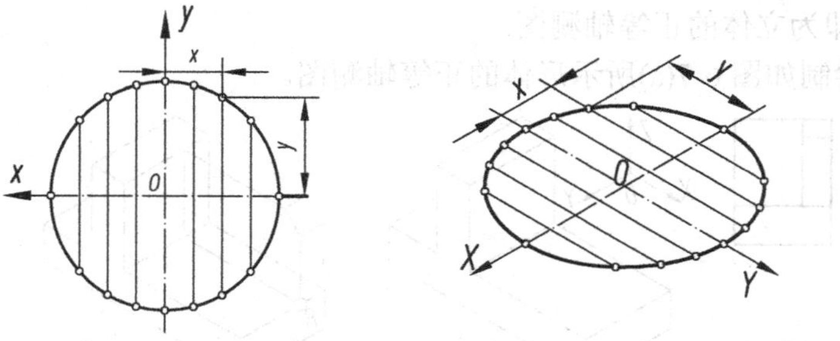


(a) 确定空间轴和圆上各点 (b) 画轴测轴，绘制圆的正等轴测图

图 6-9 坐标法绘制圆的正等轴测图

## 2. 菱形法

绘制圆的正等轴测图——椭圆也可采用近似画法，如菱形法、三点法和长短轴法。其中，菱形法是比较常用的方法。

用菱形法绘制圆的正等轴测图时，将圆看成是一个正方形的内切圆，该正方形各边分别平行于 *OX*、*OY* 轴。作图时需要先作出圆的外切正方形的正等轴测图，由于该图为菱形，故称菱形法。

图 6-10 给出了用菱形法绘制平行于 *XOY* 面的圆的正等轴测图。具体绘制步骤如下：选圆心为坐标原点，建坐标轴，作圆的外切正方形，定切点 *A*、*B*、*C*、*D*，如图 6-10(a)所示；画轴测轴，找到点 *A*、*B*、*C*、*D*，过各点作轴测轴平行线，作出外切正方形的正等轴测图，找到位于 *OZ* 轴的两个端点 *E*、*F*，如图 6-10(b)所示；连接 *EA*、*EB*、*FC*、*FD*，得交点 Ⅰ、Ⅱ，点 *E*、*F*、Ⅰ、Ⅱ为四段圆弧的圆心，如图 6-10(c)所示；以 *E*、*F* 为圆心、*EA* 为半径，作圆弧 $\overset{\frown}{AB}$、$\overset{\frown}{CD}$；以 Ⅰ、Ⅱ为圆心、Ⅰ*A* 为半径，作圆弧 $\overset{\frown}{BC}$、$\overset{\frown}{DA}$；检查加深完成圆的正等轴测图，如图 6-10(d)所示。

此外，平行于坐标面 *XOZ* 和 *YOZ* 上圆的正等轴测图的画法可参照图 6-10 作出。

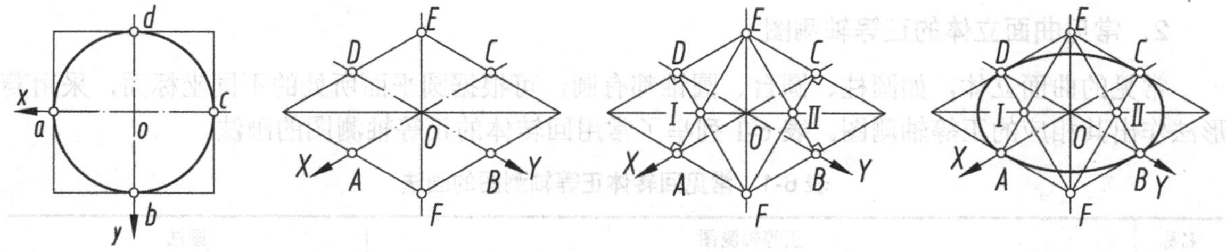


(a) 视图　(b) 画圆的外切正方形轴测图　(c) 求四段圆弧的圆心　(d) 画四段圆弧，完成作图

图 6-10　菱形法绘制水平圆的正等轴测图

## 6.2.4　曲面立体的正等测画法

### 1. 圆角的正等轴测图的画法

平行于坐标面的圆角是形体上经常出现的结构，圆角为 1/4 圆弧，在轴测图上仍是椭圆弧，其作图方法与圆的正等轴测图画法基本相同，即作出对应的四分之一菱形，画出近似圆弧，具体画法如图 6-11 所示。其作图步骤如下：

（1）根据三视图，分析形体尺寸，如图 6-11(a)所示；

（2）根据长宽高尺寸 *a*、*b*、*c* 绘制四棱柱正等轴测图，如图 6-11(b)所示；

（3）由角顶沿两边量取尺寸 *R*，得切点 *A*、*B*、*C*、*D*，过切点作相应边的垂线，以交点 $O_1$、$O_2$ 为圆心，$O_1A$、$O_2C$ 为半径画圆弧，如图 6-11(c)所示；

（4）由尺寸 *c*，沿 $O_1$、$O_2$ 垂直向下量取，得 $O_3$、$O_4$；沿点 *A*、*B*、*C*、*D* 垂直向下量取 *c*，确定切点 *E*、*F*、*G*、*H*，以 $O_3$、$O_4$ 为圆心，$O_3E$、$O_4G$ 为半径画圆弧，如图 6-11(d)所示；

（5）作圆弧公切线，完成圆角正等轴测图，如图 6-11(e)所示。

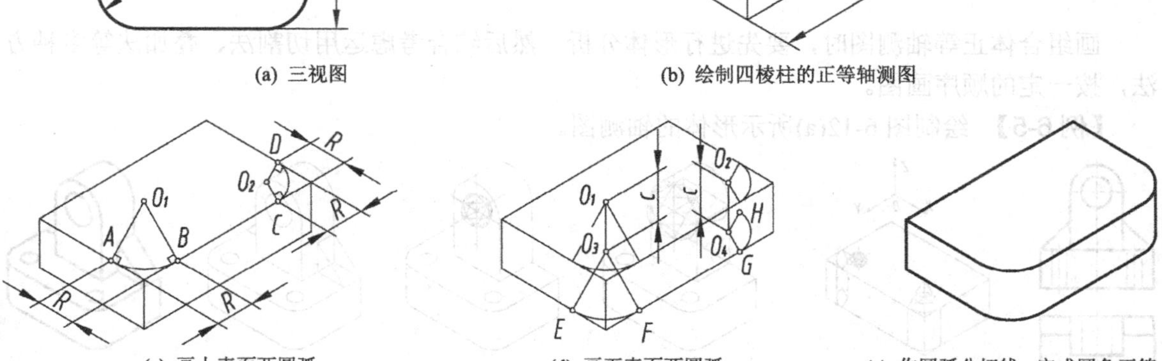


(a) 三视图　(b) 绘制四棱柱的正等轴测图

(c) 画上表面两圆弧　(d) 画下表面两圆弧　(e) 作圆弧公切线，完成圆角正等轴测图

图 6-11　绘制圆角正等轴测图

## 2．常见曲面立体的正等轴测图

常见的曲面立体，如圆柱、圆台、圆锥都有圆，可根据圆平面所处的不同坐标面，采用菱形法作出其相应的正等轴测图。表 6-1 列举了常用回转体的正等轴测图的画法。

**表 6-1　常见回转体正等轴测图的画法**

| 名称 | 正等轴测图 | 画法 |
|---|---|---|
| 圆柱 | 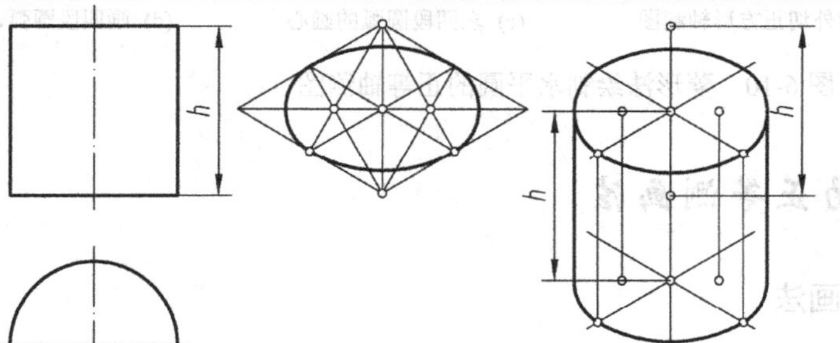 | 作顶面椭圆，采用“移点法”将上表面中心点向下移动一个圆柱高度，建立新的轴测轴，然后继续用该方法移动 5 个上表面点，再用相应的圆心、半径作圆弧，最后作圆弧的公切线，得圆柱的正等测图 |
| 圆锥 | 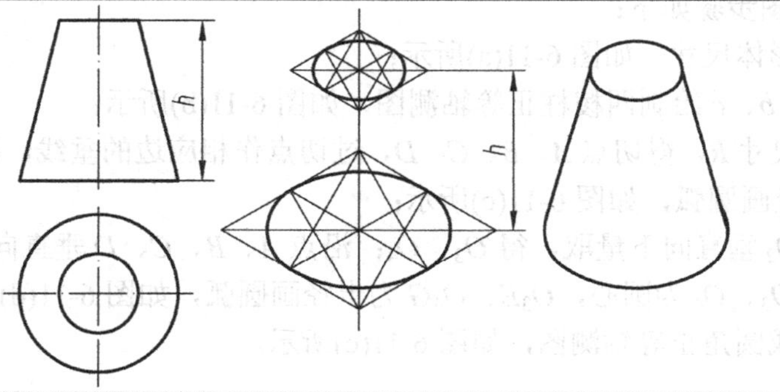 | 确定顶面和底面的轴测坐标系，两个原点相距一个圆锥高度。先作顶面、底面的椭圆，再作两椭圆的公切线，得圆锥的正等测图 |
| 圆球 | 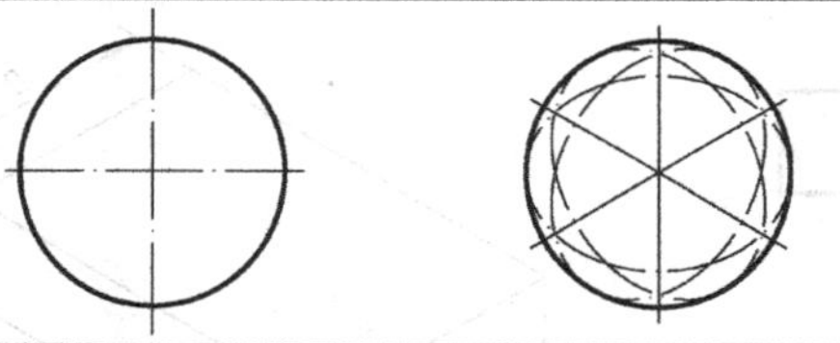 | 球的正等轴测图为与球直径相等的圆。此处画出了过球心的三个方向的椭圆，以增加图形立体感 |

### 6.2.5　组合体正等测的画法

画组合体正等轴测图时，要先进行形体分析，然后综合考虑运用切割法、叠加法等多种方法，按一定的顺序画图。

**【例 6-5】** 绘制图 6-12(a)所示形体的轴测图。

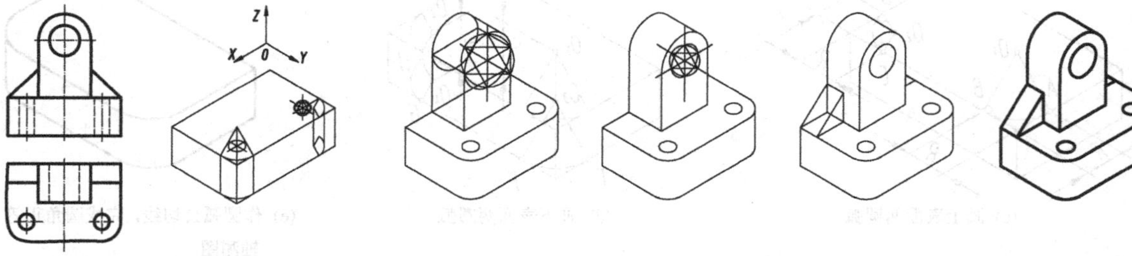


(a) 视图　(b) 绘制下底板轴测图　(c) 绘制 U 形结构轴测图　(d) 从 U 形体挖圆柱孔　(e) 绘制肋板　(f) 完成作图

图 6-12　绘制组合体正等轴测图

**分析**：依据形体分析法可知，该形体由四个小基本体组成。下方的底板有两个圆柱孔和两个圆角，上方的U形体挖去一个圆柱孔，再加上两块三角形肋板组成。

**作图步骤**：

（1）绘制参照轴测轴，绘制下方四棱柱，并倒圆角，挖去两个圆柱，完成下底板轴测图，如图6-12(b)所示；

（2）分析下底板与上方U形结构的位置关系，准确定位后，绘制底板上方U形结构轴测图，并从U形体挖圆柱孔，如图6-12(c)、(d)所示；

（3）分析两侧肋板与U形结构、下底板的位置关系，准确定位后，绘制两侧肋板轴测图，如图6-12(e)所示；

（4）整理图线，检查加深，完成形体轴测图，如图6-12(f)所示。

# 6.3 斜二轴测图的画法

常见的斜轴测图有两种：正面斜轴测和水平斜轴测。这里仅就正面斜轴测介绍斜二等轴测图的绘制方法。

## 6.3.1 轴间角和轴向伸缩系数

正面斜二等轴测图的轴间角$\angle XOY = \angle YOZ = 135°$，$\angle XOZ = 90°$。轴测轴$OX$为水平方向，$OZ$为竖直方向，$OY$与水平线成45°，如图6-13所示。

斜二等轴测图中$OX$轴与$OZ$轴的轴向伸缩系数均为1，即$p = r = 1$，$OY$轴的轴向伸缩系数$q = 0.5$。作图时，与$OX$轴、$OZ$轴平行的线段都按实际尺寸量取，与$OY$轴平行的线段要缩短一半量取。

由于斜二等轴测图的特殊性，物体上凡平行于$X_1O_1Z_1$面的图形在绘制斜二测时，均按真实形状绘制。这样，当物体某一个面上的形状比较复杂，且具有较多的圆或曲线时，可使该面平行于轴测投影面，采用斜二等轴测图作图比较方便。

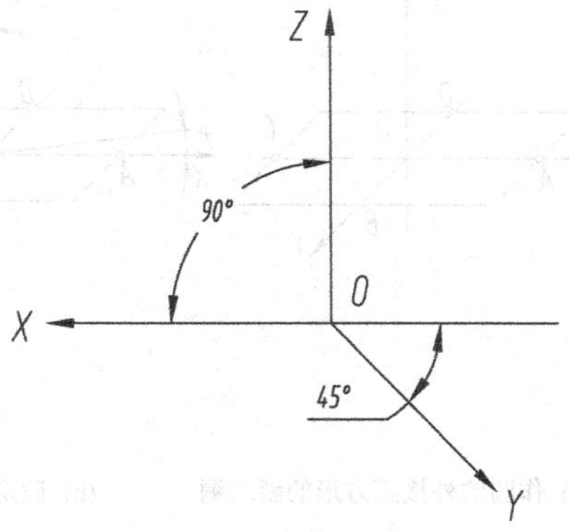


图6-13 斜二轴测图轴测轴、轴间角

## 6.3.2 平行于坐标面的圆的斜二测画法

由于物体$X_1O_1Z_1$坐标面平行于轴测投影面，所以处于平行于正平面的圆的斜二测反映实形，可直接画出。平行于水平面和侧平面的圆的斜二测图为长短轴大小相同的椭圆。椭圆长轴的方向与相应坐标轴方向夹角约为7°，偏向于椭圆外切平行四边形的长对角线一边，短轴垂直于长轴，长轴大小约为$1.06d$，短轴大小约为$0.34d$。具体如图6-14所示。

求作平行于坐标面的圆的斜二测，可运用坐标法，如图6-15所示。

此外，还可用四心椭圆的近似画法画圆的斜二测。图6-16为以近似画法作平行于水平面的圆的斜二测。作图步骤如下：①作圆的外接正方形的斜二轴测图：画出轴测轴并确定圆心$O$，沿$OX$轴取$OA = OC = 0.5d$，沿$OY$轴取$OD = OB = 0.25d$，过$A$、$C$、$B$、$D$分别作$OY$、$OX$轴平行线，得平行四边形；②确定长短轴方向：长轴与$OX$轴约成7°，短轴与长轴垂直；③确定椭圆的四个圆心：在短轴上取 $OE=OF=$ 圆的直径 $d$，线段 $EA$、$FC$ 与长轴交于 $G$、$H$ 两点，则 $E$、$F$、$G$、$H$ 为圆心；④绘制椭圆，完成作图：以 $E$、$F$ 为圆心，$EA$、$FC$ 为半径，画圆弧，以 $G$、$H$ 为圆心，$GA$、$HC$ 为半径，画圆弧，整理图形，得四段圆弧组成的椭圆。

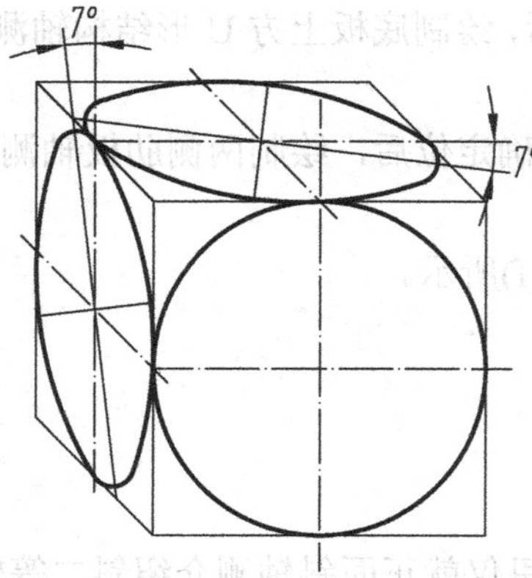


图 6-14 平行于坐标面圆的斜二轴测图

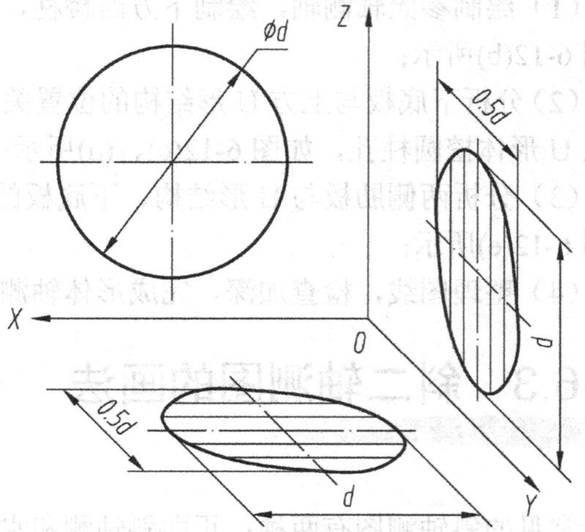


图 6-15 坐标法绘制圆的斜二测

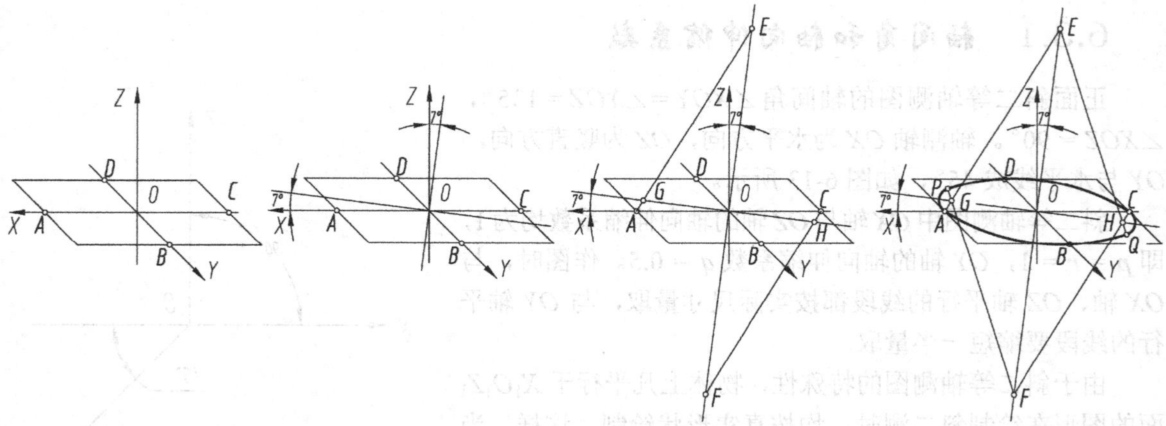


(a) 作圆的外接正方形的斜二测 (b) 确定长短轴 (c) 确定椭圆的四个圆心 (d) 绘制四段圆弧，完成椭圆

图 6-16 四心椭圆近似作图法绘制圆的斜二测

## 6.3.3 组合体斜二测的画法

在斜二轴测图中，由于 $X_1O_1Z_1$ 面的轴测投影仍反映实形，圆的轴测投影仍为圆，因此当物体的正面形状较为复杂，具有较多的圆或圆弧连接时，采用斜二测作图就比较方便。

**【例 6-6】** 根据图 6-17(a)所示的三视图绘制斜二等轴测图。

**分析：** 利用形体分析法，将该组合体分成底板和竖板两部分，其中底板前方开方槽，竖板为拱形并开了通孔。

**作图步骤：**

（1）根据尺寸 $a$、$b$、$c$ 绘制下底板四棱柱的斜二测，注意宽度方向按尺寸 $b/2$ 量取，如图 6-17(b)所示。

（2）由尺寸 $e$、$d$，在四棱柱前方开槽口，槽口深度按 $d/2$ 来画，如图 6-17(c)所示。

（3）确定点 $O$ 位置，建立轴测坐标系，绘制竖板前表面，其形状与主视图相同，沿 $OY$ 轴后移 $l/2$，画出后表面轮廓，如图 6-17(d)所示。

（4）擦去多余图线，整理图形，完成形体的斜二等轴测图，如图 6-17(e)所示。

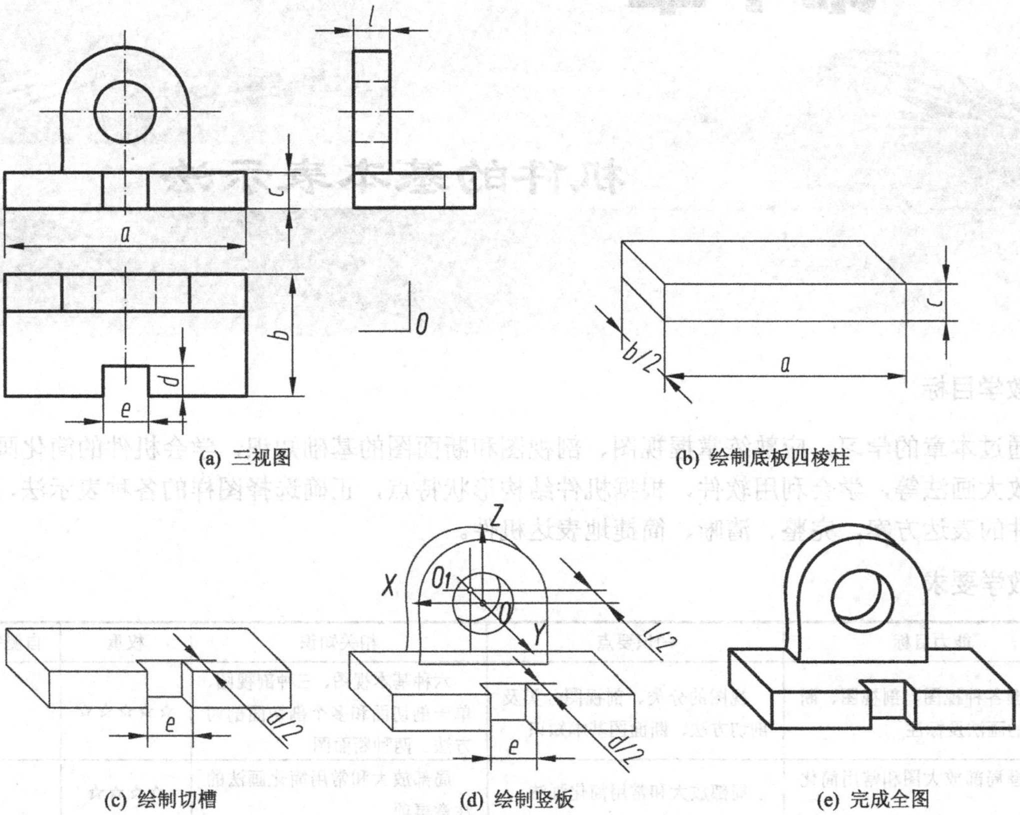


(a) 三视图　(b) 绘制底板四棱柱

(c) 绘制切槽　(d) 绘制竖板　(e) 完成全图

图 6-17　斜二等轴测图的画法

# 第7章 机件的基本表示法

**教学目标**

通过本章的学习，应熟练掌握视图、剖视图和断面图的基础知识，学会机件的简化画法和局部放大画法等，学会利用软件，根据机件结构形状特点，正确选择图样的各种表示法，组合成机件的表达方案，完整、清晰、简捷地表达机件。

**教学要求**

| 能力目标 | 知识要点 | 相关知识 | 权重 | 自测等级 |
| --- | --- | --- | --- | --- |
| 掌握各种视图、剖视图、断面图的画法及标注 | 视图的分类、剖视图分类及剖切方法、断面图基本知识 | 六种基本视图、三种剖视图、单一剖切面和多个剖切面剖切方法、两种断面图 | ☆☆☆☆☆ | |
| 掌握局部放大图和常用简化画法 | 局部放大和常用简化画法 | 局部放大和常用简化画法的注意事项 | ☆☆☆☆ | |
| 了解轴测剖视图和第三角投影 | 轴测剖视图的画法和第三角投影基本知识 | 轴测剖视图剖切方法、第三角投影的形成及与第一角投影的区别 | ☆☆ | |
| 掌握 AutoCAD 绘制剖视图的方法 | AutoCAD绘制剖视图的关键步骤 | 图案填充及波浪线的画法 | ☆☆☆☆ | |

**提出问题**

在生产实际中，机件的结构形状各种各样。当外形复杂时，有时为了清晰表示出机件的上、下、左、右、前、后不同位置的形状，很难用常规的三视图来表达。另外，当机件的内部形状较复杂时，视图上就会出现虚线与实线交错、重叠，从而影响了图形的清晰，同时也不便于标注尺寸。那么如何解决这些问题呢？本章将介绍各种常用的基本表示方法。

## 7.1 视图

### 7.1.1 基本视图

对于形状比较复杂的机件，当难以用三视图完整、清楚地表达它们的内外形状时，可根据国标规定，在原有的三个投影面的基础上，再增加三个互相垂直的投影面，从而构成一个正六面体的六个面，这六个面为基本投影面。将机件放在正六面体内，分别向各基本投影面投射，如图 7-1(a)所示，所得到的视图称为基本视图，如图 7-1(b)所示。然后，正立投影面保持不动，将其他投影面按照图 7-1(b)所示方向展开到与正立投影面位于同一平面内，展开后的六个基本视图按投影关系配置如图 7-2 所示。增加的三个视图分别为后视图（从后向前投射所得的投影图）、仰视图（从下向上投射所得的投影图）和右视图（从右向左投射所得的投影图）。按投影关系配置视图时，一律不标注视图名称。

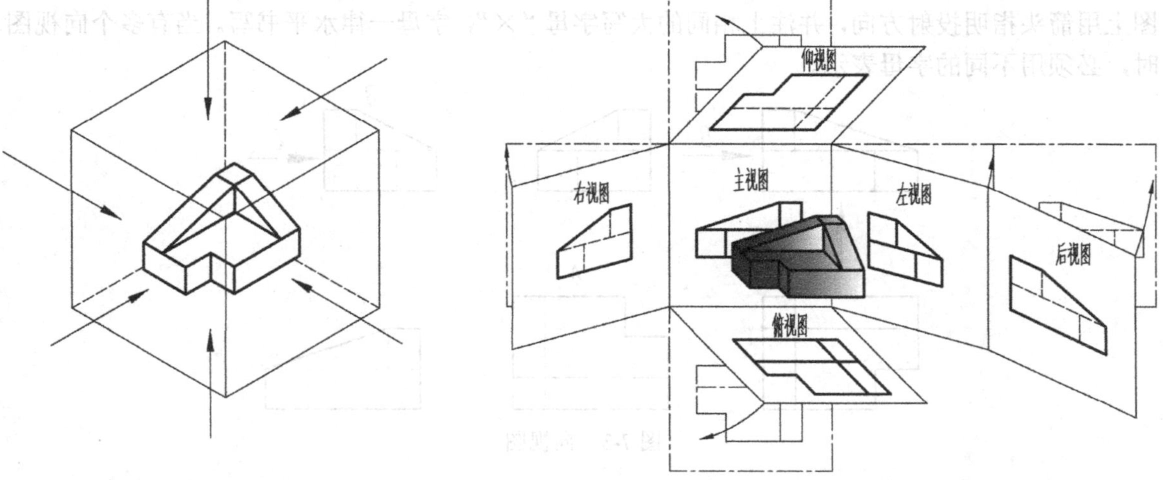


(a) 基本投影面及投射方向　　(b) 基本投影面展开

图 7-1　投射方向及基本投影面展开

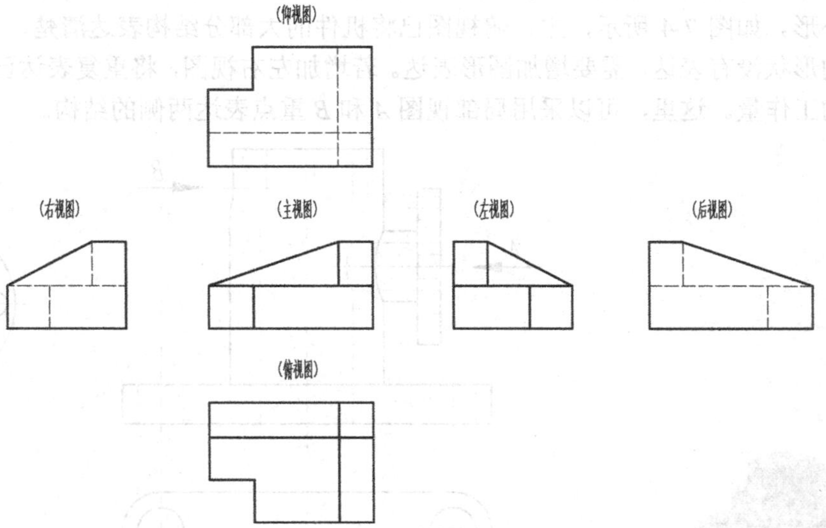


图 7-2　基本视图的配置

基本视图与机件具有以下对应关系：

（1）主、俯、仰、后视图满足“长对正”，主、左、右、后视图满足“高平齐”，左、俯、右、仰视图满足“宽相等”；

（2）主、左、右、后视图反映机件上、下方位，主、俯、仰、后视图反映机件左、右方位，左、俯、右、仰视图反映机件前、后方位。

在实际绘图时，应根据机件的复杂程度选用合适的基本视图，在完整、清晰地表达机件特征的前提下，应使视图数量最少，力求制图简便和看图方便。

## 7.1.2 向视图

有时为了在图纸中合理布置各视图，将基本视图进行恰当配置，得到向视图，如图 7-3 所示。向视图是基本视图的平移，其形状与基本视图完全相同，但位置不在基本视图的默认位置上。向视图必须进行标注：在向视图上方标注图形名称“×”（×为大写拉丁字母），在相应视图上用箭头指明投射方向，并注上相同的大写字母“×”，字母一律水平书写。当有多个向视图时，必须用不同的字母表示。

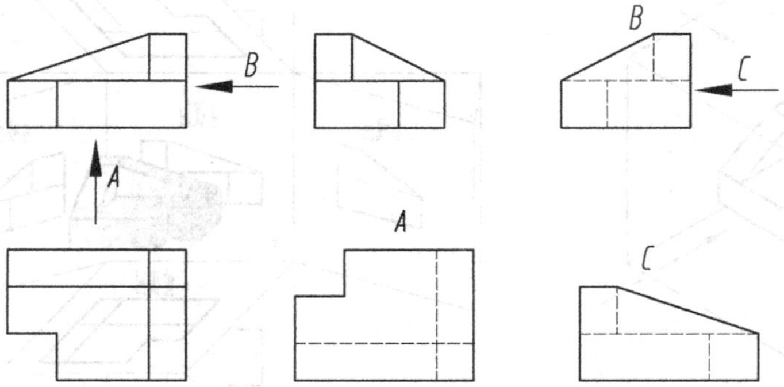


图 7-3 向视图

## 7.1.3 局部视图

将机件的某一部分向基本投影面投射所得到的视图称为局部视图。局部视图一般用来表达机件的局部外形。如图 7-4 所示，主、俯视图已将机件的大部分结构表达清楚，只有左侧凸台和右侧凹槽的形状没有表达，需要增加图形表达。若增加左右视图，将重复表达已知主体结构，增加了额外的工作量。这里，可以采用局部视图 ***A*** 和 ***B*** 重点表达两侧的结构。

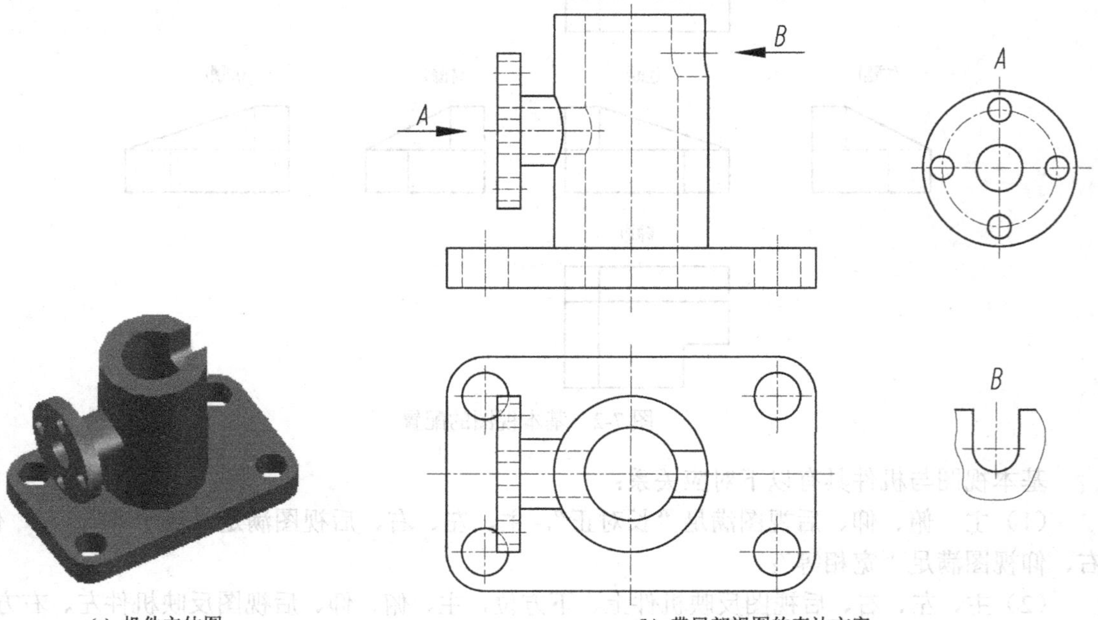


(a) 机件立体图 (b) 带局部视图的表达方案

图 7-4 局部视图

绘制局部视图应注意以下几点。

（1）局部视图的边界线 局部视图以细波浪线表示范围边界，如图 7-4(b)中 *B* 向局部视图所示；当所表示的结构是完整的，且外形轮廓线封闭时，细波浪线可省略不画，如图 7-4(b)中 *A* 向局部视图所示。

（2）局部视图的布置 为了看图方便，局部视图最好按投影关系配置在箭头所指的方向上，如图 7-4(b)中 *A* 向局部视图所示；必要时，可允许配置在其他适当位置，如图 7-4(b)中 *B* 向局部视图所示。

（3）局部视图的标注 局部视图上方一般标注名称“×”（大写字母），并在相应的视图附近用箭头指明投射方向，并注上相同的字母“×”；当局部视图按投影关系配置，且与相应的基本视图中间又没有其他图形隔开时，可省略标注。图 7-4(b)中 *A* 向局部视图可省略标注。

## 7.1.4 斜视图

当机件上存在不平行于基本投影面的倾斜部分时，无法在基本投影面上真实地反映其实形和真实尺寸。此时，可设置一个平行于该倾斜结构，并垂直于某一基本投影面的辅助投影平面；然后把该倾斜部分向辅助投影面进行投射，如图7-5 所示。机件向不平行于基本投影面的平面投射所得的图形称为斜视图，如图 7-6 所示。

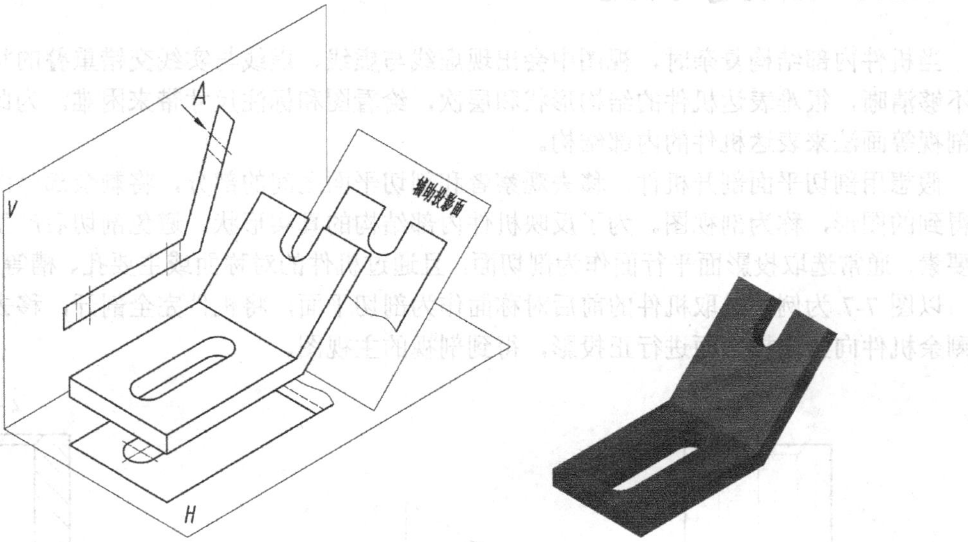


图 7-5 斜视图的形成

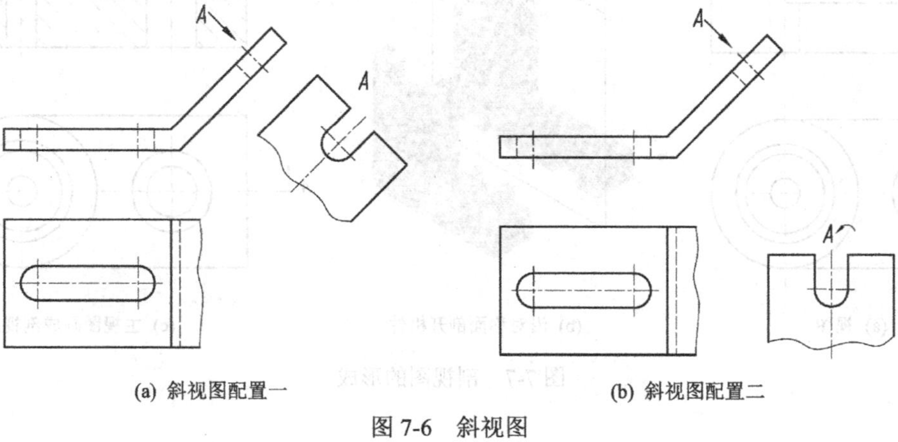


(a) 斜视图配置一　　(b) 斜视图配置二

图 7-6 斜视图

绘制斜视图时，需注意以下几点。

（1）斜视图的边界　斜视图只要求画出倾斜部分的投影，其余部分投影可不必画出，机件上倾斜部分的边界线用细波浪线或双折线画出。用波浪线绘制边界时，波浪线不应超过机件的轮廓线，且应画在机件的实体上，不可画在可见的空腔内。

（2）斜视图的配置　斜视图可按投影关系配置，必要时也可根据图纸幅面的合理利用要求，将斜视图配置在其他适当位置，如图 7-6 所示。

（3）斜视图的标注　斜视图必须标注，标注方法是在斜视图上方用大写字母注出视图名称“×”，在相应的视图上用箭头指明投射方向和表达部位，并注写相同的大写字母。有时为了绘图方便，允许将斜视图旋转放正，此时需要在视图名称“×”处标注旋转符号（弧状箭头），且字母应靠近旋转符号的箭头端，如图 7-6(b)所示。必要时，允许将旋转角度标注在字母之后。此外，斜视图中字母一律水平书写。

## 7.2 剖视图

### 7.2.1 剖视图的概念

当机件内部结构复杂时，视图中会出现虚线与虚线、虚线与实线交错重叠的状况，致使图形不够清晰，很难表达机件的结构形状和层次，给看图和标注尺寸带来困难。为此，国标规定用剖视等画法来表达机件的内部结构。

假想用剖切平面剖开机件，移去观察者和剖切平面之间的部分，将剩余部分向投影面投射所得到的图形，称为剖视图。为了反映机件内部结构的真实形状，避免剖切后产生不完整的结构要素，通常选取投影面平行面作为剖切面，且通过机件的对称面或主要孔、槽等结构的轴线。

以图 7-7 为例，选取机件的前后对称面作为剖切平面，将机件完全剖开，移去前半部分，将剩余机件向正立投影面进行正投影，得到剖视的主视图。

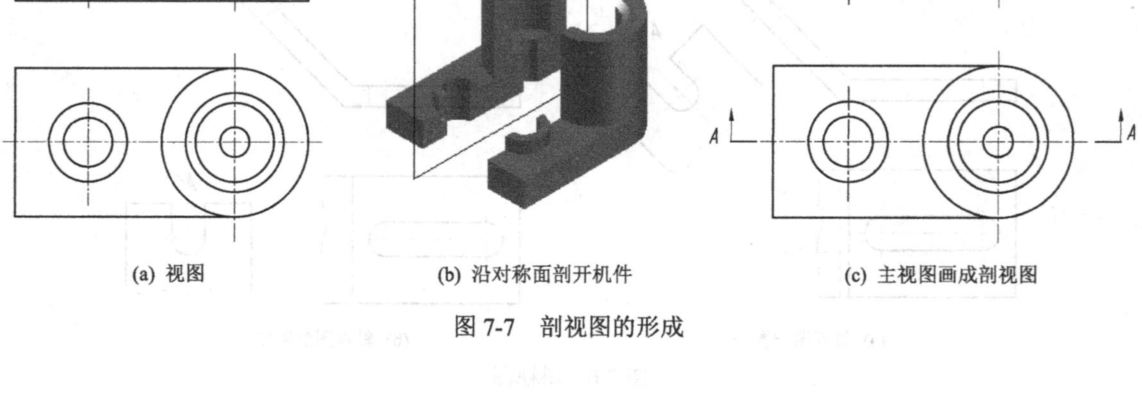


(a) 视图　(b) 沿对称面剖开机件　(c) 主视图画成剖视图

图 7-7　剖视图的形成

## 7.2.2　剖视图的画法

### 1. 剖面符号

剖切平面与机件接触部分称为剖面区域。剖视图中，剖面区域需要画出剖面符号。机件材料不同，其剖面符号也不一样，表 7-1 中为部分材料的剖面符号。

表 7-1　部分材料的剖面符号

| 材料名称 | 剖面符号 | 材料名称 | 剖面符号 |
|---|---|---|---|
| 金属材料（已有规定剖面符号者除外） | 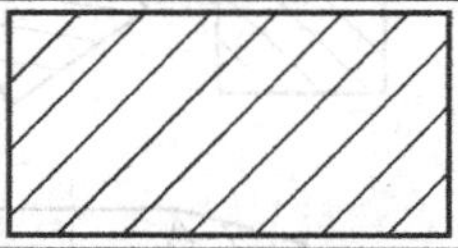 | 木质胶合板（不分层次） |  |
| 线圈绕组元件 | 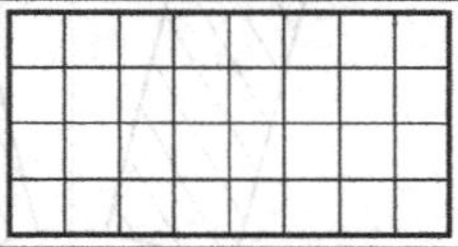 | 基础周围的泥土 | 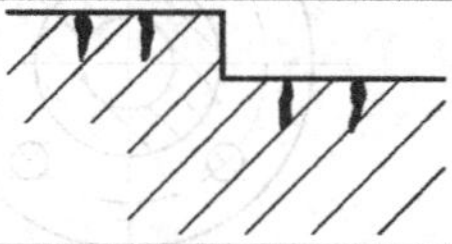 |
| 转子、电枢、变压器和电抗器等的叠钢片 | 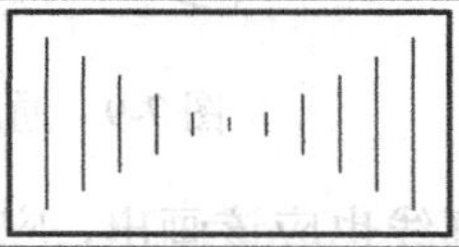 | 混凝土 | 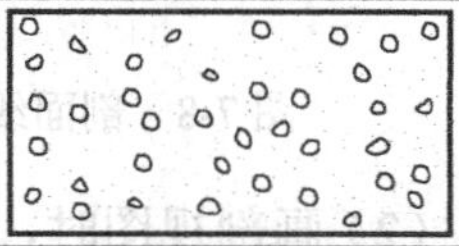 |
| 非金属材料（已有规定剖面符号者除外） |  | 钢筋混凝土 | 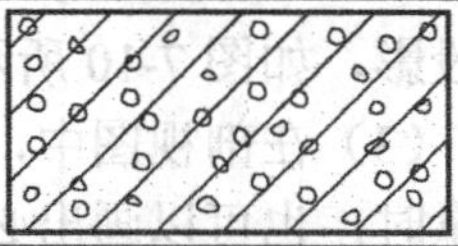 |
| 型砂、填沙、粉沫冶金、砂轮、陶瓷刀片、硬质合金刀片等 |  | 砖 | 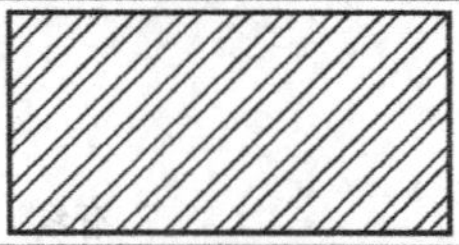 |
| 玻璃及供观察用的其他透明材料 |  | 格网（筛网、过滤网等） |  |
| 木材 纵剖面 | 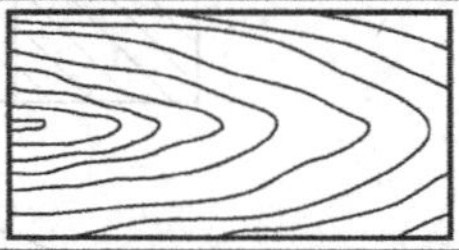 | 液体 | 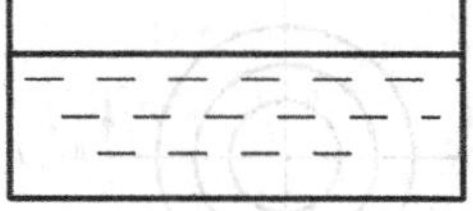 |
| 木材 横剖面 | 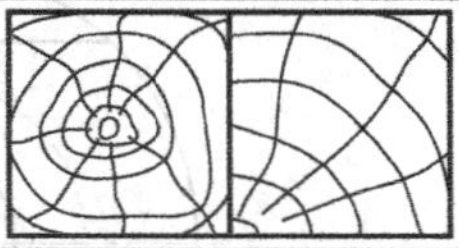 | | |

金属材料的剖面符号又称剖面线，画成与水平方向成 45° 的等距细实线。同一机件在各个视图中的剖面线方向和间隔必须一致。当图形中的主要轮廓线与水平方向成 45° 或接近 45° 时，该图形的剖面线画成与水平线成 30° 或 60° 的平行线，其倾斜方法、间距仍与其他剖视图上的剖面线一致，如图 7-8 所示。

当不需要在剖面区域中表示材料类别时，可采用通用剖面符号表示。通用剖面符号最好采用与主要轮廓或剖面区域对称线成 45° 角的等距细实线表示，如图 7-9 所示。

### 2. 剖视图的画法

画剖视图应注意以下几点：

（1）剖视图是一种假想画法，因此其他视图仍应按完整的机件画出，不受剖视图剖切的影响，如图 7-7(c)所示的俯视图；

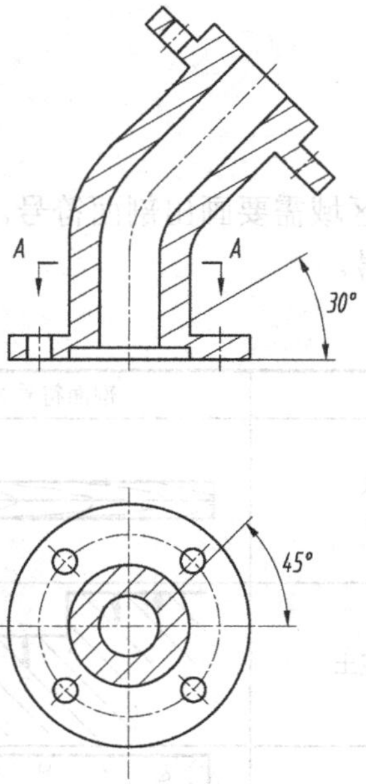


图 7-8 剖面线的画法

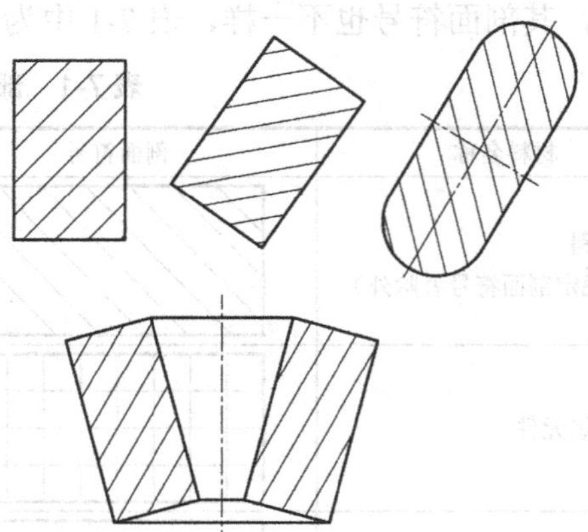

图 7-9 通用剖面线的画法

（2）画剖视图时，在剖切平面后方的可见轮廓线也应该画出，应特别注意机件空腔中的线、面投影，如图 7-10 所示；

（3）在剖视图中，虚线一般不画，以增加图形的清晰性；但当画少量虚线可以减少视图的数量时，也可以画出必要的虚线，如图 7-11 所示。

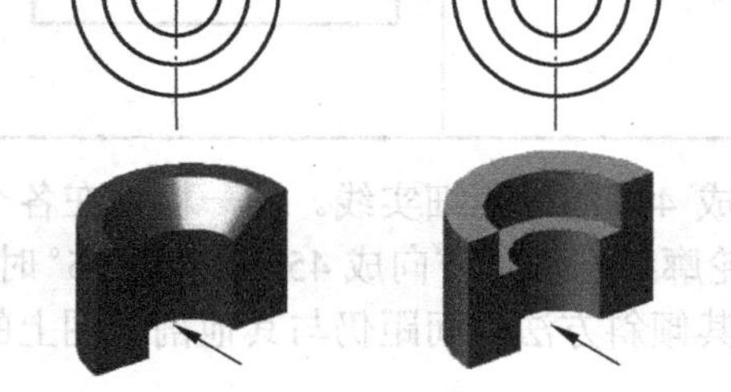


图 7-10 剖切平面后方可见轮廓线举例

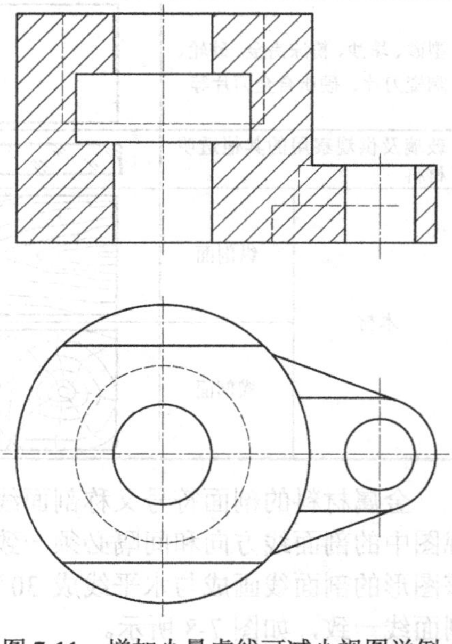

图 7-11 增加少量虚线可减少视图举例

### 3．剖视图的标注

剖视图一般需要标注剖切符号及剖视图名称。关于剖视图的标注需要注意以下几点说明：

（1）剖切符号用不与视图可见轮廓线接触的粗短画表示，其线宽为 1～1.5$d$，长约 5～10 mm；

（2）在剖切平面的起、转、止处均需要画出剖切符号，在剖切平面起、止处外侧画出与剖切符号相垂直的箭头表示投射方向，如图 7-10 所示；

（3）在剖切平面起、止和转折处注上相同的大写字母“×”，然后在相应剖视图上方采用相同的大写字母注出“×—×”表示剖视图的名称，字母一律水平书写，如图7-7中“*A—A*”。

下列两种情形下，可对剖视图进行省略标注：

（1）当剖视图按投影关系配置，中间又没有其他图形隔开时，可省略标注中的箭头；

（2）用单一剖切平面通过机件的对称平面或基本对称平面，且剖视图按投影关系配置，而中间没有其他图形隔开时，可省略标注。

## 7.2.3 剖视图的种类

按剖切范围分，剖视图可分为全剖视图、半剖视图和局部剖视图。

### 1. 全剖视图

用剖切平面将机件完全剖开所得的剖视图为全剖视图。图7-12所示的是用单一剖切平面剖开机件的所得的全剖视图。

全剖视图主要用于表达外形简单、内部结构较为复杂的不对称机件或外形简单的对称机件。

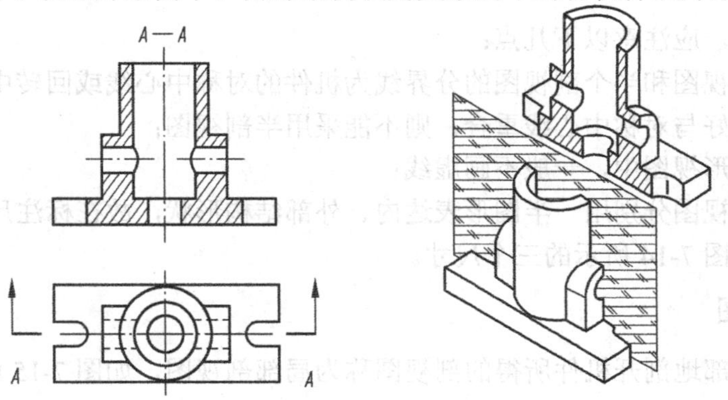


图7-12 全剖视图

### 2. 半剖视图

当机件具有对称平面时，在垂直于对称平面的投影面上，以对称中心线为界，一半画成剖视，用于表达内部结构，另一半画成视图，用于表达外部结构，这样的图形称为半剖视图。

半剖视图同时表达了零件的内外结构形状。当对称机件内、外形状均需要表达；或机件的形状基本对称，且不对称部分已在其他图形中表达清楚时，均可采用半剖视图。

图7-13所示的机件前后、左右对称，在主视图和俯视图均采用半剖，既可反映出外部顶板、底板及凸台的结构形状，又可显示机件的内部孔的结构。

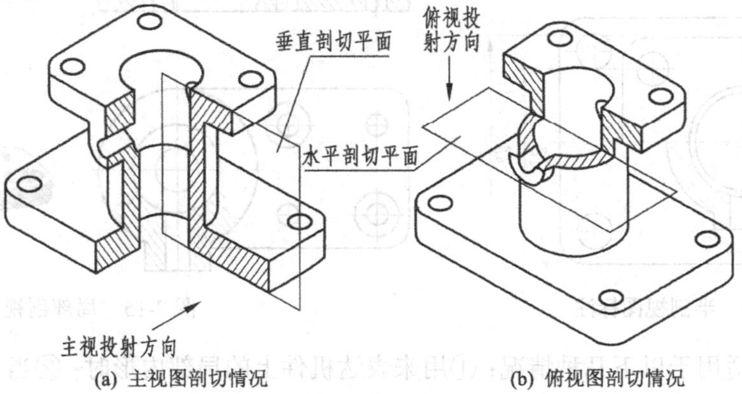


(a) 主视图剖切情况 (b) 俯视图剖切情况

图7-13 半剖视图

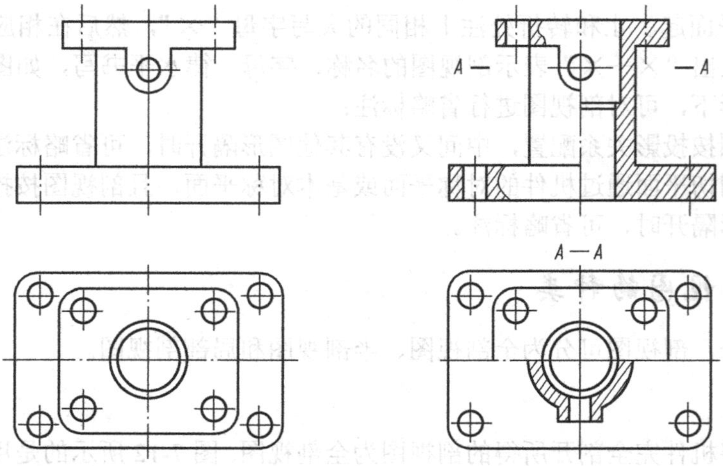


(c) 视图　　(d) 半剖视图

图 7-13　半剖视图（续）

画半剖视图时，应注意以下几点：

（1）半个外形视图和半个剖视图的分界线为机件的对称中心线或回转中心线（细点画线）；若机件的轮廓线恰好与对称中心线重合，则不能采用半剖视图；

（2）在半个外形视图中，一般不画虚线；

（3）由于半剖视图分别用一半图形表达内、外部结构形状，故在标注尺寸时，尺寸线末端仅画一个箭头，如图 7-14 所示的三个尺寸。

### 3．局部剖视图

用剖切平面局部地剖开机件所得的剖视图称为局部剖视图，如图 7-15 所示。

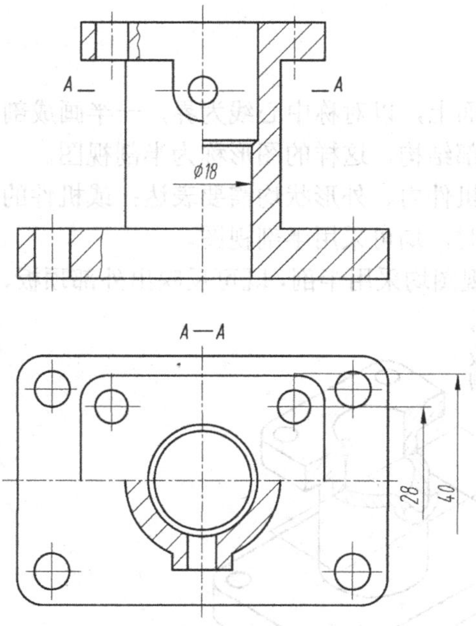


图 7-14　半剖视图标注

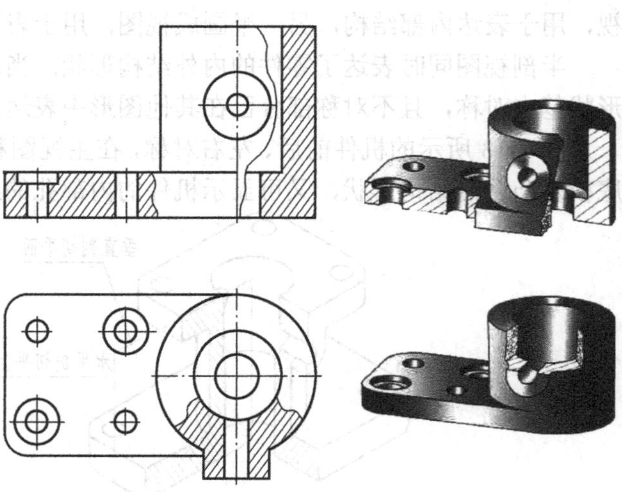

图 7-15　局部剖视图

局部剖视图适用于以下几种情况：①用来表达机件上的局部内形时；②当不对称机件的内、外形均需要表达时；③当对称机件不宜画成半剖视图时，如图 7-16 所示。

画局部剖视图时需要注意以下几点：

（1）单一剖切平面剖切位置明显时，可以省略标注，如图 7-15 所示；同一视图中不宜采用过多的局部剖视图，否则会使图形零散，影响识读；

（2）局部视图中一般采用细波浪线作为视图与剖视的分界线，以区分机件的内外结构形状；也可用折线代替细波浪线，如图 7-17 所示；

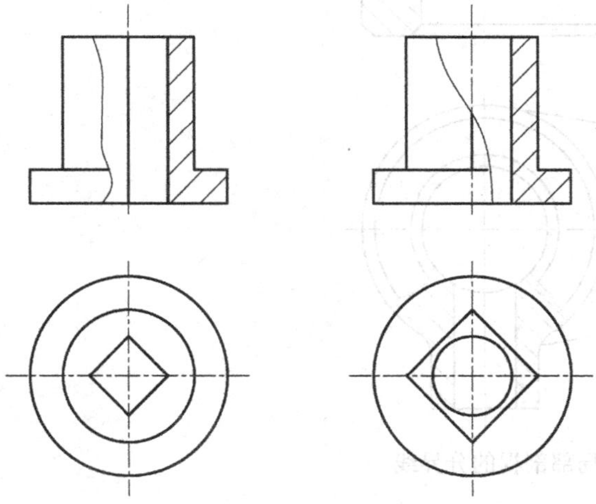

图 7-16 不宜采用半剖视图表达的情形

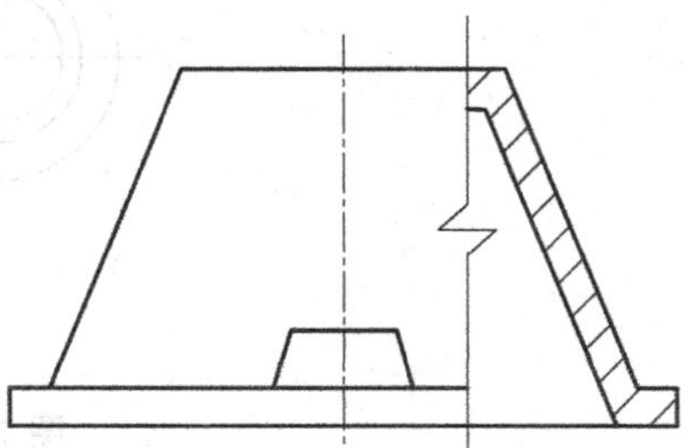

图 7-17 折线代替细波浪线

（3）波浪线不要与图形中其他图线重合，也不要画在其他图线的延长线上；波浪线不应超越被剖开部分的外形轮廓线；在观察者与剖切面之间的通孔或缺口的投影范围内，波浪线必须断开，如图 7-18 所示。

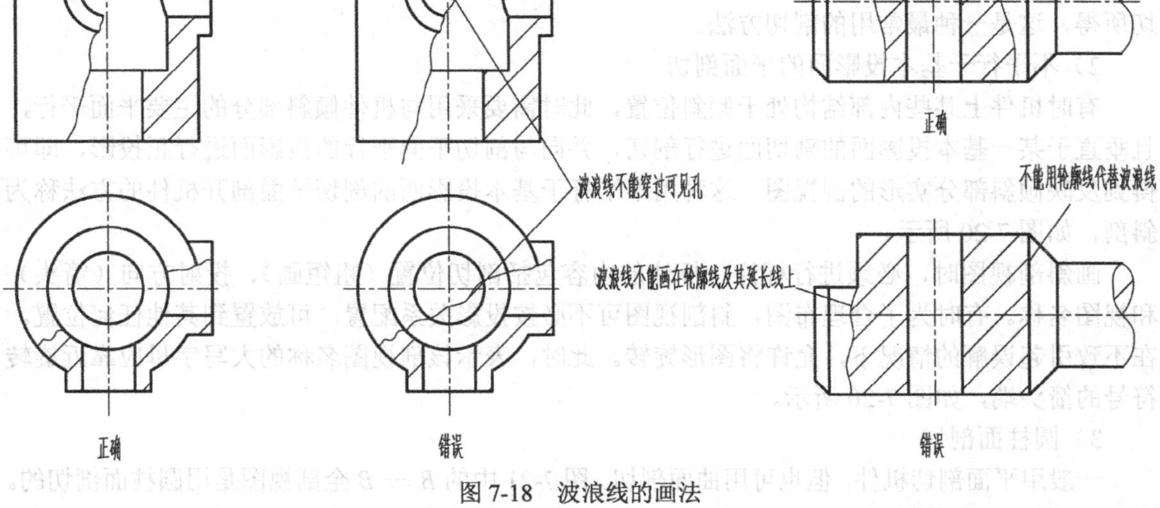


图 7-18 波浪线的画法

（4）当被剖结构为回转体时，允许将该结构的中心线作为局部剖视与视图的分界线，如图 7-19 所示。

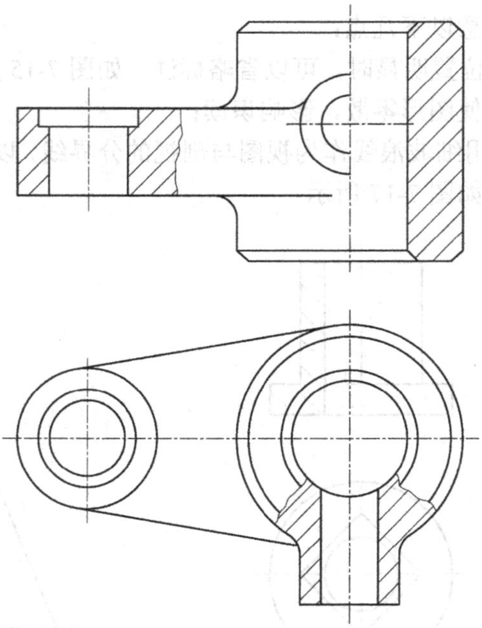

图 7-19　中心线作局部剖视的分界线

## 7.2.4　剖视图的剖切方法

国家标准规定了三种剖切方法：单一剖切平面剖切、几个平行的剖切平面剖切和几个相交的剖切平面剖切。在作剖视图时，需要根据机件的结构特点，灵活选择剖切方法。三种剖切方法均可剖得全剖视图、半剖视图和局部剖视图。

### 1．单一剖切平面剖切

1）平行于某一基本投影面的平面剖切

前面介绍的全剖视图、半剖视图和局部剖视图，均是采用平行于某一基本投影面的平面剖切所得，这是一种最常用的剖切方法。

2）不平行于基本投影面的平面剖切

有时机件上某些内部结构处于倾斜位置，此时需要采用与机件倾斜部分的主要平面平行，且垂直于某一基本投影面的剖切面进行剖切，并向与剖切平面平行的投影面进行正投影，即可得到反映倾斜部分实形的剖视图。这种用不平行于基本投影面的剖切平面剖开机件的方法称为斜剖，如图 7-20 所示。

画斜剖视图时，必须进行标注，标注的内容包括剖切位置（粗短画）、投射方向（箭头）和视图名称。有时为了合理布图，斜剖视图可不必按投影关系配置，可放置到其他任何位置。在不致引起误解的情况下，允许将图形旋转。此时，表示该剖视图名称的大写字母应靠近旋转符号的箭头端，如图 7-20 所示。

3）圆柱面剖切

一般用平面剖切机件，但也可用曲面剖切。图 7-21 中的 *B*—*B* 全剖视图是用圆柱面剖切的。国家标准规定，采用圆柱面剖切机件时，剖视图应按展开绘制，剖视图名称的形式为“×—×展开”。

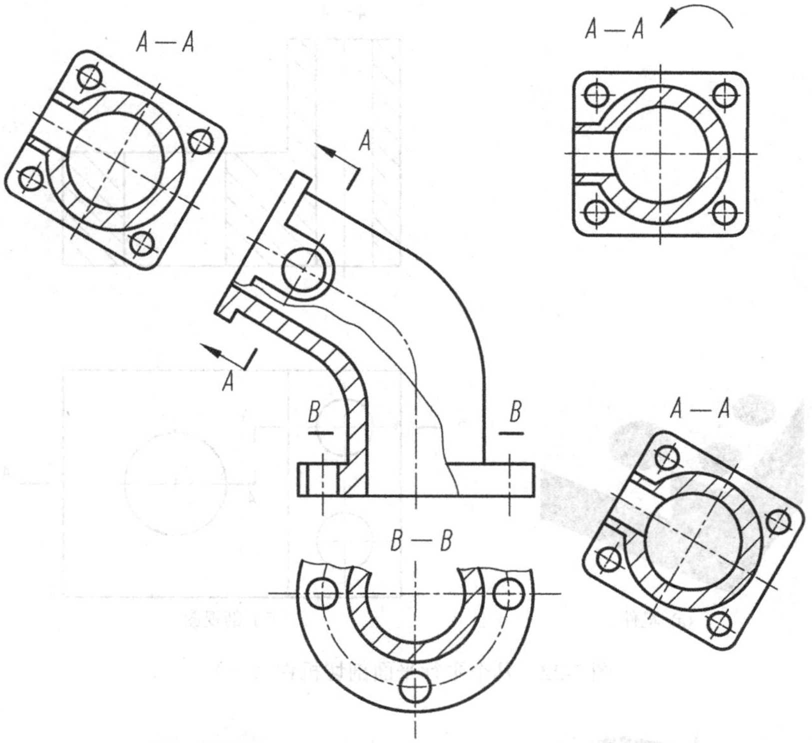


图 7-20　斜剖视图

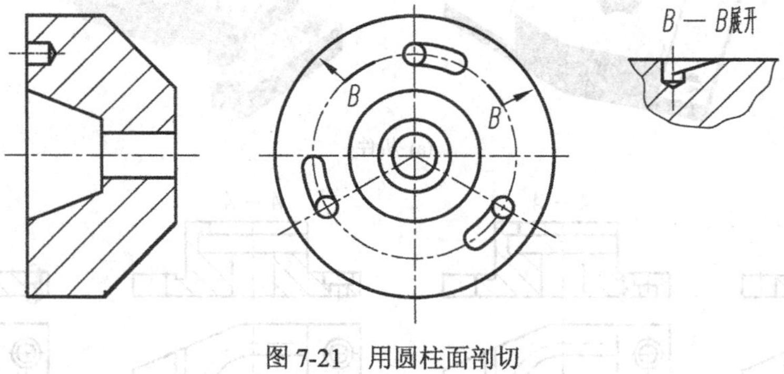


图 7-21　用圆柱面剖切

## 2. 几个平行的剖切平面剖切

当机件外形简单、内部复杂，且孔、槽等结构的轴线或对称中心线不在同一平面或柱面上时，可采用几个平行的平面剖切。这种剖切常用于获得全剖视图的场合。根据机件结构特点，有时也可画成半剖视图或局部剖视图。

以图 7-22 所示的简单机件为例，该机件外形简单，内部包含两种不同直径的孔。可采用分别过两种孔的两个正平面同时剖切该机件，获得全剖的主视图。

采用几个平行剖切平面形式的剖视图，必须标注剖切符号和剖视图名称。若剖视图是按投影关系配置，中间没有其他图形隔开，则可省略箭头；若剖切平面在转折处位置有限而又不引起误解，则允许省略字母。

采用这种方法画剖视图时应注意以下几点：

（1）因为剖切是假想的，所以各剖切平面转折处不应画出分界线，如图 7-23(c)所示，并且剖切平面转折处不应与图形中的轮廓线重合，如图 7-23(d)所示。

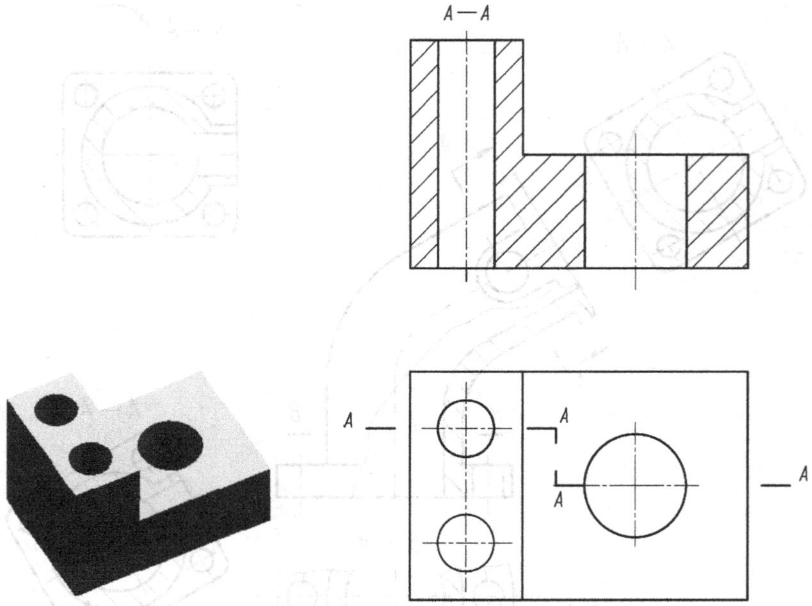


(a) 机件　　(b) 剖视图

图 7-22　几个平行平面剖切机件（一）

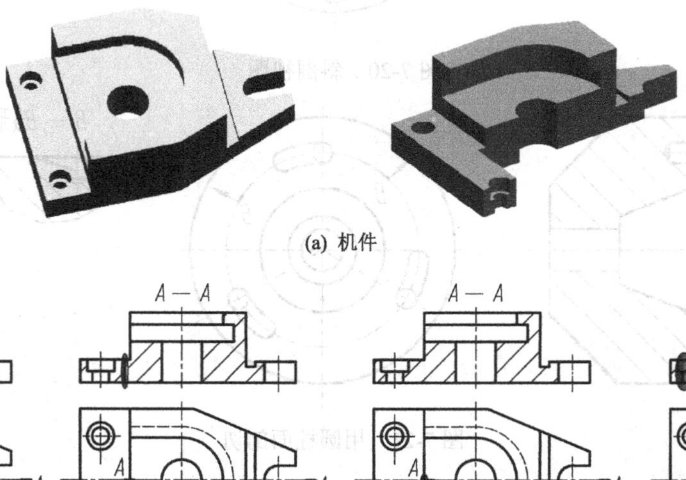

(a) 机件

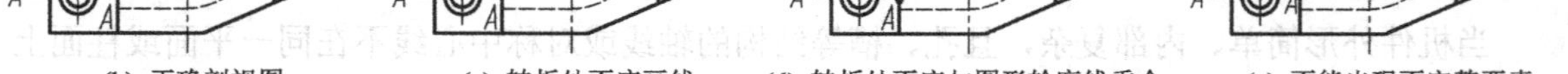


(b) 正确剖视图　　(c) 转折处不应画线　　(d) 转折处不应与图形轮廓线重合　　(e) 不能出现不完整要素

图 7-23　几个平行平面剖切机件（二）

（2）剖视图中一般不应出现不完整要素，如图7-23(e)所示；仅当两个要素在图形上具有公共对称中心线或轴线时，才可以出现不完整的要素，此时，以对称中心线或轴线为界，各画一半，如图 7-24 所示。

### 3．几个相交的剖切平面剖切

为了表达机件内部孔、槽等结构，有时需要用几个相交的剖切平面剖开机件，两两剖切平面的交线垂直于某一基本投影面。用这种方法画剖视图时，需要将被倾斜平面剖切的结构及其相关部分旋转到与选定投影面平行，再进行投射。

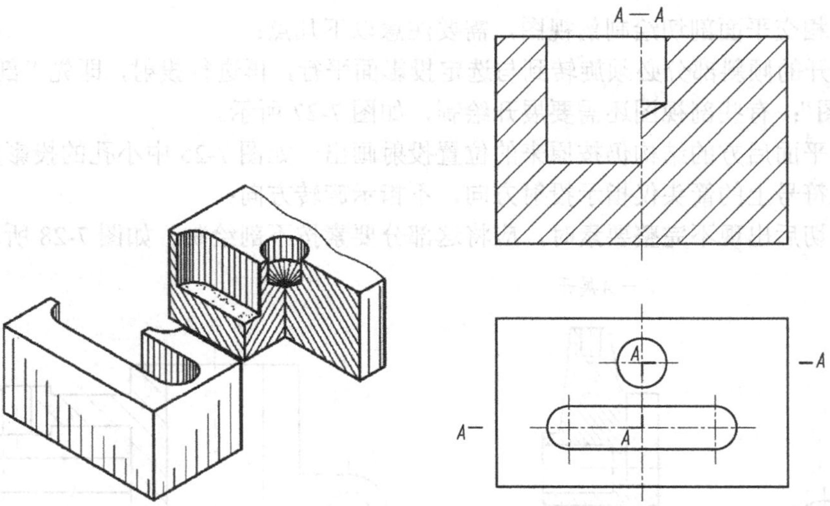


图 7-24 允许出现不完整要素的状况

采用这种方法绘制剖视图时必须进行标注。当剖视图是按投影关系配置，中间没有其他图形隔开时，可省略箭头；当转折处无法注写又不致引起误解的情况下，也可以省略字母。

图 7-25 所示的机件由左、右两部分组成，左半部分平行于水平面，水平投影反映实形，右半部分与水平面倾斜，不能通过水平投影反映实形。由于机件中间的回转轴垂直于正立投影面，可采用两个相交的剖切平面（交线即为回转轴线）剖开机件，并把被剖切到的右侧倾斜部分旋转到与水平投影面平行后再进行投影，得到全剖视图。图 7-26 所示的是用多个相交面组合剖切机件的情况。

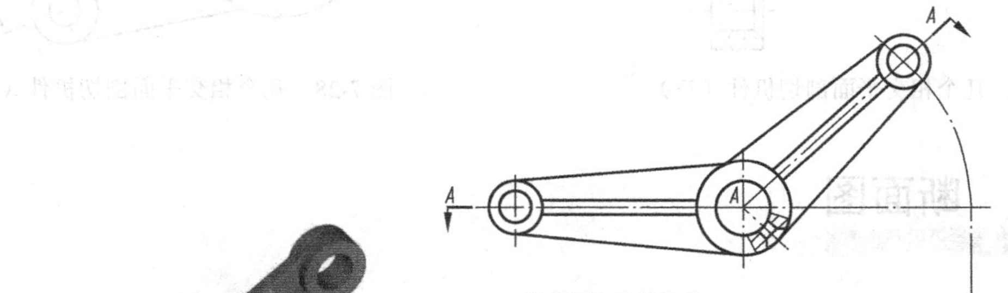


图 7-25 几个相交平面剖切机件（一）

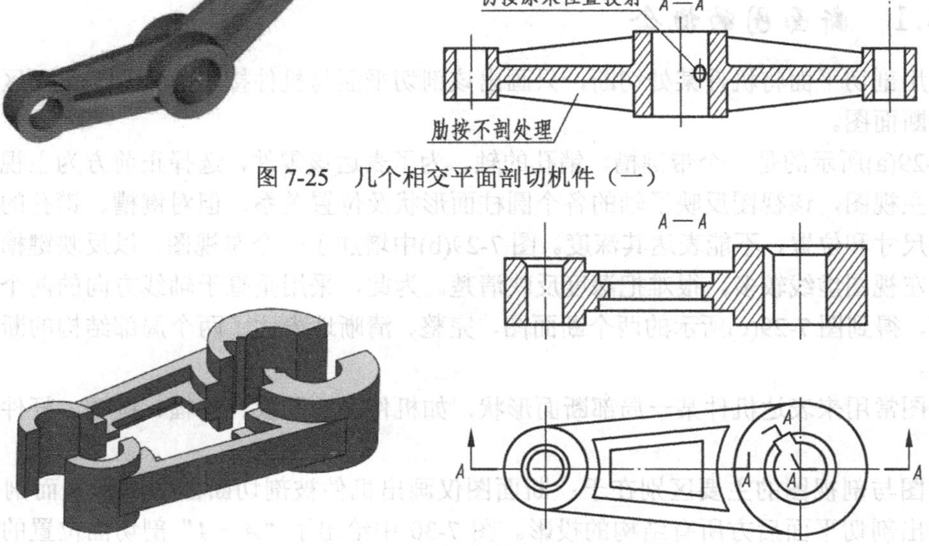


图 7-26 几个相交平面剖切机件（二）

采用几个相交平面剖切绘制剖视图，需要注意以下几点：

（1）被剖开的倾斜部分必须旋转到与选定投影面平行，再进行投射，即先“剖切”，再“旋转”，后“绘图”；有些剖视图还需要展开绘制，如图 7-27 所示。

（2）剖切平面后方的结构仍按原来的位置投射画出，如图 7-25 中小孔的投影所示；

（3）剖切符号上的箭头仅指示投射方向，不指示旋转方向；

（4）当剖切后出现不完整要素时，应将这部分要素按不剖绘制，如图 7-28 所示。

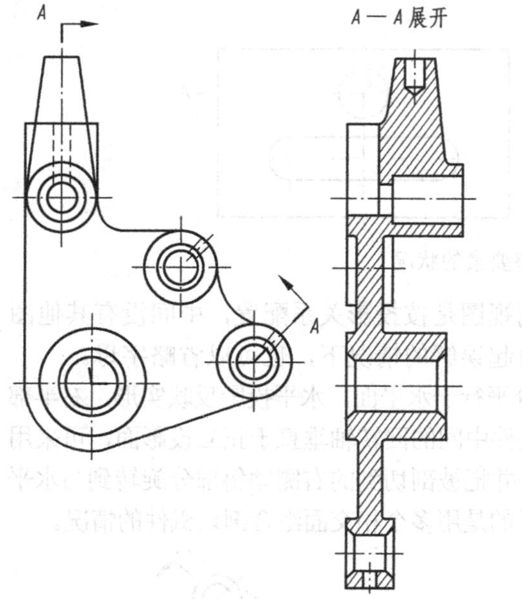


图 7-27 几个相交平面剖切机件（三）

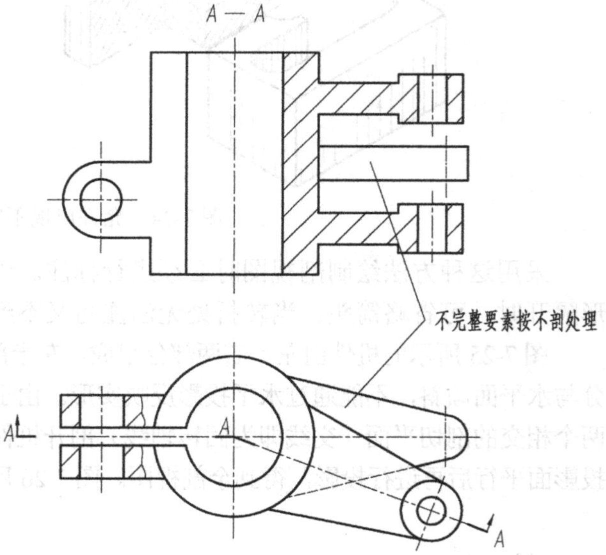


图 7-28 几个相交平面剖切机件（四）

## 7.3 断面图

### 7.3.1 断面图的概念

假想用剖切平面将机件某处切断，只画出该剖切平面与机件接触部分（即剖面区域）的图形，称为断面图。

图 7-29(a)所示的是一个带键槽、销孔的轴。为了表达该零件，选择正前方为主视图投影方向，绘出主视图，该视图反映了轴的各个圆柱面形状及位置关系，但对键槽、销孔的表达只能反映部分尺寸和位置，不能表达其深度。图 7-29(b)中增加了一个左视图，以反映键槽和销孔的深度，但左视图虚线较多，很难把深度反映清楚。为此，采用垂直于轴线方向的两个剖切平面将轴剖开，得到图 7-29(c)所示的两个断面图，完整、清晰地表达了两个局部结构的断面形状及结构深度。

断面图常用来表达机件某一局部断面形状，如机件上的肋板、轮辐、键槽、杆件及型材的断面等。

断面图与剖视图的主要区别在于：断面图仅画出机件被剖切断面的图形，而剖视图则要求同时画出剖切平面后方所有结构的投影。图 7-30 中给出了“*A—A*”剖切面位置的剖视图和断面图。

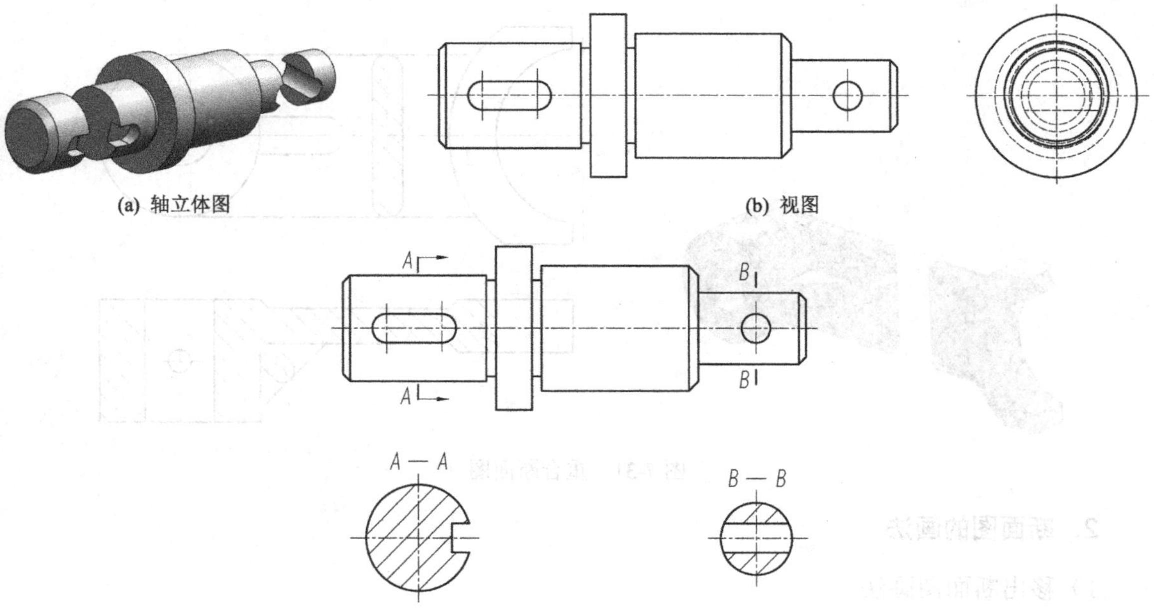


(a) 轴立体图　(b) 视图

(c) 表达方案

图 7-29　断面图

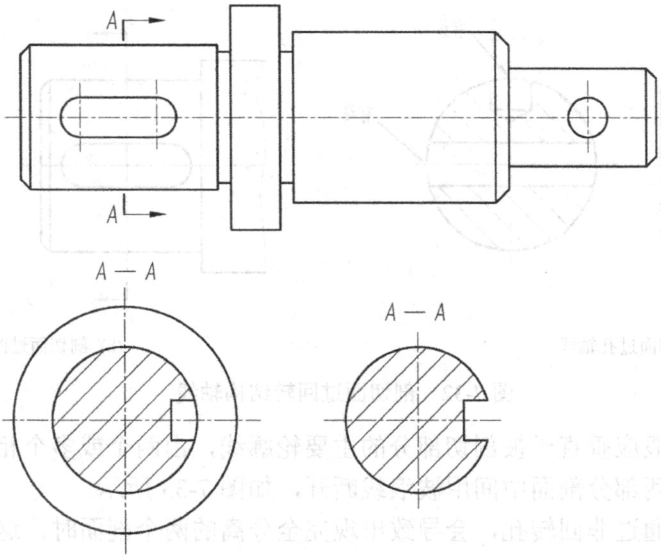


剖视图　断面图

图 7-30　断面图与剖视图的区别

## 7.3.2　断面图的种类和画法

### 1. 断面图的种类

根据断面图所配置的位置不同，可将其分为移出断面图和重合断面图两种。

（1）移出断面图　画在视图轮廓线之外的断面图，称为移出断面图，如图 7-29(c)所示。

（2）重合断面图　画在视图轮廓线之内的断面图，称为重合断面图，如图 7-31 所示。

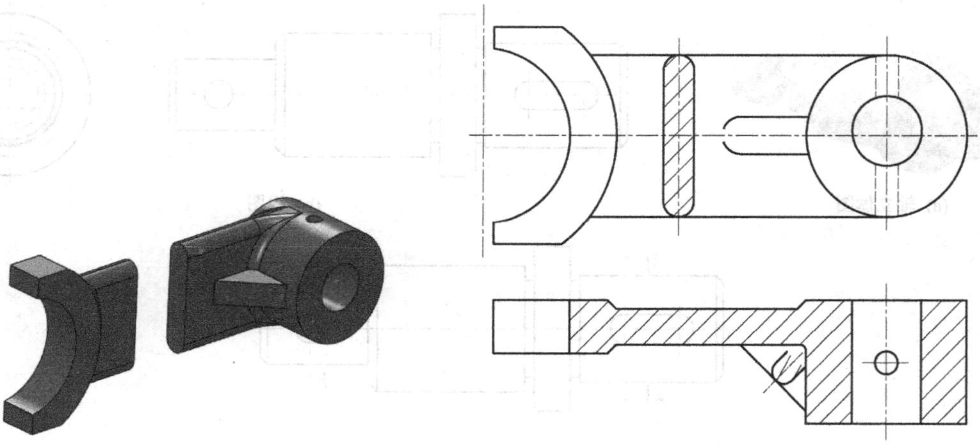

图 7-31　重合断面图

## 2．断面图的画法

1）移出断面图画法

画移出断面图时，需要遵循以下几项规定：

（1）当剖切平面通过机件上由回转面形成的孔、凹坑等的轴线时，这些结构应按剖视图绘制，如图 7-32 所示。

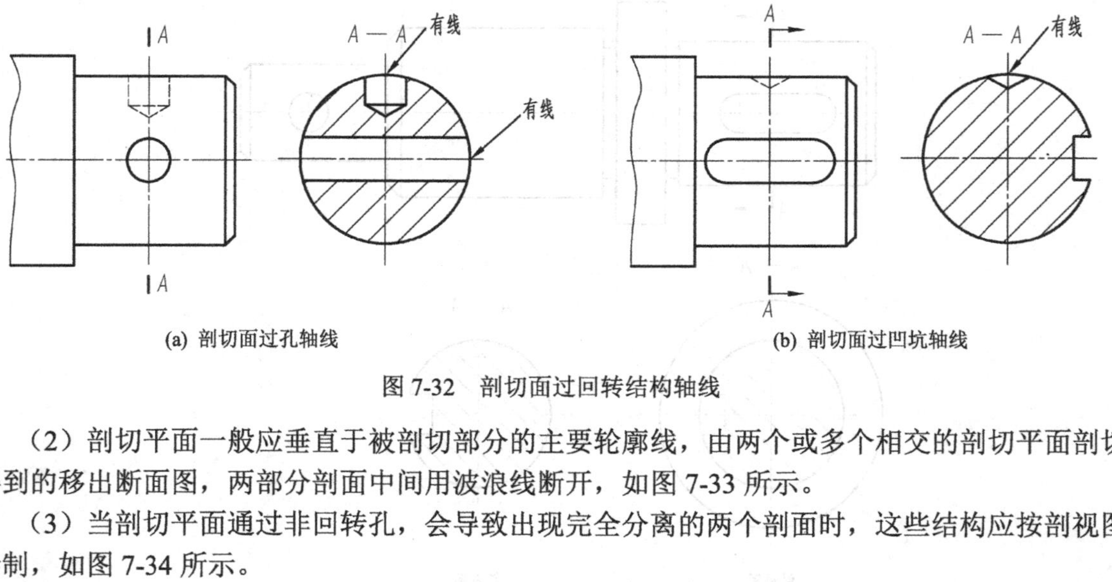


(a) 剖切面过孔轴线　　(b) 剖切面过凹坑轴线

图 7-32　剖切面过回转结构轴线

（2）剖切平面一般应垂直于被剖切部分的主要轮廓线，由两个或多个相交的剖切平面剖切得到的移出断面图，两部分剖面中间用波浪线断开，如图 7-33 所示。

（3）当剖切平面通过非回转孔，会导致出现完全分离的两个剖面时，这些结构应按剖视图绘制，如图 7-34 所示。

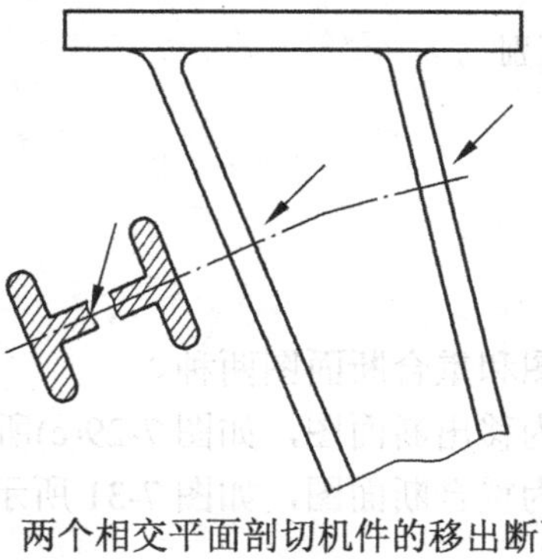

图 7-33　两个相交平面剖切机件的移出断面图

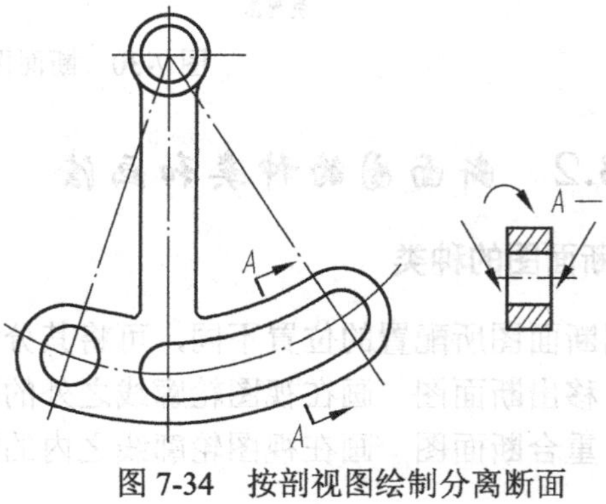


图 7-34　按剖视图绘制分离断面

（4）当断面图形对称时，移出断面图可绘制在视图的中断处，如图 7-35 所示。

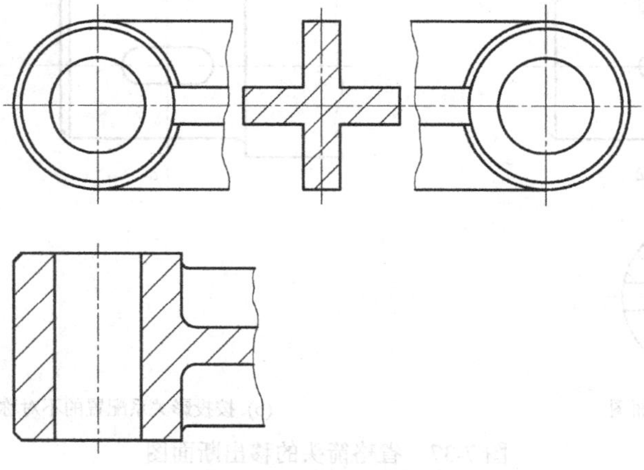

图 7-35　移出断面图画在中断处

2）重合断面图画法

重合断面图的轮廓线用细实线绘制。当重合断面的图形与视图中的轮廓线重叠时，视图中的轮廓线仍应连续画出，不可中断，如图 7-31 所示。

## 7.3.3　断面图的标注

### 1．移出断面图的标注

移出断面一般应用剖切符号表示剖切位置，用箭头表示投射方向，并注上大写字母，在断面图的上方应用相同的大写字母标出相应的名称“×—×”；经过旋转的移出断面，还要标注旋转符号。移出断面图尽量配置在剖切符号或剖切平面迹线的延长线上，如图7-29(c)所示。必要时可配置在其他适当位置。

移出断面图的标注方法与剖视图相同，必要时可以省略标注，具体要求如下：

（1）配置在剖切平面迹线延长线上的对称移出断面图和配置在视图中断处的对称移出断面图，均可不必标注，如图 7-36 所示。

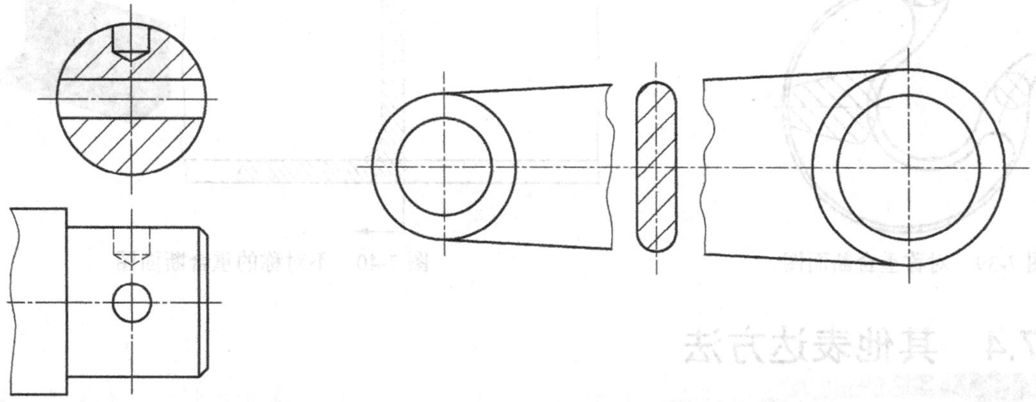

(a) 配置在剖切平面迹线延长线上对称移出断面图　　(b) 配置在视图中断处移出断面图

图 7-36　省略标注的移出断面图

（2）对称移出断面和按投影关系配置的不对称移出断面图，均可省略箭头，如图 7-37 所示。

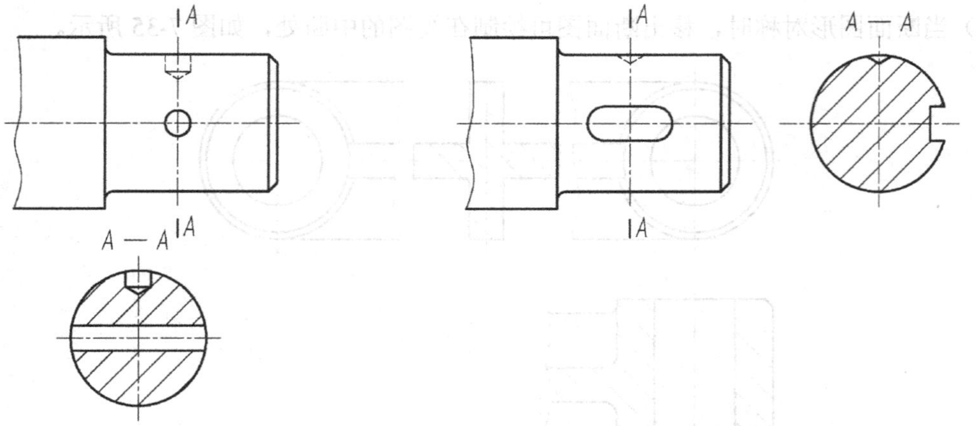


(a) 对称移出断面图　　(b) 按投影关系配置的不对称移出断面图

图 7-37　省略箭头的移出断面图

（3）配置在剖切符号延长线上的移出断面图，由于剖切位置已很明确，可省略字母，如图 7-38 所示。

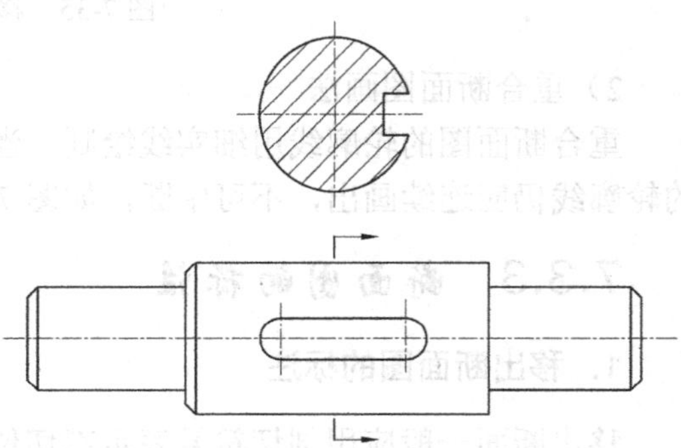

图 7-38　移出断面图省略字母

**2. 重合断面图的标注**

由于重合断面图是直接画在视图内的剖切位置处，因此标注时可一律省略字母。对称的重合断面可不必标注，只需画出剖切线，如图 7-39 所示。不对称的重合断面只要画出剖切符号与箭头，如图 7-40 所示。

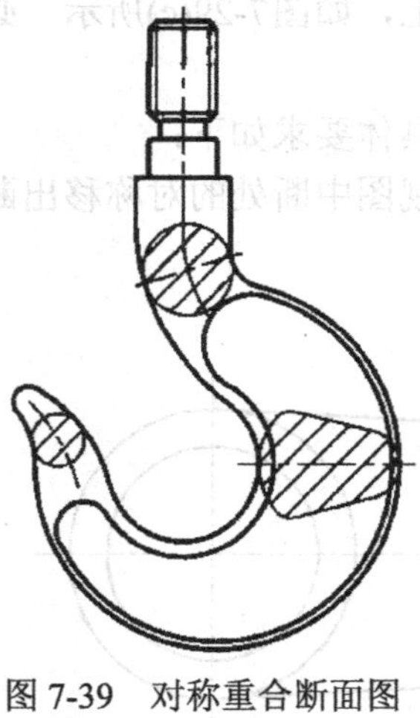

图 7-39　对称重合断面图

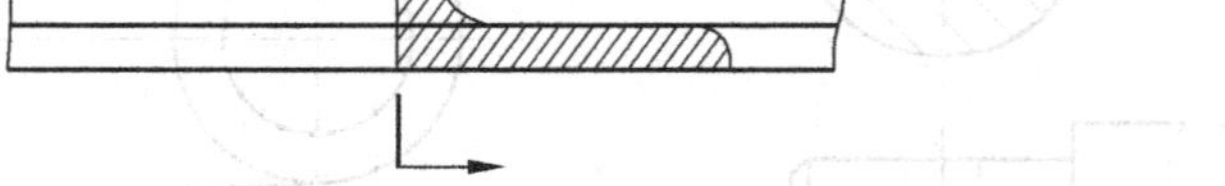

图 7-40　不对称的重合断面图

# 7.4　其他表达方法

## 7.4.1　局部放大画法

当机件上一些细小的结构在视图中表达不够清晰，又不便于标注尺寸时，可将该部分结构用大于原图的比例单独画出，所绘制的图形称为局部放大图，如图 7-41 所示。

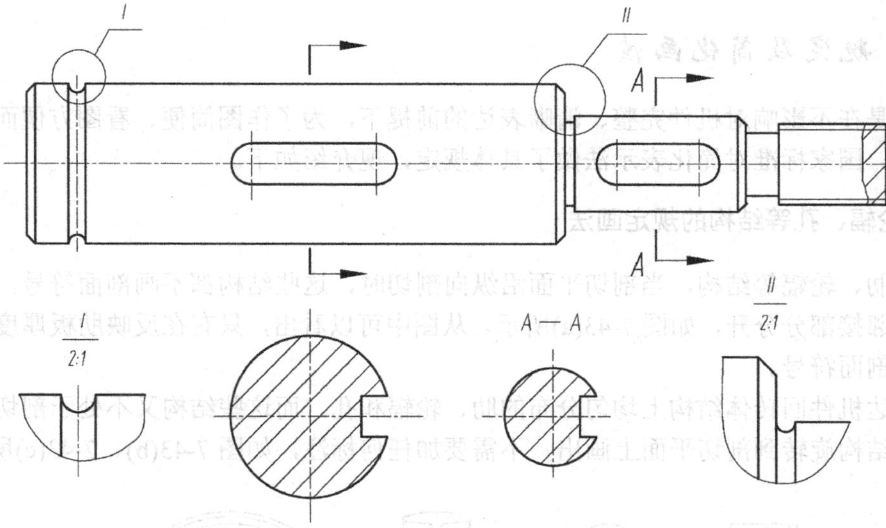


图 7-41　局部放大图

画局部放大图时应注意以下几点。

（1）局部放大图所采用的比例是放大图形与机件实际相应要素之比，而不是与原图形相应要素之比。

（2）局部放大图可画成视图、剖视图或断面图，与被放大部位的表示方式无关。局部放大图应尽量配置在被放大部位附近。

（3）绘制局部放大图时，除螺纹牙型、齿轮和链轮的齿形外，应在原图上用细实线圈出被放大部位。局部放大图的边界范围常用细实线画出，若表示成剖视或断面时，其剖面符号应与被放大部位的原图相同。

当机件上被放大部位仅一个时，在局部放大图的上方只需要标明所采用的比例，当机件上有几个被放大部位时，必须用罗马数字依次标明被放大的部位，并在局部放大图的上方标注出相应的罗马数字和所采用的比例，如图 7-41 所示。

（4）必要时，可用几个图形来表示同一个被放大部位的结构，如图 7-42 所示。

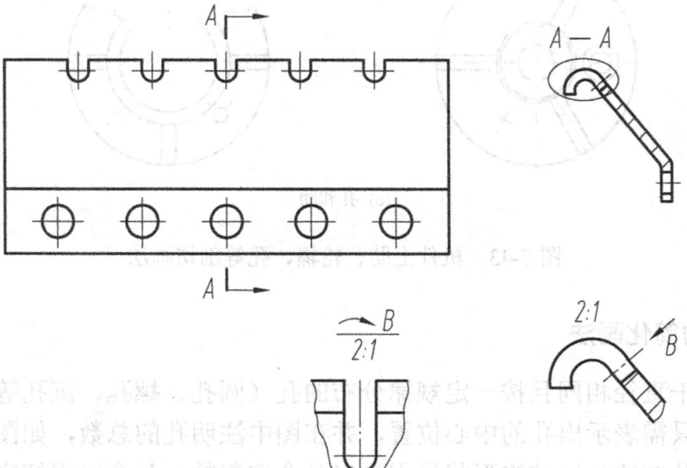


图 7-42　几个图形表达同一放大部位

## 7.4.2 规定及简化画法

简化画法是在不影响对机件完整、清晰表达的前提下，为了作图简便、看图方便而规定的简化表达方法。国家标准对简化表示法做了具体规定，现介绍如下。

### 1．肋、轮辐、孔等结构的规定画法

机件上的肋、轮辐等结构，当剖切平面沿纵向剖切时，这些结构都不画剖面符号，而用粗实线将它与其邻接部分分开，如图 7-43(a)所示。从图中可以看出，只有在反映肋板厚度的剖视图上，才画出剖面符号。

当需要表达机件回转体结构上均匀分布的肋、轮辐和孔，而这些结构又不处于剖切平面上时，可将这些结构旋转到剖切平面上画出，不需要加任何标注，如图 7-43(b)、7-43(c)所示。

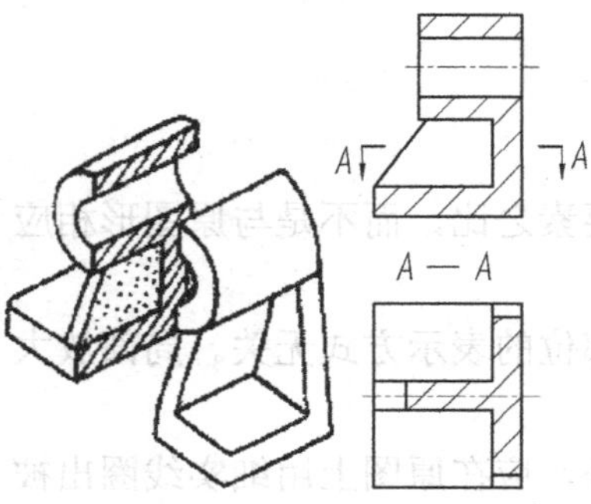


(a) 肋

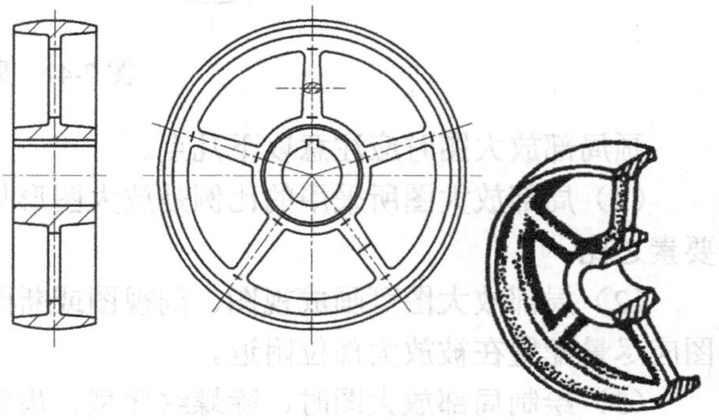

(b) 轮辐

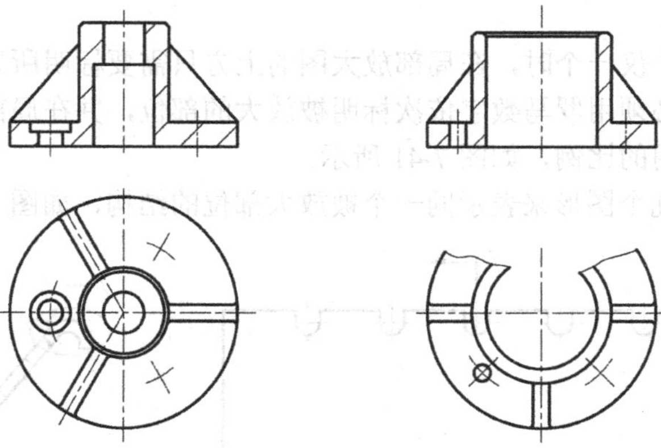

(c) 孔和肋

图 7-43　机件上肋、轮辐、孔等剖切画法

### 2．相同结构的简化画法

当机件具有若干直径相同且按一定规律分布的孔（圆孔、螺孔、沉孔等）时，可以仅画出一个或几个，其余只需表示出孔的中心位置，并在图中注明孔的总数，如图 7-44(a)所示。

机件中按规律分布的相同结构形状只需画出几个完整的，其余可用细实线连接表示，但在图中必须标注该结构的总数，如图 7-44(b)所示。

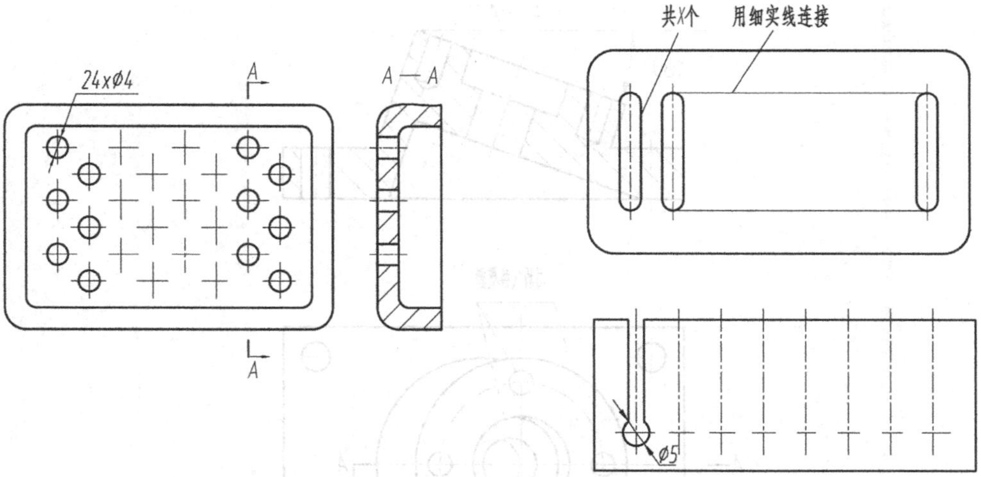


(a) 示例一 (b) 示例二

图 7-44 相同结构的画法

### 3．较长机件的断开画法

当较长的机件（轴、杆、型材、连杆等）沿长度方向的形状一致或按一定规律变化时，可将机件断开后缩短绘制，但尺寸仍按机件的设计要求或实际长度标注，如图 7-45 所示。

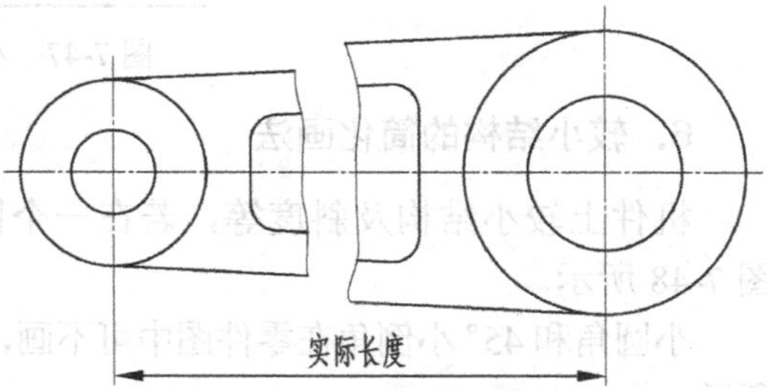


图 7-45 较长机件断开画法

### 4．对称机件的简化画法

在不致引起误解时，对称机件的视图可只画一半或四分之一，并在对称中心线的两端画出两条与其垂直的平行细实线。有时还可用略大于一半画出，如图 7-46 所示。

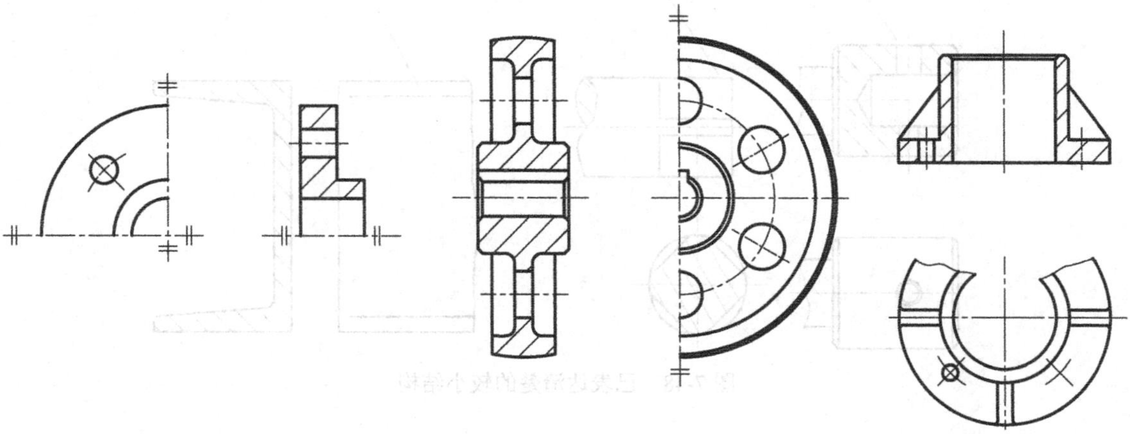

图 7-46 对称机件画法

### 5．小角度倾斜圆的简化画法

机件上与投影面倾斜角度小于或等于 30° 的圆或圆弧，其投影可用圆或圆弧代替，不需要画椭圆，如图 7-47 所示。

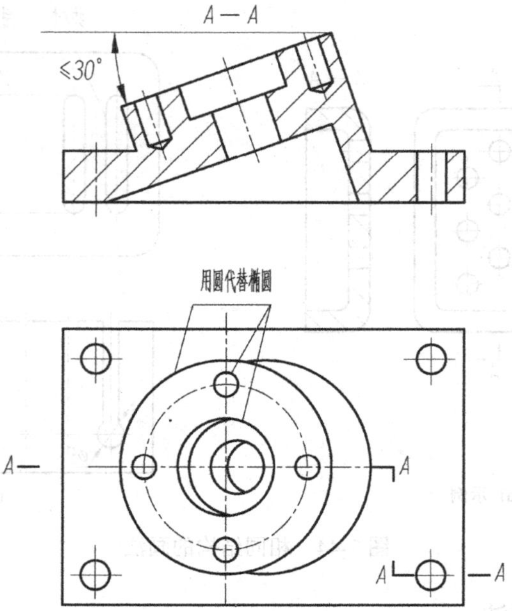


图 7-47 小角度倾斜圆的画法

## 6. 较小结构的简化画法

机件上较小结构及斜度等，若在一个图形中已表达清楚，则其他图形可简化或省略，如图 7-48 所示。

小圆角和 45° 小倒角在零件图中可不画，但必须注明尺寸或在技术要求中加以说明，如图 7-49 所示。

滚花一般采用在其边界线附近用细实线局部画出的方法表示，也可以省略不画，但在图上要标注规定符号或在技术要求中标明其具体要求，如图 7-50 所示。

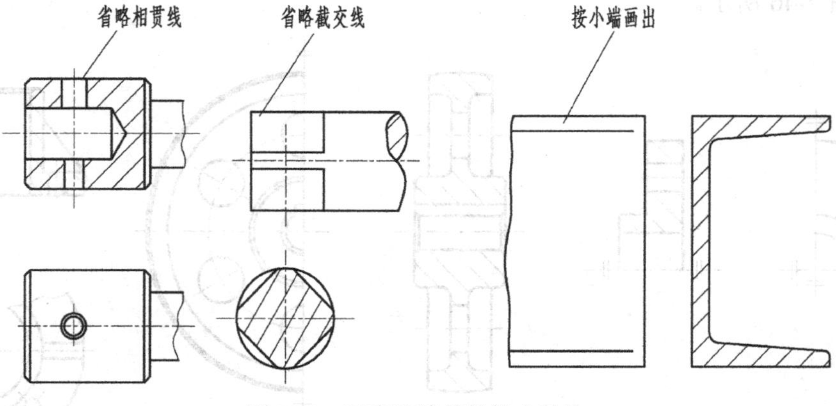


图 7-48 已表达清楚的较小结构

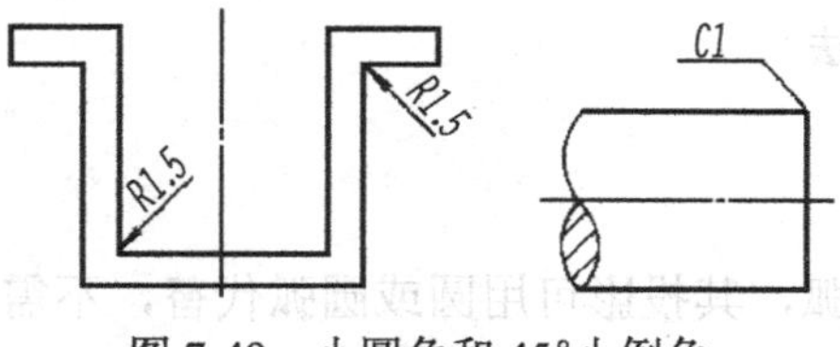


图 7-49 小圆角和 45°小倒角

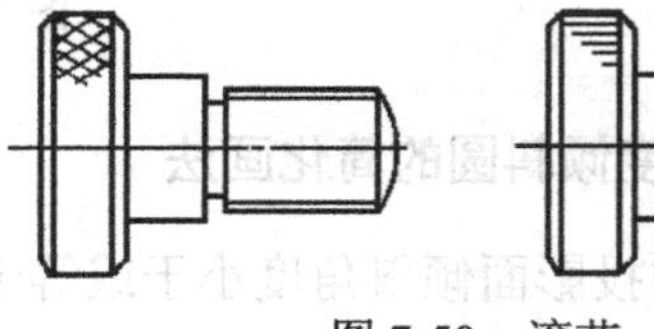

图 7-50 滚花

## 7. 平面的表示画法

当回转体零件上的平面在图形中不能充分表示时，可用两条相交的细实线表示这些平面，如图 7-51 所示。

## 8. 剖切平面前结构的画法

在需要表示位于剖切平面前的结构时，这些结构按假想投影的轮廓线绘制，如图 7-52 所示。

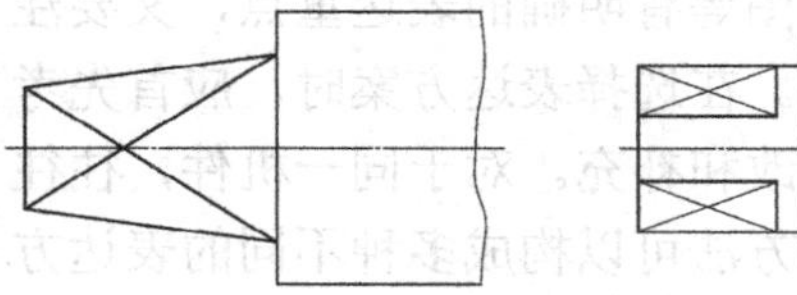

图 7-51 平面表示画法

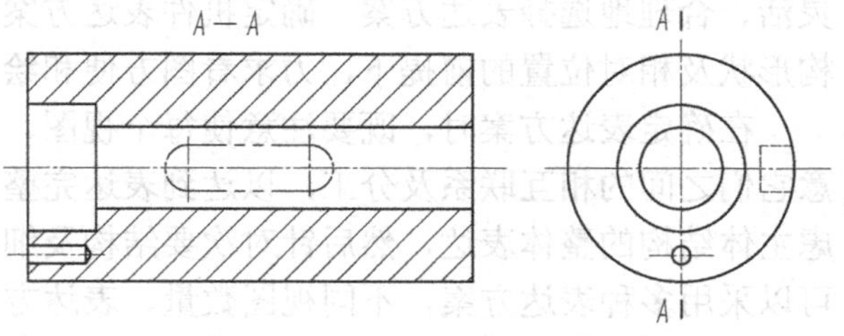


图 7-52 剖切平面前结构画法

## 9. 局部视图的简化画法

零件上的对称结构的局部视图可配置在视图上所需表示物体局部结构的附近，如图 7-53 所示。

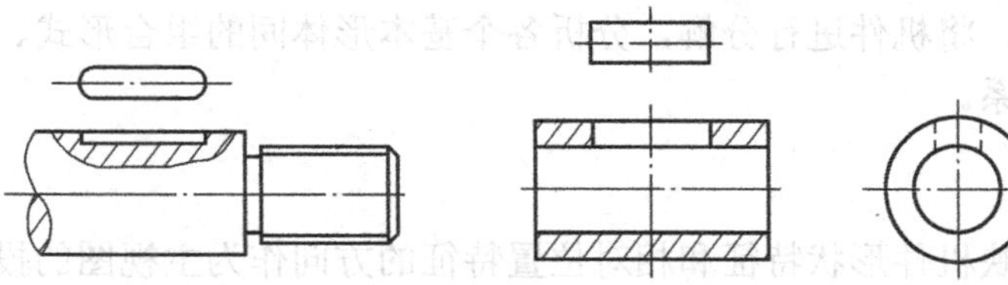

图 7-53 对称结构的局部视图

## 10. 剖中剖的画法

在剖视图的剖面区域中可再作一次局部剖视。采用这种方法表示时，两个剖面区域的剖面线应同方向、同间隔，但要相互错开，并用引出线标注其名称，如图 7-54 所示。

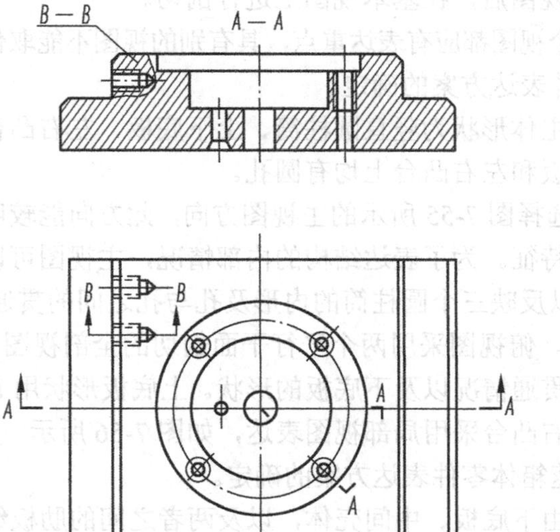


图 7-54 剖中剖画法

## 7.5 表达方法综合应用举例

### 7.5.1 确定表达方案的原则

机件的形状各式各样，在表达机件时应根据机件特点，综合运用前面所介绍的表达方法，灵活、合理地选择表达方案。确定机件表达方案的原则是：在完整、清晰地表达各部分内外结构形状及相对位置的前提下，力求看图方便和绘图简单。

在确定表达方案时，既要注意使每个视图、剖视图和断面图等有明确的表达重点，又要注意它们之间的相互联系及分工，以达到表达完整、清晰的目的。在选择表达方案时，应首先考虑主体结构的整体表达，然后针对次要结构及细小部位进行修改和补充。对于同一机件，往往可以采用多种表达方案，不同视图数量、表达方法和尺寸标注方法可以构成多种不同的表达方案。同一机件的几个表达方案相互比较，可能各有优缺点，因此要认真分析，择优选用。

### 7.5.2 确定表达方案的步骤

**1. 分析零件的形状和结构**

采用形体分析法，将机件进行分解，分析各个基本形体间的组合形式、相对位置，以及相邻表面之间的连接关系。

**2. 选择主视图**

通常选择最能反映机件形状特征和相对位置特征的方向作为主视图的投射方向，同时应使零件的主要轴线或平面平行于基本投影面。

**3. 选择其他视图**

主视图确定后，应根据机件的特点全面考虑所需要的其他视图。其他视图是为了补充表达主视图中尚未表达清楚的结构，应注意：

（1）优先选用基本视图后，在基本视图上进行剖切。

（2）所选择的每一个视图都应有表达重点，具有别的视图不能取代的作用，并力求制图简便。

**【例 7-1】** 阀体零件表达方案的确定。

（1）分析。阀体的主体形状为竖直圆柱筒、上下底板、左右凸台以及连接竖筒、凸台的左右水平圆柱筒。上下底板和左右凸台上均有圆孔。

（2）选择主视图。选择图 7-55 所示的主视图方向，此方向能较明显的反映阀体的外形特征及其各组成部分的位置特征。为了表达结构的内部情况，主视图可以采用两个相交平面剖切的全剖视图“*B*—*B*”，用以反映三个圆柱筒的内形及孔与孔之间的贯通情况，如图 7-56 所示。

（3）确定其他视图。俯视图采用两个平行平面剖切的全剖视图“*A*—*A*”，进一步表达左右圆柱筒与竖直圆柱筒的贯通情况以及下底板的形状。上底板形状用 *D* 向局部视图表达，左凸台采用局部剖视图表达，右凸台采用局部视图表达，如图 7-56 所示。

**【例 7-2】** 蜗杆减速箱体零件表达方案的确定。

（1）分析。该机件由下底板、中间壳体，以及两者之间的肋板组成。其中中间壳体较为复杂，其内腔含前后部位突出的方形凸台、前后方向水平圆柱孔、两个左右方向水平圆柱孔，外形结构的左侧有圆柱形凸缘，下方有小凸缘，如图 7-57(a)所示。

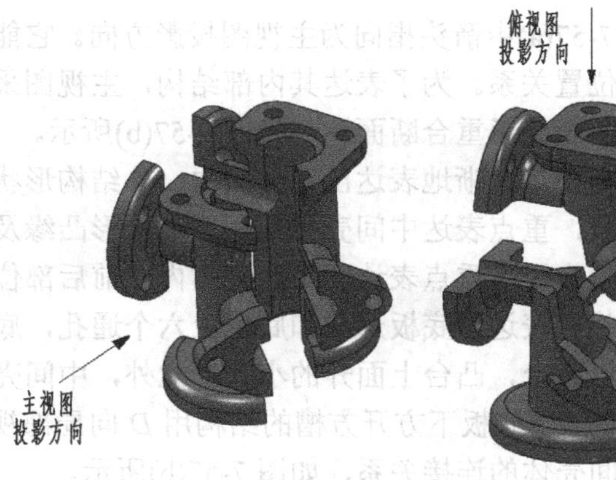


图 7-55　阀体

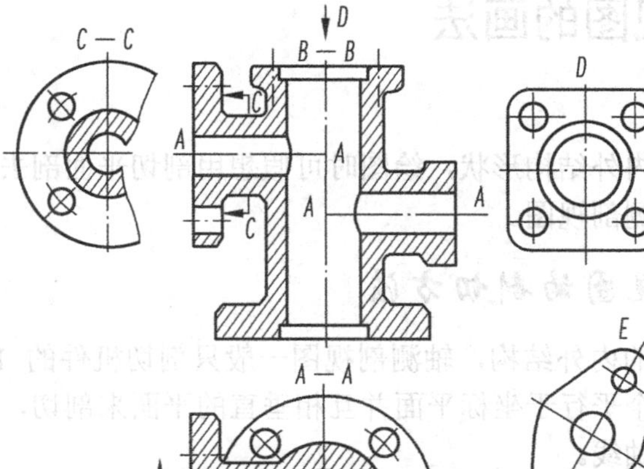


图 7-56　阀体表达方案

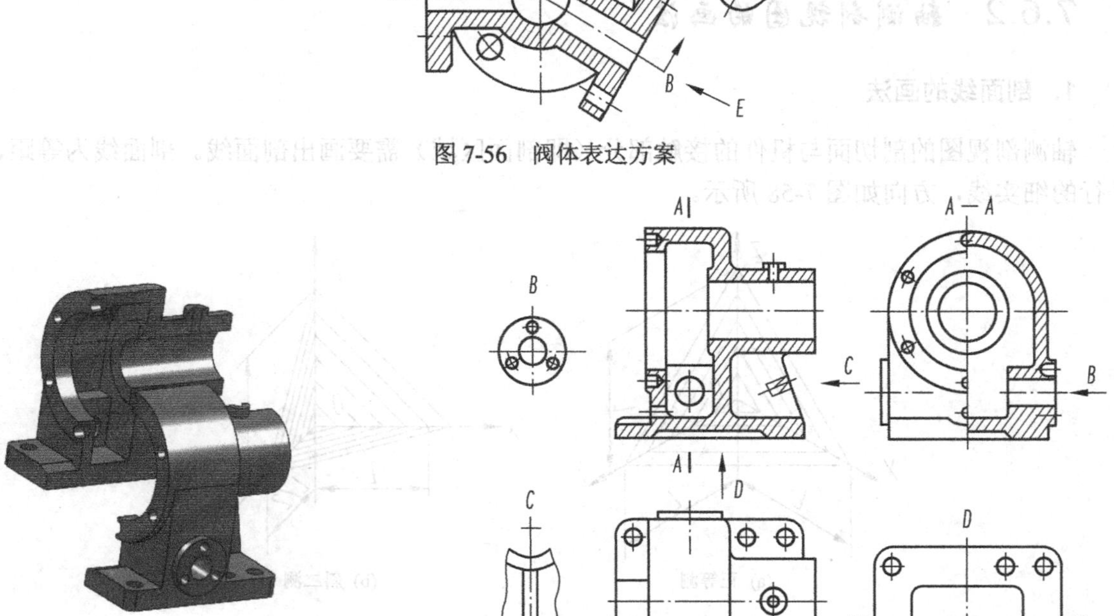


(a) 轴测图　　(b) 表达方案

图 7-57　蜗杆减速箱体表达方案

（2）选择主视图。选择图 7-57(a)中箭头指向为主视图投影方向。它能较充分地表达箱体的形状结构特征及各部位的相对位置关系。为了表达其内部结构，主视图采用单一全剖视，同时为了表达肋板结构，在主视图中画出了重合断面图，如图 7-57(b)所示。

（3）确定其他视图。为了完整、清晰地表达出箱体的内、外结构形状。左视图采用半剖，补充表达中间壳体的外形及内腔，重点表达中间壳体左侧的圆柱形凸缘及凸缘上均布的六个小孔、下方小凸缘；从内形的角度来说，重点表达了中间壳体内腔前后部位突出的方形凸台及凸台中间的圆柱形轴孔。俯视图补充表达了底板形状和底板上六个通孔，底板左端面上的圆弧凹槽、右侧的圆筒及其上的圆柱形凸台，凸台上面开的小孔。此外，中间壳体下方小凸缘上外形及孔分布情况用局部视图 *B* 表达；下底板下方开方槽的结构用 *D* 向局部视图表达；用 *C* 向局部视图表达了肋板与下底板、中间壳体的连接关系，如图 7-57(b)所示。

# 7.6 轴测剖视图的画法

为了同时表达轴测图内外结构形状，绘图时可假想用剖切平面剖去机件的一部分，这种经过剖切后的轴测图称为轴测剖视图。

## 7.6.1 轴测剖视图的剖切方法

为了清晰地表达机件的内外结构，轴测剖视图一般只剖切机件的 1/4。剖切时尽量避免单个平面剖切。通常选用两个平行于坐标平面并互相垂直的平面来剖切，剖切平面一般应通过机件的对称面或机件内孔的轴线。

## 7.6.2 轴测剖视图的画法

### 1．剖面线的画法

轴测剖视图的剖切面与机件的接触部分（即剖面区域）需要画出剖面线。剖面线为等距、平行的细实线，方向如图 7-58 所示。

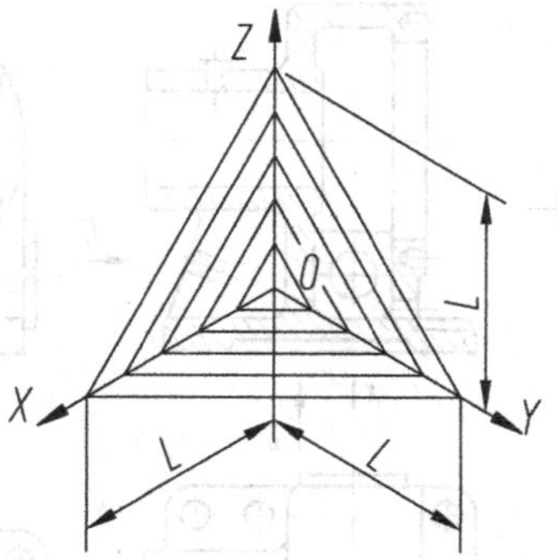


(a) 正等测

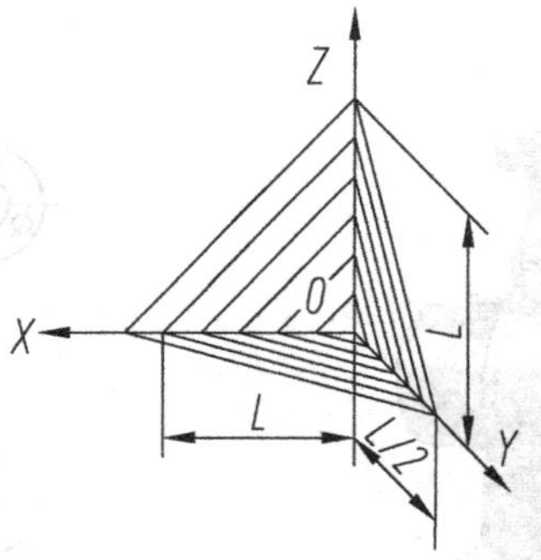


(b) 斜二测

图 7-58 轴测剖视图剖面线的画法

画轴测剖视图剖面线时应遵循以下规定：

（1）当剖切面通过机件上肋板、轮辐等结构时，不必画剖面符号；为了表达清晰，可在以上结构的剖面区域内画上细点，如图 7-59 所示；

（2）轴测装配图中，相邻两个零件的剖面线应画成反向，如图 7-60 所示，或同方向不同间隔；当剖切面纵向剖切轴、销、球、螺纹紧固件等实心零件，且剖切面通过其轴线或对称面时，这些零件均按不剖处理。

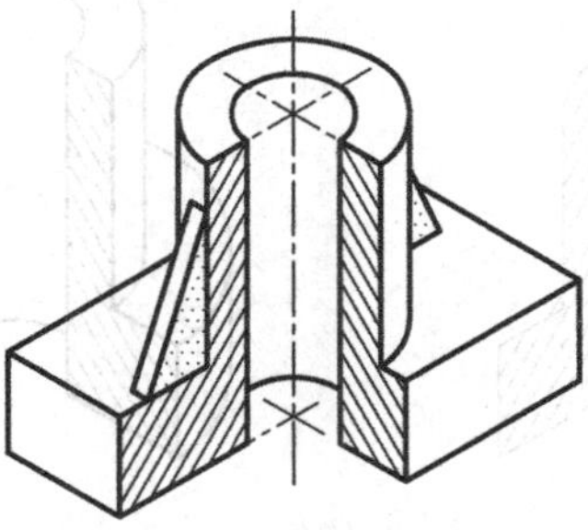

图 7-59　轴测剖视图肋板画法

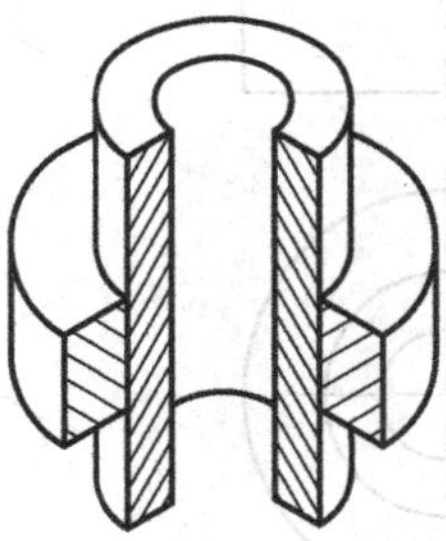

图 7-60　轴测剖视图相邻零件剖面线的画法

**2．轴测剖视图的两种画法**

方法一：先画出完整的轴测图，然后确定剖切面位置，再切去左、前方四分之一的机件，最后画出剖面线，完成轴测剖视图。此方法作图过程简单，适合初学者，如图 7-61 所示。

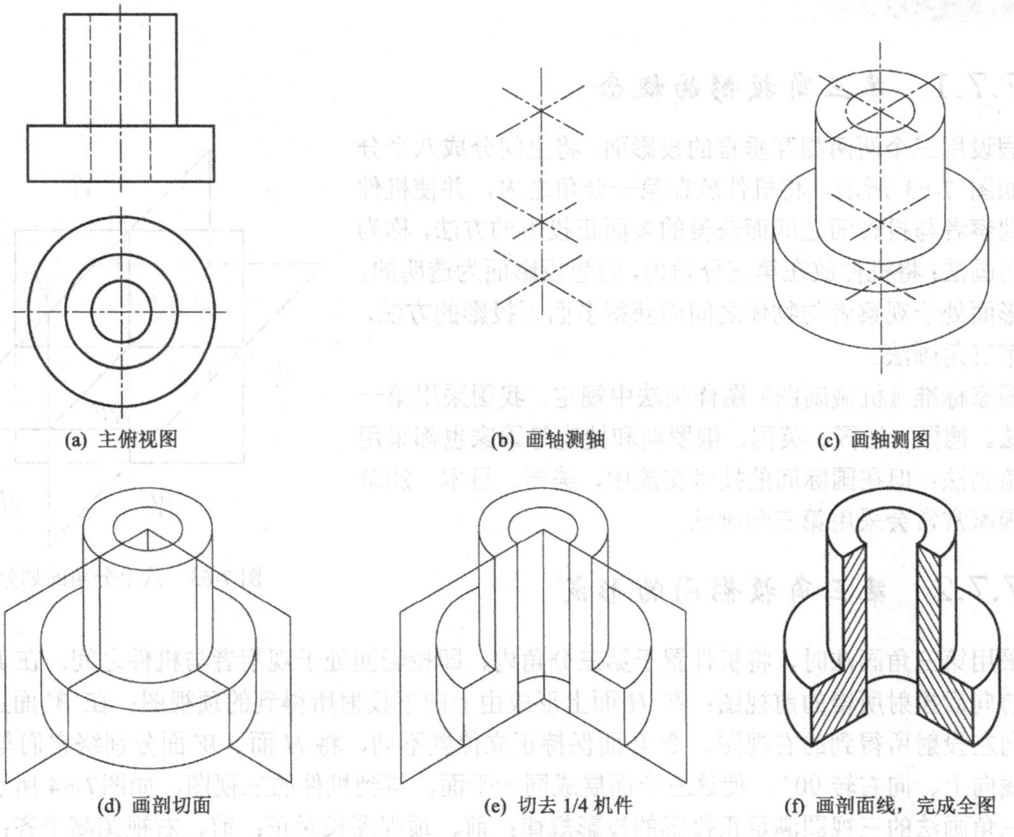

(a) 主俯视图　(b) 画轴测轴　(c) 画轴测图

(d) 画剖切面　(e) 切去 1/4 机件　(f) 画剖面线，完成全图

图 7-61　轴测剖视图的画法（一）

方法二：先绘制剖面区域的轴测投影，然后补全内、外部分的可见轮廓线，如图 7-62 所示。该方法可减少不必要的作图线，作图速度较快，但需要绘图者充分思考，适合作图熟练者。

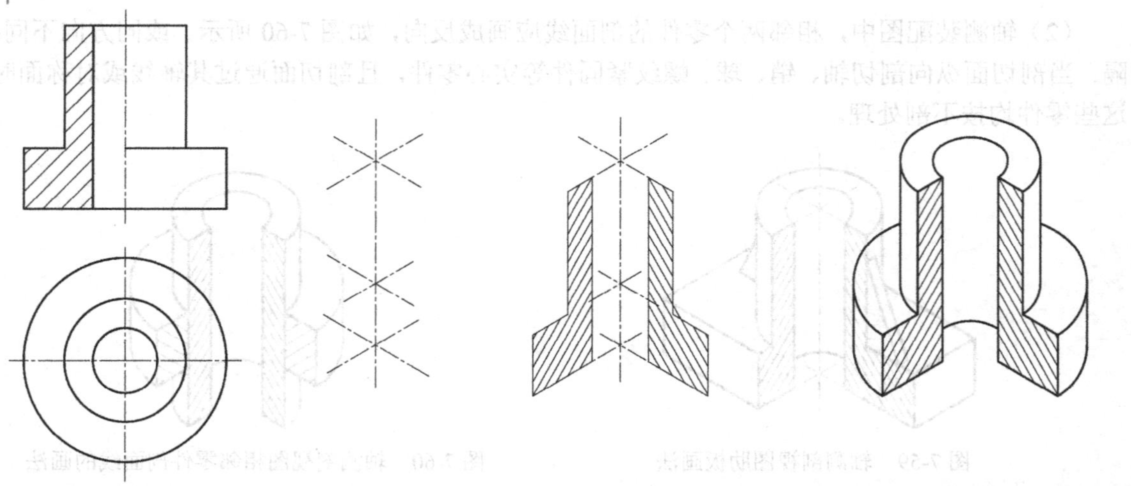

(a) 主、俯视图　(b) 画轴测轴　(c) 绘制剖面区域轴测投影　(d) 绘制可见部分轴测投影，完成全图

图 7-62　轴测剖视图的画法（二）

# 7.7 第三角投影简介

## 7.7.1 第三角投影的概念

假设用三个两两相互垂直的投影面，将空间分成八个分角，如图 7-63 所示。将机件放在第一分角之内，并使机件处于观察者与投影面之间而获得的多面正投影的方法，称为第一角画法；将机件放在第三分角内，假想投影面为透明的，使投影面处于观察者与物体之间而获得多面正投影的方法，称为第三角画法。

国家标准《机械制图》图样画法中规定，我国采用第一角画法。德国、法国、英国、俄罗斯和捷克等国家也都采用第一角画法；但在国际间的技术交流中，美国、日本、加拿大等国家常常会采用第三角画法。

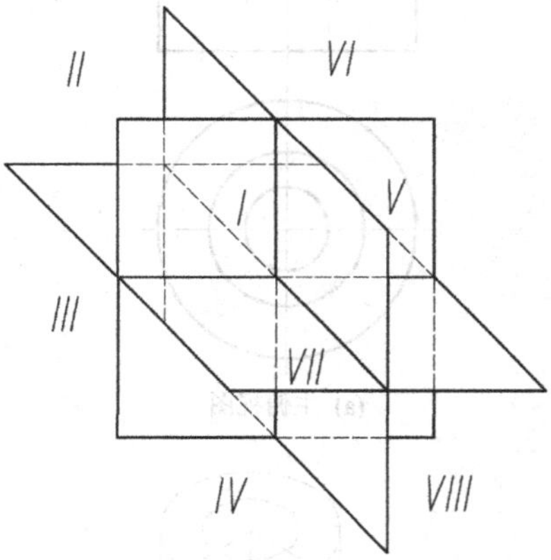


图 7-63　八个分角的划分

## 7.7.2 第三角投影图的形成

采用第三角画法时，将机件置于第三分角内，即投影面处于观察者与机件之间。在 $V$ 面形成由前向后投射所得的前视图；在 $H$ 面上形成由上向下投射所得到的顶视图；在 $W$ 面上形成由右向左投射所得到的右视图。令 $V$ 面保持正立位置不动，将 $H$ 面、$W$ 面分别绕它们与 $V$ 面的交线向上、向右转 90°，使这三个面展成同一平面，得到机件的三视图，如图7-64 所示。采用第三角画法的三视图满足正投影的投影规律：前、顶视图长对正；前、右视图高平齐；顶、右视图宽相等，且前后对应。

像第一角画法那样，在第三角画法的三面体系中再增加三个投影面，构成一个正六面体，将机件向每个投影面投射，形成第三角画法的六个基本视图，即前视图、顶视图、左视图、右视图、底视图和后视图。其投影与配置如下：

（1）前视图　从前向后投影，视图位置保持不变；
（2）顶视图　从上向下投影，置于前视图的上方；
（3）左视图　从左向右投影，置于前视图的左方；
（4）右视图　从右向左投影，置于前视图的右方；
（5）底视图　从下向上投影，置于前视图的下方；
（6）后视图　从后向前投影，置于左视图的左方。

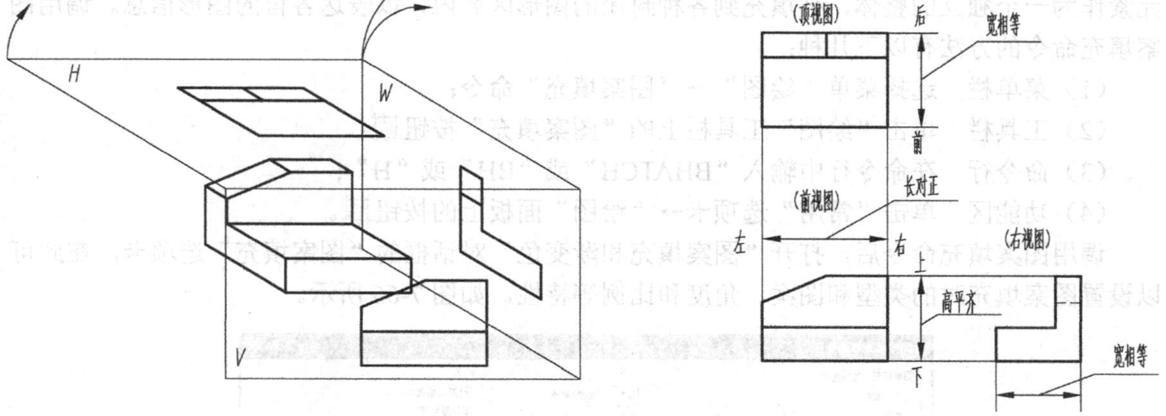


图 7-64　采用第三角画法的三视图

## 7.7.3　第三角投影画法与第一角投影画法的区别

（1）假设各投影面均为透明的。在第三角画法中，按照观察者—投影面—机件的相对位置关系进行投射；而第一角画法是按照观察者—机件—投影面的相对位置关系进行投射。

（2）用第三角画法画出的各视图的名称分别为前视图、顶视图、右视图，对应于第一角画法时的主视图、俯视图、右视图。

（3）用第三角画法画出的各视图的配置关系与第一角画法不同。顶视图在前视图的上方、右视图的前视图的右方。

（4）三视图的前后位置关系不同。第一角画法中，远离主视图的那一端为机件的前面；第三角画法中，远离前视图的那一端为机件的后面。

（5）采用第三角画法时，必须在图样中画出第三角投影的识别符号。当采用第一角画法时，在图样中一般不必画出第一角投影的识别符号，但在必要时也需要画出。两种画法的识别符号如图 7-65 所示。

(a) 第三角投影画法　　(b) 第一角投影画法

图 7-65　两种投影画法的识别符号

# 7.8 用 AutoCAD 绘制剖视图

## 7.8.1 图案填充命令

所谓“图案”，指的就是使用各种图线进行不同的排列组合而构成的图形元素。此类图形元素作为一个独立的整体，被填充到各种封闭的图形区域内，以表达各自的图形信息。调用图案填充命令的方法有以下几种：

（1）菜单栏　选择菜单“绘图”→“图案填充”命令；

（2）工具栏　单击“绘图”工具栏上的“图案填充”按钮；

（3）命令行　在命令行中输入“BHATCH”或“BH”或“H”；

（4）功能区　单击“常用”选项卡→“绘图”面板上的按钮。

调用图案填充命令后，打开“图案填充和渐变色”对话框的“图案填充”选项卡，在此可以设置图案填充时的类型和图案、角度和比例等特性，如图 7-66 所示。

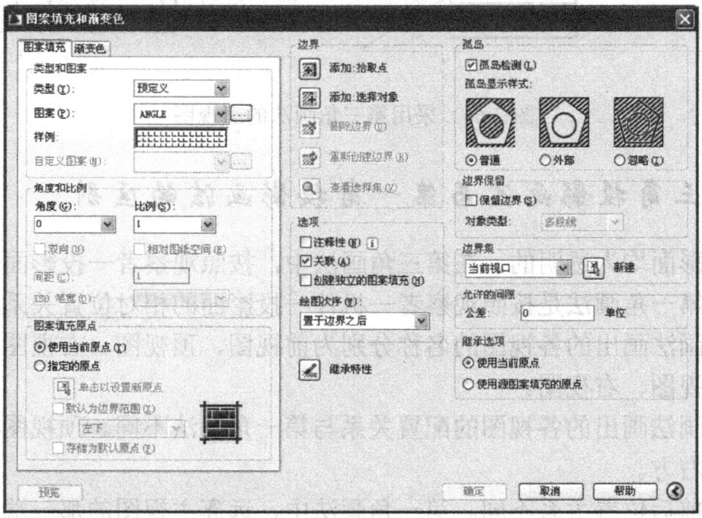


图 7-66　“图案填充和渐变色”对话框

### 1. 类型和图案

“类型和图案”选项组用来指定图案填充的类型和图案，如图 7-67 所示。

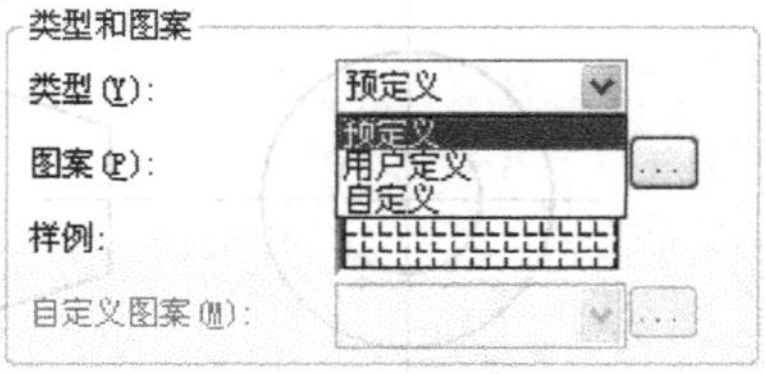


图 7-67　“类型”下拉列表框

（1）类型　设置图案类型。包含预定义、用户定义和自定义 3 个选项。预定义图案存储在随产品提供的 Acad.pat 或 Acadiso.pat 文件中，适用于封闭的填充边界；用户定义图案可以使用图形的当前线型创建填充图样；自定义图案就是使用自定义的 pat 文件中的图样进行填充。

（2）图案　“类型”设置为“预定义”时，列出可用的预定义图案。最近使用的 6 个用户预定义图案出现在列表顶部。用户可以从下拉列表框中选择所需的图案，也可单击按钮，在弹出的“填充图案选项板”对话框中选择所需的填充图案。

（3）样例　显示选定图案的预览图像。可以单击“样例”以显示“填充图案选项板”对话框。

（4）自定义图案　列出可用的自定义图案，只有在“类型”中选择了“自定义”，此选项才可用。

**2．角度和比例**

“角度和比例”选项组用来指定填充图案的角度和比例等，如图 7-68 所示。

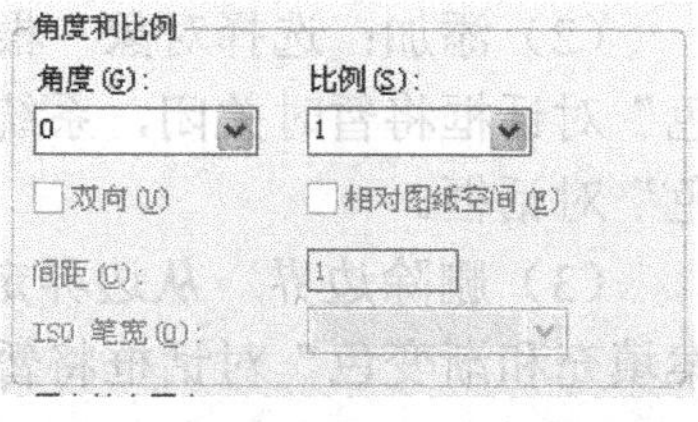


图 7-68　“角度和比例”选项组

（1）角度　指定填充图案的角度，相对于当前 UCS 坐标系的 $X$ 轴。

（2）比例　放大或缩小预定义或自定义图案，只有将“类型”设置为“预定义”或“自定义”时，此选项才可用。

（3）双向　类型设置为“用户定义”时，该选项有效。对于用户定义的图像，将绘制第二组直线，这些直线与原来的直线成 90° 角，从而构成交叉线，如图 7-69 所示。

（4）相对图纸空间　相对于图纸空间单位缩放填充图案。使用此选项，可很容易地做到以适于布局的比例显示填充图案，该选项仅适用于布局。

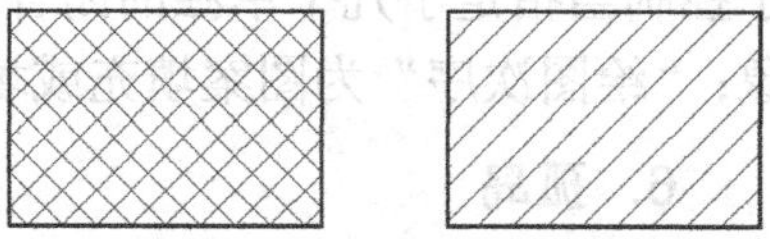

(a) 双向　　(b) 单向

图 7-69　“双向”单选框示例

（5）间距　指定用户定义图案中的直线间距。只有将“类型”设置为“用户定义”，此选项才可用。

（6）ISO 笔宽　基于选定笔宽缩放 ISO 预定义图案。只有将“类型”设置为“预定义”，并将“图案”设置为可用的 ISO 图案的一种，此选项才可用。

**3．图案填充原点**

图案填充原点用来控制填充图案生成的起始位置，如某些图案填充需要与图案填充边界上的一点对齐。而在默认情况下，所有图案填充原点都对应于当前的 UCS 原点，如图 7-70 所示。

（1）使用当前原点　采用默认情况下的原点。

（2）指定的原点　指定新的图案填充原点，选择此选项后该选项中的其他选项可用。

（3）单击以设置新原点　直接指定新的图案填充原点。

（4）默认为边界范围　根据图案填充对象边界的矩形范围计算新原点。可用选择该范围的 4 个角点及其中心。

（5）存储为默认原点　将新图案填充原点的值存储在 HPORIGIN 系统变量中。

**4．边界**

“边界”选项组用来定义图案填充和渐变色的边界，该选项组为填充和渐变色通用，如图 7-71 所示。

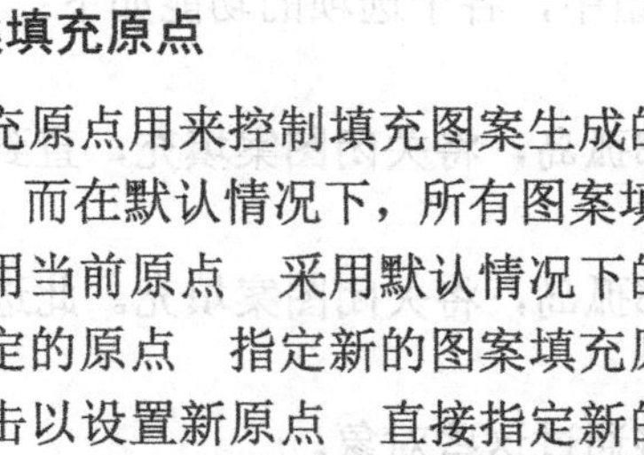


图 7-70　“图案填充原点”选项组

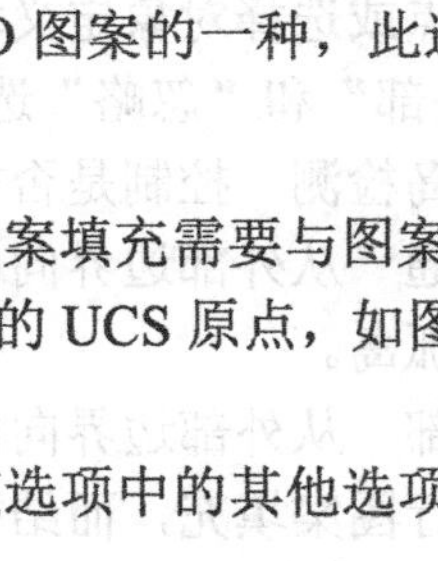


图 7-71　“边界”选项组

（1）添加：拾取点　根据环绕指定点构成封闭区域的现有对象确定边界，单击后“图案填充和渐变色”对话框将暂时关闭，系统将会提示在封闭区域内拾取一个点，拾取后按回车键返回“图案填充和渐变色”对话框。

（2）添加：选择对象　根据构成封闭区域的选定对象确定边界，单击后“图案填充和渐变色”对话框将暂时关闭，系统将会提示选择对象，选择对象后按回车键返回“图案填充和渐变色”对话框。

（3）删除边界　从边界定义中删除之前添加的任何对象，单击“删除边界”按钮后，“图案填充和渐变色”对话框将暂时关闭并显示命令提示。

**5．选项**

该选项组控制几个常用的图案填充或填充选择。其中“注释性”用来指定图案填充为注释性；使用此特性，用户可以自动完成缩放注释的过程，从而使注释能够以正确的大小在图纸上打印或显示。“关联”指定新的填充图案在修改其边界时随之更新。“创建独立的图案填充”用于控制当指定了几个单独的闭合边界时，是创建单个图案填充对象，还是创建多个图案填充对象；“绘图次序”为图案填充或填充指定绘图次序。

**6．孤岛**

孤岛指定在最外层边界内填充对象的方法。如果不存在内部边界，则指定孤岛检测样式没有意义。因为可以定义精确地边界集，所以一般情况下最好使用“普通”样式。

当指定点或选择对象定义填充边界时，在绘图区域单击鼠标右键，可以从快捷菜单中选择“普通”、“外部”和“忽略”选项。在“孤岛”选项组中，各个选项的功能如下：

（1）孤岛检测　控制是否检测内部闭合边界。

（2）普通　从外部边界向内填充。如果遇到内部孤岛，将关闭图案填充，直到遇到该孤岛内的另一个孤岛。

（3）外部　从外部边界向内填充。如果遇到内部孤岛，将关闭图案填充。此选项只对结构的最外层进行图案填充，而结构内部保留空白。

（4）忽略　忽略所有内部的对象，填充图案时将通过这些对象。

图 7-72 所示的是三种方式下的图案填充效果。

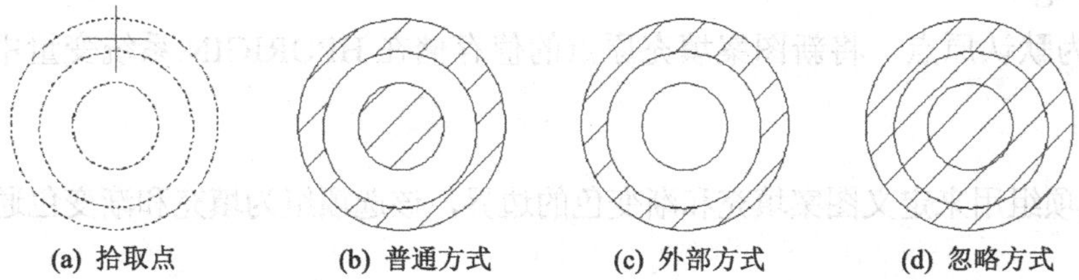

(a) 拾取点　(b) 普通方式　(c) 外部方式　(d) 忽略方式

图 7-72　三种孤岛检测方式填充图案

**7．其他选项**

（1）边界保留　指定是否将边界保留为对象，并确定应用于这些对象的对象类型。可以将边界保留为多段线或面域。

（2）边界集　定义当从指定点定义边界时要分析的对象集。

（3）允许的间隙　设置将对象用作图案填充边界时可以忽略的最大间隙。默认值为 0，此值指定边界对象必须构成封闭区域而没有间隙。

### 7.8.2　波浪线的绘制

在局部视图和局部剖视图中，边界线一般为细波浪线。在 AutoCAD 中，可用样条曲线绘制。所谓“样条曲线”，指的是由某些数据点（控制点）拟合生成的光滑曲线。执行样条曲线命令有以下几种方式：

（1）菜单栏　选择菜单“绘图”→“样条曲线”命令；

（2）工具栏　单击“绘图”工具栏上的按钮～；

（3）命令行　在命令行输入 SPLINE 或 SPL；

（4）功能区　单击“常用”选项卡“绘图”面板上的按钮～。

执行样条曲线命令后，其命令操作行如下：

```
命令：_spline
指定第一个点或 [对象(O)]:
指定下一点:
指定下一点或 [闭合(C)/拟合公差(F)] <起点切向>:
指定下一点或 [闭合(C)/拟合公差(F)] <起点切向>:
指定下一点或 [闭合(C)/拟合公差(F)] <起点切向>:
指定下一点或 [闭合(C)/拟合公差(F)] <起点切向>:
指定起点切向:
指定端点切向:
```

该命令行中，各选项功能如下：

（1）对象（O）　用于把样条曲线拟合的多段线转变为样条曲线。激活此选项后，如果用户选择的是没有经过“编辑多段线”拟合的多段线，则系统无法转换选定的对象。

（2）闭合（C）　用于绘制闭合的样条曲线。激活此选项后，将使样条曲线的起点和终点重合，并且共享相同的顶点和切向，此时系统只提示一次让用户给定切向点。

（3）拟合公差（F）　主要用来控制样条曲线对数据点的接近程度。拟合公差的大小直接影响到当前图形，公差越小，样条曲线越接近数据点，如果公差为 0，则样条曲线通过拟合点；输入大于 0 的公差将使样条曲线在指定的公差范围内通过拟合点，如图 7-73 所示。

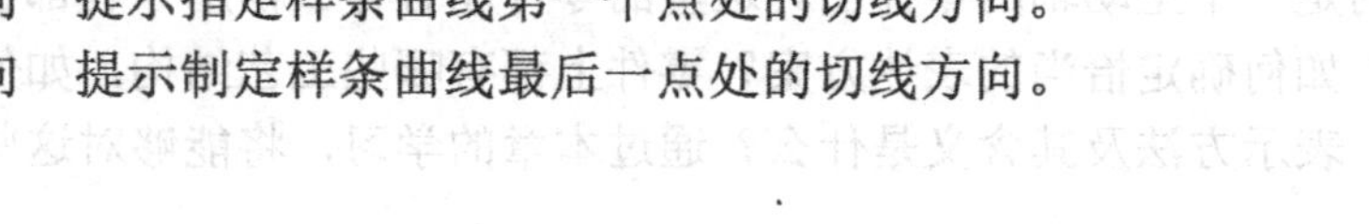

(a) 拟合公差为 0　　(b) 拟合公差为 20

图 7-73　拟合公差示例

（4）起点切向　提示指定样条曲线第一个点处的切线方向。

（5）端点切向　提示制定样条曲线最后一点处的切线方向。

# 第8章 零件图

**教学目标**

通过本章的学习，了解零件图的作用、内容、视图选择和零件上的常见工艺结构，掌握零件图的尺寸标注、零件图上的技术要求、读零件图的方法和步骤，以及用 AutoCAD 绘制零件图等内容。

**教学要求**

| 能力目标 | 知识要点 | 相关知识 | 权重 | 自测等级 |
|---|---|---|---|---|
| 了解零件图的作用和内容，熟悉零件的结构和零件上的螺纹结构 | 零件图内容<br>零件的结构 | 零件图的作用、内容<br>铸件的工艺结构<br>零件上的机械加工工艺结构<br>螺纹结构 | ☆☆☆ | |
| 熟练掌握各种零件的视图选择和尺寸标注方法、技术要求，掌握读零件图的方法和步骤等内容 | 视图选择及尺寸标注<br>零件图上的技术要求<br>读零件图 | 各类零件的视图选择和尺寸标注<br>零件图上的技术要求<br>读零件图的方法和步骤等内容 | ☆☆☆☆☆ | |
| 掌握用 AutoCAD 绘制零件图的方法 | 用 AutoCAD 绘制零件图 | 图形块命令<br>用图形块功能标注表面粗糙度符号<br>尺寸公差、几何公差的标注 | ☆☆☆☆ | |

**提出问题**

图 8-1 所示的是一个主动轴的零件图。这里的零件图有什么作用？它都包含哪些内容？如何进行尺寸标注？如何确定恰当的表达方案？零件上都有哪些工艺结构，如何表达？零件图上有哪些技术要求，表示方法及其含义是什么？通过本章的学习，将能够对这些问题予以解答。

## 8.1 零件图的作用和内容

### 8.1.1 零件图的作用

机器或部件都是由许多零件装配而成，要制造机器或部件，就必须先按照要求生产出零件。零件图是表示单个零件的图样，它是制造和检验零件的主要依据。

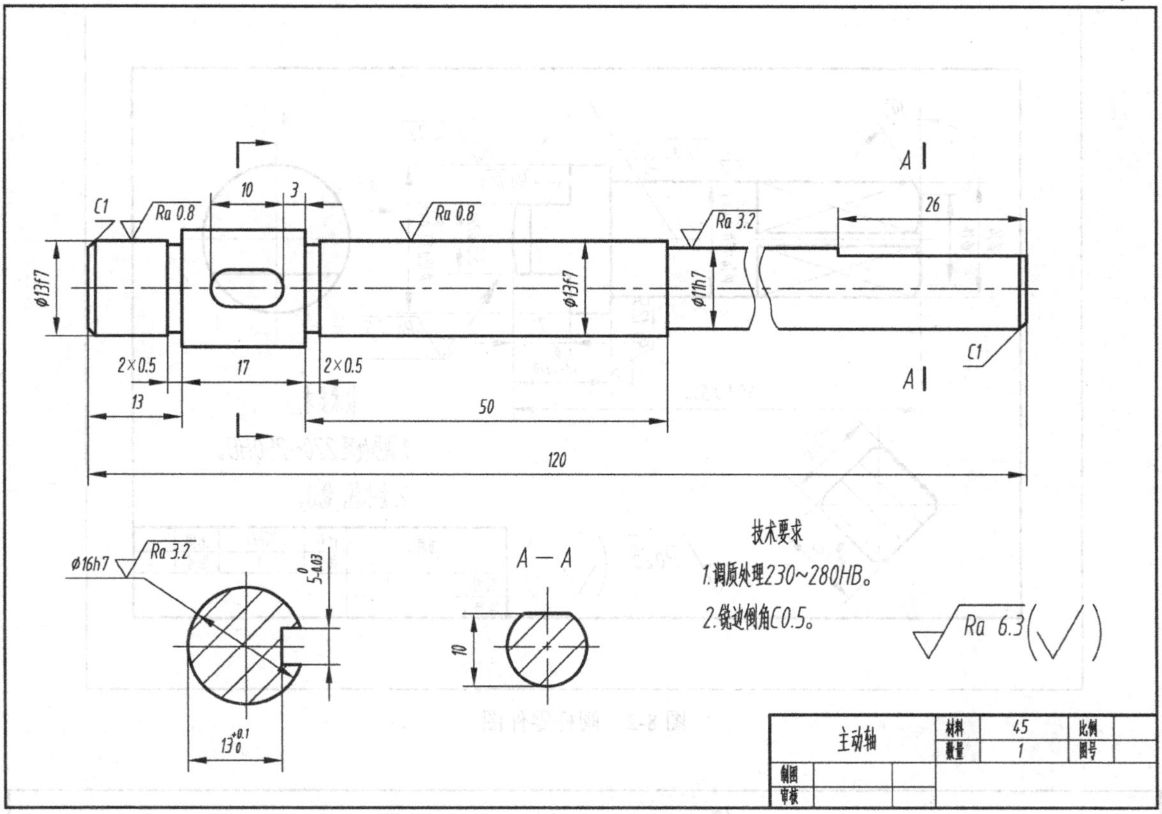


图 8-1 主动轴零件图

零件图是生产中指导制造和检验该零件的主要图样，它不仅仅是把零件的内、外结构形状和大小表达清楚，还需要对零件的材料、加工、检验、测量提出必要的技术要求。零件图必须包含制造和检验零件的全部技术资料。

## 8.1.2 零件图的内容

零件图的主要内容包括以下四类，如图 8-2 和图 8-3 所示。

### 1. 一组视图

用机件的各种表达方法正确、完整、清晰地表达零件的内、外结构形状。

### 2. 全部尺寸

表达零件在生产、检验时所需的全部尺寸。尺寸的标注要做到正确、完整、清晰和合理。

### 3. 技术要求

用文字或其他符号标注或说明零件在制造、检验、装配、使用过程中应达到的各项要求，如公差等。

### 4. 标题栏

标题栏中应填写零件的名称、代号、材料、数量、比例、单位名称、设计、制图和审核人员的签名和日期等。

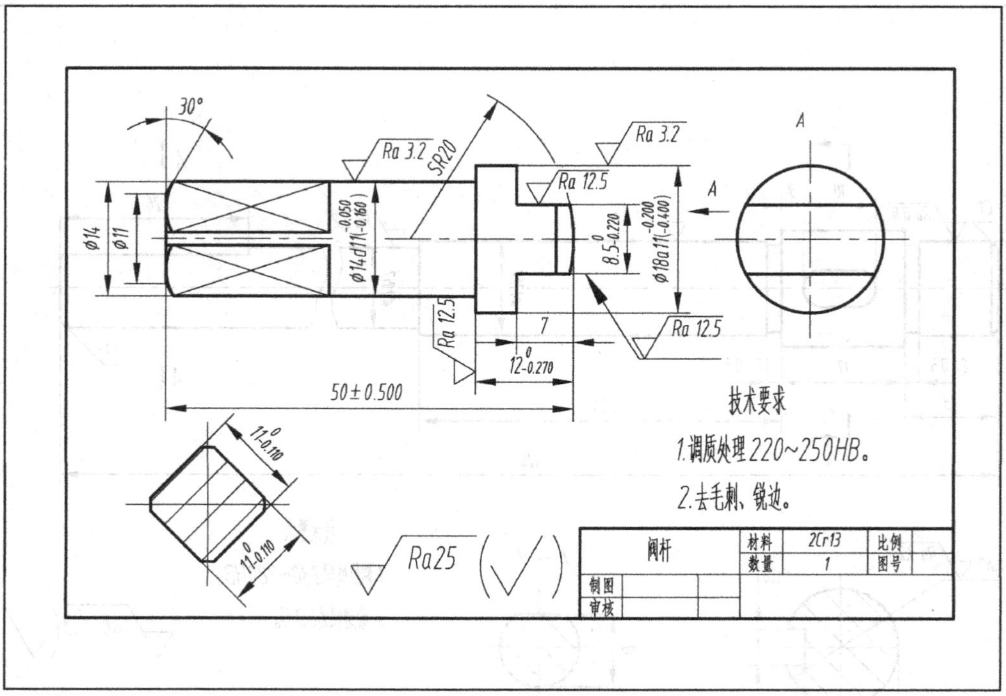


图 8-2 阀杆零件图

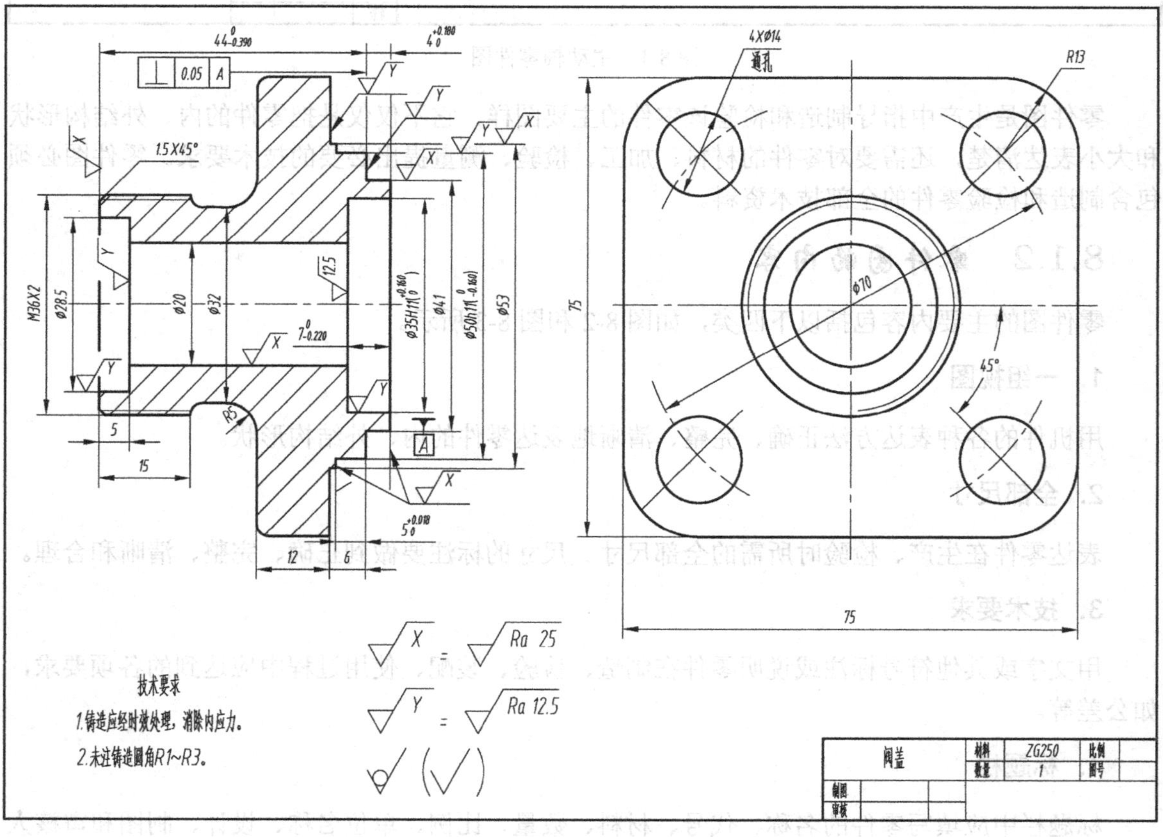


图 8-3 阀盖零件图

# 8.2 零件的常见工艺结构

## 8.2.1 铸件的工艺结构

### 1. 拔模斜度

用铸造的方法制造零件毛坯时，为了便于在砂型中取出木模，一般沿木模拔模方向做成约1∶20的斜度，叫做拔模斜度。如图8-4所示，铸造零件的拔模斜度较小时，在图中可不画、不注，必要时可在技术要求中说明；斜度较大时，则要画出和标注出斜度。

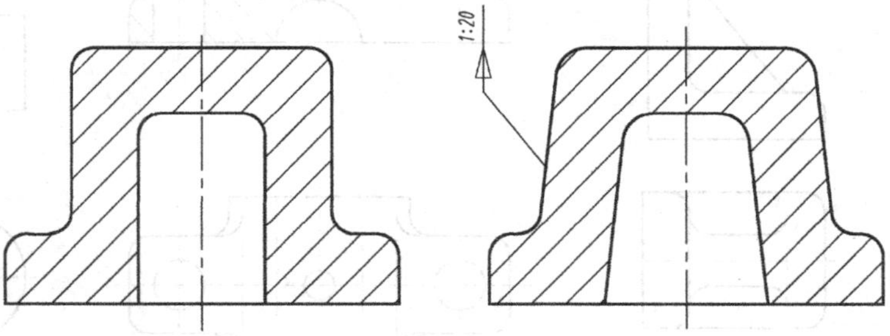


图 8-4 拔模斜度

### 2. 铸造圆角

为了便于铸件造型时拔模，防止铁水冲坏转角处，冷却时产生缩孔和裂缝，将铸件的转角处制成圆角，这种圆角称为铸造圆角。

铸造圆角半径一般取壁厚的 0.2～0.4，尺寸在技术要求中统一注明，在图上一般不标注铸造圆角，如图 8-5 所示。

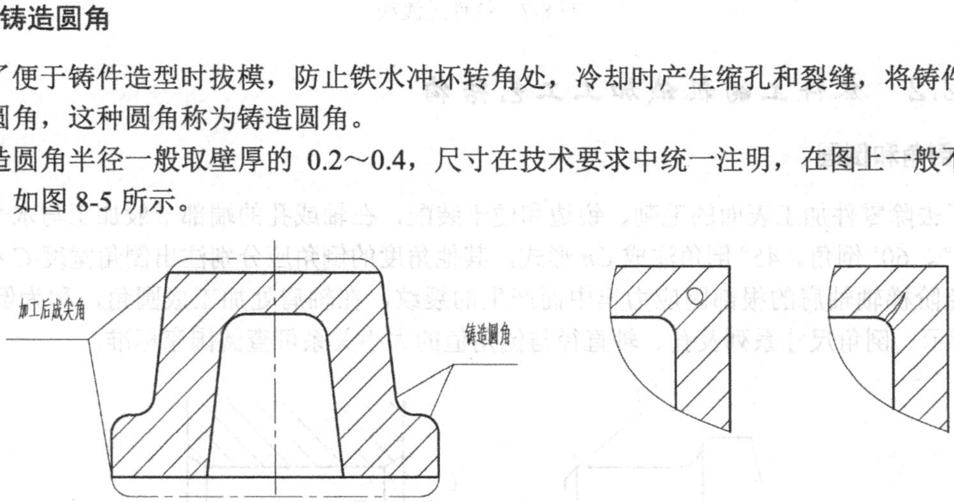


图 8-5 铸造圆角

### 3. 铸件壁厚

用铸造方法制造零件的毛坯时，为了避免浇注后零件各部分因冷却速度不同而产生缩孔或裂纹，铸件的壁厚应保持均匀或逐渐过渡，如图 8-6 所示。

### 4. 过渡线

铸件及锻件两表面相交时，表面交线因圆角而使其模糊不清，为了方便读图，画图时两表面交线仍按原位置用细实线画出，但交线的两端空出不与轮廓线的圆角相交，此交线称为过渡线，如图 8-7 所示。

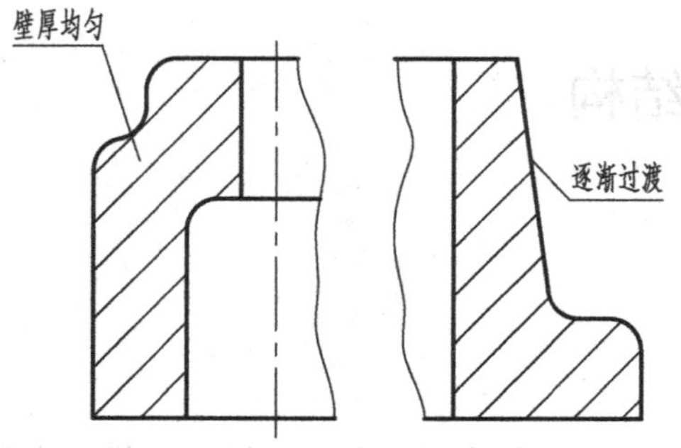


图 8-6 铸件壁厚

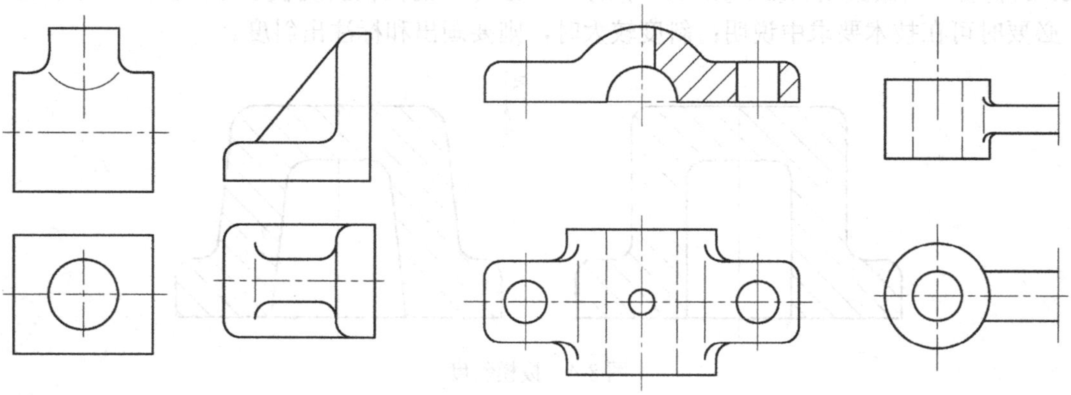

图 8-7 铸件过渡线

## 8.2.2 零件上的机械加工工艺结构

### 1．倒角和倒圆

为了去除零件加工表面的毛刺、锐边和便于装配，在轴或孔的端部一般加工与水平方向成 45°、30°、60°倒角。45°倒角注成 *Cn* 形式，其他角度的倒角应分别注出倒角宽度 *C* 和角度。为了避免阶梯轴轴肩的根部因应力集中而产生的裂纹，在轴肩处加工成圆角，称为倒圆，如图 8-8 所示。倒角尺寸系列及孔、轴直径与倒角值的大小关系可查阅国家标准。

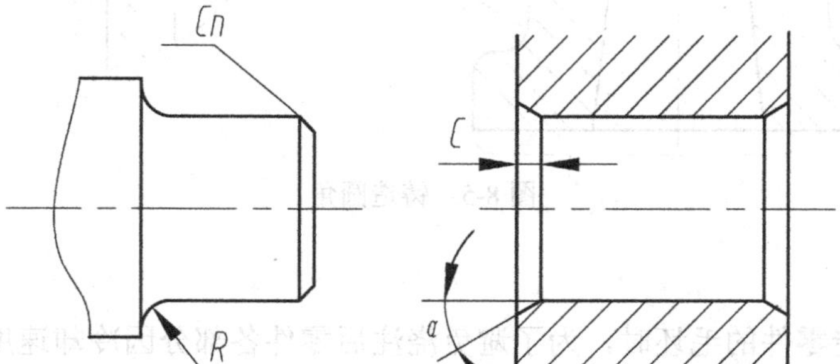


图 8-8 倒角和倒圆

### 2．退刀槽和砂轮越程槽

零件在切削加工（特别是在车螺纹和磨削）中，为了便于退出刀具或使被加工表面完全加工，常常在零件的待加工面的末端，加工出退刀槽或砂轮越程槽。图 8-9 中 *b* 表示退刀槽的宽度；$\phi$ 表示退刀槽的直径。退刀槽的标准尺寸查阅 GB/T 3—1997，砂轮越程槽的标准尺寸查阅 GB/T 6403.5—1986。

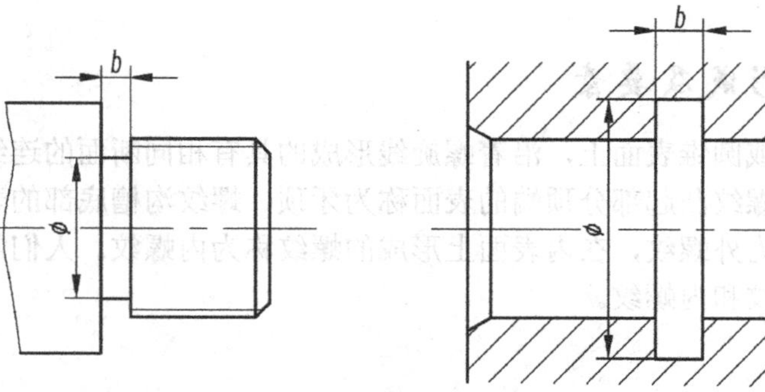


图 8-9　退刀槽和砂轮越程槽

### 3．钻孔结构

用钻头钻盲孔时，在底部有一个 120° 的锥角。钻孔深度指的是圆柱部分的深度，不包括锥角。在阶梯形钻孔的过渡处，也存在锥角 120° 的圆台。对于斜孔、曲面上的孔，为使钻头与钻孔端面垂直，应制成与钻头垂直的凸台或凹坑，如图 8-10 所示。

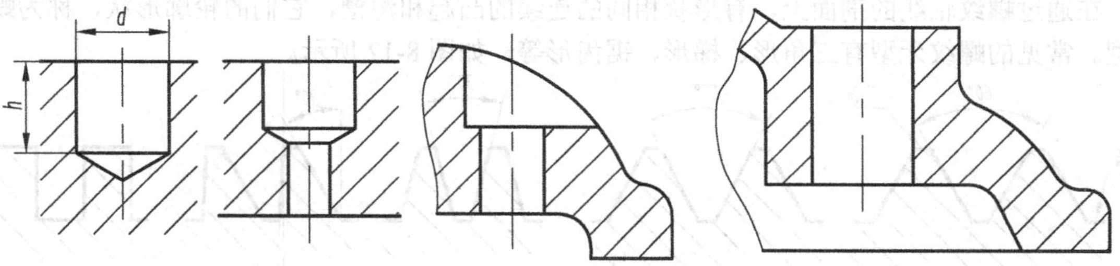


图 8-10　钻孔结构

### 4．凸台和凹坑

为了使配合面接触良好，并减小切削加工面积，应将接触部位制成凸台或凹坑等结构，如图 8-11 所示。

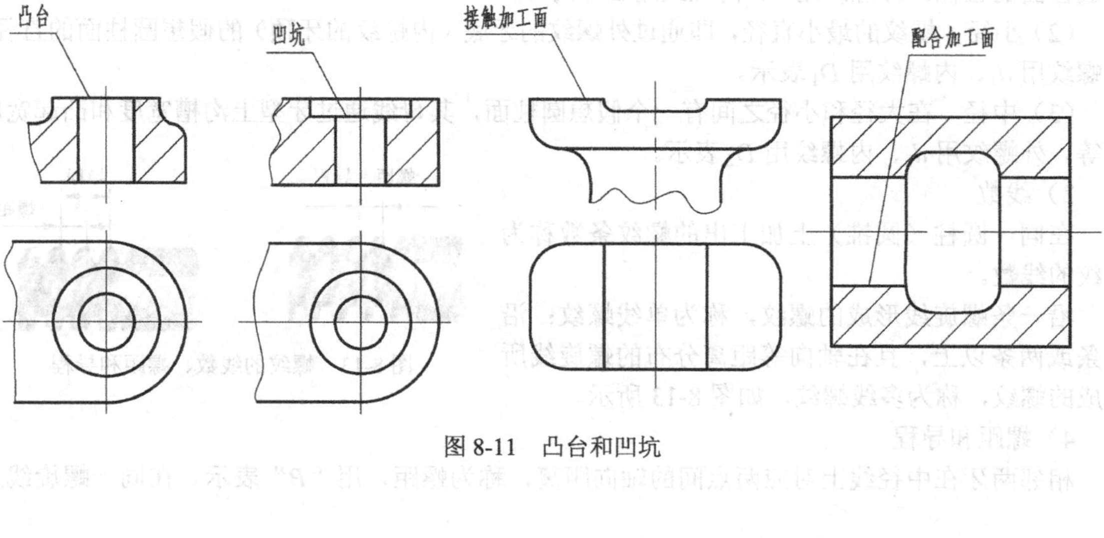


图 8-11　凸台和凹坑

# 8.3 零件上的螺纹结构

## 8.3.1 螺纹的形成及要素

螺纹是指在圆柱表面或圆锥表面上，沿着螺旋线形成的具有相同断面的连续凸起和沟槽。螺纹的凸起部分称为牙，螺纹凸起部分顶端的表面称为牙顶，螺纹沟槽底部的表面称为牙底。在外表面上形成的螺纹称为外螺纹，在内表面上形成的螺纹称为内螺纹。人们常见的螺钉和螺母上的螺纹，分别是外螺纹和内螺纹。

**1. 螺纹的形成**

动点沿直线做等速运动，直线同时绕一条与之平行（相交）的轴线做等角速度旋转，点的这种复合运动轨迹称为圆柱（圆锥）螺旋线。

平面图形沿螺旋线运动，将形成螺旋面。以螺旋面为表面的螺旋体称为螺纹。在圆柱或圆锥外表面上形成的螺纹，称为外螺纹；在圆柱或圆锥内表面上形成的螺纹，称为内螺纹。

**2. 螺纹五要素**

1）牙型

在通过螺纹轴线的剖面上，有形状相同的连续的凸起和沟槽，它们的轮廓形状，称为螺纹牙型。常见的螺纹牙型有三角形、梯形、锯齿形等，如图 8-12 所示。

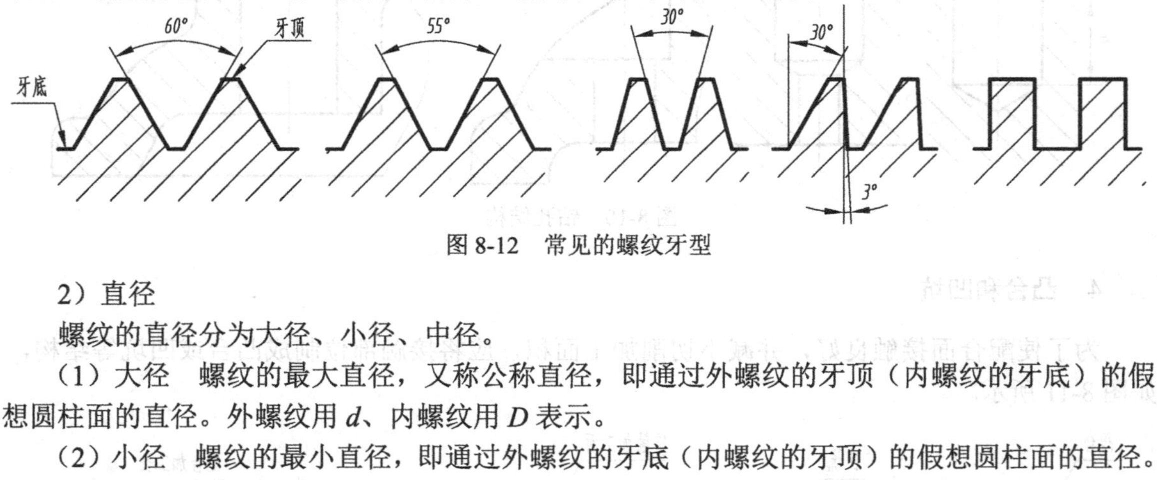


图 8-12　常见的螺纹牙型

2）直径

螺纹的直径分为大径、小径、中径。

（1）大径　螺纹的最大直径，又称公称直径，即通过外螺纹的牙顶（内螺纹的牙底）的假想圆柱面的直径。外螺纹用 $d$、内螺纹用 $D$ 表示。

（2）小径　螺纹的最小直径，即通过外螺纹的牙底（内螺纹的牙顶）的假想圆柱面的直径。外螺纹用 $d_1$、内螺纹用 $D_1$ 表示。

（3）中径　在大径和小径之间有一个假想圆柱面，其母线通过牙型上沟槽宽度和凸起宽度相等。外螺纹用 $d_2$、内螺纹用 $D_2$ 表示。

3）线数

在同一圆柱（圆锥）上加工出的螺纹条数称为螺纹的线数。

沿一条螺旋线形成的螺纹，称为单线螺纹；沿两条或两条以上，且在轴向等距离分布的螺旋线所形成的螺纹，称为多线螺纹，如图 8-13 所示。

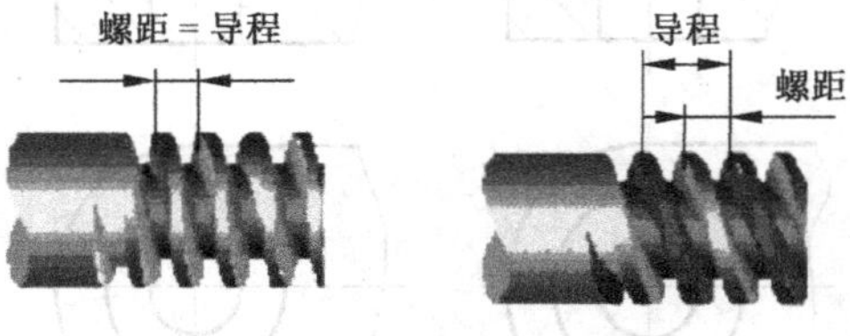


图 8-13　螺纹的线数、螺距和导程

4）螺距和导程

相邻两牙在中径线上对应两点间的轴向距离，称为螺距，用“$P$”表示。在同一螺旋线上的相邻两牙在中径线上对应两点间的轴向距离，称为导程，用“$P_h$”表示，如图 8-13 所示。螺旋线数为 $n$，则导程与螺距有如下关系：

$$P_h = n \times P$$

5）旋向

螺纹分左旋和右旋两种，顺时针旋转时旋入的螺纹，称为右旋螺纹；逆时针旋转时旋入的螺纹，称为左旋螺纹。常用的螺纹为右旋螺纹。

内外螺纹必须成对配合使用，螺纹的牙型、大径、螺距、线数和旋向，这五个要素完全相同时，内外螺纹才能相互旋合。

## 8.3.2 螺纹的规定画法

### 1. 外螺纹的规定画法

外螺纹大径用粗实线表示，小径用细实线表示，螺杆的倒角和倒圆部分也要画出，小径可近似地画成大径的 0.85 倍，螺纹终止线用粗实线表示。在投影为圆的视图上，表示牙底的细实线只画约 3/4 圈，螺杆端面的倒角圆省略不画，如图 8-14 所示。螺尾一般不画，当需要表示螺尾时，表示螺尾部分牙底的细实线应画成与轴线成 30° 的夹角。

### 2. 内螺纹的规定画法

当内螺纹画成剖视图时，大径用细实线表示，小径和螺纹终止线用粗实线表示，剖面线画到粗实线处。螺孔应将钻孔深度和螺孔深度分别画出，底部的锥顶角应画成 120°。螺纹不可见时，所有图形都为虚线，如图 8-15 所示。

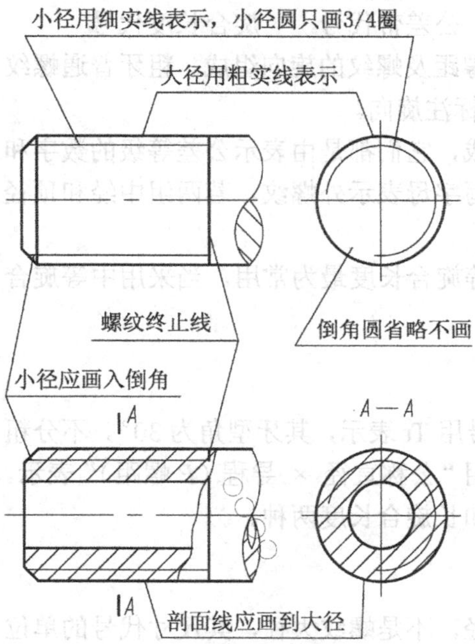

图 8-14　外螺纹的规定画法

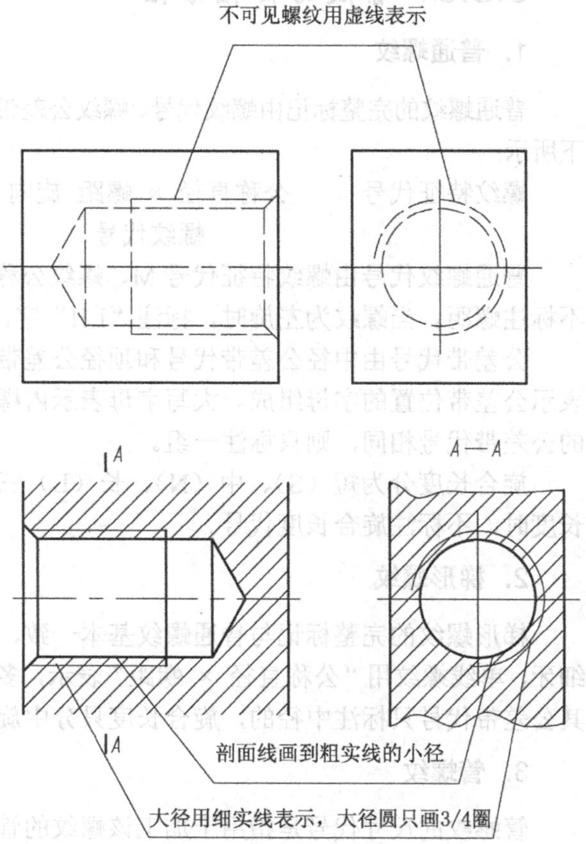

图 8-15　内螺纹的规定画法

### 3. 螺纹连接的规定画法

内外螺纹连接画成剖视图时，旋合部分按外螺纹的画法绘制，其余部分仍按各自的规定画法绘制。并且，内外螺纹的大径线和小径线应对齐，螺纹的小径与螺杆的倒角大小无关，剖面线均应画到粗实线，如图 8-16 所示。

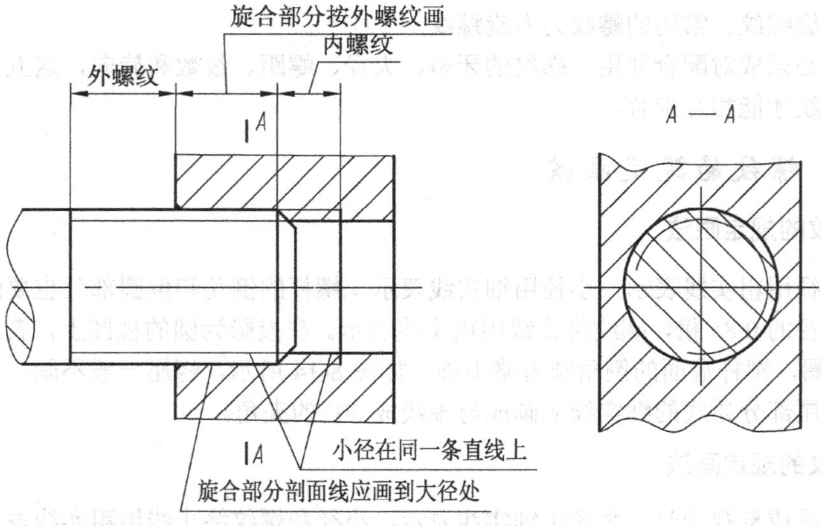


图 8-16 内、外螺纹连接的规定画法

## 8.3.3 螺纹的标注方法

### 1. 普通螺纹

普通螺纹的完整标记由螺纹代号、螺纹公差带代号和螺纹旋合长度代号三部分组成，其格式如下所示：

螺纹特征代号　　公称直径 × 螺距 旋向 – 中径公差带 顶径公差带 – 旋合长度

螺纹代号　　公差带代号　旋合长度代号

普通螺纹代号由螺纹特征代号 M、螺纹公称直径、螺距及螺纹的旋向组成。粗牙普通螺纹不标注螺距。当螺纹为左旋时，标注“LH”字，右旋不标注旋向。

公差带代号由中径公差带代号和顶径公差带代号组成，它们都是由表示公差等级的数字和表示公差带位置的字母组成。大写字母表示内螺纹，小写字母表示外螺纹。若两组中经和顶径的公差带代号相同，则只标注一组。

旋合长度分为短（S）、中（N）、长（L）三种，中等旋合长度最为常用。当采用中等旋合长度时，不标注旋合长度代号。

### 2. 梯形螺纹

梯形螺纹的完整标记与普通螺纹基本一致，特征代号用 Tr 表示，其牙型角为 30°，不分粗细牙，单线螺纹用“公称直径 × 螺距”表示，多线螺纹用“公称直径 × 导程（*P* 螺距）”表示。其公差带代号只标注中径的，旋合长度只分中旋合长度和长旋合长度两种。

### 3. 管螺纹

管螺纹的尺寸代号是指用于加工该螺纹的管子的通径，不是螺纹大径，其尺寸代号的单位是英寸。

管螺纹代号格式如下所示：

牙型符号 尺寸代号 中径公差等级代号 旋向

非螺纹密封的管螺纹其特征代号为“G”，牙型角 55°；公差等级代号只标注外螺纹的，分 A、B 两级。

用螺纹密封的管螺纹其牙型角为 55°，螺纹特征代号为：“Rc”表示圆锥内螺纹，“Rp”表示圆柱内螺纹，“$R_1$”表示与圆柱内螺纹相配合的圆锥外螺纹，“$R_2$”表示与圆锥内螺纹相配合的圆锥外螺纹。

## 8.4 零件的视图选择和尺寸标注

### 8.4.1 零件视图选择

零件图中选用的一组视图，应能完整、清晰地表达零件的内、外结构形状，并要考虑画图、读图方便。要达到上述要求，就必须对零件的结构特点进行分析，恰当地选取一组视图。

**1. 主视图的选择**

它是表达零件的最主要的视图，应尽可能多地表达出零件的主要结构形状特征，并应符合设计和工艺要求。一般应注意以下两点。

1）主视图的投影方向

选择最能明显表达零件结构形状及其相对位置的方向作为主视图的投影方向，符合形体特征原则。如图 8-17 所示，选 *A* 向作为主视图就比 *B* 向好。

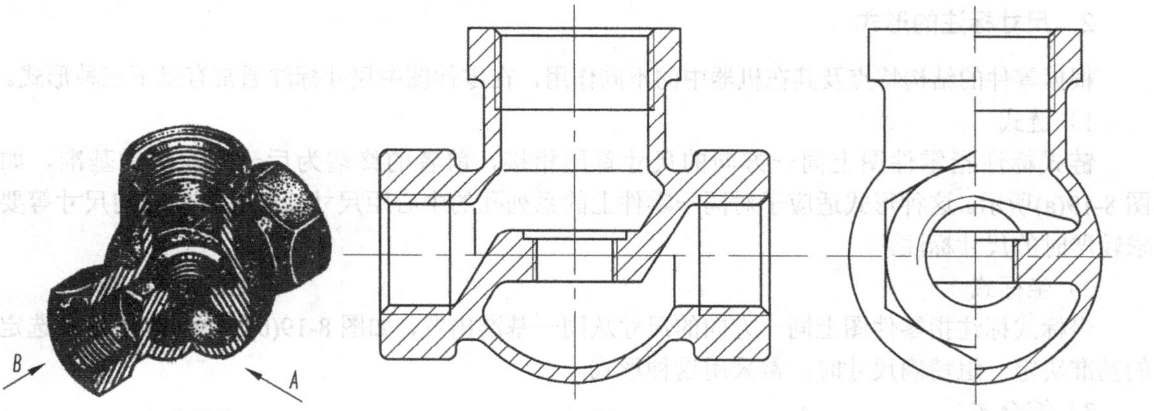


(a) 立体图　　(b) *A* 向好　　(c) *B* 向不好

图 8-17　阀体的主视图选择

2）零件的安放位置

在选主视图时，零件的安放位置应尽可能符合它的设计（工作）位置和工艺（加工）位置。如图 8-17(b)所示，与阀体的工作位置和主要加工位置一致。

当不能同时满足上述两点要求时，根据零件的具体情况可灵活地重视其一。

**2. 其他视图的选择**

主视图确定后，其他视图应视零件的结构特征灵活选择。选择其他视图的原则是：在表达清晰的前提下，应使所选视图数量较少；各视图表达的内容重点突出；简明易懂。同时，对在标注尺寸后已表达清楚的结构，尽量不再用视图重复表达。

## 8.4.2 零件图中的尺寸标注

### 1. 正确选择尺寸基准

在零件图中，除了应用一组视图表达清楚零件结构形状外，还必须标注全部尺寸，以确定各部分结构的大小及其相对位置。标注尺寸除了满足正确、完整、清晰的要求之外，重点应考虑设计和工艺要求，尽可能合理地标注尺寸。为此，必须正确选择标注尺寸的起点，即尺寸基准。根据作用不同，基准分以下两类。

（1）设计基准　根据零件设计要求所选的基准，如图 8-18(a)所示。

（2）工艺基准　指加工、测量时所选定的基准。它又可细分为定位基准和测量基准，如图 8-18 (b)、(c)所示。

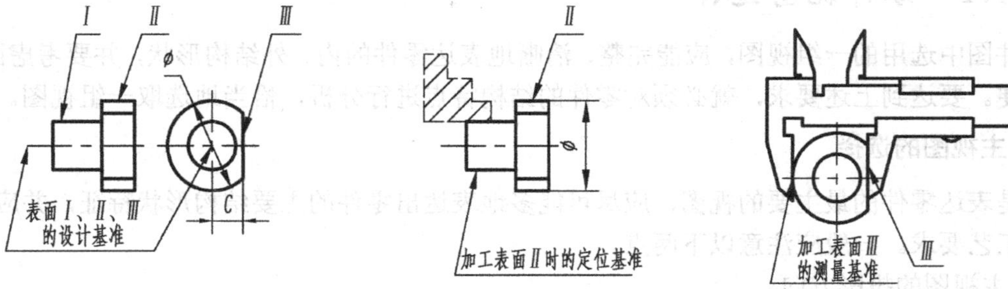


(a) 设计基准　(b) 工艺基准（一）　(c) 工艺基准（二）

图 8-18　基准的分类

### 2. 尺寸标注的形式

根据零件的结构特点及其在机器中的不同作用，在零件图中尺寸标注通常有以下三种形式。

1）链式

链式标注指零件图上同一方向的尺寸首尾相接，前者的终端为后一个尺寸的基准，如图 8-19(a)所示。这种形式适应于对同一零件上的系列孔的中心距尺寸或阶梯轴的轴向尺寸等要求较严时的尺寸标注。

2）坐标式

坐标式标注指零件图上同一方向的尺寸从同一基准出发，如图 8-19(b)所示。当需要按选定的基准决定一组精确尺寸时，常采用这种形式。

3）综合式

综合式标注指前两种形式的综合应用，如图 8-19(c)所示。这种标注形式兼有上述两种标注形式的优点，得到广泛应用。

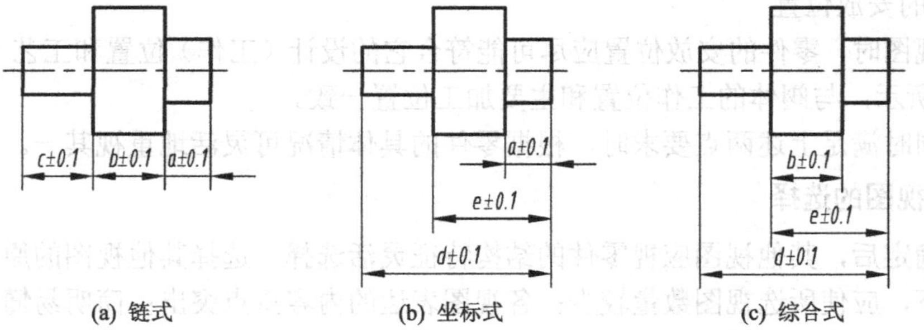


(a) 链式　(b) 坐标式　(c) 综合式

图 8-19　标注尺寸的三种形式

### 3. 主要尺寸和一般尺寸

1）主要尺寸

影响到机器或部件的工作性能、工作精度，以及确定零件位置和有配合关系的尺寸，均是主要尺寸。如图 8-20 中的 $\phi5.5_{-0.012}^{-0.005}$、$\phi9_{-0.010}^{\ 0}$、$12\pm0.1$。

2）一般尺寸

不影响机器或部件的工作性能和工作精度或结构上无配合和定位要求的尺寸，均属于一般尺寸。如图 8-20 中的 $\phi13$、25、6 均属于一般尺寸。

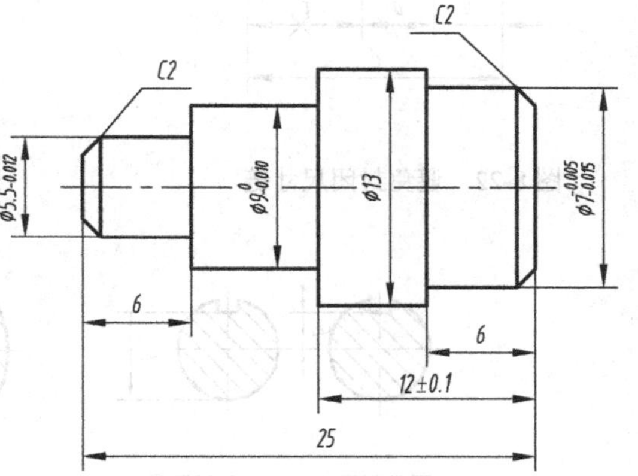


图 8-20　主要尺寸和一般尺寸

### 4. 标注尺寸应注意的问题

1）考虑设计要求

（1）恰当地选择基准；

（2）主要尺寸直接注出；

（3）不要注成封闭尺寸链。

如图 8-21 和图 8-22 所示。

2）考虑工艺要求

（1）尽量符合加工顺序，如图 8-21(c)、(e)所示；

（2）应考虑测量方便，如图 8-23(b)比图 8-23 (a)好测量，图 8-24 也如此。

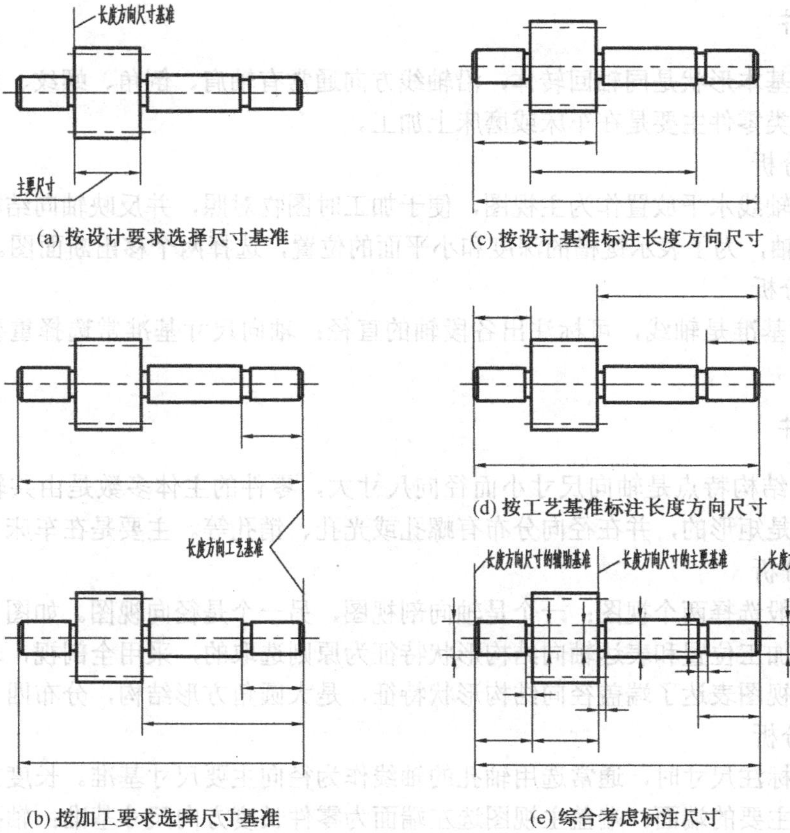


(a) 按设计要求选择尺寸基准　(c) 按设计基准标注长度方向尺寸

(d) 按工艺基准标注长度方向尺寸

(b) 按加工要求选择尺寸基准　(e) 综合考虑标注尺寸

图 8-21　主轴的尺寸标注

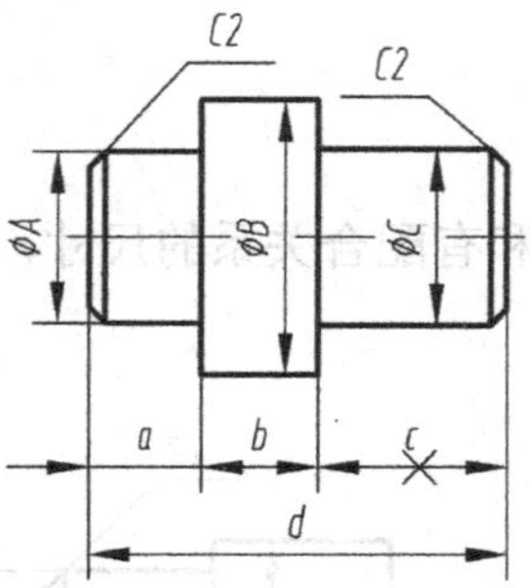


图 8-22　避免封闭尺寸链

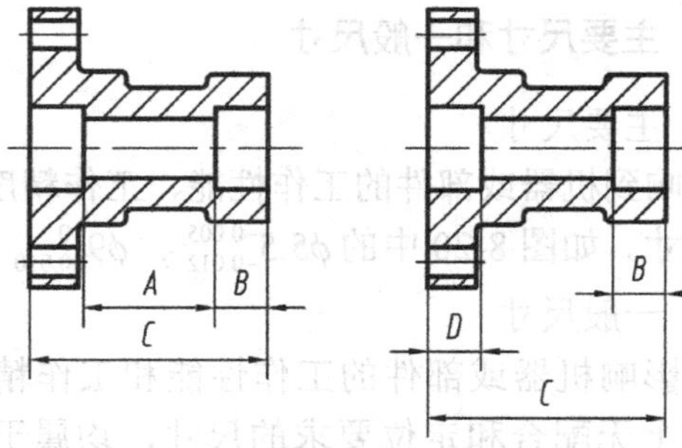


(a) 不易测量　　(b) 易于测量

图 8-23　考虑测量方便

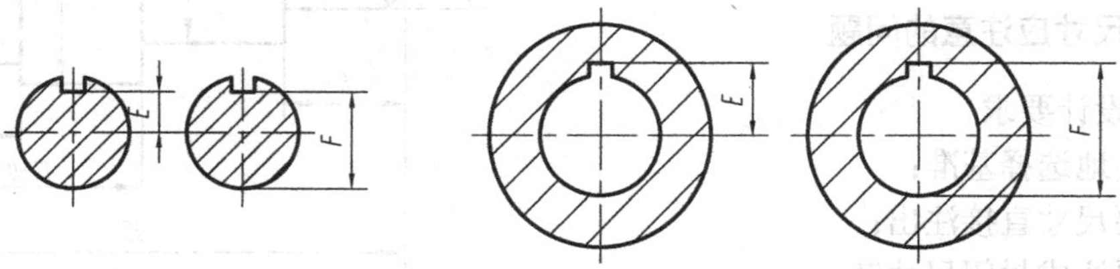


不易测量　　易于测量

(a)

不易于测量　　易于测量

(b)

图 8-24　考虑测量方便

## 8.4.3 各类零件的视图选择和尺寸标注示例

### 1. 轴套类零件

轴套类零件的基本形状是同轴回转体，沿轴线方向通常有轴肩、倒角、螺纹、退刀槽、键槽等结构要素。此类零件主要是在车床或磨床上加工。

1）视图选择分析

按加工位置，轴线水平放置作为主视图，便于加工时图物对照，并反映轴向结构形状。如图 8-1 所示的传动轴，为了表示键槽的深度和小平面的位置，选择两个移出断面图。

2）尺寸标注分析

轴的径向尺寸基准是轴线，可标注出各段轴的直径；轴向尺寸基准常选择重要的端面及轴肩。

### 2. 轮盘类零件

轮盘类零件的结构特点是轴向尺寸小而径向尺寸大，零件的主体多数是由共轴回转体构成，也有主体形状是矩形的，并在径向分布有螺孔或光孔、销孔等。主要是在车床上加工。

1）视图选择分析

轮盘类零件一般选择两个视图：一个是轴向剖视图，另一个是径向视图。如图 8-25 所示，端盖的主视图是以加工位置和表达轴向结构形状特征为原则选取的，采用全剖视，表达端盖的轴向结构层次。左视图表达了端盖径向结构形状特征，是大圆角方形结构，分布四个沉头孔。

2）尺寸标注分析

轮盘类零件在标注尺寸时，通常选用轴孔的轴线作为径向主要尺寸基准。长度方向的主要尺寸基准，常选用主要的端面。端盖主视图选左端面为零件长度方向尺寸基准；轴孔等直径尺寸，都是以轴线为基准标注出的。

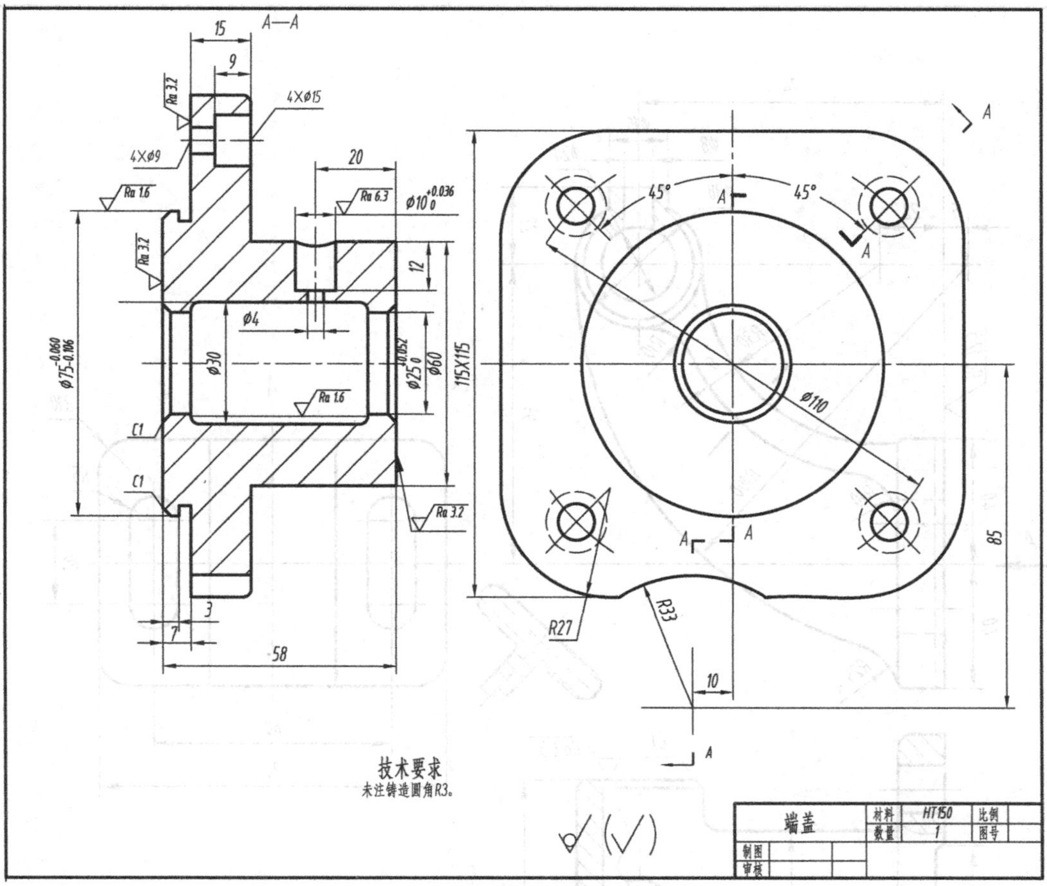


图 8-25　轮盘类零件视图表达

### 3. 叉架类零件

叉架类零件主要起支承和连接作用，其结构形状比较复杂，且不太规则，可在多种机床上加工。

1）视图选择分析

叉架类零件由于加工位置多变，在选择主视图时，主要考虑工作位置和形状特征。叉架类零件常常需要两个或两个以上的基本视图，并且要用局部视图、剖视图等表达零件的细部结构。

如图 8-26 所示的支架，除主视图外，还采用了俯视图，表达安装板、肋和轴承的宽度，以及它们的相对位置，并用 *A* 向局部视图表达安装板左端面的形状，用移出断面图表达肋的断面形状。

2）尺寸标注分析

在标注叉架类零件的尺寸时，通常用安装基准面或零件的对称面作为尺寸基准。支架选用安装板左端面作为长度方向的尺寸基准，选用安装板的水平对称面作为高度方向的尺寸基准。

### 4. 箱体类零件

箱体类零件是机器或部件的主体部分，用来支承、包容、保护运动零件或其他零件。如图 8-27 所示，这类零件的形状、结构较复杂，加工工序较多。一般均按工作位置和形状特征原则选择主视图，其他视图至少两个或两个以上，应根据实际情况适当采取剖视图、断面图、局部视图和斜视图等多种形式，以清晰地表达零件内外形状。

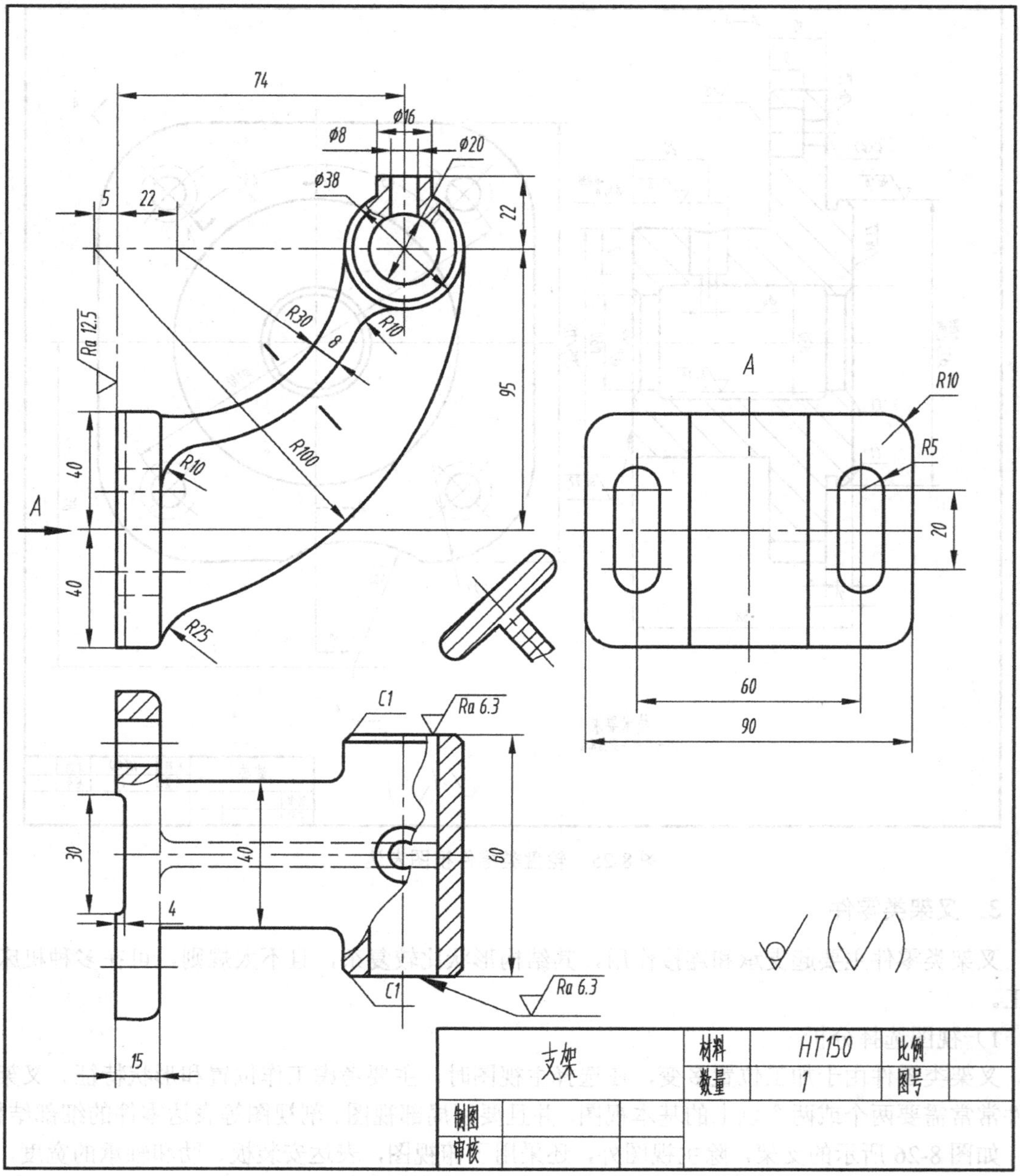


图 8-26 叉架类零件视图表达

1）视图选择分析

阀体的主视图按工作位置选取，采用全剖视，清楚地表达内腔的结构，右端圆法兰上有通孔。从左视图中可知 4 个孔的分布情况，左视图采用半剖视，从半个视图中可知，阀体左端是方形法兰，并有 4 个螺孔；从半剖视图中可知，阀体外形是圆柱体。俯视图表示了方形法兰的厚度，局部剖表示螺孔深度。

2）尺寸标注分析

常选用设计轴线、对称面、重要端面和重要安装面作为尺寸基准。对于箱体上需要加工的部分，应尽可能按便于加工和检验的要求标注尺寸。阀体长度方向的尺寸基准是孔$\phi12$ 的轴线；主视图的水平中心线是高度方向的尺寸基准；俯视图中的对称中心线是宽度方向的尺寸基准。

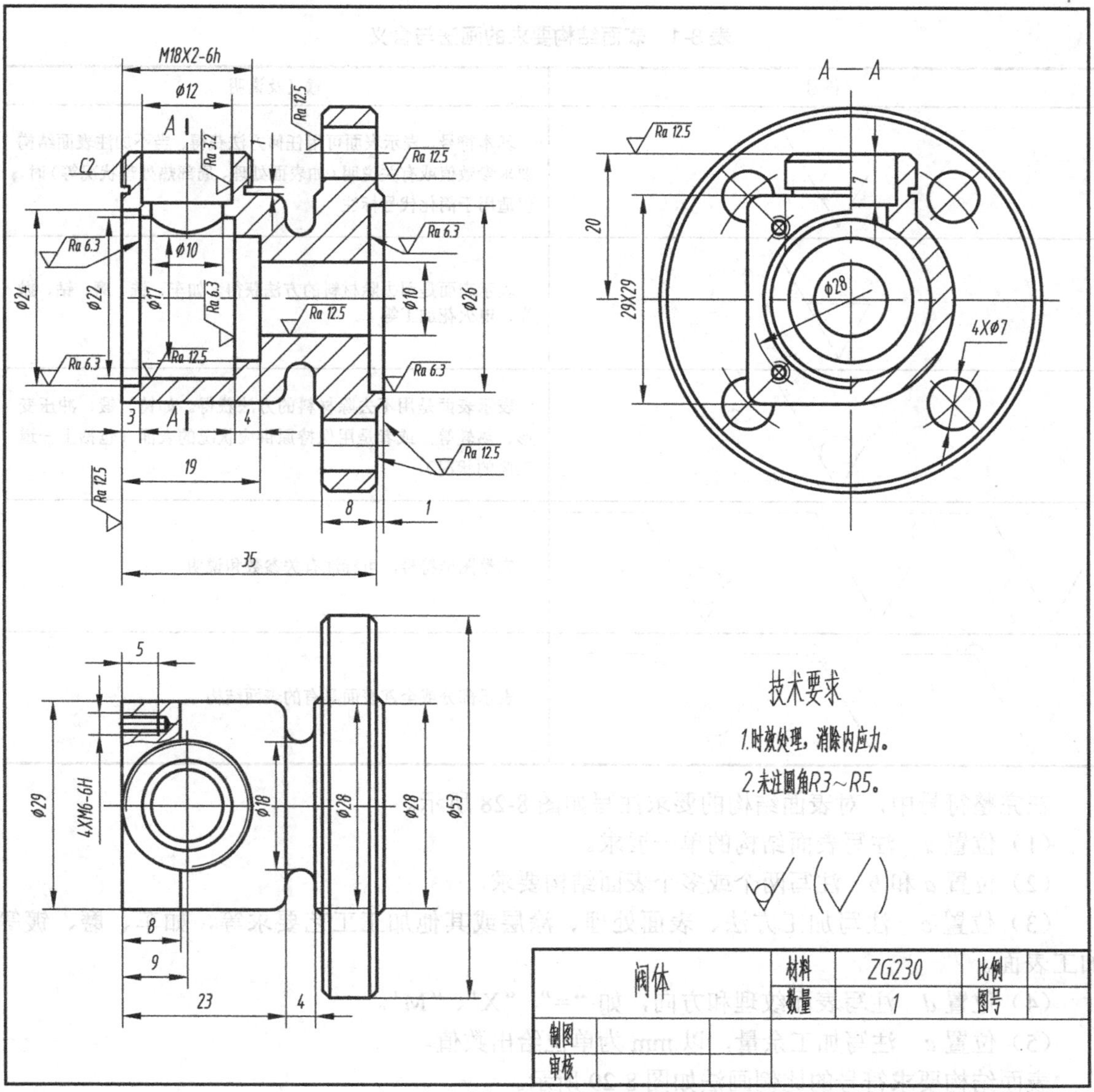


图 8-27 箱体类零件视图表达

## 8.5 零件图上的技术要求

在零件图中，除一组视图和全部尺寸外，还应在图样中注出设计、制造、检验、修饰和使用等方面的技术要求。

### 8.5.1 表面结构要求

零件表面结构是表面粗糙度、表面波纹度、表面缺陷、表面几何形状的总称。表面结构要求是评定零件表面质量的一项重要技术指标。

**1．表面结构要求图形符号的画法与含义**

国家标准 GB/T 131—2006 规定了表面结构要求的符号、代号及其画法，如表 8-1 所示。

表 8-1　表面结构要求的画法与含义

| 符号 | 意义及说明 |
| --- | --- |
|  | 基本符号，表示表面可用任何方法获得。当不加注表面结构要求参数值或有关说明（如表面处理、局部热处理状况等）时，仅适用于简化代号标注 |
|  | 表示表面是用去除材料的方法获得。如车、铣、磨、钻、抛光、电火花加工等 |
|  | 表示表面是用不去除材料的方法获得。如铸、锻、冲压变形、热轧等，或者是用保持原供应状况的表面（包括上一道工序的状况） |
| 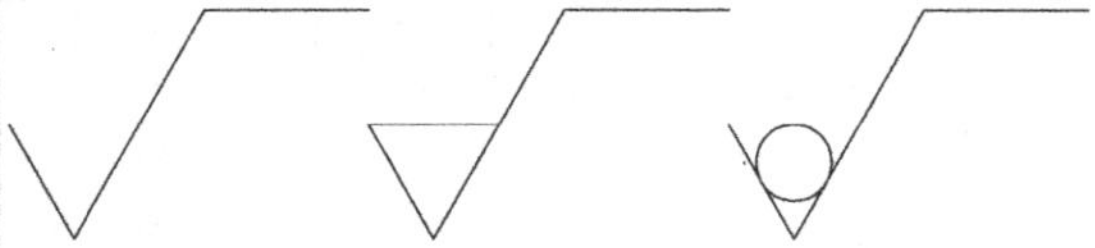 | 完整图形符号，可标注有关参数和说明 |
| 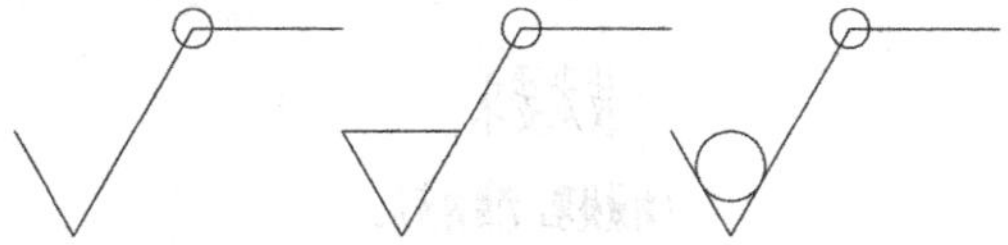 | 表示部分或全部表面具有的表面结构 |

在完整符号中，对表面结构的要求注写如图 8-28 所示。

（1）位置 *a*　注写表面结构的单一要求。

（2）位置 *a* 和 *b*　注写两个或多个表面结构要求。

（3）位置 *c*　注写加工方法、表面处理、涂层或其他加工工艺要求等，如车、磨、镀等加工表面。

（4）位置 *d*　注写表面纹理和方向，如"="、"X"、"M"。

（5）位置 *e*　注写加工余量，以 mm 为单位给出数值。

表面结构要求符号的比例画法如图 8-29 所示。

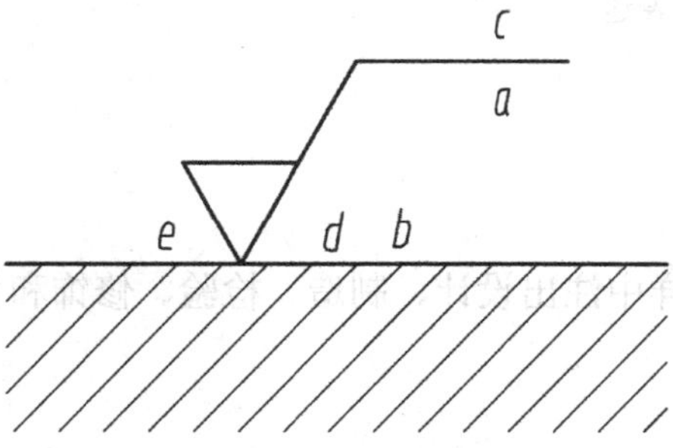


图 8-28　表面结构要求的注写位置

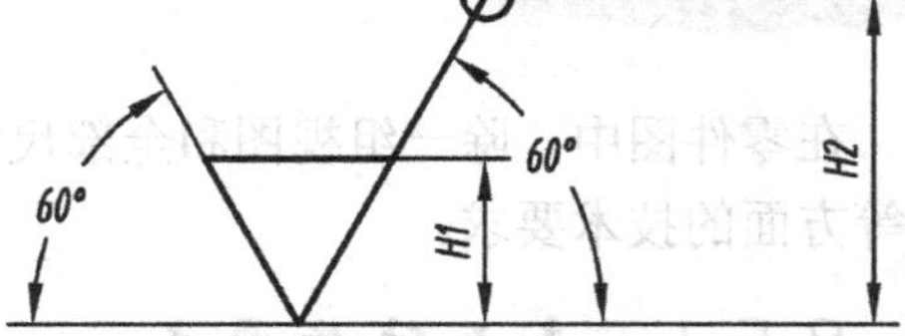


图 8-29　表面结构要求符号的比例画法

**2．表面粗糙度要求**

零件的表面经过加工后，看似光滑的表面在放大镜下观察，可以看到高低不平的峰谷痕迹。这种加工表面具有较小间距的峰和谷所组成的微观几何形状的特征，称为表面粗糙度。

表面粗糙度要求是零件表面结构要求中的一项重要技术指标。国家标准规定了评定表面粗糙度要求的两个高度参数：轮廓算数平均偏差 *Ra*、轮廓最大高度 *Rz*。

### 3．表面粗糙度要求在图样中的标注

表面粗糙度要求对每一表面一般只标注一次，并尽可能标注在相应的尺寸及其公差的同一视图上。除非另有说明，所标注的表面粗糙度要求是对完工零件表面的要求。表面粗糙度要求的注写和读取方向一致，如图 8-30 所示。

表面粗糙度要求可标注在轮廓线或轮廓线延长线上，其符号应从零件材料外指向并接触零件表面，如图 8-31 所示。必要时，表面粗糙度符号也可用带黑点或箭头的指引线引出标注，如图 8-32 所示。

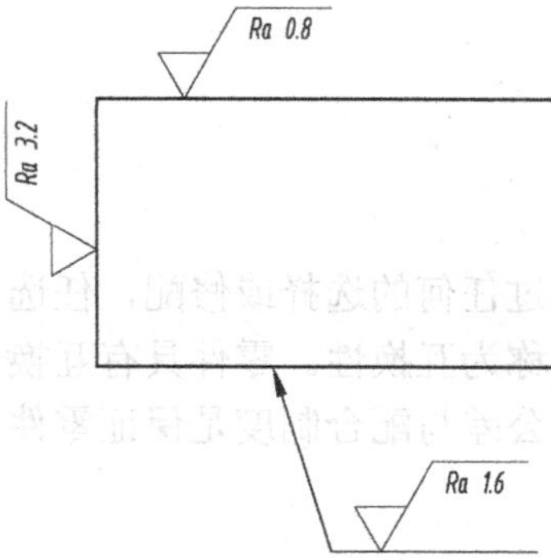


图 8-30　表面粗糙度要求的注写（一）

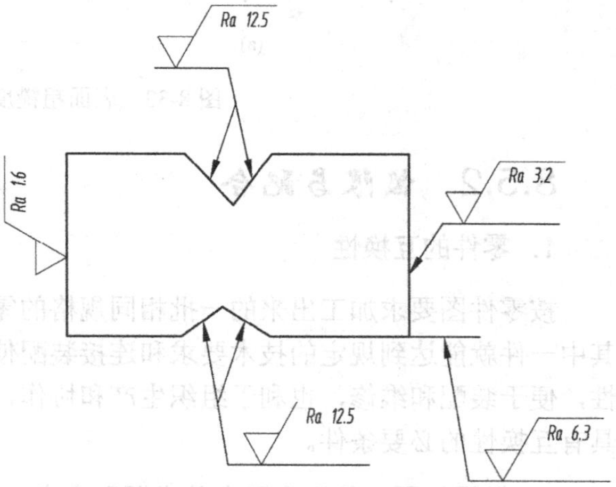


图 8-31　表面粗糙度要求的注写（二）

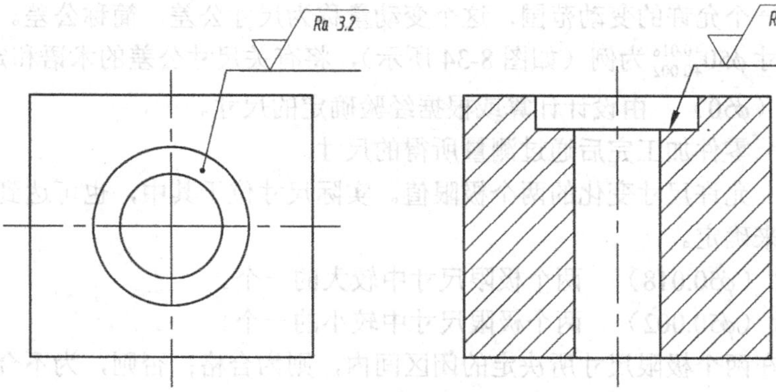


图 8-32　表面粗糙度要求的注写（三）

如果零件的多数（包括全部）表面具有相同的表面粗糙度要求，则其表面粗糙度要求可统一标注在图样的标题栏附近。此时（除了全部表面具有相同要求的情况外），表面结构要求的符号后面应有：

（1）在圆括号内给出无任何其他标注的基本符号，如图 8-33(a)所示；

（2）在圆括号内给出不同的表面结构要求，如图 8-33(b)所示。

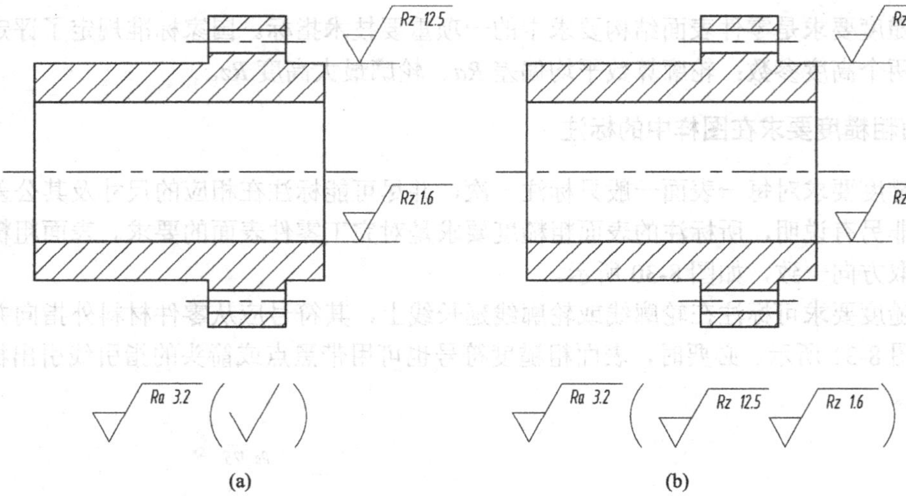


图 8-33 表面粗糙度要求的注写（四）

## 8.5.2 极限与配合

### 1. 零件的互换性

按零件图要求加工出来的一批相同规格的零件，装配时不需经过任何的选择或修配，任选其中一件就能达到规定的技术要求和连接装配使用要求，这种性质称为互换性。零件具有互换性，便于装配和维修，也利于组织生产和协作，提高生产率。建立公差与配合制度是保证零件具有互换性的必要条件。

### 2. 极限与配合的概念及有关术语和定义

在生产实际中，零件尺寸不可能加工得绝对精确。为了使零件具有互换性，必须对零件尺寸的加工误差规定一个允许的变动范围，这个变动量称为尺寸公差，简称公差。

下面以轴的尺寸 $\phi50^{+0.018}_{+0.002}$ 为例（如图 8-34 所示），将有关尺寸公差的术语和定义介绍如下：

（1）公称尺寸（$\phi$50） 由设计计算或根据经验确定的尺寸。

（2）实际尺寸 零件加工完后通过测量所得的尺寸。

（3）极限尺寸 允许尺寸变化的两个极限值。实际尺寸位于其中，也可达到极限尺寸，它以公称尺寸为基数来确定。

① 上极限尺寸（$\phi$50.018） 两个极限尺寸中较大的一个。

② 下极限尺寸（$\phi$50.002） 两个极限尺寸中较小的一个。

如果实际尺寸在两个极限尺寸所决定的闭区间内，则为合格；否则，为不合格。

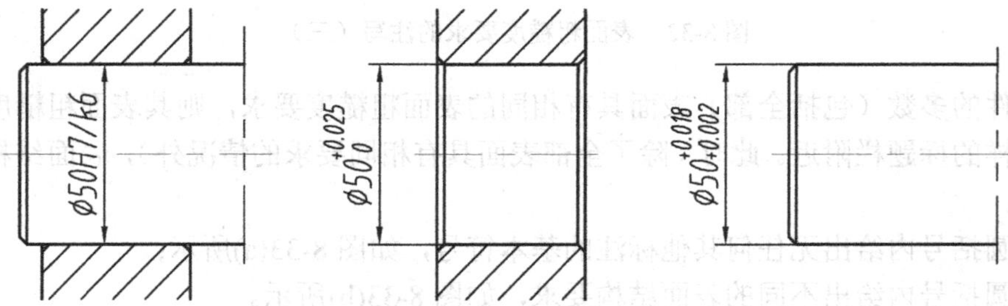


图 8-34 轴孔配合与尺寸公差

（4）偏差 某一尺寸（实际尺寸、极限尺寸等）减其公称尺寸所得的代数差，如图8-35所示。

① 上极限偏差（+0.018） 上极限尺寸减其公称尺寸所得的代数差。

② 下极限偏差（+0.002） 下极限尺寸减其公称尺寸所得的代数差。

上极限偏差和下极限偏差统称为极限偏差。偏差可以为正、负或零值。孔的上、下极限偏差代号分别用大写字母ES、EI表示；轴的上、下极限偏差代号分别用小写字母es、ei表示；

（5）尺寸公差（简称公差）（0.016） 允许尺寸的变动量，即

$$公差 = 上极限尺寸 - 下极限尺寸 = 上极限偏差 - 下极限偏差$$

公差是没有正负号的绝对值。

（6）零线 在公差与配合图解（简称公差带图）中，表示公称尺寸的一条直线，以其为基准确定偏差和公差。零线之上的偏差为正，零线之下的偏差为负。

（7）尺寸公差带（简称公差带） 在公差带图解中，由代表上、下极限偏差的两条直线所限定的一个区域。

公差带与公差的区别在于公差带既表示了公差（公差带的大小），又表示了公差相对于零线的位置（公差带位置）。

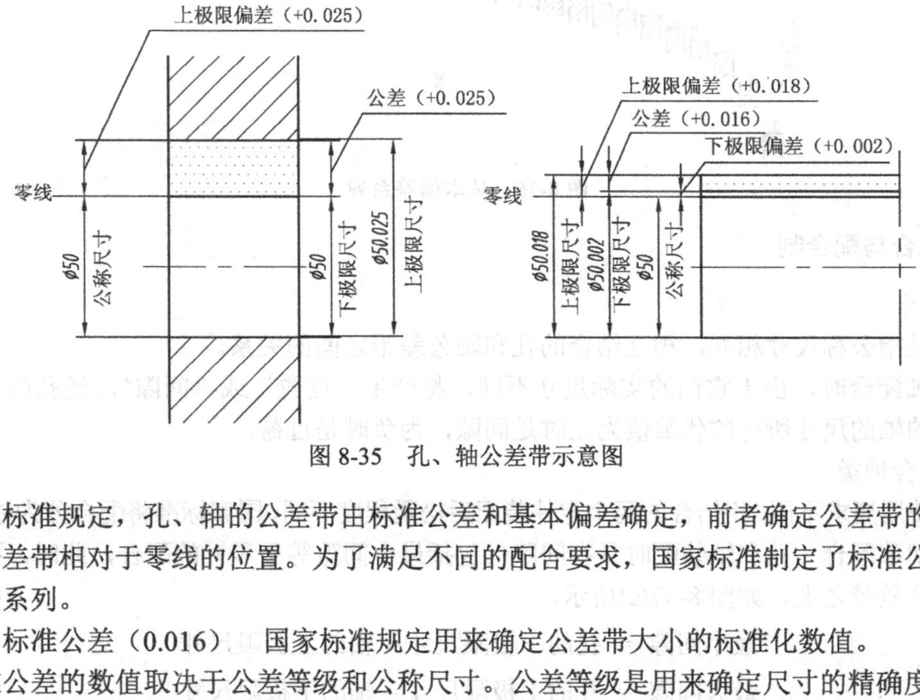


图8-35 孔、轴公差带示意图

国家标准规定，孔、轴的公差带由标准公差和基本偏差确定，前者确定公差带的大小，后者确定公差带相对于零线的位置。为了满足不同的配合要求，国家标准制定了标准公差系列和基本偏差系列。

（8）标准公差（0.016） 国家标准规定用来确定公差带大小的标准化数值。

标准公差的数值取决于公差等级和公称尺寸。公差等级是用来确定尺寸的精确度的。国家标准将公差等级分为20级，即IT01，IT0，IT1，IT2，…，IT18。IT表示标准公差，数字表示公差等级。IT01级的精确度最高，以下逐级降低。在一般机器的配合尺寸中，孔用IT6～IT12级，轴用IT5～IT12级。在保证质量的条件下，应选用较低的公差等级。附表中为公称尺寸至500 mm，公差等级由IT1至IT18级的标准公差数值。

（9）基本偏差（+0.002） 国家标准规定用来确定公差带相对于零线位置的那个极限偏差，它可以是上极限偏差或下极限偏差，一般为靠近零线的那个偏差。

为了满足各种配合的需要，国家标准规定了基本偏差系列，并根据不同的公称尺寸和基本偏差代号确定了轴和孔的基本偏差数值；基本偏差代号用拉丁字母表示，大写为孔，小写为轴，各28个。图8-36表示基本偏差系列。此示意图只表示公差带中属于基本偏差的一端，表示极

限偏差的另一端是开口的，开口的一端取决于公差带的大小，它由设计者选用的标准公差的大小确定。

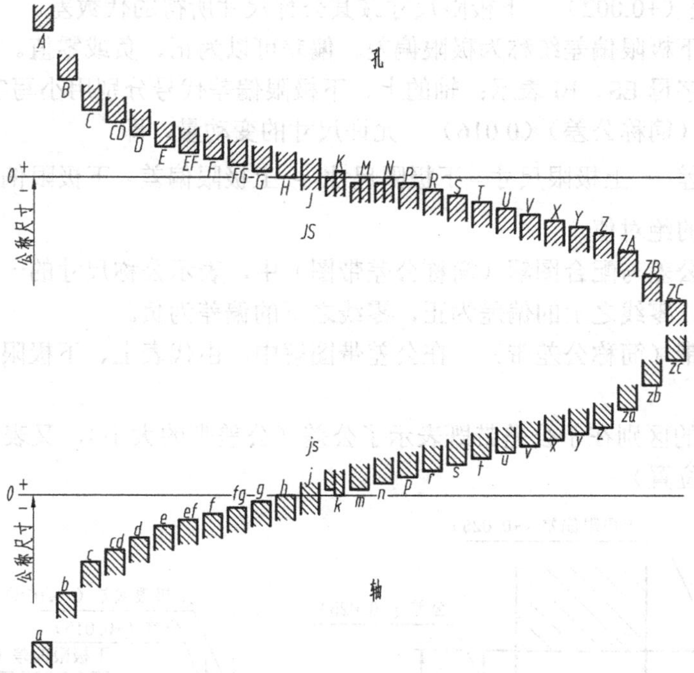


图 8-36　基本偏差系列

### 3．配合与配合制

1）配合

配合是指公称尺寸相同，相互结合的孔和轴公差带之间的关系。

孔和轴配合时，由于它们的实际尺寸不同，将产生"过盈"或"间隙"。当孔的尺寸减去与之配合的轴的尺寸所得的代数值为正时是间隙，为负时是过盈。

2）配合种类

根据使用要求不同，相结合的两个零件装配后松紧程度不同，国家标准将配合分为以下三类。

（1）间隙配合　孔和轴装配时具有间隙（包括最小间隙等于零）的配合，此时，孔的公差带在轴的公差带之上，如图 8-37(a)所示。

最小间隙 ＝ 孔的下极限尺寸 – 轴的上极限尺寸

最大间隙 ＝ 孔的上极限尺寸 – 轴的下极限尺寸

（2）过盈配合　孔和轴装配时具有过盈（包括最小过盈为零）的配合，此时，孔的公差带在轴的公差带之下，如图 8-37(b)所示。

最小过盈 ＝ 孔的上极限尺寸 – 轴的下极限尺寸

最大过盈 ＝ 孔的下极限尺寸 – 轴的上极限尺寸

（3）过渡配合　可能具有过盈，也有可能具有间隙的配合。此时，孔的公差带与轴的公差带相互重叠，如图 8-37(c)所示。

最大过盈 ＝ 孔的下极限尺寸 – 轴的上极限尺寸

最大间隙 ＝ 孔的上极限尺寸 – 轴的下极限尺寸

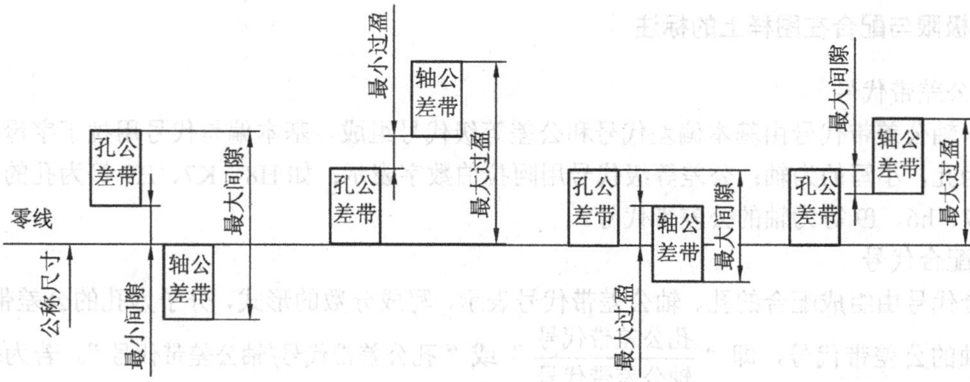


(a) 间隙配合　　(b) 过盈配合　　(c) 过渡配合

图 8-37　三类配合中孔、轴公差带的关系

3）配合制

要得到各种性质的配合，就必须在保证适当间隙或过盈的条件下，确定孔或轴的上、下极限偏差。为了便于设计和制造，国家标准对配合规定了基孔制与基轴制。

（1）基孔制　基本偏差为一定的孔的公差带，与不同基本偏差的轴的公差带形成的各种配合的一种制度，如图 8-38 所示。

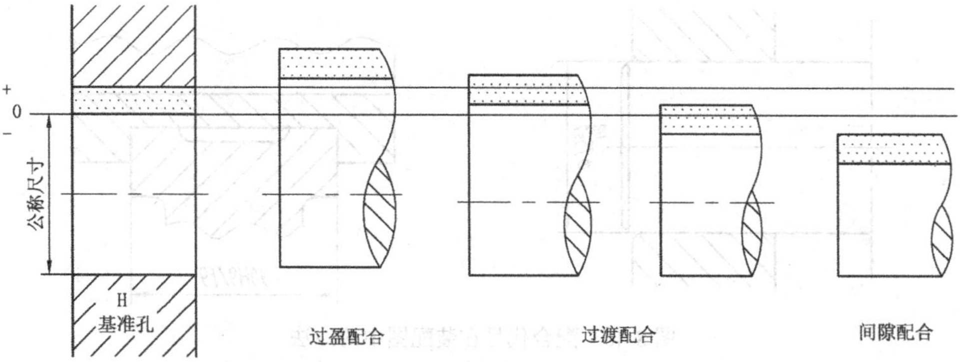


图 8-38　基孔制配合示意图

基孔制的孔为基准孔，基准孔的基本偏差代号为 H，其下极限偏差为零。

（2）基轴制　基本偏差为一定的轴的公差带，与不同的基本偏差的孔的公差带形成的各种配合的一种制度，如图 8-39 所示。

基轴制的轴为基准轴，基准轴的基本偏差代号为 h，其上极限偏差为零。

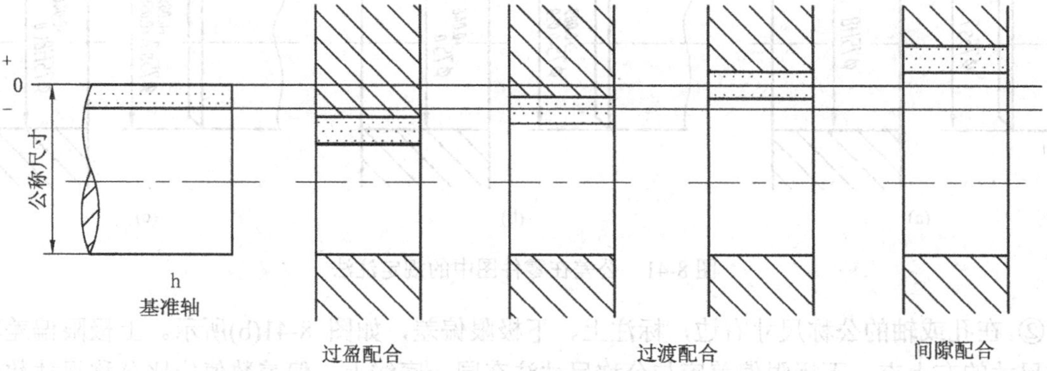


图 8-39　基轴制配合示意图

#### 4．极限与配合在图样上的标注

1）公差带代号

孔、轴公差带代号由基本偏差代号和公差等级代号组成。基本偏差代号用拉丁字母表示，大写的为孔，小写的为轴；公差等级代号用阿拉伯数字表示；如 H8、K7、H9 等为孔的公差带代号，s7、h6、f9 等为轴的公差带代号。

2）配合代号

配合代号由组成配合的孔、轴公差带代号表示，写成分数的形式，分子为孔的公差带代号，分母为轴的公差带代号，即“$\dfrac{\text{孔公差带代号}}{\text{轴公差带代号}}$”或“孔公差带代号/轴公差带代号”。若为基孔制配合，配合代号为$\dfrac{\text{基准孔公差带代号}}{\text{轴公差带代号}}$，如$\dfrac{\mathrm{H6}}{\mathrm{k5}}$、$\dfrac{H8}{e7}$或 H6/k5、H8/e7 等；若为基轴制配合，配合代号为$\dfrac{\text{孔公差带代号}}{\text{基准轴公差带代号}}$，如$\dfrac{K6}{h5}$、$\dfrac{\mathrm{E8}}{\mathrm{h7}}$或 K6/h5、E8/h7 等。

3）在图样中的标注

（1）装配图中的注法　在公称尺寸的右边标注配合代号，如图 8-40 所示。对于配合代号如 H7/h6，一般看做基孔制，但也可以看做基轴制，它是一种最小间隙为 0 的间隙配合。

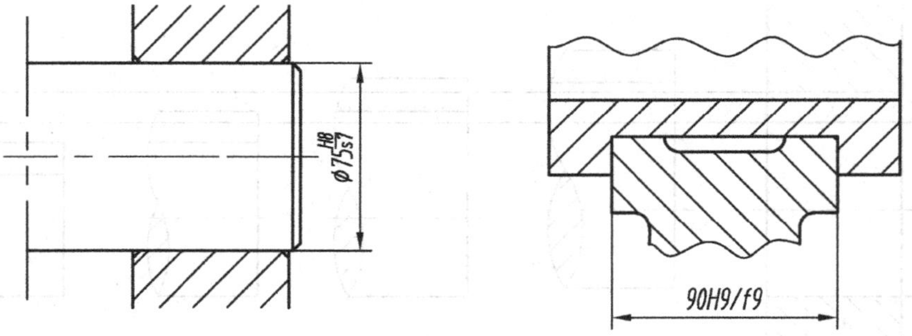


图 8-40　配合代号在装配图中的注法

（2）零件图中的标注　在零件图中，线性尺寸的公差有以下三种注法。

① 在孔或轴的公称尺寸右边，只标注公差带代号，如图 8-41(a)所示。

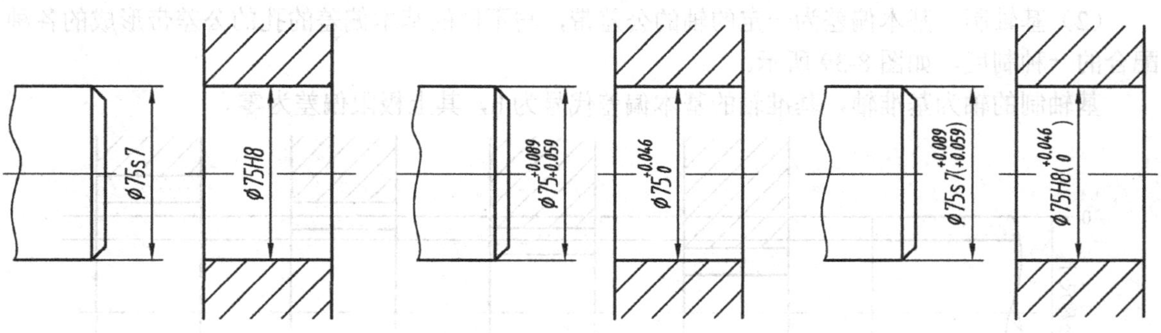


(a)　(b)　(c)

图 8-41　公差在零件图中的规定注法

② 在孔或轴的公称尺寸右边，标注上、下极限偏差，如图 8-41(b)所示。上极限偏差写在公称尺寸的右上方，下极限偏差应与公称尺寸注在同一底线上，偏差数值应比公称尺寸数值小

一号。上、下极限偏差前面必须标出正、负号。上、下极限偏差的小数点对齐，小数点后的位数也必须相同。当上极限偏差或下极限偏差为“零”时，用数值“0”标出，并与上极限偏差或下极限偏差的小数点前的个位数对齐。

当公差带相对于公称尺寸对称配置，即两个偏差相同时，偏差只需注一次，并应在偏差与公称尺寸之间注出符号“±”，两者的数值高度应一样，如“50±0.25”。必须注意，偏差数值表中所列的偏差单位为微米（μm），标注时，必须换算成毫米（mm）。

③ 在孔和轴的公称尺寸后面，同时标注公差带代号和上、下极限偏差，这时，上、下极限偏差必须加上括号，如图 8-41(c)所示。

## 8.5.3 几何公差简介

零件的实际形状、位置对理想形状、位置的允许变动量称为几何公差。几何公差各项的名称和符号详见表 8-2。

**表 8-2 几何公差各项的名称和符号**

| 分类 | 形状公差 | | 方向公差 | | 位置公差 | | 跳动公差 | |
|---|---|---|---|---|---|---|---|---|
| | 几何特征 | 符号 | 几何特征 | 符号 | 几何特征 | 符号 | 几何特征 | 符号 |
| 几何特征和符号 | 直线度 | — | 平行度 | // | 位置度 | ⌖ | 圆跳动 | ↗ |
| | 平面度 | ▱ | 垂直度 | ⊥ | 同心度（用于中心点） | ◎ | 全跳动 | ⌰ |
| | 圆度 | ○ | 倾斜度 | ∠ | 同轴度（用于轴线） | ◎ | | |
| | 圆柱度 | ⌭ | 线轮廓度 | ⌒ | 对称度 | ⌯ | | |
| | 线轮廓度 | ⌒ | 面轮廓度 | ⌓ | 线轮廓度 | ⌒ | | |
| | 面轮廓度 | ⌓ | | | 面轮廓度 | ⌓ | | |

几何公差的标注示例如图 8-42 所示。

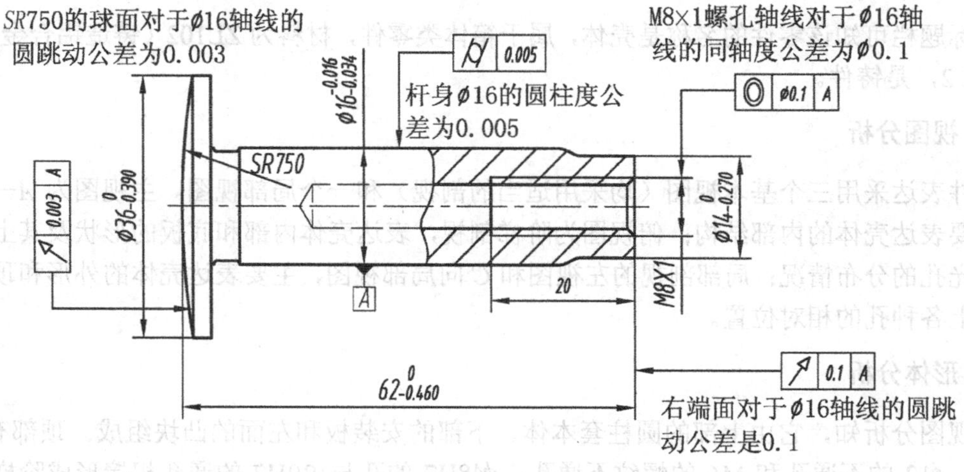


图 8-42 几何公差的标注示例

# 8.6 读零件图

## 8.6.1 读零件图的方法和步骤

在生产实际中读零件图，就是要根据已给的零件图想象出零件的结构形状，弄清楚零件各部分尺寸、技术要求等内容。读零件图的方法和步骤如下。

**1. 概括了解**

通过看标题栏，了解零件的名称、材料、比例等。

**2. 视图分析**

首先从主视图入手，确定各视图间的对应关系，并找出剖视、断面的剖切位置，投影方向等，然后分析各视图表达的重点。

**3. 形体分析**

利用组合体的看图方法，进行形体分析，看懂零件的内外结构形状，这是读图的重点。

**4. 尺寸分析**

分析零件的主要尺寸、一般尺寸、尺寸基准等。

**5. 技术要求分析**

分析尺寸公差、几何公差、表面粗糙度及其他技术方面的要求和说明。

## 8.6.2 读零件图举例

如图 8-43 所示，下面说明读零件图的过程。

**1. 概括了解**

看标题栏可知该零件的名称是壳体，属于箱体类零件，材料为 ZL102（铸造铝合金），画图比例 1∶2，是铸件。

**2. 视图分析**

零件表达采用三个基本视图（均采用适当的剖视）和一个局部视图。主视图为 *A—A* 全剖视，主要表达壳体的内部结构；俯视图为阶梯剖视，表达壳体内部和底板的形状及其上所带四个锪平光孔的分布情况；局部剖视的左视图和 *C* 向局部视图，主要表达壳体的外形和顶面形状及顶面上各种孔的相对位置。

**3. 形体分析**

由视图分析知，它由上部的圆柱套本体、下部的安装板和左面的凸块组成。顶部有$\phi$30H7 的通孔、$\phi$12 的不通孔和 M6 的螺纹不通孔；$\phi$48H7 的孔与$\phi$30H7 的通孔相接形成阶梯孔；底板上有四个带锪平 4×$\phi$16 的安装孔 4×$\phi$7。它的左侧是带有凹槽的 T 形块，左端有$\phi$12、$\phi$8 的阶梯孔与顶部$\phi$12 不通孔相通，且其上、下方各有一个 M6 的螺纹孔。在凸块的前端有一个圆柱形凸缘，其外径是$\phi30$，内径是$\phi20$和$\phi12$的阶梯孔，且与顶部$\phi12$不通孔相通。从局部剖视的左视图和$C$向局部视图可知，壳体顶部有六个$\phi7$安装孔，并在它的下部锪平。至此可大致看清壳体的内、外结构形状。

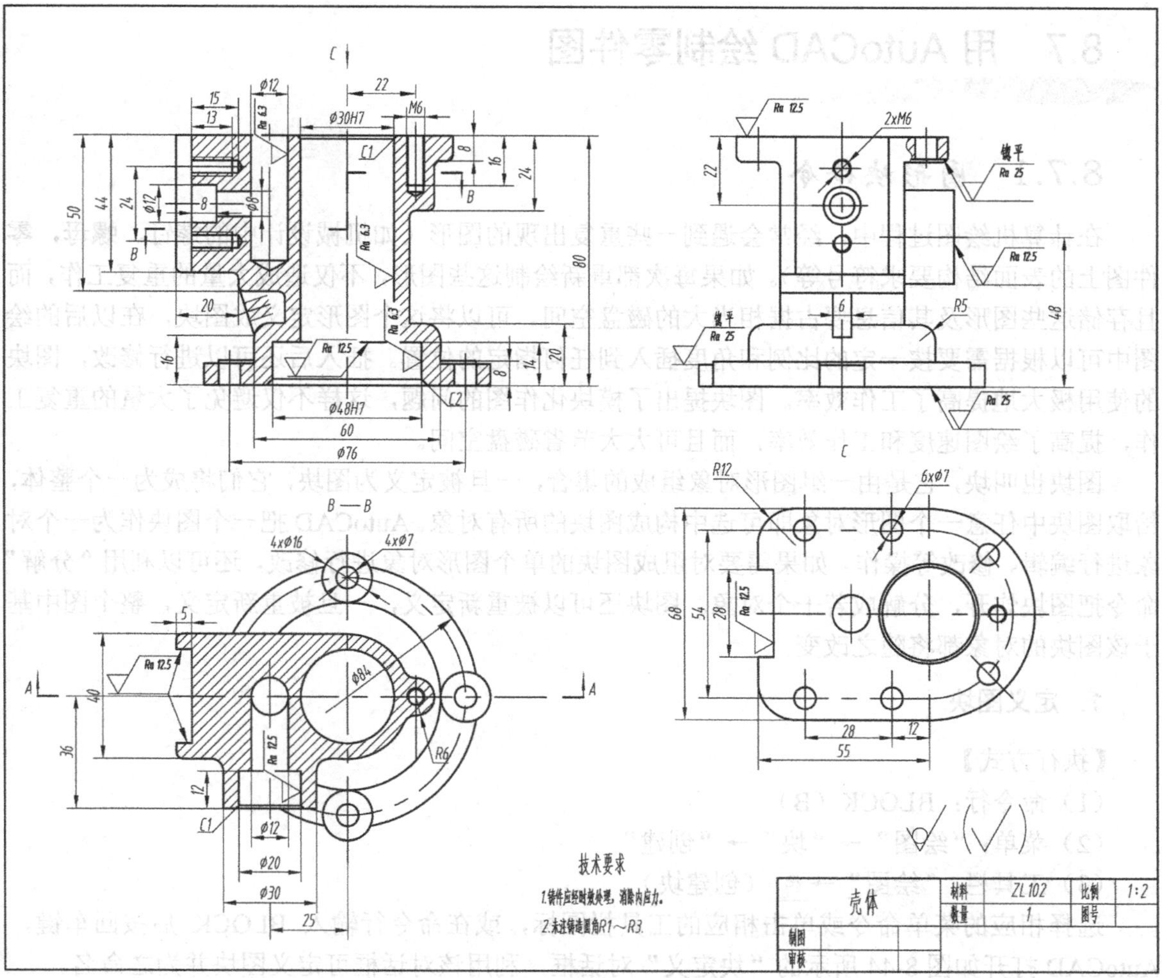


图 8-43　壳体的零件图

**4．尺寸分析**

（1）基准　长度、宽度方向的主要尺寸基准分别是通过壳体轴线的侧平面和正平面，用以确定左侧凸块、顶部各孔及凸块前方凸缘等结构的位置；高度方向基准是底板的下底面。

（2）主要尺寸　本体内部的阶梯孔$\phi30$H7和$\phi48$H7，顶部各孔的定位尺寸12、28、22、54，底板上四个孔的定位尺寸$\phi76$，前方凸缘的定位尺寸25、36、48及左方凸块的定位尺寸55、22、24等。

（3）其他尺寸　按上述分析方法，读者可自行分析其他尺寸，读懂壳体的形状大小。

**5．技术要求分析**

壳体是铸件，由毛坯到成品需要经车、钻、铣、刨、磨、镗、螺纹加工等工序。尺寸公差代号大都是H7（数值读者可查表获得）；表面粗糙度对去除材料法加工的表面在6.3～25范围之内，对非去除材料法加工的表面为√，可见要求不高；用文字叙述的技术要求有：时效处理、未注圆角等。

综合上述各项内容的分析，便可看懂壳体零件图。

## 8.7 用 AutoCAD 绘制零件图

### 8.7.1 图形块命令

在计算机绘图过程中，经常会遇到一些重复出现的图形（如机械设计中的螺钉、螺母，零件图上的表面结构要求符号等）。如果每次都重新绘制这些图形，不仅造成大量的重复工作，而且存储这些图形及其信息要占据相当大的磁盘空间。可以将这个图形定义成图块，在以后的绘图中可以根据需要按一定的比例和角度插入到任何指定的位置。插入后还可以进行修改，图块的使用极大地提高了工作效率。图块提出了模块化作图的问题，这样不仅避免了大量的重复工作，提高了绘图速度和工作效率，而且可大大节省磁盘空间。

图块也叫块，它是由一组图形对象组成的集合，一旦被定义为图块，它们将成为一个整体，拾取图块中任意一个图形对象即可选中构成图块的所有对象。AutoCAD 把一个图块作为一个对象进行编辑、修改等操作。如果需要对组成图块的单个图形对象进行修改，还可以利用“分解”命令把图块炸开，分解成若干个对象。图块还可以被重新定义，一旦被重新定义，整个图中基于该图块的对象都将随之改变。

#### 1. 定义图块

【执行方式】

（1）命令行：BLOCK（B）

（2）菜单：“绘图”→“块”→“创建”

（3）工具栏：“绘图”→ （创建块）

选择相应的菜单命令或单击相应的工具栏图标，或在命令行输入 BLOCK 后按回车键，AutoCAD 打开如图 8-44 所示的“块定义”对话框，利用该对话框可定义图块并为之命名。

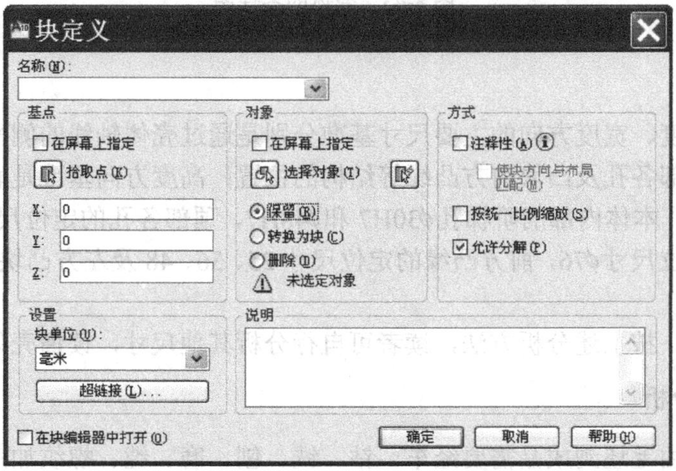


图 8-44 “块定义”对话框

【选项说明】

1）“基点”选项组

确定图块的基点，默认值是(0, 0, 0)。也可以在下面的(X, Y, Z)文本框中输入块的基点坐标值。单击“拾取点”按钮，AutoCAD临时切换到作图屏幕，用鼠标在图形中拾取一点后，返回“块定义”对话框，把所拾取的点作为图块的基点。

2）“对象”选项组

该选项组用于选择构成图块的对象及对象的相关属性。

把图8-45中的三角形定义为图块。图8-45(a)为选中“保留”单选按钮，图块定义后原三角形仍保留。图8-45(b)为选中“删除”单选按钮，图块定义后原三角形被删除。图8-45(c)为选中“转换为块”单选按钮，图块定义后原三角形保留，但已经转换成一个图块。

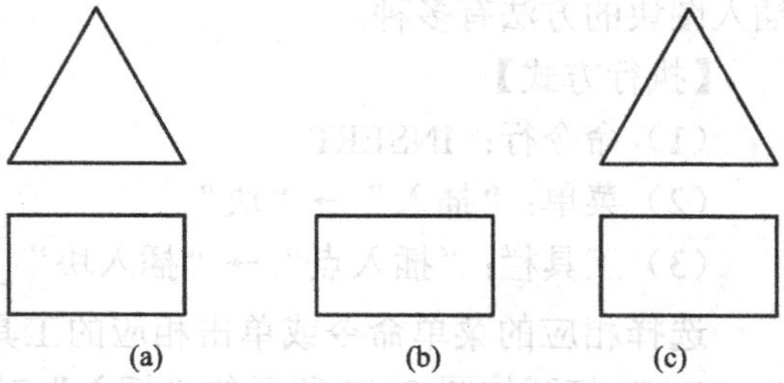


图8-45　块定义图例

3）“设置”选项组

指定从AutoCAD设计中心拖动图块时用于测量图块的单位，以及缩放、分解和超链接等设置。

4）“在块编辑器中打开”复选框

选中此复选框，系统打开块编辑器，可以定义动态块。

5）“方式”选项组

（1）“注释性”复选框　指定块为注释性。

（2）“使块方向与布局匹配”复选框　指定在图纸空间视口中块参照的方向与布局的方向匹配，如果未选中“注释性”复选框，则该选项不可用。

（3）“按统一比例缩放”复选框　指定是否阻止块参照不按统一比例缩放。

（4）“允许分解”复选框　指定块参照是否可以被分解。

**2. 图块的保存**

用BLOCK命令定义的图块保存在其所属的图形当中，该图块只能在该图中插入，而不能插入到其他的图中，但是有些图块在许多图中要经常用到，这时可以用WBLOCK命令把图块以图形文件的形式（后缀为.dwg）写入磁盘，图形文件可以在任意图形中用INSERT命令插入。

【执行方式】

命令行：WBLOCK

在命令行输入WBLOCK后按回车键，AutoCAD打开“写块”对话框，如图8-46所示，利用此对话框可把图形对象保存为图形文件或把图块转换成图形文件。

【选项说明】

1）“源”选项组

确定要保存为图形文件的图块或图形对象。其中选中“块”单选按钮，单击右侧的向下箭头，在下拉列表中选择一个图块，将其保存为图形文件。选中“整个图形”单选按钮，则把当前的整个图形保存为图形文件。选中“对象”单选按钮，则把不属于图块的图形对象保存为图形文件。对象的选取通过“对象”选项组来完成。

2）“目标”选项组

用于指定图形文件的名字、保存路径和插入单位等。

### 3. 图块的插入

在用 AutoCAD 绘图的过程当中，可根据需要随时把已经定义好的图块或图形文件插入到当前图形的任意位置，在插入的同时还可以改变图块的大小、旋转一定角度或把图块炸开等。插入图块的方法有多种。

【执行方式】

（1）命令行：INSERT

（2）菜单：“插入”→“块”

（3）工具栏：“插入点”→“插入块” 或“绘图”→“插入块”

选择相应的菜单命令或单击相应的工具栏图标，或在命令行输入 INSERT 后按回车键，AutoCAD 打开如图 8-47 所示的“插入”对话框，利用该对话框可以指定要插入的图块及插入位置。

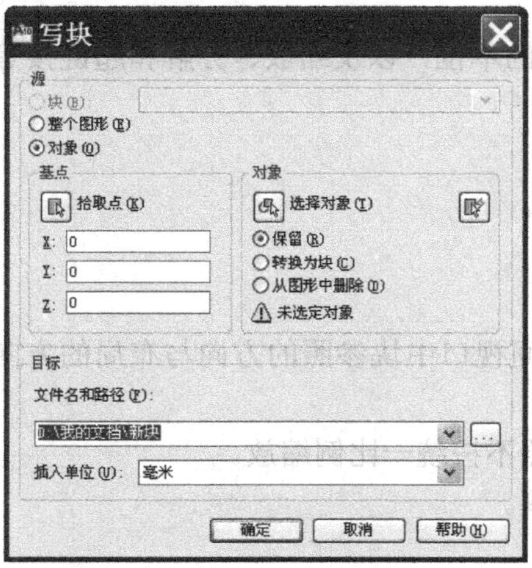


图 8-46 “写块”对话框

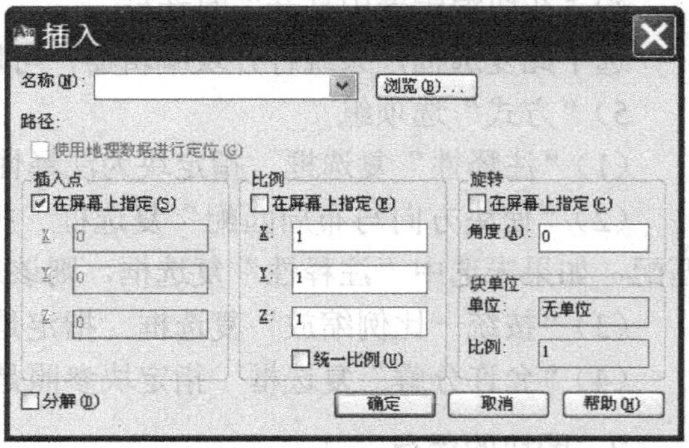


图 8-47 “插入”对话框

【选项说明】

1）“名称”下拉列表框

指定要插入图块的名称，或指定作为块插入的图形文件名。

2）“插入点”选项组

指定插入点，即图块插入到当前图形中的位置，插入图块时该点与图块的基点重合。可以通过两种方式决定插入点的位置，一种是在屏幕上指定该点，另一种是通过下面的文本框输入该点坐标值。

3）“缩放比例”选项组

确定插入图块时的缩放比例。图块被插入到当前图形中的时候，可以以任意比例放大或缩小，X 轴方向、Y 轴方向和 Z 轴方向的比例系数也可以不同。

4）“旋转”选项组

指定插入图块时的旋转角度。图块被插入到当前图形中的时候，可以绕其基点旋转一定的角度，角度可以是正数（表示沿逆时针方向旋转），也可以是负数（表示沿顺时针方向旋转）。

如果选中“在屏幕上指定”复选框，系统切换到作图屏幕，在屏幕上拾取一点，AutoCAD 自动测量插入点与该点连线和 X 轴正方向之间的夹角，并把它作为图块的旋转角。也可以在“角度”文本框直接输入插入图块时的旋转角度。

4）“分解”复选框

选中此复选框，则在插入块的同时把其炸开，插入到图形中的组成块的对象不再是一个整体，可对每个对象单独进行编辑操作。

**5. 定义图块属性**

【执行方式】

（1）命令行：ATTDEF

（2）菜单：“绘图”→“块”→“定义属性”

选取相应的菜单项或在命令行输入 ATTDEF 后按回车键，弹出“属性定义”对话框，如图 8-49 所示。

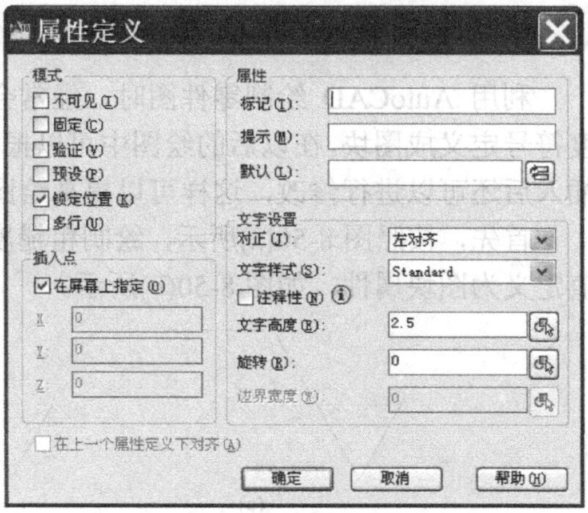


图 8-49 “属性定义”对话框

【选项说明】

1）“模式”选项组

确定属性的模式。

（1）“不可见”复选框　选中此复选框则属性为不可见显示方式，即插入图块并输入属性值后，属性值在图中并不显示出来。

（2）“固定”复选框　选中此复选框则属性值为常量，即属性值在属性定义时给定，当插入图块时 AutoCAD 不再提示输入属性值。

（3）“验证”复选框　选中此复选框，当插入图块时 AutoCAD 重新显示属性值让用户验证该值是否正确。

（4）“预置”复选框　选中此复选框，当插入图块时 AutoCAD 自动把事先设置好的默认值赋予属性，而不再提示输入属性值。

（5）“锁定位置”复选框　选中此复选框，当插入图块时 AutoCAD 锁定块参照中属性的位置。解锁后，属性可以相对于使用夹点编辑的块的其他部分移动，并且可以调整多行属性的大小。

（6）“多行”复选框　指定属性值可以包含多行文字。

2）“属性”选项组

用于设置属性值。在每个文本框中 AutoCAD 允许输入不超过 256 个字符。

（1）“标记”文本框　输入属性标签。属性标签可由除空格和感叹号以外的所有字符组成，AutoCAD 自动把小写字母改为大写字母。

（2）“提示”文本框　输入属性提示。属性提示是插入图块时 AutoCAD 要求输入属性值的提示，如果不在此文本框内输入文本，则以属性标签作为提示。如果在“模式”选项组选中“固定”复选框，即设置属性为常量，则不需设置属性提示。

（3）“默认”文本框　设置默认的属性值。可把使用次数较多的属性值作为默认值，也可不设默认值。

3）“插入点”选项组

确定属性文本的位置。可以在插入时由用户在图形中确定属性文本的位置，也可以在 X、Y、Z 文本框中直接输入属性文本的位置坐标。

4)“文字设置”选项组

设置属性文本的对齐方式、文本样式、字高、倾斜角度和注释性。

5)“在上一个属性定义下对齐”复选框

选中此复选框表示把属性标签直接放在前一个属性的下面，而且该属性继承前一个属性的文本样式、字高和倾斜角度等特性。

## 8.7.2 用图形块功能标注表面粗糙度符号

利用 AutoCAD 绘制零件图时，经常会遇到零件上的表面粗糙度的标注，可以将表面粗糙度符号定义成图块，在以后的绘图中可以根据需要按一定的比例和角度插入到任何指定的位置。插入后还可以进行修改，这样可以提高绘图速度和工作效率。

首先，按照图 8-50(a)所示，绘制粗糙度符号的图形。利用图块属性定义的方式将粗糙度数值定义为图块属性，如图 8-50(b)所示。

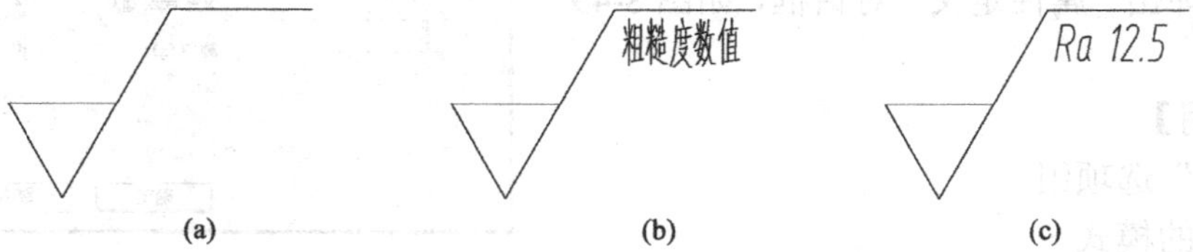


图 8-50 粗糙度符号的定义

然后，利用块定义方式将图形和属性一起定义成图块，命名为“粗糙度”。

这样，在绘制零件图时，就可以根据零件图的大小，按照一定的比例在适当的位置插入粗糙度符号，并根据需要输入不同的属性值，如图 8-50(c)所示，并且可以根据需要旋转一定的角度。

## 8.7.3 尺寸公差的标注

在进行尺寸标注时，如图 8-51 所示“新建标注样式”对话框中有“公差”选项卡，可以用于设置尺寸公差的格式和公差值。

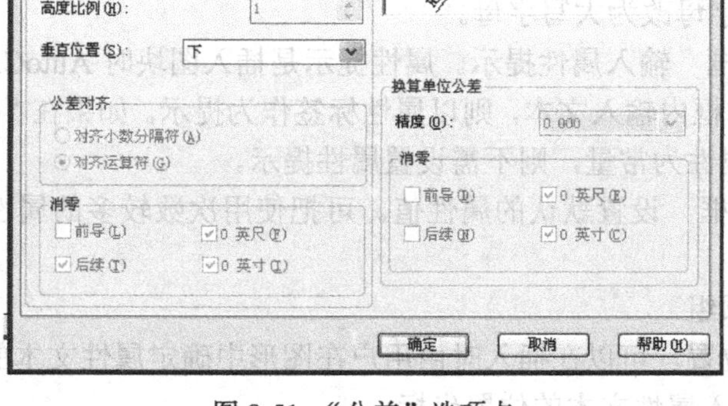


图 8-51 “公差”选项卡

需要说明的是，如果设置了尺寸公差值，所有的尺寸公差将都相同，所以一般将尺寸公差格式设置为“无”。当某一个尺寸需要标注尺寸公差时，一种方法是通过修改尺寸对象的特性设置尺寸公差值，如图 8-52 所示；另一种方法是在“编辑标注”时，利用“文字格式”工具栏上的“堆叠”按钮，如图 8-53 所示，单击“确定”按钮，然后选择需要修改的尺寸对象，就可以得如图 8-54 所示的结果。

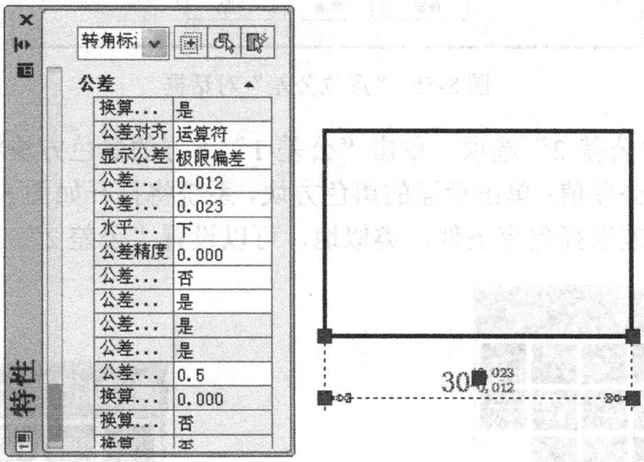


图 8-52　尺寸公差标注方法（一）

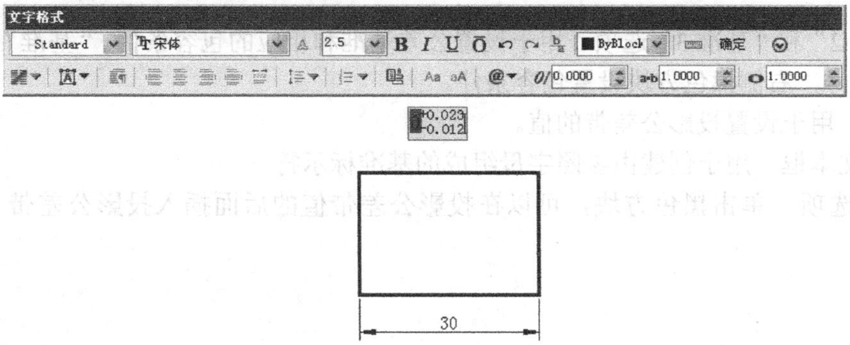


图 8-53　尺寸公差标注方法（二）

图 8-54　尺寸公差的标注结果

## 8.7.4　几何公差的标注

在工程图中应该标注出某些重要要素的几何公差。AutoCAD 提供了 TOLERANCE 命令用于标注几何公差。

【执行方式】

（1）命令行：TOLERANCE

（2）菜单：“标注” → “公差”

（3）工具栏：“标注” → “公差”

选取相应的菜单项或在命令行输入 TOLERANCE 后按回车键，弹出“形位公差”对话框，如图 8-55 所示。

【选项说明】

（1）“符号”选项　单击黑色方框，系统打开如图 8-56 所示的“特征符号”对话框。用户可以为第一个或第二个公差选择几何特征符号。若不选择，则单击右下角的白色方块或按 Esc 键。

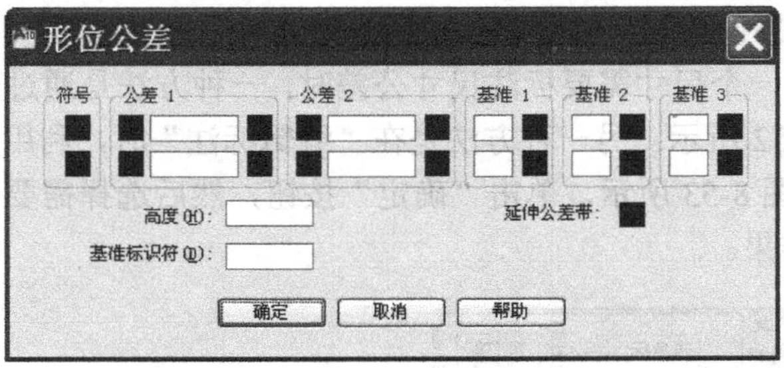


图 8-55 “形位公差”对话框

（2）“公差 1”和“公差 2”选项　单击“公差 1”下方的黑色方块将插入一个直径符号；在中间的文本框中输入公差值；单击后面的黑色方块，系统将打开如图 8-57 所示的“附加符号”对话框，用户可以为公差选择包容条件。类似地，可以设置“公差 2”。

图 8-56 “特征符号”对话框

图 8-57 “附加符号”对话框

（3）“基准 1”、“基准 2”和“基准 3”选项　用于设置公差基准和相应的包容条件。“基准”下侧的文本框设置基准代号，右侧黑色方块设置包容条件。

（4）“高度”文本框　用于设置投影公差带的值。

（5）“基准标识符”文本框　用于创建由参照字母组成的基准标示符。

（6）“延伸公差带”选项　单击黑色方块，可以在投影公差带值的后面插入投影公差带符号。

# 第 9 章

## 常用机件的特殊表示法

**教学目标**

通过本章的学习，应掌握螺纹紧固件、键和销、滚动轴承等标准件的基本知识、规定画法和标注方法。掌握齿轮、弹簧等常用件的基本知识和规定画法。

**教学要求**

| 能力目标 | 知识要点 | 相关知识 | 权重 | 自测等级 |
|---|---|---|---|---|
| 了解螺纹紧固件的种类、用途和标记方法，能够查阅相关国家标准；了解螺纹紧固件的画法，掌握各种螺纹紧固件连接装配图的画法 | 螺纹紧固件及其连接的画法 | 螺纹紧固件的种类、用途、标记方法和连接装配图的画法，相关国家标准查阅方法 | ☆☆☆ | |
| 了解齿轮的主要参数名称、代号、尺寸计算和画法，掌握啮合齿轮的画法 | 齿轮及其规定画法 | 齿轮的主要参数名称、代号、尺寸计算、画法，啮合齿轮的画法 | ☆☆☆ | |
| 了解键连接、销连接的作用，了解键和销的种类和规定标记方法，能够看懂键连接和销连接的装配图 | 键和销及其连接的画法 | 键和销的种类、规定标记方法，键连接、销连接的装配图画法 | ☆☆ | |
| 了解滚动轴承的结构、类型、代号和标记，掌握滚动轴承的表示法 | 滚动轴承及其规定画法 | 滚动轴承的结构、类型、代号、标记和表示方法 | ☆☆ | |
| 了解弹簧的主要参数名称、代号、尺寸计算和画法，能够看懂弹簧的装配图 | 弹簧及其规定画法 | 弹簧的主要参数名称、代号、尺寸计算和画法，弹簧及其装配图的画法 | ☆☆ | |

**提出问题**

在机器或仪器中，有些大量使用的机件，如螺栓、螺母、螺钉、键、销、滚动轴承等，它们的结构和尺寸均已标准化，称为标准件。还有些机件，如齿轮、弹簧等，它们的部分参数已标准化，称为常用件。这些标准件和常用件是否要完整画出它的零件图，以及在装配图中怎么表示？通过本章的学习，将能够对这些问题予以解答。

# 9.1 螺纹紧固件

## 9.1.1 螺纹紧固件及其规定标记

通过对内、外螺纹的连接作用来连接和紧固一些零部件的零件称为螺纹紧固件。常用的螺纹紧固件有螺栓、双头螺柱、螺钉、螺母、垫圈等，均为标准件，如图 9-1 所示。对于这些标准件，在设计阶段一般不需要画出其详细零件图，而是根据其规定标记，在相应的国家标准中查出它们的结构和尺寸，在装配图中画出其图形。

图 9-1　常见螺纹紧固件

常用螺纹紧固件的规定标记有完整标记和简化标记两种标记方法。

例如，螺纹公称直径 $d$ = M12，公称长度 $l$ = 80 mm，性能等级为 8.8 级，表面氧化的 A 级六角头螺栓，其完整标记为

螺栓 GB/T 5782—2000 M12×80–8.8–A–O

简化标记为

螺栓 GB/T 5782—2000 M12×80

表 9-1 是图 9-1 所示的常用螺纹紧固件的视图、主要尺寸及简化标记示例。

表 9-1　常见螺纹紧固件的规定标记示例

| 名称 | 图例 | 规定标记及说明 |
|---|---|---|
| 六角头螺栓 | 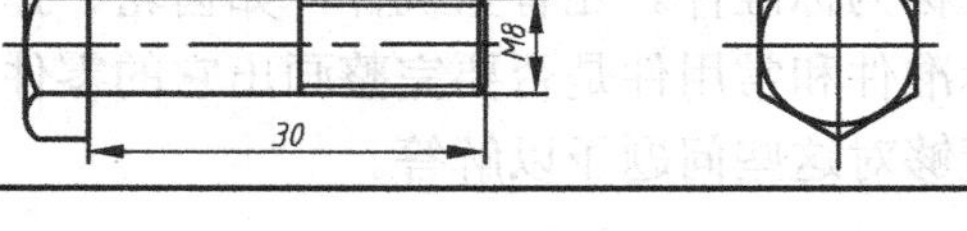 | 螺栓 GB/T 5780 M8×30<br>名称：螺栓<br>国标代号：GB/T 5780<br>螺纹规格：M8<br>公称长度：30 mm |

续表

| 名称 | 图例 | 规定标记及说明 |
|---|---|---|
| 双头螺柱 | 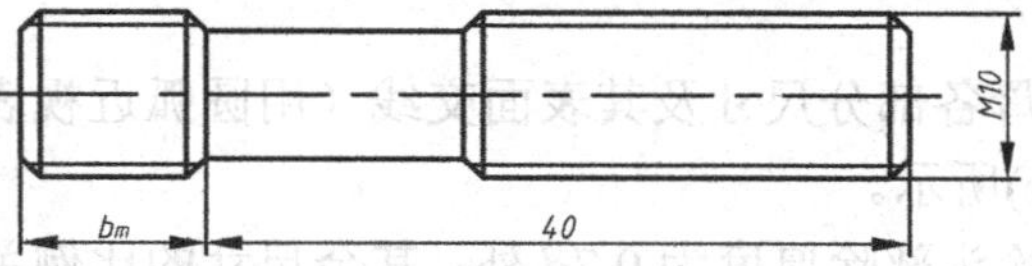  | 螺柱 GB/T 898 M10×40<br>名称：螺柱<br>国标代号：GB/T 898<br>螺纹规格：M10<br>公称长度：40 mm |
| 开槽圆柱头螺钉 | 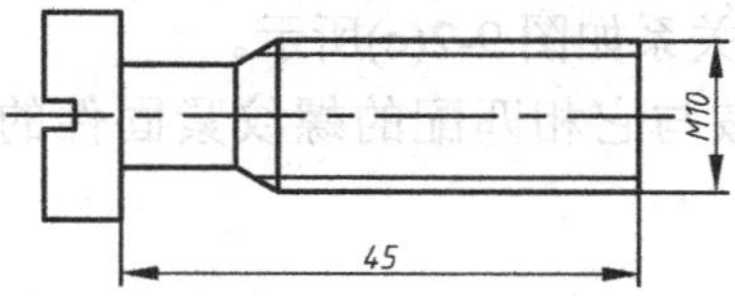  | 螺钉 GB/T 65 M10×45<br>名称：螺钉<br>国标代号：GB/T 65<br>螺纹规格：M10<br>公称长度：45 mm |
| 开槽沉头螺钉 | 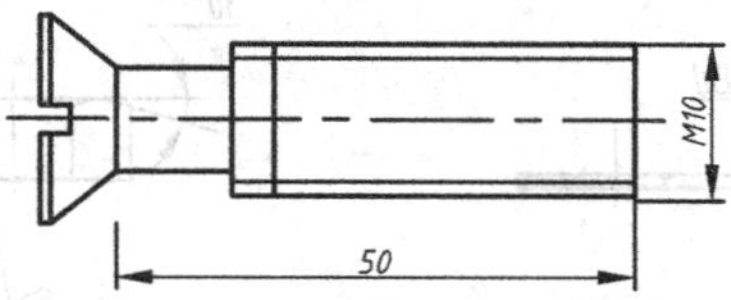  | 螺钉 GB/T 68 M10×50<br>名称：螺钉<br>国标代号：GB/T 68<br>螺纹规格：M10<br>公称长度：50 mm |
| 开槽锥端紧定螺钉 | 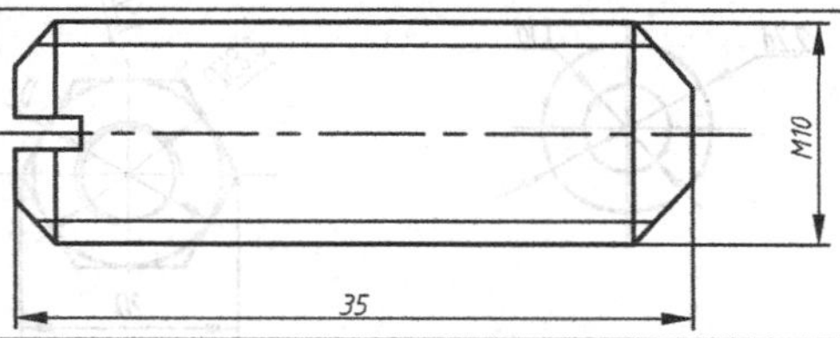  | 螺钉　GB/T 71 M10×35<br>名称：螺钉<br>国标代号：GB/T 71<br>螺纹规格：M10<br>公称长度：35 mm |
| 六角螺母 |   | 螺母　GB/T 6170 M10<br>名称：螺母<br>国标代号：GB/T 6170<br>螺纹规格：M10 |
| 平垫圈 | 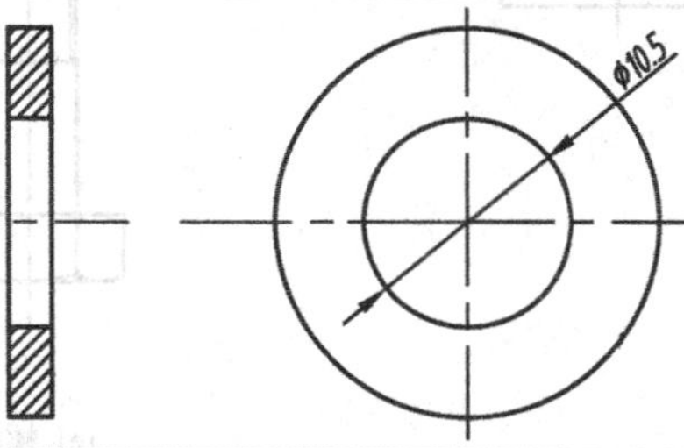  | 垫圈　GB/T 97.1 10–140HV<br>名称：垫圈<br>国标代号：GB/T 97.1<br>尺寸代号：10<br>性能等级：140HV（硬度） |
| 弹簧垫圈 | 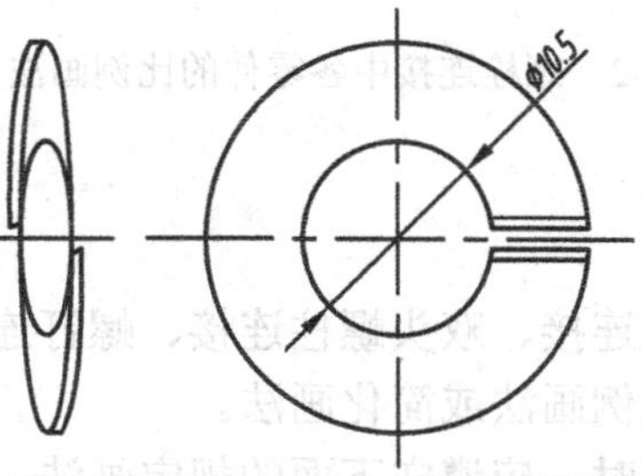  | 垫圈　GB/T 93 10<br>名称：垫圈<br>国标代号：GB/T 93<br>尺寸代号：10 |

## 9.1.2　螺纹紧固件连接的画法

### 1. 常用螺纹紧固件的比例画法

螺纹紧固件各部分尺寸可以从相应国家标准中查出，但在绘图时为了提高效率，一般不必查表，而是采用比例画法。

所谓比例画法就是当螺纹大径选定后，除了螺栓、螺柱、螺钉等紧固件的有效长度要根据被连接件的实际情况确定外，紧固件的其他各部分尺寸都取与紧固件的螺纹大径成一定比例的数值来作图的方法。

（1）六角螺母　六角螺母各部分尺寸及其表面交线（用圆弧近视表示），都以螺纹大径 $D$ 的比例关系画出，如图 9-2(c)所示。

（2）六角螺栓　六角螺栓头部除厚度为 0.7$d$ 外，其余尺寸的比例关系和画法与六角螺母相同，其他部分与螺纹大径 $d$ 的比例关系如图 9-2(e)所示。

（3）垫圈　垫圈各部分尺寸按与它相匹配的螺纹紧固件的大径 $d$ 的比例关系画出，如图 9-2(b)所示。

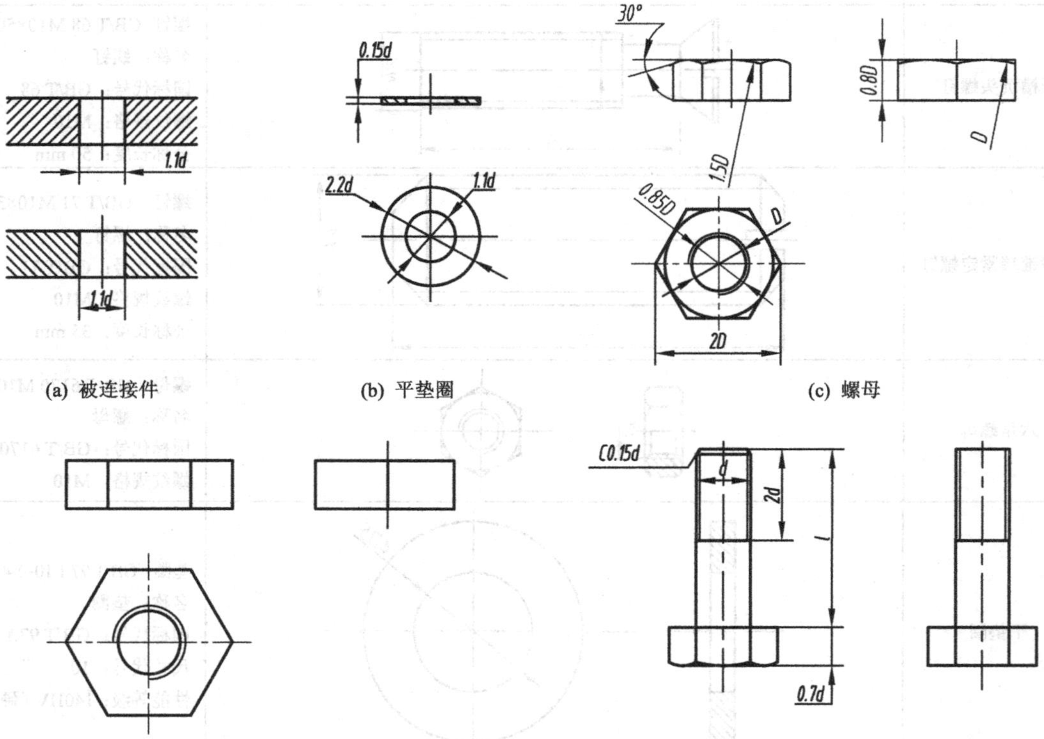


(a) 被连接件　(b) 平垫圈　(c) 螺母

(d) 螺母简化画法　(e) 螺栓　(f) 螺栓简化画法

图 9-2　螺栓连接中各零件的比例画法

## 2．螺纹紧固件的装配图画法

常见的螺纹连接形式有：螺栓连接、双头螺柱连接、螺钉连接等，如图 9-3 所示。在画螺纹紧固件的装配画法时，常采用比例画法或简化画法。

在画螺纹紧固件的连接装配图时，应遵守下面的规定画法：

（1）两个零件的接触表面画一条线，不接触表面画两条线。

（2）当两个零件邻接时，不同零件的剖面线方向应相反，或方向相同而间隔不等。

（3）对于标准和实心零件（如螺栓、螺母、垫圈、螺钉、螺柱、键、销、球、及轴等），若剖切平面通过它们的轴线，则这些零件按不剖绘制，仍画外形，必要时可采用局部剖视。

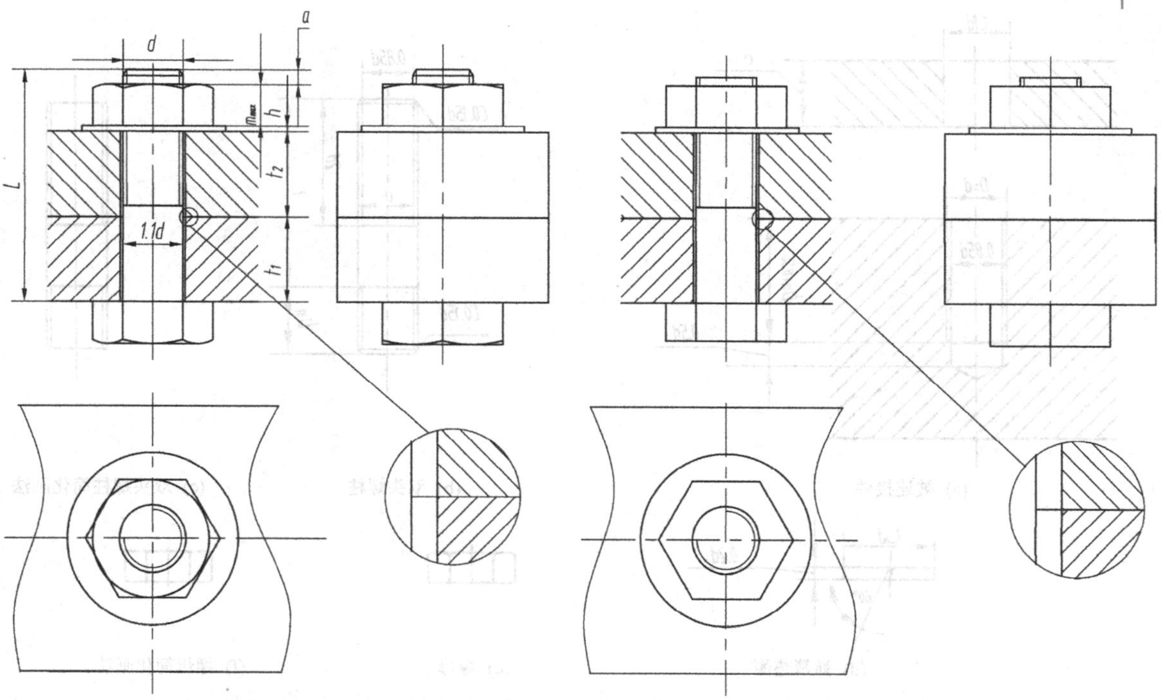


(a) 螺栓连接的比例画法　　(b) 螺栓连接的简化画法

图 9-3　螺栓连接装配图

1）螺栓连接装配图的画法

螺栓连接由螺栓、螺母、垫圈组成。螺栓连接用于当被连接的两个零件厚度不大，可以钻成通孔的情况。如图 9-3(a)所示的螺栓连接装配图比例画法。在被连接的零件上钻成比螺栓大径略大的通孔，连接时，先将螺栓穿过被连接件上的通孔，一般以螺栓的头部抵住被连接板的下端，然后在螺栓上部套上垫圈，以增加支承面积和防止损伤零件的表面，最后用螺母拧紧。也可采用如图 9-3(b)所示的简化画法。

确定螺栓长度 $L$ 时，可按下式计算［如图 9-3(a)所示]：

$$L = t_1 + t_2 + h + m + a$$

式中，$t_1$、$t_2$ 分别为被连接件的厚度；$h$ 为垫圈厚度；$m$ 为螺母厚度；$a$ 为螺栓顶部露出螺母的高度（一般可按 $0.2d$～$0.3d$ 取值）

根据上式计算出的螺栓长度数值，查附表中螺栓的公称长度 $L$ 的系列值，选取一个与它相近的标准数值。

2）双头螺柱连接装配图的画法

双头螺柱连接由双头螺柱、螺母、垫圈组成。常用于被连接件之一较厚，不宜钻成通孔的场合，如图 9-4 所示的双头螺柱连接中各零件的比例画法。在一个较厚的被连接件上制有螺孔，将双头螺柱的旋入端完全旋入到这个螺孔里，而另一端（紧固端）则穿过另一个被连接件的通孔，然后套上垫圈，再用螺母拧紧，即为双头螺柱连接。双头螺柱的两端都有螺纹，用于旋入被连接零件螺孔的一端，称为旋入端，用来拧紧螺母的另一端称为紧固端。

双头螺柱旋入端的长度 $bm$ 的值与被连接机件的材料有关。对于钢和青铜，用 $bm = d$；对于铸铁，用 $bm = 1.5d$；对于铝，用 $bm = 2d$。

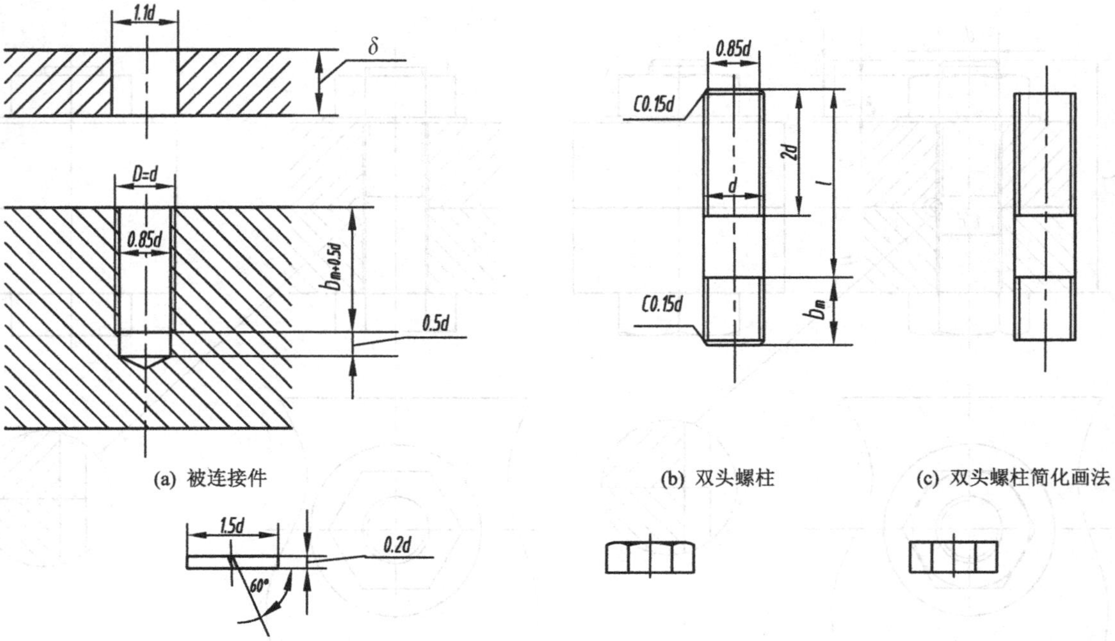


(a) 被连接件　(b) 双头螺柱　(c) 双头螺柱简化画法

(d) 弹簧垫圈　(e) 螺母　(f) 螺母简化画法

图 9-4　双头螺柱连接中各零件的比例画法

双头螺柱连接比例画法如图 9-5(a)所示。为了确保旋入端全部旋入，机件上的螺孔深度应大于旋入端的螺纹长度 *bm*，螺孔深度取 *bm* + 0.5*d*；钻孔深度可按 *bm* + *d*。画图时注意双头螺柱旋入端螺纹终止线与被连接件的接触端面应平齐，表示完全旋入。图 9-5(b)给出了画双头螺柱连接的简化画法。

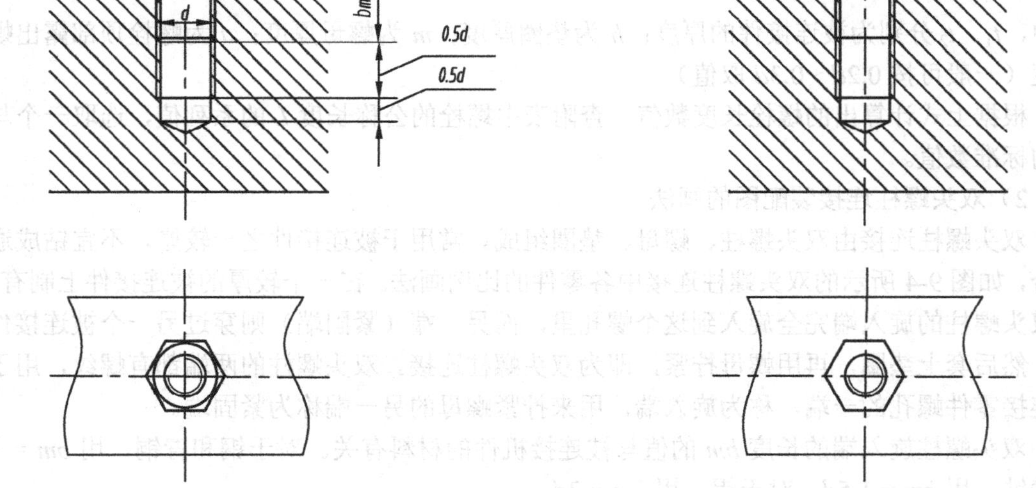


(a) 比例画法　(b) 简化画法

图 9-5　双头螺柱连接比例画法

双头螺柱的形式、尺寸可查阅国家标准，其规格尺寸为螺纹直径和公称长度。确定长度时，可按下式计算：

$$L = t + h + m + a$$

式中，$t$ 为被连接件的厚度；$h$ 为垫圈厚度；$m$ 为螺母厚度；$a$ 为螺柱顶部露出螺母的高度（一般可按 $0.2d \sim 0.3d$ 取值）

根据上式算出的数值查附表中双头螺柱的公称长度 $L$ 的系列值，选取一个相近的标准数值。

3）螺钉连接装配图的画法

螺钉按用途可分为连接螺钉和紧定螺钉两种。前者用来连接零件，后者主要用来固定零件。连接螺钉用于不经常拆卸，并且受力不大的场合。一般在较厚的被连接件上加工出螺孔，然后把螺钉穿过另一个被连接件的通孔旋进螺孔来连接两零件。紧定螺钉用来固定两个零件的相对位置，使它们不产生相对运动。

（1）紧定螺钉　图 9-6 所示的是紧定螺钉连接轴和齿轮的画法，用一个开槽锥端紧定螺钉旋入轮毂的螺孔，使螺钉端部的 90° 锥顶角与轴上的 90° 锥坑压紧，从而固定了轴和齿轮的轴向位置。

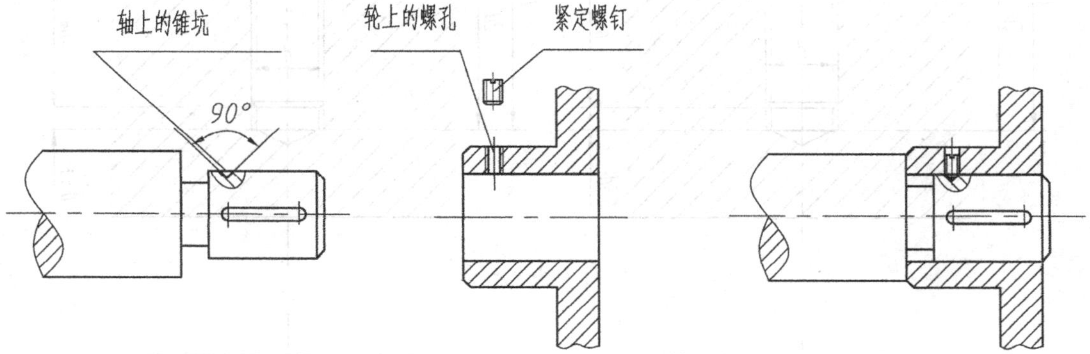


图 9-6　紧定螺钉连接画法

（2）连接螺钉　连接螺钉的一端为螺纹，另一端为头部，常见的连接螺钉有开槽圆柱头螺钉、开槽沉头螺钉、开槽盘头螺钉、内六角圆柱头螺钉等。螺钉的各部分尺寸可查阅附录。其规格尺寸为螺纹直径 $d$ 和螺钉长度 $L$。绘图时一般采用比例画法，如图 9-7(a)、(b)所示，分别为开槽沉头螺钉和开槽圆柱头螺钉头部的比例画法。

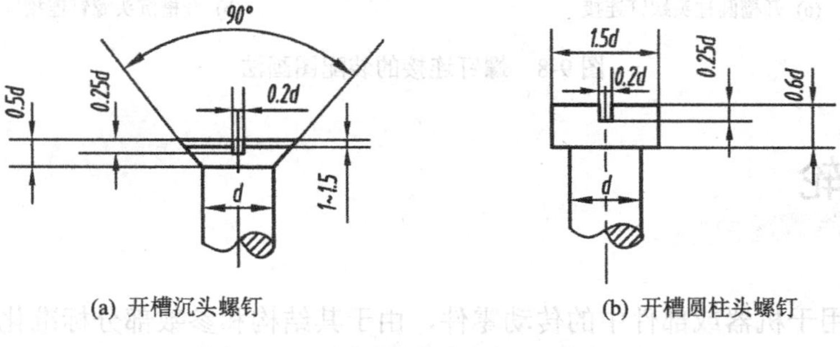


(a) 开槽沉头螺钉　　(b) 开槽圆柱头螺钉

图 9-7　连接螺钉头部的比例画法

图 9-8 所示的是连接螺钉的装配图画法。螺钉的长度可按下式确定：

$$L = t + bm$$

式中，$t$ 为光孔零件的厚度，$bm$ 为螺钉旋入深度（其确定方法与双头螺柱相同，可根据零件材料，查阅有关手册确定）。根据上式算出的长度查国家标准件表相应螺钉长度的系列值，选择接近的标准长度。

螺纹连接情况与双头螺柱旋入端的画法相似，所不同的是螺钉的螺纹终止线应画在两个零件接触面以上。螺钉头部槽口在反映螺钉头部形状的视图上，应画成垂直于投影面；在垂直于轴线的端视图上，则应画成与水平线倾斜 45°，如图 9-8(a)所示；如果图上槽口小于 2 mm，螺钉槽口的投影也可涂黑表示，如图 9-8(b)所示。在装配图中，不穿通的螺纹孔可不画出钻孔深度，仅按有效螺纹部分的深度（不包括螺尾）画出，如图 9-8(a)、(b)所示。

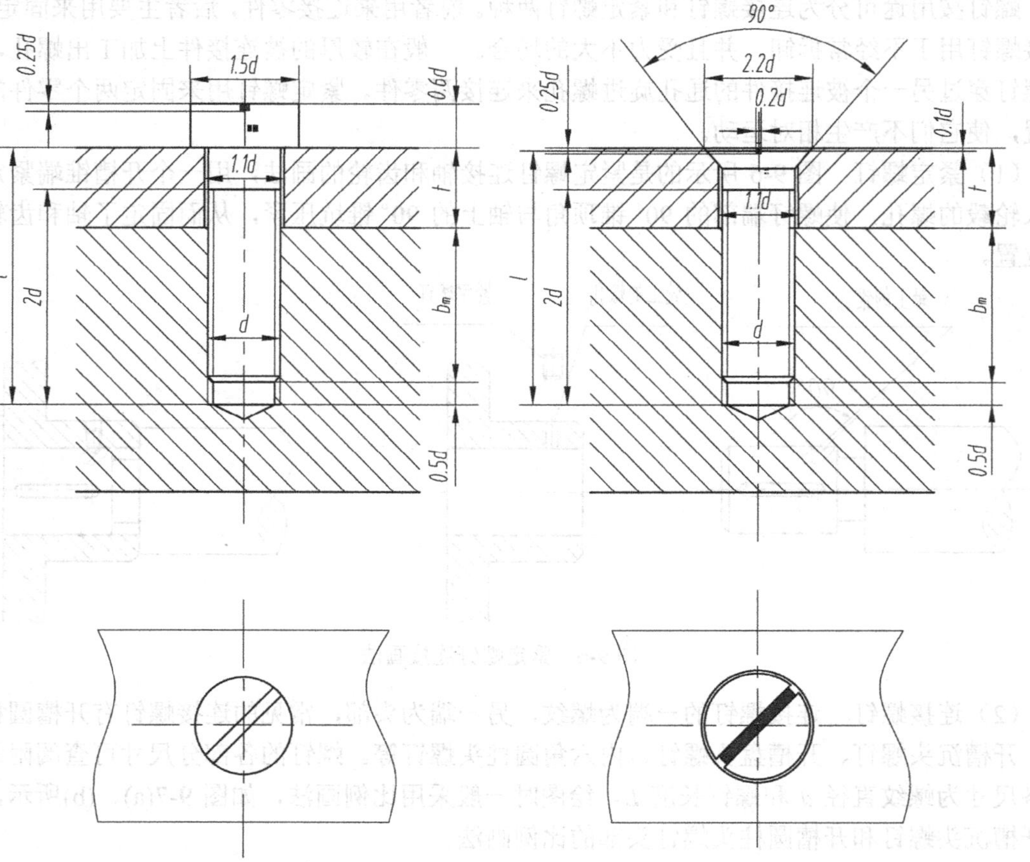


(a) 开槽圆柱头螺钉连接　　(b) 开槽沉头螺钉连接

图 9-8　螺钉连接的装配图画法

# 9.2　齿轮

齿轮是广泛用于机器或部件中的传动零件，由于其结构和参数部分标准化，所以将其划归为常用件。一组啮合齿轮传动不仅可以用来传递动力，并且还能改变转速和回转的方向。

依据两个啮合齿轮轴线在空间的相对位置不同，常见的齿轮传动可分为下列三种形式：

（1）圆柱齿轮传动　用于两个平行轴之间的传动，如图 9-9(a)所示；

（2）圆锥齿轮传动　用于两个相交轴之间的传动，如图 9-9(b)所示；

（3）蜗杆蜗轮传动　用于两个交叉轴之间的传动，如图 9-9(c)所示。

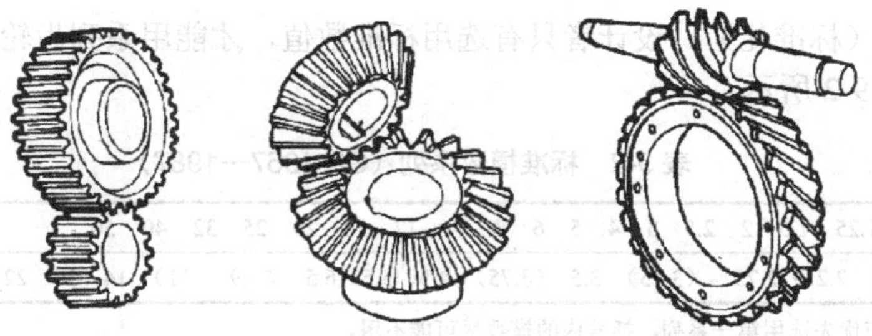

(a) 圆柱齿轮传动　(b) 圆锥齿轮传动　(c) 蜗轮蜗杆传动

图 9-9　常见的齿轮传动

在此主要介绍直齿圆柱齿轮及其传动的基础知识和规定画法。

### 9.2.1　直齿圆柱齿轮各部分的名称和代号

图 9-10 所示的是啮合的圆柱齿轮示意图及圆柱齿轮各部分的名称。

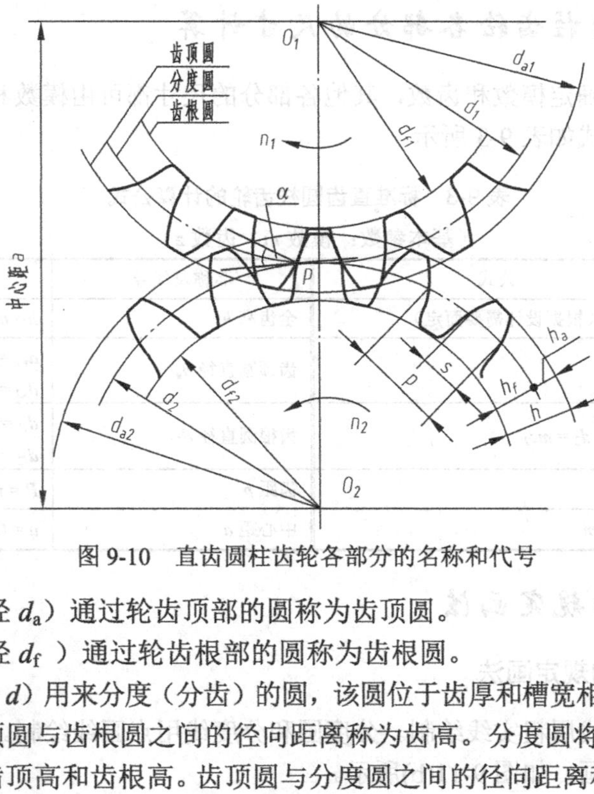


图 9-10　直齿圆柱齿轮各部分的名称和代号

（1）齿顶圆（直径 $d_a$）通过轮齿顶部的圆称为齿顶圆。

（2）齿根圆（直径 $d_f$ ）通过轮齿根部的圆称为齿根圆。

（3）分度圆（直径 $d$）用来分度（分齿）的圆，该圆位于齿厚和槽宽相等的位置，称为分度圆。

（4）齿高 $h$　齿顶圆与齿根圆之间的径向距离称为齿高。分度圆将轮齿的高度分为不相等的两部分，分别称为齿顶高和齿根高。齿顶圆与分度圆之间的径向距离称为齿顶高，用 $h_a$ 表示。分度圆与齿根圆之间的径向距离称为齿根高用 $h_f$ 表示。

（5）齿距 $p$　分度圆上相邻两齿的对应点之间的弧长称为齿距。一个轮齿在分度圆上齿廓间的弧长称齿厚，用 $s$ 表示；一个齿槽在分度圆上槽间的弧长称槽宽，用 $e$ 表示。在标准齿轮中，$s=e$，$p=s+e$。

（6）齿数 $z$　轮齿的个数。

（7）模数 $m$　用 $z$ 表示齿轮的齿数，则分度圆周长$=\pi d=zp$，故 $d=p/\pi z$，取 $m=p/\pi$，故 $d=mz$。式中，$m$ 称为齿轮的模数。两个啮合齿轮的齿距必须相同，即模数 $m$ 必须相同。在计算齿轮各部分尺寸和制造齿轮时，都要用到模数 $m$。模数增大，则齿距 $p$ 也增大，即齿厚 $s$ 增大，因而齿轮承载能力也增大。制造齿轮时，齿轮刀具也是根据模数而定的。为了便于设计和加工，模数的数值已系列化（标准化）。设计者只有选用标准数值，才能用系列齿轮刀具加工齿轮。模数的标准系列如表 9-2 所示。

表 9-2　标准模数系列（GB 1357—1987）　　单位：mm

| | |
|---|---|
| 第一系列 | 1　1.25　1.5　2　2.5　3　4　5　6　8　10　12　16　20　25　32　40　50 |
| 第二系列 | 1.75　2.25　2.75　（3.25）　3.5　（3.75）　4.5　5.5　6.5　7　9　（11）　14　18　22　28　36　45 |

注：选用模数时，应优先选用第一系列，括号内的模数尽可能不用。

（8）压力角$\alpha$　如图 9-10 所示，两个相互啮合的齿轮在分度圆上啮合点 $P$ 的受力方向（即渐开线齿廓曲线的法线方向）与该点的瞬时速度方向（分度圆的切线方向）所夹的锐角$\alpha$ 称为压力角。我国规定的标准压力角$\alpha = 20°$。两个互相啮合的齿轮只有模数和压力角都相同才能相互啮合。

（9）中心距 $a$　两圆柱齿轮轴线之间的最短距离称为中心距。

## 9.2.2　直齿圆柱齿轮各部分的尺寸计算

在设计齿轮时要先确定模数和齿数，其他各部分的尺寸都可由模数和齿数计算出来。标准直齿圆柱齿轮的计算公式如表 9-3 所示。

表 9-3　标准直齿圆柱齿轮的计算公式

（基本参数：模数 $m$、齿数 $z$）

| 名称及代号 | 公式 | 名称及代号 | 公式 |
|---|---|---|---|
| 模数 $m$ | $m = p/\pi$（根据设计需要而定） | 全齿高 $h$ | $h = h_a + h_f = 2.25m$ |
| 压力角 $\alpha$ | $\alpha = 20°$ | 齿顶圆直径 $d_a$ | $d_{a1} = m(z_1 + 2)$<br>$d_{a2} = m(z_2 + 2)$ |
| 分度圆直径 $d$ | $d_1 = mz_1, d_2 = mz_2$ | 齿根圆直径 $d_f$ | $d_{f1} = m(z_1 - 2.5)$<br>$d_{f2} = m(z_2 - 2.5)$ |
| 齿顶高 $h_a$ | $h_a = m$ | 齿距 $p$ | $P = \pi m$ |
| 齿根高 $h_f$ | $h_f = 1.25m$ | 中心距 $a$ | $a = (d_1 + d_2)/2 = m(z_1 + z_2)/2$ |

## 9.2.3　齿轮的规定画法

### 1. 单个圆柱齿轮的规定画法

（1）齿顶圆和齿顶线用粗实线绘制。分度圆和分度线用点画线绘制。齿根圆和齿根线用细实线绘制，也可省略不画，如图 9-11(b)所示。

（2）在剖视图中，当剖切平面通过齿轮的轴线时，轮齿一律按不剖处理。这时，齿根线用粗实线绘制，如图 9-11(a)所示。

（3）对于斜齿轮或人字齿轮，可在非圆的外形图上用三条平行的细实线表示轮齿的方向，如图 9-11(c)和图 9-11(d)所示。

### 2. 圆柱齿轮啮合的画法

（1）在平行于圆柱齿轮轴线的投影面的外形视图上，啮合区内的齿顶线不需要画出，节线用粗实线绘制，如图 9-12(a)所示。

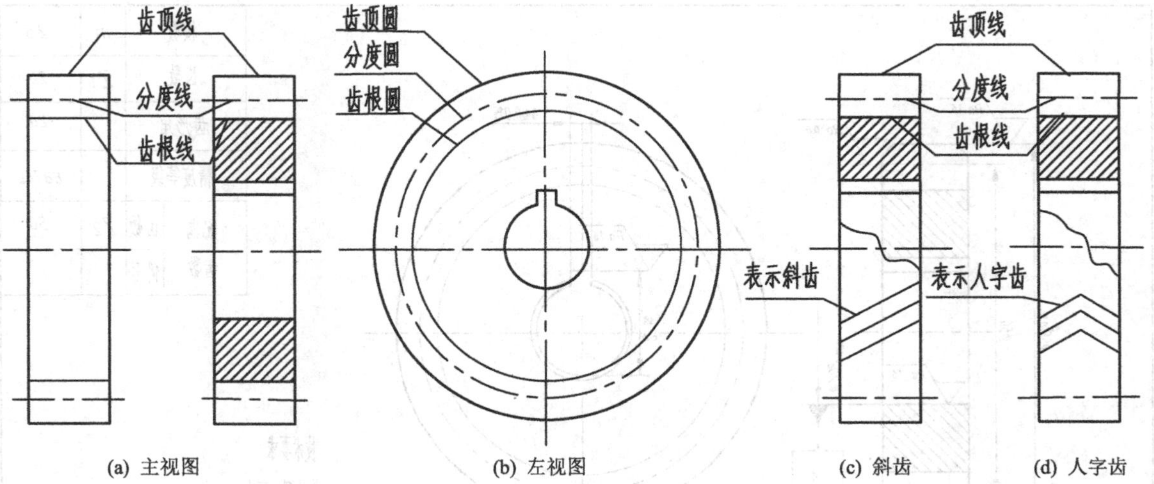


图 9-11 单个圆柱齿轮的画法

（2）在平行轴线的剖视图中，两个齿轮的节线重合。可设想两个啮合齿轮中有一个为可见，按轮齿不剖的规定画出，而另一个齿轮部分被遮挡，则齿顶线用虚线绘制或省略不画，如图 9-12(a)所示。

（3）在投影为圆的视图中，两个齿轮的节圆应该相切。啮合区内的齿顶圆仍用粗实线画出，如图 9-12(b)所示，也可以省略不画，如图 9-12(c)所示。

必须注意，两个齿轮在啮合区有 0.25$m$ 的径向间隙。

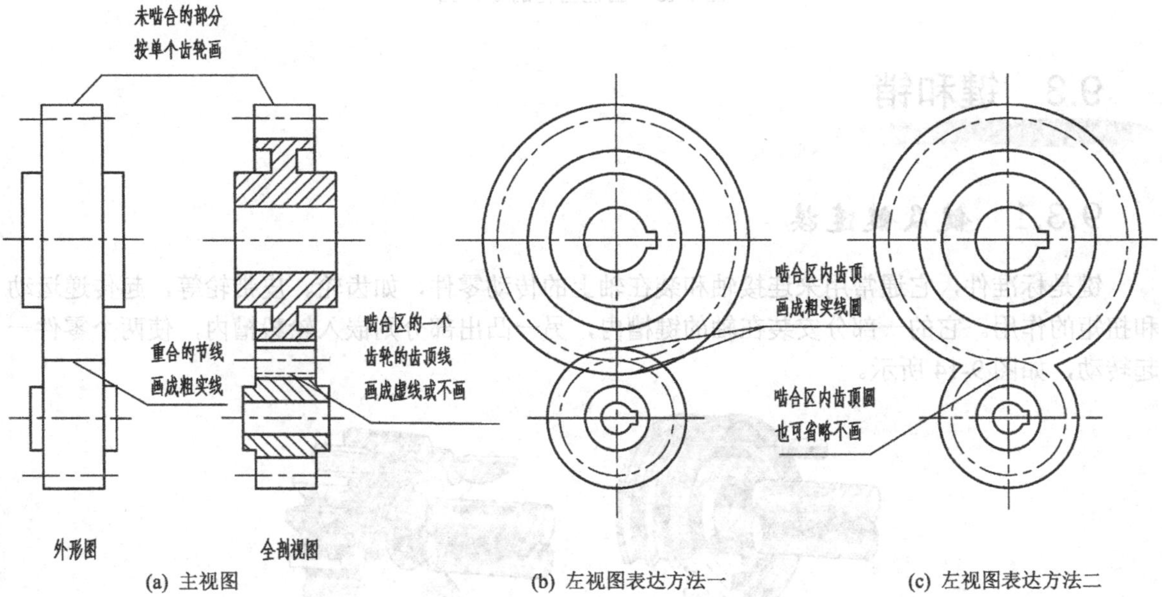


图 9-12 圆柱齿轮啮合的画法

### 3．直齿圆柱齿轮的零件图

图 9-13 所示的是一个圆柱齿轮的零件图。它包括一组视图、一组完整的尺寸、必要的技术要求和制造齿轮所需的技术参数、标题栏等内容。标注时，因齿根圆直径一般加工时由其他参数控制，故可以不标。模数、齿数等齿轮参数要列表说明。

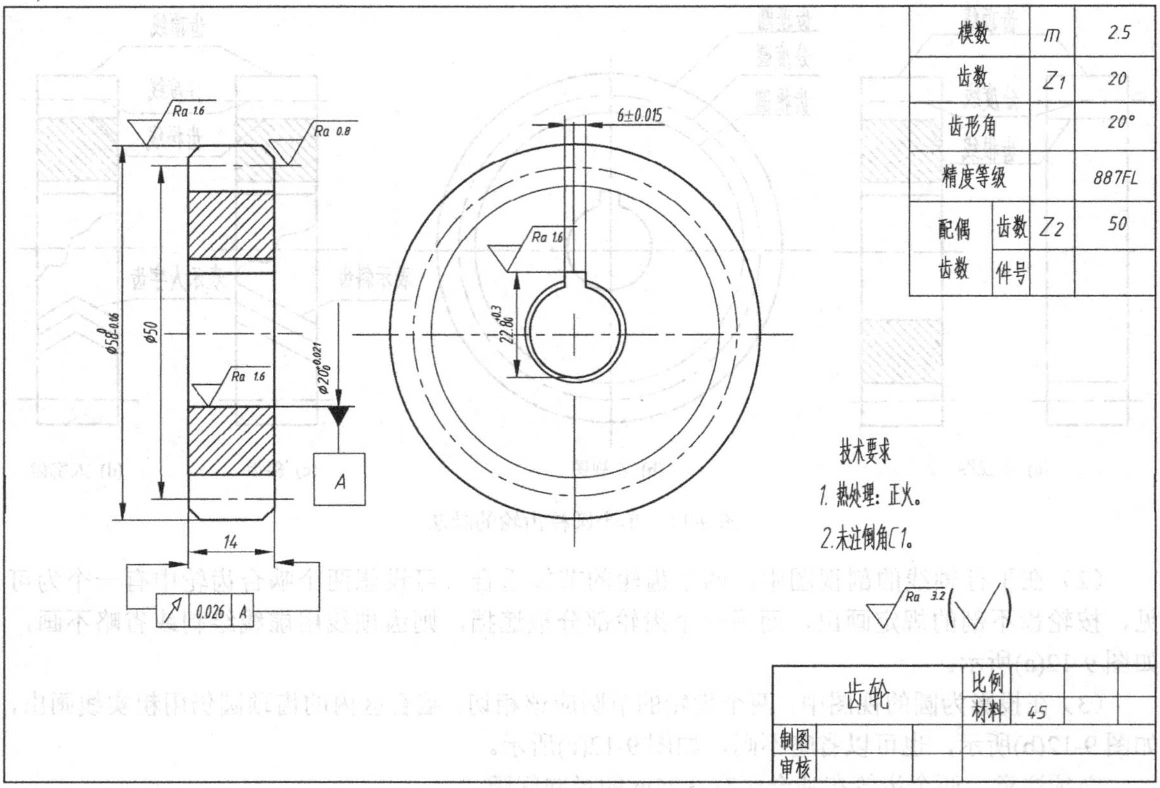


图 9-13 圆柱齿轮的零件图

## 9.3 键和销

### 9.3.1 键及键连接

键是标准件，它通常用来连接轴和装在轴上的传动零件，如齿轮、皮带轮等，起传递运动和扭矩的作用。它的一部分安装在轴的键槽内，另一凸出部分则嵌入轮毂槽内，使两个零件一起转动，如图 9-14 所示。

图 9-14 键连接

常用的键有普通平键、普通半圆键和钩头楔键三种，如图 9-15 所示。其中，普通平键应用最广，按形状的不同可分为 A 型（圆头）、B 型（方头）、C 型（半圆头）三种，其形状如图 9-16 所示。在标记时，A 型平键省略 A 字，而 B 型、C 型平键应写出 B 或 C 字。

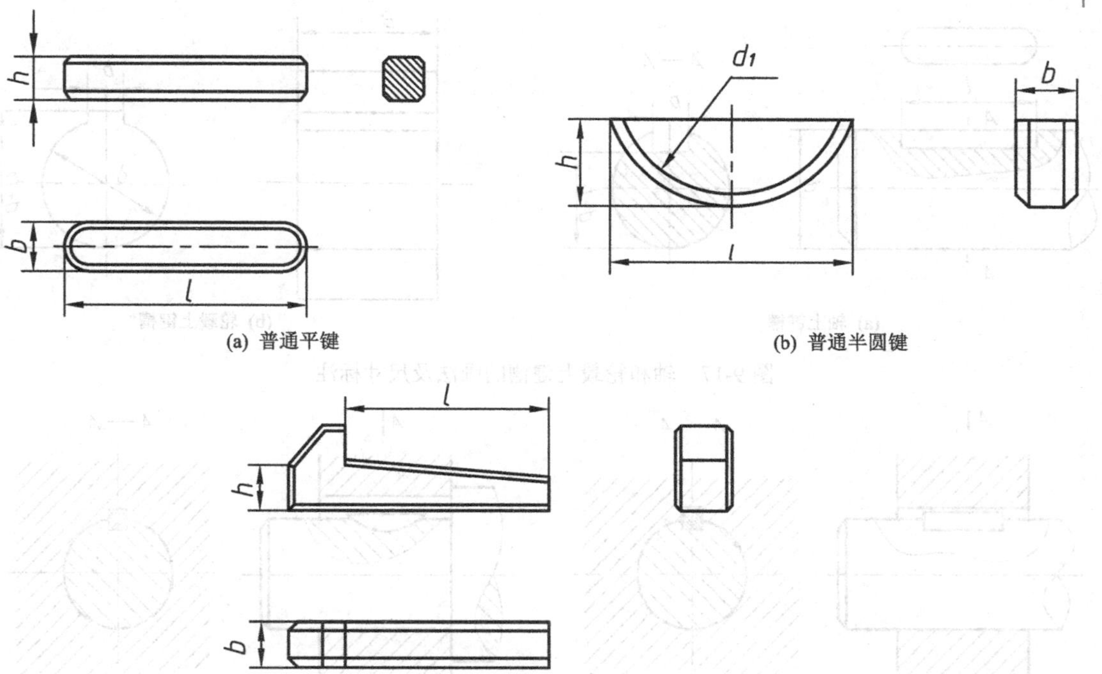

(a) 普通平键 (b) 普通半圆键

(c) 钩头楔键

图 9-15 常用键的形式

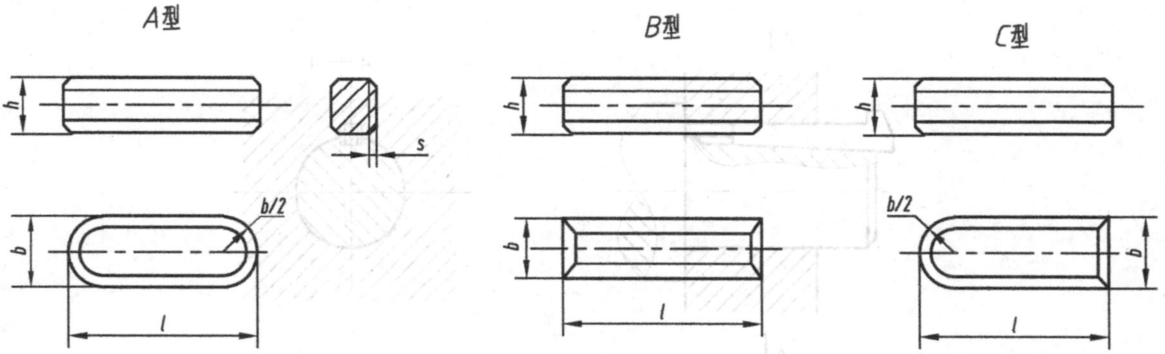

图 9-16 普通平键

例如，$b = 18$ mm，$h = 11$ mm，$L = 100$ mm 的圆头平键，则应标记为

GB/T 1096 键 18×11×100

键的结构尺寸设计可根据轴的直径查阅国家标准，得出它的尺寸，同时也可查得键槽的宽度和深度。键的长度 $L$ 则应根据轮毂长度及受力大小选取相应的系列值。轴上的键槽和轮毂上的键槽的画法和尺寸注法如图 9-17 所示。普通平键和半圆键的两个侧面是工作面，在装配图中，键与键槽侧面之间应不留间隙，只画一条线；而键的顶面是非工作面，它与轮毂的键槽顶面之间应留有间隙，因此画两条线。按国家标准规定，键沿纵向剖切时，不画剖面线，如图 9-18 所示。钩头楔键的顶面有 1∶100 的斜度，连接时将键打入键槽。因此，键的顶面和底面同为工作面，槽底和槽顶都没有间隙，只画一条线；而键的两侧为非工作面，与键槽的两侧面应留有间隙，因此画两条线，如图 9-18(c)所示。

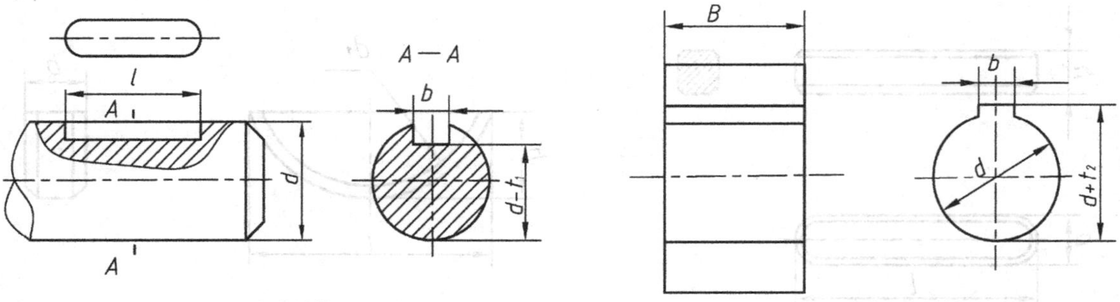


(a) 轴上键槽　　(b) 轮毂上键槽

图 9-17　轴和轮毂上键槽的画法及尺寸标注

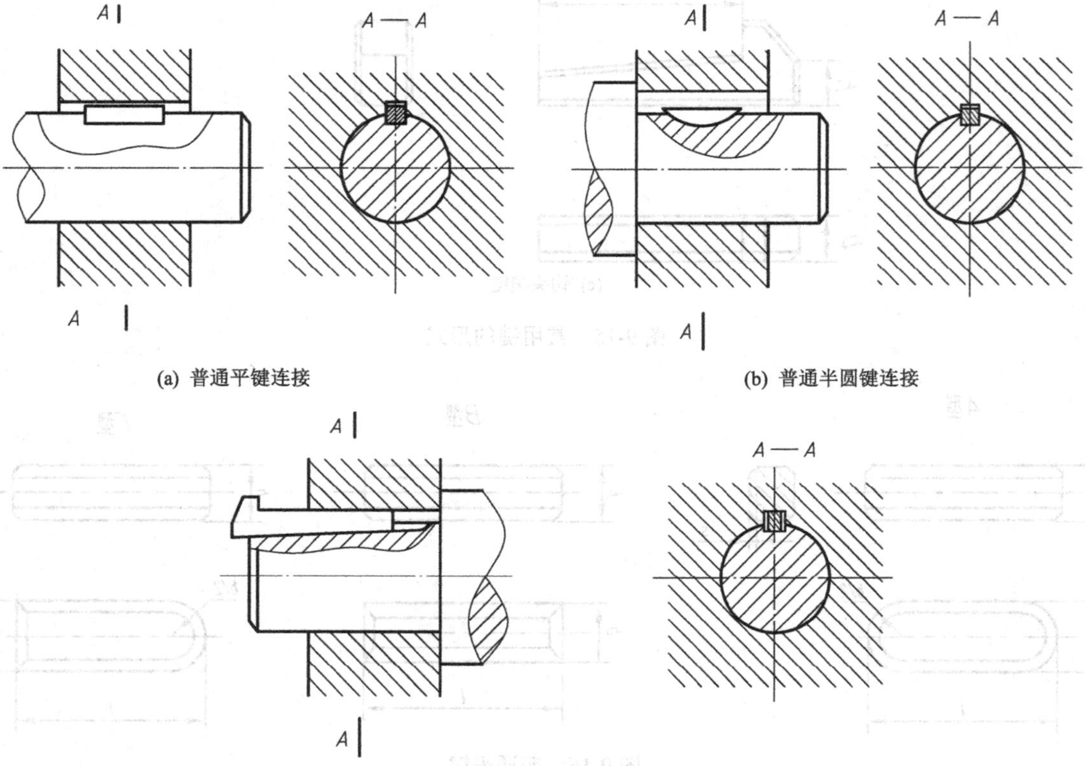


(a) 普通平键连接　　(b) 普通半圆键连接

(c) 钩头楔键连接

图 9-18　常见的键连接的装配画法

## 9.3.2　销及销连接

销常用来连接和固定零件，或在装配时起定位作用。常用的销有圆柱销、圆锥销和开口销，如图 9-19 所示。其中，开口销常与螺母配合使用，起防松作用。销也是标准件，它们的形式和尺寸都已经标准化，有规定的标记方法，可查阅国家标准得到其形式和尺寸。其规格尺寸为公称直径 $d$ 和公称长度 $l$。

(a) 圆柱销　　(b) 圆锥销　　(a) 开口销

图 9-19　常用的销

例如，公称直径 $d = 6$ mm，公称长度 $l = 30$ mm，材料为钢，不经淬火，不经表面处理的圆柱销应标记为

销　GB/T 119.1 6m6×30

其形式如图 9-20 所示。

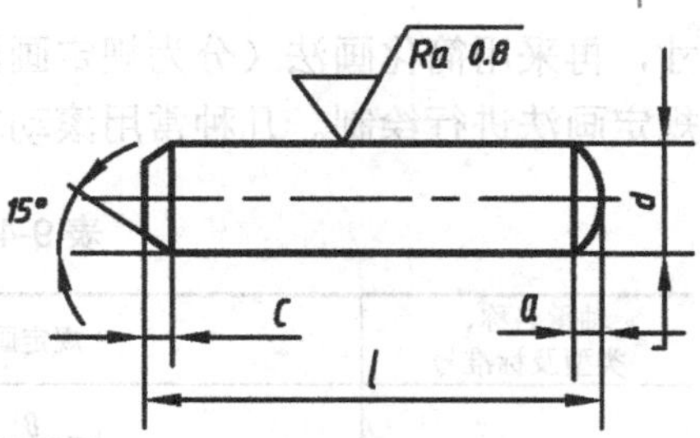


图 9-20　圆柱销

销连接的画法如图9-21所示。用销或定位的两个零件上的销孔是在装配时一起加工的，在零件图上应当注明。圆锥销孔的尺寸应引出标注，其中 $\phi4$ 是所配圆锥销的公称直径（即它的小端直径）。锥销孔加工时按公称直径先钻孔，再选用定值铰刀扩铰成锥孔。

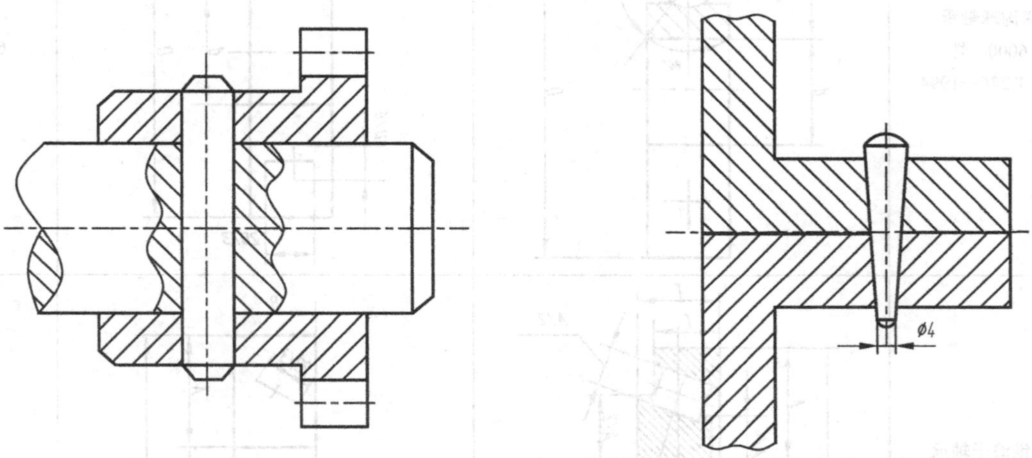


(a) 圆柱销连接　　(b) 圆锥销连接

图 9-21　圆柱销和圆锥销的连接画法

## 9.4　滚动轴承

### 9.4.1　滚动轴承的结构和类型

轴承有滑动轴承和滚动轴承两种，其作用是支持轴旋转及承受轴上的载荷。由于滚动轴承具有摩擦力小、结构紧凑的优点，所以被广泛用于机器中。

滚动轴承种类很多，但其结构大致相同。一般由外圈、内圈、滚动体及保持架组成，在一般情况下，外圈装在机座的孔内，固定不动；而内圈套在转动的轴上，随轴转动。

滚动轴承按其承载性质可分为以下三类：

（1）向心轴承　主要承受径向载荷，如深沟球轴承。

（2）推力轴承　只承受轴向载荷，如推力球轴承。

（3）向心推力轴承　同时承受径向和轴向载荷，如圆锥滚子轴承。

滚动轴承是标准件，国家标准对滚动轴承的形式、结构特点和内径都规定了代号表示。使用时可根据要求确定型号，选购即可。

在装配图中画滚动轴承时，先根据国家标准查出其外径 $D$、内径 $d$ 和宽度 $B$ 或 $T$ 等主要尺

寸，再采用简化画法（分为规定画法和特征画法，在同一图样中一般只采用其中一种画法）或规定画法进行绘制。几种常用滚动轴承的规定画法及基本代号如表 9-4 所示。

表 9-4　常用滚动轴承的画法及基本代号

| 轴承名称、类型及标准号 | 规定画法 | 特征画法 | 类型代号 |
|---|---|---|---|
| 深沟球轴承<br>60000 型<br>GB/T 276—1994 | 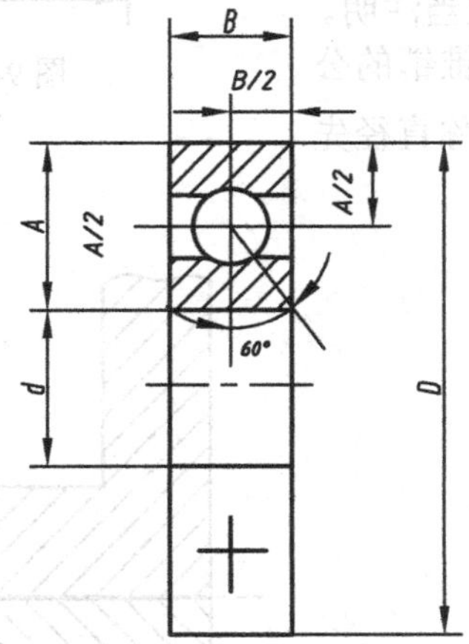 | 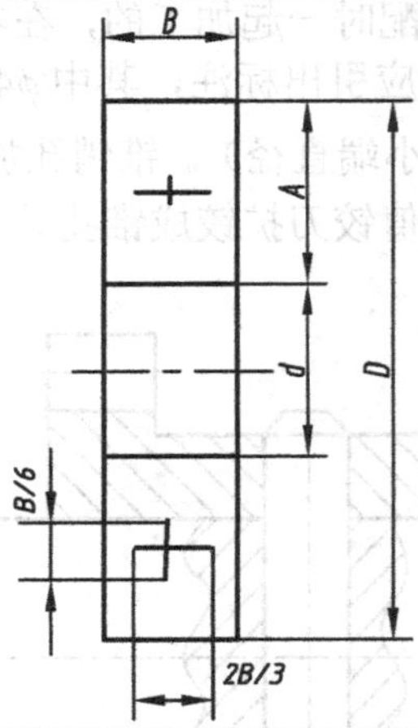 | 6 |
| 圆锥滚子轴承<br>30000 型<br>GB/T 297—1994 | 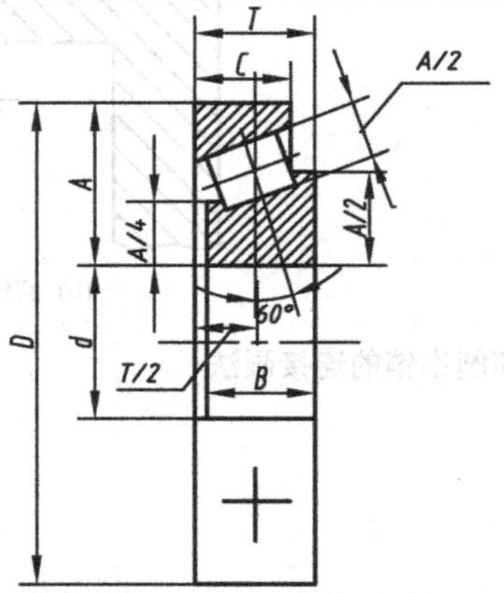 | 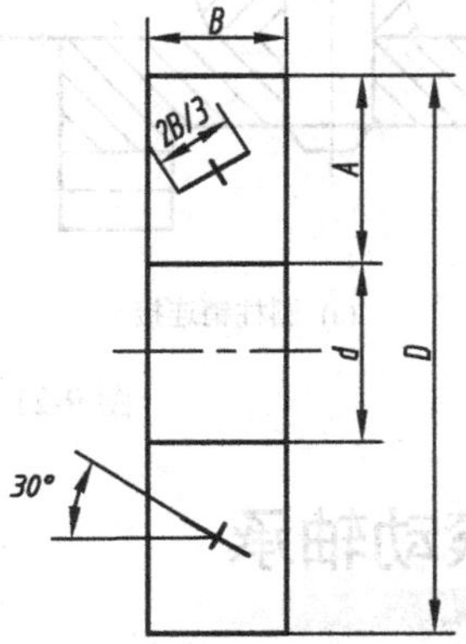 | 3 |
| 推力球轴承<br>51000 型<br>GB/T 301—1995 | 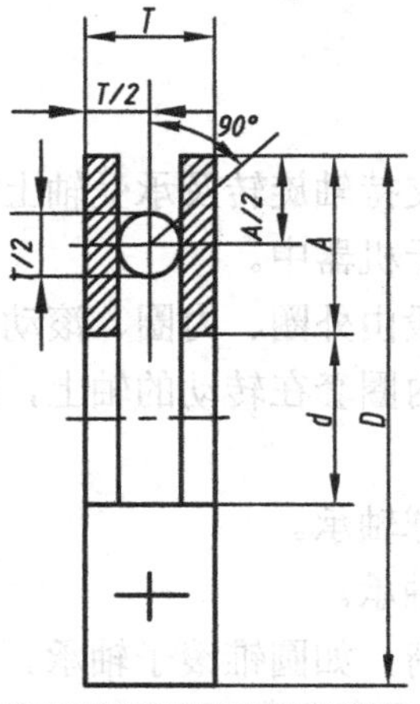 | 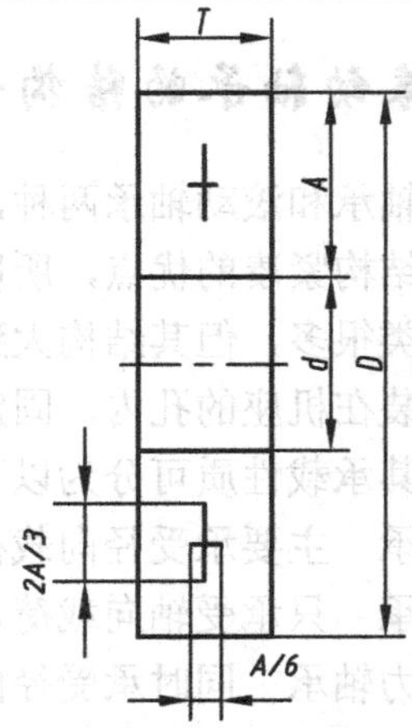 | 5 |

注意　在规定画法的剖视图中，滚动体不画剖面线，内、外圈的剖面区域内可画成方向和间隔相同的剖面线，在不致引起误解时，允许省略不画。

### 9.4.2　滚动轴承的代号和标记

国家标准规定，滚动轴承的代号组成和排列顺序如下：

前置代号　基本代号　后置代号

滚动轴承的基本代号表示轴承的基本类型、结构和尺寸，一般情况下只标记轴承的基本代号；当轴承的结构形状、尺寸、公差、技术性能等有改变时，用前置和后置代号在基本代号左右添加补充代号。本书仅介绍基本代号的相关内容，其他内容可查阅有关国家标准。

**1．滚动轴承的基本代号**

滚动轴承的基本代号组成和排列顺序如下：

类型代号　尺寸系列代号　内径代号

（1）类型代号　用阿拉伯数字或大写拉丁字母表示，如表 9-5 所示。

**表 9-5　滚动轴承的类型代号**

| 代号 | 轴承类型 | 代号 | 轴承类型 |
|---|---|---|---|
| 0 | 双列角接触球轴承 | 5 | 推力球轴承 |
| 1 | 调心球轴承 | 6 | 深沟球轴承 |
| 2 | 调心滚子轴承 | 7 | 角接触球轴承 |
| 3 | 圆锥滚子轴承 | 8 | 推力圆柱滚子轴承 |
| 4 | 双列深沟球轴承 | | |

（2）尺寸系列代号　由两位数字组成，前者表示宽（高）度系列代号，后者表示直径系列代号。

（3）内径代号　由两位数字组成，表示轴承的公称直径（轴承内圈孔径）。内径代号为 00、01、02、03 时，轴承的公称直径分别是 10 mm、12 mm、15 mm、17 mm；内径代号大于 4 时，公称直径 = 内径代号 ×5（在 20～480 mm 范围内）。

例如：轴承　6208

代号含义：6——类型代号，表示深沟球轴承；

2——尺寸系列代号，为 02 系列，对于深沟球轴承，前者为 0 时可省略；

08——内径代号，公称直径 $d = 8 \times 5$ mm = 40 mm。

### 9.4.3　滚动轴承的表示法

滚动轴承的完整标记为：名称、代号、国家标准号。

滚动轴承标记示例：

滚动轴承　6208　GB/T 276—1994

滚动轴承　30308　GB/T 297—1994

## 9.5　弹簧

弹簧是一种常用非标准件，主要起减振、夹紧、储能和测力等作用，其特点是在外力去除后能立即恢复原状。

弹簧的种类很多，如图 9-22 所示，常见的是螺旋弹簧。本节将介绍圆柱螺旋压缩弹簧的有关知识。

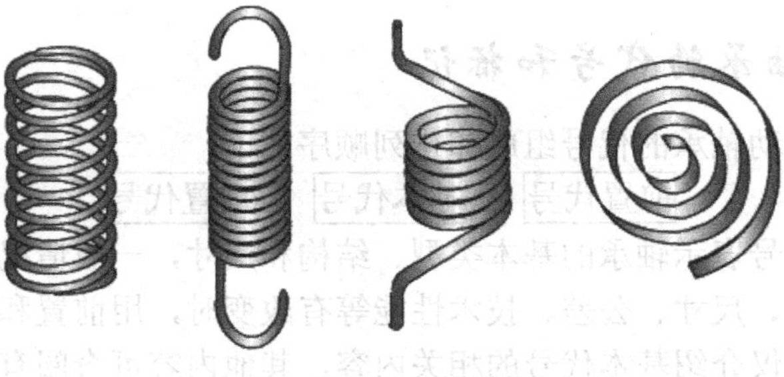

图 9-22　常见的弹簧

## 9.5.1　圆柱螺旋压缩弹簧的参数及尺寸计算

弹簧各部分的名称及尺寸如图 9-23 所示。

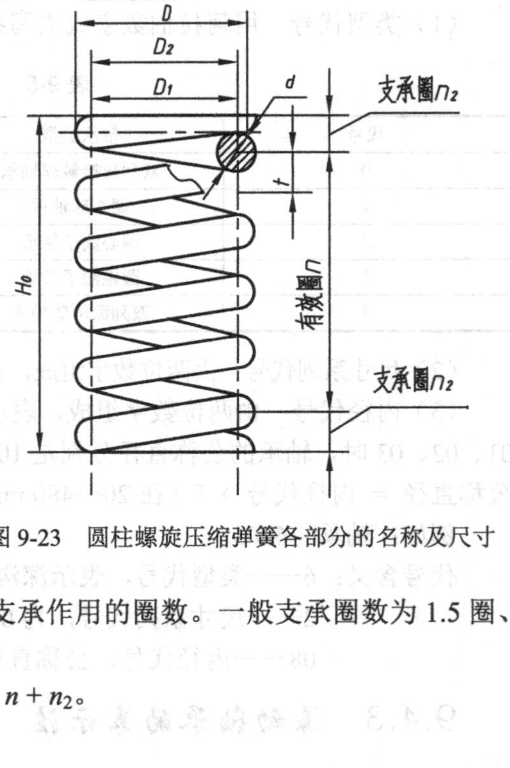


图 9-23　圆柱螺旋压缩弹簧各部分的名称及尺寸

**1．簧丝直径 $d$**

制造弹簧的钢丝直径。

**2．弹簧直径**

（1）弹簧外径 $D$　弹簧的外圈直径。

（2）弹簧内径 $D_1$　弹簧的内圈直径。

（3）弹簧中径 $D_2$　弹簧内、外径的平均值，$D_2 = (D + D_1)/2 = D_1 + d$。

**3．节距 $t$**

两个相邻有效圈截面中心线的轴向距离。

**4．圈数**

（1）有效圈数 $n$　保持节距相等的圈数。

（2）支承圈数 $n_2$　弹簧两端磨平并压紧，仅起支承作用的圈数。一般支承圈数为 1.5 圈、2 圈、2.5 圈三种，以 2.5 圈居多。

（3）总圈数 $n_1$　有效圈数与支承圈数之和，$n_1 = n + n_2$。

**5．自由高度 $H_0$**

不受外力作用时的高度，$H_0 = nt + (n_2 - 0.5)d$。

**6．簧丝展开长度 $L$**

制造弹簧时坯料的长度。

## 9.5.2　圆柱螺旋压缩弹簧的规定画法

（1）在平行于弹簧轴线的投影面的视图中，各圈的轮廓线画成直线，如图 9-23 所示。

（2）螺旋弹簧有左旋和右旋之分，无论是左旋还是右旋均可画成右旋；但左旋弹簧无论画成左旋还是画成右旋，在规定标记中，一律要加注“左”字。

（3）有效圈数 $n > 4$ 时，中间各圈可省略不画，用通过簧丝中点的细点画线连接起来，中间部分省略后，可适当缩短图形的长度。无论弹簧的支承圈数是多少，均可按图 9-24 所示绘制。

## 9.5.3　圆柱螺旋压缩弹簧的作图步骤

已知弹簧中径 $D_2$、簧丝直径 $d$、节距 $t$、有效圈数 $n$、支承圈数 $n_2$ 和旋向（左旋）。作图步骤如下：

（1）计算自由高度 $H_0$；

（2）以 $D_2$ 和 $H_0$ 为边长，画出矩形，如图 9-24(a)所示；

（3）根据簧丝直径 $d$，画出两端支承部分的圆和半圆，如图 9-24(b)所示；

（4）根据节距 $t$，画有效圈部分，当有效圈数在 4 圈以上时，省略中间各圈，如图 9-24(c)所示；

（5）按右旋画簧丝断面圆的切线，并画剖面线，如图 9-24(d)所示。

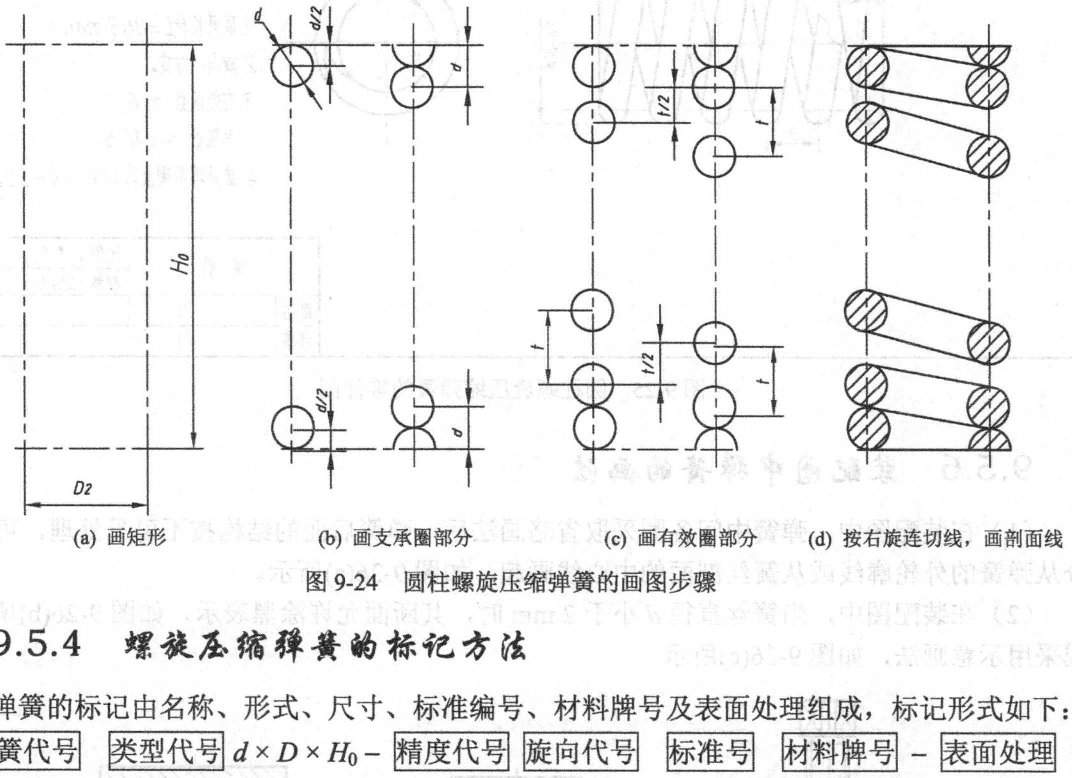


(a) 画矩形　(b) 画支承圈部分　(c) 画有效圈部分　(d) 按右旋连切线，画剖面线

图 9-24　圆柱螺旋压缩弹簧的画图步骤

## 9.5.4　螺旋压缩弹簧的标记方法

弹簧的标记由名称、形式、尺寸、标准编号、材料牌号及表面处理组成，标记形式如下：

弹簧代号　类型代号　$d \times D \times H_0$ – 精度代号　旋向代号　标准号　材料牌号 – 表面处理

其中，螺旋压缩弹簧代号为“Y”；类型代号为“A”或“B”；2 级精度制造应注明“2”，3 级不标注；左旋应标注“左”，右旋不标注；表面处理一般不标注。如要求镀锌、镀铬、磷化等金属镀层及化学处理，应在标记中注明。

例如，A 型螺旋压缩弹簧，簧丝直径为 1.2 mm，弹簧中径为 8 mm，自由高度为 40 mm，刚度、外径、自由高度的精度为 2 级，材料为碳素弹簧钢丝 B 级，表面镀锌处理的左旋弹簧的标记为

YA 1.2×8×40–2 左 GB/T 2089—1994 B 级–D–Zn

## 9.5.5　螺旋压缩弹簧的零件图

图 9-25 所示的是一个圆柱螺旋压缩弹簧的零件图。弹簧的参数应直接标注在图形上，当直接标注有困难时，可以在技术要求中说明；在零件图上方用图解表示弹簧的负荷与长度之间的变化。螺旋压缩弹簧的机械性能曲线画成直线（为粗实线），其中，$P_1$ 为弹簧的预加负荷，$P_2$ 为弹簧的最大负荷，$P_3$ 为弹簧的允许极限负荷。

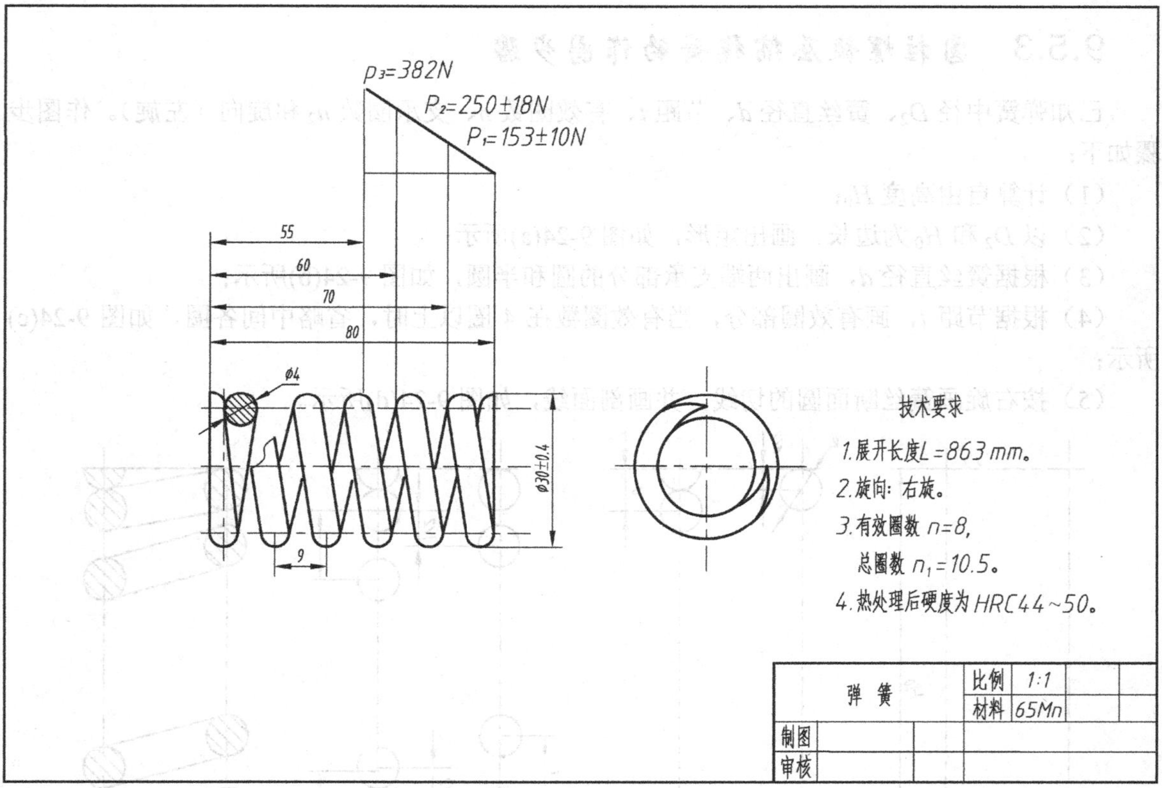


图 9-25 圆柱螺旋压缩弹簧的零件图

## 9.5.6 装配图中弹簧的画法

（1）在装配图中，弹簧中间各圈采取省略画法后，弹簧后面的结构按不可见处理，可见部分从弹簧的外轮廓线或从簧丝剖面的中心线画起，如图 9-26(a)所示。

（2）在装配图中，当簧丝直径 $d$ 小于 2 mm 时，其断面允许涂黑表示，如图 9-26(b)所示；或采用示意画法，如图 9-26(c)所示。

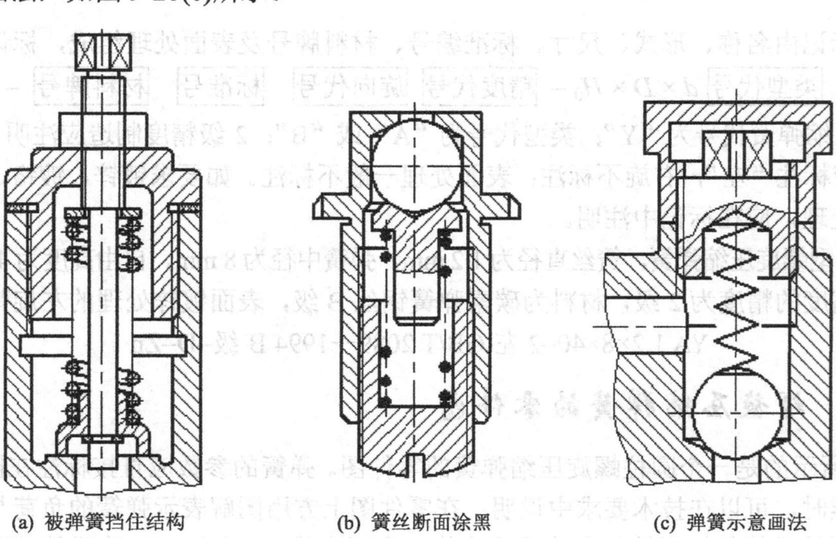

(a) 被弹簧挡住结构　(b) 簧丝断面涂黑　(c) 弹簧示意画法

图 9-26 装配图中弹簧的画法

# 第 10 章

## 装 配 图

### 教学目标

通过本章的学习，应了解装配图的作用和内容，理解装配图的表达方法；牢固掌握绘制和阅读装配图的基本方法和步骤，能熟练地由装配图拆画出零件图。

### 教学要求

| 能力目标 | 知识要点 | 相关知识 | 权重 | 自测等级 |
|---|---|---|---|---|
| 了解装配图的概念及其与零件图的区别，了解装配图的作用和内容，理解装配图的表达方法 | 装配图的概念和常用表达方法 | 装配图的作用和内容，装配图的表达方法，装配图的尺寸标注和技术要求，以及零部件序号、明细栏 | ☆☆ | |
| 掌握绘制和阅读装配图的基本方法和步骤，能熟练地由装配图拆画出零件图 | 装配图的绘制和阅读，由装配图拆画零件图 | 绘制、阅读装配图，由装配图拆画出零件图，用 AutoCAD 画装配图 | ☆☆☆ | |

### 提出问题

机器或部件是由若干零件按一定的装配关系和技术要求装配而成的。表达机器或部件的图样称为装配图。表示一台完整机器的装配图，称为总装配图（总图）；表示机器中某个部件（或组件）的装配图，称为部件装配图。通常，总装配图只表示各部件间的相对位置和机器的整体情况，而把整台机器按各部件分别画出部件装配图，两者的绘制和阅读基本相同。

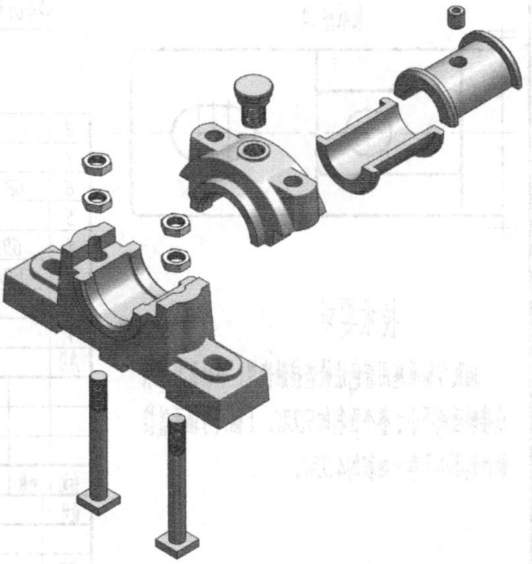

图 10-1　滑动轴承的轴测图

图 10-1 所示的是滑动轴承的轴测图，其作用是支承旋转轴，主要零件有轴承座、轴承盖和上下轴瓦等。轴承座和轴承盖通过螺栓连接，轴瓦固定其中央，轴即在两个轴瓦形成的圆孔中旋转。滑动轴承的轴测图虽然直观性强，但手工绘制烦琐，主要是不能准确反映零件间的配合关系、尺寸基准等，为此需要按投影原理绘制如图 10-2 所示的装配图，以利于滑动轴承的组装、检验、维修等。本章主要讲解如何绘制和阅读装配图。

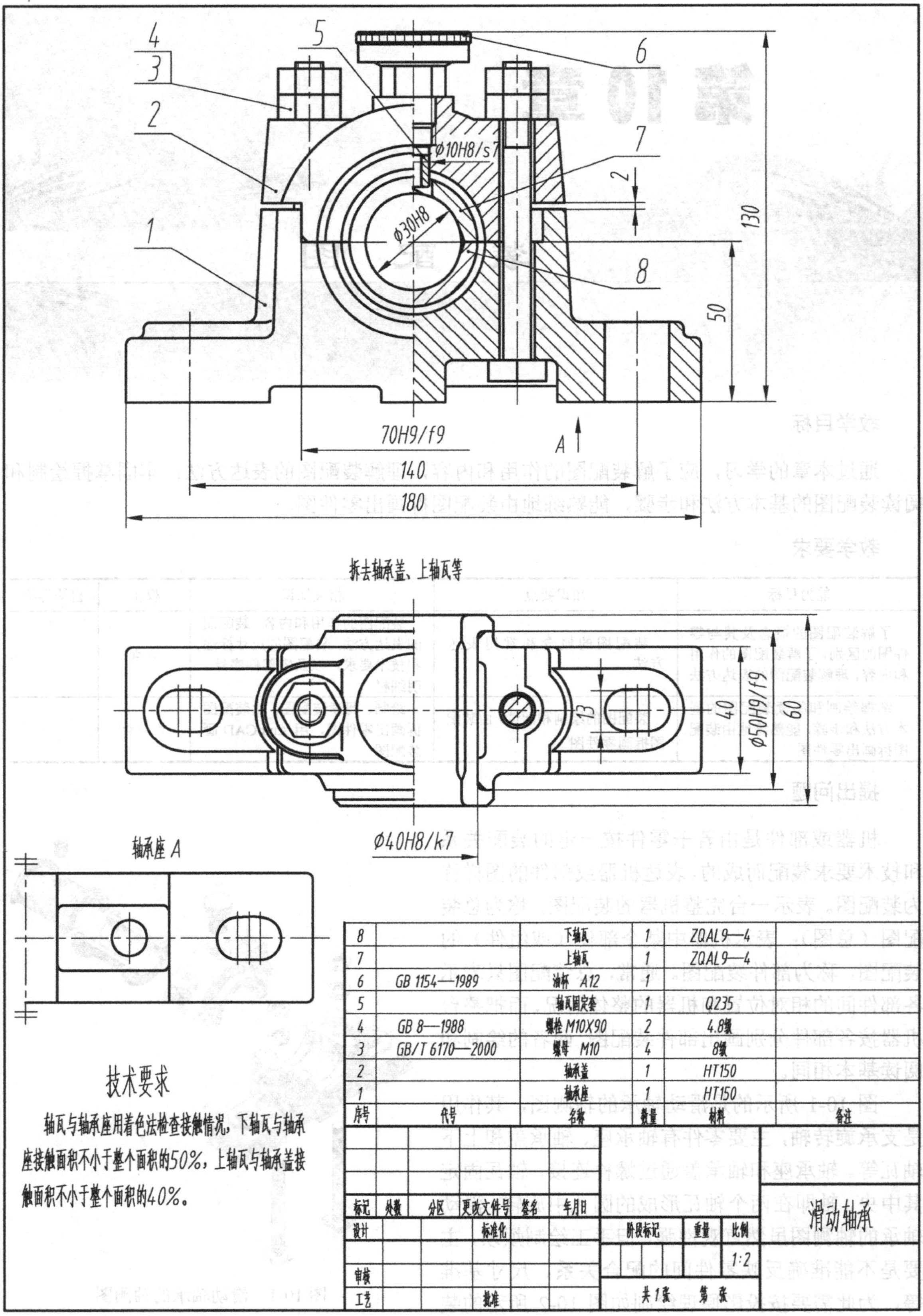


## 技术要求

轴瓦与轴承座用着色法检查接触情况，下轴瓦与轴承座接触面积不小于整个面积的50%，上轴瓦与轴承盖接触面积不小于整个面积的40%。

| 序号 | 代号 | 名称 | 数量 | 材料 | 备注 |
|---|---|---|---|---|---|
| 8 | | 下轴瓦 | 1 | ZQAL9—4 | |
| 7 | | 上轴瓦 | 1 | ZQAL9—4 | |
| 6 | GB 1154—1989 | 油杯 A12 | 1 | | |
| 5 | | 轴瓦固定套 | 1 | Q235 | |
| 4 | GB 8—1988 | 螺栓 M10X90 | 2 | 4.8级 | |
| 3 | GB/T 6170—2000 | 螺母 M10 | 4 | 8级 | |
| 2 | | 轴承盖 | 1 | HT150 | |
| 1 | | 轴承座 | 1 | HT150 | |

| 标记 | 处数 | 分区 | 更改文件号 | 签名 | 年月日 | | | | 滑动轴承 |
|---|---|---|---|---|---|---|---|---|---|
| 设计 | | | 标准化 | | | 阶段标记 | 重量 | 比例 | |
| | | | | | | | | 1:2 | |
| 审核 | | | | | | | | | |
| 工艺 | | | 批准 | | | 共1张 | 第 张 | | |

图 10-2 滑动轴承装配图

# 10.1 装配图的作用和内容

## 10.1.1 装配图的作用

装配图通常用来表达机器或部件的工作原理及零件、部件间的装配关系，是设计和生产机器或部件的重要技术文件之一。在产品制造中，装配图是制订装配工艺规程、进行装配和检验的技术依据。在机器使用和维修时，可通过装配图来了解机器的工作原理和构造。

在新产品设计中，一般先根据产品的工作原理图画出装配草图，由装配草图整理成装配图，然后再根据装配图进行零件设计，并画出零件图。

## 10.1.2 装配图的内容

一张较完整的装配图应有的基本内容如表 10-1 所示。

表 10-1 装配图的内容

| 装配图的基本内容 | 内容说明 |
| --- | --- |
| 一组图形 | 用各种常用的表达方法和特殊画法，选用一组适当的图形，能正确、完整、清晰和简便地表达出机器或部件的工作原理，关键零件的主要结构形状，零件之间的装配、连接关系等 |
| 必要的尺寸 | 装配图中的尺寸包括与机器或部件的规格（性能）、外形、装配和安装有关的尺寸，以及经过设计计算确定的重要尺寸等 |
| 技术要求 | 用文字或符号说明机器或部件性能、装配、安装、检验、调试和使用等方面的要求 |
| 零件序号、明细栏和标题栏 | 在装配图中将各零件按一定的格式、顺序进行编号；在明细栏中依次填写零件的序号、代号、名称、数量、材料、重量、标准规格和标准编号等；在标题栏填写机器或部件的名称、比例、图号及相关人员的签名等 |

# 10.2 装配图的表达方法

机器或部件的装配图主要是能表达其内外结构形状、工作原理和装配关系等。前面所述零件的各种表达方法和选用原则，均适用于装配图。

与零件图相比，装配图所表达的是由一定数量的零件所组成的机器或部件。两种图的内容和作用不同，侧重点也各不相同。装配图是以表达机器或部件的工作原理和主要装配关系为中心，把机器或部件的内部构造、外部形状和关键零件的主要结构形状表达清楚，不要求把每个零件的形状完全表达清楚。因此，装配图有其特殊的表达方法。

## 10.2.1 规定画法

### 1．接触表面与非接触表面的画法

两个零件的接触表面画一条线，间隙配合即使间隙较大也必须画一条线；非接触表面画两条线，即使间隙再小也必须画两条线。

如图 10-3 所示，轴承固定套与轴承盖的接触面画一条线；而轴承固定套与上轴瓦表面不接触，画两条线。

### 2. 剖面线的画法

相接触的两个或两个以上的零件，其剖面线方向应相反，或者方向一致而间距不同。同一零件的剖面线无论在哪个图中，其方向、间距必须相同。

如图 10-3 所示，轴承固定套与轴承盖相邻，剖面线方向相反；轴承固定套与上轴瓦相邻，剖面线方向相同，但间距不等。

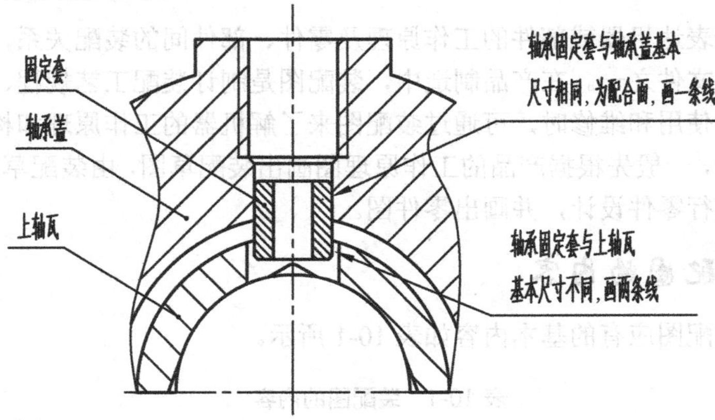


图 10-3　装配图的规定画法

### 3. 标准件和实心零件的画法

对于紧固件等标准件，以及轴、连杆、拉杆、手柄、钩子、键、销等实心零件，若剖切平面沿轴线或通过其对称面，则这些零件均按不剖绘制。必要时，可采用局部剖视。如图 10-2 所示的油杯、螺栓连接件，均按外形绘制。

## 10.2.2 特殊画法

### 1. 拆卸画法

在装配图中，当某些零件遮住了需要表达的其他结构或装配关系，可将该零件假想地拆去，画出所要表达的部分，并在该视图上方加注“拆去××”等，如图 10-2 所示中的俯视图。

### 2. 沿结合面剖切画法

为了清楚表达内部结构，可采用沿结合面剖切画法。结合面不画剖面线，被剖切到的螺栓等实心件因横向受剖必须画剖面线。它与拆卸画法的区别在于它是剖切而非拆卸。如图 10-2 所示的俯视图，就是沿轴承座和轴承盖的结合面剖切后画出的半剖视图。

### 3. 假想画法

在装配图中，如果要表达运动零件的极限位置与运动范围时，可用双点画线画出其外形轮廓；另外，若要表达与相关零部件的安装连接关系时，也可采用双点画线画出其轮廓。如图 10-4 所示，用双点画线画出螺杆的轮廓，以表达其运动轨迹。

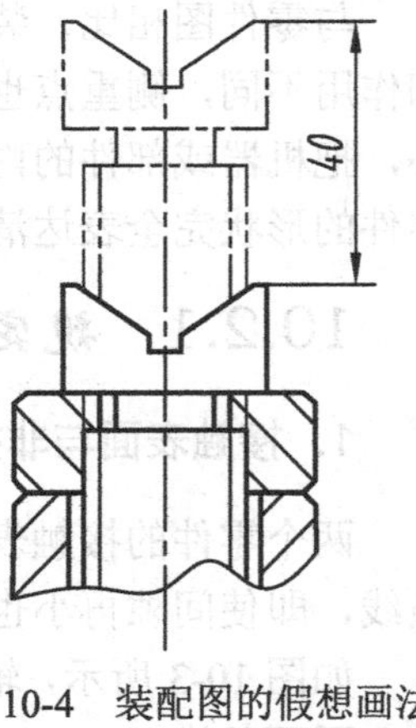


图 10-4　装配图的假想画法

### 4. 夸大画法

对于细小结构如带有很小的锥度、斜度的零件或微小间隙等，当很难以实际尺寸画出时，为了便于清晰表达，允许不按比例而在适当夸大后画出其图形。

5．简化画法

在装配图中，对薄的垫片等不易画出的零件，可将其断面厚度夸大画出并涂黑；装配图中有相同的零件如螺栓连接等，可详细地画出一组或几组，其余的只需用点画线表示其相对位置；零件的工艺结构如小圆角、倒角、退刀槽等均可省略不画。如图 10-2 所示装配图中的螺母、螺栓等的倒角、小圆角等，均采用了简化画法。

6．单独表达个别零件的画法

在装配图中，为了表示某零件的形状，可另外单独画出该零件的某一视图，并加以标注。如图 10-2 所示装配图中轴承座的 *A* 向视图，需要标注“轴承座 *A*”。

# 10.3 装配图的尺寸标注和技术要求

在前面章节中已介绍过零件图中标注尺寸和编写技术要求的方法，但装配图与零件图的表达重点、使用场合等方面的不同，决定了装配图的尺寸标注和技术要求与零件图相比也有所区别。

## 10.3.1 装配图的尺寸标注

装配图用以说明机器或部件的规格（性能）、工作原理、装配关系和安装等要求，故装配图中只要标注的尺寸如表 10-2 所示。

表 10-2 装配图的尺寸标注

| 尺寸类型 | 尺寸说明 | 尺寸示例 |
|---|---|---|
| 性能或规格尺寸 | 表示机器或部件的性能（规格）的尺寸，它在设计时就已确定，是设计、了解和选用机器或部件的依据 | 如图 10-2 所示，公称直径$\phi$30H8 为滑动轴承的规格尺寸 |
| 装配尺寸 | 表示机器或部件中有关零件间装配关系的尺寸。一般有下列几种：<br>（1）配合尺寸 表示两个零件间配合性质的尺寸，一般在基本尺寸数字后面都注明配合代号，配合尺寸是装配和拆画零件时确定零件尺寸偏差的依据<br>（2）相对位置尺寸 表示设计或装配机器时需要保证的零件间较重要相对位置、距离、间隙等的尺寸，也是装配、调整和校图时所需要的尺寸<br>（3）装配时必须加工的尺寸 有些零件需要装配后再进行加工，此时在装配图中要标注加工尺寸 | （1）如图 10-2 所示，轴承座与轴瓦的配合尺寸$\phi$40H8/k7 等<br>（2）如图 10-2 所示，轴承座与轴承盖之间的距离为 2、中心高为 50<br>（3）如“××装配时加工”，“××”为零件上的具体尺寸 |
| 安装尺寸 | 表示机器或部件安装在地基或与其他部件相连接时所涉及的尺寸 | 如图 10-2 所示，轴承底部安装孔的中心距为 140、长圆孔宽度尺寸为 13 等 |
| 外形尺寸 | 表示机器或部件外形的总长、总宽和总高尺寸，它是进行包装、运输和安装设计的依据 | 如图 10-2，轴承的外形尺寸分别为 180、60 和 130 |
| 其他重要尺寸 | 是设计过程中经过计算确定或选定的尺寸，以及其他必须保证的尺寸，但又不包含在上述几类尺寸中的重要尺寸。如运动零件的位移尺寸、关键零件的重要结构尺寸等 | 如图 10-4 所示，尺寸 40 表示螺杆的运动范围 |

注意，上述五类尺寸，并非每张装配图中缺一不可；有时同一尺寸可能具有几种含义，分属于几类尺寸。在标注尺寸时，必须明确每个尺寸的作用，对装配图没有意义的结构尺寸不必注出。

### 10.3.2 装配图的技术要求

装配图中的技术要求是用文字或符号来说明对机器或部件的性能、装配、调试、使用等方面的具体要求和条件，如表 10-3 所示。

表 10-3 装配图的技术要求

| | |
|---|---|
| 性能要求 | 机器或部件的规格、参数、性能指标等 |
| 装配要求 | 装配方法和顺序，装配时加工的有关说明，装配时应保证的精确度、密封性等要求 |
| 调试要求 | 装配后进行试运转的方法和步骤，应达到的技术指标和注意事项等 |
| 使用要求 | 对机器或部件的操作、维护和保养等有关要求 |
| 其他要求 | 对机器或部件的涂饰、包装、运输、检验等方面的要求，以及对机器或部件的通用性、互换性的要求等 |

注意，编制装配图中的技术要求时，上述各项内容并非每张装配图全部注写，具体内容可参阅同类产品。技术要求中的文字注写应准确、简练，一般写在明细栏的上方或图纸下方空白处，也可另写成技术要求文件作为图样的附件。

## 10.4 装配图的零部件序号和明细栏

在生产中，为了便于图纸管理、生产准备、机器装配和看懂装配图，对装配图上各零部件都要编注序号和代号，代号是该零件或部件的图号或国标代号。同时要编制相应的明细表。

### 10.4.1 零部件序号的编写

为了便于统计和看图方便，将装配图中的零部件按顺序进行编号并标注在图纸上，称为零部件的序号。

**1. 零部件序号编写的基本要求**

（1）所有零部件均应编号。

（2）同种类、同规格的零部件只编一个序号，一般只标注一次，必要时也可重复标注。

（3）同一装配图中编注序号的格式应一致。

**2. 序号的注写方法**

（1）序号注写在指引线一端的细实线上或细实线圆内，如图 10-5(a)所示。

（2）序号字高比图中尺寸数字大一号或两号。

（3）序号排列应横平竖直，并按顺时针或逆时针方向顺序排列，如图 10-2 所示。

**3. 指引线画法**

（1）指引线用细实线绘制，如图 10-5(b)所示。

（2）指引线应自所指部分的可见轮廓内引出，并在末端画一个圆点。若所指部分（很薄的零件或涂黑的剖面）内不便画圆点时，可在指引线的末端画出箭头，并指向该部分的轮廓。

（3）当通过有剖面的区域时，指引线不应与剖面线平行。

（4）指引线相互不应相交，至多允许折弯一次。

（5）一组紧固件及装配关系清楚的零件组件，可以采用公共指引线，如图 10-5(c)所示。

为了确保无遗漏地按顺序编写，可先画出指引线和末端的水平线或小圆，并在图形的外围整齐排列，待检查和确认无遗漏、无重复后，再统一编写序号，填写明细栏。

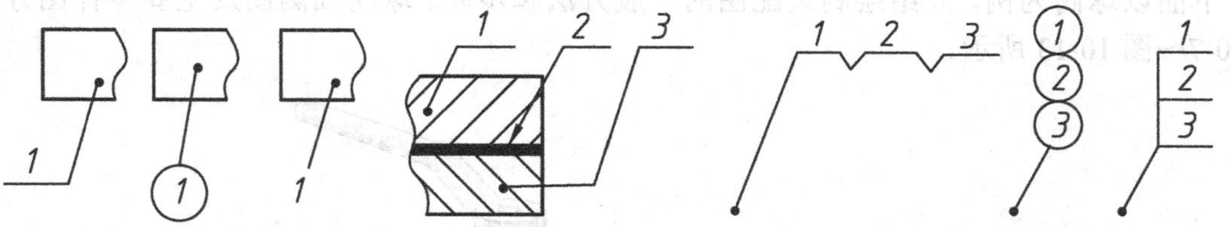


(a) 序号的注写方法　　(b) 单个指引线的画法　　(c) 公共指引线的画法

图 10-5　零部件序号

## 10.4.2　明细栏和标题栏

装配图中一般应有明细栏。明细栏是装配图中零件的详细目录，它由序号、代号、名称、数量、重量（单件、总计）、材料、备注等内容组成。绘制和填写明细栏时，应注意以下几点。

（1）明细栏一般配置在标题栏的上方，按由下而上的方向顺序填写。当由下而上延伸位置不够时，可紧靠在标题栏的左边，自下而上延续。

（2）明细栏中的序号应与图中的零件序号一致。

（3）最上面的边框线和内框用细实线，外框用粗实线。

在实际生产中，当装配图中不能在标题栏的上方配置明细栏时，可作为装配图的续页按 A4 幅面单独给出，其顺序应是由上而下延伸，还可连续加页，但应在明细栏的下方配置标题栏，并在标题栏中填写与装配图相一致的名称和代号。当有两张或两张以上同一图样代号的装配图时，明细栏应放在第一张装配图上。

明细栏和标题栏的具体内容、格式在国家标准中已有规定，其项目可按实际需要增加或减少。作业中推荐使用的标题栏格式与零件图中的基本一致，仅将“材料”一栏改填为重量或项目名称，亦可不填，建议明细栏格式如图 10-6 所示。“代号”栏填写图样中相应组成部分的图样代号或标准号；“名称”栏填写图样中相应组成部分的名称，必要时，也可写出其形式与尺寸；“数量”栏填写图样中相应组成部分在装配中所需要的数量，“材料”栏填写图样中相应组成部分的材料标记，“备注”栏填写该项的附加说明或其他有关的内容，如对于外购件，则填写“外购”字样等。

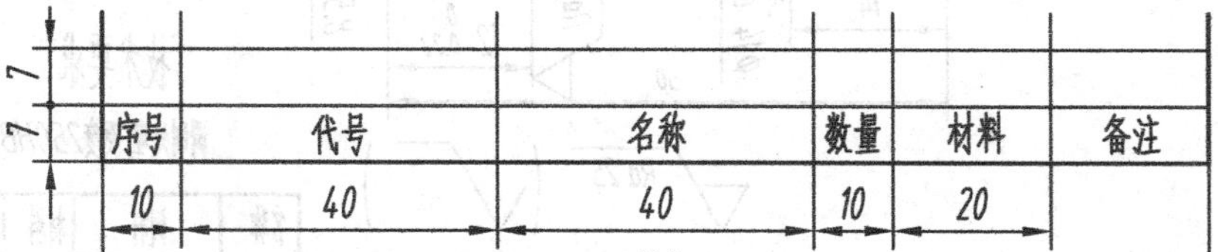


图 10-6　明细栏格式

# 10.5　绘制装配图

根据组成部件的零件图或部件装配示意图（以单线条示意性地画出部件或机器的图样，一般在部件测绘时绘制），就可以拼画成部件的装配图。绘制装配图同样有一定的方法和步骤，并且要注意装配结构的合理性。

## 10.5.1 由零件图画装配图

下面以球阀为例，介绍绘制装配图的一般方法和步骤。球阀轴测图及主要零件图分别如图 10-7～图 10-13 所示。

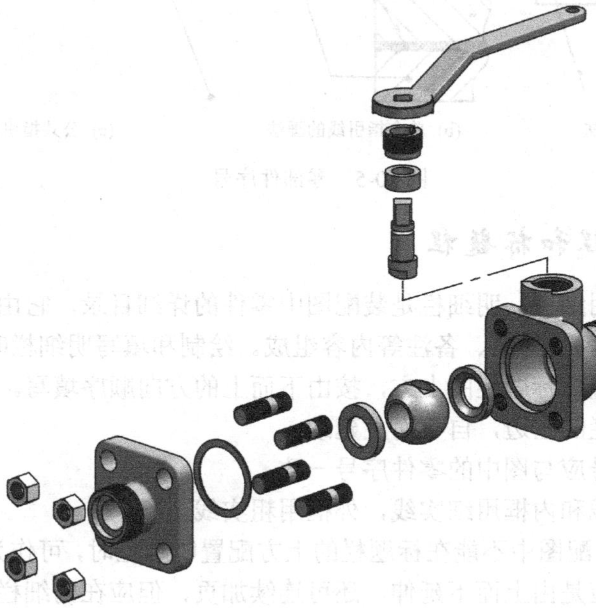

图 10-7 球阀轴测图

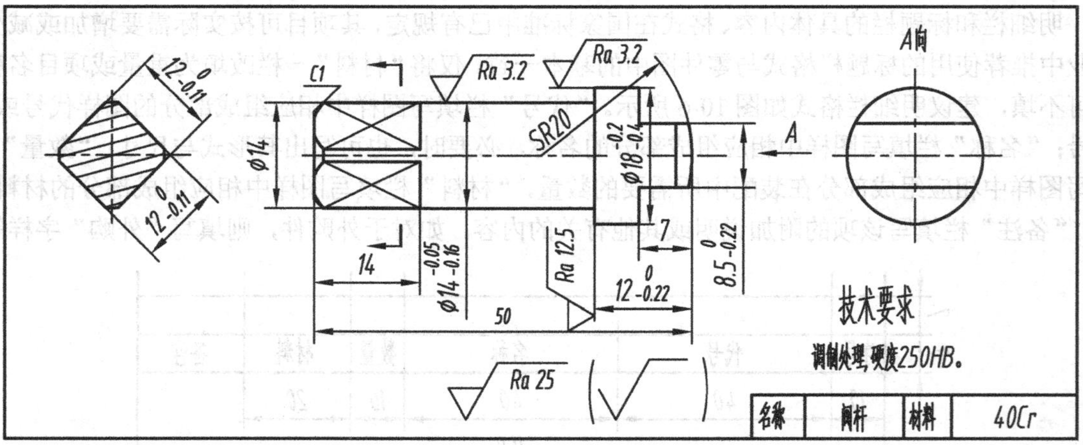


图 10-8 阀杆

### 1. 了解装配关系和工作原理

首先，对要绘制的机器或部件的工作原理、装配关系，以及主要零件的形状、零件与零件之间的相对位置、定位方式等进行深入细致的分析。

阀是用于管道系统中启闭和调节流体流量的部件，如图 10-7 所示的球阀是其中的一种，球阀阀芯为球形，其装配线主要有两条。水平装配线自左向右：阀体、阀盖均带有方形凸缘，靠四个螺柱及螺母连接；中间的调整垫片用于调节阀盖与阀体之间空腔的大小，保证阀芯的正常转动和阀体的密封；垂直装配线由上而下：手柄方孔套入阀杆方头，阀杆榫头插入阀芯的槽口，阀杆四周靠压紧套的旋入压紧填料达到密封要求。工作时，顺时针扳动手柄，带动阀芯旋转，从而控制和调节管道中流体的流量。

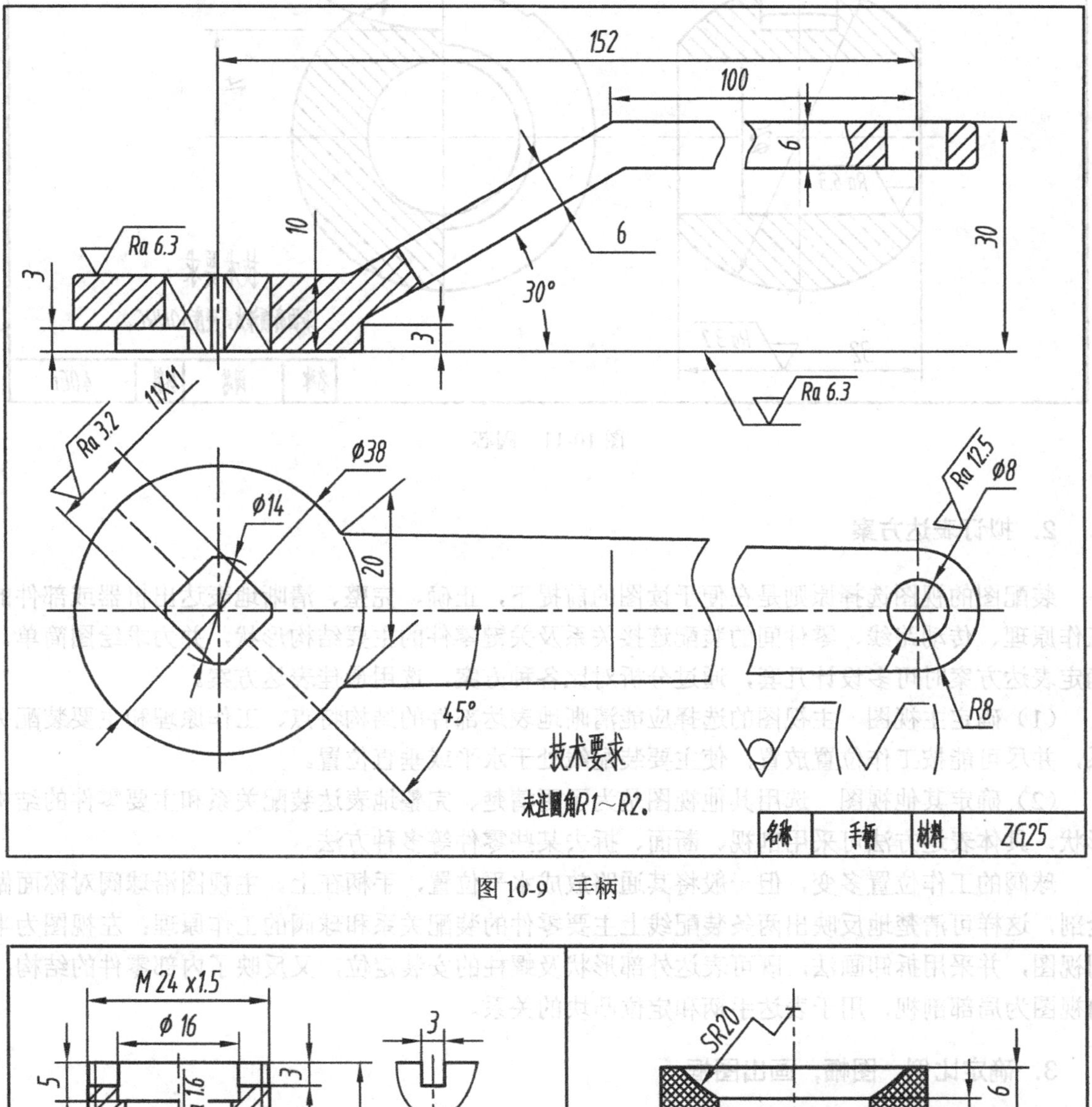


图 10-9　手柄

图 10-10　压紧套和密封圈

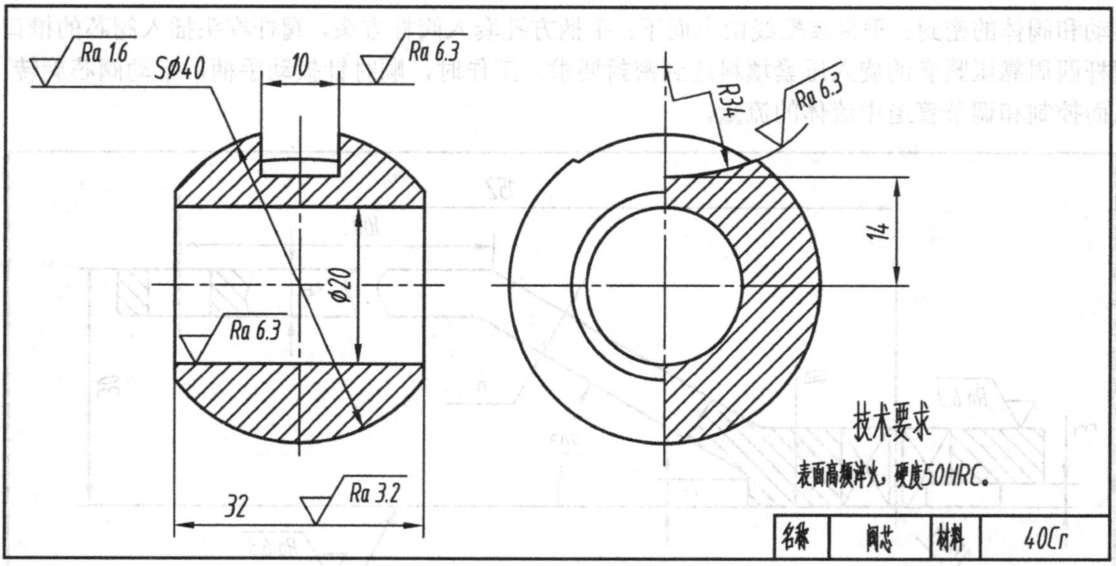


图 10-11　阀芯

## 2. 拟订表达方案

装配图的视图选择原则是在便于读图的前提下，正确、完整、清晰地表达出机器或部件的工作原理、传动路线、零件间的装配连接关系及关键零件的主要结构形状，并力求绘图简单。确定表达方案时可多设计几套，通过分析对比各种方案，选用最佳表达方案。

（1）确定主视图　主视图的选择应能清晰地表达部件的结构特点、工作原理和主要装配关系，并尽可能按工作位置放置，使主要装配线处于水平或垂直位置。

（2）确定其他视图　选用其他视图是为了更清楚、完整地表达装配关系和主要零件的结构形状，具体表达方法可采用剖视、断面、拆去某些零件等多种方法。

球阀的工作位置多变，但一般将其通路放成水平位置，手柄在上。主视图沿球阀对称面做全剖，这样可清楚地反映出两条装配线上主要零件的装配关系和球阀的工作原理；左视图为半剖视图，并采用拆卸画法，既可表达外部形状及螺柱的安装定位，又反映了内部零件的结构；俯视图为局部剖视，用于表达手柄和定位凸块的关系。

## 3. 确定比例、图幅，画出图框

根据部件的大小、图形数量，确定绘图比例和图幅大小；画出图框、标题栏；画出明细栏大致轮廓。该球阀装配图采用 1∶2 的比例，A4 幅面图纸。

## 4. 布置视图

画出各视图的主要基准线和中心线，并在各视图之间留有适当间隔，以便标注尺寸和进行零件编号，如图 10-14(a)所示。

## 5. 画出各视图

一般采用以下两种方法。

（1）由内向外画　以装配线的核心零件开始，按装配关系逐层扩展画出各个零件，再画壳体等包容、支撑件。这种方法多用于新产品设计。

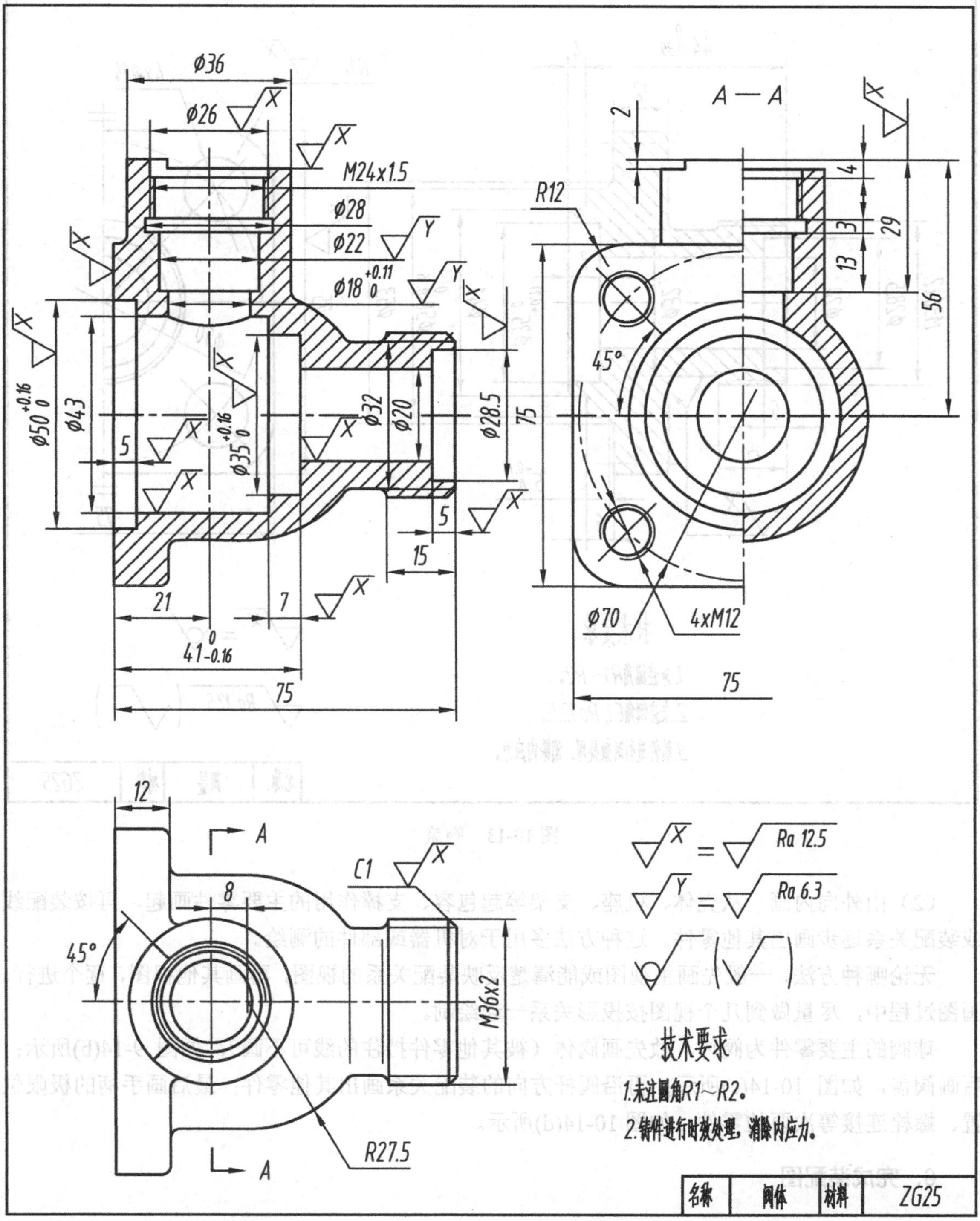


图 10-12　阀体

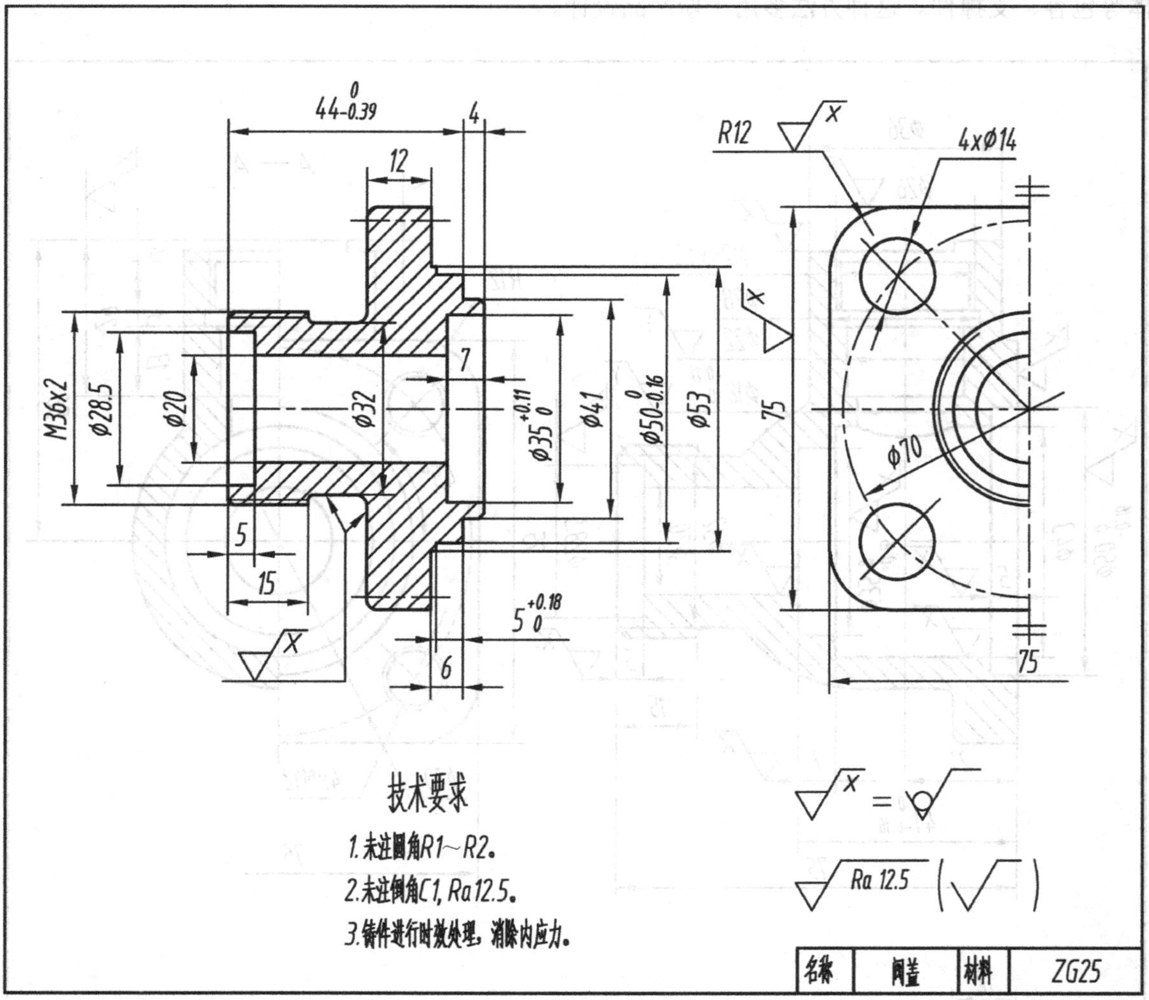


图 10-13 阀盖

（2）由外向内画　从壳体、机座、支架等起包容、支撑作用的主要零件画起，再按装配线或装配关系逐步画出其他零件。这种方法多用于对机器或部件的测绘。

无论哪种方法，一般先画主视图或能清楚反映装配关系的视图，再画其他视图，逐个进行。画图过程中，尽量做到几个视图按投影关系一起绘制。

球阀的主要零件为阀体，故先画阀体（被其他零件挡住的线可不画），如图 9-14(b)所示；后画阀盖，如图 10-14(c)所示；再沿阀杆方向的装配关系画出其他零件；最后画手柄的极限位置、螺栓连接等次要的零件，如图 10-14(d)所示。

### 6．完成装配图

检查无误后加深图线，画剖面线，标注尺寸，对零件进行编号，编写技术要求，填写明细栏、标题栏等，球阀装配图如图 10-14(e)所示。

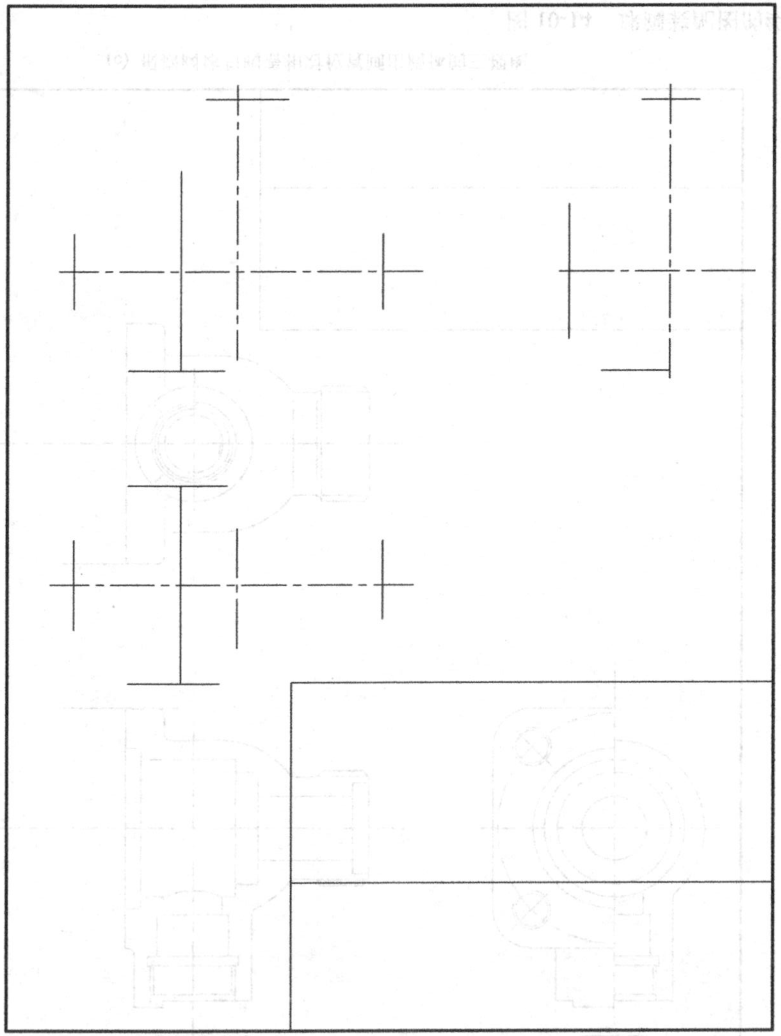

(a) 画出明细栏、标题栏，定位各视图的主要中心线及基准线

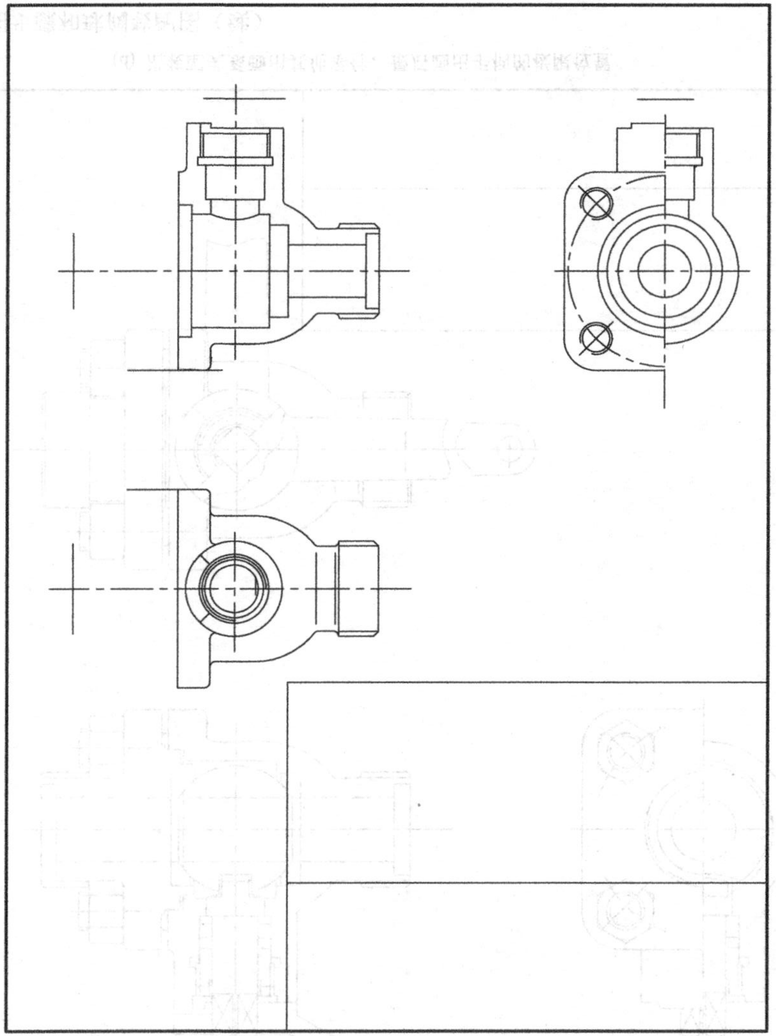

(b) 三个视图联系起来，画主要零件阀体的轮廓线

图 10-14 球阀装配图的绘图步骤和球阀装配图

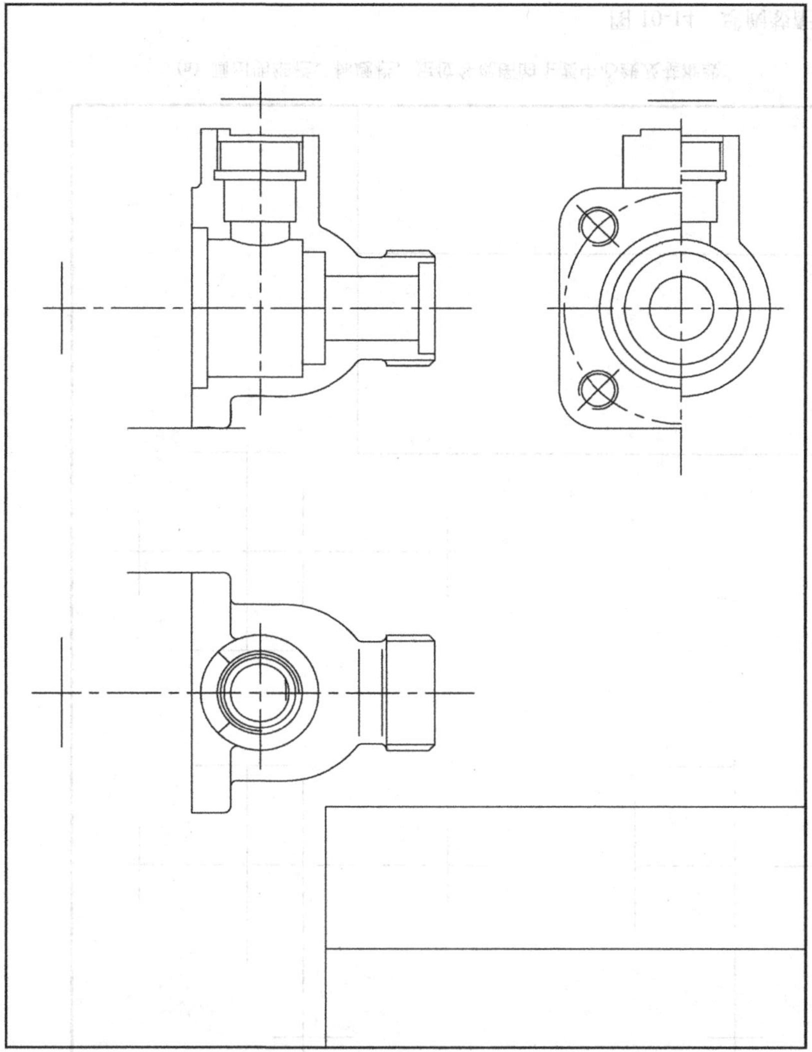

(c) 根据阀体与阀盖相对位置画出阀体的三视图

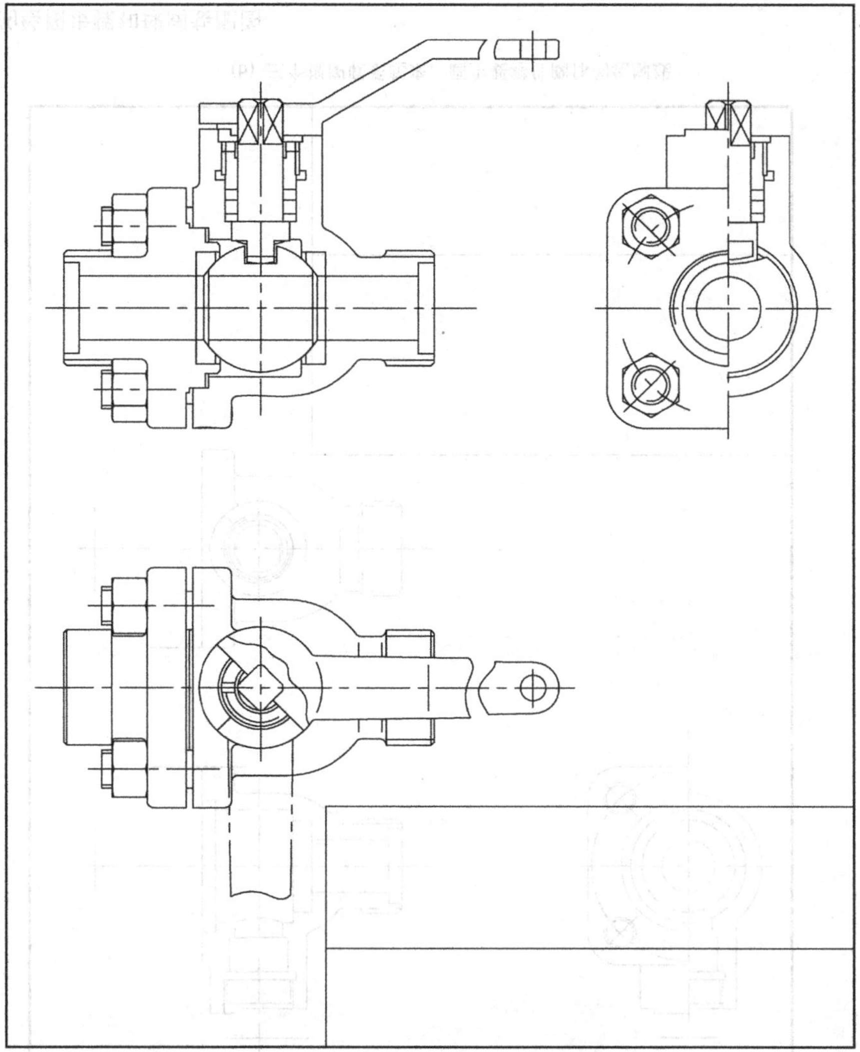

(d) 沿装配关系画出其他零件，最后画出手柄的极限位置

图 10-14　球阀装配图的绘图步骤和球阀装配图（续）

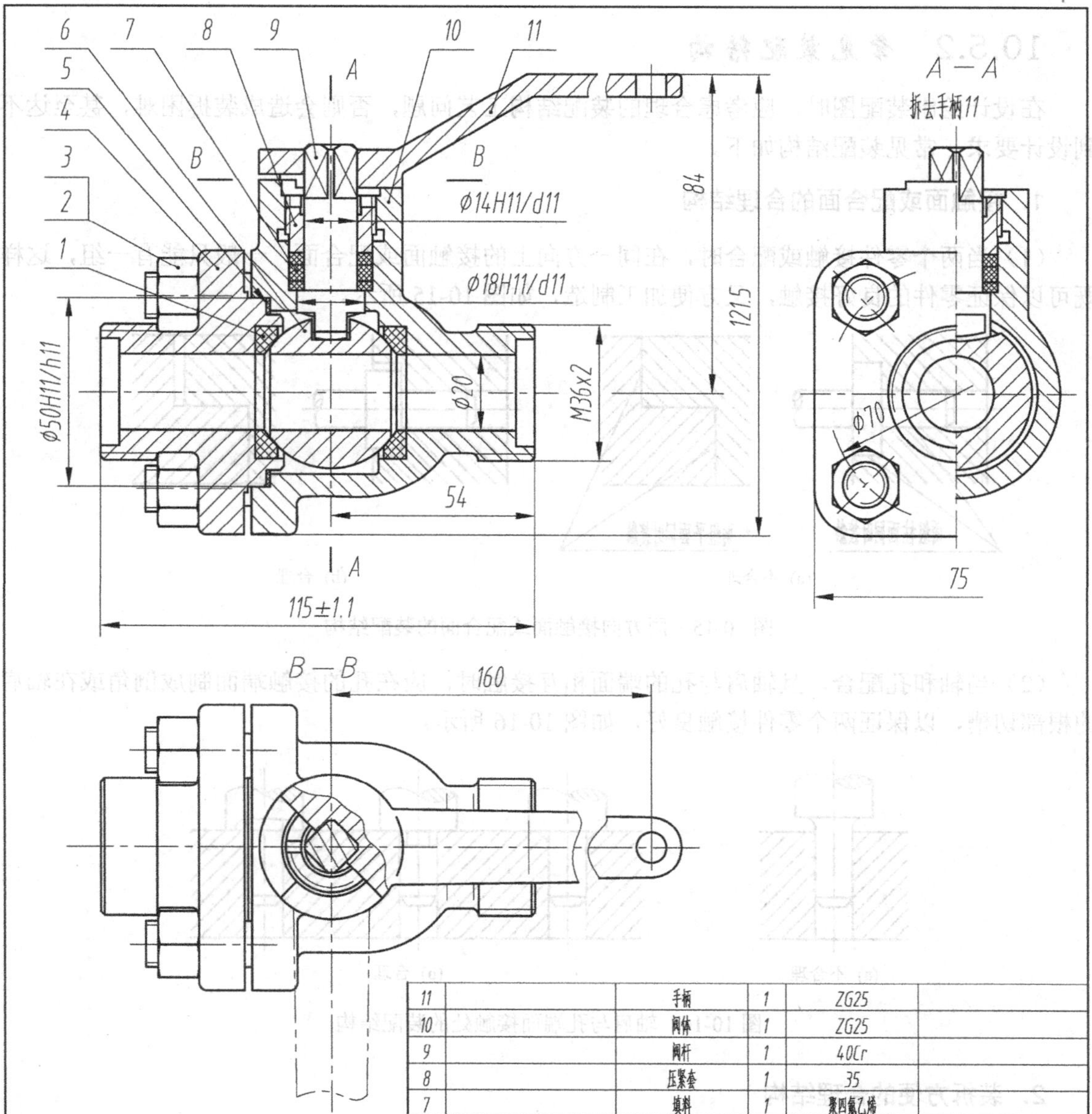


技术要求

制造与验收条件应符合GB/T 2237—1989的规定。

| 序号 | 代号 | 名称 | 数量 | 材料 | 备注 |
|---|---|---|---|---|---|
| 11 | | 手柄 | 1 | ZG25 | |
| 10 | | 阀体 | 1 | ZG25 | |
| 9 | | 阀杆 | 1 | 40Cr | |
| 8 | | 压紧套 | 1 | 35 | |
| 7 | | 填料 | 1 | 聚四氟乙烯 | |
| 6 | | 阀芯 | 1 | 40Cr | |
| 5 | | 调整垫片 | 1 | 聚四氟乙烯 | |
| 4 | | 阀盖 | 1 | ZG25 | |
| 3 | GB/T 6170—2000 | 螺母 M12 | 4 | Q235 | |
| 2 | GB/T 897—1988 | 螺柱 M12x35 | 4 | 35 | |
| 1 | | 密封圈 | 2 | 聚四氟乙烯 | |

| | | | | | | | | |
|---|---|---|---|---|---|---|---|---|
| 标记 | 处数 | 分区 | 更改文件号 | 签名 | 年月日 | | | 球阀 |
| 设计 | | 标准化 | | 阶段标记 | 重量 | 比例 | | |
| | | | | | | 1:2 | | |
| 审核 | | | | | | | | |
| 工艺 | | 批准 | | 共1张 | 第 张 | | | |

(e) 加粗，画剖面线，标尺寸，对零件编号，编写技术要求，填写明细栏、标题栏等

图 10-14 球阀装配图的绘图步骤和球阀装配图（续）

## 10.5.2 常见装配结构

在设计绘制装配图时，应考虑合理的装配结构工艺问题，否则会造成装拆困难，甚至达不到设计要求。常见装配结构如下。

### 1. 接触面或配合面的合理结构

（1）当两个零件接触或配合时，在同一方向上的接触面或配合面，一般只能有一组，这样既可以保证零件的良好接触，又方便加工制造，如图 10-15 所示。

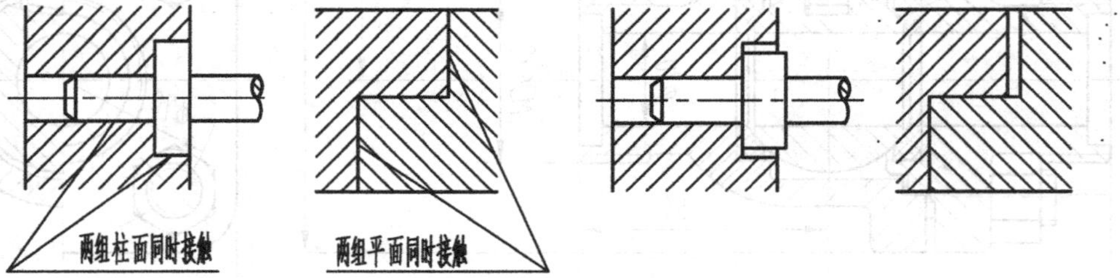


(a) 不合理　　(b) 合理

图 10-15　同方向接触面或配合面的装配结构

（2）当轴和孔配合，且轴肩与孔的端面相互接触时，应在孔的接触端面制成倒角或在轴肩的根部切槽，以保证两个零件接触良好，如图 10-16 所示。

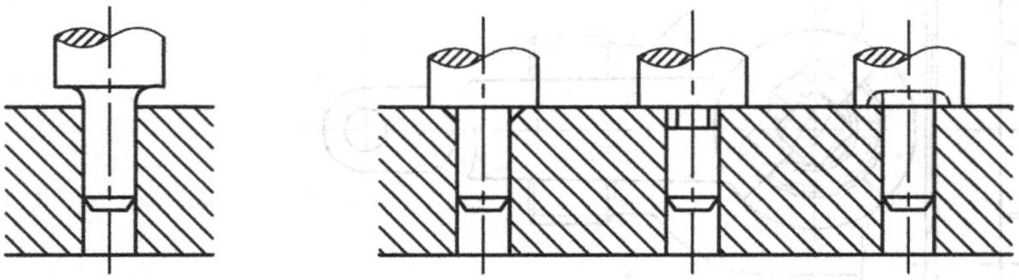

(a) 不合理　　(b) 合理

图 10-16　轴肩与孔端面接触处的装配结构

### 2. 装拆方便的合理结构

（1）当零件用螺纹紧固件连接时，应考虑到在装拆过程中紧固件及其工具所需的空间，如图 10-17 所示。

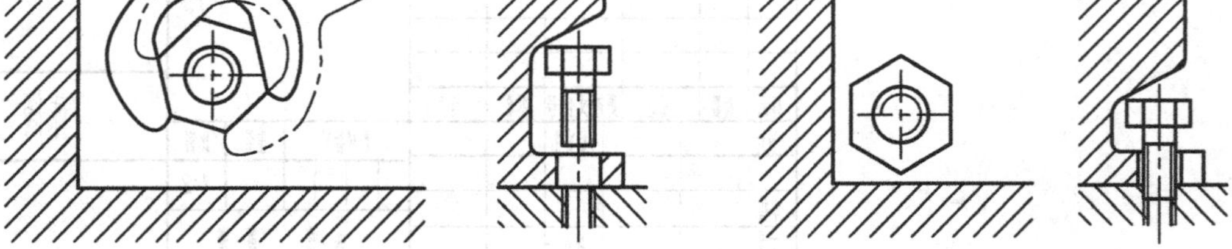

(a) 合理　　(b) 不合理

图 10-17　留出扳手活动空间和螺钉装拆空间

（2）在用轴肩或台肩定位滚动轴承时，应考虑维修拆卸的方便与可能，如图 10-18 所示。

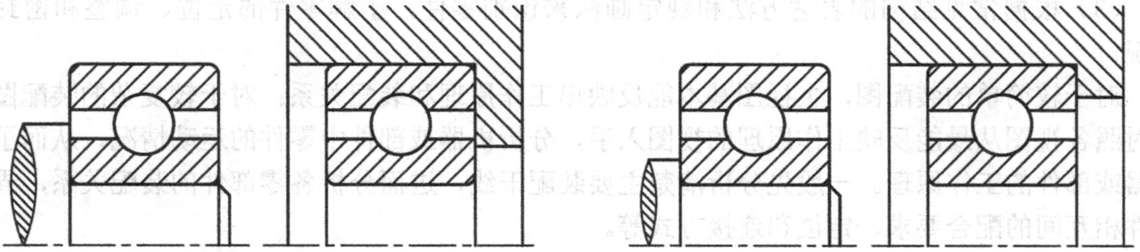

(a) 不合理　　(b) 合理

图 10-18 轴承的轴向定位结构

# 10.6 读装配图

在生产、使用和维修机械设备的过程中，经常需要阅读装配图。不同部门的技术人员读图的目的各不相同，如仅了解机器或部件的用途和工作原理，或了解零件的连接方法和拆卸顺序，或了解某个零件的结构特点，以便拆画零件图等。因此，阅读装配图是工程技术人员应具备的基本技能。

## 10.6.1 读装配图的基本要求

一般读装配图要做到以下基本要求：

（1）能够结合产品说明书等资料，了解机器或部件的用途、性能、结构和工作原理；

（2）掌握各零件间的相对位置、装配关系及装拆顺序等；

（3）分清各零件的名称、数量、材料、主要结构形状和用途；

（4）了解与本装配图相关设备的大致功能和构造。

## 10.6.2 读装配图的方法和步骤

一般按以下方法和步骤阅读装配图。

### 1. 概括了解

从标题栏、技术要求和有关的说明书中了解机器或部件的名称和大致用途；从明细栏和图中的序号了解机器或部件的组成情况；从视图配置和尺寸标注了解机器或部件的结构特点、大小和大致的工作原理。

### 2. 分析视图

分析装配图中采用了哪些表达方法、各视图间的投影关系和剖视图的剖切位置，明确每个视图所表达的重点内容。

### 3. 分析装配关系和工作原理

在概括了解的基础上，进一步研究机器或部件的装配关系和工作原理，这是读装配图的关键。常用方法有如下几种。

（1）从主视图开始，联系其他视图，并对照各个零件的投影关系，了解装配干线。

（2）根据配合代号，了解零件间的装配关系和连接情况。

（3）根据常见结构的表达方法和规定画法来识别零件，了解零件的定位、调整和密封等情况。

对于较简单的装配图，主视图基本能反映出工作原理和装配关系；对于较复杂的装配图，应对照各视图从最能反映工作原理的视图入手，分析机器或部件中零件的运动情况，从而了解机器或部件的工作原理。一般先分析清楚主要装配干线，进而分析各零部件的装配关系，弄清零件相互间的配合要求、定位和连接方式等。

### 4．分析零件

根据零件剖面线的不同，分清零件轮廓范围；根据零件序号对照明细栏，了解零件的作用，确定零件在装配图中的位置和范围；根据零件结构的对称性、两个零件接触面大致相同等特点，构思零件的结构形状；从主要零件开始，按照零件装配或邻接的关系，逐个分析零件的功能、地位、与相邻零件的装配关系等，进而想出它们的主要结构形状。

### 5．归纳总结

通过上述分析，在了解装配关系和工作原理的基础上，还要对尺寸、技术要求、装配工艺、使用维护等方面进行分析和研究，真正理解设计意图和装配工艺，形成对机器或部件的整体认识，完成读装配图的过程，为拆画零件图打下基础。

**【例 10-1】** 读汽缸装配图，如图 10-19 所示。

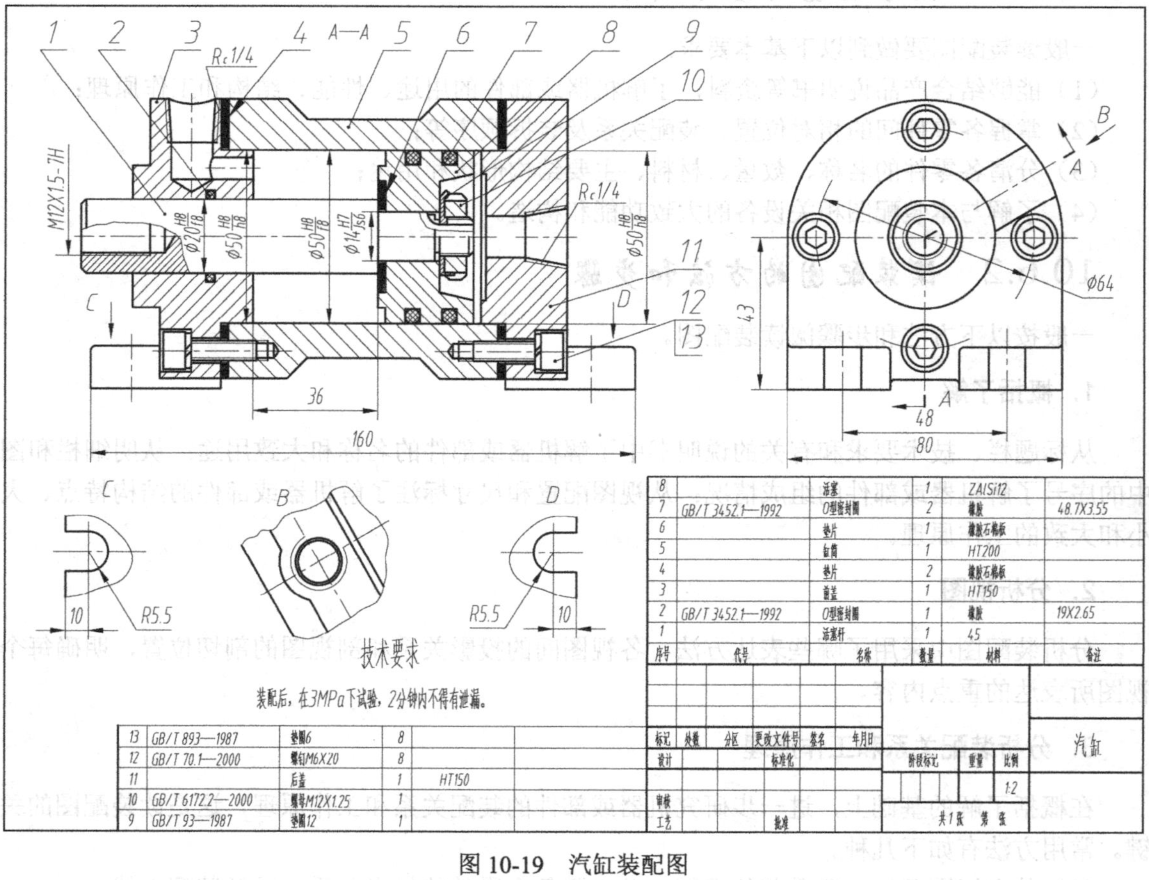


图 10-19 汽缸装配图

1）概括了解

通过阅读标题栏、明细栏并根据相关知识背景可知：汽缸是一个能量转换装置，具有一定压力的气体推动活塞使活塞杆做直线往复运动，从而带动与之相连的工作装置进行工作。它由13种29个零件组成，其中6种21个为标准件。主要零件是缸筒5、前盖3、后盖11、活塞8、活塞杆1等。

2）分析视图

该装配图采用了两个基本视图、两个局部视图和一个局部斜视图。主视图采用 *A—A* 旋转剖，反映了汽缸的装配干线和各零件的连接方式，即缸筒5通过螺钉12分别与前盖3和后盖11连接形成一个封闭的圆柱形空腔，螺母10将活塞杆1与活塞8连接在一起；左视图只画外形，主要表达汽缸的外形特征和螺钉连接的分布情况；*B* 向斜视图反映了出气口（或进气口）的形状；*C* 向和 *D* 向局部视图分别反映了安装槽的形状。

3）分析工作原理和装配关系

通过主视图可以看出，当压缩空气从左侧前盖3的气口进入，推动活塞8带动活塞杆1向右移动，使空气从后盖11的气口排出。密封圈7密封活塞左右两侧高低压腔；垫片4用于缸筒5和前、后盖的密封；*O* 型密封圈2密封于活塞杆周围；活塞杆1穿过活塞8和垫圈9并与螺母10通过螺纹连接；活塞杆通过螺纹孔M12×1.5–7H与工作装置相连，完成动力的传递。

4）分析零件

根据汽缸工作原理，沿轴向装配线看出：零件的主要功能结构以回转体为主，如活塞杆1、缸筒5、活塞8等零件的主要结构均为回转体，而前盖和后盖的的功能相同，其结构形状也类似，仅有局部结构不同而已。

现以前盖为例介绍分析其零件的方法。装配图中主视图、左视图和 *C* 向、*B* 向局部视图均用于表达前盖上的结构，根据前盖的作用和与其他零件的装配关系可以看出，前盖的主要形状为上圆下方，左右各有一个圆柱凸台，中间为通孔，左下方前后各有一个安装底板，底板上开有用于安装固定的半圆头长槽，形状如 *C* 向局部视图所示；该零件前上方有一个气体通路，与外连接采用管螺纹，其外部有一个凸起结构，形状如图中 *B* 向局部视图。构思前盖的轴测图，如图10-20所示。

5）归纳总结

汽缸装配图有5处配合尺寸，活塞的有效行程为36，总长尺寸为160，装配轴线与安装基础的相对位置尺寸为43，汽缸的安装尺寸及螺纹规格均很清楚。汽缸的拆卸顺序为：先拆前盖，抽出活塞和活塞杆，再拆卸活塞和后盖；安装顺序与之相反。汽缸的使用检验等详见技术要求，不再赘述。

综上所述，读懂了汽缸的装配图，为拆画零件图打下良好基础。

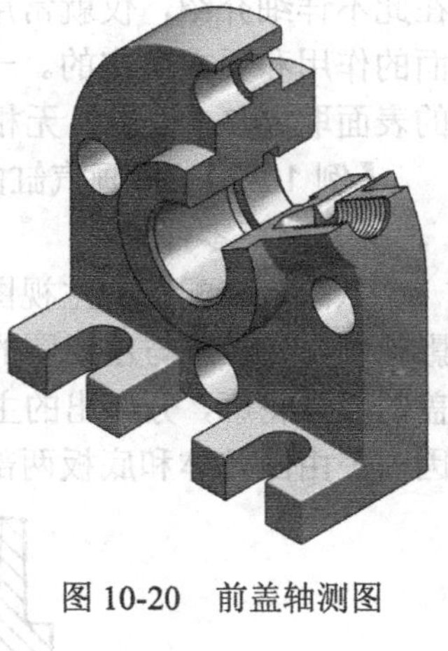

图10-20 前盖轴测图

## 10.7 由装配图拆画零件图

机械产品的设计过程一般是根据工作原理画出装配草图，然后整理成装配图，再由装配图拆画出各非标准件的零件图。因此，拆画零件图是工程技术人员必须掌握的技能之一。

由装配图拆画零件图的一般方法和步骤如下所述。

### 10.7.1 分离零件

在看懂装配图的前提下，利用零件的编号、剖面线的方向和间距等信息，从装配图上隔离出所拆画零件的投影轮廓，再对未表达清楚的部分根据零件的作用想象零件的结构形状，补全零件的投影轮廓。具体方法可参考本章“分析零件”的相关内容。

### 10.7.2 选择零件表达方案

根据零件的结构形状、工作位置和加工位置重新选择视图，可参考装配图的表达方案，但不能简单地照抄装配图的表达方法。一般情况下，箱体类零件的主视图可与装配图一致，以利于对照安装，而其他类零件的表达方法均按照前面零件图章节的相关内容来确定。

### 10.7.3 还原零件工艺结构

零件上的某些工艺结构在装配图中常省略不画。拆画零件图时，应结合设计和加工装配工艺的要求，补画出这些结构；装配图中被挡住的结构和图线也一并还原。

### 10.7.4 标注完整尺寸

拆画的零件图应标注全部尺寸，并注意以下几点：凡是在装配图上已给出的配合尺寸，在零件图中可以直接注出；某些设计时通过计算得到的尺寸（如齿轮啮合中心距），以及通过查阅标准手册而确定的尺寸（如键槽、退刀槽的尺寸），应按计算所得数据或查表确定的标准值标注，不得圆整；零件上的一般结构尺寸可按比例从装配图中量取，并进行适当圆整。

### 10.7.5 编写技术要求

标注尺寸公差、形位公差、表面质量等技术要求，正确制订技术要求涉及许多专业知识，在此不详细介绍，仅就常用的表面粗糙度的选取进行简单说明。零件表面粗糙度是根据零件表面的作用和要求确定的。一般来说，与轴承配合的表面取 *Ra*1.6 以上；有配合要求的相对运动的表面取 *Ra*3.2 以上；无相对运动的接触表面取 *Ra*6.3；非接触表面取 *Ra*6.3 以下。

**【例 10-2】** 拆画汽缸的前盖零件图，汽缸装配图如图 10-19 所示。

1）分离零件

从汽缸装配图的主视图中，根据剖面线的方向和相邻零件的装配关系分离出表达前盖的投影轮廓，并注意与左视图的投影关系；在左视图中拆去螺钉 12 和活塞杆 1，剩下的部分就是前盖的投影轮廓，分离出的主视图和左视图，如图 10-21 所示。分离出的主视图并非完整的图形，因前盖由回转体和底板两部分组成，据此补画出回转体部分所缺的图线。

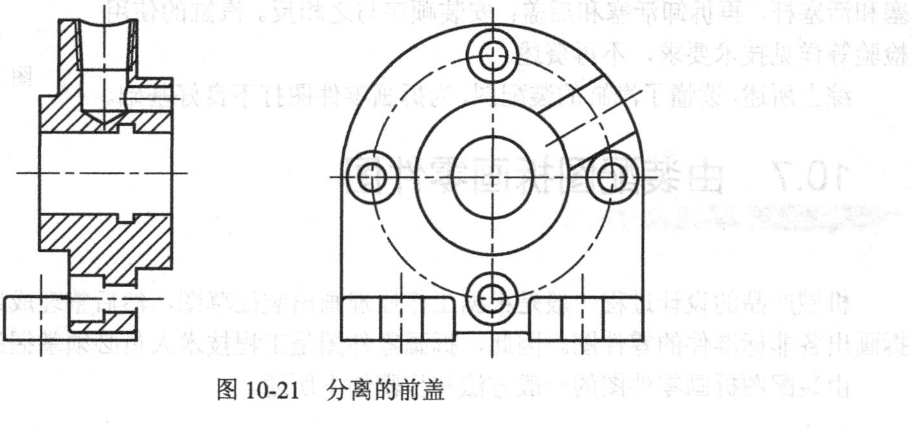

图 10-21 分离的前盖

2）选择零件表达方案

前盖属于轮盘类零件，也具有箱体类零件的某些特征，据此选取主、左两个基本视图；对于局部结构，采用 *B* 向斜视图和 *C* 向局部视图表达，即与原装配图的表达方案一致。

3）还原工艺结构

因前盖为铸造零件，应补画出装配图上省略的工艺结构，如圆角、倒角等。

4）标注完整尺寸

选取底面为高度方向尺寸基准，标注相对位置尺寸 43，回转体部分以中间通孔的轴线为基准标注各径向尺寸，前后对称面为宽度方向基准，长度方向基准选取与缸筒 5 连接的表面。其余尺寸按照正确、完整、清晰、合理的要求进行标注。

5）标注表面粗糙度和技术要求、填写标题栏

表面粗糙度和技术要求的内容参见零件图的相关内容，最后填写标题栏。

经检查确认无误后，形成完整的前盖零件图，如图 10-22 所示。

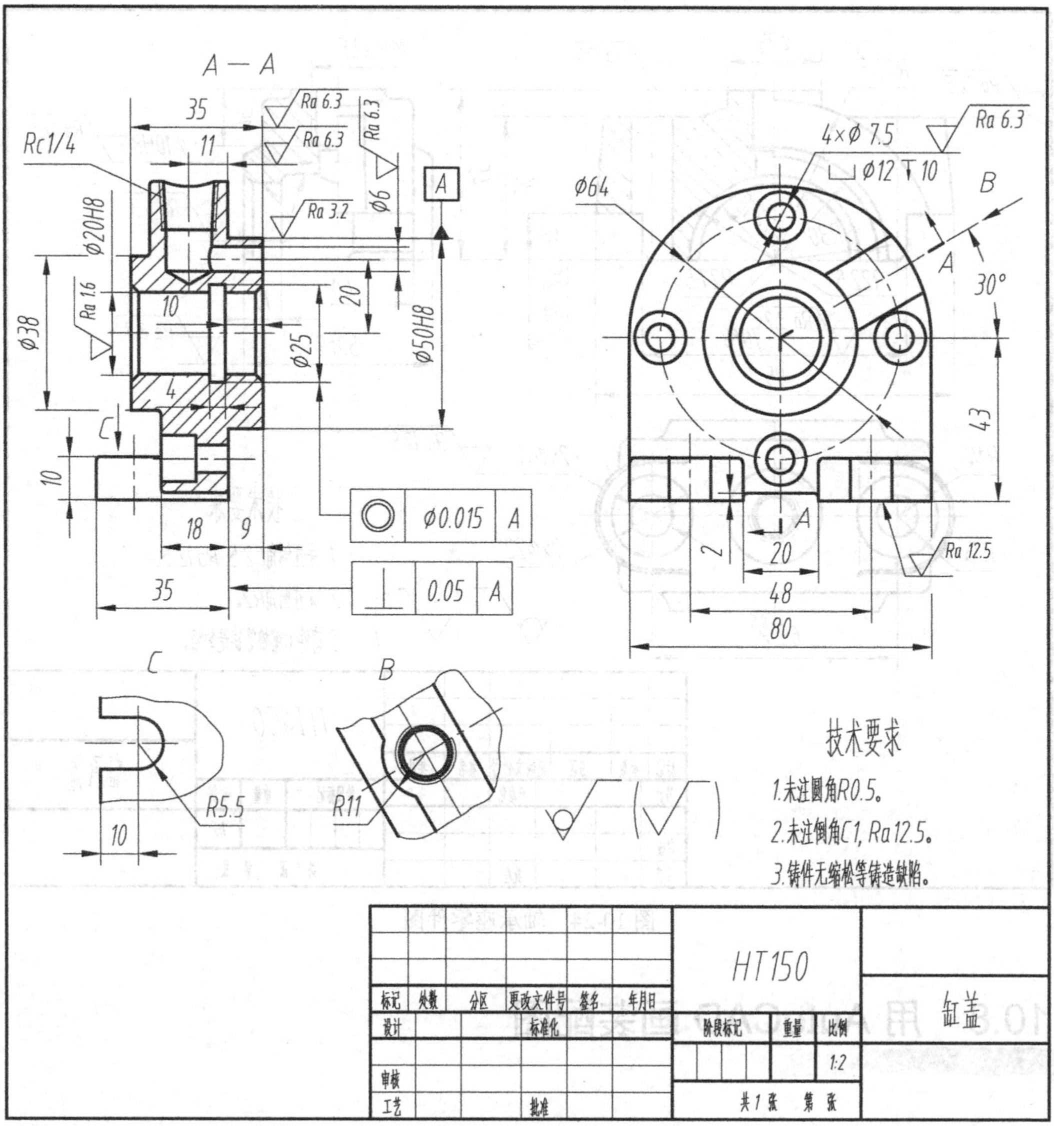


图 10-22 前盖零件图

滑动轴承装配图中轴承盖的轴测剖视图和零件图，如图 10-23、图 10-24 所示，具体拆画过程不再赘述。

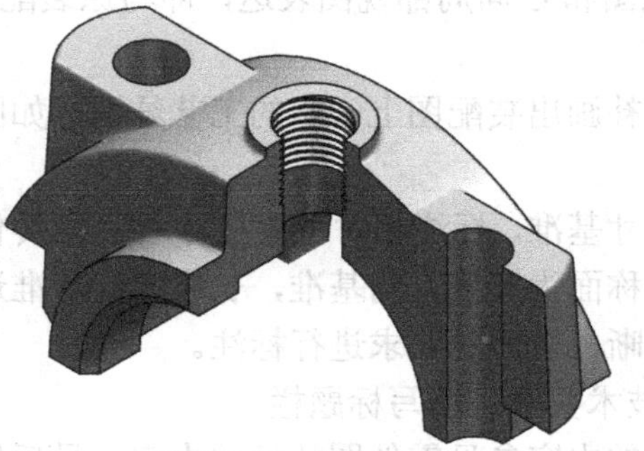

图 10-23 轴承盖的轴测剖视图

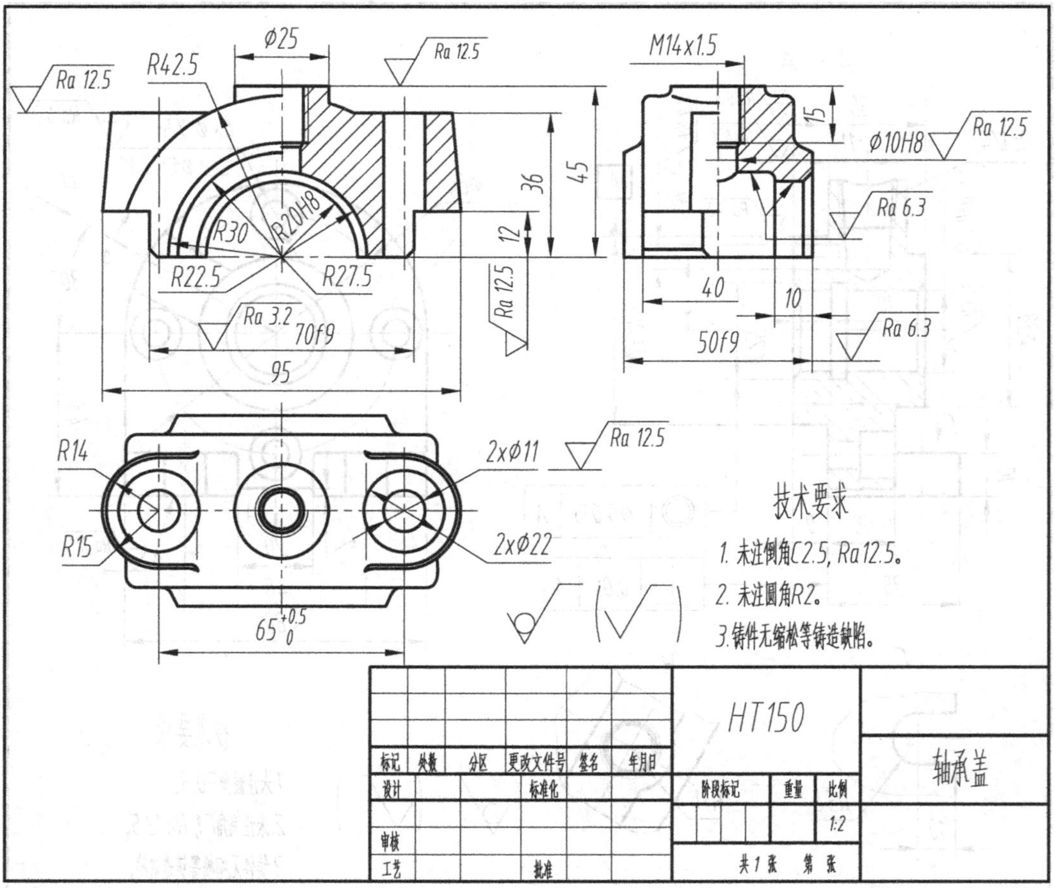


图 10-24 轴承座零件图

## 10.8 用 AutoCAD 画装配图

在实际工作中，根据设计过程的不同，利用 AutoCAD 绘制装配图可以通过两种方法。

### 1．利用零件图绘制装配图

当绘制好一台机器或一个部件的零件图后，利用 AutoCAD 可以很方便地将它们拼画成装配图。此时，可以利用已经绘制好的零件图将其中的标准件和主要零件用 WBLOCK 命令生成通用的图块，然后依据零件之间的装配连接关系，在装配干线上将图块文件用 INSERT 命令或“设计中心”依次插入。对于标准件，在制作图块时，要考虑到不同规格的同类标准件其大小是不同的。为了在插入时比较容易地确定块的缩放比例，一般将其制作成单位块。在制作图块时为了保证零件之间定位准确，要选择合适的基准点。插入时的插入点也应仔细考虑。插入后为了满足装配图的要求，可利用 EXPLODE 命令将图块进行分解后，再进行编辑修改。

此外，还可以利用 AutoCAD 的剪贴板的功能。操作过程为：

（1）打开需要插入的 AutoCAD 零件图，执行“COPYCLIP（复制）”或“COPYBASE（带基点复制）”命令，系统提示选择对象时，选择需要插入的图形，此时对象被复制到剪贴板中。

（2）打开 AutoCAD 的装配图，执行“PASTECLIP（粘贴）”命令，指定插入点后图形从剪贴板插入到当前图形中。

### 2．直接绘制法

上述方法是在已有零件图的基础上采用的，但通常的做法是先绘制装配图，此时，只能根据图形的特点利用 AutoCAD 的功能逐步绘制。

## 10.8.1 图形样板的制作和使用

使用图形样板创建新的图形可以节省相当多的时间，加快设计进度，并且保证了在整个图形设计中的一致性。图形样板可以包含诸如单位类型和精度、工具设置和系统配置、图层组织、标题栏、边框和徽标、标注样式、文字样式、线型和线宽、打印样式等。默认情况下，图形样板文件存储在 AutoCAD 的 template 文件夹中，扩展名为.dwt。为了便于图形设计，AutoCAD 自带了部分模板，运行 AutoCAD 后，单击“标准”工具栏中的“新建”按钮，打开“选择样板”对话框，在“名称”框内选择相应的样板文件打开即可。其中，带有 ANSI、DIN、GB、ISO、JIS 的是基于美国国家标准机构、德国标准化组织、我国国家标准、国际标准化组织及日本工业标准开发的绘图标准模板。然而，用户可以建立满足自己的标准和要求的一个或多个图形样板文件。手工绘图不同，创建图形之前不必设置比例。即使最终以指定比例打印到图纸上，用户仍以 1∶1 比例创建模型。

使用扩展名为.dwt 的文件保存图形，可以创建图形样板文件。规划图形单位和比例与手工绘图不同，创建图形之前不必设置比例。即使最终以指定比例打印到图纸上，用户仍以 1∶1 比例创建模型。但是，在创建图形之前，必须先决定使用哪种图形单位。

### 1．图形样板的制作

AutoCAD 虽然自带了我国国家标准的模板，但比较简单，包含的信息太少，不能完全满足图形设计的需要，实际操作时，往往需要用户自己定制。现以创建一个符合国家 CAD 工程制图规则的 A3 图形样板为例，介绍创建样板文件的方法。

1）创建新图

选择“文件”→“新建”命令，在随后弹出的“选择样板”对话框中双击 acadiso.dwt 文件，即以公制单位开始建立样板。

2）设置图形单位和显示精度

选择“格式”→“单位”命令，在随后弹出的“图形单位”对话框中，在长度区域中“类型”下拉列表框内选“小数”，“精度”下拉列表框中选“0.00”；在角度区域中“类型”为“十进制”，“精度”为“0”，其余取默认设置。

设置图形的显示精度。

命令：VIEWRES
是否需要快速缩放？[是(Y)/否(N)] <Y>:↙
输入缩放百分比(1–20000) <1000>: 10000↙

3）设置图形界限

使用 LIMITS 命令设置图幅为 420×297。

命令：LIMITS
重新设置模型空间界限：
指定左下角点或[开(ON)/关(OFF)] <0.00, 0.00>:↙
指定右上角点<420.00, 297.00>:↙

4）使图形范围充满屏幕

命令：ZOOM↙
指定窗口角点，输入比例因子（nX 或 nXP），或
[全部(A)/中心点(C)/动态(D)/范围(E)/上一个(P)/比例(S)/窗口(W)] <实时>: A↙

5）捕捉、极轴、追踪等设置

对捕捉、栅格、极轴、追踪等不进行设置，即取 AutoCAD 启动时的默认设置。

6）文本样式的设置

国家标准规定，CAD 工程图中所用的字体应为长仿宋矢量字体（HZCF.*），但技术文件中的标题、封面等可以采用其他矢量字体，如 HZFS.*、HZST.*等，字体的选用范围见表 10-4。字体高度即字体的号数与图纸幅面之间的大小关系按表 10-5 选取。当汉字与字母、数字混排时，按汉字选取。AutoCAD 中文版可以满足以上标准要求。

**表 10-4　字体选用范围**

| 汉字字型 | 国家标准号 | 文件名 | 应用范围 |
|---|---|---|---|
| 长仿宋体 | GB/T 13362.4～13362.5—1992 | HZCF.* | 图中标注及说明的汉字、标题栏、明细栏等 |
| 单线宋体 | GB/T 13844—1992 | HZDX.* | 大标题、小标题、图册封面、目录清单、标题栏中设计单位名称、图样名称、工程名称等 |
| 宋体 | GB/T 13845—1992 | HZST.* | |
| 仿宋体 | GB/T 13846—1992 | HZFS.* | |
| 楷体 | GB/T 13847—1992 | HZKT.* | |
| 黑体 | GB/T 13848—1992 | HZHT.* | |

注：表中字体在 AutoCAD 中文版中没有的，可到 Autodesk 公司网站下载。

**表 10-5　字体高度与图纸幅面的大小关系**

| 图幅<br>字体 | A0 | A1 | A2 | A3 | A4 |
|---|---|---|---|---|---|
| 汉字 | 7 | 7 | 5 | 5 | 5 |
| 字母与数字 | 5 | 5 | 3.5 | 3.5 | 3.5 |

对于较简单的样板，可直接将“STANDARD”样式中的英文字体用“gbenor.shx”或

“gbeitc.shx”。中文大字体用“gbcbig.shx”，根据需要可新建“仿宋体”样式，采用 Windows 的字体“仿宋-GB2312”并将字体宽度比例设为 0.7。

7）图层的设置

工程 CAD 制图中使用的图线，一般应按表 10-6 中要求进行设置。图线宽度 3*、4*组为优先选用组，一般 A0、A1 幅面采用第 3 组，A2、A3、A4、A5 幅面采用第 4 组。

**表 10-6 计算机屏幕上的线型、线宽、颜色**

| 图线名称 | 图线型式和代号 | 图线宽度 | | | | | 屏幕上显示的颜色 |
|---|---|---|---|---|---|---|---|
| | | 1 | 2 | 3* | 4* | 5 | |
| 粗实线 | ———— A | 2.0 | 1.4 | 1.0 | 0.7 | 0.5 | 绿色 |
| 细实线 | ———— B | 1.0 | 0.7 | 0.5 | 0.35 | 0.25 | 白色 |
| 波浪线 | ～～～ C | 1.0 | 0.7 | 0.5 | 0.35 | 0.25 | 白色 |
| 虚线 | - - - - - - F | 1.0 | 0.7 | 0.5 | 0.35 | 0.25 | 黄色 |
| 细点画线 | ——·——·—— G | 1.0 | 0.7 | 0.5 | 0.35 | 0.25 | 红色 |
| 粗点画线 | ——·——·—— J | 2.0 | 1.4 | 1.0 | 0.7 | 0.5 | 棕色 |
| 双点画线 | ——··——··—— K | 1.0 | 0.7 | 0.5 | 0.35 | 0.25 | 粉红 |

AutoCAD 中，线型是通过线型文件来实现的。线型文件也称为线型库，用来存放系统或用户定义的线型。AutoCAD 提供了丰富的线型，这些线型存放在文本文件 acad.lin 和 acadiso.lin 中，根据需要可从中选择所需的线型，但一般不符合国家标准，因此需要自定义线型。国家标准规定每一种线型结构均由图线的宽度决定，由图线的组别可以看出，第 4 组为优先采用组。那么，最常用的细实线、虚线、点画线、双点画线等的线宽为 0.35 mm，在此只提供 A3 幅面线宽为 0.35 mm 的各种线型的定义法，作为读者编写一般和特殊线型文件的参考。上述几种图线的线型文件的定义如下。

打开 acadiso.lin 文件，在其中添加以下内容：

```
*国标 A3 虚线，虚线 _ _ _ _ _ _ _ _ _ _ _ _ _ _
A, 4.2, –1.05
*国标 A3 点画线，点画线 ____ _ ____ _ ____ _ ____
A, 8.4, –1.05, 0.175, –1.05
*国标 A3 双点画线，双点画线____ _ _ ____ _ _ ____
A, 8.4, –1.05, 0.175, –1.05，0.175, –1.05
```

根据以上国家标准的规定并结合 AutoCAD 软件的特点和绘图需要，建立表 10-7 所示图层。

**表 10-7 图层设置**

| 图层名称 | 线型 | 颜色 | 线宽 | 用途 |
|---|---|---|---|---|
| 粗实线 | Continous | 绿色 | 0.7 | 绘制粗实线 |
| 细实线 | Continous | 白色 | 0.35 | 绘制细实线 |
| 细点画线 | 国标 A3 点画线 | 红色 | 0.35 | 绘制细点画线 |
| 虚线 | 国标 A3 虚线 | 黄色 | 0.35 | 绘制虚线 |
| 粗点画线 | 国标 A3 点画线 | 棕色 | 0.7 | 绘制粗点画线 |
| 双点画线 | 国标 A3 双点画线 | 粉红 | 0.35 | 绘制双点画线 |
| 剖面线 | Continous | 橙色 | 0.35 | 绘制剖面线 |
| 尺寸 | Continous | 青色 | 0.35 | 标注尺寸 |
| 文本 | Continous | 蓝色 | 0.35 | 注写文本 |
| 视口边框 | Continous | 白色 | 0.35 | 绘制视口边框 |

对于较简单的样板，表 10-7 中的虚线、点画线可直接用 AutoCAD 自带的 ACAD-ISO 线型代替。

8）尺寸标注样式的设置

尺寸标注在 CAD 绘图的过程中占有重要地位。AutoCAD 所提供的尺寸标注功能虽然十分强大，但默认的标注样式不符合国家标准，为此需要创建线性、直径和半径尺寸标注样式，创建“角度标注”样式，创建引线和公差标注样式，共计三种标注样式。

9）标题栏和图框的设置

绘制图框、标题栏，添写汉字。为了便于不同的设计者使用此模板，将不同设计者需要添加的内容如材料标记、单位名称、图样名称等文字定义属性。

10）创建粗糙度符号块

定义比较常用的表面粗糙度符号带属性的单位块。

11）创建位置公差基准符号块

定义比较常用的位置公差基准带属性的单位块。

12）创建标题栏块

为了便于生成其他幅面的模板，可将标题栏定义成属性块。

13）创建图框–标题栏块

为了便于生成其他幅面的模板，也可将图框、标题栏定义成一个整块。

14）零件编号及明细栏的绘制

定义零件序号为属性块，将明细栏下面的表头定义成没有属性的一般块，上面的表行定义成属性块。

15）创建布局

为了满足不同的设计绘图习惯，可以创建布局，方便注释和打印出图。

16）保存

单击菜单“文件”→“另存为”，在弹出的“图形另存为”对话框中输入文件名“国标 A3 横放”，文件类型选 AutoCAD 图形样板文件（*.dwt），目录取默认设置，也可指定自己的目录，单击“确定”，在弹出的样板说明中输入相关说明，然后单击“确定”按钮结束。为了满足不同的设计绘图习惯，也可将此模板另存为 AutoCAD 图形文件，文件名也可取为“国标 A3 横放”。

**2．图形样板的使用**

建立新图档时，在“选择样本文件”对话框中选择以上创建样板文件即可，对于样板中已有的各种样式、图块，可直接调用，对特殊没有的可临时绘制，也可不断扩充完善原样板，使其满足实际设计需要。国家标准规定工程图纸优先采用 1∶1 比例绘制，以利于读图和空间思维，在 AutoCAD 中也始终在模型空间以 1∶1 比例绘制模型。若以 1∶1 比例打印出图，则即可在模型空间标注注释，也可在图纸空间标注注释；若以非 1∶1 比例出图或图形比例不一致，如有局部放大图等，则在图纸空间进行视口布置和标注注释更方便，因为在图纸空间的布局上创建的关联标注和文字与底层的模型联系在一起，对模型进行修改将自动更新标注值，并且文字高度不会改变。

### 10.8.2 用已有的零件图拼绘装配图

前面介绍了装配图的一些基本内容及其绘制方法，但是在 AutoCAD 中完成一张完整的装配图还必须有一个实践的过程，本节以图 10-25 千斤顶装配图为例介绍其绘制步骤。

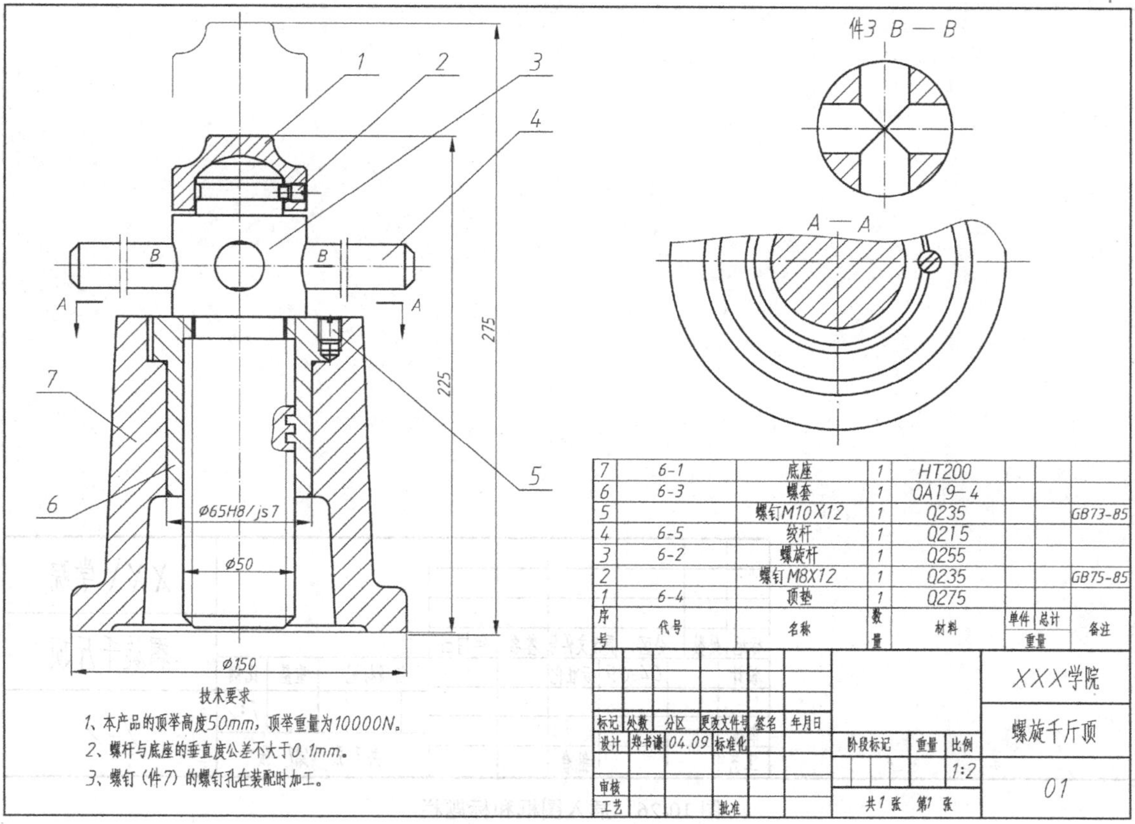


图 10-25　千斤顶装配图

千斤顶是利用螺旋传动来顶举重物，是汽车修理和机械安装中常用的一种起重或顶压工具，但顶举的高度不能太大。工作时绞杠穿在螺旋杆顶部的孔中，旋动绞杠，螺旋杆在螺套中靠螺纹做上下移动，顶垫上的重物靠螺旋杆的上升而顶起。螺套镶在底座里，并用螺钉定位，磨损后便于更换修配。螺旋杆的球面形顶部，套一个顶垫，靠螺钉与螺旋杆连接而不固定，防止顶垫脱落。千斤顶的主要零件有底座、螺套、螺旋杆、顶垫、绞杠、螺钉等七种零件。绘制装配图时，对于图形的插入，本例利用 AutoCAD 的剪贴板功能。需要注意的是，由于装配图中的尺寸标注与零件图不同，所以在操作时应将尺寸层关闭。本例采用 A3 幅面图纸，比例取 1∶1，可直接在模型空间绘制。

**1．新建图形**

单击标准工具栏上的“新建”按钮，在弹出的“选择样本文件”对话框中选择 10.8.1 节制作的相应样板文件，并单击“打开”按钮，进入 AutoCAD 模型空间。

**2．绘制图框线和标题栏**

单击主菜单上的“插入”→“块”，在弹出的“插入”对话框的“名称”下拉列表中选择样板中的图框或标题栏块，并填写属性。插入结果如图 10-26 所示。

**3．保存文件**

单击“标准”工具栏上的“保存”按钮，将该图形存盘为“千斤顶装配图.dwg”。

**4．将底座图形插入到装配图中**

1）打开底座的零件图

单击“标准”工具栏上的“打开”按钮，打开底座的零件图，结果如图 10-27 所示。

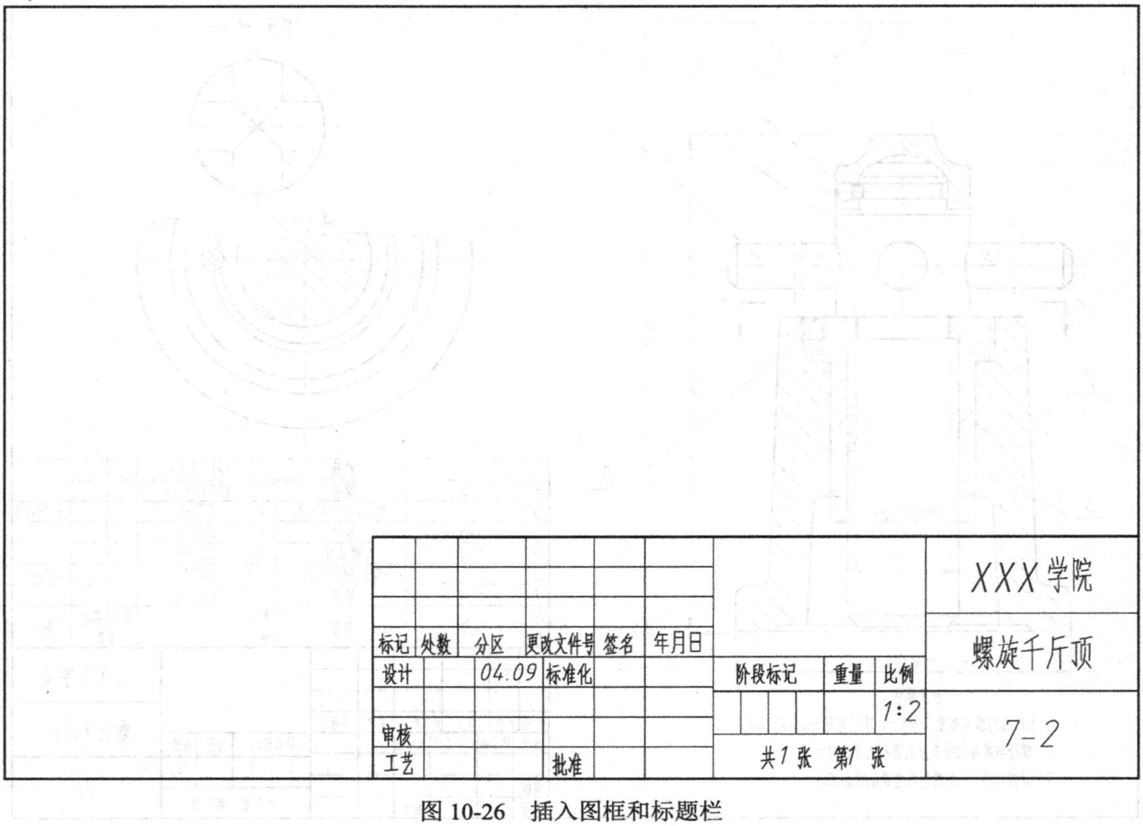


图 10-26 插入图框和标题栏

图 10-27 底座零件图

2）关闭尺寸、文本等图层

单击“图层”工具栏上的“图层特性管理器”按钮，将尺寸、文本、基准线等有关图层关闭。结果如图 10-28 所示。

图 10-28　关闭有关图层

3）将有关图形复制到剪贴板

装配图中用到了底座零件的两个视图，故应将两个图形都复制到剪贴板中。

单击主菜单上的“编辑”→“复制”命令，即执行 COPYCLIP（复制）命令。

命令：COPYCLIP↙
选择对象：（窗选两个视图）
选择对象：↙（结束选择）

图 10-28 中的两个视图被复制到了剪贴板上。

4）打开千斤顶装配图

单击“标准”工具栏上的“打开”按钮，打开“千斤顶装配图.dwg”。若已经打开，应将其成为活动窗口。

5）粘贴图形

选择主菜单上的“编辑”→“粘贴”命令，即执行 PASTECLIP（粘贴）命令。

命令：PASTECLIP↙
指定插入点：（在屏幕上的合适位置拾取一点）

这样，AutoCAD 将底座零件的有关图形复制到了“千斤顶装配图.dwg”中。结果如图 10-29 所示。

图 10-29　插入底座图形后

## 5．将螺套图形插入到装配图中

打开图 10-30 所示的螺套零件图，以同样的方法将螺套图形复制到装配图中，结果如图 10-31 所示。

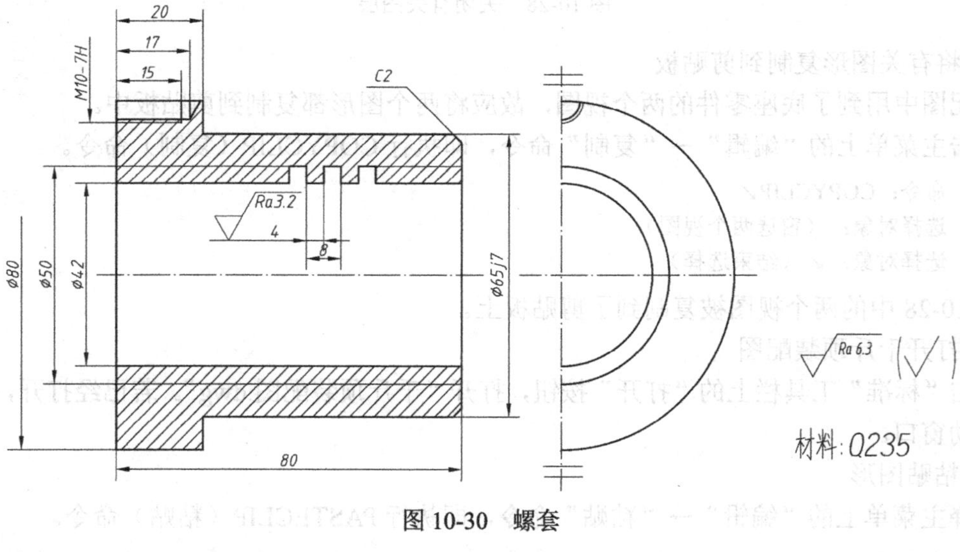


图 10-30　螺套

利用旋转命令再将螺套旋转，使其轴线处于铅垂方向，并保证大端在上。再用移动命令将螺套移动到指定的位置。

命令：MOVE↙
选择对象：（选择螺套的剖视图）
选择对象：↙

指定基点或位移：（捕捉螺套台阶中点处P1为基点）

指定位移的第二点或<用第一点作位移>:（捕捉底座剖视图内孔台阶中点处P2为插入点）

结果如图10-32所示。

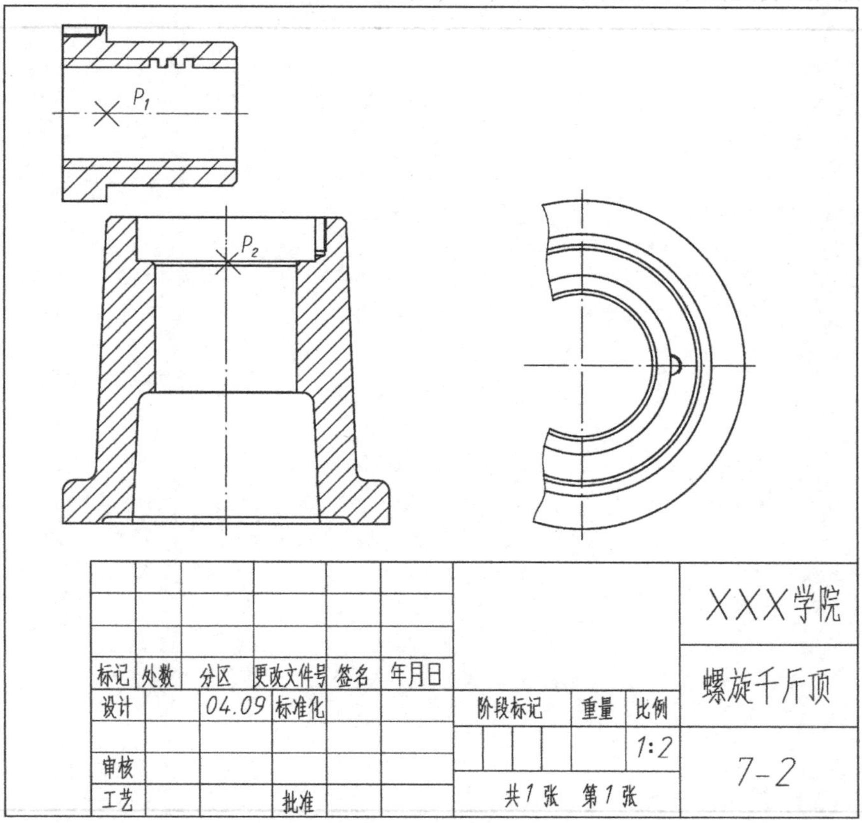


图10-31 插入螺套图形后

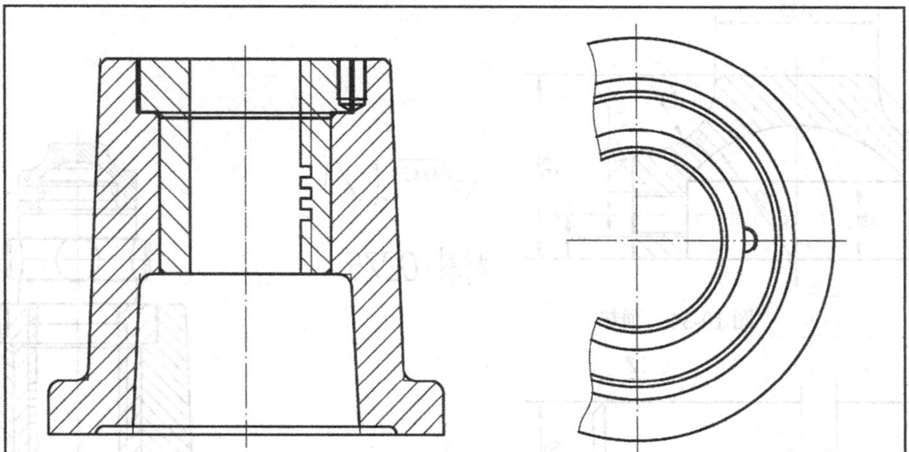

图10-32 螺套插入底座后

### 6．将螺旋杆、顶垫、绞杠图形插入到装配图中

打开图 10-33 所示的螺旋杆、图 10-34 所示的顶垫、图 10-35 所示的绞杠图形，以同样的方法将它们插入到装配图中，结果如图 10-36 所示。

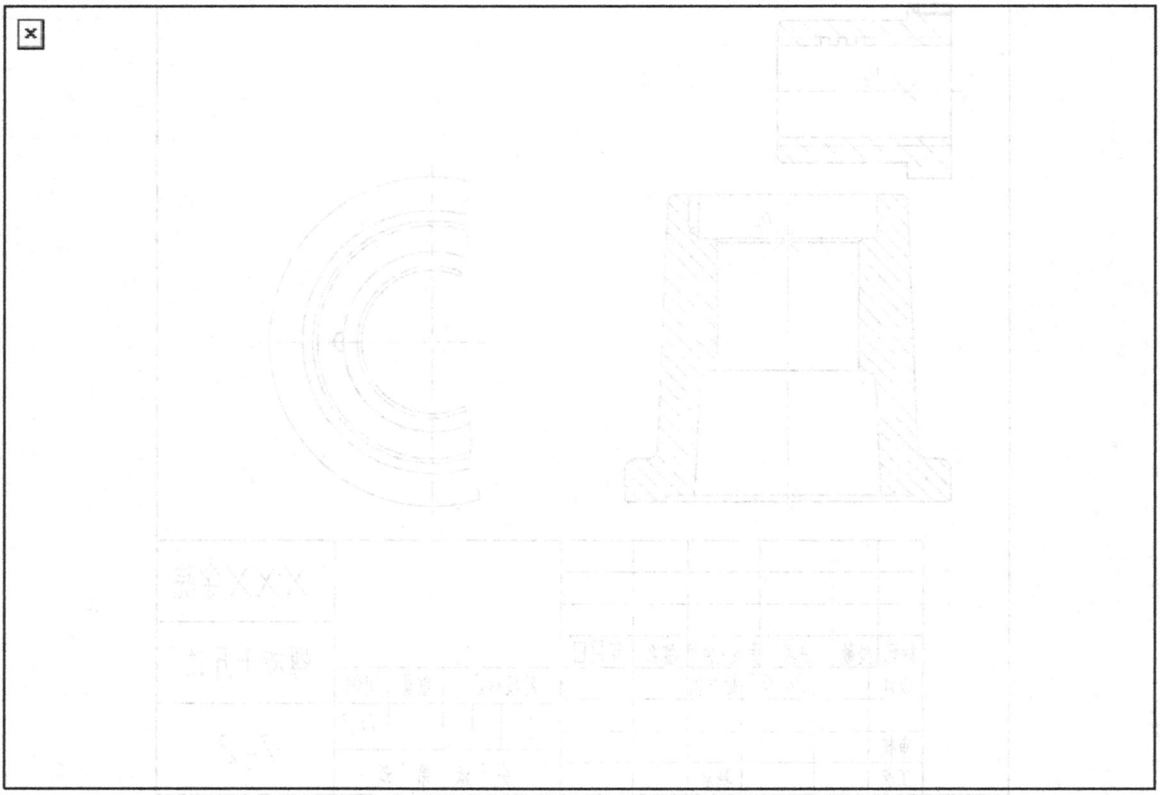

图 10-33　螺旋杆

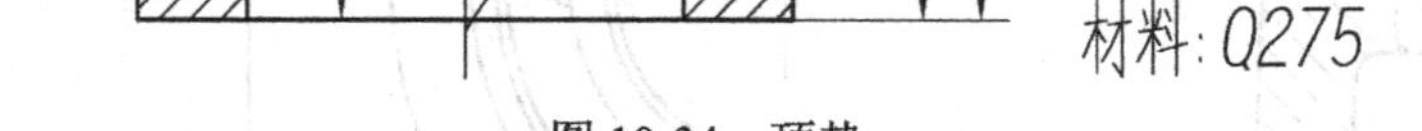


图 10-34　顶垫

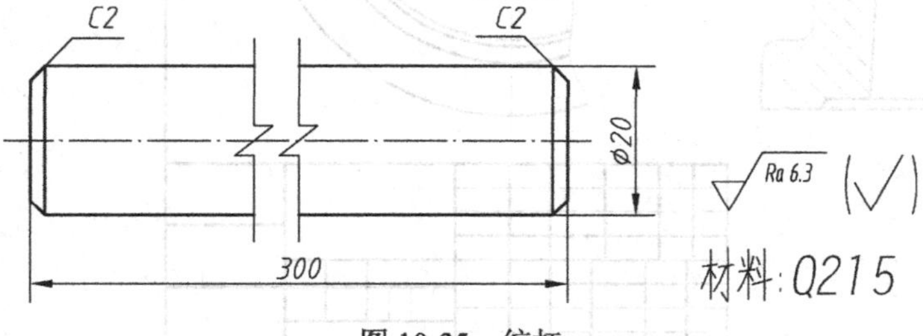


图 10-35　绞杠

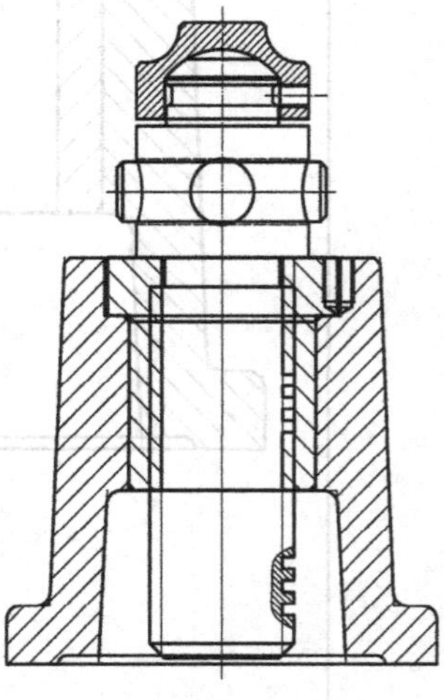

图 10-36　插入螺旋杆、绞杆、顶垫后

### 7. 插入螺钉 GB 73—1985-M10×12

首先按照图 10-37 所示的尺寸绘制螺钉单位块的图形，然后用 WBLOCK 命令将其定义成外部块“平端紧定螺钉.dwg”。在命令行执行 WBLOCK 命令后，在弹出的对话框中，选中“对象”单选按钮，单击“基点”按钮，返回屏幕，用光标捕捉左端面的中心点，返回对话框，单击“选择对象”按钮，返回屏幕，用光标窗选螺钉单位块图形后返回对话框，图块文件名为“平端紧定螺钉.dwg”，单击“确定”后完成外部块的定义。

打开“千斤顶装配图.dwg ”，单击主菜单“插入”→“块”。螺钉 M10×12 的公称直径为 10，故插入块时 *X* 与 *Y* 方向的放大比例都是“10”，旋转角度为“-90”。为了保证螺钉的总长为 12，插入后必须用拉伸命令 STRETCH 将螺钉拉长至 12。

采用上述两个步骤定义并插入螺钉 GB 75—1985-M8×12。将主视图中多余的图线进行删除或修剪，根据装配图中剖面线的规定画法对其重新绘制，结果如图 10-38 所示。

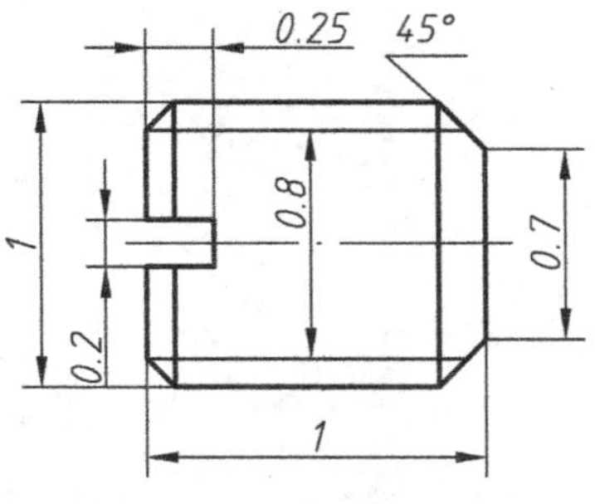


图 10-37 螺钉单位块尺寸

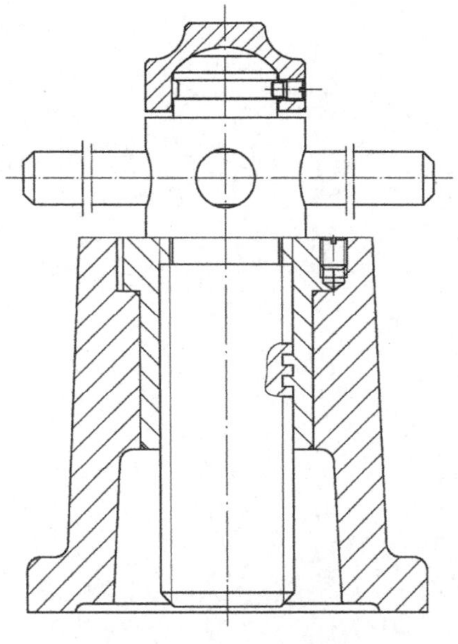

图 10-38 插入螺钉后

### 8. 绘制主视图最上方的双点画线

将双点画线层置为当前层，再用 COPY 命令绘制最上方的轮廓线。此时，双点画线显示为连续线，为此可双击图线，将“线型比例”设置为“0.5”，结果如图 10-39 所示。

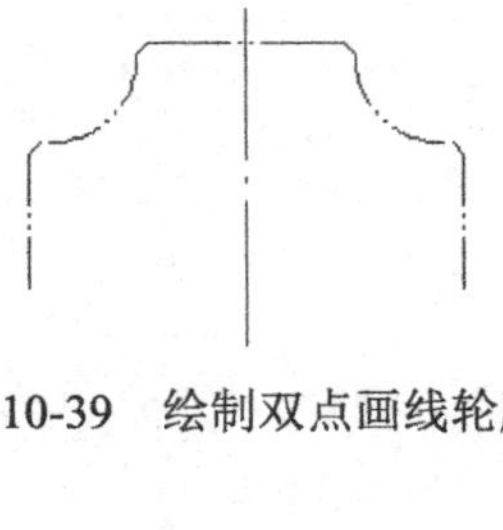

图 10-39 绘制双点画线轮廓

### 9. 绘制 *A* —*A* 剖视图

将最右侧的图形利用删除命令将多余的去掉，再利用绘制好的主视图的相关尺寸绘制有关轮廓。

### 10. 绘制 *B* —*B* 剖视图

利用镜像 MIRROR 命令绘制出螺旋杆剖面图的另外一半，再根据主视图中螺旋杆剖面线的方向和间距绘制剖面线。

### 11．绘制剖切符号、标注尺寸

用 PLINE 命令绘制剖切符号，表示投影方向的箭头可用尺寸标注中的引线标注功能，标注尺寸$\phi$50、$\phi$65H8/js7、$\phi$150、225、275。如果已经标注的尺寸不符合要求，可以双击尺寸后在弹出的“特性”对话框中进行编辑。

### 12．零件编号、填写技术要求

可将零件的序号定义成块后插入，序号较少时也可直接绘制，使用多行文字书写技术要求。

### 13．插入明细栏及明细栏表头

使用插入块命令插入明细栏及明细栏表头，同时填写其属性。

最后，检查整个图形，确认无误后将图形保存即可，至此完成了装配图。

# 第11章 其他工程图样简介

**教学目标**

了解焊接图、展开图和电气线路图基本知识，掌握焊接图、展开图和电气线路图基本画法。

**教学要求**

| 能力目标 | 知识要点 | 相关知识 | 权重 | 自测等级 |
|---|---|---|---|---|
| 掌握焊接图、展开图和电气线路图基本画法 | 焊接图和焊接符号 | 焊接的基本知识、焊缝符号及其标注方法 | ☆ | |
| | 展开图的画法 | 平面立体的表面展开、可展曲面的展开 | ☆ | |
| | 电气线路图的基本知识及其画法 | 电气线路图的分类、内容和常见符号，电气线路图的绘图规则和常见表达方法 | ☆ | |

**提出问题**

工程上，除了前面章节所介绍的图样外，还有其他的工程图样。例如，焊接图、展开图、电气原理图等。

如图 11-1 所示，就是一张焊接图。从图中可以看到，既有属于零件图特有的内容，如表面粗糙度符号，又有属于装配图特有的内容，如零件明细栏，还有一些目前我们还不知道的内容。为什么焊接图具有这些内容？其中的未知符号是什么含义？诸如此类的问题还涉及展开图和电气线路图。通过本章的学习，将解决这些疑问。

## 11.1 焊接图

### 11.1.1 焊接的基本知识

焊接是将需要连接的金属零件在连接处通过局部加热或加压使其连接起来。焊接是一种不可拆连接。焊接具有施工简单、连接可靠等优点，其应用十分广泛。

焊接图是供焊接加工时所用的图样，除了把焊接件的结构表达清楚以外，还必须把焊接的有关内容表示清楚，如焊接接头形式、焊缝形式、焊缝尺寸、焊接方法等。

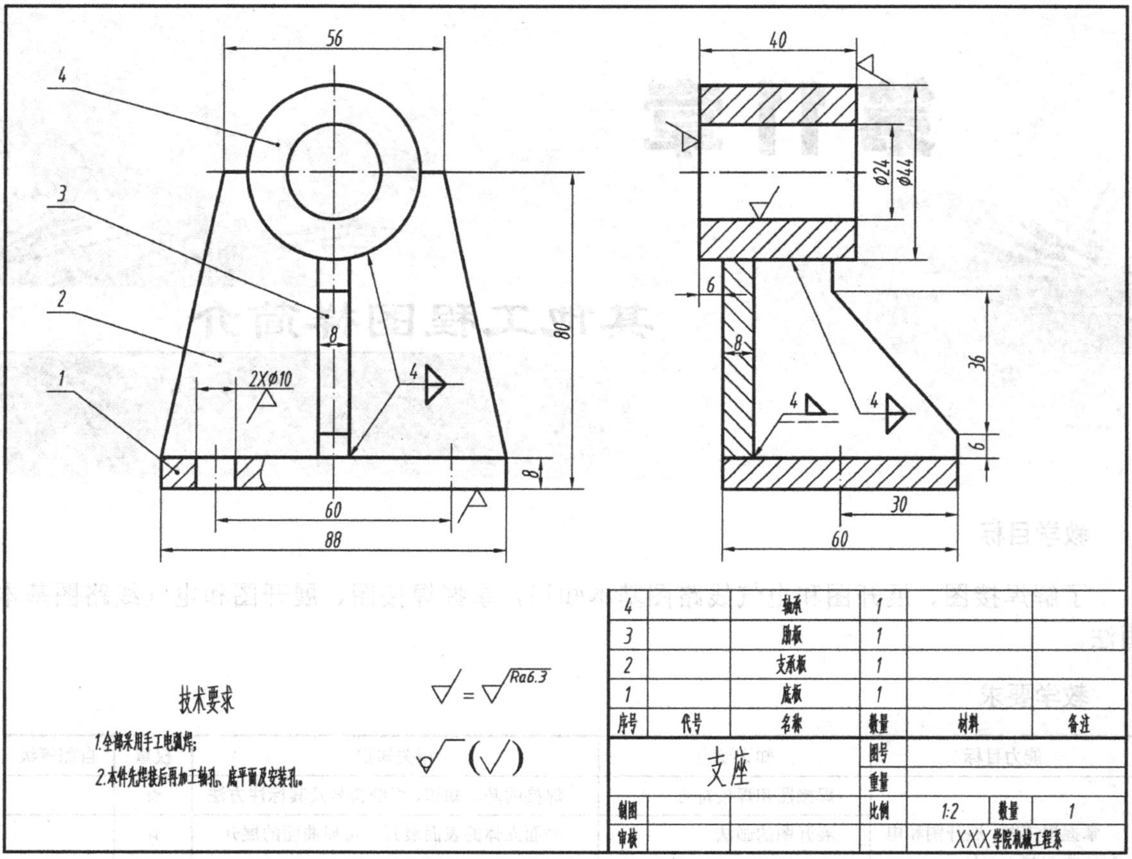


图 11-1　支座焊接图

## 1. 焊接的种类和规定画法

常见的焊接接头有对接、T 形接、角接和搭接等四种，如图 11-2 所示。

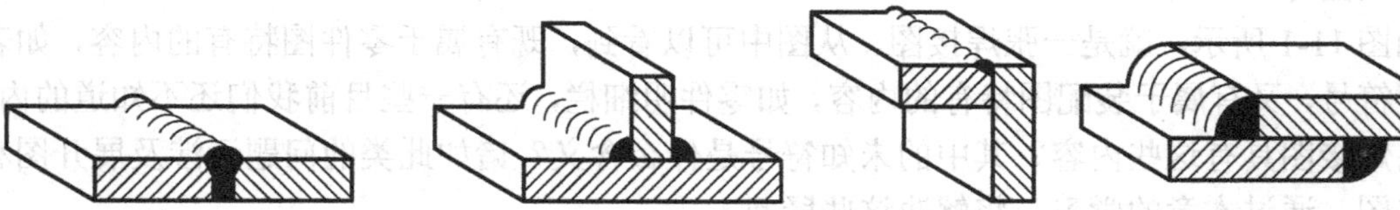

(a) 对接　(b) T 形接　(c) 角接　(d) 搭接

图 11-2　常用焊接的接头形式

工件经焊接后所形成的接缝称为焊缝。在技术图样中，一般按表 11-1 中的焊缝符号表示焊缝。如需在图样中简易地绘制焊缝，可用视图、剖视图或断面图表示，也可用轴测图示意地表示。焊缝的规定画法，如图 11-3 所示。

## 2. 焊缝符号

焊缝符号一般由基本符号与指引线组成，必要时还可以加上辅助符号、补充符号和焊缝尺寸符号。

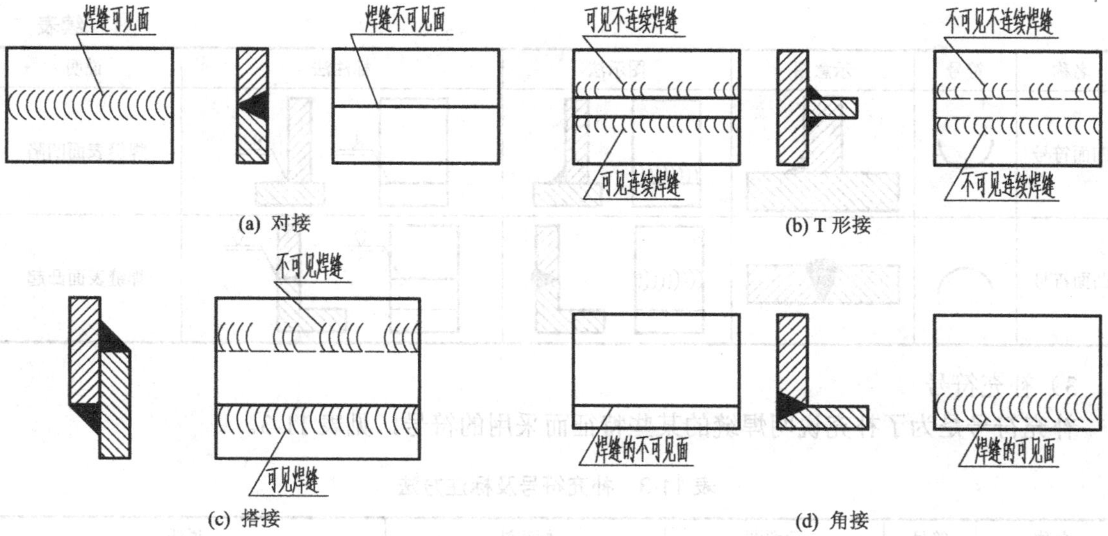


图 11-3 焊缝的规定画法

1）基本符号

基本符号是表示焊缝横截面形状的符号，常用焊缝的基本符号、图示法及标注方法示例见表 11-1。

**表 11-1 焊缝符号及标注方法**

| 名称 | 符号 / 示意图 / 图示法 / 标注法 |
|---|---|
| I 形焊缝 | 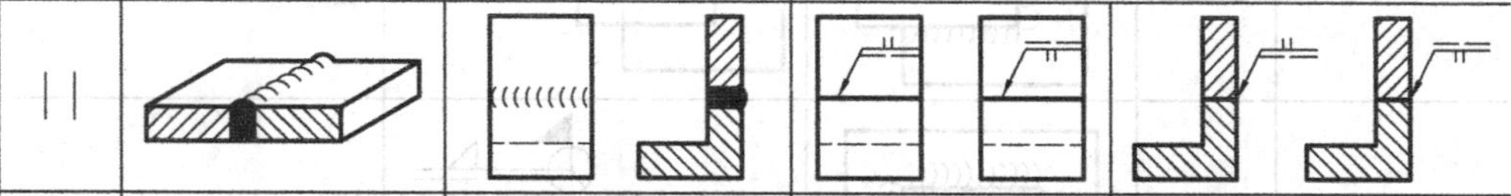 |
| V 形焊缝 | 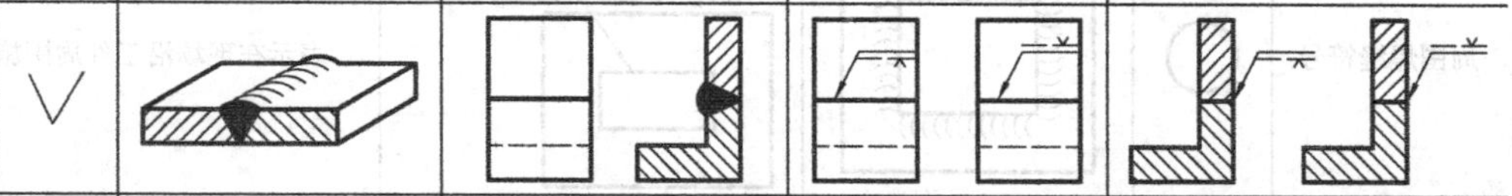 |
| 单边 V 形焊缝 | 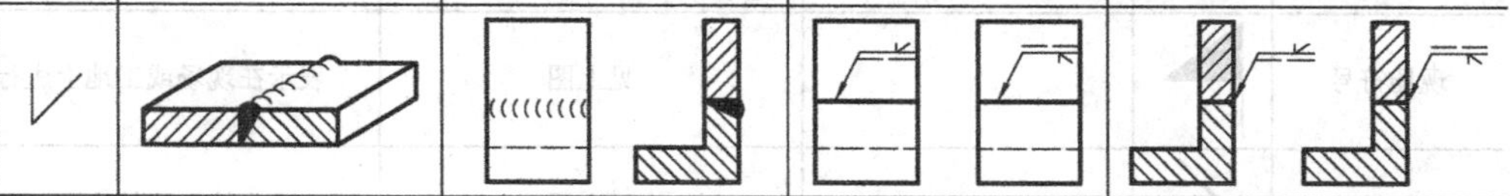 |
| 角焊缝 | 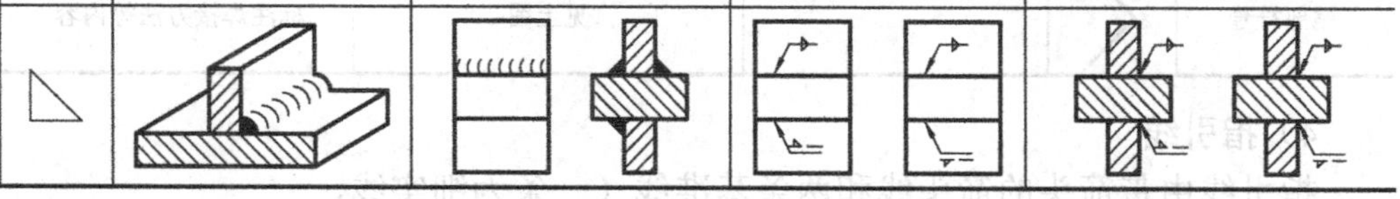 |

2）辅助符号

辅助符号是表示焊缝表面形状特征的符号，如表 11-2 所示，不需要确切地说明焊缝表面形状时，可以不加注此符号。

**表 11-2 辅助符号及标注方法**

| 名称 | 符号 / 示意图 / 图示法 / 标注法 | 说明 |
|---|---|---|
| 平面符号 | 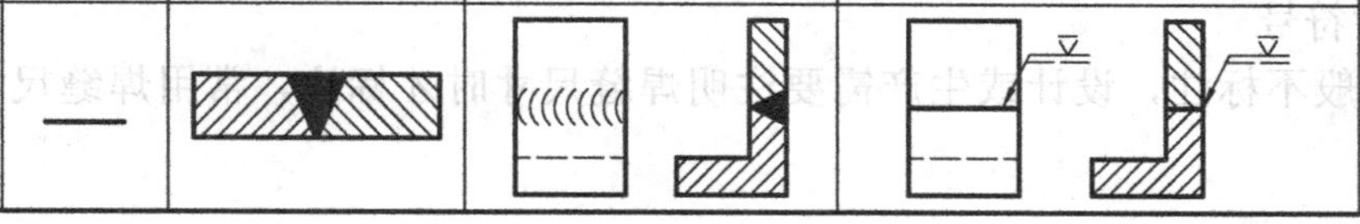 | 焊缝表面平齐（一般通过加工） |

续表

| 名称 | 符号 | 示意图 | 图示法 | 标注法 | 说明 |
|---|---|---|---|---|---|
| 凹面符号 | ⌣ | 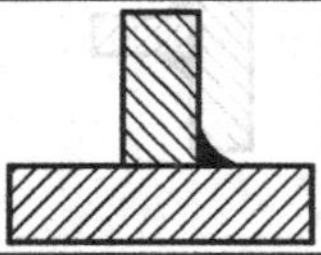 | 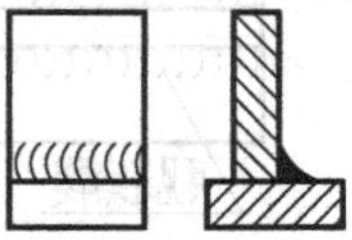 | 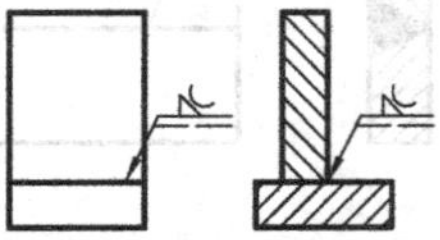 | 焊缝表面凹陷 |
| 凸面符号 | ⌒ |  | 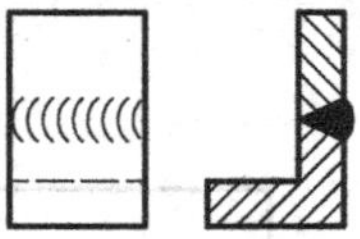 | 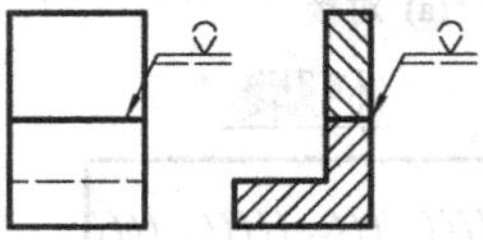 | 焊缝表面凸起 |

3）补充符号

补充符号是为了补充说明焊缝的某些特征而采用的符号，见表 11-3。

**表 11-3 补充符号及标注方法**

| 名称 | 符号 | 示意图 | 标注法 | 说明 |
|---|---|---|---|---|
| 销垫板符号 | ▭ |  | 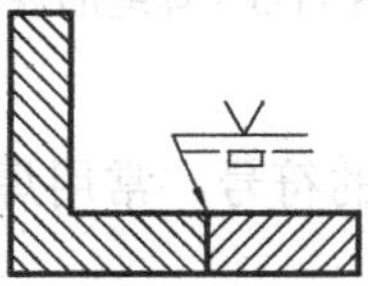 | 表示 V 形焊缝的背面底部有垫板 |
| 三面焊缝符号 | ⊐ | 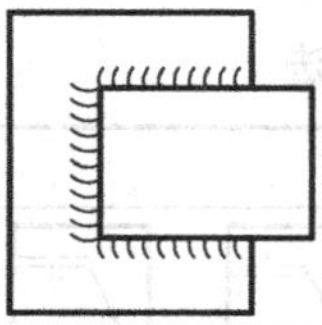 | 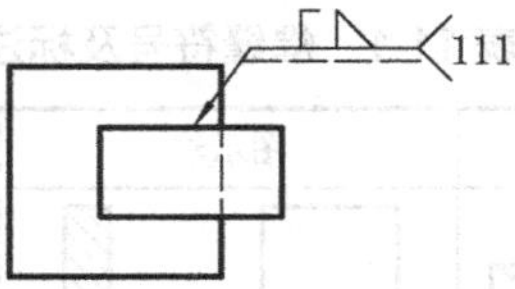 | 工件三面带有焊缝，焊接方法为手工电弧焊 |
| 周围焊缝符号 | ○ | 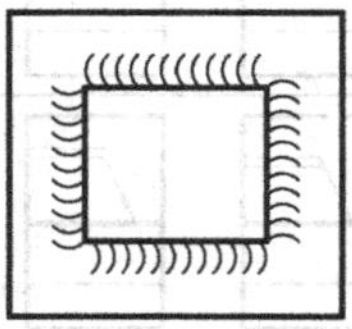 | 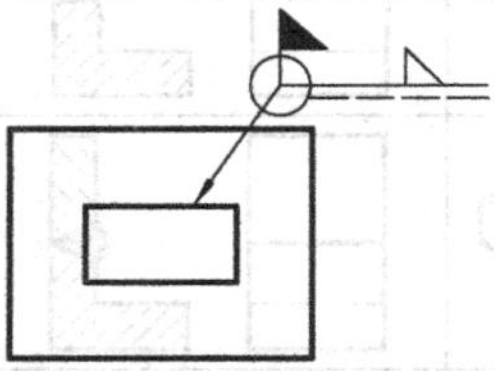 | 表示在现场沿工件周围施焊 |
| 现场符号 |  | | 见上图 | 表示在现场或工地上进行焊接 |
| 尾部符号 | < | | 见上图 | 标注焊接方法等内容 |

4）指引线

指引线由带箭头的箭头线和两条基准线（一条为细实线，一条为虚线）两部分组成，如图 11-4 所示。

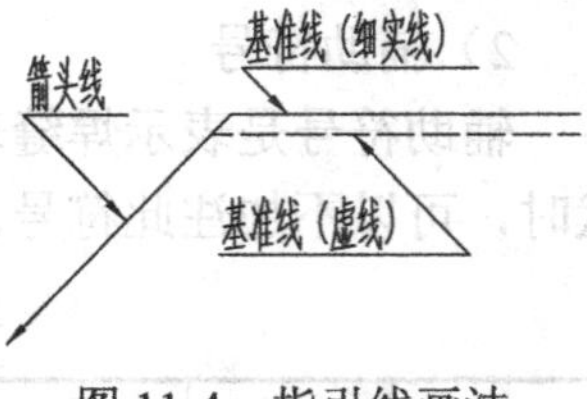

图 11-4 指引线画法

虚线可画在细实线的上侧或下侧，基准线一般与标题栏的长边相平行，必要时，也可与标题栏的长边相垂直。箭头线用细实线绘制，箭头指向有关焊缝处，必要时允许箭头线折弯一次。当需要说明焊接方法时，可在基准线末端增加尾部符号，参见表 11-3。

5）焊缝尺寸符号

焊缝尺寸一般不标注，设计或生产需要注明焊缝尺寸时才标注，常用焊缝尺寸符号见表 11-4。

表 11-4 焊缝尺寸符号含义

| 符号 | 名称 | 符号 | 名称 | 符号 | 名称 | 符号 | 名称 |
|---|---|---|---|---|---|---|---|
| $\delta$ | 工件厚度 | $c$ | 焊缝宽度 | $h$ | 余高 | $e$ | 焊缝间距 |
| $\alpha$ | 坡口角度 | $R$ | 根部半径 | $\beta$ | 坡口面角度 | $n$ | 焊缝段数 |
| $b$ | 根部间隙 | $K$ | 焊角尺寸 | $S$ | 焊缝有效厚度 | $N$ | 相同焊缝数量 |
| $P$ | 钝边 | $H$ | 坡口深度 | $l$ | 焊缝长度 | | |

### 3. 焊接方法的表示

焊接方法很多，常用的有电弧焊、电渣焊、点焊和钎焊等。焊接方法可用文字在技术要求中注明，也可用数字代号直接注写在尾部符号中。常用焊接方法及代号见表 11-5。

表 11-5 焊接方法代号

| 代号 | 焊接方法 | 代号 | 焊接方法 |
|---|---|---|---|
| 1 | 电弧焊 | 15 | 等离子弧焊 |
| 111 | 手弧焊 | 4 | 压焊 |
| 12 | 埋弧焊 | 43 | 锻焊 |
| 3 | 气焊 | 21 | 点焊 |
| 311 | 氧-乙炔焊 | 91 | 硬钎焊 |
| 72 | 电渣焊 | 94 | 软钎焊 |

## 11.1.2 焊缝的标注

### 1. 焊缝的标注方法

1）箭头线与焊缝位置的关系

箭头线相对焊缝的位置一般没有特殊要求，箭头线可以标注在有焊缝一侧，也可以标注在没有焊缝一侧，如图 11-5 所示，并参见表 11-1。

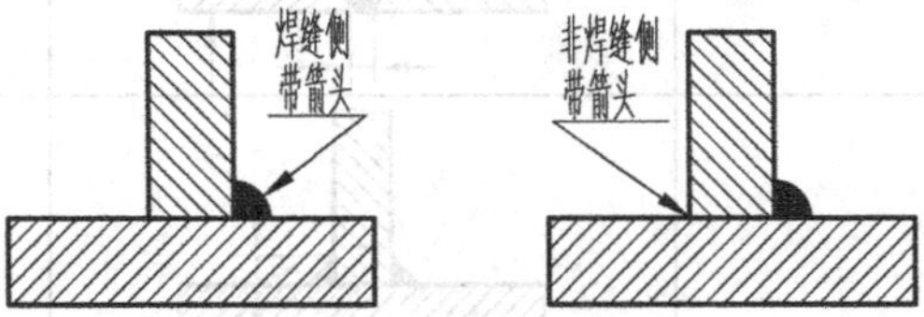

图 11-5 箭头线的位置

2）基本符号相对基准线的位置

为了在图样上能确切地表示焊缝位置，国家标准中规定了基本符号相对基准线的位置，如图 11-6 所示。

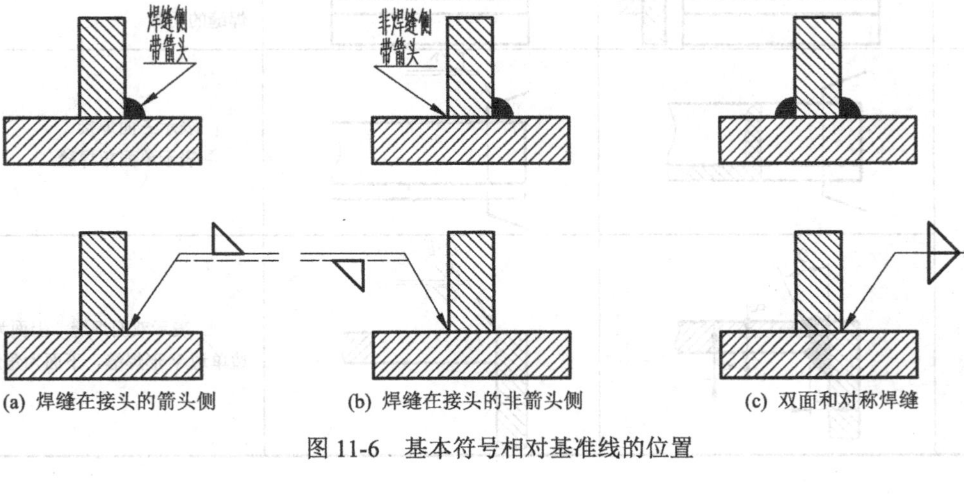

(a) 焊缝在接头的箭头侧 (b) 焊缝在接头的非箭头侧 (c) 双面和对称焊缝

图 11-6 基本符号相对基准线的位置

（1）如果焊缝接头在箭头侧，则将基本符号标在基准线的细实线一侧，如图 11-6(a)所示。
（2）如果焊缝接头不在箭头侧，则将基本符号标在基准线的虚线一侧，如图 11-6(b)所示。
（3）标注对称焊缝及双面焊缝时，可不画虚线，如图 11-6(c)所示。

3）焊缝尺寸符号及数据的标注

焊缝尺寸符号及数据的标注原则如图 11-7 所示。

（1）焊缝横截面上的尺寸，标在基本符号的左侧。
（2）焊缝长度方向的尺寸，标在基本符号的右侧。

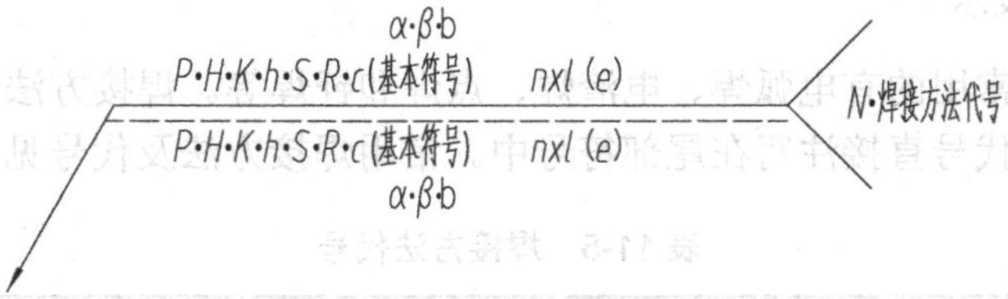


图 11-7　焊缝尺寸的标注原则

（3）坡口角度$\alpha$、坡口面角度$\beta$、根部间隙 $b$ 标在基本符号的上侧或下侧。
（4）相同焊缝数量及焊接方法代号标在尾部。
（5）当需要标注的尺寸数据较多，又不易分辨时，可在数据前面增加相应的尺寸符号。

## 2．常见焊缝的标注示例

常见焊缝的标注示例见表 11-6。

**表 11-6　焊缝的标注示例**

| 接头形式 | 焊缝形式 | 标注示例 | 说　明 |
|---|---|---|---|
| 对接接头 | 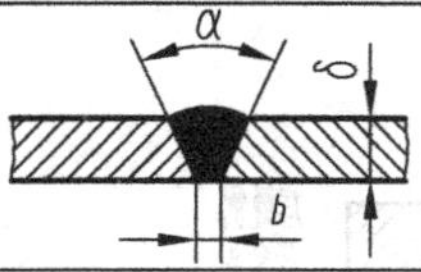  | 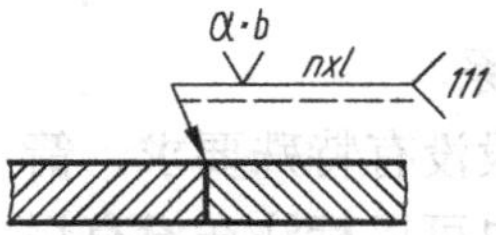  | *111* 表示用手工电弧焊，V 形坡口，坡口角度为$\alpha$，根部间隙为 $b$，有 $n$ 段焊缝，焊缝长度为 $l$ |
| T 形接头 | 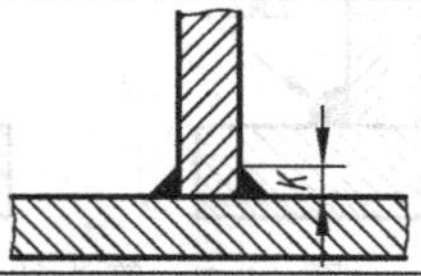  | 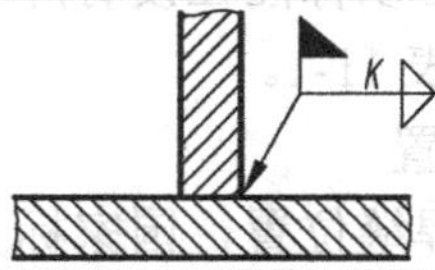  | 表示现场装配时进行焊接<br>表示双面角焊缝，焊角尺寸为 $K$ |
| | 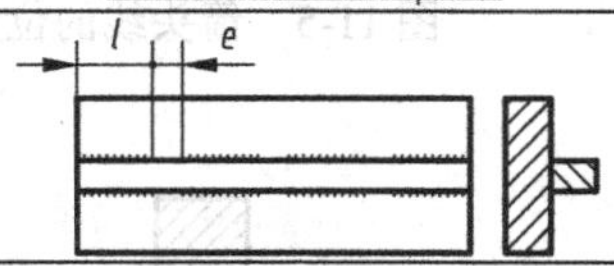  | 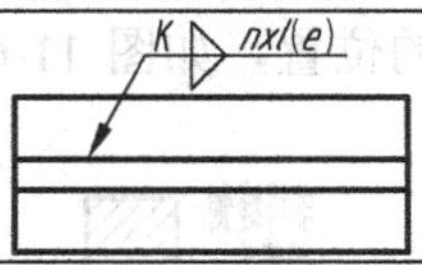  | n×l(e) 表示有 $n$ 段断续双面角焊缝，$l$ 表示焊缝长度，$e$ 表示断续焊缝的间距 |
| 角接接头 | 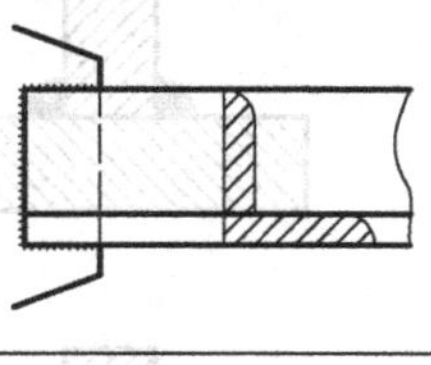 | 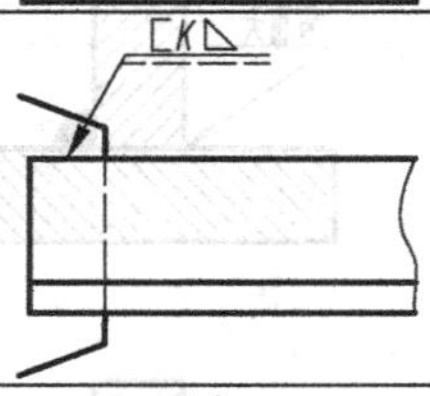  | ⊏ 表示三面焊接<br>表示单面角焊缝 |
| | 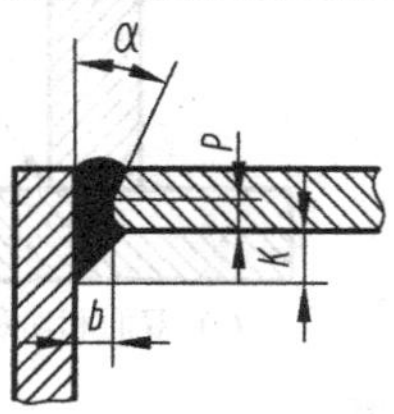  | 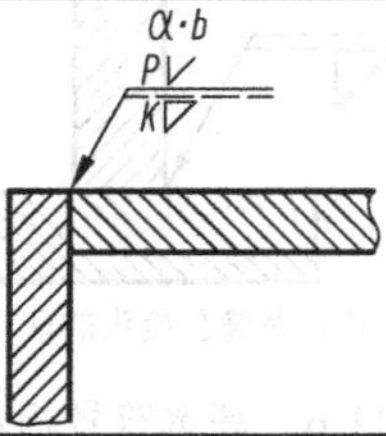  | 表示双面焊缝，上面为带钝边单边 V 形焊缝，下面为角焊缝 |

续表

| 接头形式 | 焊缝形式 | 标注示例 | 说　明 |
|---|---|---|---|
| 搭接接头 | 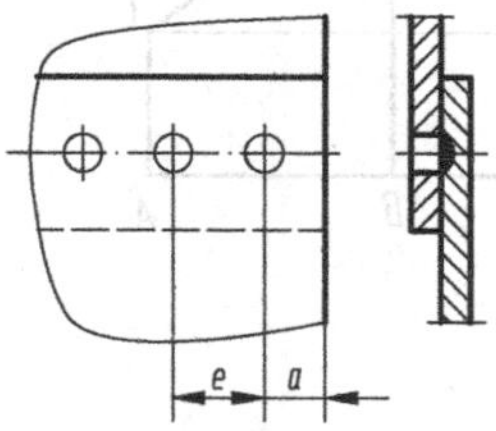 | 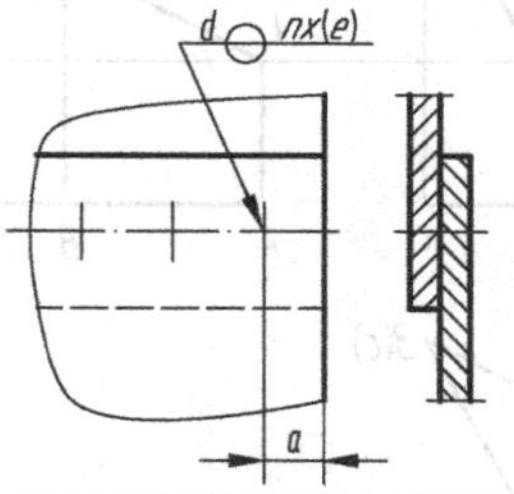 | ○表示点焊缝，*d* 表示焊点直径，*e* 表示焊点的间距，*a* 表示焊点至板边的间距 |

## 11.2　展开图

把立体的表面，按其实际形状和大小，依次连续地摊平在一个平面上，称为立体表面展开，也称放样。展开后所得的图形，称为展开图。

展开图在机械、冶金、电力、化工、造船等行业中应用广泛，在这些行业的设备或产品中，会遇到一些以金属板为材料的设备，如图 11-8 所示。制造这些设备，必须首先画出它们的展开图，然后再经切割下料，弯卷成形，再用焊接或铆接等方法制成成品。

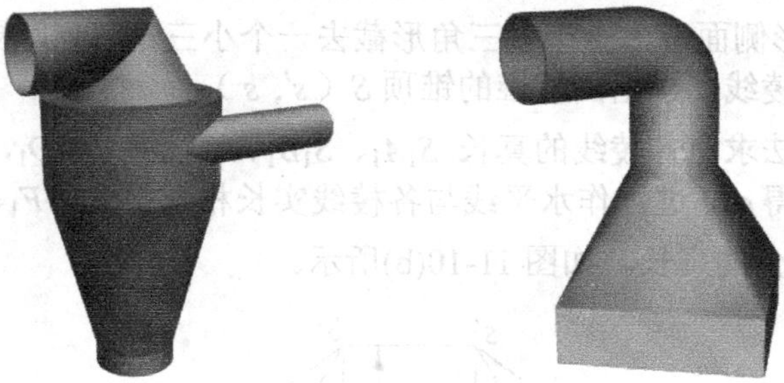

(a) 分离器　　(b) 吸尘罩

图 11-8　金属板制设备

在实际生产中，板材制件按其表面的性质不同，分为可展和不可展两类。平面立体的表面都是平面，是可展的；曲面立体的表面则由于曲面性质不同，分为可展曲面和不可展曲面两类。

对于不可展曲面，采用近似方法进行展开。在实际生产中，还要考虑板厚、余量等因素。

### 11.2.1　平面立体的表面展开

因为平面立体各表面都是平面图形，所以画平面立体的表面展开图，就是把这些平面图形的真形求出，然后再依次连续地画在一个平面上的过程。

平面立体的表面展开最常用的方法是三角形法。

**1. 棱柱的表面展开**

图 11-9 所表示的是直三棱柱被平面斜切后的表面展开图的作图方法。

由于三棱柱处于铅垂位置，三个棱面都是梯形，只要求出各个棱面的真形，就可画出其展开图。展开图的作图过程如下。

(1) 按各底边的真长展成一条水平线 $AA$，在 $AA$ 上截 $AB = ab$，$BC = bc$，$CA = ca$，标出 $A$、$B$、$C$、$A$ 等点。

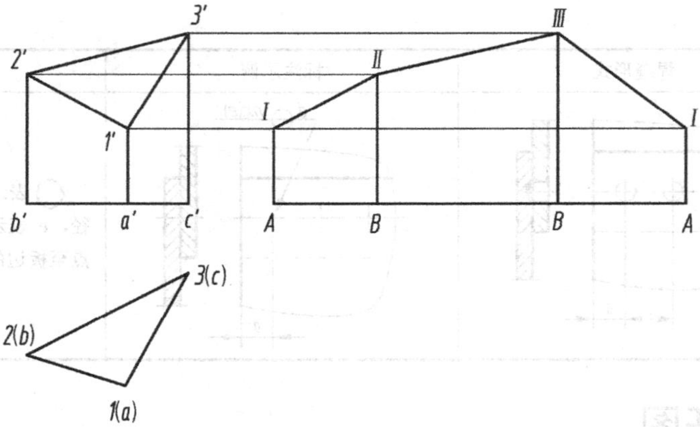


图 11-9　斜口三棱柱管的展开

（2）由这些点作铅垂线，在其上量取各棱线的真长，即得诸端点 Ⅰ、Ⅱ、Ⅲ、Ⅰ。

（3）依次连接这些端点，就画出了这个棱柱的展开图。

**2．棱锥的表面展开**

图 11-10(a)所示的是斜四棱台的投影图，它是一个上口小、下口大的方口接管，其各侧面均为上下底边互相平行的梯形。展开时可以设想四棱台是由一个完整的四棱锥管截去上端形成的，即把四棱台的各梯形侧面看成一个大三角形截去一个小三角形。其展开图的作图步骤如下。

（1）延长四棱台的棱线，求出四棱锥的锥顶 $S$（$s'$, $s$）。

（2）用直角三角形法求出各棱线的真长 $S_1A_1$、$S_1B_1$、$S_1C_1$ 和 $S_1D_1$，再在求实长图的 $S_1O_1$ 直角边上按管子高度取得 $e_1'$，过 $e_1'$ 作水平线与各棱线实长相交得 $E_1$、$F_1$、$G_1$ 和 $H_1$，$S_1E_1$、$S_1F_1$、$S_1G_1$ 和 $S_1H_1$ 即为截掉部分的真长，如图 11-10(b)所示。

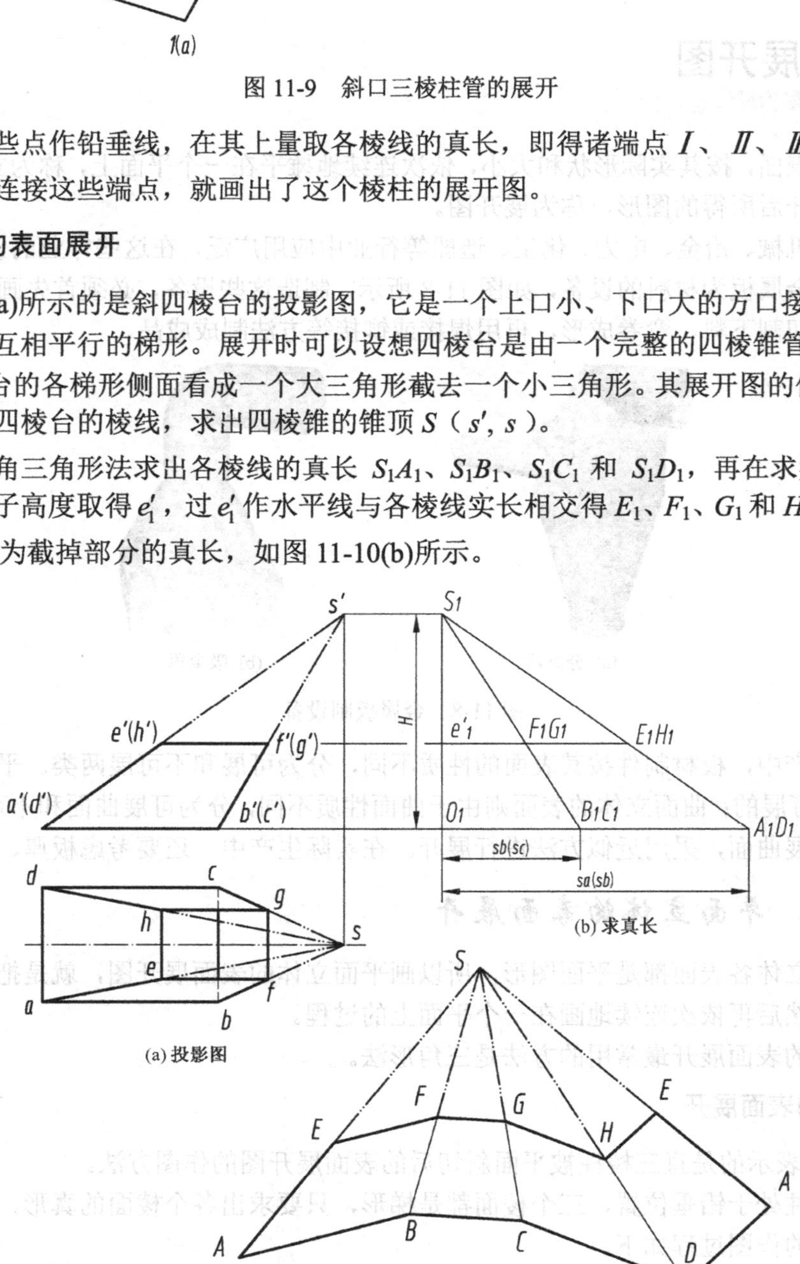


(a) 投影图　(b) 求真长　(c) 展开图

图 11-10　斜棱台的展开

（3）根据斜台下口边线和各棱线实长作出 *SAB*、*SBC*、*SCD* 及 *SDA* 各完整棱面展开图，再把实长图中求得的各棱线上的 $E_1$、$F_1$、$G_1$、$H_1$ 量到各棱线上得 *E*、*F*、*G*、*H*、*E*，相连得斜棱锥管上口的边线，即完成斜台的展开图，如图 11-10(c)所示。

**3．矩形吸气罩的展开**

图 11-11(a)所示的是矩形吸气罩的两面投影图。四条棱线的长度相等，但延长后不交于一点，因此这个矩形吸气罩不是四棱台。展开时用三角形法可将各侧面用对角线划分为两个三角形，求出这些三角形的边长，并在图上画出这些三角形的真形，即得所求的展开图。其具体作图步骤如下。

（1）把前面和右面的梯形分成两个三角形，如图 11-11(a)所示。

（2）用直角三角形法求出 *BD*、*BC*、*BE* 真长。为了图形清晰且节省地方，把求各线段的真长图集中画在一起，如图 11-11(b)所示。

（3）按已知边长拼画三角形，作出前面和右面两个梯形。由于后面和左面两个梯形分别为它们的全等图形，便可同样作出，即得这个矩形吸气罩的展开图，如图 11-11(c)所示。

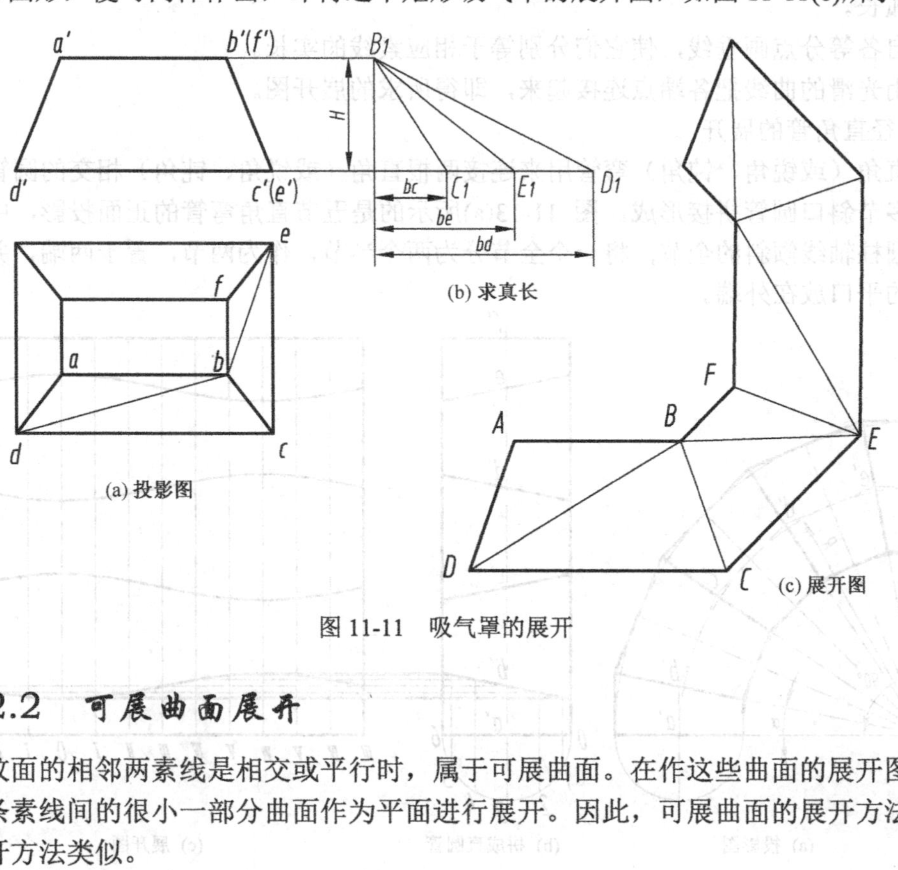


图 11-11　吸气罩的展开

## 11.2.2　可展曲面展开

当直纹面的相邻两素线是相交或平行时，属于可展曲面。在作这些曲面的展开图时，可以把相邻两条素线间的很小一部分曲面作为平面进行展开。因此，可展曲面的展开方法与棱柱、棱锥的展开方法类似。

**1．圆管制件的表面展开**

1）斜口圆管的展开

图 11-12 所示的是一个斜口圆管，可利用素线互相平行且垂直底圆的特性作出其展开图。其作图步骤如下。

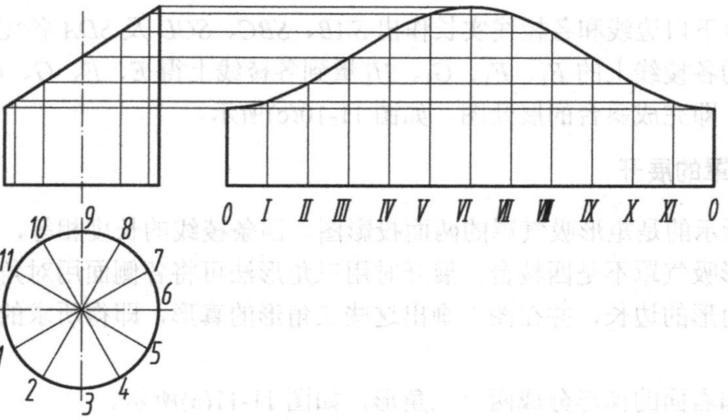


图 11-12 斜口圆管的展开

(1) 将圆柱底圆分成 12 等份，并通过各分点画出圆柱的素线。

(2) 将底圆展开成一条直线 *00*，并将它分为 12 等份，使它们的间距等于底圆上相邻两个分点间的弧长。

(3) 自各等分点画垂线，使它们分别等于相应素线的实长。

(4) 用光滑的曲线把各端点连接起来，即得所求的展开图。

2) 等径直角管的展开

等径直角（或锐角、钝角）弯管用来连接两根直角（或锐角、钝角）相交的圆管，在工程中常采用多节斜口圆管拼接形成。图 11-13(a)所示的是五节直角弯管的正面投影，中间三节是两口都对圆柱轴线倾斜的全节；将一个全节分为两个半节，作为两节，置于两端，并把与圆柱轴线垂直的平口放在外端。

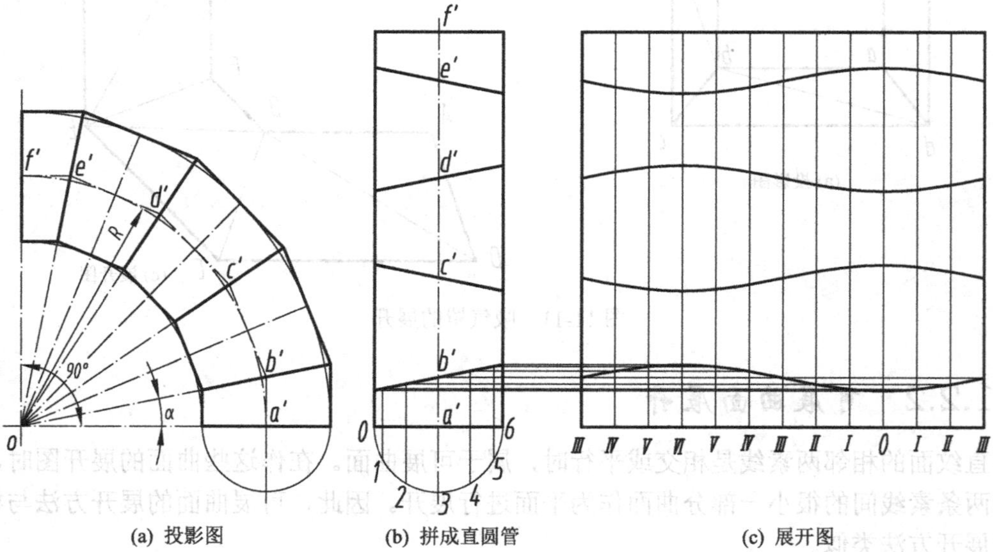


(a) 投影图 (b) 拼成直圆管 (c) 展开图

图 11-13 直角弯管的展开

已知五节直角弯管的管径 *D*、弯曲半径 *R*，作弯管的正面投影，如图 11-13(a)所示。

(1) 过任意点 *O* 作水平线和铅垂线，以 *O* 为图心、*R* 为半径，在这两条直线间作圆弧。

(2) 分别以 $R-D/2$ 和 $R+D/2$ 为半径画内外两段圆弧。

(3) 由于整个弯管由三个全节和两个半节组成，因此，半节的中心角 $\alpha=90°/8=11°15'$。按$11°15'$将直角分成八等份，画出弯管各节的分界线。

（4）过各等分线与内外两段圆弧的交点，作出外切于各圆弧的切线，即完成五节直角弯管的正面投影。

把弯管的 *BC*、*DE* 两节分别绕其轴线旋转 180°，各节就可以拼成一个圆柱管，如图 11-13(b)所示。因此，也可将现成的圆柱管截割成所需节数，再焊接成所要的弯管。若用钢板制造弯管，只要按斜口圆管的方法展开半节，并把半节的展开图作为样板，在钢板上划线下料，不但放样简洁，而且还能充分利用材料，如图 11-13(c)所示。

3）异径正三通管的展开

如图 11-14 所示，异径正三通管的大、小两个圆管的轴线是垂直相交的。图中画出了两个圆管的正面投影，但省略了大圆管的下半部分。先要准确作出相贯线，然后再进行展开。

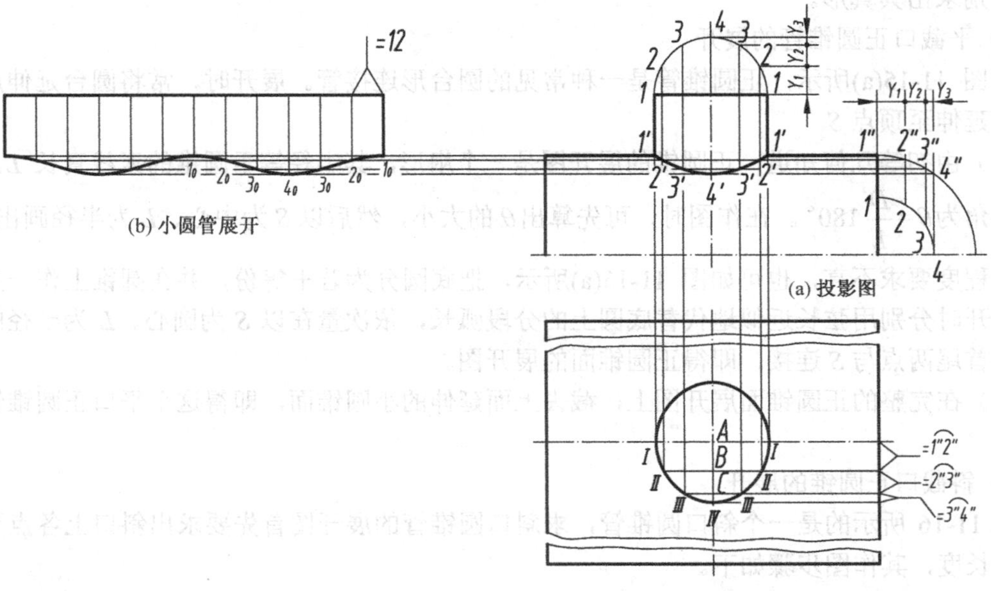


(b) 小圆管展开　(a) 投影图　(c) 大圆管展开

图 11-14　异径正三通管的展开

（1）作两圆管的相贯线　下面介绍一种在正面投影中求作三通管相贯线的方法，实质上也是用辅助平面法的原理求出的。作图的原理和过程如下［如图 11-14(a)所示］。

① 把小圆管顶端的前半圆绕直径旋转至平行于正面，并六等分。作出小圆管上诸等分素线，把它们想象为一系列平行于正面的辅助平面与小圆管相截或相切所得到的截交线或切线。

② 把大圆管右端前上方的 1/4 圆旋转至平行于正面。用小圆管的半径作出 1/4 圆，进行三等分，由这些分点 *1*、*2*、*3*、*4* 作铅垂线，与表示大圆管口的 1/4 圆交得 *1″*、*2″*、*3″*、*4″* 等点。再由 *1″*、*2″*、*3″*、*4″* 作出大圆管上诸素线。可以想象出这些素线就是上述一系列相应的辅助平面与大圆管上部所截得的截交线。

③ 大、小圆管相同编号的素线的交点 *1′*、*2′*、*3′*、*4′* 就是相同的辅助平面与大、小圆管的截交线或切线的交点，即为相贯线上的点。顺序连接这些点的正面投影，就是相贯线的正面投影。

（2）作展开图。

① 作小圆管展开图的方法与作斜口圆管的展开图相同，如图 11-14(b)所示。

② 作大圆管展开图。如图 11-14(c)所示，先作出整个大圆管的展开图，然后在铅垂的对称线上，由点 *A* 分别按弧长 *1″2″*、*2″3″*、*3″4″* 量得 *B*、*C*、*Ⅳ*各点，由这些点作水平素线，相应

地从正面投影 $1'$、$2'$、$3'$、$4'$各点引垂直线，与这些素线相交，得 *I*、*II*、*III*、*IV* 等点。同样地，可作出后面对称部分的各点。连接这些点，就得到相贯线的展开图。

在实际生产中，一般作出大圆管后不先挖孔，以防轧卷时变形不均匀，通常是卷成圆管后再割成孔。开孔时可将按展开图卷焊好的小圆管，紧合在大圆管画有定位线的位置上，描出相贯线的曲线形状再开孔。这样，大圆管展开图上相贯线作图就可省略。

**2. 锥管制件的表面展开**

锥管制件与棱锥制件相似，前者素线交于锥顶，后者棱线交于锥顶，因此锥管制件的展开方法与棱锥的展开方法相同，即在锥面上作一系列呈放射状的素线，将锥面分成若干三角形，然后分别求出其真形。

1）平截口正圆锥管的展开

如图 11-15(a)所示，正圆锥管是一种常见的圆台形连接管。展开时，常将圆台延伸成正圆锥，即延伸至顶点 $S$。

（1）由初等几何知道，正圆锥的展开图是一个扇形，其半径等于圆锥的素线真长 $L$。扇形的圆心角为$\theta = \frac{D}{L} 180°$。在作图时，可先算出$\theta$的大小，然后以 $S$ 为中心、$L$ 为半径画出扇形。若准确程度要求不高，也可如图 11-15(a)所示，把底圆分为若干等份，并在圆锥上作一系列素线，展开时分别用弦长近似地代替底圆上的分段弧长，依次量在以 $S$ 为圆心、$L$ 为半径的圆弧上，将首尾两点与 $S$ 连接，即得正圆锥面的展开图。

（2）在完整的正圆锥面展开图上，截去上面延伸的小圆锥面，即得这个平口正圆锥管的展开图。

2）斜截口正圆锥的展开

图 11-16 所示的是一个斜口圆锥管，求斜口圆锥管的展开图首先要求出斜口上各点至锥顶的素线长度，其作图步骤如下。

（1）将底圆分成若干等份，如 12 等份，求出其正面投影，并与锥顶 $s'$ 连接成放射状素线，标出各素线与截面的交点 $1'$、$2'$、…、$7'$点。

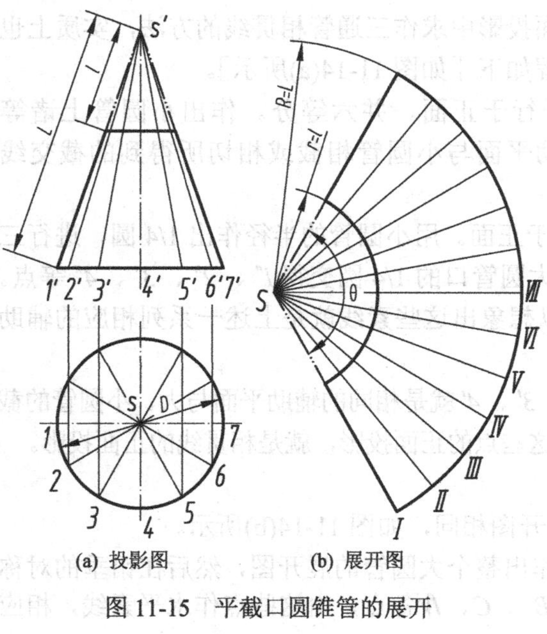

(a) 投影图　(b) 展开图

图 11-15　平截口圆锥管的展开

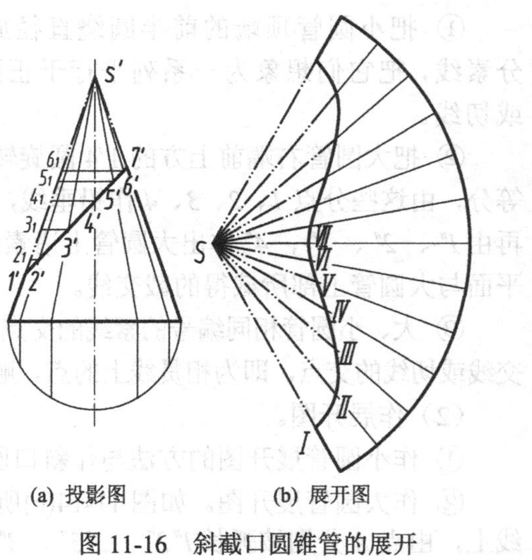

(a) 投影图　(b) 展开图

图 11-16　斜截口圆锥管的展开

（2）用旋转法求出被截去部分的线段真长。

（3）将圆锥面展开成扇形，在展开图上把扇形的圆心角也分成相同的 12 等份，作出放射状素线。

（4）过点 $S$ 分别将 $S$Ⅰ、$S$Ⅱ、$S$Ⅲ、…，$S$Ⅶ的真长（$s'1_1$、$s'2_1$、$s'3_1$、…、$s'7_1$）量到相应的素线上得Ⅰ、Ⅱ、Ⅲ、…、Ⅶ等点。光滑连接各点，即得斜口锥管的展开图。

3）变形接头的展开

把不同截形的管子连接起来的过渡部分叫做变形接头。变形接头的表面一般应设计成可展面，以保证其表面能准确展开。下面以图 11-17 为例，说明连接圆口管与方口管的上圆下方变形接头展开图的画法。

如图 11-17(a)所示，变形接头顶面为圆形，则该接头一定由曲面包围该圆，而底面为矩形，则可由平面图形与矩形各边联系。从图中可以看出，该接头的表面由四个三角形平面和四个部分斜圆锥面组成。

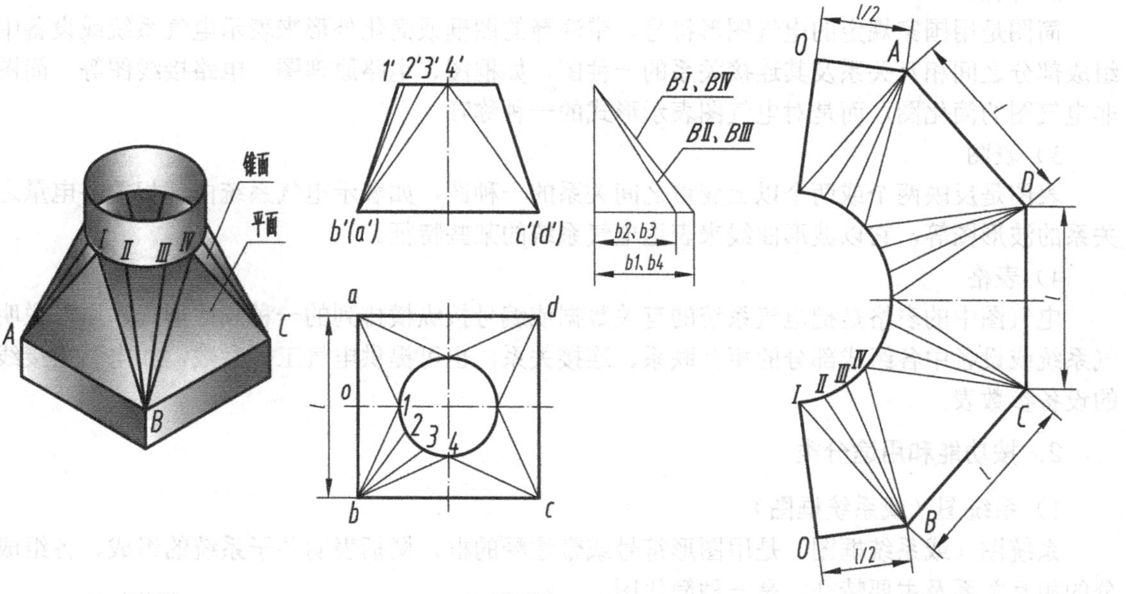


(a) 立体图　　(b) 投影图　　(c) 展开图

图 11-17　方圆变形接头的展开

只要求出锥面各素线和三角形各边的真长，即可依次画出展开图。其作图步骤如下。

（1）在水平投影中将圆周适当等分（如 12 等份），把各等分点与矩形相应的顶点用直线相连，即得锥面素线和平面三角形的两面投影，如图 11-7(b)所示。每块斜锥面上画有四条素线，各锥面的作图方法相同。

（2）用直角三角形法求出锥面上各素线的真长，由于底部矩形口处于水平位置，故所求各素线高度相同，如图 11-7(b)所示。

（3）求出四个三角形平面各边的真长，各三角形底边即矩形边长，其真长均已反映在投影图上，另外两边为锥面边界素线的真长，也已经求出。

（4）用所求真长求出变形接头的展开图。自边Ⅰ$O$ 开始作图，作直角三角形Ⅰ$OB$，圆锥面底圆周分段弧长可以以弦长近似代替。因此，以 $B$ 为圆心、$B$Ⅱ为半径作弧，再以Ⅰ为圆心、12 为半径作弧，两弧相交得点Ⅱ，△$B$ⅠⅡ为锥面展开的一部分。以同样的方法，连续作其余三角形，即为所求，如图 11-7(c)所示。

# 11.3 电气线路图

电气线路图是用来阐述电气工作原理，描述电气产品的构成和功能，并且提供产品装接和使用方法的一种简图。

## 11.3.1 电气线路图的分类

### 1. 按表达形式分类

1）图样

图样是利用投影关系绘制的图形，如各种印制板图等。

2）简图

简图是用国家规定的电气图形符号、带注释的图框或简化外形来表示电气系统或设备中各组成部分之间相互关系及其连接关系的一种图，如框图、电路原理图、电路接线图等。简图并非电气图的简化图，而是对电气图表示形式的一种称呼。

3）表图

表图是反映两个或两个以上变量之间关系的一种图，如表示电气系统内部相关各电量之间关系的波形图等，它以波形曲线来表达电气系统的某些特征。

4）表格

电气图中的表格是把电气系统的有关数据或编号按纵横排列的一种表达形式，用以说明电气系统或设备中各组成部分的相互联系、连接关系，也可提供电气工作参数，如电气主接线中的设备参数表。

### 2. 按功能和用途分类

1）系统图（或系统框图）

系统图（或系统框图）是用图形符号或带注释的框，概括表明各子系统的组成、各组成部分的相互关系及主要特征，是一种简化图。

2）电气原理图

电气原理图是用图形符号并按电气设备的工作顺序排列，表明电气系统的基本组成、各元件间的连接方式、电气系统的工作原理及其作用，而不涉及电气设备和电气元件的结构和其实际位置的一种电气图。

为了便于分析研究，电气原理图又分为原理接线图和展开接线图。

(1) 原理接线图　原理接线图以元件的整体形式表示设备间的联系，使看图者对整个装置的构成有一个明确的整体概念。原理接线图表明了装置的总体工作原理，能够明显地表明各元件形式、数量、电气联系和动作原理，但对一些细节未表示清楚。

(2) 展开接线图　所谓展开接线图，就是将每个元件的线圈、辅助触点及其他控制、保护、监测、信号元件等，按照它们所完成的动作过程绘制。展开图可水平绘制，也可垂直绘制。

3）电气接线图、接线表

电气接线图或接线表是反映电气系统或设备各部分的连接关系的图或表，是专供电气工程人员安装接线和维修检查用的；接线图中所表示的各种仪表、电器、继电器及连接导线等，都是按照它们的图形符号、位置和连接关系绘制的，设备位置与实际布置一致。

## 11.3.2　电路图的主要内容

电路图主要包括以下内容：

（1）表示电路中元件或功能件的图形符号；

（2）元件或功能件之间的连接线；

（3）项目代号；

（4）端子代号；

（5）用于逻辑信号的电平约定；

（6）电路寻迹所必需的信息；

（7）了解功能元件所必需的补充信息。

## 11.3.3　电路图常见符号

电路图中的符号是电路图的主体，它是用于表示电路图中电气设备、装置、元器件等的图形符号，是电路图中不可缺少的要素。常见电路图中的符号见表 11-7 所示。

表 11-7　电路图常见符号

| 元件名称 | 图形符号 | 文字符号 | 元件名称 | 图形符号 | 文字符号 |
|---|---|---|---|---|---|
| 电容器件 | 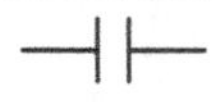 | C | 电池 | 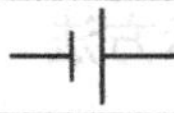 | GB |
| 电阻器件 |  | R | 开关 | 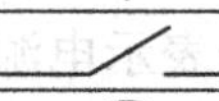 | S |
| 电感器件 |  | L | 指示灯 |  | H |
| 晶体管 | 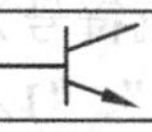 | VT | 二极管 | 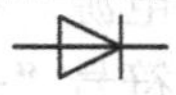 | VD |
| 发光二极管 |  | LED | 扩音器 |  | MIC |
| 扬声器 | 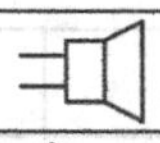 | Y | 变压线圈 | 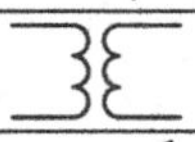 | B |
| 运算放大器 | 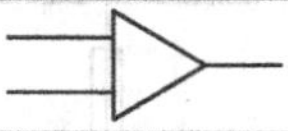 | A | 插座 | 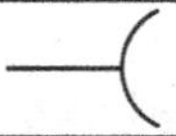 | XS |

## 11.3.4　电路图绘图规则

### 1．图线

绘制电路图应遵循 GB 6988.4—1986《电气制图：电气图》的规定。电路图用线主要有四种，如表 11-8 所示。

表 11-8　图线的形式和应用

| 图线名称 | 图线形式 | 一般应用 | 图线宽度 |
|---|---|---|---|
| 实线 | —————— | 基本线、简图主要内容（图形符号及连线）用线、可见轮廓线、可见导线 | 0.25、0.35、0.5、0.7、1.0、1.4、2.0 |
| 虚线 | — — — — — — | 辅助线、屏蔽线、机械（液压、气动等）连接线、不可见导线、不可见轮廓线 | |
| 点画线 | —·—·—·— | 分界线（表示结构、功能分组用）、围框线、控制及信号线（电力及照明用） | |
| 双点画线 | —··—··— | 辅助围框线、50 V 以下电力及照明线 | |

### 2. 图形符号规定

在电气线路图中，图形符号应遵守GB/T 4728—1985《电气制图图形符号》的规定。图形符号旁应标注项目代号，需要时还可标注主要参数。当电路水平布置时，标注在图形符号的上方；当电路垂直布置时，标注在图形符号的左方。无论是电路水平布置，还是垂直布置，项目符号都应水平书写。

### 3. 电路简图的布局

简图的绘制应做到布局合理，排列均匀，使图形清晰地表示出电路中各装置、设备和系统的构成及组成部分的相互关系，以方便看图。

（1）布置简图时，首先要考虑的是如何有利于识别各种过程和信息的流向，重点是要突出信息流及各级之间的功能关系，并按工作顺序从左到右、从上到下排列。

（2）表示导线或连接线的图线都应是交叉和弯折最少的直线。

（3）功能上相关的项目要靠近，以使关系表达得清晰。

（4）图中的引入线和引出线，最好画在图纸边框附近，以便于清楚地看出有输入、输出关系及各图纸之间的衔接关系。

## 11.3.5 电路图常见表达方法

### 1. 电路电源表示方法

（1）用图形符号表示电源，如图11-18所示。

（2）用线条表示电源，如图11-19所示。

（3）用符号表示电源。在单线表达时，直流符号为“—”，交流符号为“～”；在多线表达时，直流正、负极用符号“+”、“−”表示，三相交流相序符号“$L_1$”、“$L_2$”、“$L_3$”和中性符号“N”等，如图11-20所示。

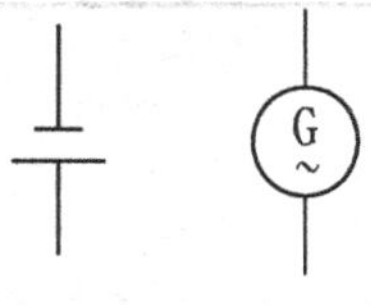


图11-18 图形符号表示电源

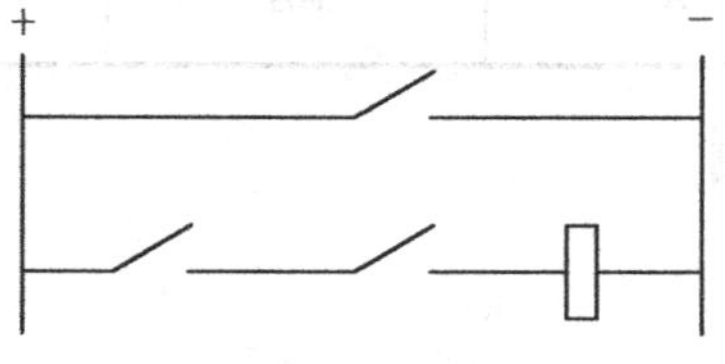


图11-19 线条表示电源

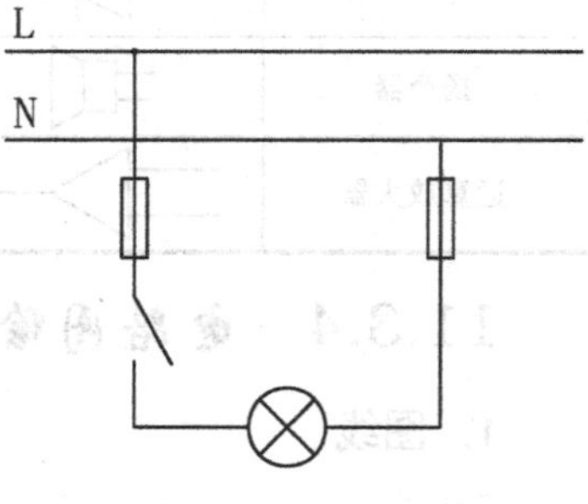


图11-20 符号表示电源

### 2. 连接线的表示方法

导线连接有两种形式，分别是“T”形和“+”形两种连接方式。“T”形连接可加实心圆点，也可以不加实心圆点，如图11-21(a)所示。“+”形连接表示两条导线相交时，必须加实心圈点；表示两条导线交叉而不连接时，不能加实心画点，如图11-21(b)所示。

(a) T形连接　　(b) +形连接

图11-21 导线连接形式的表示方法

### 3. 简化电路的表示方法

1）并联电路的简化

多个相同的支路并联时，可用标有公共连接符号的一个支路来表示，公共连接符号如图 11-22 所示。

符号的弯折方向与支路的连接情况相符。因简化而未画出的各项目的代号，在对应的图形符号旁应全部标出来，公共连接符号旁加注并联支路总数，如图 11-23 所示。

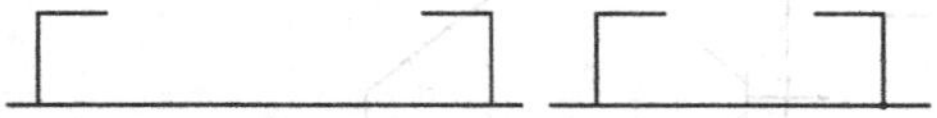

图 11-22　公共连接符号

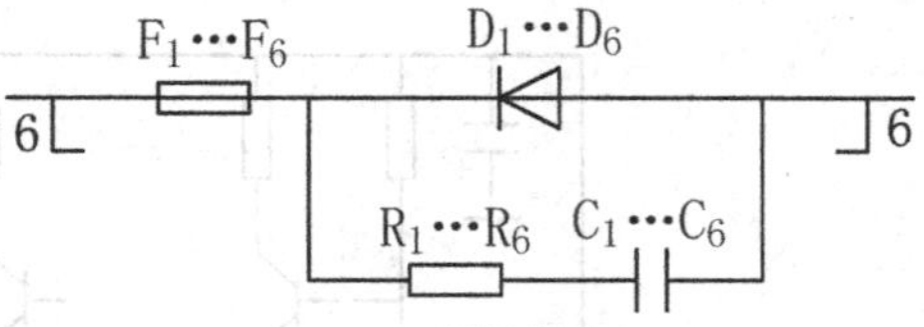


图 11-23　6 个并联支路的简化

2）相同电路的简化

对于相同的电路，仅需要详细地画出其中一个，并加画围框表示范围。相同的电路画出空白的围框，在框内注明必要的文字，如图 11-24 所示。

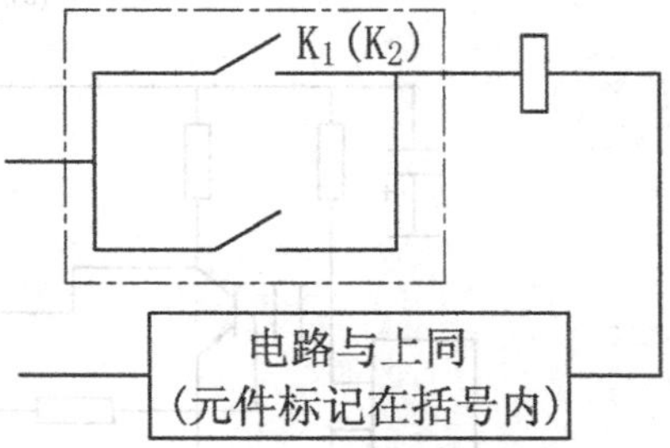


图 11-24　相同电路的简化

【应用案例】

绘制如图 11-25 所示的电子助听器电路原理图。绘制方法及步骤如下。

（1）按电路不同功能将全电路分成若干级，然后以各级电路中的主要元件为中心，在图中沿水平方向分成若干段。

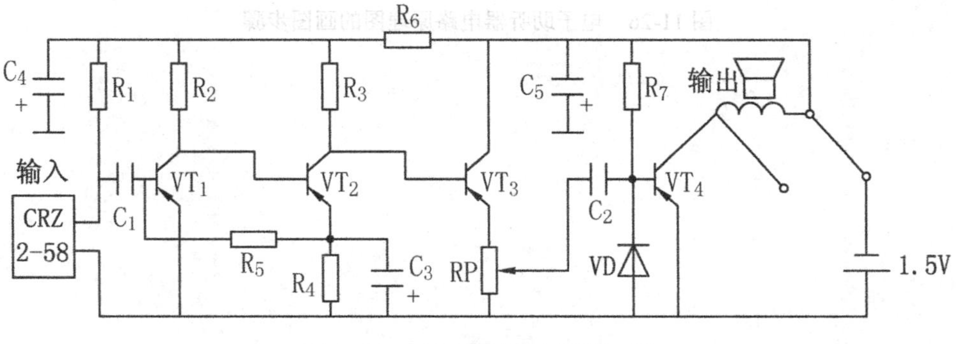


图 11-25　电子助听器电路原理图

（2）排布各级电路主要元件的图形符号，使其尽量位于图形中心水平线上。

（3）分别画出各级电路之间的连接及有关元器件。

（4）画全其他附加电路及元器件，标注数据及代号。

（5）检查全图连接是否有误，布局是否合理，最后加深。

具体画图步骤如图 11-26 所示。

最后检查全图，加深并完成位置符号及说明。

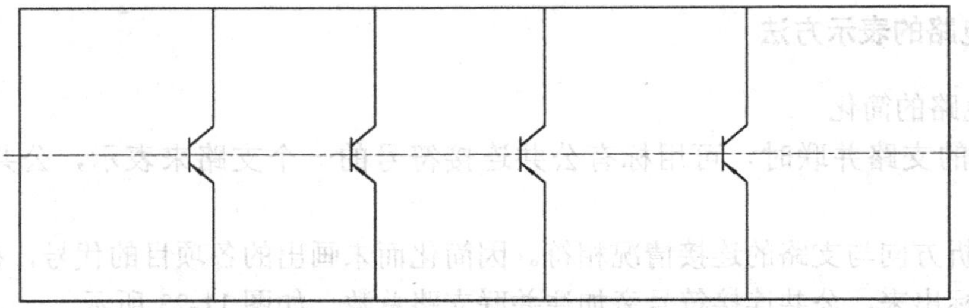

(a) 以主要元件为中心，按级水平分布

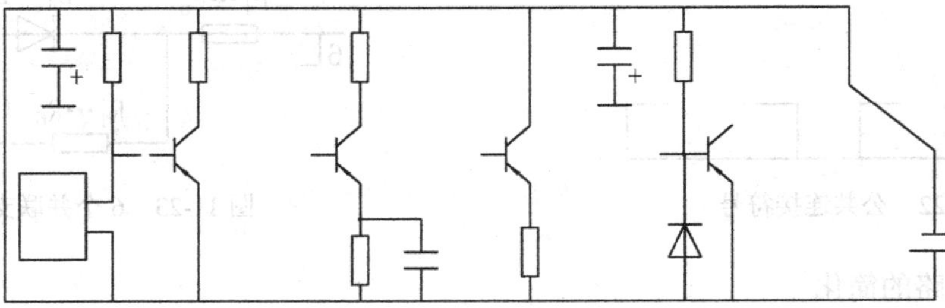

(b) 沿垂直方向分配尺寸，画出各元件

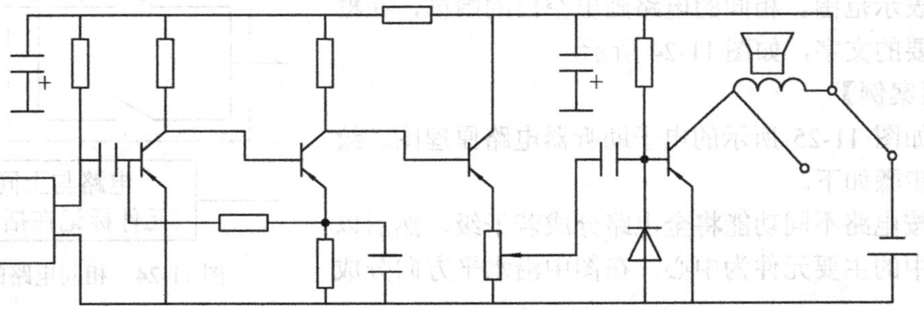

(c) 沿水平方向连接各级

图 11-26　电子助听器电路原理图的画图步骤

# 附　录

## 附录 A　极限与配合

表 A-1　公称尺寸至 500 mm 的标准公差数值（GB/T 1800.1—2009 摘要）

| 公称尺寸 | | 标准公差等级 | | | | | | | | |
|---|---|---|---|---|---|---|---|---|---|---|
| | | IT1 | IT2 | IT3 | IT4 | IT5 | IT6 | IT7 | IT8 | IT9 |
| 大于 | 至 | μm | | | | | | | | |
| | 3 | 0.8 | 1.2 | 2 | 3 | 4 | 6 | 10 | 14 | 25 |
| 3 | 6 | 1 | 1.5 | 2.5 | 4 | 5 | 8 | 12 | 18 | 30 |
| 6 | 10 | 1 | 1.5 | 2.5 | 4 | 6 | 9 | 15 | 22 | 36 |
| 10 | 18 | 1.2 | 2 | 3 | 5 | 8 | 11 | 18 | 27 | 43 |
| 18 | 30 | 1.5 | 2.5 | 4 | 6 | 9 | 13 | 21 | 33 | 52 |
| 30 | 50 | 1.5 | 2.5 | 4 | 7 | 11 | 16 | 25 | 39 | 62 |
| 50 | 80 | 2 | 3 | 5 | 8 | 13 | 19 | 30 | 46 | 74 |
| 80 | 120 | 2.5 | 4 | 6 | 10 | 15 | 22 | 35 | 54 | 87 |
| 120 | 180 | 3.5 | 5 | 8 | 12 | 18 | 25 | 40 | 63 | 100 |
| 180 | 250 | 4.5 | 7 | 10 | 14 | 20 | 29 | 46 | 72 | 115 |
| 250 | 315 | 6 | 8 | 12 | 16 | 23 | 32 | 52 | 81 | 130 |
| 315 | 400 | 7 | 9 | 13 | 18 | 25 | 36 | 57 | 89 | 140 |
| 400 | 500 | 8 | 10 | 15 | 20 | 27 | 40 | 63 | 97 | 155 |

| 公称尺寸 | | 标准公差等级 | | | | | | | | |
|---|---|---|---|---|---|---|---|---|---|---|
| | | IT10 | IT11 | IT12 | IT13 | IT14 | IT15 | IT16 | IT17 | IT18 |
| 大于 | 至 | μm | | mm | | | | | | |
| | 3 | 40 | 60 | 0.1 | 0.14 | 0.25 | 0.4 | 0.6 | 1 | 1.4 |
| 3 | 6 | 48 | 75 | 0.12 | 0.18 | 0.3 | 0.48 | 0.75 | 1.2 | 1.8 |
| 6 | 10 | 58 | 90 | 0.15 | 0.22 | 0.36 | 0.58 | 0.9 | 1.5 | 2.2 |
| 10 | 18 | 70 | 110 | 0.18 | 0.27 | 0.43 | 0.7 | 1.1 | 1.8 | 2.7 |
| 18 | 30 | 84 | 130 | 0.21 | 0.33 | 0.52 | 0.84 | 1.3 | 2.1 | 3.3 |
| 30 | 50 | 100 | 160 | 0.25 | 0.39 | 0.62 | 1 | 1.6 | 2.5 | 3.9 |
| 50 | 80 | 120 | 190 | 0.3 | 0.46 | 0.74 | 1.2 | 1.9 | 3 | 4.6 |
| 80 | 120 | 140 | 220 | 0.35 | 0.54 | 0.87 | 1.4 | 2.2 | 3.5 | 5.4 |
| 120 | 180 | 160 | 250 | 0.4 | 0.63 | 1 | 1.6 | 2.5 | 4 | 6.3 |
| 180 | 250 | 185 | 290 | 0.46 | 0.72 | 1.15 | 1.83 | 2.9 | 4.6 | 7.2 |
| 250 | 315 | 210 | 320 | 0.52 | 0.81 | 1.3 | 2.1 | 3.2 | 5.2 | 8.1 |
| 315 | 400 | 230 | 360 | 0.57 | 0.89 | 1.4 | 2.3 | 3.6 | 5.7 | 8.9 |
| 400 | 500 | 250 | 400 | 0.63 | 0.97 | 1.55 | 2.5 | 4 | 6.3 | 9.7 |

表 A-2　公称尺寸至 500 mm 的优先及常用配合孔的极限偏差整值表（GB/T 1800.4—1999 摘录）　　单位：μm

| 代号 | | A | B | C | D | E | F | G | H | | | | | | | JS | K | M | N | P | R | S | T | U | V | X | Y | Z |
|---|---|---|---|---|---|---|---|---|---|---|---|---|---|---|---|---|---|---|---|---|---|---|---|---|---|---|---|---|
| 公称尺寸/mm | | 公差等级 | | | | | | | | | | | | | | | | | | | | | | | | | | |
| 大于 | 至 | 11 | 11 | *11 | *9 | 8 | *8 | *7 | 6 | *7 | *8 | *9 | 10 | *11 | 12 | 7 | *7 | 7 | *7 | *7 | 7 | *7 | 7 | *7 | 7 | 7 | 7 | 7 |
| — | 3 | +330<br>+270 | +200<br>+140 | +120<br>+60 | +45<br>+20 | +28<br>+14 | +20<br>+6 | +12<br>+2 | +6<br>0 | +10<br>0 | +14<br>0 | +25<br>0 | +40<br>0 | +60<br>0 | +100<br>0 | ±5 | 0<br>−10 | −2<br>−12 | −4<br>−14 | −6<br>−16 | −10<br>−20 | −14<br>−24 | — | −18<br>−28 | | −20<br>−30 | | −26<br>−36 |
| 3 | 6 | +345<br>+270 | +215<br>+140 | +145<br>+70 | +60<br>+30 | +38<br>+20 | +28<br>+10 | +16<br>+4 | +8<br>0 | +12<br>0 | +18<br>0 | +30<br>0 | +48<br>0 | +75<br>0 | +120<br>0 | ±6 | +3<br>−9 | 0<br>−12 | −4<br>−16 | −8<br>−20 | −11<br>−23 | −15<br>−27 | — | −19<br>−31 | | −24<br>−36 | | −31<br>−43 |
| 6 | 10 | +370<br>+280 | +240<br>+150 | +170<br>+80 | +76<br>+40 | +47<br>+25 | +35<br>+13 | +20<br>+5 | +9<br>0 | +15<br>0 | +22<br>0 | +36<br>0 | +58<br>0 | +90<br>0 | +150<br>0 | ±7 | +5<br>−10 | 0<br>−15 | −4<br>−19 | −9<br>−24 | −13<br>−28 | −17<br>−32 | — | −22<br>−37 | | −28<br>−43 | | −36<br>−51 |
| 10 | 14 | +400<br>+290 | +260<br>+150 | +205<br>+95 | +93<br>+50 | +59<br>+32 | +43<br>+16 | +24<br>+6 | +11<br>0 | +18<br>0 | +27<br>0 | +43<br>0 | +78<br>0 | +110<br>0 | +180<br>0 | ±9 | +6<br>−12 | 0<br>−18 | −5<br>−23 | −11<br>−29 | −16<br>−34 | −21<br>−39 | — | −26<br>−44 | | −33<br>−51 | | −43<br>−61 |
| 14 | 18 | | | | | | | | | | | | | | | | | | | | | | — | | −32<br>−50 | −38<br>−56 | | −53<br>−71 |
| 18 | 24 | +430<br>+300 | +290<br>+160 | +240<br>+110 | +117<br>+65 | +73<br>+40 | +53<br>+20 | +28<br>+7 | +13<br>0 | +21<br>0 | +33<br>0 | +52<br>0 | +84<br>0 | +130<br>0 | +210<br>0 | ±10 | +6<br>−15 | 0<br>−21 | −7<br>−28 | −14<br>−35 | −20<br>−41 | −27<br>−48 | — | −33<br>−54 | −39<br>−60 | −46<br>−67 | −55<br>−76 | −65<br>−86 |
| 24 | 30 | | | | | | | | | | | | | | | | | | | | | | −33<br>−54 | −40<br>−61 | −47<br>−68 | −56<br>−77 | −67<br>−88 | −80<br>−101 |
| 30 | 40 | +470<br>+310 | +330<br>+170 | +280<br>+120 | +142<br>+80 | +89<br>+50 | +64<br>+25 | +34<br>+9 | +16<br>0 | +25<br>0 | +39<br>0 | +62<br>0 | +100<br>0 | +160<br>0 | +250<br>0 | ±12 | +7<br>−18 | 0<br>−25 | −8<br>−33 | −17<br>−42 | −25<br>−50 | −34<br>−59 | −39<br>−64 | −51<br>−76 | −59<br>−84 | −71<br>−96 | −85<br>−110 | −103<br>−128 |
| 40 | 50 | +480<br>+320 | +340<br>+180 | +290<br>+130 | | | | | | | | | | | | | | | | | | | −45<br>−70 | −61<br>−86 | −72<br>−97 | −88<br>−113 | −105<br>−130 | −127<br>−152 |
| 50 | 65 | +530<br>+340 | +380<br>+190 | +330<br>+140 | +174<br>+100 | +106<br>+60 | +76<br>+30 | +40<br>+10 | +19<br>0 | +30<br>0 | +46<br>0 | +74<br>0 | +120<br>0 | +190<br>0 | +300<br>0 | ±15 | +9<br>−21 | 0<br>−30 | −9<br>−39 | −21<br>−51 | −30<br>−60 | −42<br>−72 | −55<br>−85 | −76<br>−106 | −91<br>−121 | −111<br>−141 | −133<br>−163 | −161<br>−191 |
| 65 | 80 | +550<br>+360 | +390<br>+200 | +340<br>+150 | | | | | | | | | | | | | | | | | −32<br>−62 | −48<br>−78 | −64<br>−94 | −91<br>−121 | −109<br>−139 | −135<br>−165 | −163<br>−193 | −199<br>−229 |
| 80 | 100 | +600<br>+380 | +440<br>+220 | +390<br>+170 | +207<br>+120 | +125<br>+72 | +90<br>+36 | +47<br>+12 | +22<br>0 | +35<br>0 | +54<br>0 | +87<br>0 | +140<br>0 | +220<br>0 | +350<br>0 | ±17 | +10<br>−25 | 0<br>−35 | −10<br>−45 | −24<br>−59 | −38<br>−73 | −58<br>−93 | −78<br>−113 | −111<br>−146 | −133<br>−168 | −165<br>−200 | −201<br>−236 | −245<br>−280 |
| 100 | 120 | +630<br>+410 | +460<br>+240 | +400<br>+180 | | | | | | | | | | | | | | | | | −41<br>−76 | −66<br>−101 | −91<br>−126 | −131<br>−166 | −159<br>−194 | −197<br>−232 | −241<br>−276 | −297<br>−332 |

续表

| 代号 | | A | B | C | D | E | F | G | H | | | | | | | JS | K | M | N | P | R | S | T | U | V | X | Y | Z |
|---|---|---|---|---|---|---|---|---|---|---|---|---|---|---|---|---|---|---|---|---|---|---|---|---|---|---|---|---|
| 公称尺寸/mm | | 公差等级 | | | | | | | | | | | | | | | | | | | | | | | | | | |
| 大于 | 至 | 11 | 11 | *11 | *9 | 8 | *8 | *7 | 6 | *7 | *8 | *9 | 10 | *11 | 12 | 7 | *7 | 7 | *7 | *7 | 7 | *7 | 7 | *7 | 7 | 7 | 7 | 7 |
| 120 | 140 | +710<br>+460 | +510<br>+260 | +450<br>+200 | | | | | | | | | | | | | | | | | -48<br>-88 | -77<br>-117 | -107<br>-147 | -155<br>-195 | -187<br>-227 | -233<br>-273 | -285<br>-325 | -350<br>-390 |
| 140 | 160 | +770<br>+520 | +530<br>+280 | +460<br>+210 | +245<br>+145 | +148<br>+85 | +106<br>+43 | +54<br>+14 | +25<br>0 | +40<br>0 | +63<br>0 | +100<br>0 | +160<br>0 | +250<br>0 | +400<br>0 | ±20 | +12<br>-28 | 0<br>-40 | -12<br>-52 | -28<br>-68 | -50<br>-90 | -85<br>-125 | -119<br>-159 | -175<br>-215 | -213<br>-253 | -265<br>-305 | -325<br>-365 | -400<br>-440 |
| 160 | 180 | +830<br>+580 | +560<br>+310 | +480<br>+230 | | | | | | | | | | | | | | | | | -53<br>-93 | -93<br>-133 | -131<br>-171 | -195<br>-235 | -237<br>-277 | -295<br>-335 | -365<br>-405 | -450<br>-490 |
| 180 | 200 | +950<br>+660 | +630<br>+340 | +530<br>+240 | | | | | | | | | | | | | | | | | -60<br>-106 | -105<br>-151 | -149<br>-195 | -219<br>-265 | -267<br>-313 | -333<br>-379 | -408<br>-454 | -503<br>-549 |
| 200 | 225 | +1030<br>+740 | +670<br>+380 | +550<br>+260 | +285<br>+170 | +172<br>+100 | +122<br>+50 | +61<br>+15 | +29<br>0 | +46<br>0 | +72<br>0 | +115<br>0 | +185<br>0 | +290<br>0 | +460<br>0 | ±23 | +13<br>-33 | 0<br>-46 | -14<br>-60 | -33<br>-79 | -63<br>-109 | -113<br>-159 | -163<br>-209 | -241<br>-287 | -293<br>-339 | -368<br>-414 | -453<br>-499 | -558<br>-604 |
| 225 | 250 | +1110<br>+820 | +710<br>+420 | +570<br>+280 | | | | | | | | | | | | | | | | | -67<br>-113 | -123<br>-169 | -179<br>-225 | -267<br>-313 | -323<br>-369 | -408<br>-454 | -503<br>-549 | -623<br>-669 |
| 250 | 280 | +1240<br>+920 | +800<br>+480 | +620<br>+300 | +320<br>+190 | +191<br>+110 | +137<br>+56 | +69<br>+17 | +32<br>0 | +52<br>0 | +81<br>0 | +130<br>0 | +210<br>0 | +320<br>0 | +520<br>0 | ±26 | +16<br>-36 | 0<br>-52 | -14<br>-66 | -36<br>-88 | -74<br>-126 | -138<br>-190 | -198<br>-250 | -295<br>-347 | -365<br>-417 | -455<br>-507 | -560<br>-612 | -690<br>-742 |
| 280 | 315 | +1370<br>+1050 | +860<br>+540 | +650<br>+330 | | | | | | | | | | | | | | | | | -78<br>-130 | -150<br>-202 | -220<br>-272 | -330<br>-382 | -405<br>-457 | -505<br>-557 | -630<br>-682 | -770<br>-822 |
| 315 | 355 | +1560<br>+1200 | +960<br>+600 | +720<br>+360 | +350<br>+210 | +214<br>+125 | +151<br>+62 | +75<br>+18 | +36<br>0 | +57<br>0 | +89<br>0 | +140<br>0 | +230<br>0 | +360<br>0 | +570<br>0 | ±28 | +17<br>-40 | 0<br>-57 | -16<br>-73 | -41<br>-98 | -87<br>-144 | -169<br>-226 | -247<br>-304 | -369<br>-426 | -454<br>-511 | -569<br>-626 | -709<br>-766 | -879<br>-936 |
| 355 | 400 | +1710<br>+1350 | +1040<br>+680 | +760<br>+400 | | | | | | | | | | | | | | | | | -93<br>-150 | -187<br>-244 | -273<br>-330 | -414<br>-471 | -509<br>-566 | -639<br>-696 | -799<br>-856 | -976<br>-1036 |
| 400 | 450 | +1900<br>+1500 | +1160<br>+760 | +840<br>+440 | +385<br>+230 | +232<br>+135 | +165<br>+68 | +83<br>+20 | +40<br>0 | +63<br>0 | +97<br>0 | +155<br>0 | +250<br>0 | +400<br>0 | +630<br>0 | ±31 | +18<br>-45 | 0<br>-63 | -17<br>-80 | -45<br>-108 | -103<br>-166 | -209<br>-272 | -307<br>-370 | -467<br>-530 | -572<br>-635 | -717<br>-780 | -897<br>-960 | -1077<br>-1140 |
| 450 | 500 | +2050<br>+1650 | +1240<br>+840 | +880<br>+480 | | | | | | | | | | | | | | | | | -109<br>-172 | -229<br>-292 | -337<br>-400 | -517<br>-580 | -637<br>-700 | -797<br>-860 | -977<br>-1040 | -1227<br>-1290 |

注：带“*”者为优先选用的，其他为常用的。

表 A-3　公称尺寸至 500mm 的优先及常用配合轴的极限偏差整值表（GB/T 1800.4—1999 摘录）　　单位：μm

| 代号 | | a | b | C | d | e | f | g | h | | | | | | | | js | k | m | n | p | r | s | t | u | v | x | y | z |
|---|---|---|---|---|---|---|---|---|---|---|---|---|---|---|---|---|---|---|---|---|---|---|---|---|---|---|---|---|---|
| 公称尺寸/mm | | 公差等级 | | | | | | | | | | | | | | | | | | | | | | | | | | | |
| 大于 | 至 | 11 | 11 | *11 | *9 | *8 | *7 | *6 | 5 | *6 | *7 | *8 | *9 | 10 | *11 | 12 | 6 | *6 | 6 | *6 | *6 | 6 | *6 | 6 | *6 | 6 | 6 | 6 | 6 |
| — | 3 | −270<br>−330 | −140<br>−200 | −60<br>−120 | −20<br>−45 | −14<br>−28 | −6<br>−16 | −2<br>−8 | 0<br>−4 | 0<br>−6 | 0<br>−10 | 0<br>−14 | 0<br>−25 | 0<br>−40 | 0<br>−60 | 0<br>−100 | ±3 | +6<br>0 | +8<br>+2 | +10<br>+4 | +12<br>+6 | +16<br>+10 | +20<br>+14 | — | +24<br>+18 | | +26<br>+20 | | +32<br>+26 |
| 3 | 6 | −270<br>−345 | −140<br>−215 | −70<br>−145 | −30<br>−60 | −20<br>−38 | −10<br>−22 | −4<br>−12 | 0<br>−5 | 0<br>−8 | 0<br>−12 | 0<br>−18 | 0<br>−30 | 0<br>−48 | 0<br>−75 | 0<br>−120 | ±4 | +9<br>+1 | +12<br>+4 | +16<br>+8 | +20<br>+12 | +23<br>+15 | +27<br>+19 | — | +31<br>+23 | | +36<br>+28 | | +43<br>+35 |
| 6 | 10 | −280<br>−370 | −150<br>−240 | −80<br>−170 | −40<br>−76 | −25<br>−47 | −13<br>−28 | −5<br>−14 | 0<br>−6 | 0<br>−9 | 0<br>−15 | 0<br>−22 | 0<br>−36 | 0<br>−58 | 0<br>−90 | 0<br>−150 | ±4.5 | +10<br>+1 | +15<br>+6 | +19<br>+10 | +24<br>+15 | +28<br>+19 | +32<br>+23 | — | +37<br>+28 | | +43<br>+34 | | +51<br>+42 |
| 10 | 14 | −290<br>−400 | −150<br>−260 | −95<br>−205 | −50<br>−93 | −32<br>−59 | −16<br>−34 | −6<br>−17 | 0<br>−8 | 0<br>−11 | 0<br>−18 | 0<br>−27 | 0<br>−43 | 0<br>−70 | 0<br>−110 | 0<br>−180 | ±5.5 | +12<br>+1 | +18<br>+7 | +23<br>+12 | +29<br>+18 | +34<br>+23 | +39<br>+28 | — | +44<br>+33 | | +51<br>+40 | | +61<br>+50 |
| 14 | 18 | | | | | | | | | | | | | | | | | | | | | | | — | | +50<br>+39 | +56<br>+45 | | +71<br>+60 |
| 18 | 24 | −300<br>−430 | −160<br>−290 | −110<br>−240 | −65<br>−117 | −40<br>−73 | −20<br>−41 | −7<br>−20 | 0<br>−9 | 0<br>−13 | 0<br>−21 | 0<br>−33 | 0<br>−52 | 0<br>−84 | 0<br>−130 | 0<br>−210 | ±6.5 | +15<br>+2 | +21<br>+8 | +28<br>+15 | +35<br>+22 | +41<br>+28 | +48<br>+35 | — | +54<br>+41 | +60<br>+47 | +67<br>+54 | +76<br>+63 | +86<br>+73 |
| 24 | 30 | | | | | | | | | | | | | | | | | | | | | | | +54<br>+41 | +61<br>+48 | +68<br>+55 | +77<br>+64 | +88<br>+75 | +101<br>+88 |
| 30 | 40 | −310<br>−470 | −170<br>−330 | −120<br>−280 | −80<br>−142 | −50<br>−89 | −25<br>−50 | −9<br>−25 | 0<br>−11 | 0<br>−16 | 0<br>−25 | 0<br>−39 | 0<br>−62 | 0<br>−100 | 0<br>−160 | 0<br>−250 | ±8 | +18<br>+2 | +25<br>+9 | +33<br>+17 | +42<br>+26 | +50<br>+34 | +59<br>+43 | +64<br>+48 | +76<br>+60 | +84<br>+68 | +96<br>+80 | −110<br>+94 | +128<br>+112 |
| 40 | 50 | −320<br>−480 | −180<br>−340 | −130<br>−290 | | | | | | | | | | | | | | | | | | | | +70<br>+54 | +86<br>+70 | +97<br>+81 | +113<br>+97 | −130<br>−114 | +152<br>+136 |
| 50 | 65 | −340<br>−530 | −190<br>−380 | −140<br>−330 | −100<br>−174 | −60<br>−106 | −30<br>−60 | −10<br>−29 | 0<br>−13 | 0<br>−19 | 0<br>−30 | 0<br>−46 | 0<br>−74 | 0<br>−120 | 0<br>−190 | 0<br>−300 | ±9.5 | +21<br>+2 | +30<br>+11 | +39<br>+20 | +51<br>+32 | +60<br>+41 | +72<br>+53 | +85<br>+66 | +106<br>+87 | +121<br>+102 | +141<br>+122 | −163<br>−144 | +191<br>+172 |
| 65 | 80 | −360<br>−550 | −200<br>−390 | −150<br>−340 | | | | | | | | | | | | | | | | | | +62<br>+43 | +78<br>+59 | +94<br>+75 | +121<br>+102 | +139<br>+120 | +165<br>+146 | −193<br>−174 | +229<br>+210 |
| 80 | 100 | −380<br>−600 | −220<br>−440 | −170<br>−390 | −120<br>−207 | −72<br>−126 | −36<br>−71 | −12<br>−34 | 0<br>−15 | 0<br>−22 | 0<br>−35 | 0<br>−54 | 0<br>−87 | 0<br>−140 | 0<br>−220 | 0<br>−350 | ±11 | +25<br>+3 | +35<br>+13 | +45<br>+23 | +59<br>+37 | +73<br>+51 | +93<br>+71 | +113<br>+91 | +146<br>+124 | +168<br>+146 | +200<br>+178 | −236<br>−214 | +280<br>+258 |
| 100 | 120 | −410<br>−630 | −240<br>−460 | −180<br>−400 | | | | | | | | | | | | | | | | | | +76<br>+54 | +101<br>+79 | +126<br>+104 | +166<br>+144 | +194<br>+172 | +232<br>+210 | −276<br>−254 | +332<br>+310 |

续表

| 代号 | | a | b | C | d | e | f | g | h | | | | | | | | js | k | m | n | p | r | s | t | u | v | x | y | z |
|---|---|---|---|---|---|---|---|---|---|---|---|---|---|---|---|---|---|---|---|---|---|---|---|---|---|---|---|---|---|
| 公称尺寸/mm | | 公差等级 | | | | | | | | | | | | | | | | | | | | | | | | | | | |
| 120 | 140 | -460<br>-710 | -260<br>-510 | -200<br>-450 | | | | | | | | | | | | | | | | | | +88<br>+63 | +117<br>+92 | +147<br>+122 | +195<br>+170 | +227<br>+202 | +273<br>+248 | +325<br>+300 | +390<br>+365 |
| 140 | 160 | -520<br>-770 | -280<br>-530 | -210<br>-460 | -145<br>-245 | -85<br>-148 | -43<br>-83 | -14<br>-39 | 0<br>-18 | 0<br>-25 | 0<br>-40 | 0<br>-63 | 0<br>-100 | 0<br>-160 | 0<br>-250 | 0<br>-400 | ±12.5 | +28<br>+3 | +40<br>+15 | +52<br>+27 | +68<br>+43 | +90<br>+65 | +125<br>+100 | +159<br>+134 | +215<br>+190 | +253<br>+228 | +305<br>+280 | +365<br>+340 | +440<br>+415 |
| 160 | 180 | -580<br>-830 | -310<br>-560 | -230<br>-480 | | | | | | | | | | | | | | | | | | +93<br>+68 | +133<br>+108 | +171<br>+146 | +235<br>+210 | +277<br>+252 | +235<br>+310 | +405<br>+380 | +490<br>+465 |
| 180 | 200 | -660<br>-950 | -340<br>-630 | -240<br>-530 | | | | | | | | | | | | | | | | | | +106<br>+77 | +151<br>+122 | +195<br>+166 | +265<br>+236 | +313<br>+284 | +379<br>+350 | +454<br>+425 | +549<br>+520 |
| 200 | 225 | -740<br>-1030 | -380<br>-670 | -260<br>-550 | -170<br>-285 | -100<br>-172 | -50<br>-96 | -15<br>-44 | 0<br>-20 | 0<br>-29 | 0<br>-46 | 0<br>-72 | 0<br>-115 | 0<br>-185 | 0<br>-290 | 0<br>-460 | ±14.5 | +33<br>+4 | +46<br>+17 | +60<br>+31 | +79<br>+50 | +109<br>+80 | +159<br>+130 | +209<br>+180 | +287<br>+258 | +339<br>+310 | +414<br>+385 | +499<br>+470 | +604<br>+575 |
| 225 | 250 | -820<br>-1110 | -420<br>-710 | -280<br>-570 | | | | | | | | | | | | | | | | | | +113<br>+84 | +169<br>+140 | +225<br>+196 | +313<br>+284 | +369<br>+340 | +454<br>+425 | +549<br>+520 | +669<br>+640 |
| 250 | 280 | -920<br>-1240 | -480<br>-800 | -300<br>-620 | -190<br>-320 | -110<br>-191 | -56<br>-108 | -17<br>-49 | 0<br>-23 | 0<br>-32 | 0<br>-52 | 0<br>-81 | 0<br>-130 | 0<br>-210 | 0<br>-320 | 0<br>-520 | ±16 | +36<br>+4 | +52<br>+20 | +66<br>+34 | +88<br>+56 | +126<br>+94 | +190<br>+158 | +250<br>+218 | +347<br>+315 | +417<br>+385 | +507<br>+475 | +612<br>+580 | +742<br>+710 |
| 280 | 315 | -1050<br>-1370 | -540<br>-860 | -330<br>-650 | | | | | | | | | | | | | | | | | | +130<br>+98 | +202<br>+170 | +272<br>+240 | +382<br>+350 | +457<br>+425 | +557<br>+525 | +682<br>+650 | +822<br>+790 |
| 315 | 355 | -1200<br>-1560 | -600<br>-960 | -360<br>-720 | -210<br>-350 | -125<br>-214 | -62<br>-119 | -18<br>-54 | 0<br>-25 | 0<br>-36 | 0<br>-57 | 0<br>-89 | 0<br>-140 | 0<br>-230 | 0<br>-360 | 0<br>-570 | ±18 | +40<br>+4 | +57<br>+21 | +73<br>+37 | +98<br>+62 | +144<br>+108 | +226<br>+190 | +304<br>+268 | +426<br>+390 | +511<br>+475 | +626<br>+590 | +766<br>+730 | +936<br>+900 |
| 355 | 400 | -1350<br>-1710 | -680<br>-1040 | -400<br>-760 | | | | | | | | | | | | | | | | | | +150<br>+114 | +224<br>+208 | +330<br>+294 | +471<br>+435 | +566<br>+530 | +696<br>+660 | +856<br>+820 | +1036<br>+1000 |
| 400 | 450 | -1500<br>-1900 | -760<br>-1160 | -440<br>-840 | -230<br>-385 | -135<br>-232 | -68<br>-131 | -20<br>-60 | 0<br>-27 | 0<br>-40 | 0<br>-63 | 0<br>-97 | 0<br>-155 | 0<br>-250 | 0<br>-400 | 0<br>-630 | ±20 | +45<br>+5 | +63<br>+23 | +80<br>+40 | +108<br>+68 | +166<br>+126 | +272<br>+232 | +370<br>+330 | +530<br>+490 | +635<br>+595 | +780<br>+740 | +960<br>+920 | +1140<br>+1100 |
| 450 | 500 | -1650<br>-2050 | -840<br>-1240 | -480<br>-880 | | | | | | | | | | | | | | | | | | +172<br>+132 | +292<br>+252 | +400<br>+360 | +580<br>+540 | +700<br>+660 | +860<br>+820 | +1040<br>+1000 | +1290<br>+1250 |

注：带“*”者为优先选用的，其他为常用的。

# 附录 B　螺纹

表 B-1　普通螺纹直径与螺距（GB/T 193—2003 和 GB/T 196—2003 摘录）

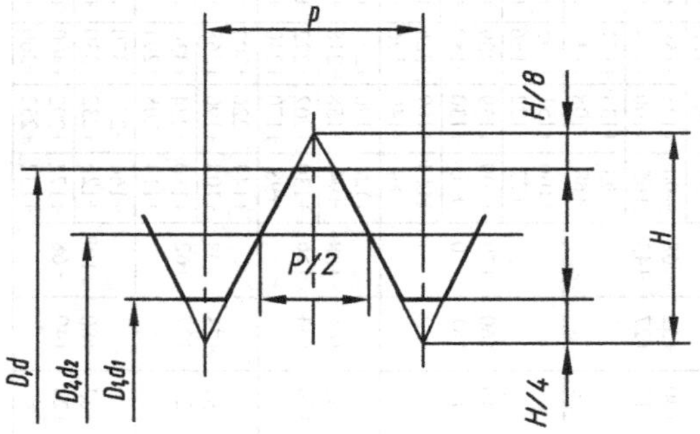


$$H = \frac{\sqrt{3}}{2}P$$

单位：mm

| 公称直径 $D$、$d$ | | 螺距 $P$ | | | | | | | | |
|---|---|---|---|---|---|---|---|---|---|---|
| 第 1 系列 | 第 2 系列 | 粗牙 | 细牙 | | | | | | | |
| 3 | | 0.5 | | | | | | | 0.35 |
| 4 | | 0.7 | | | | | | | 0.5 |
| 5 | | 0.8 | | | | | | | 0.5 |
| 6 | | 1 | | | | | | 0.75 | |
| 8 | | 1.25 | | | | | 1 | 0.75 | |
| | | 1.25 | | | | | 1 | 0.75 | |
| 10 | | 1.5 | | | | 1.25 | 1 | 0.75 | |
| 12 | | 1.75 | | | | 1.25 | 1 | | |
| | 14 | 2 | | | 1.5 | 1.25 | 1 | | |
| 16 | | 2 | | | 1.5 | | 1 | | |
| | | | | | 1.5 | | 1 | | |
| | 18 | 2.5 | | 2 | 1.5 | | 1 | | |
| 20 | | 2.5 | | 2 | 1.5 | | 1 | | |
| | 22 | 2.5 | | 2 | 1.5 | | 1 | | |
| 24 | | 3 | | 2 | 1.5 | | 1 | | |
| 30 | | 3.5 | （3） | 2 | 1.5 | | 1 | | |
| 36 | | 4 | 3 | 2 | 1.5 | | | | |
| | 39 | 4 | 3 | 2 | 1.5 | | | | |

注：应优先选用第一系列，尽可能地避免选用括号内的螺距。

## 表 B-2 梯形螺纹直径与螺距系列基本尺寸（GB/T 5796.2—2005 和 GB/T 5796.3—2005 摘录）

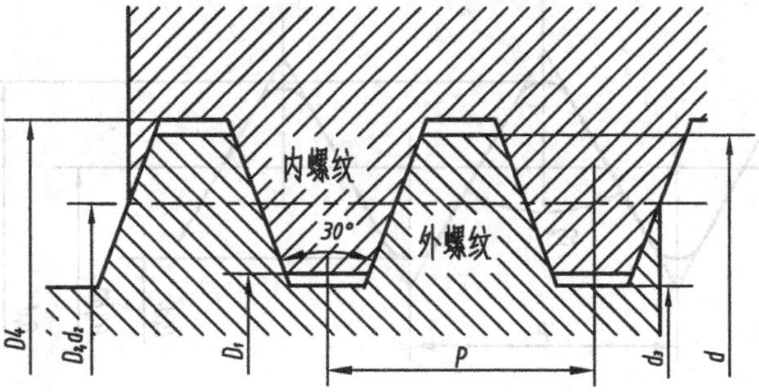


标记示例

1．公称直径 $d$ 为 40 mm，导程和螺距 $P$ 为 7 mm，中径公差带代号为 7H 的左旋单线梯形螺纹，其代号为：

Tr40×7LH–7H

2．公称直径 $d$ 为 40 mm，导程为 14mm，螺距 $P$ 为 7mm，中径公差带代号为 7e 的右旋双线梯形螺纹，其代号为：

Tr40×14(P7)–7e

单位：mm

| 公称直径 $d$（外螺纹大经） | | | 螺距 $P$ | 外螺纹小径 $d_3$ | 外、内螺纹中经 $d_2$、$D_2$ | 内螺纹 | |
|---|---|---|---|---|---|---|---|
| 第 1 系列 | 第 2 系列 | 第 3 系列 | | | | 大经 $D_4$ | 小径 $D_1$ |
| 10 | | | 1.5 | 8.2 | 9.3 | 10.3 | 8.5 |
| | | | 2 | 7.5 | 9.0 | 10.5 | 8.0 |
| | 11 | | 2 | 8.5 | 10.0 | 11.5 | 9.0 |
| | | | 3 | 7.5 | 9.5 | | 8.0 |
| 12 | | | 2 | 9.5 | 11.0 | 12.5 | 10.0 |
| | | | 3 | 8.5 | 10.5 | | 9.0 |
| | 14 | | 2 | 11.5 | 13.0 | 14.5 | 12.0 |
| | | | 3 | 10.5 | 12.5 | | 11.0 |
| 16 | | | 2 | 13.5 | 15.0 | 16.5 | 14.0 |
| | | | 4 | 11.5 | 14.0 | | 12.0 |
| | 18 | | 2 | 15.5 | 17.0 | 18.5 | 16.0 |
| | | | 4 | 13.5 | 16.0 | | 14.0 |
| 20 | | | 2 | 17.5 | 19.0 | 20.5 | 18.0 |
| | | | 4 | 15.5 | 18.0 | | 16.0 |
| | 22 | | 3 | 18.5 | 20.5 | 22.5 | 19.0 |
| | | | 5 | 16.5 | 19.5 | 22.5 | 17.0 |
| | | | 8 | 13.0 | 18.0 | 23.0 | 14.0 |
| 24 | | | 3 | 20.5 | 22.5 | 24.5 | 21.0 |
| | | | 5 | 18.5 | 21.5 | 24.5 | 19.0 |
| | | | 8 | 15.0 | 20.0 | 25.0 | 16.0 |
| | 26 | | 3 | 22.5 | 24.5 | 26.5 | 23.0 |
| | | | 5 | 20.5 | 23.5 | 26.5 | 21.0 |
| | | | 8 | 17.0 | 22.0 | 27.0 | 18.0 |
| 28 | | | 3 | 24.5 | 26.5 | 28.5 | 25.0 |
| | | | 5 | 22.5 | 25.5 | 28.5 | 23.0 |
| | | | 8 | 19.5 | 24.0 | 29.0 | 20.2 |
| | 30 | | 3 | 26.5 | 28.5 | 30.5 | 27.0 |
| | | | 6 | 23.0 | 27.0 | 31.0 | 24.0 |
| | | | 10 | 19.0 | 25.0 | 31.0 | 20.2 |

## 表 B-3　55°非密封管螺纹尺寸代号及基本尺寸（GB/T 7303—2001 摘录）

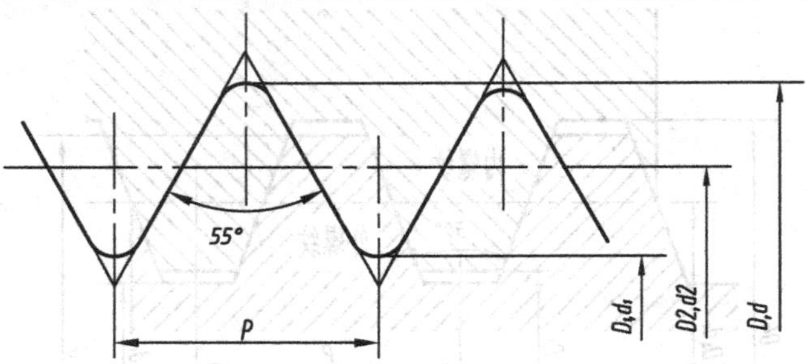


标记示例：

1．尺寸代号为 2 的右旋圆柱内螺纹：G2。
2．尺寸代号为 2 的 A 级右旋圆柱外螺纹：G2A。
3．尺寸代号为 2 的左旋圆柱内螺纹：G2LH。
4．尺寸代号为 2 的 B 级左旋圆柱外螺纹：G2B–LH。
5．表示螺纹副时，仅需标注外螺纹的标记代号。

单位：mm

| 尺寸代号 | 每 25.4 mm 内所包含的牙数 $n$ | 螺距 $P$ | 基本直径 | |
|---|---|---|---|---|
| | | | 大经 $d = D$ | 小径 $d_1 = D_2$ |
| 1/16 | 28 | 0.907 | 7.723 | 6.561 |
| 1/8 | | | 9.728 | 8.566 |
| 1/4 | 19 | 1.337 | 13.157 | 11.445 |
| 3/8 | | | 16.662 | 14.950 |
| 1/2 | 14 | 1.814 | 20.955 | 18.631 |
| 5/8 | | | 22.911 | 20.587 |
| 3/4 | | | 26.441 | 24.117 |
| 7/8 | | | 30.201 | 27.877 |
| 1 | 11 | 2.309 | 33.249 | 30.291 |
| 1/3 | | | 37.897 | 34.939 |
| 1¼ | | | 41.91 | 38.952 |
| 1½ | | | 47.803 | 44.845 |
| 1¾ | | | 53.746 | 50.788 |
| 2 | | | 59.614 | 56.656 |
| 2¼ | | | 65.71 | 62.752 |
| 2½ | | | 75.184 | 72.226 |
| 2¾ | | | 81.534 | 78.576 |
| 3 | | | 87.884 | 84.926 |
| 3½ | | | 100.33 | 97.372 |
| 4 | | | 113.03 | 110.072 |

注：本标准适用于管子、管接头、旋塞、阀门及其他管路附件的螺纹连接。

# 附录C 螺纹紧固件

## 表 C-1 六角头螺栓：各部分尺寸（GB/T 5782—2002 和 GB/T 5783—2002 摘录）

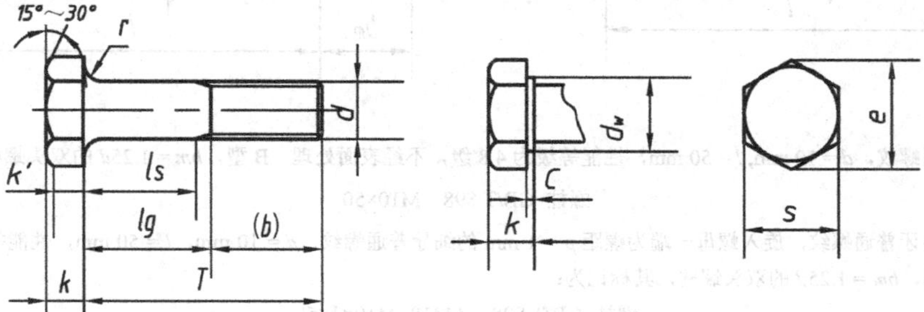


螺纹规格 $d$ = M12，公称长度 $l$ = 80 mm，性能等级为 8.8 级，表面氧化，A 级的六角头螺栓：

螺栓 GB/T 5782 M12×80

单位：mm

| 螺纹规格 $d$ | | | M5 | M6 | M8 | M10 | M12 | M16 | M20 | M24 | M30 | M36 |
|---|---|---|---|---|---|---|---|---|---|---|---|---|
| $b$ 参考 | $l$ ≤ 125 | | 16 | 18 | 22 | 26 | 30 | 38 | 46 | 54 | 66 | — |
| | 125 < $l$ ≤ 200 | | 22 | 24 | 28 | 32 | 36 | 44 | 52 | 60 | 72 | 84 |
| | $l$ > 200 | | 35 | 37 | 41 | 45 | 49 | 57 | 65 | 73 | 85 | 97 |
| $c$ | | | 0.5 | 0.5 | 0.6 | 0.6 | 0.6 | 0.8 | 0.8 | 0.8 | 0.8 | 0.8 |
| $d_w$ | 产品等级 | A | 6.88 | 8.88 | 11.63 | 14.63 | 16.63 | 22.49 | 28.19 | 33.61 | — | — |
| | | B | 6.74 | 8.74 | 11.47 | 14.47 | 16.47 | 22 | 27.7 | 33.25 | 42.75 | 51.11 |
| $e$ | 产品等级 | A | 8.79 | 11.05 | 14.38 | 17.77 | 20.03 | 26.75 | 33.53 | 39.98 | — | — |
| | | B | 8.63 | 10.89 | 14.20 | 17.59 | 19.85 | 26.17 | 32.95 | 39.55 | 50.85 | 60.79 |
| $k'$ | 公称 | | 3.5 | 4 | 5.3 | 6.4 | 7.5 | 10 | 12.5 | 15 | 18.7 | 22.5 |
| | min | | 3.12 | 3.62 | 4.92 | 5.95 | 7.05 | 9.25 | 11.6 | 14.1 | 17.65 | 21.45 |
| | max | | 3.88 | 4.38 | 5.68 | 6.85 | 7.95 | 10.7 | 13.4 | 15.9 | 19.75 | 23.85 |
| $K$ | 公称 | | 3.5 | 4 | 5.3 | 6.4 | 7.5 | 10 | 12.5 | 15 | 18.7 | 22.5 |
| $r$ | | | 0.2 | 0.25 | 0.4 | 0.4 | 0.6 | 0.6 | 0.8 | 0.8 | 1 | 1 |
| $S$ | 公称 | | 8 | 10 | 13 | 16 | 18 | 24 | 30 | 36 | 46 | 55 |
| $l$（商品规格及范围） | | | 25～50 | 30～60 | 40～80 | 45～100 | 50～120 | 65～160 | 80～200 | 90～240 | 110～300 | 140～360 |
| $l$ 系列 | 25, 30, 35, 40, 45，50, 55, 60, 65, 70, 80, 90, 100, 110, 120, 130, 140, 150, 160, 180, 200, 220, 240, 260, 280, 300, 320, 340, 360, 380, 400, 420, 440, 460, 480, 500 | | | | | | | | | | | |

注：A 级和 B 级为产品等级，A 级用于 $d$ ≤ 24 mm 或 $l$ ≤ 10$d$ 或 ≤ 150 mm（按较小值）的螺栓；B 级用于 $d$ > 24 mm 或 $l$ > 10$d$ 或>150 mm（按较小值）的螺栓。

**表 C-2 双头螺柱各部分尺寸（GB/T 897—1988, GB/T 898—1988, GB/T 899—1988, GB/T 900—1988 摘录）**

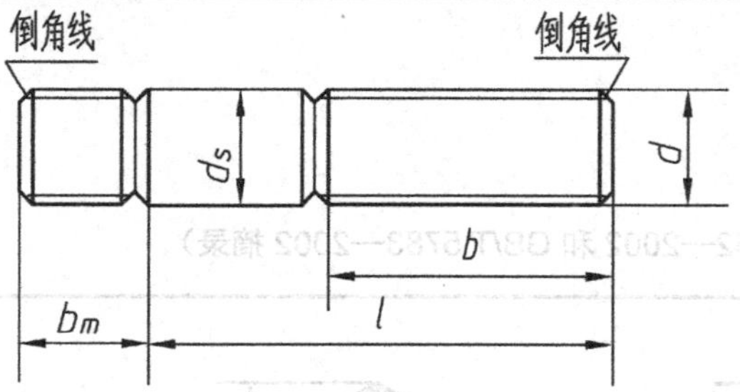


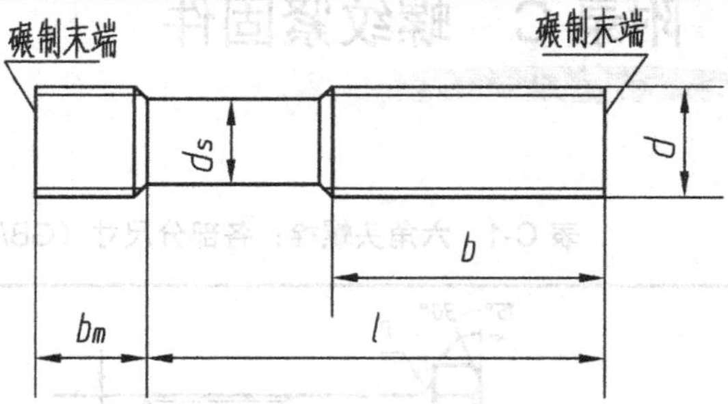


标记示例：

两端均为粗牙普通螺纹，$d = 10$ mm，$l = 50$ mm，性能等级为 4.8 级，不经表面处理，B 型，$bm = 1.25d$ 的双头螺柱，其标记为：

螺柱 GB/T 898 M10×50

旋入机体一端为粗牙普通螺纹，旋入螺母一端为螺距 $p = 1$ mm 的细牙普通螺纹，$d = 10$ mm，$l = 50$ mm，性能等级为 4.8 级，不经表面处理，A 型，$bm = 1.25d$ 的双头螺柱，其标记为：

螺柱 GB/T 898 AM10–M10×1×50

单位：mm

| 螺纹规格 | $b_m$ | | | | $l/d$ |
|---|---|---|---|---|---|
| | GB/T 897—1988 $b_m = 1d$ | GB/T 898—1988 $bm = 1.25d$ | GB/T 899—1988 $bm = 1.5d$ | GB/T 900—1988 $bm = 1.5d$ | |
| M5 | 5 | 6 | 8 | 10 | 16～(22)/10，25～50/16 |
| M6 | 6 | 8 | 10 | 12 | 20～(22)/10，25～30/14，(32)～75/18 |
| M8 | 8 | 10 | 12 | 16 | 20～(22)/12，25～30/16，(32)～90/22 |
| M10 | 10 | 12 | 15 | 20 | 25～(28)/14，30～(38)/16，40～120/26，130/32 |
| M12 | 12 | 15 | 18 | 24 | 25～30/16，(32)～40/20，45～120/30，130～180/36 |
| M16 | 16 | 20 | 24 | 32 | 30～(38)/20，40～(55)/30，60～120/38，130～200/44 |
| M20 | 20 | 25 | 30 | 40 | 35～40/25，45～(65)/35，70～120/46，130～200/52 |
| M24 | 24 | 30 | 36 | 48 | 45～50/30，(55)～(75)/45，80～120/54，130～200/60 |
| M30 | 30 | 38 | 45 | 60 | 60～65/40，70～90/50，95～120/60，130～200/72 |
| M36 | 36 | 45 | 54 | 72 | 65～75/45，80～110/60，130～200/84，210～300/97 |
| $l$ 系列 | 16,(18),20,(22),25,(28),30,(32),35,(38),40,45,50,(55),60,(65),70,(75),80,(85),90,(95),100,110,120,130,140,150,160,170,180,190,200,210,220,230,240,250,260,280,300 | | | | |

注：① 尽可能不采用括号内的规格。

② 本表所列双头螺柱的力学性能等级为 4.8 级或 8.8 级（需要标注）。

**表 C-3 开槽圆柱头螺钉各部分尺寸（GB/T 65—2000 摘录）**

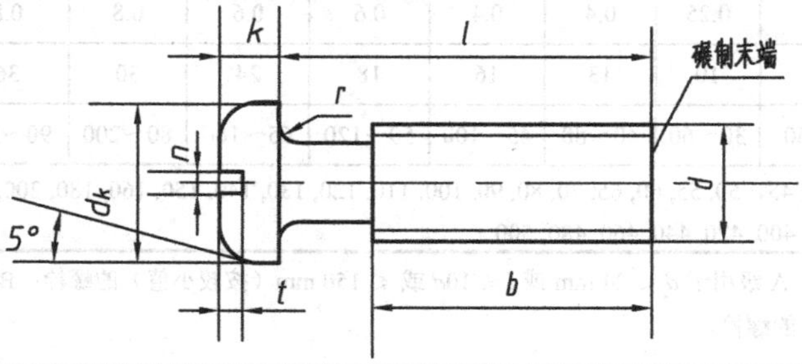

续表

标记示例：

螺纹规格 $d$ = M5，公称长度 $l$ = 20 mm，性能等级为 4.8 级，不经表面处理的开槽圆柱螺钉，其标记为：

螺钉　GB/T 65 M5×20

单位：mm

| 螺纹规格 $d$ | $P$（螺距） | $b_{min}$ | $d_k$ | $k_{max}$ | $n_{公称}$ | $r_{min}$ | $t_{min}$ | 公称长度 $l$ |
|---|---|---|---|---|---|---|---|---|
| M3 | 0.5 | 25 | — | — | 0.8 | 0.1 | — | 4～30 |
| M4 | 0.7 | 38 | 7 | 2.6 | 1.2 | 0.2 | 1.1 | 5～40 |
| M5 | 0.8 | 38 | 8.5 | 3.3 | 1.2 | 0.2 | 1.3 | 6～50 |
| M6 | 1 | 38 | 10 | 3.9 | 1.6 | 0.25 | 1.6 | 8～60 |
| M8 | 1.25 | 38 | 13 | 5 | 2 | 0.4 | 2 | 10～80 |
| M10 | 1.5 | 38 | 16 | 6 | 2.5 | 0.4 | 2.4 | 12～80 |
| $l$ 系列 | 4, 5, 6, 8, 10, 12, (14), 16, 20, 25, 30, 35, 40, 50, (55), 60, (65), 70, (75), 80 | | | | | | | |

注：① 括号内的规格尽可能不采用。

② 公称长度 $l \leqslant$ 40 mm 的螺钉和 M3、$l \leqslant$ 30 mm 的螺钉，制出全螺纹。

## 表 C-4　开槽盘头螺钉各部分尺寸（GB/T 67—2000 摘录）

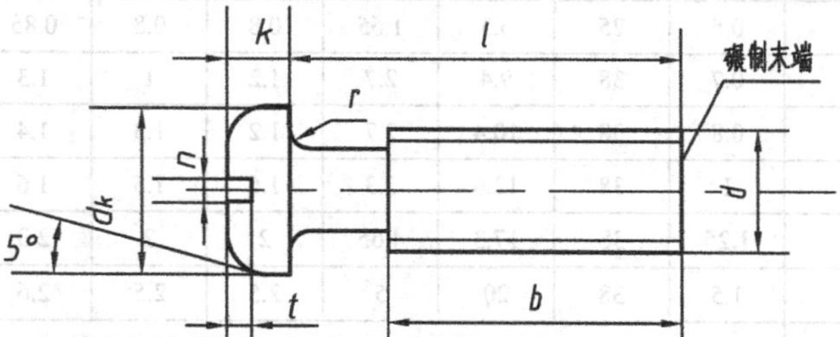


标记示例：

螺纹规格 $d$ = M5，公称长度 $l$ = 20 mm，性能等级为 4.8 级，不经表面处理的开槽盘头螺钉，其标记为：

螺钉 GB/T 67 M5×20

单位：mm

| 螺纹规格 $d$ | $P$（螺距） | $b_{min}$ | $d_k$ | $k_{max}$ | $n_{公称}$ | $r_{min}$ | $t_{min}$ | 公称长度 $l$ |
|---|---|---|---|---|---|---|---|---|
| M3 | 0.5 | 25 | 5.6 | 1.8 | 0.8 | 0.1 | 0.7 | 4～30 |
| M4 | 0.7 | 38 | 8 | 2.4 | 1.2 | 0.2 | 1 | 5～40 |
| M5 | 0.8 | 38 | 9.5 | 3 | 1.2 | 0.2 | 1.2 | 6～50 |
| M6 | 1 | 38 | 12 | 3.6 | 1.6 | ,0.25 | 1.4 | 8～60 |
| M8 | 1.25 | 38 | 16 | 4.8 | 2 | 0.4 | 1.9 | 10～80 |
| M10 | 1.5 | 38 | 20 | 6 | 2.5 | 0.4 | 2.4 | 12～80 |
| $l$ 系列 | 4, 5, 6, 8, 10, 12, (14), 16, 20, 25, 30, 35, 40, 45, 50, (55), 60, (65), 70, (75), 80 | | | | | | | |

注：① 括号内的规格尽可能不采用。

② 公称长度 $l \leqslant$ 40 mm 的螺钉和 M3、$l \leqslant$ 30 mm 的螺钉，制出全螺纹。

### 表 C-5　开槽沉头螺钉各部分尺寸（GB/T 68—2000 摘录）

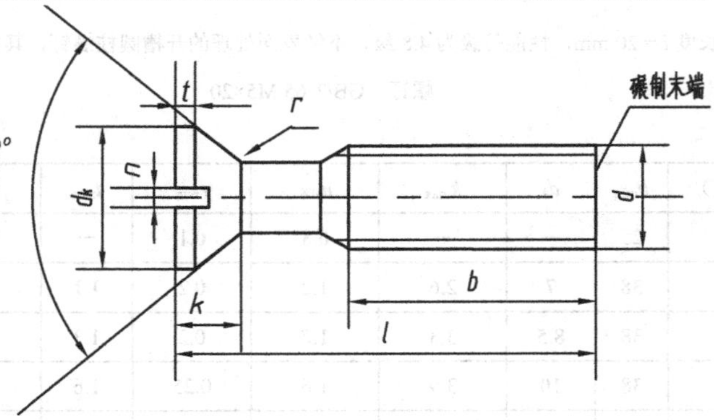


标记示例：

螺纹规格 $d$ = M5，公称长度 $l$ = 20 mm，性能等级为 4.8 级，不经表面处理的 A 级开槽沉头螺钉，其标记为：

螺钉 GB/T 68 M5×20

单位：mm

| 螺纹规格 $d$ | $p$ | $b$ | $d_k$ | $k_{max}$ | $n_{公称}$ | $r_{min}$ | $t_{max}$ | 公称长度 $l$ |
|---|---|---|---|---|---|---|---|---|
| M1.6 | 0.35 | 25 | 3.6 | 1 | 0.4 | 0.5 | 0.5 | 2.5～16 |
| M2 | 0.4 | 25 | 4.4 | 1.2 | 0.5 | 0.5 | 0.6 | 3～20 |
| M2.5 | 0.45 | 25 | 5.5 | 1.5 | 0.6 | 0.6 | 0.75 | 4～25 |
| M3 | 0.5 | 25 | 6.3 | 1.65 | 0.8 | 0.8 | 0.85 | 5～30 |
| M4 | 0.7 | 38 | 9.4 | 2.7 | 1.2 | 1 | 1.3 | 6～40 |
| M5 | 0.8 | 38 | 10.4 | 2.7 | 1.2 | 1.3 | 1.4 | 8～50 |
| M6 | 1 | 38 | 12.6 | 3.3 | 1.6 | 1.5 | 1.6 | 8～60 |
| M8 | 1.25 | 38 | 17.3 | 4.65 | 2 | 2 | 2.3 | 10～80 |
| M10 | 1.5 | 38 | 20 | 5 | 2.5 | 2.5 | 2.6 | 12～80 |
| 长度 $l$（系列） | 4,5,6,8,10,12,(14),16,20,25,30,35,40,50,(55),60,(65),70,(75),80 | | | | | | | |

注：① 括号内的规格尽可能不采用。

② M1.6～M3 的螺钉，公称长度 $l \leqslant 30$ 的，制出全螺纹。

③ M4～M10 的螺钉，公称长度 $l \leqslant 45$ 的，制出全螺纹。

### 表 C-6　紧定螺钉各部分尺寸（GB/T 71—1985 和 GB/T 73—1985 摘录）

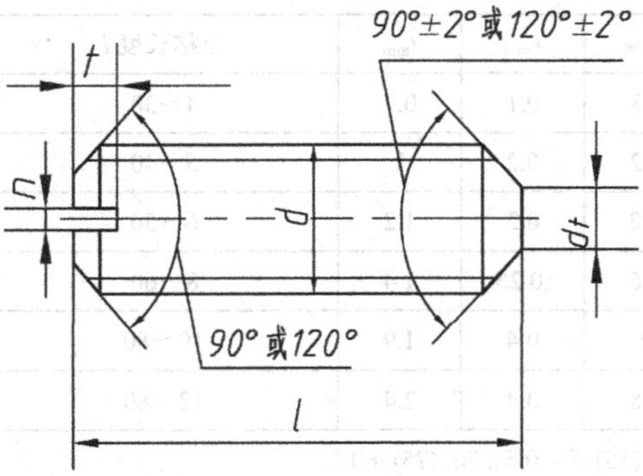


开槽锥端紧定螺钉 GB/T 71—1985

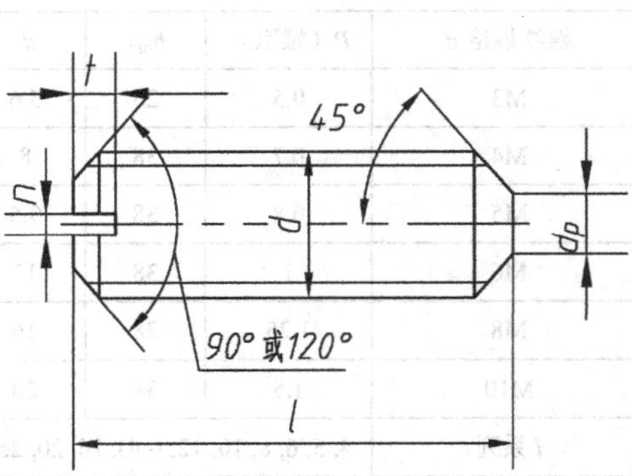


开槽平端紧定螺钉 GB/T 73—1985

标记示例：

螺纹规格 $d$ = M5，公称长度 $l$ = 12 mm，性能等级为 14H 级，表面氧化的开槽锥端紧定螺钉：

螺钉 GB/T 71 M5×12

续表

单位：mm

| 螺纹规格 $d$ | $P$（螺距） | $d_t$ | $d_p$ | $n_{公称}$ | $t$ | $l$（公称长度） | |
|---|---|---|---|---|---|---|---|
| | | | | | | GB/T 71 | GB/T 73 |
| M1.6 | 0.35 | 0.16 | 0.8 | 0.25 | 0.74 | 2～8 | 2～8 |
| M2 | 0.4 | 0.2 | 1 | 0.25 | 0.84 | 3～10 | 2～10 |
| M2.5 | 0.45 | 0.25 | 1.5 | 0.4 | 0.95 | 3～12 | 2.5～12 |
| M3 | 0.5 | 0.3 | 2 | 0.4 | 1.05 | 4～16 | 3～16 |
| M4 | 0.7 | 0.4 | 2.5 | 0.6 | 1.42 | 6～20 | 4～20 |
| M5 | 0.8 | 0.5 | 3.5 | 0.8 | 1.63 | 8～25 | 5～25 |
| M6 | 1 | 1.5 | 4 | 1 | 2 | 8～30 | 6～30 |
| M8 | 1.25 | 2 | 5.5 | 1.2 | 2.5 | 10～40 | 8～40 |
| M10 | 1.5 | 2.5 | 7 | 1.6 | 3 | 12～50 | 10～50 |
| $l$ 系列 | 2,2.5,3,4,5,6,8,10,12,(14),16,20,25,30,35,40,45,50,(55),60 | | | | | | |

注：① 括号内的尽量不采用。

② 紧定螺钉的性能等级有 14H 和 22H 级，其中 14H 级为常用级。

## 表 C-7　Ⅰ型六角螺母：A 级和 B 级各部分尺寸（GB/T 6170—2000 摘录）

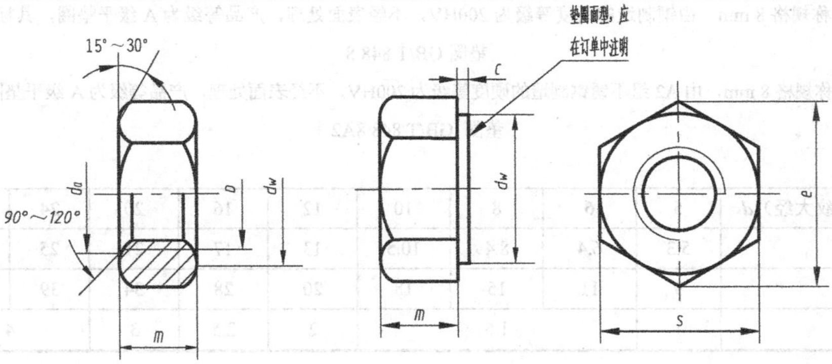


标记示例：

螺纹规格 $D$＝M12，性能等级为 8 级，不经表面处理，产品等级为 A 级的Ⅰ型六角螺母，其标记为：

螺母 GB/T 6170 M12

单位：mm

| 螺纹规格 $D$ | $c$ | $d_a$ | $d_w$ | $e$ | $m$ | | $s$ | |
|---|---|---|---|---|---|---|---|---|
| | | | | | max | min | max | min |
| M3 | 0.4 | 3.45 | 4.6 | 6.01 | 2.4 | 2.15 | 5.5 | 5.32 |
| M4 | 0.4 | 4.6 | 5.9 | 7.66 | 3.2 | 2.9 | 7 | 6.78 |
| M5 | 0.5 | 5.75 | 6.9 | 8.79 | 4.7 | 4.4 | 8 | 7.78 |
| M6 | 0.5 | 6.75 | 8.9 | 11.05 | 5.2 | 4.9 | 10 | 9.78 |
| M8 | 0.6 | 8.75 | 11.6 | 14.38 | 6.8 | 6.44 | 13 | 12.73 |

续表

| 螺纹规格 $D$ | $c$ | $d_a$ | $d_w$ | $e$ | $m$ | | $s$ | |
|---|---|---|---|---|---|---|---|---|
| | | | | | max | min | max | min |
| M10 | 0.6 | 10.8 | 14.6 | 17.77 | 8.4 | 8.04 | 16 | 15.73 |
| M12 | 0.6 | 13 | 16.6 | 20.03 | 10.8 | 10.37 | 18 | 17.73 |
| M16 | 0.8 | 17.3 | 22.5 | 26.75 | 14.8 | 14.1 | 24 | 23.67 |
| M20 | 0.8 | 21.6 | 27.7 | 32.95 | 18 | 16.9 | 30 | 29.16 |
| M24 | 0.8 | 25.9 | 33.2 | 39.55 | 21.5 | 20.2 | 36 | 35 |
| M30 | 0.8 | 32.4 | 42.8 | 50.85 | 25.6 | 24.3 | 46 | 45 |
| M36 | 0.8 | 38.9 | 51.1 | 60.79 | 31 | 29.4 | 55 | 53.8 |

注：A 级用于 $D \leqslant 16$ mm 的螺母；B 级用于 $D > 16$ mm 的螺母。本表仅按商品规格和通用规格列出。

## 表 C-8　小垫圈 A 级各部分尺寸（GB/T 848—2002 摘录）

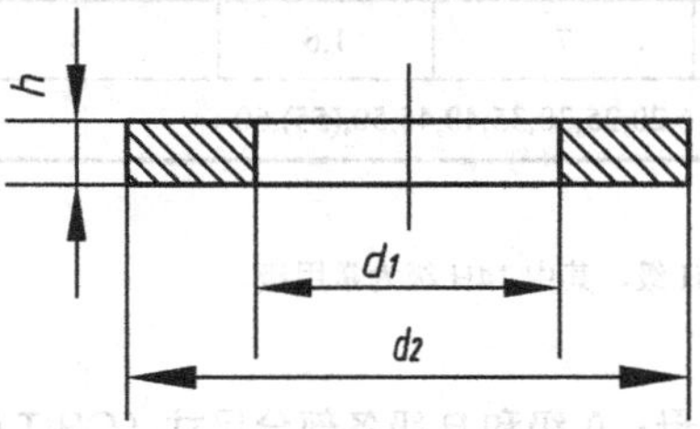


标记示例：

1．小系列、公称规格 8 mm，由钢制造的硬度等级为 200HV，不经表面处理，产品等级为 A 级平垫圈，其标记为：

垫圈 GB/T 848 8

2．小系列、公称规格 8 mm，由 A2 组不锈钢制造的硬度等级为 200HV，不经表面处理，产品等级为 A 级平垫圈，其标记为：

垫圈　GB/T 848 8A2

单位：mm

| 公称规格（螺纹大经）$d$ | 5 | 6 | 8 | 10 | 12 | 16 | 20 | 24 | 30 | 36 |
|---|---|---|---|---|---|---|---|---|---|---|
| $d_1$ | 5.3 | 6.4 | 8.4 | 10.5 | 13 | 17 | 21 | 25 | 31 | 37 |
| $d_2$ | 9 | 11 | 15 | 18 | 20 | 28 | 34 | 39 | 50 | 60 |
| $h$ | 1 | 1.6 | | | 2 | 2.5 | 3 | 4 | | 5 |

## 表 C-9　平垫圈各部分尺寸（GB/T 97.1—2002 和 GB/T 97.2—2002 摘录）

平垫圈 A 级各部分尺寸 GB/T 97.1—2002　　平垫圈　倒角型 A 级各部分尺寸 GB/T 97.2—2002

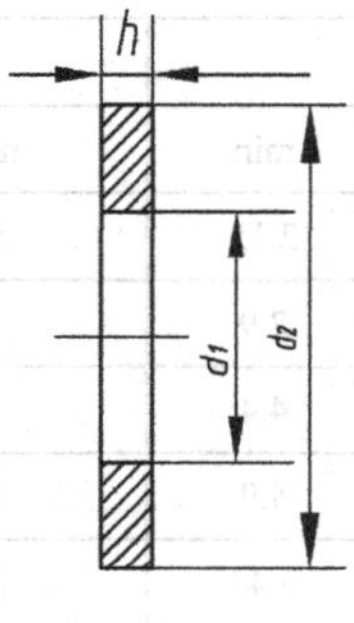


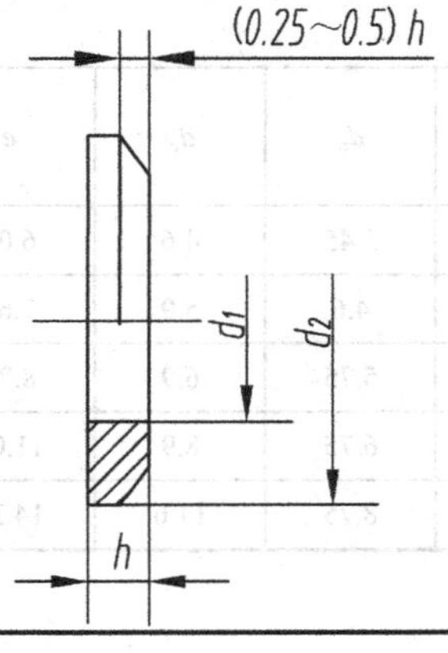

续表

标记示例：

1．标准系列、公称规格 8 mm，由钢制造的硬度等级为 200HV，不经表面处理，产品等级为 A 级平垫圈，其标记为：

垫圈 GB/T 97.1 8

2．标准系列、公称规格 8 mm，由 A2 组不锈钢制造的硬度等级为 200HV，不经表面处理，产品等级为 A 级倒角型平垫圈，其标记为：

垫圈 GB/T 97.2 8A2

单位：mm

| 公称规格（螺纹大径）*d* | | 5 | 6 | 8 | 10 | 12 | 16 | 20 | 24 | 30 | 36 |
|---|---|---|---|---|---|---|---|---|---|---|---|
| $d_1$ | | 5.3 | 6.4 | 8.4 | 10.5 | 13 | 17 | 21 | 25 | 31 | 37 |
| $d_2$ | GB/T 97.1—2002<br>GB/T 97.2—2002 | 10 | 12 | 16 | 20 | 24 | 30 | 37 | 44 | 56 | 66 |
| *h* | GB/T 97.1—2002<br>GB/T 97.2—2002 | 1 | 1.6 | | 2 | 2.5 | 3 | | 4 | | 5 |

## 表 C-10　标准弹簧垫圈各部分尺寸（GB/T 93—1987 摘录）

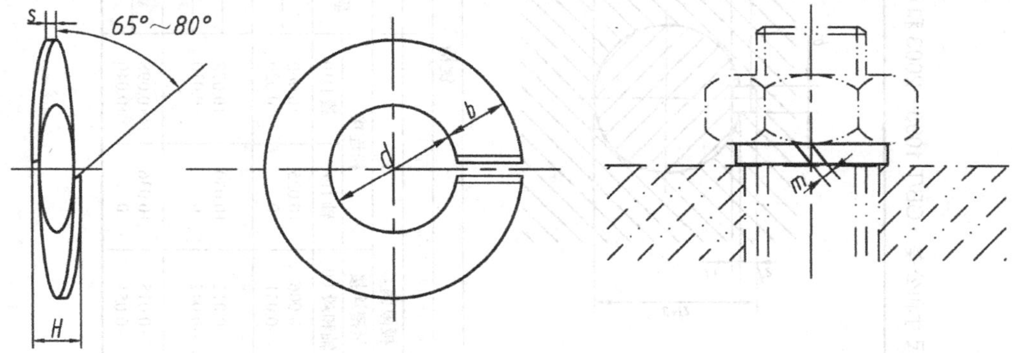


标记示例：

规格 16 mm，材料为 65Mn，表面氧化的标准型弹簧垫圈，其标记为：

垫圈 GB/T 93–16

单位：mm

| 规格(螺纹大径) | | 4 | 5 | 6 | 8 | 10 | 12 | 16 | 20 | –22 | 24 | 30 |
|---|---|---|---|---|---|---|---|---|---|---|---|---|
| *d* | min | 4.1 | 5.1 | 6.1 | 8.1 | 10.2 | 12.2 | 16.2 | 20.2 | 22.5 | 24.5 | 30.5 |
| | max | 4.4 | 5.4 | 6.68 | 8.68 | 10.9 | 12.9 | 16.9 | 21.04 | 23.34 | 25.5 | 31.5 |
| | 公称 | 1.1 | 1.3 | 1.6 | 2.1 | 2.6 | 3.1 | 4.1 | 5 | 5.5 | 6 | 7.5 |
| *H* | min | 2.2 | 2.6 | 3.2 | 4.2 | 5.2 | 6.2 | 8.2 | 10 | 11 | 12 | 15 |
| | max | 2.75 | 3.25 | 4 | 5.25 | 6.5 | 7.75 | 10.25 | 12.5 | 13.75 | 15 | 18.75 |
| *m* ≤ | | 0.55 | 0.65 | 0.8 | 1.05 | 1.3 | 1.55 | 2.05 | 2.5 | 2.75 | 3 | 3.75 |

注：① 尽可能不采用括号内的规格。

② *m* 应大于零。

# 附录 D 键和销

表 D-1 普通平键和键槽剖面的尺寸和公差（GB/T 1095—2003 和 GB/T 1096—2003 摘录）

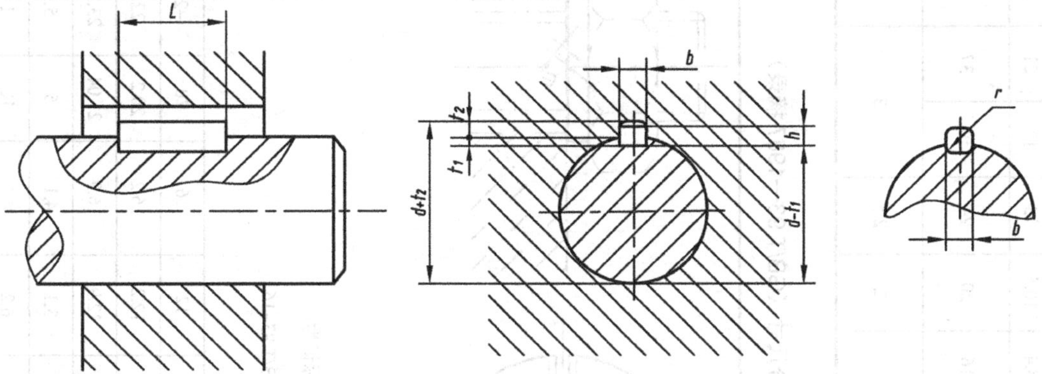


单位：mm

| 轴径 $d$ | 键 | | 键槽 | | | | | | | | | | | |
|---|---|---|---|---|---|---|---|---|---|---|---|---|---|---|
| | | | 宽度 $b$ | | | | | | 深度 | | | | 半径 $r$ | |
| | 键尺寸 $b\times h$ | $l$ 范围 | 基本尺寸 | 极限偏差 | | | | | 轴 $t_1$ | | 毂 $t_2$ | | | |
| | | | | 正常连接 | | 紧密连接 | 松连接 | | 基本尺寸 | 极限偏差 | 基本尺寸 | 极限偏差 | | |
| | | | | 轴 N9 | 毂 JS9 | 轴和毂 P9 | 轴 H9 | 毂 D10 | | | | | 最小 | 最大 |
| 6～8 | 2×2 | 6～20 | 2 | −0.04<br>−0.029 | ±0.0125 | −0.006<br>−0.031 | +0.025<br>0 | +0.060<br>+0.020 | 1.2 | +0.1<br>0 | 1.0 | +0.1<br>0 | 0.08 | 0.16 |
| >8～10 | 3×3 | 6～36 | 3 | | | | | | 1.8 | | 1.4 | | | |
| >10～12 | 4×4 | 8～45 | 4 | 0<br>−0.030 | ±0.015 | −0.012<br>−0.042 | +0.030<br>0 | +0.078<br>+0.030 | 2.5 | | 1.8 | | | |
| >12～17 | 5×5 | 10～56 | 5 | | | | | | 3.0 | | 2.3 | | 0.16 | 0.25 |
| >17～22 | 6×6 | 14～70 | 6 | | | | | | 3.5 | | 2.8 | | | |
| >22～30 | 8×7 | 18～90 | 8 | 0<br>−0.036 | ±0.018 | −0.015<br>−0.051 | +0.036<br>0 | +0.098<br>+0.040 | 4.0 | +0.2<br>0 | 3.3 | +0.2<br>0 | | |
| >30～38 | 10×8 | 22～110 | 10 | | | | | | 5.0 | | 3.3 | | 0.25 | 0.40 |

续表

| 轴径 $d$ | 键 | | 键槽 | | | | | | | | | | | |
|---|---|---|---|---|---|---|---|---|---|---|---|---|---|---|
| | 键尺寸 $b \times h$ | $l$ 范围 | 宽度 $b$ | | | | | | 深度 | | | | 半径 $r$ | |
| | | | 基本尺寸 | 极限偏差 | | | | | 轴 $t_1$ | | 毂 $t_2$ | | | |
| | | | | 正常连接 | | 紧密连接 | 松连接 | | 基本尺寸 | 极限偏差 | 基本尺寸 | 极限偏差 | | |
| | | | | 轴 N9 | 毂 JS9 | 轴和毂 P9 | 轴 H9 | 毂 D10 | | | | | 最小 | 最大 |
| >38～44 | 12×8 | 28～140 | 12 | 0<br>−0.043 | ±0.0215 | −0.018<br>−0.061 | +0.043<br>0 | +0.120<br>+0.050 | 5.0 | +0.2<br>0 | 3.3 | +0.2<br>0 | 0.25 | 0.40 |
| >44～50 | 14×9 | 36～160 | 14 | | | | | | 5.5 | | 3.8 | | | |
| >50～58 | 16×10 | 45～180 | 16 | | | | | | 6.0 | | 4.3 | | | |
| >58～65 | 18×11 | 50～200 | 18 | | | | | | 7.0 | | 4.4 | | | |
| >65～75 | 20×12 | 56～220 | 20 | 0<br>−0.052 | ±0.026 | −0.022<br>−0.074 | +0.052<br>0 | +0.149<br>+0.065 | 7.5 | | 4.9 | | 0.40 | 0.60 |
| >75～85 | 22×14 | 63～250 | 22 | | | | | | 9.0 | | 5.4 | | | |
| >85～95 | 25×14 | 70～280 | 25 | | | | | | 9.0 | | 5.4 | | | |
| >95～110 | 28×16 | 80～320 | 28 | | | | | | 10.0 | | 6.4 | | | |
| $l$ 的系列 | | | 6,8,10,12,14,16,18,20,22,25,28,32,36,40,45,50,56,63,70,80,90,100,110,125,140,160,180,200,220,250,280,320,360,400,450,500 | | | | | | | | | | | |

注：① 标准规定键宽 $b = 2$ mm～100 mm，公称长度 $l = 6$ mm～500 mm。

② 在零件图中轴槽深用$(d - t_1)$标注，轮毂槽深用$(d + t_2)$标注。键槽的极限偏差按$t_1$（轴）和$t_2$（毂）的极限偏差选用，但轴槽深$(d - t_1)$的极限偏差应取负号。

③ 键的常用材料 45 钢。

## 表 D-2 圆柱销各部分尺寸（GB/T 119.1—2000 和 GB/T 119.2—2000 摘录）

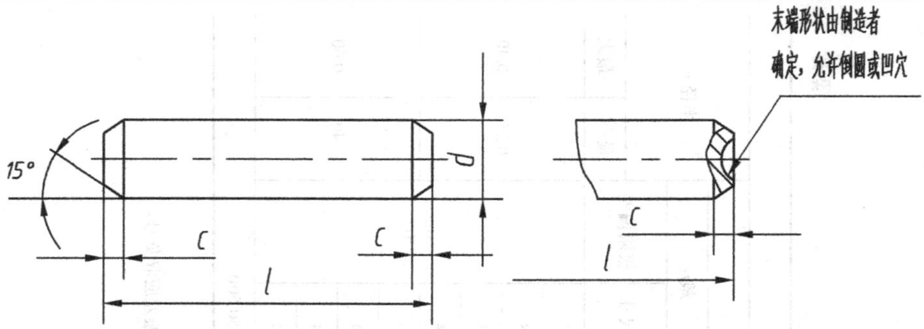


标记示例：

公称直径 $d$ = 6 mm，公差 m6，公称长度 $l$ = 30 mm，材料为钢，不经淬火，不经表面处理的圆柱销的标记，其标记为：

销 GB/T 119.1 6m 6×30

单位：mm

| 公称直径Φ（m6/h8） | 0.6 | 0.8 | 1 | 1.2 | 1.5 | 2 | 2.5 | 3 | 4 | 5 |
|---|---|---|---|---|---|---|---|---|---|---|
| $c$ ≈ | 0.12 | 0.16 | 0.2 | 0.25 | 0.3 | 0.35 | 0.4 | 0.5 | 0.63 | 0.8 |
| $l$（商品规格范围公称长度） | 2～6 | 2～8 | 4～10 | 4～12 | 4～16 | 6～20 | 6～24 | 8～30 | 8～40 | 10～50 |
| 公称直径Φ（m6/h8） | 6 | 8 | 10 | 12 | 16 | 20 | 25 | 30 | 40 | 50 |
| $c$ ≈ | 1.2 | 1.6 | 2.0 | 2.5 | 3.0 | 3.5 | 4.0 | 5.0 | 6.3 | 8.0 |
| $l$（商品规格范围公称长度） | 12～60 | 14～80 | 18～95 | 22～140 | 26～180 | 35～200 | 50～200 | 60～200 | 80～200 | 95～200 |
| $l$ 系列 | 2,3,4,5,6,8,10,12,14,16,18,20,22,24,26,28,30,32,35,40,45,50,55,60,65,70,75,80,85,90,95,100,120,140,160,180,200 | | | | | | | | | |

注：① 材料用钢的强度要求为 125～245HV30，用奥氏体不锈钢 A1（GB/T 3098.6）时，硬度要求 210～280HV30。

② 公差 m6: $Ra$ ≤ 0.8 μm；

公差 h8: $Ra$ ≤ 1.6 μm。

## 表 D-3 圆锥销各部分尺寸（GB/T 117—2000 摘录）

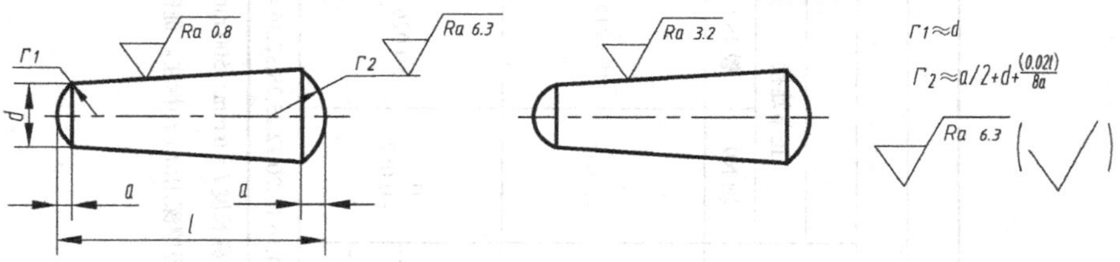


标记示例：

公称直径 $d$ = 6 mm，公称长度 $l$ = 60 mm，材料为 35 钢，热处理硬度 28～38HRC，表面氧化处理的 A 型圆锥销，其标记为：

销 GB/T 117 6×60

单位：mm

| $d$（公称） | 0.6 | 0.8 | 1 | 1.2 | 1.5 | 2 | 2.5 | 3 | 4 | 5 |
|---|---|---|---|---|---|---|---|---|---|---|
| $a$ ≈ | 0.08 | 0.1 | 0.12 | 0.16 | 0.2 | 0.25 | 0.3 | 0.4 | 0.5 | 0.63 |
| $l$（商品规格范围公称长度） | 4～8 | 5～12 | 6～16 | 6～20 | 8～24 | 10～25 | 10～35 | 12～45 | 14～55 | 18～60 |
| $d$（公称） | 6 | 8 | 10 | 12 | 16 | 20 | 25 | 30 | 40 | 50 |
| $a$ ≈ | 0.8 | 1 | 1.2 | 1.6 | 2 | 2.5 | 3 | 4 | 5 | 6.3 |
| $l$（商品规格范围公称长度） | 22～90 | 22～120 | 26～160 | 32～180 | 40～200 | 45～200 | 50～200 | 55～200 | 60～200 | 65～200 |
| $l$ 系列 | 2,3,4,5,6,8,10,12,14,16,18,20,22,24,26,28,30,32,35,40,45,50,55,60,65,70,75,80,85,90,95,100,120,140,160,180,200 | | | | | | | | | |

# 附录 E　滚动轴承

**表 E-1　深沟球轴承各部分尺寸（GB/T 276—1994 摘录）**

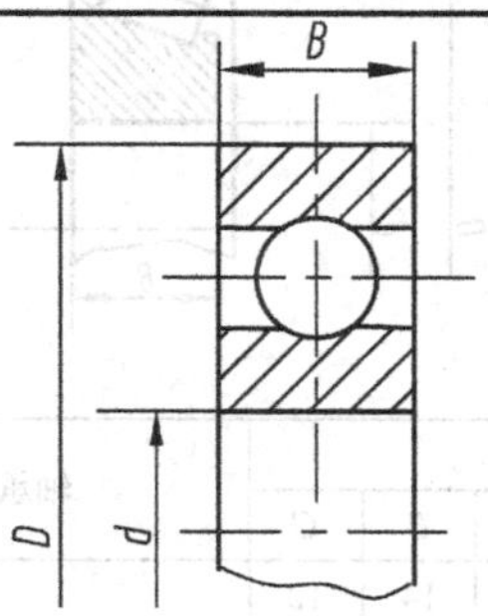

标记示例：滚动轴承　6012　GB/T 276

| 轴承型号 | | 尺寸/mm | | | 轴承型号 | | 尺寸/mm | | |
|---|---|---|---|---|---|---|---|---|---|
| | | d | D | B | | | d | D | B |
| (0)1 尺寸系列 | 6004 | 20 | 42 | 12 | (0)3 尺寸系列 | 6304 | 20 | 52 | 15 |
| | 6005 | 25 | 47 | 12 | | 6305 | 25 | 62 | 17 |
| | 6006 | 30 | 55 | 13 | | 6306 | 30 | 72 | 19 |
| | 6007 | 35 | 62 | 14 | | 6307 | 35 | 80 | 21 |
| | 6008 | 40 | 68 | 15 | | 6308 | 40 | 90 | 23 |
| | 6009 | 45 | 75 | 16 | | 6309 | 45 | 100 | 25 |
| | 6010 | 50 | 80 | 16 | | 6310 | 50 | 110 | 27 |
| | 6011 | 55 | 90 | 18 | | 6311 | 55 | 120 | 29 |
| | 6012 | 60 | 95 | 18 | | 6312 | 60 | 130 | 31 |
| | 6013 | 65 | 100 | 18 | | 6313 | 65 | 140 | 33 |
| | 6014 | 70 | 110 | 20 | | 6314 | 70 | 150 | 35 |
| | 6015 | 75 | 115 | 20 | | 6315 | 75 | 160 | 37 |
| | 6016 | 80 | 125 | 22 | | 6316 | 80 | 170 | 39 |
| | 6017 | 85 | 130 | 22 | | 6317 | 85 | 180 | 41 |
| | 6018 | 90 | 140 | 24 | | 6318 | 90 | 190 | 43 |
| | 6019 | 95 | 145 | 24 | | 6319 | 95 | 200 | 45 |
| | 6020 | 100 | 150 | 24 | | 6320 | 100 | 215 | 47 |
| (0)2 尺寸系列 | 6204 | 20 | 47 | 14 | (0)4 尺寸系列 | 6404 | 20 | 72 | 19 |
| | 6205 | 25 | 52 | 15 | | 6405 | 25 | 80 | 21 |
| | 6206 | 30 | 62 | 16 | | 6406 | 30 | 90 | 23 |
| | 6207 | 35 | 72 | 17 | | 6407 | 35 | 100 | 25 |
| | 6208 | 40 | 80 | 18 | | 6408 | 40 | 110 | 27 |
| | 6209 | 45 | 85 | 19 | | 6409 | 45 | 120 | 29 |
| | 6210 | 50 | 90 | 20 | | 6410 | 50 | 130 | 31 |
| | 6211 | 55 | 100 | 21 | | 6411 | 55 | 140 | 33 |
| | 6212 | 60 | 110 | 22 | | 6412 | 60 | 150 | 35 |
| | 6213 | 65 | 120 | 23 | | 6413 | 65 | 160 | 37 |
| | 6214 | 70 | 125 | 24 | | 6414 | 70 | 180 | 42 |
| | 6215 | 75 | 130 | 25 | | 6415 | 75 | 190 | 45 |
| | 6216 | 80 | 140 | 26 | | 6416 | 80 | 200 | 48 |
| | 6217 | 85 | 150 | 28 | | 6417 | 85 | 210 | 52 |
| | 6218 | 90 | 160 | 30 | | 6418 | 90 | 225 | 54 |
| | 6219 | 95 | 170 | 32 | | 6419 | 95 | 240 | 55 |
| | 6220 | 100 | 180 | 34 | | 6420 | 100 | 250 | 58 |

### 表 E-2 圆锥滚子轴承各部分尺寸（GB/T 297—1994 摘录）

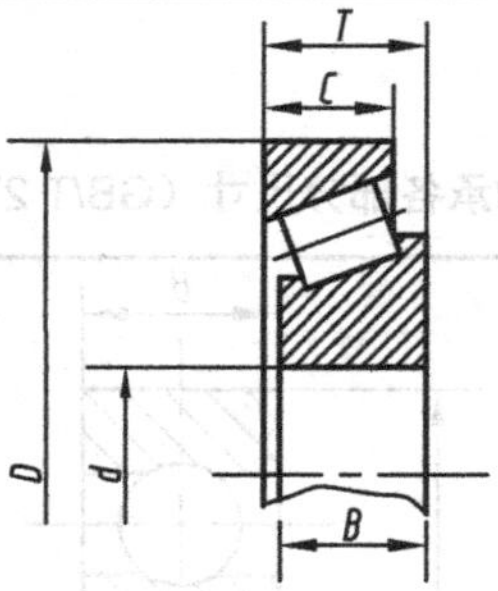


标记示例：滚动轴承 30205 GB/T 297

| 轴承型号 | | 尺寸/mm | | | | | 轴承型号 | | 尺寸/mm | | | | |
|---|---|---|---|---|---|---|---|---|---|---|---|---|---|
| | | *d* | *D* | *T* | *B* | *C* | | | *d* | *D* | *T* | *B* | *C* |
| | 30204 | 20 | 47 | 15.25 | 14 | 12 | | 32204 | 20 | 47 | 19.25 | 15 | 15 |
| | 30205 | 25 | 52 | 16.25 | 15 | 13 | | 32205 | 25 | 52 | 19.25 | 17 | 16 |
| | 30206 | 30 | 62 | 17.25 | 16 | 14 | | 32206 | 30 | 62 | 21.25 | 20 | 17 |
| | 30207 | 35 | 72 | 18.25 | 17 | 15 | | 32207 | 35 | 72 | 24.25 | 23 | 19 |
| | 30208 | 40 | 80 | 19.75 | 18 | 16 | | 32208 | 40 | 80 | 24.75 | 23 | 19 |
| | 30209 | 45 | 85 | 20.75 | 19 | 16 | | 32209 | 45 | 85 | 24.75 | 23 | 19 |
| | 30210 | 50 | 90 | 21.75 | 20 | 17 | | 32210 | 50 | 90 | 24.75 | 23 | 19 |
| | 30211 | 55 | 100 | 22.75 | 21 | 18 | | 32211 | 55 | 100 | 26.75 | 25 | 21 |
| 02 尺寸系列 | 30212 | 60 | 110 | 23.75 | 22 | 19 | 22 尺寸系列 | 32212 | 60 | 110 | 29.75 | 28 | 24 |
| | 30213 | 65 | 120 | 24.75 | 23 | 20 | | 32213 | 65 | 120 | 32.75 | 31 | 27 |
| | 30214 | 70 | 125 | 26.75 | 24 | 21 | | 32214 | 70 | 125 | 33.25 | 31 | 27 |
| | 30215 | 75 | 130 | 27.75 | 25 | 22 | | 32215 | 75 | 130 | 33.25 | 31 | 27 |
| | 30216 | 80 | 140 | 28.75 | 26 | 22 | | 32216 | 80 | 140 | 35.25 | 33 | 28 |
| | 30217 | 85 | 150 | 30.5 | 28 | 24 | | 32217 | 85 | 150 | 38.5 | 36 | 30 |
| | 30218 | 90 | 160 | 32.5 | 30 | 26 | | 32218 | 90 | 160 | 42.5 | 40 | 34 |
| | 30219 | 95 | 170 | 34.5 | 32 | 27 | | 32219 | 95 | 170 | 45.5 | 43 | 37 |
| | 30220 | 100 | 180 | 37 | 34 | 29 | | 32220 | 100 | 180 | 49 | 46 | 39 |
| | 30304 | 20 | 52 | 16.25 | 15 | 13 | | 32304 | 20 | 52 | 22.25 | 21 | 18 |
| | 30305 | 25 | 62 | 18.25 | 17 | 15 | | 32305 | 25 | 62 | 25.25 | 24 | 20 |
| | 30306 | 30 | 72 | 20.75 | 19 | 16 | | 32306 | 30 | 72 | 28.25 | 27 | 23 |
| | 30307 | 35 | 80 | 22.75 | 21 | 18 | | 32307 | 35 | 80 | 32.75 | 31 | 25 |
| | 30308 | 40 | 90 | 25.25 | 23 | 20 | | 32308 | 40 | 90 | 35.25 | 33 | 27 |
| | 30309 | 45 | 100 | 27.25 | 25 | 22 | | 32309 | 45 | 100 | 38.25 | 36 | 30 |
| | 30310 | 50 | 110 | 29.25 | 27 | 23 | | 32310 | 50 | 110 | 42.25 | 40 | 33 |
| | 30311 | 55 | 120 | 31.5 | 29 | 25 | | 32311 | 55 | 120 | 45.5 | 43 | 35 |
| 03 尺寸系列 | 30312 | 60 | 130 | 33.5 | 31 | 26 | 23 尺寸系列 | 32312 | 60 | 130 | 48.5 | 46 | 37 |
| | 30313 | 65 | 140 | 36 | 33 | 28 | | 32313 | 65 | 140 | 51 | 48 | 39 |
| | 30314 | 70 | 150 | 38 | 35 | 30 | | 32314 | 70 | 150 | 54 | 51 | 42 |
| | 30315 | 75 | 160 | 40 | 37 | 31 | | 32315 | 75 | 160 | 58 | 55 | 45 |
| | 30316 | 80 | 170 | 42.5 | 39 | 33 | | 32316 | 80 | 170 | 61.5 | 58 | 48 |
| | 30317 | 85 | 180 | 44.5 | 41 | 34 | | 32317 | 85 | 180 | 63.5 | 60 | 49 |
| | 30318 | 90 | 190 | 46.5 | 43 | 36 | | 32318 | 90 | 190 | 67.5 | 64 | 53 |
| | 30319 | 95 | 200 | 49.5 | 45 | 38 | | 32319 | 95 | 200 | 71.5 | 67 | 55 |
| | 30320 | 100 | 215 | 51.5 | 47 | 39 | | 32320 | 100 | 215 | 77.5 | 73 | 60 |

## 表 E-3　推力球轴承各部分尺寸（GB/T 301—1995 摘录）

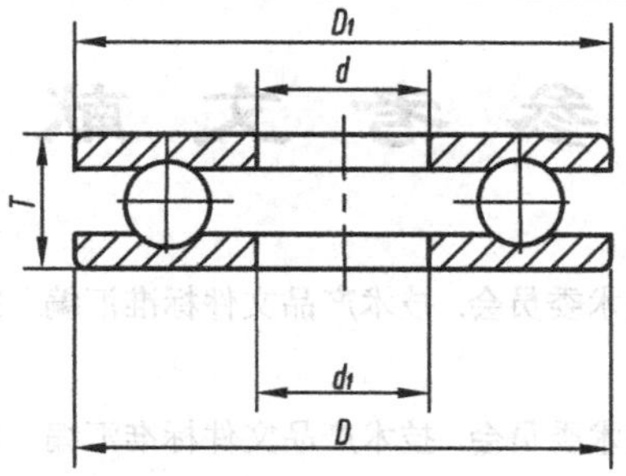


标记示例：滚动轴承　51210　GB/T 301

| 轴承型号 | | 外形尺寸/mm | | | | | 轴承型号 | | 外形尺寸/mm | | | | |
|---|---|---|---|---|---|---|---|---|---|---|---|---|---|
| | | $d$ | $D$ | $T$ | $d_{min}$ | $D_{max}$ | | | $d$ | $D$ | $T$ | $d_{min}$ | $D_{max}$ |
| 11　尺寸系列 51000 型 | 51104 | 20 | 35 | 10 | 21 | 35 | 13　尺寸系列 51000 型 | 51304 | 20 | 47 | 18 | 22 | 47 |
| | 51105 | 25 | 42 | 11 | 26 | 42 | | 51305 | 25 | 52 | 18 | 27 | 52 |
| | 51106 | 30 | 47 | 11 | 32 | 47 | | 51306 | 30 | 60 | 21 | 32 | 60 |
| | 51107 | 35 | 52 | 12 | 37 | 52 | | 51307 | 35 | 68 | 24 | 37 | 68 |
| | 51108 | 40 | 60 | 13 | 42 | 60 | | 51308 | 40 | 78 | 26 | 42 | 78 |
| | 51109 | 45 | 65 | 14 | 47 | 65 | | 51309 | 45 | 85 | 28 | 47 | 85 |
| | 51110 | 50 | 70 | 14 | 52 | 70 | | 51310 | 50 | 95 | 31 | 52 | 95 |
| | 51111 | 55 | 78 | 16 | 57 | 78 | | 51311 | 55 | 105 | 35 | 57 | 105 |
| | 51112 | 60 | 85 | 17 | 62 | 85 | | 51312 | 60 | 110 | 35 | 62 | 110 |
| | 51113 | 65 | 90 | 18 | 67 | 90 | | 51313 | 65 | 115 | 36 | 67 | 115 |
| | 51114 | 70 | 95 | 18 | 72 | 95 | | 51314 | 70 | 125 | 40 | 72 | 125 |
| | 51115 | 75 | 100 | 19 | 77 | 100 | | 51315 | 75 | 135 | 44 | 77 | 135 |
| | 51116 | 80 | 105 | 19 | 82 | 105 | | 51316 | 80 | 140 | 44 | 82 | 140 |
| | 51117 | 85 | 110 | 19 | 87 | 110 | | 51317 | 85 | 150 | 49 | 88 | 150 |
| | 51118 | 90 | 120 | 22 | 92 | 120 | | 51318 | 90 | 155 | 50 | 93 | 155 |
| | 51120 | 100 | 135 | 25 | 102 | 135 | | 51320 | 100 | 170 | 55 | 103 | 170 |
| 12　尺寸系列 51000 型 | 51204 | 20 | 40 | 14 | 22 | 40 | 14　尺寸系列 51000 型 | 51405 | 25 | 60 | 24 | 27 | 60 |
| | 51205 | 25 | 47 | 15 | 27 | 47 | | 51406 | 30 | 70 | 28 | 32 | 70 |
| | 51206 | 30 | 52 | 16 | 32 | 52 | | 51407 | 35 | 80 | 32 | 37 | 80 |
| | 51207 | 35 | 62 | 18 | 37 | 62 | | 51408 | 40 | 90 | 36 | 42 | 90 |
| | 51208 | 40 | 68 | 19 | 42 | 68 | | 51409 | 45 | 100 | 39 | 47 | 100 |
| | 51209 | 45 | 73 | 20 | 47 | 73 | | 51410 | 50 | 110 | 43 | 52 | 110 |
| | 51210 | 50 | 78 | 22 | 52 | 78 | | 51411 | 55 | 120 | 48 | 57 | 120 |
| | 51211 | 55 | 90 | 25 | 57 | 90 | | 51412 | 60 | 130 | 51 | 62 | 130 |
| | 51212 | 60 | 95 | 26 | 62 | 95 | | 51413 | 65 | 140 | 56 | 68 | 140 |
| | 51213 | 65 | 100 | 27 | 67 | 100 | | 51414 | 70 | 150 | 60 | 73 | 150 |
| | 51214 | 70 | 105 | 27 | 72 | 105 | | 51415 | 75 | 160 | 65 | 78 | 160 |
| | 51215 | 75 | 110 | 27 | 77 | 110 | | 51416 | 80 | 170 | 68 | 83 | 170 |
| | 51216 | 80 | 115 | 28 | 82 | 115 | | 51417 | 85 | 180 | 72 | 88 | 177 |
| | 51217 | 85 | 125 | 31 | 88 | 125 | | 51418 | 90 | 190 | 77 | 93 | 187 |
| | 51218 | 90 | 135 | 35 | 93 | 135 | | 51420 | 100 | 210 | 85 | 103 | 205 |
| | 51220 | 100 | 150 | 38 | 103 | 150 | | 51422 | 110 | 230 | 95 | 113 | 225 |

# 参 考 文 献


[1] 全国技术产品文件标准化技术委员会. 技术产品文件标准汇编　技术制图卷. 北京：中国标准出版社，2009.

[2] 全国技术产品文件标准化技术委员会. 技术产品文件标准汇编　机械制图卷. 北京：中国标准出版社，2009.

[3] 全国紧固件标准化技术委员会. 紧固件标准汇编　产品卷：上、下册. 北京：中国标准出版社，2008.

[4] 全国产品尺寸和几何技术规范标准化技术委员会. 产品几何技术规范（GPS）极限与偏差. 北京：中国标准出版社，2009.

[5] 中国标准出版社第三编辑室. 产品几何技术规范标准汇编：几何公差卷. 北京：中国标准出版社，2010.

[6] 全国螺纹标准化技术委员会. 公制、美制和英制螺纹标准手册. 3 版. 北京：中国标准出版社，2009.

[7] 大连理工大学工程画教研室. 画法几何学. 6 版. 北京：高等教育出版社，2003.

[8] 大连理工大学工程画教研室. 机械制图. 6 版. 北京：高等教育出版社，2007.

[9] 杨裕根，诸世敏. 现代工程图学. 3 版. 北京：北京邮电大学出版社，2008.

[10] 武华. 工程制图. 2 版. 北京：机械工业出版社，2010.

[11] 清华大学工程图学及计算机辅助设计教研室. 机械制图. 北京：高等教育出版社，2001.

[12] 胡腾，张伟. 精通 AutoCAD 2010 中文版. 北京：清华大学出版社，2010.

[13] 陈志民. AutoCAD 2010 机械绘图实例教程. 北京：机械工业出版社，2009.

[14] 周友梅，王小玲. 机械制图. 北京：北京理工大学出版社，2009.